HISTOIRE
DE LA CHIMIE.

TOME II.

LONDRES :

BOSSANGE, BARTHÈS ET LOWEL,
14, Great Marlborough street.

SAINT-PÉTERSBOURG :

Ferd. BELLIZARD et Cie,
Maison de l'Église hollandaise, au Pont de Police.

PARIS. — TYPOGRAPHIE DE FIRMIN DIDOT FRÈRES, RUE JACOB, 56.

HISTOIRE

DE LA CHIMIE

DEPUIS LES TEMPS LES PLUS RECULÉS

JUSQU'A NOTRE ÉPOQUE;

CONTENANT

UNE ANALYSE DÉTAILLÉE DES MANUSCRITS ALCHIMIQUES DE LA BIBLIOTHÈQUE
ROYALE DE PARIS;
UN EXPOSÉ DES DOCTRINES CABALISTIQUES SUR LA PIERRE PHILOSOPHALE;
L'HISTOIRE DE LA PHARMACOLOGIE, DE LA MÉTALLURGIE, ET EN GÉNÉRAL DES
SCIENCES ET DES ARTS QUI SE RATTACHENT A LA CHIMIE, ETC.

PAR LE Dr FERD. HOEFER.

TOME DEUXIEME.

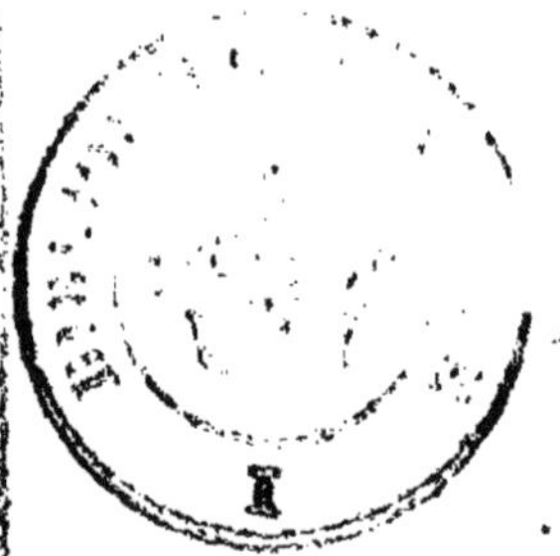

A PARIS,

AU BUREAU DE LA REVUE SCIENTIFIQUE,

RUE JACOB, 30;

CHEZ L. HACHETTE,

LIBRAIRE DE L'UNIVERSITÉ ROYALE DE FRANCE,

Rue Pierre Sarrazin, 12;

ET CHEZ FORTIN, MASSON ET Cie, LIBRAIRES,

PLACE DE L'ÉCOLE DE MÉDECINE, 1.

1843.

AVANT-PROPOS.

———

Le second volume de cet ouvrage qui, dès son apparition, a été accueilli avec une faveur marquée, comprend la suite de l'histoire de la science depuis le xvi⁰ siècle jusqu'à la seconde moitié du xviii⁰ siècle.

Ce cadre m'était en quelque sorte tracé d'avance par la marche même du développement de la chimie. Bergmann, Scheele et Priestley, qui remplissent les dernières pages de ce volume, étaient aussi les derniers partisans d'une théorie entièrement tombée dans le domaine de l'histoire. Stahl n'a plus aujourd'hui de disciples ; mais il n'en est pas ainsi de Lavoisier. Sur les ruines du phlogistique, ce hardi réformateur éleva une école qui dure encore : tous les chimistes actuels en sont les élèves.

Lavoisier, Berthollet, Klaproth, Davy, etc., se placent naturellement à la tête de la chimie moderne ; il n'aurait pas été convenable de leur faire prendre rang à côté des chimistes phlogisticiens. Il y a de ces périodes qu'il est défendu à l'historien de scinder, sous peine d'intervertir l'ordre naturel.

Il resterait donc un dernier volume à faire pour conduire l'histoire de la chimie jusqu'à nos jours. C'est là une tâche difficile, délicate même, qui exige beaucoup de temps et beaucoup d'expérience. Qui nous garantit que les doctrines d'aujourd'hui ne seront pas renversées demain ? Si le doute est permis, il l'est surtout à l'historien, qui voit naître et mourir tant de choses dont l'existence semblait éternelle.

Si j'ajourne à un temps plus ou moins éloigné la publication d'un dernier volume qui comprendrait la vie et les travaux des contemporains, c'est que je sens vivement de combien de difficultés un pareil travail est hérissé ; car il importe de procéder avec calme et impartialité. Quoi qu'il en soit, je ne reculerai devant aucun obstacle ; et rien ne m'empêchera, je l'espère, de tenir ma promesse, et de donner un jour l'histoire des chimistes de l'époque actuelle

En publiant ces deux volumes de l'*Histoire de la Chimie*, j'avais surtout pour but de faire connaître l'origine, le développement lent et graduel, en un mot, la partie peut-être la moins connue, sans être la moins intéressante, d'une science dont l'avenir est immense. Pour cela, il fallait beaucoup de recherches philologiques et d'érudition, dont les chimistes n'ont ni le temps ni les moyens de s'occuper. J'ai mis à contribution les trésors des bibliothèques tant publiques que privées. Parmi ces dernières, je me plais à citer avec reconnaissance la bibliothèque de M. Baudrimont, si riche en ouvrages concernant l'histoire de la physique et de la chimie. Dans mes investigations sur les manuscrits de la Bibliothèque royale, j'ai souvent profité des bons conseils de M. Hase, un des philologues les plus illustres de notre époque.

Si l'on trouve qu'il manque à cet ouvrage une forme plus dogmatique, il faut s'en prendre à la matière elle-même que j'avais à traiter. Enfin , j'ai été sobre de considérations abstraites et générales, dans la conviction qu'elles ne doivent trouver place que dans une philosophie de l'histoire des sciences.

TROISIÈME ÉPOQUE.

HISTOIRE

DE LA CHIMIE.

TROISIÈME ÉPOQUE.

(DEPUIS LE XVIe SIÈCLE JUSQU'AU XIXe SIÈCLE.)

Des deux époques que nous venons de parcourir, l'une, antérieure au moyen âge, avait une tendance pratique ; l'autre, qui comprend le moyen âge lui-même, avait une tendance purement spéculative. Dans la première, les faits, quoique en nombre fort restreint, étaient invoqués comme une autorité respectable ; dans la seconde, l'esprit spéculatif imposait silence à l'observation expérimentale.

Dans *la troisième époque* enfin, qui est la nôtre, et que l'orgueil, inhérent à la nature de l'homme, est toujours porté à juger favorablement, la lumière semble apparaître après les ténèbres, comme si la loi du contraste devait s'accomplir partout nécessairement.

La science commence à se manifester revêtue de ses formes sévères, et entourée de preuves propres à convaincre plutôt la raison, qui tend sans cesse vers l'unité, qu'à parler à l'imagination, qui se plaît dans la variété des choses.

Les trois siècles qui précèdent immédiatement le nôtre composent une époque incomparable, unique dans les annales de l'humanité. L'esprit de l'homme, en quelque sorte mort pour la science pendant un long espace de temps, se réveilla tout à coup, à la voix de l'expérience et à l'appel de la raison. Les découvertes du xvie siècle servent à alimenter l'esprit du siècle suivant, et le xviiie siècle découvre ce que le xviie cherche.

C'est un magnifique spectacle que celui de l'histoire des progrès de l'esprit humain pendant cette époque, de toutes ces sciences qui surgissent, se développent et grandissent dans des proportions gigantesques.

Au moyen âge, l'esprit dominait aux dépens de la réalité. Il en résulta de graves conflits et un grand préjudice pour la science. Dans notre époque, au contraire, il est à craindre que la balance ne penche trop du côté de la matière. Les erreurs qui en résulteraient n'en seraient pas moins tout aussi funestes.

SECTION PREMIÈRE.

§ 1.

Aperçu général du xvie siècle.

Les guerres de religion sont le centre autour duquel gravite toute l'histoire du xvie siècle.

Le clergé avait, depuis longtemps, reconnu la nécessité d'une réforme, et le concile de Constance l'avait lui-même proclamée solennellement ; mais cette réforme ne devait porter que sur la discipline, et laisser les dogmes parfaitement intacts. Luther et Calvin allèrent plus loin : profitant de quelques fautes commises par des subalternes, ils en accusèrent le chef même de l'Église. Au lieu de travailler, selon l'esprit de l'Évangile, à la fraternité de tous les hommes, ils allumèrent le feu de la discorde et sapèrent les fondements de l'union catholique.

Cependant les doctrines de Luther et de ses disciples auraient bientôt disparu de la scène, si des princes puissants ne s'en étaient pas tout à coup constitués les champions. Dès ce moment, la lutte, qui n'avait eu jusqu'alors lieu qu'en paroles, se traduisit en actes sanglants ; deux partis se trouvèrent en présence : le catholicisme et le protestantisme ; la lutte devint bientôt aussi acharnée que peut l'être celle de deux frères qui se haïssent mortellement. Les ducs et électeurs de Saxe, de Brandebourg, du Palatinat, prennent successivement la défense du protestantisme, non pas peut-être par conviction, mais parce que le clergé catholique était riche, trop riche, et qu'il y avait un opulent héritage à recueillir : il devait être cruellement puni par où il avait péché. La cupidité et l'ambition sont le mobile de presque toutes les actions de l'homme ; c'est par là aussi qu'il est presque toujours puni.

Partant de là, on s'explique comment la religion n'était,

entre les mains des grands, qu'un instrument de politique. François Ier, le *protecteur* et le *restaurateur* des arts et des lettres, favorisait secrètement les protestants d'Allemagne, appelait les Turcs ses bons alliés, tandis qu'il faisait brûler les huguenots de France. Henri II, Catherine de Médicis, Henri III, faisaient pencher la balance, suivant leurs desseins politiques, tantôt du côté des catholiques, tantôt du côté des sectateurs de Calvin : Henri IV rentre dans le giron de l'Église, estimant que Paris vaut bien une messe. La conduite des princes allemands, et particulièrement celle de Maurice de Saxe, à l'égard de l'empereur Charles-Quint, le défenseur souverain du catholicisme, montre que la religion n'était pas non plus pour eux une affaire de conscience et de conviction. Henri VIII, roi d'Angleterre, en dépit du titre de *défenseur de la foi*, décerné par le pape, fut lui-même l'auteur d'un schisme nouveau, et fit naître les germes des dissensions civiles et religieuses qui, pendant longtemps, désolèrent les îles Britanniques.

Pendant que la France, l'Allemagne, l'Angleterre, se déchiraient les entrailles au nom d'une religion dont le premier dogme est la charité et l'amour du prochain, l'Espagne marchait à grands pas dans la voie de la décadence. Le despotisme du sombre et fanatique Philippe II fit éclater le désespoir des Provinces-Unies de la Hollande. Leur indépendance, que le successeur de Philippe II fut obligé de reconnaître, porta un coup terrible à la monarchie espagnole, qui perdit au dehors son ascendant moral, tandis qu'au dedans l'inquisition n'était guère faite pour se concilier l'attachement des citoyens. La résistance opiniâtre que ces fiers républicains opposèrent aux volontés souveraines d'un roi de droit divin, établissait un précédent qui devait avoir les plus graves conséquences ; cet enseignement n'était pas perdu.

Le charme qui avait fasciné l'esprit du peuple était rompu. L'autel et la royauté, qui jusque-là avaient été, comme des institutions sacrées, mis hors de cause dans les jugements des hommes, étaient tombés dans le domaine de la discussion publique. Un obscur moine luttant corps à corps avec la papauté, et des marchands roturiers chassant de leur pays un monarque absolu, dans les États duquel le soleil ne se couchait jamais, était un spectacle qui donnait à réfléchir à tout le monde. Dès ce moment, le moyen âge était fini ; une nouvelle ère avait commencé.

Le droit du libre examen et la liberté de conscience ouvraient un champ illimité à la raison et à l'expérience. Les sciences ne tardèrent pas à se ressentir de l'immense révolution qui venait de s'opérer dans la pensée de l'homme.

Les philosophes cessèrent de jurer par Aristote; la scolastique avait fait son temps. P. la Ramée, Montaigne, J. Bruno, J. Cardan, Télésio, le précurseur de Bacon, minèrent, par diverses voies, l'échafaudage de l'autorité traditionnelle. Paracelse tonne, dans le rude langage d'un réformateur, contre les hippocratistes et les galénistes; Bernard Palissy déclare, avec la franchise d'un puritain, qu'il faut avoir perdu l'esprit pour ne pas mettre le livre de la nature au-dessus des livres des anciens. Copernic, transportant le droit du libre examen jusque dans l'étude des astres, soutient, contrairement aux principes admis, que nous tournons avec toutes les planètes autour du soleil. Vint enfin le chancelier Bacon, qui, saisissant, avec l'intelligence d'un vrai philosophe, toute l'importance de la révolution qui s'était opérée dans le monde intellectuel, essaya de reconstruire, à l'aide de la *méthode expérimentale*, tout l'édifice des connaissances humaines.

§ 2.

Mouvement général de la science au XVIe siècle.

L'idée d'opposer la raison à l'autorité traditionnelle, l'expérience à la spéculation, s'était déjà, à diverses reprises, manifestée dans les siècles précédents; mais, à chaque manifestation, elle était tout aussitôt réprimée. Maintenant son règne était venu.

A la tête du mouvement imprimant une direction nouvelle à la science dont l'histoire nous occupe, se placent *Paracelse, Georges Agricola* et *Bernard Palissy*.

Le premier, violent et emporté comme tous les réformateurs, est le chef de l'école *chémiatrique*, dont le mérite principal est d'avoir détourné les médecins de la route battue des anciens, et de leur avoir fait comprendre l'importance et la nécessité de l'étude de la chimie des êtres vivants, et de la chimie appliquéeà la médecine (*chémiatrie*).

Georges Agricola, plus modeste, et surtout plus familiarisé avec l'antiquité que Paracelse, mais dépourvu de tout talent de réformateur, fonda, avec des éléments épars, tout le système de la *métallurgie*, partie fondamentale de la chimie. C'est le chef de la chimie métallurgique.

Bernard Palissy, tenant tout à la fois de Paracelse par sa franchise et sa persévérance, et d'Agricola par la solidité de son savoir, est le représentant de la *chimie technique*, de la science appliquée à l'agriculture, aux arts du potier, du vitrier, de l'émailleur, etc.

L'*alchimie*, qui allait, dès ce moment, en déclinant, devait elle-même éprouver l'influence de la révolution générale qui s'était opérée dans la pensée de l'homme.

Ainsi donc, la *chémiatrie*, la *métallurgie*, la *chimie technique* et l'*alchimie* sont autant de cadres qui résument parfaitement le mouvement de la science au xvi° siècle, et que nous allons essayer de remplir.

Partout on reconnaîtra l'esprit général de l'époque moderne, cette tendance à l'affranchissement de l'autorité des maîtres, à laquelle se substitue peu à peu celle de l'expérience.

I.

CHÉMIATRIE

(CHIMIE APPLIQUÉE A LA MÉDECINE).

§ 3.

PARACELSE.

Ce serait une entreprise impossible, de ramener les écrits de Paracelse à une forme systématique. Des idées sans suite, des observations qui se contredisent, des phrases incohérentes, défient l'attention du lecteur le plus exercé.

Figurez-vous un homme qui, dans de certains moments, fait preuve d'une pénétration admirable, et qui, dans d'autres, radote le plus pitoyablement du monde ; un homme qui, tantôt dévoué au progrès de la science, proclame l'autorité absolue de l'expérience, en lançant les plus violents anathèmes contre les théories des anciens, et qui, tantôt comme un aliéné, semble converser avec des démons et croire à leur toute-puissance ; un homme enfin qui, à jeun le matin et ivre le soir, enregistre exactement toutes les idées dans l'ordre dans lequel elles se présentent à son esprit : tel est Paracelse, dont le nom entier est *Aurellus Philippus Theophrastus Paracelsus Dombastus ab Hohenheim.*

Personne ne conteste l'influence qu'a exercée Paracelse sur son siècle. Cette influence, je l'avoue, a été immense. Pourquoi? comment? Est-ce parce qu'il amalgamait, comme les uns le prétendent, la médecine et la chimie avec les doctrines mystiques de la cabale? Mais d'autres, plus savants que lui, l'avaient déjà fait ; tous les philosophes hermétiques en étaient là. Est-ce parce qu'il était, selon d'autres, en quelque sorte le représentant des alchimistes? Mais c'est au moyen âge, et non pas au XVIe siècle, qu'il faut chercher ce représentant ; car, à partir de l'époque de Paracelse, l'alchimie allait en s'éclipsant, et la vraie chimie commençait à se développer. Ce serait donc une influence rétrograde au lieu de progressive qu'il aurait exercée. D'ailleurs les véritables alchimistes du siècle que nous allons parcourir ne reconnaissent en aucune manière Paracelse pour leur patron ; ils n'en parlent même pas, comme s'il n'avait jamais existé.

Essayons de résoudre la question qui doit nous faire comprendre toute l'influence que cet homme exerça sur son siècle.

Et d'abord constatons, une fois pour toutes, que c'est aux *médecins* et non pas aux alchimistes que Paracelse s'adressait et qu'il avait affaire. Quant à ce qui concerne l'alchimie, ses écrits ne renferment presque rien qui n'ait été dit et mille fois répété par les théosophes alexandrins, par les Arabes, par Albert le Grand, R. Bacon, R. Lulle, etc.

Or, en s'adressant aux médecins, il leur dit, sur le ton d'un homme qui se pose en réformateur intrépide et exalté :

Vous qui, après avoir étudié Hippocrate, Galien, Avicenne, croyez tout savoir, vous ne savez encore rien ; vous voulez prescrire des médicaments, et vous ignorez l'art de les préparer ! La chimie nous donne la solution de tous les problèmes de la physiologie, de la pathologie et de la thérapeutique ; en dehors de la chimie, vous tâtonnez dans les ténèbres.

Voilà le thème de Paracelse ; c'est là son idée immuable. Comme professeur, comme écrivain, dans le calme et dans le délire, il y revient sans cesse et avec la même énergie. Ses théories peuvent varier, ses observations se contredire ; une seule pensée ne varie point, la guerre à outrance faite aux *docteurs à gants blancs,* comme il les appelle, qui craignent de se salir les doigts dans un laboratoire de chimie.

Paracelse comprenait qu'il s'était attaqué aux plus rétifs et aux plus hargneux des mortels. Aussi est-il emporté, passionné, excentrique dans ses paroles ; il frappe d'estoc et de taille les médecins qui dédaignent la chimie et les médicaments qu'elle fournit.

« Vous, médecins, dit-il, de Paris, de Montpellier, d'Italie, Grecs, Sarmates, Arabes, Israélites, vous devez tous me suivre ; ce n'est pas à moi de vous suivre : si vous ne vous ralliez pas franchement à ma bannière, vous ne serez pas dignes qu'un chien lève contre vous sa patte de derrière (1). Je serai le chef d'une nouvelle monarchie. Comment trouvez-vous Théophraste? Il vous faudra avaler cette m......(2). »

Ainsi, Paracelse se proclame chef d'une nouvelle école. Mais écoutons-le encore parler lui-même :

« Que faites-vous donc, physiciens et docteurs? Vous ne voyez donc pas clair? Avez-vous des escarboucles à la place des yeux? Votre prince Galien est dans l'enfer; et si vous saviez ce qu'il m'a écrit de ce lieu, vous feriez le signe de la croix avec une queue de renard. Votre Avicenne est à l'entrée du purgatoire; j'ai discuté avec lui sur l'or potable, sur la teinture des physiciens, sur la quintessence, sur la pierre philosophale, sur la thériaque. O hypocrites, qui ne voulez pas écouter la voix d'un médecin instruit dans les œuvres de Dieu! Après ma mort, mes disciples découvriront vos impostures, ils feront connaître vos sales drogues, avec lesquelles vous avez empoisonné les princes et les seigneurs de la chrétienté (3).

— « Parlez-moi plutôt des médecins spagiriques (chimistes). Ceux-là du moins ne sont pas paresseux comme les autres; ils ne sont pas habillés en beau velours, en soie ou en taffetas; ils ne portent pas de bagues d'or aux doigts, ni de gants blancs. Les médecins spagiriques attendent avec patience, jour et nuit, le résultat de leurs travaux. Ils ne fréquentent pas les lieux publics; ils passent leur temps dans le laboratoire. Ils portent des culottes de peau, avec un tablier de peau pour s'essuyer les mains. Ils mettent leurs doigts dans les charbons et dans les ordures. Ils sont noirs et enfumés comme des forgerons et des charbonniers. Ils parlent peu et ne vantent pas leurs médicaments, sachant bien que c'est à l'œuvre qu'on reconnaît l'ouvrier. Ils travaillent sans cesse dans le feu, pour apprendre les différents degrés de l'art alchimique (4). »

Voilà la pensée fondamentale qui anime Paracelse, et qu'il manifeste, dans plus de cent endroits, dans un langage tout aussi énergique. C'était une véritable croisade contre les médecins hippocratistes et galénistes.

---

(1) Il y a dans le texte original une expression beaucoup plus énergique : *An den nicht die Hunde seigen werden.*
(2) *Diesen Dreck must ihr essen.*
(3) OEuvres de Paracelse, édit. Huser, t. vi, p. 399.
(4) Ibid., t. vi, p. 323.

Ne reprochez pas à Paracelse la violence ni même l'inconvenance de son langage, car vous lui ôteriez le caractère de réformateur, qui fait son principal mérite. Il y avait alors des hommes bien plus savants que lui, mais ils n'avaient pas la hardiesse d'un réformateur.

Avec la modestie on peut se concilier l'estime de quelques hommes d'élite, mais on ne remue jamais les masses. Examinez l'instinct de tous les réformateurs ou chefs d'école ; vous leur trouverez des connaissances en général peu profondes, mais une éloquence naturelle, vive, pleine de verve et d'exaltation ; la parole incisive, passionnée, qui harcèle l'adversaire et le défie au combat avec une audace dont rien n'approche. Il faut absolument des antagonistes à un chef d'école ; s'il n'en avait pas, il s'en créerait lui-même d'imaginaires.

Luther, le contemporain de Paracelse, était bien moins savant que son doux et modeste ami Mélanchthon ; mais il était tout à fait de la trempe d'un réformateur ; c'est lui qui compara la parole à un glaive, et la science à un fourreau. Il laissa à son ami le fourreau ; et on sait comment il s'est servi du glaive.

Après avoir fait connaître la raison de l'influence que Paracelse exerça sur son siècle, jetons un coup d'œil rapide sur sa vie et ses ouvrages.

Paracelse naquit en 1493 à Einsiedel, dans le canton de Schwytz (1). Son père, Guillaume Rombast de Hohenheim, qui exerça plus tard la médecine à Villach en Carinthie, était son premier maître, ainsi qu'il nous l'apprend lui-même (2). Il l'instruisit dans la médecine, dans l'alchimie et dans l'astrologie. Paracelse cite aussi, comme ses maîtres, le célèbre abbé Tritheim de Sponheim ; les évêques Scheyt de Stettgach, et Erlach de Laventall. Selon les mœurs des étudiants de son temps, il mena une vie vagabonde, alla d'une école à l'autre ; et quand il manquait d'argent, ce qui lui arrivait souvent, il disait la bonne aventure, prédisait l'avenir d'après les linéaments de la main, évoquait les âmes

---

(1) On n'est pas bien d'accord sur l'année de la naissance de Paracelse. Selon quelques auteurs, il est né en 1443. Voy. Melch. Adam, *Vitæ Germanorum medicorum qui sæculo superiori claruerunt*; Heidelb, 1620, in-8.

(2) Testamentum Paracelsi, etc. ; *Chronica des Landes Kärnthen*, p. 248.

d'individus depuis longtemps décédés ; en un mot, il faisait le chiromancien et le nécromancien. Il voyagea, dit-on, en Portugal, en Espagne, en France, en Italie, en Allemagne, et visita les mines de la Saxe, du Tyrol, de la Suède. Il poussa ses pérégrinations (comme il cherche lui-même à l'insinuer) jusqu'en Égypte et en Tartarie ; on croit même qu'il accompagna le fils du khan des Tartares à Constantinople, pour apprendre le secret de la teinture de Trismégiste d'un Grec qui habitait cette capitale. Cependant, à en juger d'après les ouvrages qu'il nous a laissés, on est porté à penser qu'il n'a jamais quitté l'Allemagne ; car il fait preuve d'une ignorance incroyable en géographie, et il ne connaît ni les langues ni les mœurs des pays dans lesquels il prétend avoir voyagé.

Ce qu'il y a de certain, c'est qu'il s'occupa quelque temps, dans les mines du Tyrol, de la Bohême et de la Carinthie, de travaux métallurgiques, sous la direction du riche Sig. Fugger.

Paracelse se vante lui-même de n'avoir pas ouvert un seul livre dans l'espace de dix ans, et que toute sa bibliothèque se composait de dix feuillets. Ses contemporains ne lui pardonnaient pas de ne pas même savoir le latin, qui était la langue usuelle des savants. Aussi soutiennent-ils que le titre de *docteur*, que s'attribue Paracelse, est usurpé ; car personne ne pouvait obtenir ce grade sans savoir au moins le latin. L'inventaire dressé après sa mort constate qu'il laissa, pour tout trésor littéraire et scientifique, la Bible, la Concordance de la Bible, le Nouveau Testament, les Commentaires de saint Jérôme sur les évangiles, un volume de médecine, et sept manuscrits.

Paracelse commença sa réputation vers l'âge de trente ans, par quelques cures heureuses. Il parvint à guérir quelques cas de cancer, d'hydropisie, de podagre, etc., réputés incurables. Il assure lui-même avoir rétabli la santé à dix-huit princes qui allaient périr entre les mains des médecins galénistes.

Le sénat de Bâle l'appela, en 1526, pour remplir une chaire nouvellement créée de chirurgie et de physique (1), et non pas de chimie, comme on l'a dit. Paracelse faisait son cours en allemand, ce qui scandalisait fort les autres professeurs, qui tous faisaient leurs cours en latin. A la première leçon, il fit apporter, au milieu

_____

(1) P. Ramus, orat. de Basilea, p. 170.

de la salle, les œuvres d'Hippocrate, de Galien et d'Avicenne, on construisit un bûcher et y mit le feu, en disant que son chapeau, sa barbe et ses souliers en savaient plus que tous les médecins de l'antiquité.

Les démêlés qu'il eut avec quelques personnes considérables de la ville de Bâle le forcèrent à quitter sa chaire au bout d'un an. On raconte, à ce sujet, qu'un chanoine, Kornel de Lichtenfels, lui avait promis 200 florins, s'il parvenait à le guérir de la goutte contre laquelle tous les remèdes avaient échoué. Trois pilules d'opium enlevèrent aussitôt la douleur du mal, et Paracelse réclama le salaire promis. Le chanoine, jugeant d'après la quantité plutôt que d'après la qualité du remède, trouve que c'est trop d'argent pour trois petites pilules, et se refuse à payer. Le docteur eut recours aux tribunaux; et ayant perdu son procès, il lança les invectives les plus outrageantes contre les magistrats. C'est alors qu'il s'enfuit clandestinement, pour se soustraire au châtiment qui l'attendait.

A partir de ce moment, il mena une vie très-aventureuse. On le trouve en Alsace en 1528, à Nuremberg en 1529, à Saint-Gall en 1531, à Pfeffersbade en 1535, à Augsbourg en 1536. Il parcourut ensuite la Moravie, l'Autriche, la Hongrie; il dédia en 1537, à Villach, sa Chronique à l'archevêque de Carinthie.

Paracelse ne laissa pas d'enfants. Suivant Thomas Éraste (*de Paracelsi vita et moribus*), qui n'est pas son panégyriste, il avait été châtré par un militaire, pendant qu'il gardait les oies en Carinthie.

Professeur ambulant, il ne monta jamais en chaire sans être à moitié ivre, s'il faut en croire le témoignage d'Oporin, son secrétaire. Il passait des nuits entières dans des cabarets, en compagnie de paysans et de charretiers.

En 1540, on le trouve à Mindelheim, et l'année après à Salzbourg. C'est là qu'il mourut, en 1541, à l'âge de quarante-huit ans, dans l'hôpital de Saint-Étienne.

Ouvrages de Paracelse.

Paracelse est le chef des médecins-chimistes du XVIᵉ siècle.

Il n'a point publié, de son vivant, ses œuvres complètes. Ce fut à l'instigation de l'archevêque de Cologne que Jean Huser se mit à recueillir, à grands frais, les manuscrits de Paracelse, dispersés dans tous les pays de l'Europe, et à les faire imprimer sous le patronage du prince-électeur. Ces ouvrages ne forment pas de véritable corps de doctrines. C'est une espèce de recueil de divers traités de médecine et d'alchimie, dont le texte est souvent incomplet et tronqué. Beaucoup de ces traités sont supposés, surtout ceux qui sont écrits en latin ; car Paracelse a composé tous ses ouvrages en allemand, dialecte suisse dur et désagréable, mêlé d'idiotismes qu'on a souvent de la peine à comprendre.

Il est probable que les disciples de Paracelse ont introduit dans les ouvrages du maître beaucoup d'interpolations contre lesquelles la critique doit se tenir en garde. *Valentin de Retiis* n'estime pas à moins de trois cent soixante-quatre le nombre de ses ouvrages, dont plusieurs ont été traduits dans les principales langues de l'Europe. *Michel Toxites de Hagenau*, et *Gerhard Dorn*, se sont surtout attachés à répandre et à populariser les écrits de leur maître. Le premier a publié un *Onomasticum medicum verborum Paracelsi*, Argent., 1574, in-8; et le dernier, *Dictionarium Theophrasti Paracelsi*; on lui doit aussi une traduction latine de divers traités de Paracelse (1).

Il serait superflu d'indiquer ici tous les traités de Paracelse sur la chimie et la médecine. Ceux qui seraient curieux d'en connaître les titres n'ont qu'à consulter les tables des matières de l'édition allemande de Huser, ou de l'édition latine de Pitiscus (2).

L'édition la plus complète des œuvres de Paracelse a pour titre :

Bücher und Schriften des edlen, hochgelahrten, und bewehrten philosophi medici, PHILIPPI THEOPHRASTI BOMBAST VON HOHENHEIM PARACELSI *genannt; jetzt aufs neu aus den Originalien und Theophrasti eigener Handschrift, soviel dieselben zubekommen gewesen, aufs trefflichst und fleisigst an Tag gegeben, durch* JOANNEM HUSERUM BRISGOIUM. (Écrits du noble et savant philosophe médecin Philippe Théophraste Bombast de Hohenheim, dit Paracelse, publiés d'après les manuscrits originaux, etc., par Jean Huser, etc.) — *Bâle, anno 1589, dix volumes in-4°.*

C'est cette édition, d'ailleurs assez rare, que j'ai sous les yeux. L'édition latine, qui n'est qu'une traduction de l'édition originale allemande, est, au contraire, assez commune, et n'a pas une

---

(1) Opera nonnulla ex germ. in lat. translat., opera Dornei ; Basil., 8, 1570.

(2) Fr. Gmelin (*Geschichte der Chemie*, t. 1, p. 240) donne la liste de ces traités, avec la date de leur publication.

grande valeur (*Aurelii Philippi Theophr. Paracelsi Bombast ab Hohenheim, medici et philosophi celeberrimi, chemicorumque principis, opera omnia; Genevæ, 1658, 2 vol. in-fol.*)

Un mérite que même ses plus grands détracteurs ne peuvent lui contester, c'est cette grande indépendance d'esprit et d'observation dont il fait preuve dans ses écrits. L'autorité du passé ne l'enchaîne pas ; il dit franchement ce qu'il voit et ce qu'il pense.

Nous allons maintenant signaler les détails les plus intéressants de la partie chimique de ses ouvrages.

Les idées que l'auteur professe sur l'air ne diffèrent pas beaucoup de celles qu'avaient déjà les philosophes anciens.

« S'il n'y avait pas d'air, dit-il, tous les êtres animés mourraient asphyxiés (1).

« Si le bois brûle, c'est l'air qui en est la cause. Sans l'air, il ne brûlerait pas (2). »

Paracelse ne paraît pas avoir ignoré que l'étain augmente de poids quand on le calcine, et que cette augmentation de poids est due à une portion de l'air qui s'est fixé sur le métal (3).

L'effervescence qui se manifeste lorsqu'on met de l'eau et de l'huile de vitriol (acide sulfurique) en contact avec un métal, comme le fer, n'avait pas échappé à son observation. Il savait qu'il se dégageait un air (*Luft erhebt sich und bricht herfür gleich wie ein Wind*), et que cet air se séparait de l'eau dont il était un élément (4).

Paracelse avait entrevu la vérité, sans s'y arrêter. Cet air, qui se dégage dans les conditions indiquées, est en effet un élément de l'eau qui est décomposée : c'est le gaz hydrogène. Le moment de sa découverte n'était pas encore arrivé. Il n'y a là qu'un vague prélude.

Il revient souvent sur la question de l'air, comme s'il sentait

------

(1) *Schriften Paracels.*, edit. Huser, t. i, p. 14.

(2) Ibid., t. iv, p. 151 : *So der Luft nit wert, sie (Holz und Fewer) brännen nit.* (Dialecte allemand-suisse).

(3) Ibid., t. vi, p. 16 : *Und ist zu merken dass der* AER *im stanno das corpus giebt*, etc.

(4) Ibid., t. vi. Archidox., p. 12.

toute l'importance de ce sujet. « L'homme meurt comme le feu quand il est privé d'air (1). »

Métaux.

L'auteur admet que les métaux se composent de trois éléments, qui sont l'*esprit*, l'*âme* et le *corps*; en d'autres termes, le *mercure*, le *soufre* et le *sel* (2).

La *rouille* est, selon lui, la mort du métal. « Le safran de Mars (peroxyde de fer) est du fer mort ; le vert-de-gris est du cuivre mort ; le mercure rouge et calciné est du mercure mort, etc. (3). » Il fait observer que le cuivre calciné (oxyde) dans un four est noir, et qu'étant exposé à l'air, il prend sa couleur verte ordinaire (4).

On sait que l'oxyde de cuivre, parfaitement sec (*anhydre*), est en effet noir, tandis que l'oxyde contenant de l'eau (*hydraté*) est de couleur verte.

« Les métaux morts, les *chaux* des *métaux* (c'est ainsi qu'on appelait les oxydes), peuvent être révivifiés ou réduits à l'état de métaux par la suie (charbon). » Il se sert expressément du mot *réduire* (*reduziren*), qui est encore aujourd'hui le terme technique.

Mercure.

Précipité rouge (peroxyde de mercure). Pour le préparer, l'auteur dissout le mercure dans l'eau régale, et calcine le composé « jusqu'à ce que le précipité se manifeste avec sa belle couleur rouge (5). »

C'est à peu près le procédé de Geber (6).

« C'est, dit-il, un spécifique contre la maladie vénérienne (*morbus gallicus*). »

Cinabre. Faire tomber du mercure en pluie fine (pressé à travers

---

(1) *Schriften Paracels.*, t. IX, pag. 398.
(2) Ibid., t. VI, p. 265.
(3) Ibid., pag. 284.
(4) Ibid., pag. 288.
(5) *Bis dir der Præcipitât an der schœnen rothen Farbe gefällt.* Ibid., pag. 288.

Voy. *Histoire de la chimie*, t. I, p. 322.

une peau) sur du soufre en poudre, et soumettre le mélange à la sublimation dans une cucurbite surmontée d'un aludel. « Le cinabre se sublime et s'attache aux parois de l'aludel, sous la forme d'une pierre sanguine (*wie ein Blutstein*) (1). » — Ce procédé était également déjà connu.

Sublimé blanc. Il se préparait en chauffant un mélange de vitriol, de sel et de mercure. « Il est blanc comme de la neige, et présente l'aspect d'un cristal (2). »

Ce produit était un chlorure de mercure qui pouvait être, tantôt le proto-chlorure (calomélas), tantôt le deuto-chlorure (sublimé corrosif), suivant les proportions des matières employées.

Zinc.

C'est Paracelse qui, le premier, fait mention de ce métal sous le nom qu'il porte encore aujourd'hui. Mais il n'en donne aucun détail suffisant pour le faire distinguer des autres métaux.

« On trouve, dit-il, en Carinthie le zinc (*das Zincken*), qui est un singulier métal, plus étrange que les autres métaux (3). »

Dans un autre endroit, il le compare au mercure et au bismuth (*Wismuth*) (4).

Il paraît ignorer que le zinc se retire de la cadmie ou de la calamine, et qu'il s'allie avec le cuivre pour former le laiton ; et pourtant il savait que celui-ci se fait avec le cuivre et la cadmie.

Cuivre.

« On fait avec le cuivre cémenté, et avec la tutie ou la cadmie, un beau laiton rouge (*Messing*) qui ressemble à l'or (5). »

Un peu plus loin, il décrit parfaitement le départ de l'argent et de l'or au moyen de l'eau-forte.

« Pour séparer, dit-il, les métaux à l'aide de l'eau-forte ou

---

(1) OEuvres de Paracelse, édit. Huser, t. vi, pag. 288.

(2) Voy. Histoire de la chimie, t. i, p. 322. — L'acide sulfurique du vitriol (sulfate de fer) réagissant sur le sel marin (chlorure de sodium), donne de l'acide chlorhydrique, qui attaque le mercure et le transforme en chlorure.

(3) OEuvres de Paracelse, éd. Huser, t. ii, p. 121.

(4) Ibid., t. viii, p. 359.

(5) Ibid., t. vi, p. 303.

d'autres eaux corrosives (*andere dergleichen corrosivische Wasser*), on procède de la manière suivante : l'alliage est d'abord réduit en petites parcelles, puis on l'introduit dans une cornue, et on y verse de l'eau-forte ordinaire en quantité suffisante. Laissez digérer jusqu'à ce que le tout se résolve en une eau limpide. Si c'est un alliage d'or et d'argent qu'on a ainsi traité, l'argent seul se dissoudra, et l'or se déposera semblable à du gravier noir (*gleich einem schwarzen Sand*). C'est ainsi que les deux métaux, l'or et l'argent, se trouvent séparés l'un de l'autre. Maintenant s'agit-il de retirer l'argent de la liqueur sans avoir recours à la distillation, alors il faudra y plonger une lame de cuivre : aussitôt l'argent commence à se déposer, comme du sable, au fond du vase, et la lame de cuivre est attaquée et corrodée (1). »

Il n'y a rien à redire à ce procédé, qui est décrit avec une lucidité remarquable.

Cobalt.

Il n'est pas certain que Paracelse ait compris sous ce nom ce que nous entendons aujourd'hui par cobalt. Il dit cependant que c'est un métal qui a la couleur du fer, qu'il est sans éclat, et qu'il ne se laisse guère travailler (2).

Arsenic.

Presque tous les alchimistes avaient connaissance de l'arsenic ; mais aucun d'eux n'en avait indiqué, d'une manière précise, les propriétés toxiques.

« L'arsenic, dit Paracelse, tire toutes ses propriétés de sa nature vénéneuse. C'est un poison qui surpasse tous les autres poisons (3). »

Gmelin me paraît être dans l'erreur quand il dit que Paracelse connaissait l'arsenic métallique ; car celui-ci ne connaissait guère que le sulfure et l'acide arsénieux.

Paracelse croit à la possibilité de la transmutation des métaux, et que les métaux peuvent se transformer en pierres au sein de la

(1) *Soll du in solche Solution ein Kupfer Lamein werfen, alsbald wird sich das Silber im Wasser senken, fallen oder niederschlagen, und die Kupfer Lamein anheben zu verzehren.*

(2) Œuvres de Paracelse, édit. Huser, t. VIII, p. 359.

(3) Ibid., t. VII, p. 201.

terre. « Non-seulement ils s'y moisissent (*schimmeln*) et se rouillent, mais ils se changent, à la longue, en véritables pierres. C'est ainsi que l'on trouve beaucoup de monnaies païennes qui, de métalliques qu'elles étaient, sont devenues pierreuses (1). »

Il est d'opinion que les minéraux se développent comme les plantes. En cela, il pense comme beaucoup d'alchimistes. « Soumis à l'influence des astres et du sol, l'arbre développe d'abord des boutons, puis des bourgeons, puis des fleurs, et enfin des fruits. Il en est de même des minéraux. Que l'alchimiste songe bien à tout cela ; car c'est là qu'il trouvera le trésor des trésors (2). »

« L'alchimiste, dit-il ailleurs, est semblable au boulanger qui change la farine et la pâte en pain. La nature fournit la matière brute, l'étoffe première ; c'est à l'alchimiste à la façonner à sa guise (3). »

Ceci est sage et raisonnable ; mais les spagiristes ne s'en sont pas toujours tenus là.

Dans d'autres endroits, Paracelse admet toutes les traditions de la magie, de la cabale et de l'astrologie ; il les exagère en les transportant dans la médecine et la chimie. La magie était même, selon lui, le point culminant de toutes les sciences. Il conçut la pensée de créer, au moyen de la magie combinée avec l'alchimie, des êtres animés, des hommes en miniature (*homunculi*). Il se fait à cet égard une singulière idée de la puissance humaine (4).

« La mesure de notre sagesse, dans ce monde, est, dit-il, de vivre comme les anges dans le ciel ; car nous sommes des anges. Or, il s'agit de savoir ce que peuvent les anges. Ils peuvent tout ; car c'est en eux qu'habite toute la sagesse de Dieu, toute la science de Dieu. Les anges possèdent donc toutes les connaissances de Dieu. Ils sont purs et innocents dans le ciel comme sur la terre ; ils ne dorment jamais, ils n'ont pas besoin d'être réveillés. L'homme dort, parce qu'il est corporel. Aussi faut-il l'exciter et le réveiller pour la science des anges, c'est-à-dire pour la science et la sagesse de Dieu. Les sciences de Dieu sont : la médecine, la géomancie, l'astronomie, la pyromancie, la chiromancie, la magie, la malé-

---

(1) OEuvres de Paracelse, édit. Huser, t. VI, p. 392.
(2) Ibid., t. VI, p. 397.
(3) Ibid., t. I, p. 51.
(4) Voy. le *Précis de l'Histoire de la Chimie* (p. xxiij), qui précède les Éléments de Chimie minérale, par Ferd. Hoefer ; Paris, 1841, in-8°.

diction, la bénédiction, la nécromancie, l'alchimie, la transmutation, la réduction, la fixation et la teinture. Toutes ces sciences se trouvent dans la nature. Les anges sont des médecins. Ils peuvent voler, marcher sur les eaux, traverser les mers, se rendre invisibles, guérir toutes les maladies, ensorceler, etc. Si les anges ont toutes ces facultés, il est nécessaire que ces facultés existent également dans les plantes, dans les semences, dans les racines, dans les pierres, dans les graines. C'est là qu'il faut les chercher. Les anges les possèdent renfermées en eux-mêmes. L'homme les a au dehors de lui, dans la nature : c'est là qu'il doit se les approprier. »

Ces idées, assez habilement exposées, comme on vient de le voir, trouvèrent beaucoup de partisans.

Ses idées cosmologiques ne sont pas moins remarquables. Il compare le globe terrestre, enveloppé de l'air, au jaune d'œuf nageant au milieu du blanc (1). Il le compare encore à une graine de melon nageant dans un liquide mucilagineux.

Chimie organique.

La chimie appliquée à la physiologie, à la pathologie et à la thérapeutique, c'est là le véritable terrain de Paracelse. Ses idées sur la vie et la composition matérielle de l'homme sont fort curieuses, et eurent beaucoup de retentissement.

« La vie est un esprit qui dévore le corps. Toute transmutation se fait par l'intermédiaire de la vie. La digestion est une dissolution des aliments (*Essen ist nichts anders als eine Auflœssung*).

« L'homme est une vapeur condensée ; il retournera en vapeur d'où il est sorti (2). »

La *putréfaction* est une transmutation. « Elle consume les vieux corps et les transmute en substances nouvelles ; elle produit des fruits nouveaux. Tout ce qui est vivant meurt, et tout ce qui meurt *ressuscite*. »

On ignore ce que Paracelse a voulu dire par *alchahest* (*allgeist*, tout esprit). A coup sûr ce n'est pas le gaz acide carbonique,

---

(1) *Wie der Vitellus ovi in seinem Clar, also schwebt die Erde in dieser Luft.* Ibid., t. VIII, p. 61.

(2) Ibid., t. VIII, pag. 45.

comme on l'a pensé. C'était, selon l'auteur lui-même, un liquide (*liquor alchahest*) doué d'un grand pouvoir dissolvant (eau régale, acide chlorhydrique, etc.?), préconisé dans les maladies du foie (1).

Les éléments du corps humain sont, selon lui, le soufre, le sel (commun?) et le mercure. Les propriétés de ces éléments se manifestent dans diverses parties de l'économie : le soufre est rouge dans le sang, le sel vert dans la bile, et le mercure pesant dans les chairs. Il y a un sel sidéral (produit par l'influence des astres) qui n'est accessible qu'aux sens les plus exercés, et qui reste après l'incinération ; il y a aussi un soufre sidéral, base de l'accroissement et de la combustion des corps ; enfin il y a un mercure sidéral, fondement des liquides et des parties volatiles. Les fonctions principales de l'économie sont dévolues à un *Archée* que le chimiste devrait prendre pour modèle dans toutes ses opérations. Cet Archée préside à la digestion ; il sépare les matières destinées à être rejetées, et assimile celles qui doivent se transformer en sang, en muscles, etc. Il réside non-seulement dans l'estomac, mais dans toutes les parties du corps, dont chacune est comparable à un estomac.

La pathologie chimique de Paracelse se ressent des mêmes doctrines. La cabale et l'astrologie y ont cependant une plus large part. Ainsi, les maladies, surtout épidémiques, sont engendrées par des astres dont l'influence infecte ou empoisonne l'air. L'arsenic agit sur le sang, le mercure sur la tête, et le sel sur les os et les vaisseaux. Les fièvres putrides doivent leur origine à des substances excrémentitielles qui, au lieu d'être éliminées, sont retenues dans l'économie. Les pores sécrètent le mercure ; le nez sécrète le soufre, et les oreilles, l'arsenic.

Toute la *chémiatrie* ou la thérapeutique chimique de Paracelse se réduit à la proposition suivante : *L'homme est un composé chimique ; les maladies ont pour cause une altération quelconque de ce composé ; il faut donc des médicaments chimiques pour les combattre.*

Les substances qui sont supposées jouer un rôle important dans l'économie animale sont aussi celles qui sont le plus souvent employées comme médicaments. Le mercure, le soufre, l'antimoine, l'arsenic, se placent en première ligne. L'opium, la teinture d'aloès (*élixir de propriété*), l'esprit de vitriol, la rouille de fer, le vitriol et

______

(1) OEuvres de Paracelse, éd. Huser, t. III, p. 7.

l'alun étaient administrés à des doses plus considérables qu'ils ne
l'avaient jamais été (1). Extraire des végétaux et des minéraux, à
l'aide de la chimie, les parties les plus actives, et bannir de la matière médicale ces mélanges informes de drogues diverses, ces tisa-
nes d'herbes et de bois qui remplissent les pharmacopées anciennes,
faire sentir aux médecins la nécessité de l'étude de la chimie, tel
était le principal but des travaux de Paracelse et de ses disciples.

§ 1.

Disciples de Paracelse.

Un homme tel que Paracelse ne pouvait avoir que des amis en-
thousiastes ou des adversaires implacables.

Parmi ses amis et disciples, on remarque, en première ligne :
Léonard Thurneysser (né en 1530, mort en 1590), natif de Bâle.
Fils d'un orfèvre de cette ville, où Paracelse avait été professeur de
chirurgie, il apprit l'état de son père. Ayant vendu un jour du
plomb doré à un Juif pour de l'or véritable, il quitta son pays pour
se soustraire aux poursuites de la justice. Il se réfugia d'abord en
Angleterre, et de là en France. L'Allemagne continuait alors à être
agitée par les guerres de religion. Thurneysser profita de ce moment
pour retourner en Allemagne, et s'engagea, en 1552, comme vo-
lontaire dans le régiment des archers du comte Christophe d'Olden-
bourg. Mais, déjà au bout d'un an, il abandonna le service militaire, et alla visiter les mines du Nord. Dès cet instant il se livra tout
entier aux études métallurgiques et chimiques. Sa renommée attira
bientôt l'attention de l'archiduc Charles ; ce prince le fit voyager,
pendant sept ans (1560-1567), en Europe, en Afrique et en Asie,
pour lui fournir l'occasion d'agrandir le domaine de ses connaissances. Thurneysser cependant oublia bientôt son bienfaiteur, car, en
1580, on le trouve au service de Georges, électeur de Brandebourg.
Ses ennemis l'accusant de charlatanisme et de sorcellerie, le forcè-

---

(1) L'alun et le vitriol, qui avaient été jusqu'alors souvent confondus l'un avec
l'autre, sont fort bien distingués par Paracelse, qui démontre que l'*alun* contient un corps terreux (*alumine*), tandis que le *vitriol* renferme un *métal* (fer,
cuivre, zinc).

rent de quitter Berlin. Il se retira d'abord à Prague, puis à Rome; et, après quelques années encore d'une vie aventureuse, il mourut pauvre et abandonné, dans un couvent de Cologne.

Thurneysser laissa de nombreux écrits, dans lesquels il met Paracelse au-dessus de tous les hommes. Pour éviter les reproches que les savants ne cessaient de faire au maître, il avait appris l'alphabet de presque toutes les langues anciennes ou modernes. Il a soin d'en intercaler quelques mots dans ses ouvrages.

Il admet, avec beaucoup d'alchimistes, quatre éléments : le sel, le soufre et le mercure, représentant la terre, l'air et l'eau. Il compare le sel au corps, le soufre à l'esprit, le mercure à l'âme.

Ses principaux ouvrages sont : *Quinta essentia* (1). — *Archidoxa* (2). — Ἐπιγραφήλωσις (3). — *Pison* (4). מרכבה καὶ Ἑρμηνεία (5). — Μεγάλη Χυμία, *vel magna alchymia* (6). — *Reiscapothakon* (Pharmacies de voyage) (7). — *Onamasticum Polyglosson* (8). — *Historia plantarum* (9).

Aucun de ces ouvrages, dont il serait même inutile de donner une liste complète (10), ne mérite d'être analysé.

Oswald Croll était au moins aussi attaché aux idées de Paracelse que L. Thurneysser. Habile dans la préparation des médicaments, il suivait trop aveuglément les préceptes du maître. Il avait connaissance de l'or fulminant, du sulfate de potasse (*tartarus vitriolatus*), et du chlorure d'argent (*luna cornea*) obtenu en précipitant une dissolution d'argent par du sel marin (11).

---

(1) Münster, 1570, in-4. (En allemand.)

(2) Berlin, 1575, in-fol. (En allemand.)

(3) Berlin, 1575, in-fol. (En allemand.)

(4) Francof. sur l'Oder, 1572, in-fol. (En allemand.)

(5) Berlin, 1573, in-fol. (En allemand.)

(6) Berlin, 1583, in-fol. (En allemand.)

(7) Leipzig, 1602, in-8. (En allemand.)

(8) *Multa pro medicis et chymicis continens*; Berol., 1574, in-8.

(9) *Earumdem cum virtutes influentiales, elementares et naturales, tum substantiales*, etc.; Berol., 1578, in-fol.

(10) Voy. Gmelin, t. I, p. 271.

(11) *Basilica chymica*, etc.; Francof., 1608, in-4. — Cet ouvrage a eu de nombreuses éditions. Il a été traduit en français, en anglais et en allemand. *La Royale chimie de Crollius*, trad. par Marcel de Bollene, Rouen, 1638; *Crollius royal Chymistry*, London, 1670, in-fol.

Le nombre des défenseurs de Paracelse était considérable en Allemagne. Nous nous bornerons à nommer les plus zélés :

G. Dorn (1), A. Erastern, professeur à la Faculté de médecine de Leipzig et d'Iéna (2); G. Fram (Phædro) de Rhudach (3), R. Caminatta de Reckingen, médecin de l'empereur Maximilien II (4); F. Reices (5), Ad. de Bodenstein, M. Toxites.

Ils ne reculèrent devant aucun obstacle pour répandre les doctrines et les livres de Paracelse, non-seulement en Allemagne, mais encore à l'étranger.

En *Danemark* vivait, à la fin du xvie siècle, un des sectateurs les plus ardents des doctrines de Paracelse, Pierre Séverin. Ce médecin célèbre est un des plus grands partisans des médicaments chimiques; son autorité a le plus contribué à vulgariser l'emploi de l'antimoine dans le traitement des maladies internes. Voici, en deux mots, la fameuse théorie de Séverin :

De même que l'antimoine purifie l'or et enlève aux minérais leurs impuretés, de même aussi il ôte au corps malade les immondices qui entravent les fonctions naturelles de l'économie (6).

Cette théorie, véritable pomme de discorde jetée au milieu de la tourbe des médecins, découlait du principe, déjà établi par Paracelse, que le mercure, le soufre, l'antimoine, le sel, les esprits minéraux, sont, non-seulement les éléments du corps, mais encore les causes de tous les phénomènes qui s'y opèrent.

Ce n'était ni la première ni la dernière fois que le corps de

(1) Clavis totius philosophiæ chymisticæ, etc.; Lugd., 1567, in-12. — Chymisticum artificium naturæ theoricum et practicum, etc.; Francof., 1568, in-8. — Philosophia chemica, etc.; Francof., 1569, in-8. — Lapis metaphysicus; Basil., in-8, 1569.

(2) *Reise-apotheke* (Pharmacie de voyage); Zerbst., 1602, in-8. — *Extraction der spiritualischen Kräfte aus Kräutern* (Extraction des forces spiritueuses des plantes); Wittenberg, 1609, in-4.

(3) Praxis medico-chemica; Francof., 1611, in-8.

(4) Practica; Strasb., 1570, in-8. — Harmoney, Sympathey und Antipathey der Kräuter; Nuremb., 1680, in-8.

(5) Tract. de Podagra medica-kimica; Franco., 1589, in-8.

(6) Idea medicinæ philosophicæ fundamenta continens totius medicinæ Paracelsicæ, etc.; Basil., 1571, in-4.

l'homme était assimilé à un laboratoire de chimie, dont la porte était quelquefois fermée par l'ordre des parlements.

Dans les *Pays-Bas*, la médecine chimique de Paracelse et de Séverin trouva un défenseur ardent en Joh. Micneers d'Anvers, qui alla la répandre en *Angleterre*, où l'avaient déjà précédé J. Hester (1) et Thomas Mervenns (Moufet). Ce dernier fit l'apologie des médicaments chimiques dans un ouvrage qui a pour titre : *De jure et præstantia medicamentorum dialogus apologeticus* (2). C'est une imitation grossière et peu attrayante des *Colloquia* d'Érasme.

Les médecins *français* ne firent pas un accueil aussi favorable aux théories médico-chimiques de Paracelse et de Séverin. Jacques Gaevin de Clermont, médecin de la duchesse de Savoie, est un de ceux qui s'élevèrent le plus contre l'usage pernicieux de l'antimoine (3). Enfin, les discussions pour et contre l'usage des préparations antimoniales provoquèrent un arrêt du parlement, rendu en 1566, qui défendit à tous les médecins de Paris de prescrire ce médicament, sous peine de perdre le droit d'exercer leur profession (4).

Ant. Fexor s'opposa, par d'excellentes raisons, à l'abus des préparations d'or (5).

Cependant les médicaments chimiques trouvèrent aussi, en France, de nombreux apologistes. Nous citerons, entre autres, J. Commar, plus connu sous le nom de Léo. Suavius ; G. Aubaco de Toulouse, qui préconisait l'emploi des préparat n.. mercurielles (6) ; Aubby (Alberius) (7), et Roch le Baillif.

---

(1) *Compendium secretorum rationalium*; Lond., 1582, in-8. — *Pearle of practice, or pearle for physic and chirurgerie*; Lond., 1592, in-8.

(2) *Accedunt etiam epistolæ quædam medicinales*; Francof., 1584, in-12.

(3) *Discours sur les facultés de l'antimoine, contre Louis de Launay*; Paris, 1567, in-8.

(4) P. Masson, *Éloges*, t. ii. Éloge de Simon Piètre.

(5) *Alexipharmacum ad virulentiam Joh. Quercetani, etc.*; Basil., 1576, in-8

(6) *De natura et viribus hydrargyri epist. ad Paul. Jovium*; Basil., 1710, in-8.

(7) *De concordia medicorum disputatio exoterica*; Bern., 1585, in-8.

Ce dernier dit, dans son *Demosterion*, qu'il tenait cachés entre deux murailles plus de trois cents volumes venant à l'appui des préceptes de Paracelse. Le *Demosterion* (Rennes, 1578, in-4°) contient : 1° *Aphorismes extraits en partie des sentences de Paracelse, et en partie d'expérience et raison*; 2° *Brieve division de magie, ou Traité des conjurations*; 3° *Petit dictionnaire d'alchimie*; 4° *Chiromancie*; 5° *De l'antiquité et singularités de Bretagne armorique*. — Noch le Baillif, de Falaise, en Normandie, était médecin de Henri IV.

La médecine chimique eut aussi ses martyrs. G. Bernard Penot, de Sainte-Marie, en Guienne, avait employé toute sa fortune, qui était considérable, à répandre les idées de Paracelse, et à chercher lui-même une médecine universelle. Il fut réduit, par son opiniâtreté, à la dernière misère, et mourut, rongé de vermine, dans un hôpital de l'étranger, à Yverdun en Suisse. Nous avons de lui plusieurs traités de peu d'intérêt (1).

Joseph Duchesne, connu sous le nom de Quercetanus, d'Armagnac en Gascogne, n'était pas aussi malheureux. Les médicaments chimiques devinrent pour lui une mine d'or. Il avait séjourné longtemps en Allemagne; après son retour, il fut attaché, comme médecin, à la cour de Henri IV. Son orgueil lui attira beaucoup d'ennemis.

Ses ouvrages sont assez nombreux, et la plupart ne sont pas sans intérêt. Partisan des médicaments énergiques retirés, par des voies chimiques, des végétaux ou des minéraux, il en décrit exactement la préparation et l'action. Dans son traité *De ortu et causis metallorum*, etc. (2), il parle longuement du *laudanum*, nom qu'il fait dériver de *laudando* (remède louable). Il le prépare en faisant infuser de l'opium dans du vin, avec de l'ambre, de l'huile de cannelle, des clous de girofle et des noix de muscade.

---

(1) Libellus de denario medico, etc.; Bern., 1608, in-8. — Quæstiones et responsiones philosophicæ. Theat. chem., t. II. — Regulæ sive canones philosophici. Ibid. — Extractio mercurii ex auro. — Ibid. Dialogus de arte chemica. Ibid. — Abditorum chymicorum tractatus varii; Francof., 1595, in-8. Apologia contra Ios. Michelium, etc.; Francof., 1606, in-8.

(2) Ad Jacobi Auberti Vendonis brevis responsio; Lyon, 1575, in-8. Theat. chem., t. II.

Il donnait également le nom de *laudanum* ou de *népenthès* à des préparations médicinales dans lesquelles n'entrait point d'opium. Tel est le *népenthès* avec lequel il assure avoir obtenu des guérisons extraordinaires : c'est un composé d'extrait de racine d'angélique, de tormentille, de zédoaire, de girofle, de pivoine, de gui de chêne (1).

Déjà du temps de Henri IV, les médecins français discutaient pour et contre l'emploi du mercure dans le traitement de la syphilis. Duchesne se prononça formellement en faveur du mercure, surtout lorsque la maladie est ancienne et invétérée (2).

Duchesne fait un des premiers mention du *gluten*, qu'il préparait, ainsi qu'on le fait encore aujourd'hui, en malaxant de la pâte de farine non fermentée sous un filet d'eau ; il soutient même que cette substance glutineuse, tenace (*substantia tenax, cerea, prorsus glutinosa*), se détruit en partie par la fermentation (3).

Un des passages les plus remarquables de son traité de *matières médicales* est celui qui traite de la composition du nitre. « Le nitre renferme, dit l'auteur, un esprit qui est de la nature de l'air, et qui, loin d'entretenir la flamme, l'éteint plutôt (4). » Il est impossible de ne pas reconnaître, dans cette indication, l'*azote*, l'un des éléments de l'acide nitrique et de l'air.

Comme Duchesne ne donne aucune suite à cette idée, il est impossible de réclamer pour lui la découverte de ce gaz. C'est ainsi que l'oxygène, l'hydrogène, l'acide carbonique, et beaucoup d'autres substances, avaient été entrevus, dans l'antiquité et au moyen âge, par des observateurs différents ; mais comme aucun d'eux ne présente ces corps à l'état *isolé*, il ne peut pas encore en réalité être question de leur découverte.

Le plus fécond et le plus sage des élèves de l'école du Para-

---

(1) *Consilium pro nobili virgine*, in Jos. Quercet., liber de priscorum philosophorum veræ medicinæ materia ; Genevæ, 1609, in-12, p. 431.

(2) Statuo hujus luis præsertim inveteratæ unicum et verum et solum alexipharmacum esse mercurium. *Consil. de lue venerea* ; Genev., 1609, in-12, pag. 369.

(3) De dogmaticorum legitima et restituta medicamentorum præparatione, lib. 1, c. 6.

(4) In sale petræ spiritus — qui est de natura aëris, et qui tamen flammam concipere haud possit, sed huic potius contrarius. *De priscorum philosoph. medicinæ materia*, lib. 1, c. 3.

celso, c'est André Libavius, qui vivait vers la fin du xvi° et au commencement du xvii° siècle. Ce médecin était de Halle en Saxe; il exerça sa profession, d'abord à Rotembourg, puis à Cobourg, où il fut nommé directeur du gymnase (collége) de cette ville. Il mourut en 1616.

Il se distingua de la plupart des paracelsistes par sa modération et son esprit d'indépendance. Loin de jurer sur les paroles du maître, il le réfute quand il le croit dans l'erreur. Se débarrassant des langes de l'autorité, il interroge lui-même l'expérience, et, en ajoutant au domaine des faits, il contribue activement au progrès des sciences.

Son langage s'écarte rarement des règles de l'urbanité, lorsqu'il répond aux diatribes des médecins galénistes. Défendant avec vigueur la thérapeutique chimique et même l'alchimie contre les attaques d'Érasto, de Guibert, de Riolan et de l'école de Paris, il ne s'exagère pourtant jamais l'importance de la cause qu'il soutient (1). Les théosophes ambulants, les vendeurs de panacées et de remèdes secrets, dont la race ne s'éteindra jamais, étaient pour lui l'objet d'une vive animadversion. G. Anwald, J. Gramann, Michelius, O. Croll, etc., étaient livrés, par lui, au mépris universel (2). Ceci ne l'empêchait pas pourtant de croire à l'efficacité de l'or potable, et à la transmutation des métaux communs en or.

Les écrits de Libavius sont très-nombreux; ce sont, en grande partie, des compilations faites sur des auteurs anciens et contemporains (3). Cependant il ne s'est pas toujours borné au rôle de simple compilateur : on y trouve quelques observations qui lui sont propres.

---

(1) Defensio et declaratio alchymiæ transmutatoriæ *Nic. Guiberto* opposita; Ursell., 1604, in-8. — Alchymia triumphans de iniqua collegii Galenici Spurii censura, et *J. Riolani* monographia funditus eversa; Francof., 1607, in-8. — Examen censuræ scholæ Parisiensis contra alchymiam, 1601, 1604, in-8. — Commentariorum alchymiæ pars i. Præmissa est defensio alchimiæ et refutatio objectionum ex censura scholæ Parisiensis; Francof., 1606, in-fol.

(2) Panacaea Anwaldina victa et prostrata, etc.; Francof., 1596, in-4. — Antigermania secunda supplemento absurditatum, etc., A. J. Gramanno effusarum opposita; Francof., 1595, in-8. — Novus de medicina veterum tractatus; pars i, dogmata, etc., adversus J. Michelii conatum discutiuntur; Francof., 1599, in-8. — Examen philosophiæ magicæ Crollii, etc.; Francof., 1615, in-fol.

(3) Opera medico-chymica; Francof., 1606, 2 vol. in-fol.

Libavius a donné son nom à un sel d'étain (bichlorure, composé de deux équivalents de chlore et d'un équivalent d'étain), appelé *liqueur ou esprit fumant, spiritus fumans Libavii*. Ici on s'attendait au moins à une description détaillée de cette découverte; mais il n'en est rien. A peine l'auteur en dit-il quelques mots en passant, et il n'en parle que comme d'une chose commune, dont l'invention ne lui appartiendrait nullement.

Libavius préparait ce composé ainsi qu'on le prépare encore aujourd'hui, en soumettant à la distillation une partie d'étain et quatre parties de sublimé corrosif (bichlorure de mercure). Au lieu de l'étain pur, il se servait ordinairement d'un amalgame d'étain (1). Le produit ainsi obtenu, et qui bout à 120° du thermomètre centigrade, en répandant d'épaisses vapeurs blanches, suffocantes, et très-lourdes (densité 9,2), était appelé par Libavius lui-même *liqueur ou esprit de sublimé mercuriel* (*liquor seu spiritus argenti vivi sublimati*) (2).

Les préparations antimoniales étaient, depuis les travaux de Basile Valentin, devenues, pour ainsi dire, un sujet de mode. Il serait donc surprenant que les médecins-chimistes d'alors n'eussent pas connu l'*émétique*, et qu'ils n'eussent pas essayé de combiner ensemble les fleurs d'antimoine (oxyde), dont ils parlent si souvent, et la crème de tartre (bitartrate de potasse), qui entrait dans presque toutes leurs opérations. Aussi Libavius parle-t-il, chaque fois que l'occasion s'en présente, du composé de tartre et d'antimoine calciné, sans cependant s'y arrêter (3).

Il décrit parfaitement le *verre d'antimoine*, qu'il préparait en faisant fondre la chaux d'antimoine (oxyde) avec du nitre et de la limaille de fer (4).

Il résume l'action des préparations antimoniales sur l'économie d'une manière très-laconique : *Vomere, cacare, sudare*.

L'*arsenic blanc* (*arsenicum album sublimatum*) était préconisé par les paracelsistes dans le traitement externe des ulcères cancé-

---

(1) Syntagma Arcanor. chymicor., lib. III, cap. 14. — Alchymia pharmaceutica, cap. XXVI.

(2) Le sublimé corrosif étant distillé avec l'étain, cède en effet à ce dernier *son esprit*, c'est-à-dire son chlore, et le transforme en bichlorure d'étain (Sn Cl²). Le mercure est par là réduit à l'état métallique.

(3) Alchym., lib. II, tract. II, c. 26.

(4) Alchymia pharmaceutica, c. XVII.

reux. Il servait aussi à faire, avec du lait et de la farine, des pastilles pour tuer les rats (1).

De tout temps on a essayé les poisons et leurs antidotes sur des animaux, avant d'en faire l'expérience sur l'homme. Mais ici Libavius fait une remarque fort judicieuse, souvent répétée de nos jours :

« Les expériences qui sont, dit-il, faites sur des chiens, des chats, des cochons, etc., ne nous inspirent pas beaucoup de confiance. Les animaux sont autrement affectés que les hommes, et, même parmi ceux-ci, il n'y a pas deux tempéraments qui se ressemblent : il est donc impossible que ces expériences donnent des résultats absolus, et applicables à tous les cas (2).

Ce que Libavius appelle *esprit*, *acide de soufre* (*spiritus sulfuris acidus*) est une solution aqueuse de gaz acide sulfureux, préparée en brûlant du soufre, et faisant arriver le produit gazeux dans un récipient plein d'eau (3). Cette solution se convertit peu à peu, au contact de l'air, en acide sulfurique. Libavius avait déjà reconnu l'identité de cet acide sulfurique avec celui obtenu par la distillation du vitriol, ou avec celui qui est préparé en traitant le soufre par l'eau-forte.

En parlant des verres colorés par les chaux métalliques et des pierres précieuses naturelles, il remarque expressément que le *verre rouge hyacinthe* est fait avec un mélange de fer et d'or (4). C'est donc à tort qu'on rapporte cette découverte à un temps beaucoup plus récent.

Le traité *de Docimacie* (*ars probatoria seu docimastica*) est un extrait des œuvres d'Agricola, de Fachs et d'Erker, et se distingue par une grande clarté ; le chapitre où il est question des fondants (flux) est très-bien exposé. L'auteur fait observer qu'il est convenable de varier, suivant la différence des métaux, les propor-

---

(1) Adhibetur ad necandos mures, sive quis pastillos cum lacte et farina facere velit. Syntagm. Arcan. chymic., lib. vii, c. 26.

(2) Canes, feles, sues, gallos aliasque bestias in experimentum producere parum fecit ad securitatem. Aliter istæ sunt affectæ ac homines, etc. Alchymia pharmaceut., cap. xiv.

(3) Syntagma Arcan. chym., lib. viii, c. 19.

(4) Alchym., lib. ii, Tract. i, c. 34. Hyacinthus de utraque martis et terrea (mixtura) solis.

tions de nitre, de tartre, de borax et de sel commun qui entrent d'ordinaire dans la composition des fondants (1).

La chimie organique, qui sert à la préparation d'un grand nombre de médicaments, est peut-être la partie la plus intéressante des œuvres de Libavius. On y trouve quelques observations nouvelles, et, entre autres, l'indication d'un produit connu aujourd'hui sous le nom d'*acide camphorique*; il était préparé en traitant le camphre par l'eau-forte (acide nitrique). Ce produit, dissous dans de l'alcool rectifié, s'appelait *oleum camphoræ* (2).

La préparation du sucre *candi* (sucre en gros cristaux hydratés) y est également très-bien décrite (3).

L'extraction de l'alcool de la bière et des moûts fermentés lui était parfaitement connue. Il décrit même le moyen de préparer de l'esprit-de-vin avec des grains, des fruits sucrés ou amylacés, comme des glands, des châtaignes, etc., qu'il fait fermenter, pendant un certain temps, avant de les soumettre à la distillation (4).

A propos de l'analyse du vin, il en énumère fort bien les principaux éléments, l'eau, l'alcool, et le tartre brut recouvert de la matière colorante (5).

La question des eaux minérales, en tant qu'elle se rattache à la chimie, n'avait été jusque-là examinée que très-superficiellement. Libavius y consacre un ouvrage spécial, *De judicio aquarum mineralium* (6), où il indique, comme le principal procédé d'analyse, l'évaporation des eaux et la pesée du résidu salin, comparativement à la quantité de la liqueur employée. Il fait en même temps connaître un moyen aussi simple qu'ingénieux pour reconnaître si une eau est *minérale*, c'est-à-dire très-chargée en sels métalliques et alcalins, ou si elle ne l'est pas ou fort peu. Ce moyen consiste à trem-

---

(1) Ars probat., pars I, c. XII.

(2) Alchym. Tract., II, cap. XXIV.

(3) Alchym. Tract., II, c. XXXVIII. Sacchari libras viginti tusas solve aqua q. s. in caldario. Sine parum ebullire; — funde in labrum figulinum quadratum intus vitratum et diversis tabulatis distinctum; — foris istis impone bacillos abiegnos vel pineos a se tres digitos distantes : *saccharum affusum accrescit more cristalli.*

(4) Alchym., lib. II, Tract. II, cap. XXVI. Spiritus vini fieri potest ex granis, baccis, glande fagina, etc.

(5) Tractat. chymicus de igne naturæ, cap. XLVIII.

(6) Opera, vol. II, in-fol.; Francof., 1606.

per dans l'eau un drap blanc d'un poids connu, et de le faire ensuite sécher au soleil. Lorsqu'il est parfaitement sec, on le pèse de nouveau; s'il augmente de poids et qu'il présente des taches, on en conclut que l'eau est chargée de substances fixes, minérales. Dans cette opération, il faut, ainsi que le remarque judicieusement l'auteur, éviter soigneusement l'accès de tout courant d'air qui pourrait emporter quelques parcelles de ces substances (1).

Nous n'analyserons pas les ouvrages purement alchimiques ou de polémique de Libavius, car ils n'offriraient ici qu'un bien faible intérêt.

§ 5.

Adversaires de l'école de Paracelse.

Il était plus aisé d'attaquer que de prendre la défense des idées de Paracelse; et bien, que les adversaires de la médecine spagyrique eussent plus beau jeu, ils étaient néanmoins en minorité. Quelques-uns, comme Oporin et Vetter, s'attaquèrent surtout à la vie privée de Paracelse, en la dépeignant comme celle d'un homme crapuleux et ivrogne.

Thomas ÉRASTE (Lieber), Suisse de nation et professeur de médecine à Bâle, était un des ennemis les plus acharnés de son célèbre compatriote. Malheureusement les raisons dont il se sert pour combattre Paracelse, au lieu d'être déduites de l'expérience, sont d'ordinaire empruntées aux arguments de la philosophie scolastique. Il relève quelquefois avec trop d'aigreur les nombreuses contradictions qui se rencontrent dans les écrits de Paracelse et de ses disciples. Il démontre la nullité de la pierre philosophale (2), et combat victorieusement la théorie d'après laquelle les corps vivants ont pour éléments le mercure, le soufre et le sel. Il reproche à Paracelse une mauvaise foi insigne, et soutient que tous les malades

---

(1) Aliud est experimentum per pannum. Certi ponderis pannum mundum in aquam injicimus, donec probe sit madefactus. Hunc suspendimus ut per se exsiccetur. In sicco contemplamur, num quid maculatum traxerit; exploramus item an non ponderosior evaserit, etc. — *De judicio aquarum mineral.* Pars II, cap. IV.

(2) Explicatio quæstionis famosæ illius, utrum ex metallis ignobilibus aurum verum et naturale arte conflari possit; Basil., 1572, 4.

que celui-ci traita, pendant son séjour à Bâle, sont morts dans le cours d'une année ; il raconte à ce sujet l'histoire d'un gentilhomme de Bohème et d'une femme qui, après avoir fait usage des médicaments spagyriques, furent tous les jours en proie à plus de vingt attaques d'épilepsie qui les conduisirent au tombeau. Il reproche aussi à Paracelse d'avoir regardé comme incurables des maladies qui ne l'étaient pas; et il cite, comme exemples, la goutte, la phthisie, l'épilepsie (1).

Un adversaire non moins redoutable était Bern. DESSENIUS, qui consacra un volume à la défense de la médecine ancienne contre les paracelsistes (2).

BRUNO SEIDEL (3), SONER (4), STUPANUS (5), CRATO DE KRAFTHEIM, Conr. GESNER (6), H. CONRING, GRATINI (7), étaient loin de se constituer les champions des doctrines médicales de Paracelse, qui étaient vivement attaquées en France par DURET (8), J. AUBERT de Vendôme (9), Germ. COURTIN (10), Antoine PENOT (11) (qu'il ne faut pas confondre avec Bern. PENOT), J. RIOLAN (12), DU GAULT (13), J. DOVYNET (14) et Georg. BERTIN (15).

---

(1) Disputationes de medicina nova Theophrasti Paracelsi ; Basil., 4.

(2) Defensio medicinæ veteris ac rationalis adversus Georg. Phædronem et sectam Paracelsi, etc. ; Colon., 1573, 4.

(3) Liber morborum incurabilium causas cum brevitate explicans ; Francof., 1593, 8.

(4) Oratio de Theophrasto Paracelso ejusque perniciosa medicina ; Norimb., 1610, 4.

(5) Præcipua pseudochymiæ capita ex Paracelso ; Basil., 1622, 4.

(6) Gesnerianæ epistolæ ed., Wolfflus ; Tigur., 1577, 8.

(7) Solus philosophus, sive novæ medicinæ ac chemiæ compendiosa refutatio.

(8) De arthritidis vera essentia adversus Paracelsistas ; Lyon, 1575, 8.

(9) De metallorum ortu et causis contra chemistas explicatio ; Lyon, 1575, 4.

(10) Disp. adversus Paracels. de tribus principiis, etc. ; Paris, 1579, 4.

(11) Alexipharmacum, etc. ; Basil., 1576, 8.

(12) Comparatio veteris medicinæ cum nova. Paris, 1605, 12 ; Patav., 1591, 4.

— Ad Libavii maniam responsio pro censura scholæ Parisinæ adversus alchymiam ; Paris, 1606, 8.

(13) Palinodie chimique, où les erreurs de cet art sont réfutées ; Paris, 1588, 8.

(14) Apologia adversus multorum, præsertim Theoph. Paracelsi calumnias de antecedenti arthritidis causa, etc. ; Paris, 1582, 8.

(15) Medicina libris XX absoluta, etc. ; Basil., 1587, in-fol.

§ 6.

État de la pharmacie. — Médecins éclectiques.

Le nombre, autrefois très-limité, des établissements pharmaceutiques allait en augmentant en France, en Allemagne et en Italie. En 1538, les médecins d'Augsbourg avaient rédigé une espèce de codex dont les dispositions furent généralement adoptées (1). En France, les rois (Louis XII en 1514, François Ier en 1516 et 1520, Charles IX en 1571, Henri III en 1583, et Henri IV en 1594) avaient octroyé des statuts qui devaient régler l'exercice de la pharmacie (2). La Russie reçut les premiers établissements de pharmacie vers la fin du xvie siècle.

La pharmacie, en général, se bornait à la préparation des médicaments officinaux, qui n'exigent pas de grandes connaissances en chimie ; les médicaments composés magistraux devaient être préparés, du moins en Italie, et notamment à Florence et à Ferrare, en présence même des médecins qui les avaient prescrits, afin de prévenir toute fraude et sophistication (3).

On conçoit aisément que les médicaments dont la préparation exige quelques connaissances chimiques devaient rester longtemps exclus de la boutique du pharmacien. Aussi Paracelse et ses partisans eurent-ils à lutter non-seulement contre cet esprit de routine des médecins, qui s'oppose à toute innovation, mais encore contre l'inertie des apothicaires, qui ne se souciaient guère d'apprendre la préparation de remèdes nouveaux.

Les principaux médecins et chirurgiens, d'après l'autorité desquels étaient en quelque sorte réglées les pharmacopées de ce temps, sont : J. FERNEL (4), professeur à l'École de médecine de Paris ;

---

(1) *Conclusiones et propositiones universam medicinam per genera complectentes*; August. Vind., 1558, 4.

(2) Joubert, *Dictionnaire des arts et métiers*, t. 1, p. 105.

(3) *Lisetti Benauci*, Declaratio frandum et errorum apud pharmacopœos commissorum. Acced. ejusd. argumenti dialogus J. A. *Lodetti*; Turou., 1553, 8.

(4) *Universa medicina. — Vita Fernelii*, dans l'édit. de G. Plantin.

J. Dubois (Sylvius) (1), G. Rondelet (2), doyen de la Faculté de
Montpellier, B. Desserius (3), J. Besson (4), A. Foes de Metz (5),
L. Joubert, médecin de Charles IX (6), N. Houel (7), Pravaux (8),
A. Paré (9), J. Saurnox (10), chancelier de la Faculté de Mont-
pellier, B. Baudéron (11), A. Constantin (12), Fr. Ranchin (13),
N. A. Frambesarius (14), M. Desseau (15), A. Daniot (16), Th. de
Fleigny (17), V. Trincavella, professeur à Padoue (18), J. B. Mon-
tan (19), H. Calestani (20), F. Rota de Bologne (21), Casalis de Bres-

(1) Voyez Moreau, vita Sylvii, dans son édit. des œuvres de Dubois.

(2) Methodus de materia medicinali et compositione medicamentorum; Patav.,
1530, 8.

— Liber de ponderibus, justa qualitate et proportione medicament; Patav.,
1555, 8.

— Formulæ aliquot remediorum; Antw., 1570, in-fol. — Dispensatorium;
Colon., 1585, 12.

— Pharmacopæarum officina correctior; Lond., 1605, in-fol.

(3) De compositione medicamentorum; Francof., 1555, in-fol.

(4) De absoluta ratione extrahendi aquas et olea ex medicamentis simplicibus; Tigur., 1559.

(5) Pharmacopœa; Basil., 1561, 8.

(6) Voy. Teissier, Éloges des hommes savants, t. III.

(7) Pharmaceutices libri II; Paris, 1571, 8. — Traité de la thériaque; Paris,
1573, 8.

(8) Traité de la pharmacie moderne; Paris, 1571, 8.

(9) Œuvres; Paris, 1575, in-fol. La meilleure édit. est de M. Malgaigne (Paris,
1840).

(10) Medendi methodus. Accedit tractatus medicamentorum simplicium;
Monsp., 1609, 12.

(11) Paraphrase sur la pharmacopée; Lyon, 1588. (Imprimé avec L. Catalan,
sur les eaux distillées; Lyon, 1614, 12.)

(12) Bref traité de la pharmacie provinciale; Lyon, 1597, 8.

(13) Œuvres pharmaceutiques, ed. par Catalan; Lyon, 1628, 6.

(14) Ordonnances sur les préparations des médicaments tant simples que
composés, nouvellement réformées; Paris, 1613, 4.

(15) Enchiridion, ou Manuel des myropoles; Lyon, 1561, 4.

(16) De medicamentorum præparatione; Lugd., 1582, 8.

(17) De usu pharmaceutices in consarciuandis medicamentis; Antev., 1539, 8.

(18) De medicæ artis usu apud Venetos; Basil., 1570, 8. — De compositione et
usu medicamentorum; Venet., 1571, 4.

(19) Explanatio eorum quæ pertinent ad tertiam partem de componendis medicamentis; Venet., 1553, 8.

(20) Delle osservazioni, etc.; Venet., 1562, 4.

(21) De introducendis Græcorum medicamiuibus, etc.; Bonon., 1553, in-fol.

cia (1), J. Delphin (2), J. Sylvius de Lille en Flandre (3), H. Caro pi Vacca (Capivaccius), professeur à Padoue (4), G. Fallop de Modène, le célèbre anatomiste (5) ; Fr. Alexandre de Vrucelli (6), P. Bargagnecci (7), A. Bacci, médecin de Sixte-Quint (8), H. Mercurialis de Forli (9), M. de Oddis (10), A. Césalpin, professeur à Pise (11), J. Balcianelles (12), Guill. Seraphini (13), F. Costa (14), A. Anguisola (15), P. Maselli de Bergame (16), N. Stelliola (17), B. Turrisani (18), Valer. Cordus (19), Corn. Petri (20), M. Brassavola de Ferrare (21), Angel. Bloxius (22), Nic. Massa, médecin de Ve-

(1) Explicatio medicamentorum simplicium ; Patav., 1559, 8.

(2) Explanatio in Galeni artis medicinalis librum ; Venet., 1557, 4.

(3) Tabulæ pharmacorum ; Antw., 1568, 8.

(4) De compositione medicamentorum ; Francof., 1607, 12.

(5) De compositione medicamentorum et de cauteriis ; Venet., 1570, 4.

(6) Apollo omnium compositorum et simplicium, etc. ; Venet., 1585, in-fol.

(7) Fabrica delli spezrali XII distinzioni ; Venet., 1566, 4.

(8) Tabula de theriaca, quæ ad instituta veterum, Galeni atque Andromachi inventa est ; Rom., 1582, 8.

(9) Tract. de compositione medicamentorum, etc. ; Venet., 1590, 4.

(10) Methodus exactissima de componendis medicamentis, etc. ; Patav., 1583, 4.

(11) Quæstionum medic. lib. 11. — De facultatibus medicamentorum, lib. 2 ; Venet., 1593, 4.

(12) Discorso contra l'abuso dell' antimonio preparato, d'argento vivo sublimato e del precipitato in medicina solutiva ordinato ; Veron., 1603, 4.

(13) De compositione medicamentorum, etc. Turin, 1591, 4.

(14) Discorso sopra le composizioni degli antidoti e medicamenti, etc. ; Mantova, 1580, 4.

(15) Compendium simplicium et compositorum medicament. ; Placent., 1586, 4.

(16) Pharmacopœa Bergamensis ; Bergam., 1580, 4.

(17) Theriaca et Mithrid., etc. Neapol., 1577, 4.

(18) Meditationes in theriacum, etc. ; Venet., 1576, 4.

(19) Dispensatorium pharmacorum omnium ; Nuremb., 1535, 8.

(20) Adnotatiunculæ aliquot in iv lib. Dioscoridis ; experimenta et antidoti, contra varios morbos ; Antw., 1533, 8.

(21) Examen omnium syruporum quorum publicus usus est ; Venet., 1545, 8.

— Examen omnium pilularum, quarum apud pharmacopolas usus est ; Basil., 1543, 4.

— Examen omnium electuariorum, pulverum, etc. ; Venet., 1548, 8.

— Examen omnium looch, tincturarum, decoctionum, etc. ; accedit de morbo gallico tractatus ; Venet., 1553, 8.

— De medicamentis tam simplicibus quam compositis, etc. ; Tiguri, 1555, 8.

(22) De medicamentis quæ apud pharmacopolas reperiuntr. ; Rom., 1544, 8.

ulse (1), Léon Frens, professeur à Tubingue (2), H. Barland de Namur (3), J. Agricola Ammonios (4), J. Eichmann (Dryander), professeur à Marbourg (5), G. Herm. Ryer (6), R. Frens de Limbourg, chanoine de Liége (7), J. Kufener (Tachonaeus), médecin tyrolien (8); J. Hofftschneider (Plosarouca) (9), J. Pontanus, professeur de Kœnigsberg (10), G. Stupriades (11), G. Pictovius de Villingen (12), Aud. Durzner (13), J. Dracouaves (14), J. Wittich d'Arnstadt (15), Theod. Tabernamontanus (16), Theod. Ulstein (17), G. Masnacu (18), Neck (19), C. Bauhin, professeur à Bâle (20), Ph.

(1) Epistolæ medicinales et physiologicæ; Venet., 1558, 4.

(2) De componendorum miscendorumque medicamentorum ratione; Basil., 1549, in-fol.

(3) Epistola medica de aquarum distillatarum facultatibus; Antw., 1556, 8.

(4) Medicinæ herbariæ libri II; Basil., 1539, 8. — Scholia in Nicolaum Alexandrin. de compositione medicamentor.; Ingolst., 1541, 4.

(5) Der ganzen Arzney gemeiner Inhalt (compendium de médecine); Francof., 1542, in-fol.

(6) Confectbuch und Hausapothek, etc.; Strasb., 1544, 4.

(7) Pharmacorum omnium, quæ in communi sunt practicantium usu Tabulæ x; Paris, 1569, 12.

— Historia omnium aquarum, quæ in communi hodie practicantium sunt usu, etc.; Paris, 1552, 8.

(8) Pharmacoliterion, sive medicamenta composita secundum ordinem effectuum alphabeticum; Ingolst., 1543, 2.

(9) Pharmacopœa in compendium redacta; Antw., 1560, 8. — De distillationibus chemicis epist.; Francof., ad Vlad., 1553, 8.

(10) Methodus componendi theriacum et præparandi ambram facillam; Lips., 1604, 4.

(11) Dispensatorium utilissimorum hoc tempore medicament. disciplinam continens; Paur-, 1614, 4.

(12) Medicina tam simplices quam compositæ ad pæne omnes corporis humani effectus, ex Hippocrate, Galeno, Avicenna, Ægineta ordine alphabetico conscriptæ; Basil., 1560, 8.

(13) De theriaca et mithridatio Græcorum. 1549, 8.

(14) Theriaca et mithridatium, duo antiquissima Græcorum antidota, etc.; Francof., 1552, 8.

(15) Methodus tam simplicium quam compositorum medicamentorum, quæ apud recentiores sunt in usu; Lips., 1590, 8.

(16) Arzneybuch (livre de médecine); Francof., 1577, in-fol.

(17) De pharmacandi comprobata ratione, etc.; Basil., 1571, 8.

(18) Collectanea practica et pharmaceutica; Ulm., 1676, 4.

(19) Pharmacopœa; Amsterd., 1580, 8.

(20) De remediorum formulis Græcis, Arabibus, Latinis usitatis, etc., libri duo; Francof., 1619, 8.

— De compositione medicamentorum, etc.; Offenbach., 1610, 8.

Scaliger d'Altdorf (1), T. Donnandel (2), Seb. Bloss, professeur à Tubingue (3), J. Scouisen (4), J. Hassen de Berne (5), L. Perea de Tolède (6), G. Nessisen (7). F. Valles, médecin de Philippe II, roi d'Espagne (8); M. Sautet (9), L. Collado de Valence en Espagne (10), Ferd. de Sepulveda, de Ségovie (11), Amatus Lusitanus (Roderic de Castello-Alco) (12).

Tous ces médecins, dont il serait inutile de grossir la liste, étaient fidèles aux traditions des écoles anciennes d'Hippocrate, de Galien et des Arabes. Ils ne se déclaraient ni pour ni ouvertement contre les médicaments chimiques de Basile Valentin, de Paracelse et de leurs sectateurs. Ils se conformaient à cet égard dans un silence que chacun pouvait interpréter à sa guise. C'étaient, en un mot, des médecins tout à la fois savants et de bon goût, ce qui est une chose assez rare.

Il existe une maladie dont le traitement produisit une véritable révolution dans la pharmacologie, et qui contribua, plus que tous les autres écrits ensemble de Paracelse et de son école, à répandre l'usage des médicaments chimiques actifs, et en particulier de

---

(1) Sylva medicamentorum compositorum, quæ usus quotidianus exigit; Lips., 1617, 8.

(2) Dispensatorium ad omnia propemodum corporis humani pathemata; Hamburg., 1601, 8.

(3) De medicinæ parte pharmaceutica; Tubing., 1606, 4.

(4) Tract. duo de ratione inveniendi composita medicamenta, etc.; Jen., 1607, 8.

(5) De logistica medica, sive de medicamentorum simplicium et compositorum, etc. 1576, 4.

(6) Theriacæ historia; Toled., 1575. — De medicamentorum simplicium et compositorum hodierno ævo, etc.; Toled., 1599.

(7) Enchiridion medicum medicamentorum tam simplicium quam compositorum; Basil., 1573, 8.

(8) Tratado de las aquas distilladas, pesos e medides, de qui los boticarios deben usar; Madrid, 1592, 8.

(9) Syruporum universa ratio ad Galeni censuram diligenter exposita; Paris, 1537, 8.

(10) Pharmacorum omnium quæ in usu sunt apud nostros pharmacopœos enumeratio; Valentiæ, 1561, 8.

(11) Manipulus medicinarum, in quo continentur omnes medicinæ tam simplices quam compositæ; Pintiæ, 1550, in-fol.

(12) Curation. medicinal; Venet., 1557, 8.

ceux qui sont empruntés au règne minéral. Cette maladie était déjà si commune au XVIe siècle (on n'a qu'à lire Rabelais, Fracastor, etc.), qu'on est porté à révoquer en doute son origine moderne. C'est avoir nommé la syphilis.

On se demande avec quelque surprise pourquoi, dans le choix des remèdes nombreux dont dispose la thérapeutique, on est précisément, dès l'origine, tombé sur la substance qui est encore aujourd'hui, par la majorité des médecins, regardée comme le spécifique des maladies vénériennes, le *mercure*. Il est cependant facile de s'expliquer ce choix, lorsqu'on songe au rôle important que jouait le mercure dans les théories et les opérations des alchimistes, qui tous se disaient en possession de quelque secret pour guérir toutes les maladies. Il est même à remarquer que presque toutes leurs panacées étaient des composés de mercure ou d'or.

Les praticiens ne tardèrent pas à constater l'efficacité des préparations mercurielles dans les affections syphilitiques, et, dès lors, ces remèdes prirent, sans contestation, rang dans les pharmacopées.

Le mercure était d'abord administré extérieurement à l'état métallique, soit dans des fumigations, ou incorporé dans un onguent ou dans un emplâtre, d'après les méthodes de J. de Vigo (1), de Guido Guidi (2), de J. B. Berengar (3), de Matthiol, etc. (4); mais on ne tarda pas à l'employer à l'état de combinaison. Le précipité rouge (peroxyde de mercure) obtenu, soit en chauffant le métal au contact de l'acide nitrique, soit en le calcinant longtemps à l'air, était le plus ordinairement mis usage, comme dans les pilules si renommées dont on attribua l'invention au fameux pirate Barberousse, dont elles portent le nom. Quercetan (Duchesne) (5) et Paracelse préconisèrent, dans le traitement des affections syphilitiques, outre le précipité rouge, le sous-sulfate jaune de mercure (*turpith minéral*) et le sublimé corrosif. Ce procédé fut suivi même par les adversaires les plus acharnés de Para-

---

(1) Practic. copios; Lugd., 1519, 4.
(2) Opera omnia, t. II, p. 328 (edit. Francof., 1626, in-fol.).
(3) Voy. *Fallop*, De morbo gallico, c. 76; et *Massa*, epist. xx.
(4) De morbo gallico; Venet., 1535.
(5) De priscorum philosoph. veræ medicinæ materia (consilia de lue venerea); Gervas., 1603, 8.

celse, par Thom. Éraste, Crato de Krafftheim (1), J. Lange (2), P. Uffenbach (3), J. Oberndorfer (4), Zach. Brendel (5), et par beaucoup d'autres médecins distingués.

(1) Commentar. de morbo gallico, etc. 1584, 8.

(2) Epist. med.; Hanov., 1605, 8.

(3) Principiorum chymicorum examen, etc.; Basil., 1600, 8.

(4) Apologia chymico-medica adversus illiberales M. Rulandi calumnias; Amberg., 1610, 4.

(5) Chymia in artis formam reducta, methodus addiscendi encheiresos, correctio medicamentorum plurimorum disquisitio de auro potabili; Jen., 1630, 8.

II.

CHIMIE MÉTALLURGIQUE.

La *métallurgie* a fait des progrès extrêmement rapides au xvi° siècle. L'exploitation si active des nombreuses mines d'Allemagne, et la découverte de l'Amérique, apportaient sans cesse de nouveaux sujets d'étude.

§ 7.

GEORGES AGRICOLA.

G. Agricola naquit en 1494, à Chemnitz, en Saxe; de là il fut surnommé *Kempnicius* (1). Son véritable nom paraît être *Landmann* (en latin *Agricola*); car les savants avaient alors la coutume de traduire leurs noms en latin ou en grec, afin de se donner un lustre plus classique. C'est ainsi que *Schwarzerde* (terre noire) s'appelait *Mélanchthon* (μέλας, noir ; χθών, terre); et *Hausschein* (lumière de la maison), *OEcolampadius* (οἶκος, maison ; λάμπας, lumière).

Agricola s'était, ainsi qu'il nous l'apprend lui-même, livré pendant sa jeunesse à l'étude de la médecine, et avait fréquenté les Facultés les plus célèbres d'Allemagne et d'Italie. Il avait séjourné deux ans dans la ville de Venise, qui faisait alors le commerce le plus considérable des principaux produits chimiques.

De retour dans son pays, il s'adonna, de toute son ardeur pour les sciences, à l'étude de la métallurgie. Il visita les montagnes de la Bohême, et vint s'établir, pour quelque temps, à Joachimsthal, où il gagna sa vie par l'exercice de la médecine (2). Tous ses mo-

---

(1) J'ignore d'après quelle autorité de Thou et Gmelin disent que G. Agricola est natif de Glaucha en Silésie.

(2) Voy. la préface qui précède le traité *De veteribus et novis metallis*.

ments de loisir étaient consacrés à ses occupations favorites, à l'art métallurgique et à la lecture des classiques anciens, et particulièrement de Pline, de Dioscoride, de Galien, de Strabon.

G. Agricola n'a point été alchimiste, ainsi que nous le verrons plus bas. Il mérita, par son savoir et sa modestie, l'estime des hommes les plus distingués de son siècle. Il entretenait des relations d'amitié avec Érasme, Georges Fabricius, Wolfgang Meurer, Valérius Cordus, Jean Dryander et G. Cammerstadt.

Ce dernier, encourageant de tout son pouvoir le progrès des sciences, sollicita pour Agricola, dont la fortune était très-modique, une pension annuelle. Maurice de Saxe s'empressa de la lui accorder.

Agricola inclina d'abord vers les doctrines de Luther, dont il était contemporain. Mais voyant tous les excès qu'entraînait la réforme, il témoigna, par la suite, de l'indifférence, sinon de l'aversion, pour la cause du protestantisme, et mourut, en 1555, dans la communion de l'Église catholique.

Ouvrages de G. Agricola.

Ce qui frappe dans la lecture de ces ouvrages, indépendamment de leur importance scientifique, c'est la pureté et l'élégance du style. Digne émule d'Érasme, l'auteur évite avec soin l'emploi des termes latins barbares, dont les alchimistes sont si prodigues (1).

Les ouvrages d'Agricola, et en particulier le traité *De re metallica*, ont eu un assez grand nombre d'éditions (Basil., 1546, in-fol.; 1556, 1558, 1561, 1571). Ils furent traduits du latin en allemand (Bâle, 1621, in-fol.), sous le titre de *Bergwerksbuch*, etc.

L'édition la plus complète des œuvres authentiques d'Agricola parut à Bâle en 1657, in-fol.

L'ouvrage le plus important de G. Agricola traite *de la métallurgie* (2). Il a été longtemps cité comme une autorité considérable

---

(1) Agricola est, sous ce rapport, au moins aussi scrupuleux qu'Érasme. Ainsi, par exemple, à la place du mot *episcopus*, qui ne se trouve pas dans le vocabulaire des classiques du siècle d'Auguste, il emploie celui de *pontifex*; mais comme ce dernier nom pourrait s'appliquer à plus d'un ordre hiérarchique, il ajoute : *vel ut ipse græce se vocat* ἐπίσκοπος.

(2) Georgii Agricolæ Kempnicii medici ac philosophi clarissimi *De re metallica libri XII*; quibus officia, instrumenta, machinæ, ac omnia denique ad

en cette matière. En effet, il l'a mérité à tous égards, comme le démontrera l'analyse que nous allons en faire.

L'ouvrage *De re metallica* parut, pour la première fois, imprimé en latin, à Bâle, en 1546.

Il est divisé en XII livres.

L'auteur commence par énumérer, dans le *premier livre*, les diverses sciences que doit posséder le métallurgiste, indépendamment des connaissances physiques et chimiques. Il faut qu'il soit instruit dans la philosophie, afin d'apprécier l'origine et la nature de tous les produits souterrains; dans la médecine, afin de pourvoir à la santé des ouvriers, de prévenir les dangers d'asphyxie, et de traiter ceux qui sont atteints d'une maladie due à quelque action métallique : il faut qu'il soit versé dans l'astronomie, pour savoir quelle est l'influence que pourraient avoir les astres sur l'étendue des filons; enfin, dans la mécanique, dans l'arithmétique, et dans la jurisprudence concernant les mines.

En répondant ensuite à la question s'il y a plus de profit à cultiver la terre qu'à exploiter les mines, il n'hésite pas à dire que si le sol est fertile, et que les métallurgistes soient des ignorants, il vaut mieux donner la préférence à l'agriculture.

Enfin, il passe en revue, avec une rare sagacité et un bon sens admirable, tous les inconvénients et les avantages que peut offrir la pratique de la métallurgie.

Le *second livre* contient des instructions pratiques adressées aux entrepreneurs. Il faut, remarque l'auteur, beaucoup de patience et souvent de grandes dépenses, avant de rencontrer une veine assez riche pour dédommager de toutes les peines, en rapportant d'amples bénéfices. C'est pourquoi, ajoute-t-il, il n'y a guère que les gouvernements ou les sociétés d'industriels réunissant en commun de grands capitaux, qui puissent se livrer avantageusement à cette sorte de spéculation.

Il fait observer qu'avant d'ordonner des fouilles, il est nécessaire d'examiner auparavant la nature du terrain, les propriétés de l'eau, de l'air, les contrées du voisinage, etc. Il faut qu'il y ait de grandes forêts aux environs, afin de pouvoir aisément subvenir à

---

metallicam spectantia, non modo luculentissime describuntur, sed et per effigies, suis locis insertas, adjunctis latinis germanicisque appellationibus, ita ob oculos ponuntur, etc.; Basileæ, 1557, in-fol. — C'est cette édition que j'ai sous les yeux.

une immense consommation de bois indispensable, soit au chauffage du minerai ou à la construction des machines.

Parmi les moyens indiqués par l'auteur pour arriver à la découverte des veines métalliques, il s'en trouve un qui doit particulièrement attirer notre attention. Il est emprunté à la physiologie végétale. Agricola remarque que, lorsque les herbes sont chétives, pauvres en sucs, et que les rameaux et les feuilles des arbres revêtent une teinte terne, sale, noirâtre, au lieu d'être d'un beau vert luisant, c'est un signe que le sol est riche en minerai dans lequel le soufre domine; que certains champignons et quelques espèces d'herbes particulières peuvent également annoncer la présence d'un filon.

Affrontant les préjugés superstitieux de son temps, il taxe d'imposture tous ceux qui emploient, pour la recherche des métaux, une *baguette de coudrier fourchue* tournant entre le pouce et l'index. « Ce procédé, s'écrie-t-il, rappelle la baguette de Circé, qui changea les compagnons d'Ulysse en cochons. »

Le *troisième livre* est consacré à la description des différentes formes et directions que les filons peuvent affecter dans le sein de la terre.

Dans le *quatrième livre*, il parle des instruments et des mesures pour reconnaître l'épaisseur et la longueur des filons.

Celui qui avait découvert une mine était obligé d'en prévenir le maître (*magister metallorum*). Après quelques solennités d'usage, la tête du filon était donnée à celui qui avait découvert la mine; le reste revenait au souverain, à son épouse, au grand écuyer, à l'échanson et au grand chambellan. Tout cela fut modifié plus tard, et le souverain se contenta d'un dixième sur les produits bruts.

La police ou la discipline qui régissait les ouvriers était très-rigoureuse : aussi la vie de ces malheureux était-elle singulièrement abrégée. La journée était divisée en trois parties, appelées *travaux*. Chaque *travail* était de sept heures; les trois heures qui restaient pour remplir la journée de vingt-quatre heures étaient le temps de la récréation. Pour empêcher qu'accablés de fatigue, les ouvriers ne se livrassent au sommeil, on les forçait à chanter.

Le *cinquième livre* expose les détails des travaux qu'exigent les fouilles et la nature du terrain.

Le *sixième livre* est consacré à la description des instruments et des machines employés dans les fouilles.

Le *septième livre* traite de l'essai des minerais, ou de l'appréciation de leur richesse métallique. Dans ce but, l'essayeur fait d'abord fondre le minerai en le chauffant avec du charbon dans un fourneau de briques. Après cela, il le chauffe dans un creuset de cendres avec du plomb (*coupellation*). Il faut que le plomb dont il se sert soit exempt d'argent, comme l'est celui de Villach.

Ici Agricola entre dans tous les détails de la coupellation. Il paraît ignorer la description qu'en avait déjà faite Geber (1).

Il indique l'emploi de l'eau-forte pour séparer l'argent de l'or.

Dans le *huitième livre* il parle des divers traitements qu'on fait subir aux minerais retirés des entrailles du sol. « On les broie d'abord, dit-il, avec des marteaux ; on les grille ensuite, afin d'en expulser le soufre qui s'y trouve si souvent (*sulfur sæpius in venis metallicis inest*). » — En effet, la plupart des mines de plomb, de cuivre, de fer, etc., sont des sulfures de ces métaux.

Voici comment l'auteur décrit le procédé de grillage : « On construit une espèce de fossé carré, où l'on met des bûches les unes sur les autres en forme croisée, jusqu'à la hauteur d'une à deux coudées. On place sur ce bois les morceaux de minerai broyés, en commençant par les plus gros. On recouvre le tout de poussière de charbon et de sable mouillés, de manière à donner au bûcher l'aspect d'une meule de charbonnier. Enfin on y met le feu. Ce grillage s'effectue en plein air. Cependant, lorsque la mine est très-riche en soufre, on la chauffe sur une large lame de fer percée d'une multitude de trous, par lesquels le soufre s'écoule dans des pots pleins d'eau placés au-dessous.

Lorsque le minerai contient de l'or et de l'argent, continue l'auteur, on le pile, et on le fait moudre dans des moulins ; ensuite on le lave à grandes eaux sur un plan incliné ; enfin on le mêle avec du mercure. Il se produit un amalgame qui, étant fortement comprimé dans une peau ou un linge, laisse passer le mercure sous forme d'une pluie fine, et l'or reste. Mais il est toujours allié avec un peu d'argent.

Ce procédé était déjà connu dans l'antiquité, ainsi que nous l'avons fait voir (2).

Le *neuvième livre* traite de la combustion des minerais dans les

____

(1) Voyez Histoire de la Chimie, t. I, p. 818.
(2) Ibid. t. I, p. 135.

fourneaux. Ce sont des fourneaux carrés, dans lesquels on brûle le minerai mélangé avec de la poussière de charbon et de la terre glaise (argile). Si la mine est riche, on perce, déjà au bout de quatre heures, la partie inférieure du fourneau avec de grands ringards de fer; le métal fondu (plomb, étain, etc.) sort par cette trouée, et coule de là dans une rigole de sable, où il se solidifie par le refroidissement. Les impuretés (scories, laitiers, etc.) dont il est recouvert, sont enlevées avec des instruments de fer. Si la mine est pauvre on ne pratique la percée qu'après une combustion qui aura duré au moins huit heures.

Dans le *dixième livre*, il est question de l'affinage des métaux, particulièrement de celui de l'or et de l'argent.

Le moyen le plus simple pour séparer l'argent de l'or, moyen dont la connaissance commençait à devenir assez générale dès le commencement du XVIe siècle, consistait dans l'emploi de l'acide nitrique, appelé par Agricola *aqua valens* (eau-forte). Il était préparé en soumettant à la distillation un mélange de nitre, de sulfate de fer (*atramentum sutorium*) et d'argile, dont les proportions variaient.

En chauffant de l'eau-forte en contact avec un alliage composé d'or et d'argent, on dissout le dernier, tandis que l'or reste intact. Celui-ci se ramasse au fond de la liqueur sous forme de poudre.

Quelquefois on employait, selon Agricola, le vitriol vert (sulfate de fer), ou plutôt l'huile de vitriol (acide sulfurique), dans le même but.

Ce dernier moyen est, comme l'a démontré l'expérience des modernes, préférable au premier, qui est incomplet en ce qu'il n'enlève pas à un alliage d'argent toutes les traces d'or.

On se servait également d'autres moyens (soufre, antimoine, etc.) pour obtenir le départ de l'or et de l'argent.

Dans le *onzième livre*, l'auteur expose le procédé le plus convenable pour séparer l'argent d'autres métaux, tels que le cuivre, le plomb, etc. Ce procédé était la coupellation, dont nous avons eu bien souvent occasion de parler.

Le *douzième et dernier livre* est étranger à l'art métallique proprement dit. Il est consacré à la description de divers sels, obtenus par l'évaporation des eaux de la mer, des fontaines, etc. L'auteur les appelle des *sucs concrétés* (*succi concreti*).

Les vitriols (sulfates) de fer et de cuivre sont préparés, comme ils l'étaient déjà chez les anciens (1), en exposant les pyrites (sulfures naturels) à l'action combinée de l'air et de l'eau (2).

Enfin, il termine le traité *De re metallica*, en disant un mot de la fabrication du verre. Il vante surtout les belles verreries de Venise. « C'est dans cette ville que l'on fabrique en verre, dit-il, des choses incroyables, comme des balances, des assiettes, des miroirs, des oiseaux, des arbres. J'ai eu l'occasion, ajoute-t-il, d'admirer tout cela pendant un séjour de deux ans à Venise. »

Le traité *De re metallica* parut pour la première fois en 1550. Il est précédé d'une épitre dédicatoire adressée à Maurice de Saxe, le même que celui qui joua un si grand rôle dans l'histoire de Charles-Quint.

De animantibus subterraneis (3).

On chercherait en vain, dans ce traité, cette justesse d'esprit et de jugement dont l'auteur a fait preuve dans son art métallique.

C'est ainsi qu'il croit, comme la plupart de ses contemporains et de ses prédécesseurs, à l'existence d'animaux *pyrogènes*, c'est-à-dire qui naissent et vivent dans le feu, et qui meurent dès qu'on les en retire.

Il croit aussi à l'existence des démons dans les mines, et les divise même en deux catégories : les uns, d'un aspect effrayant, sont hostiles et méchants. Il raconte à ce sujet qu'un de ces démons tua un jour, dans une galerie des mines d'Anneberg (Saxe), douze ouvriers à la fois, par la seule puissance de son souffle. — On devine que ce démon n'était probablement autre chose qu'un gaz irrespirable, occasionnant une asphyxie instantanée (4).

La seconde catégorie comprend les esprits souterrains d'un bon naturel, inoffensifs, et d'une humeur très-gaie. Ceux-là rient avec les ouvriers, et leur jouent quelquefois de vrais tours de gamin.

---

(1) Voyez Hist. de la Chimie, t. I, p. 123.

(2) Dans ces circonstances, les métaux et le soufre absorbent l'oxygène de l'air (absorption facilitée par la présence de l'eau), et se changent, les premiers en oxydes, et le dernier en acide sulfurique.

(3) *Georgii Agricolæ de animantibus subterraneis liber.* Imprimé dans l'édition de Bâle (1657) à la suite du traité *De re metallica*, p. 480.

(4) Comp., Hist. de la Chimie, t. I, p. 350.

Malgré tous ces défauts, le *Traité sur les animaux souterrains* est un ouvrage recommandable. Le zoologiste y trouvera des observations curieuses et intéressantes sur les mœurs de certains animaux.

Ce traité fut écrit, comme nous l'apprend l'auteur lui-même, dans la vingt-huitième année du règne de Charles-Quint (année 1547).

De ortu et causis subterraneorum (1).

Cet ouvrage, divisé en cinq livres, intéresse plus particulièrement l'histoire de la géologie et de la physique. On y rencontre quelques faits curieux qui méritent d'être signalés.

Le mont Hécla, volcan de l'Islande, est aujourd'hui presque éteint, tandis que, du temps d'Agricola (il y a trois cents ans), il offrait fréquemment le spectacle de violentes éruptions. « Cette montagne, dit l'auteur, vomit, à de certaines périodes, d'immenses rochers et du soufre ; elle recouvre de cendres tous les environs à une grande distance (2). »

Il parle ensuite d'une mine de charbon qui brûlait, vers le commencement du xvie siècle, dans le voisinage de Zwikau (Saxe), et dont l'incendie est aujourd'hui éteint (3).

Dans le cinquième livre on remarque une observation déjà vaguement indiquée par Geber (4), et qui devait plus tard donner lieu à l'importante découverte de l'oxygène. « Le *plomb*, dit Agricola, *augmente de poids* quand il est exposé à l'influence d'un air humide. Cela est tellement vrai, que les toits de plomb pèsent, au bout de quelques années, beaucoup plus que le premier jour (5).

Vers la fin de ce livre, il raille spirituellement les alchimistes qui admettent que les métaux se composent de soufre et de mercure, et qui prétendent changer l'argent en or véritable, au moyen de la poudre de projection.

---

(1) Édit. de Bâle (1657), p. 492.

(2) Ibid., p. 505 : Mons Hecla — statis temporibus foras projicit ingentia saxa, sulfur evomit, cineres longe circum circa spargit.

(3) Ibid., p. 505.

(4) Voy. Hist. de la Chimie, t. 1, p. 316.

(5) Plumbeas certe tegulas multo graviores, aliquot post annis, inveniunt i qui prius pondus notarunt. P. 519.

Le *Traité de l'origine et des causes des substances souterrai-* *nes* a été composé vers l'année 1539.

De natura eorum quæ effluunt ex terra (1).

Dans les trois premiers livres, il est parlé des eaux de mer, des eaux de fontaine, des eaux minérales, etc., et de leurs propriétés physiques. Dans le quatrième livre, il est question des cavernes d'où s'élèvent des airs délétères. L'auteur cite un grand nombre de localités célèbres par l'existence de ces cavernes.

Le *Traité de la nature des matières qui émanent de l'intérieur de la terre* est dédié à Maurice de Saxe, archichancelier du Saint-Empire, et imprimé pour la première fois en 1546.

De natura fossilium (2).

Cet ouvrage, divisé en dix livres, est entièrement consacré à l'étude du règne minéral. Il traite des pierres précieuses, des pierres calcaires, argileuses, siliceuses, des minerais, etc.

Soufre. « Cette substance minérale se rencontre, dit l'auteur, *apyre*, c'est-à-dire natif, aux environs du mont Hécla; en Italie, dans le territoire de Naples; en Sicile, dans les îles Ægades (îles d'Éole); en Pannonie, etc. »

Après avoir rappelé l'usage qu'en faisaient les anciens (3), il nous apprend quel usage on en fait aujourd'hui. « On en fait, dit-il, *des allumettes ou des fils soufrés*, servant à allumer le feu (4). »

Ainsi, la connaissance des allumettes soufrées a au moins trois siècles de date. « On le fait aussi, continue l'auteur, entrer, — exécrable invention !— dans cette poudre qui lance au loin des boulets de fer, d'airain ou de pierre, instruments de guerre d'un genre nouveau (*novi tormenta generis*). »

----

(1) Édit. de Bâle, in-fol., ann. 1657, p. 533.

(2) Ibid., p. 569.

(3) Voy. Hist. de la Chimie, t. ı, p. 138.

(4) Sulfuratis ellychniis, cum silicis et ferri conflictu elicimus ignem, arida ligna et candelas accendimus. — Constat autem ea ellychnia sulfurata vel ex funiculis stupeis aut canabinis, vel ex *lignis exilibus sulfure obductis.* Lib. ııı, pag. 593.

On voit que la poudre à canon passait alors pour une découverte récente.

Camphre. Du temps d'Agricola, on ignorait encore l'origine du camphre. Les uns disaient qu'il est préparé au moyen du bitume ou du succin ; les autres soutenaient, avec raison, qu'il provient d'un arbre particulier, semblable à un peuplier.

Tout le monde sait aujourd'hui que le véritable camphre est fourni par une espèce de laurier, *laurus camphora*, originaire du Japon. Comme il est très-inflammable et qu'il brûle sans laisser de résidu, il faisait autrefois partie des mélanges combustibles brûlant sur l'eau (*ad compositiones quæ accensæ ardent in aquis solet addi*).

L'auteur parle ensuite fort au long du succin, du bitume, de l'asbeste, des houilles, du marbre, etc.

Le *Traité de la nature des fossiles* (minéraux) intéresse au plus haut degré l'histoire de la minéralogie et de la géologie. Il fut imprimé pour la première fois en 1540.

De veteribus et novis metallis (1).

Ce traité témoigne d'une connaissance profonde des écrivains de l'antiquité, et de l'exploitation des mines au XVIe siècle. Il est dédié à Georges Commerstad, le même qui avait obtenu de la part de Maurice de Saxe une pension annuelle pour Agricola.

L'auteur nous fournit des détails curieux sur la richesse minéralogique de l'Allemagne. « L'Autriche occupe, dit-il, le premier rang parmi les contrées qui abondent en métaux précieux. Les mines d'argent de la Bohême sont connues de tout le monde. La Saxe tient le second rang. La Misnie et l'Erzgebirge sont riches en mines d'argent, de plomb et de fer. Les comtes de Mansfeld ont réalisé de grands bénéfices par l'entreprise des travaux métallurgiques exécutés sur leur territoire. Les comtes de Schleuz se sont aussi considérablement enrichis de l'exploitation des mines d'argent de leur contrée. Les barons de Pflug ne se sont pas acquis de moins grandes richesses par les fouilles de Schlakenwald, desquelles on a retiré de l'étain. Les familles nobles des Storstedel, des Spiegel, des Roseberg, des Schonberg, etc., ont également gagné des fortunes immenses, en

---

(1) Édit. Basil., 1657, p. 667.

exploitant avec intelligence les richesses métalliques que recèle le sol.

« La découverte de la plupart des mines, continue l'auteur, est due au hasard. Voici comment fut découverte, d'après la légende du pays, la célèbre mine de Ramelsberg, près de Goslar : Un gentilhomme, dont le nom n'est pas parvenu à la postérité, alla un jour se promener à cheval. Arrivé sur une montagne, il attache son cheval à une branche de chêne. Cet animal, dont le nom s'est conservé (il s'appelait Ramel), avait, en frappant du pied le sol, mis à nu une matière brillante, qui fut reconnue pour être du plomb contenant de l'argent. Ce fut là l'origine des mines de *Ramels-berg* (montagne de Ramel).

« Les mines de Freyberg furent découvertes par des charretiers qui conduisaient du sel de Halle en Bohême, en passant par la Saxe. Ils rencontrèrent sur leur route des pierres qui ressemblaient en tout point à celles qu'ils avaient vues à Goslar. L'essai constata que ces pierres étaient des galènes argentifères dont l'exploitation active devait, quelque temps après, puissamment contribuer non-seulement à la prospérité de la ville de Freyberg, qui n'était auparavant qu'un misérable village, mais encore à la richesse de toute la contrée environnante. »

Les mines d'argent d'Aberthame, près de Joachimsthal, dans lesquelles Agricola avait quelques intérêts, avaient été découvertes par un paysan qui rencontra, dans une forêt, un arbre déraciné par le vent.

Bermannus (1).

C'est le premier ouvrage d'Agricola ; il est sous forme de dialogue, et la pureté du style rappelle les *Colloquia* d'Érasme. Le sujet de ce livre, qui traite principalement des mines d'Allemagne, se trouve développé plus au long dans les autres ouvrages d'Agricola que nous venons d'analyser.

Le dialogue intitulé *Bermannus* parut pour la première fois en 1528, et attira l'attention même d'Érasme.

Dans une lettre qu'il écrivit aux frères André et Christophe de

---

(1) Édit. Basil., 1657, in-fol., p. 682. — *Bermannus* est le nom latinisé de *Bergmann*, qui signifie homme de la montagne, *mineur*.

Kæperliz, Érasme fait le plus grand éloge du savoir et des talents de G. Agricola (1).

Agricola était d'un esprit trop sérieux pour se livrer aux extravagances de la plupart des alchimistes de son temps. La pierre philosophale est pour lui le sujet de satires mordantes. Il n'est donc pas probable que le petit ouvrage intitulé *Lapis philosophorum G. Agricolæ Philopistii Germani* (Colon., 1531, in-12) (2), soit réellement de Georges Agricola, le métallurgiste. Il n'en parle lui-même dans aucun de ses livres, et ne se donne jamais le surnom de *Philopistius*.

L'impulsion donnée à la science par Agricola produisit ses effets. On vit surgir à l'envi des chimistes métallurgistes en Espagne et en Italie.

Les travaux d'Agricola furent suivis, en Allemagne, de ceux d'ENCELIUS (3), de Lazare ERKER (4), de MATHESIUS (5), de WEIGNER (6), de LIBAVIUS (7) et de MODESTIN FACHS (8). Mais aucun d'eux n'approcha du savoir et du talent d'Agricola, qu'ils avaient tous pris pour modèle. Ils n'ajoutèrent donc rien ou presque rien à ce qu'avait déjà dit le maître.

---

(1) Ibid., p. 679. Evolvi, clarissimi juvenes, Georgii dialogum de metallicis. Nec satis possum dicere, majore ne id voluptate fecerim an fructu. Magnopere delectavit argumenti novitas; visus sum mihi valles illas et colles et fodinas et machinas non legere, sed spectare. — Feliciter prælusit Georgius noster, nec ab illo ingenio quicquam expectamus mediocre.

(2) Histoire de la philosophie hermétique, etc., t. III, p. 82.

(3) *De re metallica*, hoc est de origine, varietate et natura corporum metallicorum, etc., libri III, auctore Christophoro Encelio Salveldensi; Francof., 1557, in-12. — Ce traité est précédé d'une lettre du célèbre Mélanchthon, qui recommande l'ouvrage d'Engel (Encel.) de Saalfeld au libraire Egenolphe de Francfort.

(4) *Aula subterranea oder Beschreibung aller führnehmsten mineralischen Erz-und Bergwerks-Arten*, etc.; Prag., 1574, in-fol.

(5) *Sarepta*, 1578, in-fol.; Leips. (En allemand.)

(6) *Geheimes Kunstbüchlein für Schmelzer*, etc., 1574.

(7) *Ars probandi mineralia*, etc., dans ses *Comment. metallic.*

(8) *Probier-Büchlein*, etc.; Leips., 1595, in-8.

§ 8.

BIRINGUCCIO.

Pendant qu'Agricola cherchait, par ses travaux, à répandre en Allemagne le goût des études métallurgiques, *Vanucio Biringuccio de Sienne* s'occupait du même sujet en Italie. L'ouvrage de Biringuccio, dont la première édition fut imprimée à Venise, en 1540, in-4°, sous le titre de *De la pirotechnia, libri X; dove ampiamente si tratta non solo di ogni sorte et diversità di minero, ma anchora quanto si ricerca intorno à la prattica di quella cosa di quel che si appartiene à l'arte de la fusione ouer gitto de metalli come d'ogni altra cosa simile à questa. Stampata in Venetia per Venturino Roffinello*, MDXL, n'est pas moins remarquable que celui d'Agricola *De re metallica*.

L'auteur se distingue également par une grande lucidité dans l'exposé des faits et des doctrines, et par un esprit d'observation qui apprécie sainement les choses, et rejette toute spéculation nuageuse et mystique.

Ayant déjà donné une analyse très-étendue de l'ouvrage d'Agricola *De re metallica*, nous serons brefs en parcourant celui de Biringuccio.

La *Pyrotechnie* ou *l'art du feu* (πῦρ feu, τέχνη art) est divisée en dix livres. Le premier et le deuxième livre sont consacrés à la description des métaux, des demi-métaux (arsenic, antimoine, etc.), de leurs minerais, et de quelques sels naturels.

Comme tous les hommes sages de son temps, Biringuccio condamne la doctrine des alchimistes, qui prétendent transmuer le mercure en or ou en argent ; il se moque spirituellement des prétendues vertus de l'or potable et de la pierre philosophale.

Il admet que les métaux sont des corps composés ; mais il ne croit pas, comme les alchimistes, qu'ils soient composés de soufre et de mercure. Ainsi, l'or serait une véritable combinaison en proportions déterminées de certains éléments primitifs (1).

---

(1) Lib. I, c. 1. Ve dico che le sue originali et proprie materie, altro non sono che substantie elementali con equali quantità et qualità l'una l'altra proportionate, etc.

Les livres III et IV traitent de l'extraction et de l'affinage des métaux.

A propos de l'affinage de l'or, l'auteur décrit, avec beaucoup de précision, le *procédé d'inquartation* qui est encore aujourd'hui employé.

Il expose comment il faut d'abord coupeller l'alliage d'or soumis à l'essai avec environ quatre parties d'argent et une petite quantité de plomb; et comment il faut ensuite traiter par l'eau-forte le bouton de retour contenant l'argent d'inquartation. « L'or se ramasse, ajoute-t-il, au fond du matras, sous forme de poudre, et l'argent réduit en eau (dissous) surnage. Vous enlèverez la liqueur par la décantation, et vous traiterez le résidu par une nouvelle quantité d'eau-forte, jusqu'à ce que vous le voyiez devenir d'un jaune d'or, de noir qu'il était. Enfin, vous enlèverez de nouveau la liqueur qui surnage, et vous laverez le résidu (or) avec de l'eau pure. » Des pesées exactes indiquent la quantité d'or contenue dans l'alliage (1).

Dans les livres V, VI, VII et VIII, il est question des alliages métalliques et de leurs nombreux usages.

Les livres IX et X traitent de divers secrets ou procédés utiles dans les arts de l'orfévre, du forgeron, du potier, du salpétrier, de l'artificier, etc.

Le chapitre intitulé *Modi di comporre varie composizioni di fuochi quali il vulgo chiama fuochi lavorati* (2), n'est (sauf quelques additions à la fin du chapitre) qu'un résumé du *livre des feux* de Marcus Gracus (3), que l'auteur appelle *Marcus Grachus*, et qu'il paraît placer à l'époque de la république de Rome.

Biringuccio n'a pas l'érudition classique d'Agricola; il est peu familiarisé avec l'antiquité. Mais il a du bon sens, de la sagacité, et combat victorieusement les prétentions des alchimistes.

---

(1) Voy. le ch. 2 du liv. IV: *El modo di far el saggio d'una quantità d'argento che tenga oro.*

(2) Lib X, c. 9.

(3) Voy. t. I de l'Histoire de la chimie, p. 284.

§ 9.

A. CÉSALPIN.

Son ouvrage *De metallicis* le met au nombre des chimistes métallurgistes de son époque.

Gmelin (1) range Césalpin parmi les adversaires modérés de Paracelse, et ne cite de lui que des ouvrages de médecine (*Quæstionum medicarum, lib.* II; *De facultatibus medicamentorum, lib.* II,
Venet., 1593, in-4°; *Speculum artis medicæ*, etc., Argent., 1630,
in-8°), dont il ne donne aucun résumé analytique. Il paraît avoir
ignoré le traité métallurgique qui seul puisse nous autoriser à donner à Césalpin une place dans l'histoire de la chimie.

André Césalpin naquit à Arezzo en 1519. Il devint professeur à
l'université de Pise, et fut nommé premier médecin de Clément VIII,
bien qu'il passât pour un mauvais catholique. Il mourut à Rome
en 1603, âgé de quatre-vingt-quatre ans.

Le traité *De metallicis* est divisé en trois livres (2). Dans le premier, l'auteur parle de la matière et de la composition des corps,
d'après les idées d'Aristote. Il définit les métaux, des vapeurs condensées par le froid (*metalla sunt vapores a frigore congelati*).
Il distingue les minéraux des végétaux, en ce que les premiers ne
se putréfient pas, et qu'ils ne fournissent aucun aliment propre au
développement des êtres animés; et, prévoyant l'objection qu'on
pourrait lui faire, il soutient que les coquillages que l'on trouve
incrustés dans la substance de certaines pierres proviennent de
ce que la mer avait autrefois inondé la terre, et qu'en se retirant
peu à peu, elle avait laissé des traces de son passage.

Il est impossible de mieux expliquer l'origine des fossiles.

L'explication qu'il donne de l'origine des eaux thermales, dont
plusieurs sont si chaudes qu'on peut y faire cuire des œufs, est assez
spécieuse, et a été souvent renouvelée depuis. Cette chaleur serait
produite par les combinaisons qui s'opèrent au sein de la terre (3).

---

(1) *Geschichte der Chemie*, etc., t. I, p. 332, 342, 353.

(2) *De metallicis libri tres, Andrea Cæsalpino Aretino, medico et philoso-
pho auctore;* Norimbergæ, 1602, in-4.

(3) Fontes calidi exeuntes mixtionem corporum quæ infra terram comburun-
tur, significant. Lib. I, c. 7.

On sait en effet que presque tous les corps émettent de la chaleur au moment de leur combinaison.

En parlant des sels, l'auteur s'arrête sur la préparation de l'alun de Rome, qui est encore aujourd'hui recherché dans le commerce.

« On fabrique, dit-il, l'alun avec une pierre qui se rencontre près de Tolfa, sur le territoire de Rome. Cette pierre (schiste alumineux) est blanche et molle, ou rougeâtre et dure (contenant de l'oxyde de fer); de là deux espèces d'alun, le blanc et le rougeâtre. Après avoir calciné cette pierre dans des fourneaux, on l'arrose d'eau pendant plusieurs jours, et on la fait bouillir dans de l'eau. Enfin, ayant séparé les immondices, on concentre les eaux dans des chaudières. C'est ainsi que se forment les cristaux d'alun transparents et anguleux (cristaux octaédriques) (1). »

Le second livre traite des pierres calcaires, des marbres, des pierres précieuses, etc. Le phénomène de la cristallisation attire particulièrement l'attention de l'auteur, qui remarque (comme caractère distinctif du règne organique et du règne minéral) que les minéraux sont seuls susceptibles de ces formes géométriques, régulières, qu'ils revêtent pendant la cristallisation.

« Lorsque nous voyons, ajoute-t-il, le nitre, l'alun, le vitriol, le sucre blanc, prendre, par la décoction dans l'eau, des formes anguleuses, et devenir des hexagones, des octogones, des cubes, etc., on se demande avec étonnement pourquoi les mêmes corps cristallisent toujours avec les mêmes formes. »

On se rappelle que, longtemps après Césalpin, Haüy établit comme un principe général, depuis démenti par les faits, que les substances de compositions différentes cristallisent aussi sous des formes différentes.

Le troisième livre est consacré à la description des métaux.

En parlant de la trempe du fer, l'auteur fait observer, avec raison, qu'il y a des eaux plus ou moins propres à cette opération importante. « On trempe aussi le fer, dit-il, afin de le durcir, dans des sucs de diverses plantes, comme dans du suc de radis mélangé de lombrics terrestres ; moyen déjà proposé par Albert. »

---

(1) De metallicis, lib. I, cap. 21.

A propos du plomb, Césalpin fait une observation de la plus haute importance, et qui, jointe à d'autres observations semblables, devait plus tard conduire à la découverte de l'oxygène. *La crasse qui recouvre le plomb (sordes) (exposé à l'air humide) provient*, dit-il, *d'une substance aérienne qui augmente le poids du métal* (1).

Cette crasse qui recouvre le plomb n'est autre chose que de l'oxyde de plomb; et la substance aérienne qui augmente le poids de ce métal, l'oxygène.

L'auteur appelle le plomb un *savon* qui nettoie l'argent et l'or, dans la coupellation (2).

L'usage des *crayons de plombagine* remonte sans doute au delà du XVIᵉ siècle. Césalpin en fait le premier mention en termes non équivoques.

« La *pierre molibdoïde (lapis molibdoïdes)* est, dit-il, de couleur noire, et de l'aspect du plomb ; elle est un peu grasse au toucher, et tache les doigts. Les peintres se servent de ces pierres taillées en pointe pour tracer des dessins ; ils les appellent *pierres de Flandre*, parce qu'on les apporte de la Belgique. On dit que cette pierre se trouve aussi en Allemagne, etc. »

La pierre molibdoïde de Césalpin est le graphite, qui n'est autre chose que du charbon dans un état d'aggrégation moléculaire particulier.

L'antimoine, dont on se servait, avec le bismuth, pour fondre des caractères d'imprimerie, rend fragiles, comme le fait très-bien observer Césalpin, les autres métaux avec lesquels il s'allie.

Dans le même chapitre, il est question de la préparation du *verre jaune d'antimoine*, obtenu en faisant fondre ensemble un mélange d'antimoine calciné, de borax et de sel ammoniac.

La mine d'Idria était activement exploitée du temps de Césalpin, qui en parle. « La mine de mercure, dit-il, qu'on exploite à Idria, près Gœritz, est une pierre friable, pesante comme du plomb, rouge, et contenant des gouttelettes brillantes de mercure ; on l'appelle *cinabre natif (cinabrium nativum)*.

« On exploite ce minerai en le chauffant dans des vases de terre, d'où le mercure s'écoule dans d'autres vases enfouis dans le sol. »

---

(1) Aérea substantia efficit veluti sordem circa plumbum, unde augetur ejus substantia. Lib. III, c. 47.

(2) Est enim veluti ad sapo sordes abstergendas auri et argenti. Lib. III, 7.

Les composés mercuriels dont la connaissance était alors le plus répandue, sont l'oxyde rouge, préparé avec l'eau-forte, et le sublimé blanc, qui est un poison très-corrosif (*venenum acerrimum*). L'onguent mercuriel et le précipité rouge étaient employés comme spécifiques dans le mal vénérien. A ce sujet, Césalpin décrit parfaitement la salivation et les accidents occasionnés par l'administration surtout externe du mercure (1).

Césalpin était un des esprits les plus éclairés de son époque. Profondément versé dans les sciences de l'antiquité, il cite souvent Pline, Dioscoride, Galien, etc., tout en appréciant les travaux de ses contemporains.

L'*Espagne*, malgré les mines du nouveau monde que l'on était si avide d'exploiter, n'a produit que deux métallurgistes un peu marquants, Perez de *Vargas* et de *Villa-Feina*.

§ 10.

B. PEREZ DE VARGAS.

Vargas vivait vers le milieu du xvie siècle. Il est loin de posséder le savoir et les talents d'Agricola, qu'il semble avoir pris pour modèle. Son ouvrage *sur la métallurgie* parut, en espagnol, sous le titre *De re metallica, en el qual se tratan diversos secretos del conoscimiento de toda suerte de minerales*; Madrid, 1569, in-8°.

L'auteur admet la plupart des doctrines des alchimistes, au lieu de les combattre sérieusement. Le sec et l'humide, le soufre et le mercure sont considérés comme les éléments des métaux. L'or est le métal le plus parfait, parce que le sec et l'humide s'y trouvent dans une juste proportion. La fusibilité, la malléabilité, l'éclat, la couleur, toutes les propriétés des métaux, dépendent de l'action du

---

(1) Sed mirum, perunctis ex argento vivo cum axungia, brachiorum et crurum articulis, confluere magnam vim pituitæ ad os, unde totum corpus expurgetur in morbo gallico; quo remedio dolores sanantur diuturni, et ulcera exsiccantur; sed aliquando lingua ex confluxu pituitæ adeo intumescit, ut contineri in ore nequeat, et processu temporis ut plurimum incidunt ægrotantes in pravas distillationes, anhelationes et cordis palpitationes. Lib. iii, c. 14.

principe sec et du principe humide. C'est là le cadre étroit que l'auteur dépasse rarement.

On trouve cependant dans le traité de Vargas quelques observations qui méritent d'être signalées.

L'*antimoine* est, selon l'auteur, un métal dont le développement n'est pas achevé. Il entre, dit-il, dans la composition du *métal des cloches*; et ce procédé vient des Vénitiens, qui s'en servent beaucoup (1).

L'*arsenic* se rapproche, par sa nature, de l'antimoine. Les ouvriers qui le retirent des mines, ajoute Vargas, ont soin de tenir la bouche fermée et pleine de vinaigre; car la fumée d'arsenic les empoisonne et leur cause la mort (2).

Nous avons dit ailleurs que le *manganèse* était déjà connu des anciens (3). Ici nous trouvons l'usage de cette substance parfaitement indiqué.

« Le *manganèse*, de couleur de rouille noire, ne se fond point seul; mais étant mêlé et fondu avec les éléments du verre, il communique à cette substance une couleur d'eau limpide et transparente; il purifie le verre vert ou jaune, et le rend blanc; les verriers et potiers se servent de ce demi-métal avec profit (4). »

C'est bien là l'oxyde noir de manganèse, qui, étant employé dans des proportions convenables, blanchit le verre sali par la présence de l'oxyde de fer. Cette propriété l'a fait appeler *savon des verriers*.

Le huitième livre du traité de métallurgie contient la description de quelques procédés ou secrets à l'usage du forgeron, du doreur, etc.

En parlant de la trempe du fer, l'auteur insiste sur les diverses couleurs de l'*acier*. « L'acier revêt, dit-il, quatre couleurs, lorsqu'on le chauffe et qu'on le trempe. La première est d'un blanc d'argent, la seconde d'un jaune doré, la troisième d'une nuance violette, et la quatrième d'un gris cendré. »

Il ne dit pas si l'acier est plus ou moins dur, suivant qu'il prend chacune de ces nuances.

---

(1) Perez de Vargas, *De re metallica*, etc., lib. IV, 4.
(2) Ibid., IV, 8.
(3) Voy. t. I de l'*Histoire de la chimie*, p. 129.
(4) Perez de Vargas, lib. IV, 10.

« C'est aussi un secret, continue-t-il, de savoir tremper une lime, afin qu'elle soit très-dure; et cela se fait avec des cornes de cerf ou des ongles de bœuf, avec du verre pilé, du sel, le tout trempé dans du vinaigre; on en frotte la lime, on la fait chauffer, et puis on la plonge dans l'eau froide (1). »

Vargas comprend que la fabrication des limes est une branche importante d'industrie, qui devait un jour se perfectionner de plus en plus (2).

« Si le fer, continue le même auteur, est aigre et cassant, il faut le fondre avec de la chaux vive. — On le rend également doux en l'éteignant dans du suc d'écorces de fèves ou de mauve. »

Il prétend qu'on peut rendre le fer aussi mou et aussi malléable que le plomb, par le procédé suivant : « On le frotte avec de l'huile d'amandes amères, et on l'enveloppe d'un mélange de cire, de benjoin et de soude, et on recouvre le tout d'un lut fait avec de la fiente de cheval et du verre en poudre ; on le laisse ainsi sur les braises allumées pendant toute une nuit, jusqu'à ce que le feu s'éteigne de lui-même et que le fer se refroidisse (3). »

Ce procédé rappelle le beau temps de l'alchimie.

Gravure sur métaux. La méthode indiquée par Vargas est encore employée aujourd'hui. Elle consiste à recouvrir le métal (argent, cuivre, fer, etc.) d'une couche de cire, de graisse ou mine de cinabre, et d'y écrire avec de l'eau-forte. Le métal est attaqué dans tous les points où il a subi le contact de l'acide.

Parmi les différents moyens de dorure décrits par Vargas, nous ferons connaître les deux suivants :

« Prenez de la gomme arabique, de la couperose (sulfate de fer), du sucre blanc, du safran, parties égales ; écrivez avec ce mélange, et appliquez une feuille d'or sur les caractères ainsi tracés. L'or s'attachera fortement, et, lorsqu'il est sec, vous le brunirez.

« Pour dorer le bois et le parchemin à peu de frais, broyez du cristal et de la gomme arabique, réduisez ce mélange, avec un peu d'eau, à un état demi-liquide homogène. Vous en mouillerez un pinceau, et vous en oindrez le bois ou le parchemin. Cela fait, vous

---

(1) Perez de Vargas, VIII, 4.

(2) L'Angleterre passait autrefois pour produire les meilleures limes ; mais aujourd'hui on en fabrique d'aussi bonnes en France, et en particulier à Rive de Gier, grâce aux efforts constants et éclairés de M. Meunier.

(3) Perez de Vargas, etc., VIII, 4.

frotterez l'endroit où ce mélange a été appliqué avec une pièce d'or, et cet endroit sera doré. »

Ces deux procédés, purement mécaniques, étaient, surtout le dernier, fort usités, déjà avant le XVIe siècle, pour dorer sur bois ou sur parchemin. Quant à la dorure sur métaux au moyen d'un amalgame (mélange d'or et de mercure), elle était déjà connue des anciens (1).

Quoique Espagnol et vivant sous le règne de Philippe II, Perez de Vargas ne parle pas des mines du nouveau monde. Il passe sous silence un sujet intéressant.

Arrêtons-nous ici dans notre analyse ; car il est facile de s'apercevoir que Vargas copie quelquefois textuellement Agricola et Biringuccio, sans les citer.

Joh. Arph. de **Villa-Feina** est de quelques années postérieur à Vargas. Son ouvrage, intitulé *Quilatador de la plata, oro y pedras, conforme a las leyes reales*, Valladolid, 1572, in-4°, offre moins d'intérêt que le précédent.

§ 11.

Mines. — Métallurgie.

Grâce aux progrès rapides de la métallurgie, l'exploitation des mines était, au XVIe siècle, dans l'état le plus florissant.

En *Allemagne*, la riche maison des Fugger, les Rothschild d'alors, accrut ses richesses par les revenus des mines de Neusol en Hongrie, de Carinthie, de Falkenstein en Tyrol, de Cazalla et Guadalcanal en Espagne. Les barons de Fugger étaient appelés en conseil par les premiers souverains de l'Europe ; plus d'une fois ils avaient avancé des sommes considérables à l'empereur Charles-Quint, qui, malgré l'or du Pérou et du Mexique, se trouvait souvent sans argent.

Le grand nombre des ordonnances et des règlements concernant les mines, rendus à divers intervalles (1509, 1510, 1515, 1519, 1520, 1523, 1536, 1550, 1553, etc.) par les électeurs de Saxe, les ducs de Brunswick et Lunebourg, les ducs de Wurtemberg, les land-

---

(1) Voy. Hist. de la chimie, t. I, p. 120.

graves de Hesse, les archiducs d'Autriche, les comtes de Hohenstein, etc., témoignent de la sollicitude qu'on avait alors pour cette
branche importante de l'industrie.

Agricola et Mathesius vantent les richesses de l'Erzgebirge et de
la Misnie; le poëte Siber chante la prospérité naissante de la ville
de Freyberg (1). Les mines d'argent de cette ville produisaient annuellement environ 300 à 400,000 fr. de notre monnaie.

Les mines d'Ehrenfriedersdorf, de Wolkenstein, d'Ébersdorf, de
Thum, de Tretbach, de Hohenstein, de Geyer, de Troppau, d'Al-
tenberg, de Schneeberg, de Marienberg, etc., étaient dans un état
non moins prospère (2).

Les mines d'Eisleben, de Mansfeld, de Polfeld près de Sanger-
hausen (Thuringe), fournissaient beaucoup de cuivre argentifère,
dont l'affinage procurait d'assez grands bénéfices.

La cadmie qui s'attache aux parois des fourneaux dans lesquels
on chauffe des minerais zincifères avait été, ainsi que nous l'a-
vons vu plus haut, utilisée par les Grecs et les Romains (3). Mais au
moyen âge, où la civilisation industrielle était, sous beaucoup de
rapports, fort en arrière de celle de l'antiquité, on rejetait comme
inutile cette matière, qui s'attache aux parois des fourneaux. Ce
ne fut que vers le milieu du xvie siècle qu'un savant de Nuremberg,
Erasmus *Ebener*, démontra, comme une chose nouvelle, que la
cadmie des fourneaux est aussi bonne à faire du laiton que la cadmie ou calamine naturelle. En même temps il fonda, près de Goslar, une fabrique de laiton considérable (4); et à la même époque
Christophe Sander établit, dans le voisinage de Goslar, une fabrique de vitriol blanc (sulfate de zinc).

Les mines d'argent, de cuivre et de plomb d'Iberg, d'Ilefeld, de
Wildenmann, de Zellerfeld, de Lauterberg, de Rammelsberg, ré-
pandaient l'aisance et la prospérité dans les contrées du Harz.

La Westphalie, la Hesse, la Thuringe, ne restèrent pas en ar-

---

(1) Poemata sacra; Basil., 1556, 8.
(2) Voy. Mathesius, — Agricola, — Meltzer (*Historia Schneebergensis*), —
Mellor (*Theat. chem. freybergense*), — Lempe (*Magazin der Bergbaukunde*).
(3) Voy. t. I, p. 126.
(4) Calvör, *Hist. Nachrichten von den Ober und Unter-Harzischen Berg-
werken*, Brunsw., 1765, in-fol. Rethmeier, *Braunschw. Luneburg. Chronick*,
Brunsw., 1722, in-fol.

rière du Harz. Les mines de fer et de cuivre d'Areusberg, de Trèves, de Dilstein, de Corbach, d'Ilmenau, de Saalfeld, et de beaucoup d'autres endroits, étaient tout aussi activement exploitées.

Il serait trop long d'énumérer toutes les localités de la Bohême, de la Moravie, de l'Autriche, de la Bavière, qui se faisaient toutes également remarquer par leur industrie métallurgique (1).

En *France*, les mines étaient, vers cette époque, dans un état un peu moins florissant. La plupart des travaux métallurgiques furent suspendus ou abandonnés pendant les guerres de la Ligue.

Le droit d'exploitation était conféré par les rois à des particuliers, qui, en retour, s'engageaient à payer à la couronne une certaine partie des revenus. C'est ainsi que Henri III avait concédé aux sieurs Escot et Alonge le droit d'exploiter les mines de la Provence, du Dauphiné, de la Bourgogne, du Beaujolais et du Mâconnais.

La Champagne était renommée pour ses forges et ses fabriques d'acier. En 1524, on découvrit, près de Langres, des filons de minerai d'or et d'argent.

L'Alsace et la Lorraine, qui n'appartenaient pas encore à la France, étaient depuis longtemps célèbres, dans les fastes métallurgiques, par leurs mines d'argent, de cuivre et de plomb.

Les mines des Pyrénées, et en particulier celles du comté de Foix, continuèrent à maintenir leur antique réputation (2).

La *Norwége* et la *Suède* étaient déjà connues pour leurs mines de fer et de cuivre. Les forges d'Osmund, de Kupferdal, d'Advidha en Ostgothie, de Stahlberg, étaient en pleine activité.

En *Angleterre*, la reine Élisabeth favorisa de tout son pouvoir l'industrie métallurgique. Elle fit venir de l'étranger, et notamment de l'Allemagne, des ouvriers habiles, pour les faire travailler dans les mines d'étain et de cuivre de Cornouailles et de Northumberland, et fonda deux sociétés industrielles (*Society of royal mine,*

---

(1) Voy. Gmelin, t. I, p. 394.

(2) Jean de Malus, Recherches et découvertes des mines des Pyrénées, faites en 1600, et rédigées par J. Dupuy ; Bordeaux, 1601, 12.

— Pour avoir plus de détails sur l'état des mines en France au xvi° siècle, il faut consulter *Gobet*, Anciens minéralogistes de France, t. II.

Society for minerals and battering works), dont le comte Pembroke fut nommé président.

On apprend, dans les relations de Marco-Polo, de Rubriquez et d'autres voyageurs, que les pays de l'Orient, la Turquie, la Perse, la Tartarie, l'Inde, pouvaient alors rivaliser, par leurs richesses métalliques, avec les pays de l'Occident.

L'événement le plus important pour la métallurgie comme pour toutes les sciences en général, c'était la découverte de l'Amérique.

Personne n'ignore l'histoire de ces lointaines et périlleuses navigations qui eurent pour résultat de révéler l'existence d'un nouveau continent. Il serait donc inutile de la rappeler. Ce qui nous intéresse ici, ce sont les détails ayant un rapport plus direct avec le sujet qui nous occupe.

Dans les premières années qui suivirent la découverte de l'Amérique, les Espagnols n'étaient occupés qu'à extorquer des indigènes tout l'or et l'argent que ceux-ci avaient amassés. Ce ne fut qu'après avoir épuisé ces faciles trésors qu'ils songèrent à exploiter les mines de ces pays nouveaux. L'île Espagnole (Saint-Domingue), que Christophe Colomb avait le premier abordée, fut aussi la première exploitée. Rodrigue d'Alcaçar obtint, en 1506, du roi d'Espagne, un privilége qui lui concéda toutes les mines de cette île moyennant une redevance de un pour cent. Cet industriel gagna, en très-peu de temps, une fortune immense ; mais le gouvernement lui retira bientôt son privilége (1).

On allait surtout à la recherche du sable d'or, qui était soumis à des procédés de lavage déjà connus des anciens. L'or retiré des mines de Cibao et des lieux circonvoisins était transporté à Buena-Ventura et à la Conception, où on le faisait fondre et affiner. Chaque fonte qui se faisait dans la ville de Buena-Ventura était, selon Herrera, de 110 à 120,000 *pesi* (poids), le *peso* valant environ 4 francs 50 cent. de notre monnaie. Les fontes de la ville de la Conception étaient de 125 à 130,000 *pesi*. Ainsi, on tirait chaque année des mines de Saint-Domingue environ 460,000 *pesi* d'or.

Fernand Cortez aborda, en 1519, le *Mexique* avec une poignée d'aventuriers. Les présents envoyés à ce capitaine par Montezuma

---

(1) Histoire générale des voyages et conquêtes des Castillans dans les Indes occidentales, par Ant. Herrera, historiographe de Sa Majesté Catholique (trad. de la Coste) ; Paris, 1660, in-4, t. 1, pag. 459.

montrent que les Mexicains n'étaient pas une nation sauvage, et que la culture des arts ne leur était pas étrangère.

On remarquait parmi ces présents des miroirs faits « d'un certain métal très-beau, qui reluit comme de l'argent » (platine?), de forme arrondie et encadrés d'or; — de petites pierres d'or représentant des grenouilles et d'autres animaux; — des médailles grandes et petites, dont le travail et la rareté valaient plus que l'or et l'argent dont elles étaient faites; — deux roues de la dimension d'une roue de carrosse ordinaire, l'une d'or, dans laquelle était figuré le soleil avec des rayons, des feuillages et des animaux; l'autre d'argent, représentant la lune (1); — un casque de lames d'or, avec des sonnettes attachées autour de la cime du casque; — des panaches de diverses plumes, au bout desquelles pendaient des mailles d'or; — des armures d'or et d'argent, enjolivées de plumes et fixées sur du cuir fort bien corroyé; — des chasse-mouches de plumes très-riches; — des escarpins et des sandales de cuir cousu avec du fil d'or; — des tissus de coton d'une finesse extrême, etc. (2).

Toute l'histoire de la civilisation industrielle des Mexicains se retrouve dans ces présents donnés à Cortez.

La magnificence du temple de Mexico, et le palais de Montezuma, témoignent également d'une civilisation assez avancée.

Au nombre des questions que Cortez fit à Montezuma, devait se trouver naturellement celle de savoir de quel endroit le roi tire son or; car c'était surtout là le but de son entreprise. Montezuma répondit qu'il y avait de l'or dans trois endroits; que celui où l'on en tire le plus était situé dans une province appelée *Zacatula*, au midi, à dix ou douze journées de Mexico; que, près de là, il y avait une autre province, nommée *Chiuanthlà*, également riche en or; et qu'enfin il en trouverait chez les Zapotecas.

Montezuma avait donné de riches présents, dans l'intention de se débarrasser de ses hôtes aussi incommodes qu'inattendus. C'est ainsi qu'en avaient usé les faibles princes du Bas-Empire à l'égard des Bulgares, des Esclavons et des Huns. Mais partout la vue de l'or ne fait qu'exciter davantage la cupidité de l'homme, comme la vue du sang, loin d'apaiser le tigre, ne le rend que plus furieux. La conquête du

---

(1) L'idée de représenter symboliquement le soleil par l'or, et la lune par l'argent, n'est pas seulement propre aux alchimistes; elle se retrouve en quelque sorte à toutes les époques et dans tous les pays.

(2) Herrera, etc., p. 491.

Mexique se fit comme se font toutes les conquêtes : les indigènes, mécontents de leur gouvernement, loin de repousser l'ennemi, comme c'était leur devoir, l'aidèrent au contraire à la besogne. Des caciques insoumis profitèrent avec joie de cette occasion pour rompre les liens de la hiérarchie.

La conquête du *Pérou* par Pizzaro ressemble à celle du Mexique par Cortez. Une poignée d'hommes s'emparent d'un vaste pays bien peuplé, et abondant en produits de toutes espèces.

Il serait inutile de reproduire les relations qu'ont faites les voyageurs de la magnificence du palais des Incas, et du temple du Soleil resplendissant d'or et d'argent; d'exposer les détails de l'immense butin que les Espagnols retirèrent du Pérou.

L'histoire des mines du Potosi doit nous intéresser davantage. On raconte à ce sujet qu'un Indien nommé Gualpa, courant un jour dans les montagnes à la poursuite d'un gibier, arracha, en voulant se soutenir, un arbrisseau dont les racines étaient recouvertes d'un minerai brillant qui fut reconnu être de l'argent (1).

Après quelques contestations entre Gualpa, un autre Indien et un Espagnol nommé Villaréal, les mines de Potosi furent déclarées ouvertes le 21 avril 1545.

La montagne de Potosi renferme quatre veines : la *ricca* (riche), la *centeno*, la *mendieta*, et la *veine d'étain*. Toutes ces veines sont situées dans la partie orientale de la montagne, et s'étendent du nord au sud (2). Cette montagne, dit Ulloa, ressemble, dans son intérieur, à une ruche à miel, moins sa régularité, à cause de son grand nombre de percements, de galeries, de fouilles qu'on y remarque. S'il était donc possible de bien enlever tout d'un coup la croûte qui la recouvre, on y apercevrait un nombre infini de routes souterraines percées sans suite et comme au hasard, selon la direction des veines métalliques (3).

Le procédé ordinaire de l'extraction et de l'affinage de l'argent, employé primitivement, consistait à calciner le minerai dans de petits fourneaux construits sur les côtés des montagnes, exposés au

---

(1) Histoire naturelle et morale des Indes tant orientales qu'occidentales, par Joseph Acosta (trad. par R. Regnault); Paris, 1608, in-8, lib. IV, c. 5.

(2) Acosta, lib. IV, c. 8.

(3) Mémoires philosophiques, historiques, physiques, concernant la découverte de l'Amérique, etc., par don Ulloa, lieutenant général des armées navales de l'Espagne, commandant au Pérou, t. I, p. 289 (Paris, 1787, in-8).

vent ; ces fourneaux étaient appelés *guayras*. Le minerai était fondu avec une matière métallique, nommée par les Indiens *soroche*, qui, d'après ce qu'en dit Acosta, n'était autre chose que du plomb. C'est donc la coupellation qu'employaient les Indiens pour affiner l'argent.

Un quintal de minerai riche donnait d'ordinaire 30, 40 et même 50 *pesi* d'argent. Le minerai pauvre ne rendait environ que 6 *pesi*. Il y avait à Potosi une grande quantité de ces minerais pauvres, dont on ne faisait aucun cas, et que l'on rejetait avec les scories, jusqu'au moment où l'on adopta le *procédé par amalgamation*, qui avait été employé au Mexique dès l'année 1566.

Acosta nous apprend que, pendant le gouvernement de don Francesco de Tolède, il arriva au Pérou un homme qui avait été longtemps au Mexique, et qui avait remarqué qu'on extrayait l'argent au moyen du mercure : c'était *Pero Fernandez de Velasco* (1). Il s'offrit à traiter, par le même procédé, les mines de Potosi ; ce qui eut lieu en 1571. Comme si tout devait contribuer à la prospérité de ces mines et à la réussite du nouveau procédé, on venait de découvrir les riches mines de cinabre de *Guancavilca*, et l'on pouvait se dispenser de faire venir le mercure de l'Espagne. Il se consommait annuellement environ sept mille quintaux de mercure dans les mines de Potosi.

Voici comment Acosta a vu lui-même exécuter ce procédé : on pile le minerai de manière à le réduire en une poudre très-fine que l'on jette dans des espèces d'auges de cuivre. On y ajoute un dixième de sel commun, « afin que le métal se débarrasse de la terre et de ses ordures ; » puis on y fait tomber une pluie de mercure, en remuant constamment le mélange. Lorsque l'argent est bien imprégné de mercure et que l'amalgame est bien formé, on le fait chauffer légèrement dans des fours à une faible température ; après cela, on met le tout dans des vaisseaux pleins d'eau qui, étant tournés et agités par des roues, laissent déposer l'amalgame qui se sépare des impuretés ; on le lave une seconde fois dans des cuves pleines d'eau ; enfin on le comprime dans un linge ou dans une peau ; le mercure sort par les pores, et l'argent reste à peu près pur. — Pour

---

(1) L'auteur de ce procédé, découvert en 1557, paraît avoir été un mineur de Pacucha (Mexique), nommé Bartholomé de Medina. Voy. Alex. de Humboldt, *sur l'amalgamation des minerais d'argent visités au Mexique*, Annales de Chimie, vol. LXXVI, p. 204-225.

lui enlever les dernières traces de mercure, on le faisait fondre et on le soumettait quelquefois à la coupellation.

Il n'entre pas dans notre plan de faire ici un travail statistique sur les richesses métalliques retirées, pendant le XVI° siècle, des diverses contrées de l'Amérique (1). Qu'il nous suffise de faire observer que ces monceaux d'or du Pérou et du Mexique ont été plus funestes à la monarchie espagnole que ne l'auraient été la guerre, la peste et la famine.

D'abord, toute la population des campagnes se précipita dans les villes, et de là dans le nouveau monde ; non pas certes pour y cultiver les arts ou y exercer des métiers utiles, mais pour suivre les penchants dépravés de la paresse, de l'avarice et de la cupidité. Loin donc que les richesses arrivées chaque année de l'Amérique fussent employées à réparer les pertes de l'agriculture, elles en accélérèrent encore la décadence, et la plus grande misère ne tarda point à se faire sentir et à percer de toutes parts, à travers les dehors brillants qui en imposaient au vulgaire. Les troupes, mal payées, se soulevaient ; les provinces, soumises à des impôts vexatoires, arboraient l'étendard de la révolte et de la liberté. Le souverain lui-même manquait, faute d'argent, à ses engagements les plus sacrés. Philippe II refusa de payer les intérêts des sommes qu'on lui avait prêtées, et ce fier monarque, dans les États duquel le soleil ne se couchait jamais, fit banqueroute à la face de l'univers.

§ 12.

Monnaies.

La découverte du nouveau monde avait mis tout à coup en circulation une quantité prodigieuse d'or. Comme ce métal se rencontre presque toujours à l'état natif, mais allié avec des proportions variables d'argent, il était naturel de songer à trouver un procédé plus exact que celui de l'emploi du cément royal (soufre et antimoine) pour séparer ces deux métaux l'un de l'autre.

Les alchimistes connaissaient depuis longtemps la propriété qu'a l'eau-forte de dissoudre l'argent et de laisser l'or intact. Ce fut donc

---

(1) P. Gmelin (*Geschichte der Chem.*), t. I, p. 439-472.

à eux que les monnayeurs empruntèrent leur *eau de départ* (*aqua chrysulca*).

Un nommé Cointe introduisit, sous le règne de François Ier, l'emploi de l'eau-forte dans la Monnaie de Paris. Des auteurs presque contemporains (Budé, Savot, etc.) racontent qu'il tenait cette opération d'abord secrète, et qu'il la croyait ou feignait très-dangereuse; « car il disoit que la fumée d'icelle estoit fort pernicieuse à la santé; de sorte qu'il y faisoit travailler par un serviteur, lui n'y prenant garde que de loin (1). »

Cointe et son fils gagnèrent une fortune considérable. Une ordonnance de François Ier, donnée à Blois le 19 mars 1540, porte (art. 44) que les gages des essayeurs de la monnaie seront augmentés de la moitié, pour raison de ce départ avec l'eau-forte.

Quelques années plus tard, l'usage de l'eau-forte était devenu si vulgaire, que l'on s'en servait frauduleusement pour *laver* les pièces d'argent. Une ordonnance de Charles IX, donnée en 1561, proscrit formellement cette industrie coupable. « Nous défendons, y est-il dit (art. 3), allouer ni recevoir aucune espèce d'or ni d'argent visiblement rognée ou *lavée par l'eau-forte* ; lesquelles espèces rognées ou lavées nous avons totalement descriées, et seront mises au feu pour billon (2). »

On savait déjà alors dans quelles limites la méthode du départ par l'eau-forte est bonne. Ainsi, on n'ignorait pas que si dans un alliage il y a beaucoup plus d'or que d'argent, l'eau-forte n'agira aucunement, et qu'il faut qu'il y ait au moins les deux tiers d'argent et un tiers d'or. Les proportions que l'on préférait, comme cela se pratique encore aujourd'hui, étaient de trois parties d'argent pour une partie d'or; de manière que cette dernière partie faisait le *quart* du total de l'alliage. De là les expressions d'*inquarter* et *inquartation* (3). L'alliage était ensuite attaqué par l'eau-forte: l'or se ramassait au fond sous forme de poudre, et l'argent était précipité par une pièce de cuivre, « qui a cette propriété particulière de tirer à soi tout l'argent qui estoit dissous dans l'eau-forte; s'il

---

(1) Savot, Traité de Métallurgie, chap. VI, p. 73.

(2) *Sommaire des édits et ordonnances royaulx, concernant la cour des monnoyes et officiers particuliers d'icelles*, etc. Manuscrit n° 113, in-4 (jurisprudence), de la Bibliothèque de l'Arsenal.

(3) Voy. p. 55 de ce volume.

y a du cuivre dissous dans l'eau-forte, on l'en retire par le moyen
du fer, de même que l'argent s'en retire par le moyen du cuivre(t). »

C'est ce phénomène de substitution que les chimistes métallurgistes du xvi° siècle reprochaient aux alchimistes d'avoir pris pour
un phénomène de transmutation.

La méthode expérimentale commençait déjà à porter ses fruits :
elle battait en brèche les doctrines des anciens, et enrichissait la
science de faits nouveaux.

(t) Savot, chap. vi, p. 74.

III.

CHIMIE TECHNIQUE.

§ 13.

B. *Palissy* doit être considéré comme le représentant de la *chimie technique et expérimentale* au xvi⁰ siècle.

BERNARD PALISSY.

C'est là un des hommes qui se sont le plus attachés, pendant le xvi⁰ siècle, à proclamer l'autorité de l'expérience, et le mépris des théories vagues sorties du cerveau des philosophes.

On fait, si je ne m'abuse, trop d'honneur au chancelier Bacon, quand on dit que ce philosophe a le premier ramené dans la bonne voie l'esprit qui, depuis des siècles, s'était fourvoyé dans des spéculations surnaturelles et futiles. F. Bacon était encore enfant lorsque Palissy enseignait déjà publiquement que, pour arriver à la vérité, il est absolument nécessaire de consulter l'expérience. « Je n'ai point eu, dit-il, d'autre livre que le ciel et la terre, lequel est connu de tous ; et est donné à tous de connoistre et lire ce beau livre. »

Le potier de terre d'Agen fait époque dans l'histoire de la chimie, comme le chancelier d'Angleterre dans l'histoire de la philosophie. Ces deux hommes se ressemblent par la direction qu'ils ont su imprimer aux sciences d'*observation*.

On ignore l'année précise de la naissance de Bernard de Palissy. Suivant d'Aubigné, il naquit en 1499, dans le diocèse d'Agen. On ne sait rien sur les premières années de sa jeunesse, qu'il paraît avoir passée dans l'étude du dessin, de la géométrie pratique et de l'arpentage.

C'est vers l'année 1544 que B. Palissy s'éprit d'une belle passion pour la préparation des émaux appliqués à la poterie. Il n'atteignit son but qu'après de longues années de recherches et de privations de tout genre. Nous l'entendrons plus loin raconter lui-même ses tribulations.

Dévoué au calvinisme, qui commençait alors à se répandre dans le midi et l'ouest de la France, Palissy fut impliqué dans les guerres civiles qui désolèrent la Saintonge, sa contrée natale. L'édit de Henri II, donné à Écouen, au mois de juin 1559, sema l'alarme parmi les calvinistes. Un grand nombre de réformés furent condamnés à mort par des juges royaux. Palissy obtint une sauvegarde du duc de Montpensier. Mais, malgré cette sauvegarde du commandant de l'armée royale, il fut traîné en prison ; son atelier, construit à grands frais, fut démoli. Menacé de la mort, il ne fut sauvé que par la protection du comte de la Rochefoucauld, du sire de Pons, du baron de Jarnac et du seigneur de Burie. Tout le monde, excepté les juges de Saintes, s'intéressa au sort du malheureux *ouvrier de terre et inventeur des rustiques figulines*, comme il aimait à s'appeler lui-même. De Saintes, il fut conduit, pendant la nuit, dans les prisons de Bordeaux. Enfin, il aurait subi le sort de tant d'autres malheureux huguenots, si le grand connétable, duc de Montmorency, n'avait pas intercédé pour lui auprès de la reine mère, la trop célèbre Catherine de Médicis. Palissy, mis en liberté, s'attacha, par reconnaissance, au service du roi, de la reine mère et du connétable. Il fut employé à embellir plusieurs châteaux, et particulièrement celui d'Écouen, des chefs-d'œuvre de son art.

Rendu à ses loisirs, Palissy se livra avec ardeur à la chimie, à l'agriculture et à l'histoire naturelle. Le premier, il eut l'idée de former à Paris un cabinet de géologie et de minéralogie. Il y faisait des conférences publiques, auxquelles assistaient les membres les plus savants de la Sorbonne, du parlement et de la faculté de médecine. Il demeurait aux Tuileries, ainsi qu'il nous l'apprend lui-même : on ne le connaissait que sous le nom de *Bernard des Tuileries*.

En 1572, il échappa, avec Ambroise Paré, à l'horrible massacre de la Saint-Barthélemy, soit qu'il fût oublié, soit que Catherine de Médicis le protégeât secrètement.

L'*ouvrier de terre* était à sa dernière heure tel qu'il avait été pendant toute sa vie, probe, incorruptible, d'une âme fière et élevée. On pourrait lui appliquer à juste titre l'ode d'Horace : *Justum et tenacem propositi virum.*

Le drame sanglant de la Ligue allait recommencer. Un des

principaux ligueurs, Matthieu de Launay, demanda, en 1589, le
supplice du vieux Bernard, qui était enfermé dans la Bastille.
Le roi (Henri III), s'intéressant au sort de son serviteur plus
qu'octogénaire, alla lui-même le trouver dans la prison, et l'engager
à changer de religion.

« Mon bon homme, lui dit le roi, il y a quarante-cinq ans que
vous estes au service de la reine ma mère et de moy; nous avons
enduré que vous ayez vescu en vostre religion parmi les feux et les
massacres; maintenant je suis tellement contraint par ceux de
Guise et mon peuple, qu'il m'a fallu, malgré moi, vous mettre en
prison. Vous serez bruslé demain, si vous ne vous convertissez. »

« Sire, répond Bernard, vous m'avez dit plusieurs fois que vous
aviez pitié de moy; mais moy j'ay pitié de vous, qui avez prononcé
ces mots : *Je suis contraint;* ce n'est pas parler en roy. Je vous
apprendrai le langage royal, que les guisards, tout vostre peuple ny
vous ne sauriez contraindre un potier à flescbir les genoux devant
des statues (1). »

Le vieillard resta inébranlable, et mourut, bientôt après, à l'âge
de quatre-vingt-dix ans.

Ouvrages de Bernard Palissy.

En lisant les œuvres de B. Palissy, on sera plus que jamais convaincu que le style, c'est l'homme. On reconnaît, dans l'énergie, dans
la simplicité et la naïveté du langage, toutes les qualités qu'on ad-
mire en l'intrépide huguenot, l'inventeur des rustiques figulines.

Tous les ouvrages de B. Palissy sont écrits en français ; car l'auteur, comme il le dit lui-même, ne savait ni le grec ni le latin. Leur
publication comprend un intervalle de vingt-trois ans (de 1557 à
1580) (2). Ils ont été réunis en un volume in-quarto par Faujas de
Saint-Fond et Gobet, Paris, 1777. Il est à regretter que l'on n'ait
pas suivi, dans cette édition, l'ordre chronologique.

Ces ouvrages sont écrits pour la plupart sous forme de dialogues.

----

(1) D'Aubigné, Hist. univ., part. III, an 1589.

(2) Les éditions les plus anciennes des premiers ouvrages de B. Palissy sont
de 1557 et de 1568. Il y a aussi une édition de l'année 1580.

— La Bibliothèque royale possède un manuscrit intitulé *Extraicts des discours de Bernard Palissy,* n° 1644 (fonds de Saint-Germain).

La *Théorique*, vaine et orgueilleuse, qui pose d'ordinaire les questions, est victorieusement combattue et souvent humiliée par la *Practique*. La première a presque toujours tort, tandis que la dernière, comme on pouvait s'y attendre, a presque toujours raison.

De l'art de terre, de son utilité, des émaux, et du feu (1).

C'est dans ce traité que l'auteur fait surtout preuve de cette force de volonté et de cette patience qui le caractérise au plus haut degré.

Il le dédie au sire Antoine de Pons, en commençant par ces mots, qui marquent un esprit éminemment original et observateur : « Le nombre de mes ans m'a incité de prendre la hardiesse de vous dire qu'un de ces jours je considérois la couleur de ma barbe, qui me causa penser au peu de jours qui me restent pour finir ma course ; et cela m'a fait admirer les lys et bleds des campagnes et plusieurs espèces de plantes, lesquelles changent leurs couleurs verdes en blanches, lorsqu'elles sont prestes de rendre leurs fruits. Aussi plusieurs arbres se hastent de fleurir, quand ils sentent cesser leur vertu végétative et naturelle ; une telle considération m'a fait souvenir qu'il est escrit que l'on se donne garde d'abuser des dons de Dieu et de cacher le talent en la terre : aussi est escrit que le fol celant sa folie vaut mieux que le sage celant son sçavoir.

— « Les liures pernicieux de Raymond Lulle, de Paracelse, du Roman de la Rose (qui font perdre le temps à la jeunesse), m'ont causé gratter la terre l'espace de quarante ans et fouiller les entrailles d'icelle, afin de cognoistre les choses qu'elle produit dans soy ; et, par tel moyen, j'ay trouué grace deuant Dieu, qui m'a fait cognoistre des secrets qui ont esté jusques à present incognus aux hommes, voiré aux plus doctes, comme l'on pourra cognoistre par mes escrits. Je sçay bien qu'aucuns se moqueront, en disant qu'il est impossible qu'un homme destitué de la langue latine puisse avoir intelligence des choses naturelles ; et diront que c'est à moy une grande temerité d'escrire contre l'opinion de tant de philosophes fameux et anciens, lesquels ont escrit des effects naturels et remply toute la terre de sagesse. Je sçay aussi qu'autres jugeront selon l'extérieur, disant que je ne suis qu'un pauvre artisan. — Non obs-

---

(1) Œuvres B. Palissy ; Paris, 1777, in-4, p. 5.

tant toutes ces considérations, je n'ay laissé de poursuyvre mon entreprise, et, pour couper broche à toutes calomnies et embusches, j'ay dressé un cabinet auquel j'ay mis plusieurs choses admirables et monstrueuses, que j'ay tirées de la matrice de la terre, lesquelles rendent tesmoignage certain de ce que je dis, et ne se trouvera homme qui ne soit contrainct confesser iceux veritables, après qu'il aura veu les choses que j'ay préparées en mon cabinet, pour rendre certains tous ceux qui ne voudroyent autrement ajouster foy à mes escrits. »

Voici comment Palissy s'exprime dans son avertissement au lecteur : « Le desir que j'ay que tu profites à la lecture de ce liure, m'a incité de t'aduertir que tu te donnes garde de enyvrer ton esprit de sciences escrites aux cabinets par une theorique imaginative ou crochetée de quelque liure escrit par imagination de ceux qui n'ont rien practiqué, et te donnes garde de croire les opinions de ceux qui disent que theorique a engendré la practique. — Si l'homme pouuoit exécuter ses imaginations, je tiendrois leur party et opinion ; mais tant s'en faut. Si les choses conçues aux esprits se pouuoyent executer, les souffleurs d'alchimie feroyent de belles choses, et ne s'amuseroyent à chercher l'espace de cinquante ans, comme plusieurs ont fait ; si la theorique figurée aux esprits des chefs de guerre se pouuoit exécuter, ils ne perdroyent jamais bataille.

« J'ose dire, à la confusion de ceux qui tiennent telle opinion, qu'ils ne sçauroyent faire un soulier, non pas mesme un talon de chausse, quand ils auroyent toutes les theoriques du monde. »

Il y a toute une révolution dans ce préambule. Il fallait affronter la persécution et la mort pour dire alors de pareilles choses, que l'on répète aujourd'hui peut-être un peu trop souvent. Il fallait un homme de la trempe de Palissy pour rompre aussi brusquement avec l'autorité du moyen âge, et préparer aux sciences d'observation un avenir brillant.

Le vieux Bernard des Tuileries vaut bien le chancelier Bacon.

Écoutons maintenant l'auteur raconter lui-même comment il s'est initié dans la pratique, quelles difficultés il a rencontrées à la *lecture du grand livre de la nature*. Ce récit perdrait tout son charme par une analyse sèche, qui ne reproduirait pas cette naïveté du langage qui réfléchit toute l'âme de B. Palissy.

« Sçaches qu'il y a vingt et cinq ans passez qu'il me fust montré une coupe de terre, tournée et esmaillée d'une telle beauté, que deslors j'entray en dispute avec ma propre pensée, en me rememorant plusieurs propos qu'aucuns m'avoient tenus, en se mocquant de moy, lorsque je peindois les images. — Sans auoir esgard que je n'auois nulle connoissance des terres argileuses, je me mis à chercher les esmaux, comme un homme qui taste en tenèbres. Sans auoir entendu de quelles manières se faisoyent lesdits esmaux, je pilois de toutes les matières que je pouuois penser qui pourroyent faire quelque chose ; et les ayant pilées et broyées, j'achetois une quantité de pots de terre, et après les auoir mis en pièces, je mettois des matières que j'auois broyées dessus icelles, et les ayant marquées, je mettois en escrit à part les drogues que j'auois mises sur chascunes d'icelles pour memoire ; puis ayant fait un fourneau à ma fantaisie, je mettois cuire lesdites pieces, pour voir si mes drogues pourroy ent faire quelque couleur de blanc ; car je ne cherchois autre esmail que le blanc, parce que j'auois ouy dire que le blanc estoit le fondement de tous les autres esmaux.

« Or, parce que je n'auois jamais veu cuire terre, ny ne sçauois à quel degré du feu ledit esmail se denoit fondre, il m'estoit impossible de pouuoir rien faire par ce moyen, ores que mes drogues eussent été bonnes, parce qu'aucune fois la chose auroit trop chauffé et autrefois trop peu ; et quand lesdites matières estoient trop peu cuites ou bruslées, je ne pouuois rien juger de la cause pourquoy je ne faisois rien de bon, mais en donnois le blasme aux matières. — Mais je commettois encore une faute plus lourde que la susdite ; car, en mettant les pièces de mes espreuves dedans le fourneau, je les arrangeois sans considération ; de sorte que, les matières eussent esté les meilleures du monde et le feu le mieux à propos, il estoit impossible de rien faire de bon. Or, m'estant ainsi abuzé plusieurs fois avec grands frais et labeurs, j'estois tous les jours à piler et broyer nouuelles matières et construire nouveaux fourneaux, avec une grande despense d'argent et consommation de bois et de temps.

« Quand j'eus bastelé plusieurs années ainsi imprudemment avec tristesse et soupirs, à cause que je ne pouvois parvenir à rien à mon intention, je m'auisay, pour obvier à si grande despense, d'envoyer les drogues que je voulois approuuer à quelque fourneau de potier ; et ayant conclud en mon esprit telle chose, j'achetay derechef plusieurs vaisseaux de terre ; et les ayant rompus en pieces, comme de coustume, j'en couuray trois ou quatre cent pieces d'esmail, et les envoyay en une poterie distante d'une lieue et demie de ma demeure, avec requeste enuers les potiers qu'il leur plust permettre cuire lesdites espreuves dedans aucuns de leurs vaisseaux ; ce qu'ils faisoyent volontiers. Mais quand ils auoyent cuit leur fournée, et qu'ils venoyent à tirer mes espreuves, je n'en receuois que honte et perte, parce qu'il ne se trouuoit rien de bon, à cause que le feu desdits potiers n'estoit assez chaud. »

Après cet insuccès, qui ne devait pas être le dernier, il prit quelque temps de relâche. Il fit, pendant cet intervalle, partie de la commission envoyée par le roi pour lever les plans des marais salants de la Saintonge. A peine ce travail fut-il achevé, que Palissy recommença de plus belle ses expériences. Laissons-le parler lui-même :

« Après que je me trouvay muny d'un peu d'argent, je reprins encores l'affection de poursuyure à la suite desdits esmaux ; et voyant que je n'auois pu rien faire dans mes fourneaux ny à ceux des potiers susdits, je rompis environ trois douzaines de pots de terre tout neufs ; et ayant broyé grande quantité de diverses matières, je couuray tous les lopins desdits pots desdites drogues couchées avec le pinceau. Ayant ce fait, je prins toutes ces pièces et les portay à une verrerie, afin de voir si mes matières se pourroyent trouver bonnes aux fours desdites verreries. Or, d'autant que les fourneaux sont plus chauds que ceux des potiers, ayant mis toutes mes espreuves dans lesdits fourneaux, le lendemain que je les fis tirer, j'apperceus partie de mes compositions qui auoyent commencé à fondre : qui fut cause que je fus encores dauantage encouragé de chercher l'esmail blanc, pour lequel j'auois tant trauaillé. »

Mais le malheureux expérimentateur perdit encore plus de deux ans à aller et venir d'une verrerie à l'autre, sans obtenir de résultat satisfaisant.

« Dieu voulut qu'ainsi je commençois à perdre courage, et que, pour le dernier coup, je m'estois transporté à une verrerie, ayant avec moi un homme chargé de plus de trois cents sortes d'espreuves, il se trouva une desdites espreuves qui fut fondue dedans, quatre heures après auoir esté mise au fourneau, laquelle espreuve se trouva blanche et polie ; de sorte qu'elle me causa une joye telle, que je pensois estre deuenu nouvelle créature, et pensois deslors avoir une perfection entière de l'esmail blanc : mais je fus fort esloigné de ma pensée.

« Je fus si grand beste en ces jours là, que soudain que j'eus fait ledit blanc, qui estoit singulièrement beau, je me mis à faire des vaisseaux de terre, combien que jamais je n'eusse connu terre ; et ayant employé l'espace de sept ou huit mois à faire lesdits vaisseaux, je me prins à eriger un fourneau semblable à ceux des verreries, lequel je bastis avec un labeur indicible; car il falloit que je maçonnasse tout seul, que je destrempasse mon mortier, que je tirasse l'eau pour la destrempe d'iceluy : aussi me falloit-il moy-mesme aller querir la brique sur mon dos, à cause que je n'auois nul moyen d'entretenir un seul homme pour m'ayder en cette affaire. Je fis cuire mes vaisseaux en première cuisson ; mais quand ce fut à la seconde cuisson, je receus des tristesses et labeurs tels, que nul homme ne voudroit croire. Car, au lieu de me reposer des labeurs passez, il me fallut travailler l'espace de plus d'un mois, nuit et jour, pour broyer les matières desquelles j'auois fait ce beau blanc au fourneau des verriers ; et quand j'eus broyé lesdites matières, j'en couvray les vaisseaux que j'auois faits.

« Ce fait, je mis le feu dans mon fourneau par deux gueules, ainsi que j'auois veu faire auxdits verriers ; je mis aussi mes vaisseaux dans ledit fourneau, pour cuider faire fondre les esmaux que j'auois mis dessus. Mais c'estoit une chose malheureuse pour moy ; car, combien que je fusse six jours et six nuits devant ledit fourneau sans cesser de brusler bois par les deux gueules, il ne fut possible de pouvoir faire fondre ledit esmail, et estois comme un homme desesperé ; et combien que je fusse tout estourdi du travail, je me vay adviser que dans mon esmail il y auoit trop peu de matière qui deuoit faire fondre les autres. Ce que voyant, je me prins à piler et broyer de ladite matière, sans toutefois laisser refroidir mon fourneau. — Quand j'eus ainsi composé mon esmail, je fus contraint d'aller encores acheter des pots, afin d'esprouver ledit esmail, d'autant que j'auois perdu tous les vaisseaux que j'auois faits. Et ayant couvert lesdites pièces dudit esmail, je les mis dans le fourneau, continuant toujours le feu en sa grandeur.

« Mais, sur cela, il me survint un autre malheur, lequel me donna grande fascherie, qui est que le bois m'ayant failli, je fus contraint de brusler les estapes qui soustenoyent les tailles de mon jardin ; lesquelles estant bruslées, je fus contraint de brusler les tables et planchers de la maison, afin de faire fondre la seconde composition. J'estois en une telle angoisse que je ne sçauois dire ; car j'estois tout tari et desseiché, à cause du labeur et de la chaleur du fourneau ; il y auoit plus d'un mois que ma chemise n'auoit seiché sur moy ; encores, pour me consoler, on se moquoit de moy ; et même ceux qui me deuoient secourir alloient crier par la ville que je faisois brusler le plancher, et, par tel moyen, l'on me faisoit perdre mon credit et m'estimoit-on estre fol.

« Les autres disoient que je cherchois à faire la fausse monnoye, qui estoit un mal qui me faisoit seicher sur les pieds, e' m'en allois par les rues tout baissé comme va un homme honteux. J'estois endetté en plusieurs lieux et auois ordinairement deux enfants aux nourrices, ne pouuant payer leurs salaires ; personne ne me secouroit ; mais, au contraire, ils se moquoyent de moy en disant : Il lui appartient de mourir de faim, parce qu'il deslaisse son mestier. Toutes ces nouvelles venoyent à mes oreilles quand je passois par la rue ; toutes fois, il me resta encores quelque esperance qui me soustenoit, d'autant que les dernières espreuves s'estoyent assez bien portées, et deslors en pensois sçauoir assez pour pouvoir gaigner ma vie. »

Malheureusement le pauvre potier fut encore une fois déçu dans son espérance. Il mit tout le reste de son bien et tout ce qu'il avait pu emprunter dans une *fournée* plus considérable que les autres, et il ne réussit pas davantage.

« J'avois emprunté le bois et les estoffes, et si auois emprunté partie de ma nourriture en faisant ladite besogne. J'auois tenu en esperance mes crediteurs qu'ils seroient payez de l'argent qui proviendroit des pièces de ladite fournée, qui fut cause que plusieurs accoururent, dès le matin, quand je commençois à desenfourner. Donc, par ce moyen furent redoublées mes tristesses, d'autant qu'en tirant ladite besogne je ne recevois que honte et confusion. Car toutes mes pièces estoyent semées de petits morceaux de cailloux, qui estoient si bien attachez autour desdits vaisseaux, et liez avec l'esmail, que quand on passoit les mains par dessus, lesdits cailloux coupoyent comme rasoirs ; et combien que la besogne fust par ce moyen perdue, toutefois aucuns ne vouloient acheter à vil prix. Mais parce que ce eust esté un descriement et rabaissement de mon honneur, je mis en pièces entièrement le total de ladite fournée, et me couchay de melancholie : non sans cause, car je n'auois plus de moyen de subvenir à ma famille ; je n'auois en ma maison que reproches. Au lieu de me consoler, l'on me donnoit des malédictions ; mes voisins, qui auoient entendu cette affaire, disoient que je n'estois qu'un fol.

« Quand j'eus demeuré quelque temps au lit, et que j'eus considéré en moy-mesme qu'vn homme qui seroit tombé en vn fossé, son debuoir seroit de tascher à se releuer ; en pareil cas je me mis à faire quelques peintures pour recouvrer vn peu d'argent. »

Après avoir gagné un peu d'argent, l'*ouvrier de terre*, ainsi qu'il s'appelle lui-même, reprit ses travaux, comme on pouvait le penser. De nouveaux déboires l'attendaient. Mais aucun malheur n'enchaîna sa volonté; *non fregit, sed erexit eum.*

« Bref, j'ay ainsi bastelé l'espace de quinze ou seize ans: quand j'auois appris à me donner garde d'vn danger, il m'en survenoit vn autre, lequel je n'eusse jamais pensé. Durant ces temps-là, je fis plusieurs fourneaux, lesquels n'engendroient que grandes pertes auparavant que j'eusse connoissance du moyen pour les eschauffer également. Enfin je trouvay moyen de faire quelques vaisseaux de divers esmaux entremeslez en manière de jaspe; cela m'a nourri quelques ans. Mais, en me nourrissant de ces choses, je cherchois toujours à passer outre auecques frais et mises.

« Quand j'eus inventé le moyen de faire des *pièces rustiques* (1), je fus en plus grande peine et en plus d'ennuy qu'auparavant. Car, ayant fait un certain nombre de bassins rustiques, et les ayant fait cuire, mes esmaux se trouvoyent les vns beaux et bien fonduz, autres mal fonduz, autres estoient bruslez, à cause qu'ils estoient fusibles à divers degrés; le verd des lezards estoit bruslé premier que la couleur des serpens fust fondue; aussi la couleur des serpens, escrevices, tortues, cancres, estoit fondue auparavant que le blanc eust reçu aucune beauté.

« Toutes ces fautes m'ont causé un tel labeur et tristesse d'esprit, qu'auparavant que j'aye eu rendu mes esmaux fusibles à vn mesme degré de feu, j'ay cuidé entrer jusques à la porte du sepulchre. Aussi en me trauaillant à telles affaires je me suis trouvé l'espace de plus de dix ans si fort escoulé en ma personne, qu'il n'y auoit aucune forme ni apparence de bosse aux bras ny aux jambes; ains estoyent mes dites jambes toutes d'une venue, de sorte que les liens de quoy j'attachois mes bas de chausses estoient soudain que je cheminois sur les talons avec le résidu de mes chausses. Je m'allois souvent proumener dans la prairie de Xaintes, en considérant mes misères et ennuys.

« J'estois mesprisé et moqué de tous. — Toutefois l'espérance que

---

(1) Palissy entend par *pièces rustiques* des pièces de tout genre, et notamment des bassins ornés de serpents, de lézards, de grenouilles, de tortues, etc., faits en émaux colorés, surtout en vert ou en *jaspe*, comme il s'exprime lui-même.

j'auois me faisoit proceder en mon affaire si virilement, que plusieurs fois, pour entretenir les personnes qui me venoyent voir, je faisois mes efforts de rire, combien que intérieurement je fusse bien triste. Je poursuyvix mon affaire de telle sorte, que je recevois beaucoup d'argent d'vne partie de ma besogne qui se trouvoit bien. Mais il me survint vne autre affliction conquatenée auec les susdites, qui est que la chaleur, la gelée, les vents, pluyes et gouttières, me gastoyent la plus grande part de mon œuvre auparavant qu'elle fust cuite; tellement qu'il me fallut emprunter charpenterie, lattes, tuiles et cloux, pour m'accommoder. Or bien souvent n'ayant point de quoi bastir, j'estois contraint m'accommoder de liarres et autres verdures. Or ainsi que ma puissance s'augmentoit, je defaisois ce que j'auois fait, et le bastissois un peu mieux; ce qui faisoit qu'aucuns artisans, comme chausseliers, cordonniers, sergens et notaires, vn tas de vieilles, tous ceux-cy sans auoir esgard que mon art ne se pouvoit exercer sans grand logis, disoyent que je ne faisois que faire, et me blasmoyent de ce qui les deuoit inciter à pitié, attendu que j'estois contraint d'employer les choses nécessaires à ma nourriture, pour eriger les commodités requises à mon art. Et qui pis est, le motif des dites moqueries et persecutions sortoit de ceux de ma maison, lesquels estoyent si esloignez de raison, qu'ils vouloyent que je fisse la besogne sans outils, chose plus que déraisonnable. Or d'autant plus que la chose estoit déraisonnable, de tant plus l'affliction m'estoit extresme.

« J'ay esté plusieurs années que, n'ayant rien de quoy faire couvrir mes fourneaux, j'estois toutes nuits à la mercy des pluyes et vents, sans auoir aucun secours, ayde ni consolation, sinon des chats huants qui chantoyent d'vn costé, et les chiens qui hurloyent de l'autre; parfois il se levoit des vents et tempestes qui souffloyent de telle sorte le dessus et le dessous de mes fourneaux, que j'estois contraint quitter là tout, auec perte de mon labeur; et me suis trouvé plusieurs fois qu'ayant tout quitté, n'ayant rien de sec sur moy, à cause des pluyes qui estoyent tombées, je m'en allois coucher à la minuit ou au point du jour, accoustré de telle sorte qu'vn homme qui seroit yure de vin; d'autant qu'après avoir longuement travaillé je voyois mon labeur perdu. Or, en me retirant ainsi souillé et trempé, je trouvois en ma chambre une seconde persécution pire que la première, qui me fait à présent esmerveiller que je ne sois consumé de tristesse. »

Ce tableau éloquent a une importance très-grande et une haute portée philosophique. Ce n'est pas par les rêves de l'imagination enfantés dans la paix du cabinet qu'on arrive à faire des découvertes utiles; c'est en payant de sa personne, par le travail de ses mains et par une volonté à toute épreuve, en un mot, par la pratique, que l'on fait faire des progrès aux arts et aux sciences. Voilà la véritable signification de l'histoire de B. Palissy.

C'est la *Practique* qui fait le procès à la *Théorique*, et qui la bat sur tous les points.

La *Théorique*, après avoir écouté attentivement le récit de la *Practique*, s'écrie :

« Pourquoi me cherches-tu une si longue chanson? C'est plutost pour me destourner de mon intention, que non pas pour m'en approcher; tu m'as bien fait cy-dessus de beaux discours touchant les fautes qui surviennent en l'art de terre, mais cela ne me sert que d'espouvantement; car des esmaux tu ne m'en as encore rien dit. »

« *Practique* : Les esmaux de quoy je fais ma besogne sont faits d'estaing, de plomb, de fer, d'acier, d'antimoine, de saphre de cuivre, d'arene (sable), de salicort (soude), de cendre gravelée, de litharge. Voilà les propres matières desquelles je fais mes esmaux. »

Après cette réponse courte et catégorique, la *Pratique* engage la *Théorie* à ne pas faire la paresseuse, à se remuer un peu, et à chercher elle-même les proportions les plus convenables pour réussir dans la fabrication des émaux.

Ce qui nous intéresse dans *l'Art de terre*, ce n'est pas l'invention des émaux (1), ce qui est bien la moindre des choses; mais c'est *la méthode expérimentale*, méthode toute nouvelle que B. Palissy s'attache à introduire dans la science. Et, sous ce rapport, *l'Art de terre de Palissy* doit être placé à côté du *Novum Organon* de François Bacon.

Des terres d'argile (2).

L'auteur s'arrête d'abord un moment sur l'origine du mot argile, qui, « selon l'opinion des Grecs et des Latins de la Sorbonne, »

----

(1) Les émaux étaient déjà connus des anciens. Voy. p. 33, 147, 151.
(2) Œuvres de B. Palissy; Paris, 1777, in-4, p. 38.

signifierait terre liante ou grasse. Palissy doute, avec raison, de l'exactitude de cette étymologie; car *argile* dérive évidemment du grec *argos* (ἀργός), *blanc*, ou plutôt de *argyla* (ἀργυλή), *matière blanche.*

Il fait ensuite mention des différentes espèces d'argile, dont il apprécie justement l'usage.

« Entre les terres argileuses il y a, dit-il, si grande différence, qu'il est impossible à nul homme de pouvoir raconter la contrariété qui est en icelles. Aucunes sont sableuses, blanches, et fort maigres; et pour ces causes leur faut un grand feu auparavant qu'elles soyent cuites au debuoir. Telle espèce de terre est fort bonne à faire des creusets, parce qu'elle endure un bien grand feu; il y en a d'autres espèces qui, pour cause des substances métalliques qui sont en elles, se ployent et liquefient, quand elles endurent grande chaleur. »

On sait que l'argile commune est de l'alumine, corps infusible au feu du fourneau, mélangé avec des proportions variables de silice, de carbonate de chaux, d'oxyde de fer, etc., et que c'est la présence de l'oxyde de fer qui communique à l'argile sa couleur jaune ou rouge. Quant à l'espèce d'argile « qui se ployé et se liquefie à une grande chaleur, » c'est un silicate alcalin alumineux (argileux), ou une terre à porcelaine.

Palissy remarque avec raison que toute argile contient de l'eau, et que l'humidité expulsée par le feu « fait, en s'enfuyant, crever et casser les pièces où elle est enclose. » A ce propos il nous raconte une histoire fort plaisante :

« J'ai veu autrefois que aucuns tailleurs d'images, instruits en l'art de terre par ouyr dire seulement, et assez nouveaux en la connoissance des terres, qu'après avoir fait quelques images ils les venoyent mettre dedans les fourneaux, pour les cuire selon qu'ils l'entendoyent. Mais quand ils commençoyent à mettre le grand feu, c'estoit une chose assez plaisante (combien qu'il n'y eust pas à rire pour tous) d'entendre ces images peter et faire vne baterie entre eux, comme vn grand nombre d'harquebusades et coups de canon; et le pauvre maistre bien fasché, comme vn homme à qui on raviroit son bien. Car, le jour venu pour desenfourner les images, le four n'estoit pas si tost descouvert, qu'il appercevoit les vns la teste fendue, les autres les bras rompus et les jambes cassées; tellement que le pauvre homme ayant tiré ses images estoit bien empesché et auoit bien de la peine à chercher les pièces; car les vues estoient aussi petites que mouches, et, ne les pouvant rassembler, estoit contraint bien souvent faire des nez de drapeau ou autre matière à ces dites images. »

L'argile se raccornit, se resserre par l'action du feu. C'est pourquoi on remarque que, pendant les grandes chaleurs de l'été, e sol est fendillé et quelquefois largement entr'ouvert, lorsqu'il est très-argileux.

Des pierres (1).

C'est dans ce traité, du plus haut intérêt pour l'histoire naturelle, que l'auteur émet quelques opinions contraires à celles de tous les savants de son époque.

Palissy a le premier fait des expériences exactes et établi une théorie rationnelle sur la *cristallisation*, autrefois nommée *congélation*. Il soutient, avec la conviction d'un homme qui sent que la vérité est de son côté, que les sels et autres matières ne cristallisent qu'autant qu'ils ont été liquéfiés ou dissous dans l'eau. « Depuis quelque temps, dit-il, j'ay connu que le cristal se congeloit dedans l'eau; et ayant trouvé plusieurs pièces de cristal formées en pointes de diamant, je me suis mis à penser qui pourroit estre la cause de ce; et estant en telle resuerie, j'ay considéré le salpestre, lequel estant dissoult dedans l'eau chaude, se congele au milieu ou aux extremités du vaisseau où elle aura bouilli; et encore qu'il soit couvert de ladite eau, il ne 'aisse à se congeler. Par tel moyen j'ay conneu que l'eau qui se congele en pierres ou métaux n'est pas eau commune; car si c'estoit eau commune, elle se congeleroit également partout, comme elle fait par les gelées. Ainsi donc j'ay conneu par la congelation du salpestre que le cristal ne se congele point sur la superficie, ains au milieu des eaux communes; tellement que toutes pierres portant forme quarrée, triangulaire ou pentagone, sont congelées dans l'eau. »

Voilà les premières notions saines de cristallographie dont l'histoire fasse mention : formation des cristaux dans l'eau; — formes géométriques de ces cristaux; — rien n'échappe à l'esprit d'observation de Palissy.

A une époque où le terrain de la science n'était pas encore bien

---

(1) Œuvres de Palissy, édit. 1777; Paris, in-4, p. 54.

déblayé, la vérité et l'erreur s'entre-choquaient à tout moment. Palissy, tout en rejetant comme absurde la transmutation des métaux telle que l'entendaient les alchimistes, admet néanmoins la possibilité de la transformation des corps organiques en métaux. Voici le curieux passage où il exprime cette idée : « Je dis que l'homme, le bois et les herbes peuvent se réduire en métal (1). Et cela se peut faire quand vn homme seroit enterré en quelque lieu aquatique, où la terre seroit pleine d'une semence de vitriol ou couperose. Car la dite semence n'est autre chose qu'vn sel qui n'est jamais oysif. Et, comme j'ay desia dit, les sels ont quelque affinité ensemble. Le sel du corps mort estant en la terre fait attraction de l'autre sel, lequel sera d'vn autre genre, et les deux sels ensemble pourront endurcir et réduire le corps de l'homme en matières métalliques ; d'autant que la nature du sel nommé couperose ou vitriol ne peut faire autre chose que convertir en airain les choses qu'il trouve au lieu où il fait sa demeurance. Je te donne ce trait pour vn point invariable et bien assuré. »

Quandoque dormitat bonus Homerus. On ne reconnaît pas là ce rigide observateur qui proclame avec tant de chaleur l'autorité de l'expérience. Mais nous sommes encore au xvie siècle.

Persuadé de l'importance de ses découvertes et de l'utilité de les communiquer à ses semblables, Palissy fit en 1575 un cours public, qu'il annonça par des affiches. « Je mis, dit-il, en mes affiches, que nul n'y entreroit qu'il ne baillast un escu à l'entrée desdites leçons ; et cela faisois-je en partie pour voir si par le moyen de mes auditeurs je pourrois tirer quelque contradiction, qui eust plus d'assurance de vérité que non pas les preuues que je mettois en avant, sçachant bien que si je mentois il y en auroit de Grecs et Latins qui me résisteroyent en face et qui ne m'espargneroyent point, tant à cause de l'escu que j'auois pris de chascun, que pour le temps que je les eusse amusez. »

Au nombre des auditeurs dont Palissy donne la liste, se trouvaient le célèbre chirurgien Ambroise Paré, Alexandre de Campège, médecin de Henri III, Jean du Chony, avocat au parlement de Paris, le prieur Bertolome, le mathématicien Jean Viret, et beau-

----

(1) Il serait parfaitement dans le vrai s'il disait que ces corps peuvent réduire la rouille d'un métal.

coup d'autres savants de cette époque. Personne ne souleva d'objection sérieuse; et les idées de Palissy furent accueillies avec d'unanimes applaudissements.

De la marne (1).

A part quelques hypothèses sur l'humeur radicale et l'*eau génératrice*, considérée comme cinquième élément, il y a dans ce traité des faits qui témoignent de toute la sagacité de l'auteur.

La marne, substance argileuse mêlée de sable, de sulfate et de carbonate de chaux, était employée du temps de Palissy, et avant lui, à fumer le sol, surtout en Brie et en Champagne. Nous avons fait voir que ces sortes d'engrais étaient déjà mis en pratique par les Romains (2).

La marne était aussi employée, ainsi que nous l'apprend Palissy, comme une espèce de fondant dans les forges des Ardennes et de la Castille.

Le passage le plus remarquable du *Traité de la marne*, et qui fait le plus d'honneur à l'esprit d'observation du célèbre potier de terre, est celui où il est question du moyen de découvrir la marne au sein de la terre, et de percer le sol à l'aide *d'une sonde*. Le passage que je vais reproduire textuellement est un morceau précieux pour l'histoire de la géologie.

A la question de la *Théorique* : Comment faut-il s'y prendre pour trouver de la marne, la *Practique* répond :

« Je ne te puis donner moyen plus expédient que celuy que je voudrois prendre pour moy. Si j'en voulois trouver en quelque province où l'invention ne fust encores connue, je voudrois chercher toutes les terrières desquelles les potiers, briquetiers et tuiliers se servent en leurs œuvres, et de chacune terrière j'en voudrois fumer une portion de mon champ, pour voir si la terre seroit ameuillerée ; puis je voudrois avoir une tarière bien longue, laquelle tarière auroit au bout de derrière une douille creuse, en laquelle je planterois un baston, auquel y auroit par l'autre bout un manche au travers, en forme de tarière ; et ce fait, j'irois par tous

---

les fossez de mon héritage, auxquels je planterois ma tarière jusques à la longueur de tout le manche, et l'ayant tirée hors du trou, je regarderois dans la concavité de quelle sorte de terre elle auroit apporté, et l'ayant nettoyée j'osterois le premier manche et en mettrois un beaucoup plus long, et remettrois la tarière dedans le trou que j'aurois fait premièrement, et percerois la terre plus profond par le moyen du second manche. Et par tel moyen, ayant plusieurs manches de diverses longueurs, l'on pourroit sçavoir quelles sont les terres profondes; et non-seulement voudrois-je fouiller dedans les fossez de mes héritages, mais aussi par toutes les parties de mes champs, jusques à ce que j'eusse apporté au bout de ma tarière quelque témoignage de la dite marne; et ayant trouvé quelque apparence, lors je voudrois faire en iceluy endroit une fosse telle comme qui voudroit faire un puits. »

Voilà donc le système de sondage proposé pour la première fois par B. Palissy.

Ce n'est pas tout. Mais si tu rencontrois, demande la *Théorique*, des rocs durs, comment te prendrois-tu pour les percer?

A cela la *Practique* répond : « A la vérité, cela seroit fascheux. — Toutefois il me semble que une *tarière torcière* les perceroit aisément; et après la torcière, on pourroit mettre l'autre tarière, et par tel moyen on pourroit trouver des terres de marne, *voire des eaux pour faire puits; lesquelles bien souvent pourroient monter plus haut que le lieu, où la pointe de la tarière les aura trouvées;* et cela se pourra faire moyennant qu'elles viennent de plus haut que le fond du trou que tu auras fait. »

La découverte des puits artésiens est explicitement renfermée dans ces paroles.

Pour compléter le tableau de ces choses toutes nouvelles au XVIe siècle, il ne manque plus que la description de la constitution géologique du sol. La voici :

« Nous sçavons qu'en plusieurs lieux les terres sont faites par divers bancs, et en les fossoyant on trouve quelquefois un banc de terre, un autre de sable, un autre de pierre et de chaux, et un autre de terre argileuse; et communément les terres sont ainsi faites par bancs distinguez. Je ne te donneray qu'un exemple pour te servir de tout ce que j'en sçaurois jamais dire : Regarde les carrières des terres argileuses qui sont près de Paris, entre la bourgade d'Auteuil et de Challiot, et tu verras que, pour trouver la terre d'argile, il faut premièrement oster une grande espesseur de terre, une autre espesseur de gravier, et puis après on trouve une autre espesseur de rocq, et au-dessous dudit rocq l'on trouve une grande espesseur de terre d'argile, de laquelle on fait toute la tuile de Paris et lieux circonvoisins. »

Ainsi donc, sondage; — puits artésien; — stratification du sol, etc.; en un mot, les principaux éléments de la géologie se trouvent réunis dans l'ouvrage *sur la marne*, et dans d'autres dont nous allons poursuivre l'analyse.

Des sels divers et du sel commun (1).

Il y a des sels partout. Ils existent, selon l'auteur, dans les plantes, dans les animaux, et même dans les végétaux; ils soutiennent la charpente solide des êtres vivants; et il y a autant de sels qu'il y a « de diverses espèces de saveurs et de senteurs. »

Aucun chimiste n'avait jusqu'ici appliqué le nom de sel à un aussi grand nombre de substances.

« La couperose est un sel, le nitre est un sel, le vitriol est un sel, l'alun est sel, le borax est sel, le sucre est sel; le sublimé, le sel gemme, le tartre, le sel ammoniac, tout cela sont sels divers. »

Ce qu'il y a de remarquable, c'est que toutes ces substances, sauf le sucre, sont encore aujourd'hui comprises dans la classe des sels.

En parlant des cendres des végétaux, il fait une observation facile à vérifier : c'est que l'écorce est la partie la plus riche en sels alcalins, et que le bois en contient beaucoup moins.

C'était une proposition établie par les anciens, que le sel est ennemi de la végétation. Palissy s'élève avec force contre cette proposition, et le premier il établit, par la voie de l'expérience, la véritable théorie des engrais, encore adoptée aujourd'hui. Il démontre envers et contre tous que le fumier n'active la végétation qu'à cause des sels qu'il renferme; et que, ses sels étant enlevés, le fumier ne vaut plus rien.

Mais ce sujet est trop important pour que nous ne rapportions pas les propres paroles de l'observateur sans contredit le plus sagace du XVIᵉ siècle.

« Le fumier que l'on porte aux champs ne serviroit de rien, si ce

---

(1) OEuvres de Palissy, etc., p. 203.

n'estoit le sel que les pailles et foins y ont laissé en se pourrissant. Par quoy ceux qui laissent leurs fumiers à la mercy des pluyes sont fort mauvais mesnagers, et n'ont gueres de philosophie acquise ny naturelle. Car les pluyes qui tombent sur les fumiers, découlant en quelque valée, emmenent avec elles le sel dudit fumier, qui se sera dissous à l'humidité, et par ce moyen, il ne servira plus de rien estant porté aux champs. La chose est assez aisée à croire ; et si tu ne le veux croire, regarde quand le laboureur aura porté du fumier en son champ, il le mettra (en deschargeant) par petites piles, et quelques jours après il le viendra espandre parmy le champ, et ne laissera rien à l'endroit des dites piles ; et toutefois après qu'un tel champ sera semé de bled, tu trouveras que le blé sera plus beau, plus verd et plus espois à l'endroit où lesdites piles auront reposé, que non pas en autre lieu. Et cela advient parce que les pluyes qui sont tombées sur lesdits pilots ont pris le sel en passant au travers et descendant en terre ; par là tu peux connoistre que ce n'est pas le fumier qui est cause de la génération, ains le sel que les semences auxient pris en la terre.

— « Si quelqu'un sème un champ pour plusieurs années sans le fumer, les semences tireront le sel de la terre pour leur accroissement, et la terre, par ce moyen, se trouvera desnuée de sel, et ne pourra plus produire. Parquoy la faudra fumer ou la laisser reposer quelques années, afin qu'elle reprenne quelque salsitude provenant des pluyes ou nuées. Car toutes terres sont terres ; mais elles sont bien plus salées les unes que les autres. Je ne parle pas d'un sel commun seulement, mais je parle des sels végétatifs.

« Aucuns disent qu'il n'y a rien de plus ennemi des semences que le sel ; et pour ces causes, quand quelqu'un a commis quelque grand crime, on le condamne que sa maison soit rasée et le sol labouré et semé de sel, afin qu'il ne produise jamais semence. Je ne sais s'il y a quelque pays où le sel soit ennemi des semences : mais bien sçay-je que sur les bossis des marais salants de Xaintonge, l'on y cueille du bled autant beau qu'en lieu où je fus jamais ; et toutefois lesdits bossis sont formez des vuidanges desdits marez, je dis des vuidanges du fond du champ des marez, lesquelles vuidanges et fanges sont aussi salées que l'eau de la mer ; et toutefois les semences y viennent autant bien qu'en nulle terre que j'ay jamais vue. Je ne sçay pas où c'est que nos juges ont pris occasion de faire semer du sel en une terre en signe de malédiction, si ce n'est qu'il y ait quelque contrée où le sel soit ennemi des semences. »

Que de sagacité, que de jugement, que d'esprit dans ce peu de paroles!

Trois cents ans nous séparent bientôt de B. Palissy; et l'expérience de nos jours a parfaitement confirmé ces idées. Il est évident que ce sont les sels, et notamment les sels ammoniacaux (sulfate, carbonate et chlorhydrate), qui jouent le rôle le plus important dans l'action des engrais.

Les agriculteurs pourraient puiser d'utiles leçons dans B. Palissy; ils apprendraient entre autres, sans avoir besoin de consulter les agronomes de l'Alsace, comment il faut construire un réservoir propre à conserver au fumier la partie liquide; c'est-à-dire la plus essentielle.

En parlant de l'alun, l'auteur fait, en termes précis, mention de la propriété qu'a ce sel de fixer les couleurs. « Ce sel, dit-il, est fort utile aux teinturiers; — voulant teindre un drap blanc en rouge, ils le trempent dans de l'eau d'alun. Le sel d'alun estant dissous dans l'eau, sera cause que le drap recevra la teinture que l'on lui aura préparée, et vu autre drap qui ne sera point trempé en l'eau d'alun ne le pourra faire. »

L'espace nous manque pour reproduire ici la belle description que Palissy donne, en parlant du sel commun, des marais salants de la Saintonge, dont il avait lui-même tracé le plan par l'ordre du gouvernement.

Des eaux et fontaines (1).

L'empoisonnement des puits était une croyance très-répandue parmi le peuple à l'époque des guerres du protestantisme, et que l'on a vu même se reproduire de nos jours. Ce qui avait principalement donné lieu à cette croyance qui a fait tant de victimes innocentes, ce sont les accidents d'asphyxie occasionnés par la présence d'airs ou de gaz irrespirables accumulés au fond de certains puits.

Palissy cite un accident de ce genre : « Au grand marché de Meaux en Brie, en la maison des Gillets, l'on voulut curer un puits; et pour ce faire, le premier qui y descendit mourut soudain au fond dudit puits. Et, fut envoyé vn autre pour sçavoir la cause

---

(1) Œuvres de Palissy, etc., p. 245.

pourquoy icelui ne disoit aucune chose, et mourut comme l'autre.
Il en fut envoyé encore vn qui descendit jusques au milieu; mais
là estant se print à crier pour se faire tirer diligemment, ce qui fut
fait; et estant dehors se trouva si malade qu'il travailla beaucoup
à sauver sa vie. »

Ce genre de mort si prompt, et ne présentant sur le cadavre aucune lésion apparente, ne manquait jamais de frapper de stupé-
faction l'esprit crédule et superstitieux des hommes du moyen âge.
L'asphyxie ne pouvait être que l'œuvre du diable, ou l'effet d'un
poison subtil et violent, inventé par les Juifs ou les alchimistes.

L'auteur explique fort bien l'origine des eaux minérales par la
dissolution des sels minéraux que l'on rencontre dans les entrailles
de la terre.

Les anciens avaient déjà donné cette explication (1).

Quant aux eaux thermales, elles sont, dit-il, produites « par vn
feu qui est continuel sous la terre. »

Après avoir parlé des diverses espèces d'eaux, et des moyens
employés pour les faire monter dans des endroits élevés, il donne
son opinion sur l'origine des sources qui alimentent les rivières et
les fleuves. Il ne croit pas, contrairement à ce que pensent presque
tous les philosophes, « que les sources de la terre soient allaictées par
les tétines de l'Océan. » Il est d'avis « qu'elles ne proviennent
que des eaux de pluye. »

« La cause, continue l'auteur, pourquoy les eaux se trouvent
tant ès sources qu'ès puits n'est autre qu'elles ont trouué vn fond
de pierre ou de terre argileuse, laquelle peut tenir l'eau autant
bien comme la pierre; et si quelqu'vn cherche de l'eau dedans des
terres sableuses, il n'en trouuera jamais, si ce n'est qu'il y ait au-
dessous de l'eau quelque terre argileuse, pierre ou ardoise, ou minéral, qui retiennent les eaux des pluyes quand elles auront passé
au trauers des terres. Tu me pourras mettre en auant que tu as
veu plusieurs sources sortant des terres sableuses, voire dedans les
sables mesmes. A quoy je respons, comme dessus, qu'il y a dessous
quelque fond de pierre, et que *si la source monte plus haut que
les sables, elle vient aussi le plus haut.* »

On trouve là toute la théorie des puits artésiens.

---

(1) Voy. t. I de l'Histoire de la Chimie, p. 175.

Traité des métaux, et alchimie (1).

Palissy s'élève dans ce traité contre les doctrines des alchimistes, et s'attache à les démontrer inadmissibles.

Il dévoile plusieurs procédés de projection qui ne servaient qu'à faire des dupes. Et il remarque que l'or et l'argent des alchimistes présentent bien l'aspect de l'or et de l'argent véritables; mais qu'il est aisé d'en découvrir la fausseté à l'aide de la coupellation. Il raconte, entre autres, le fait suivant, qui s'est passé à la cour de Catherine de Médicis :

« Le sieur de Courtange, varlet de chambre du roy, sçavoit beaucoup de telles finesses, s'il en eust voulu user. Car, quelque jour venant à disputer de ces choses devant le roy Charles IX, il se vanta, par manière de facétie, qu'il lui apprendroit à faire l'or et l'argent; pour laquelle chose expérimenter il commanda audit de Courtange qu'il eust à besogner promptement; ce qui fut fait. Et au jour de l'expérience ledit de Courtange apporta deux phioles pleines d'eau claire comme eau de fontaine, laquelle estoit si bien accoustrée, que, mettant une aiguille ou autre pièce de fer tremper dans l'une desdites phioles, elle devenoit soudain de couleur d'or; et le fer estant trempé dans l'autre phiole, venoit de couleur d'argent. »

Aurait-il connu le moyen de dorer et d'argenter par la voie humide?

Continuons le récit : « Puis fut mis du vif-argent dedans lesdites phioles, qui soudain se congela, celuy de l'vne des phioles, en couleur d'or, et celuy de l'autre en couleur d'argent, dont le roy print les deux lingots, et s'en alla vanter à sa mère (Catherine de Médicis) qu'il auoit appris à faire de l'or et de l'argent. Et toutes fois c'estoit une tromperie, comme ledit de Courtange me l'a dit de sa propre bouche. »

Il est bon de faire remarquer que Palissy n'avait point été témoin oculaire de ces opérations.

Il n'y avait pas seulement des philosophes et des médecins s'occupant d'alchimie; les rois et les grands seigneurs s'y livraient également avec beaucoup d'ardeur.

---

(1) Œuvres de Palissy, etc., p. 315.

« Laisse-les faire, dit Palissy ; cela les garantit d'vn plus grand vice; et puis ils ont du revenu pour approuver ces choses. Quant aux medecins, en cherchant l'alchimie, ils apprendront à connoistre la nature, et cela leur servira en leur art, et en ce faisant, ils recognoistront l'impossibilité de la chose. »

Il raille les alchimistes avec beaucoup d'esprit, et plaisante sur leurs folles entreprises :

« Dis doncques au plus brave d'iceux qu'il pile vne noix, j'entends la coquille et le noyau; et l'ayant pulvérisée, qu'il la mette dans son vaisseau alchimistal. Et s'il fait rassembler les matières d'vne noix ou d'vne chastaigne pilée, les remettant au mesme estat qu'elles estoyent auparavant, je diray lors qu'ils pourront faire l'or et l'argent. Voire mais je m'abuse, car ores qu'ils peussent rassembler et cogaerer vne noix ou vne chastaigne, encores ne seroit-ce pas la multiplier ny augmenter de cent parties, comme ils disent que s'ils avoyent trouvé la pierre des philosophes, chascun poids d'icelle augmenteroit de cent. Or je sçay qu'ils feront aussi bien l'vn que l'autre. »

Traité de l'or potable (1).

On faisait alors un étrange abus de la prétendue panacée de l'or potable. L'auteur, que quelques critiques pensent ne pas être B. Palissy, cherche à démontrer que c'est un médicament dangereux plutôt qu'utile.

Mais l'or potable, selon lui, n'était souvent autre chose que de l'or divisé; et, dans ce cas, il devoit être à peu près sans inconvénient.

« Il y a vn nombre infini de médecins qui ont fait bouillir des pièces d'or dedans des ventres de chapons, et puis faisoyent boire le bouillon aux malades. — Autres faisoyent limer les dites piè. s d'or, et faisoyent manger la limure aux malades parmi quelque viande. Autres prenoyent de l'or en feuille de quoy usent les peintres. Mais tout cela servoit autant d'vne sorte que d'vne autre. »

Paracelse est, avec raison, sévèrement jugé par l'auteur. Son or potable était tout autre chose que de l'or dissous ou réduit en poudre; et l'auteur n'hésite pas à croire que Paracelse, ainsi que beau-

---

(1) Œuvres de Palissy, p. 363.

coup d'autres médecins et alchimistes de son temps, se sont acquis une réputation illégitime par des moyens dont la tradition n'est pas encore perdue aujourd'hui. C'est à ce sujet qu'il raconte l'histoire suivante, d'un intérêt fort piquant :

« J'ay conneu, en vne petite ville de Poitou, vn médecin aussi peu sçavant qu'il y en eut en tout le pays, et toutes fois par vne seule finesse il se faisoit quasi adorer. Il auoit vne estude secrette bien près de la porte de sa maison, et par vn petit trou voyoit venir ceux qui luy apportoyent des vrines ; et estant entrez en la cour, sa femme bien instruite se venoit asseoir sur vn bois près de l'estude où il y auoit vne fenostre fermée de chassis, et interrogeoit le porteur d'vrines d'où il estoit, et que son mari estoit en la ville, mais qu'il viendroit bien tost ; et les faisant asseoir auprès d'elle, les interrogeoit du jour que la maladie print au malade, et en quelle partie du corps estoit son mal, et conséquemment de tous les effets et signes de la maladie. Et pendant que le messager respondoit aux interrogations, monsieur le médecin escoutoit tout, et puis sortoit par vne porte de derrière et rentroit par la porte de devant, par où le messager le voyoit venir. Lors la dame lui disoit : Voilà mon mari ; parlez à lui. Ledit porteur n'auoit pas sitost présenté l'vrine, que monsieur le médecin ne la regardast auec fort belle contenance ; et après il faisoit vn discours de la maladie, suyvant ce qu'il auoit entendu du messager par son estude. Et quand ledit messager estoit retourné au logis du malade, il contoit comme par vn grand miracle le grand sçavoir de ce médecin, qui auoit conneu toute la maladie soudain qu'il auoit veu l'vrine ; et par ce moyen le bruit de ce médecin augmentoit de jour à autre. »

Cette petite digression nous fait voir qu'au xvi° siècle on en savait autant qu'aujourd'hui en fait de charlatanisme. Cela prouve que le mauvais côté de l'homme se développe bien plus vite que le bon côté. Le vice est plus ancien que la vertu.

Nous venons de jeter un coup d'œil sur les ouvrages de B. Palissy, ayant un rapport plus direct avec l'histoire de la science qui nous occupe.

Nous ne ferons qu'une mention rapide des traités suivants, qui offrent un intérêt moins saillant.

Du mithridate en thériaque (1).

Le but que se propose l'auteur est de démontrer que la multiplicité des drogues qui entrent dans la composition du fameux électuaire portant le nom du célèbre roi du Pont, est plus propre à nuire à la santé qu'à lui être utile.

Des glaces (2).

L'objet de ce petit écrit est de prouver que la glace commence toujours à se former par la surface des eaux, contrairement à l'opinion de ceux qui prétendent que les glaçons commencent d'abord à se former dans le fond des eaux, et que de là ils s'élèvent à la surface.

Déclaration des abus et ignorance des médecins.

Ce petit livre, qui parut pour la première fois à Lyon, en 1557, sous le nom de Pierre Braillier, est attribué par quelques critiques à B. Palissy.

Il est dirigé contre les abus de l'exercice de la médecine, et n'est pas sans intérêt pour l'histoire de cette science.

Recepte véritable, par laquelle tous les hommes de la France pourront apprendre à multiplier et augmenter leurs thresors (3).

Cet ouvrage parut, pour la première fois, à la Rochelle, en 1563, in-4°; il renferme d'excellents préceptes sur l'agriculture. La question des engrais est traitée on ne peut mieux, tant sous le rapport théorique que sous le rapport pratique. C'est dans les productions du sol qu'il faut chercher la véritable pierre philosophale, et le moyen « de multiplier et augmenter ses thresors. »

Le livre *De la recepte véritable*, etc., est divisé en quatre chapitres : le 1er est intitulé *Agriculture*; le 2°, *Histoire naturelle*; le 3°, *Jardin délectable*; et le 4°, *la Ville fortifiée*.

---

(1) Œuvres de Palissy, etc., p. 377.
(2) Ibid., p. 388.
(3) Ibid., etc., p. 497.

Il est inutile d'ajouter que ces sujets sont traités avec cette supériorité d'esprit et de talent qui caractérise l'auteur. Après avoir enseigné de joindre l'utile à l'agréable, il se montre philosophe et moraliste sévère, en faisant, moitié riant, moitié sérieux, les réflexions suivantes sur l'être le plus méchant de la création :

« Je voulus, dit-il, savoir quelles espèces de folles estoyent en l'homme, qui le rendoyent ainsi difforme et mal proportionné. Mais ne le pouvant savoir ny cognoistre par l'art de geometrie, je m'advisay de l'examiner par une philosophie alchimistale, qui fut le moyen que je vins soudain ériger plusieurs fourneaux propres à cette affaire : les uns pour putrefier, l'autres pour calciner, aucuns autres pour examiner, et aucuns pour sublimer, et d'autres pour distiller. Quoy faict, je prins la teste d'un homme, et ayant tiré son essence par calcinations et distillations, sublimations et autres examens faits par matras, cornues et bains-maries, et ayant séparé toutes les parties terrestres de la matière exhalative, je trouvois que véritablement en l'homme il y auoit un nombre infini de folies, que quand je les eu apperceues, je tombay quasy en arriere comme pasmé, à cause du grand nombre de folies que j'auois apperceues en ladite teste. Lors me print soudain une curiosité et envie de savoir qui estoit de ces grandes folies ; et ayant examiné de bien près mon affaire, je trouuay que l'avarice et *ambition* avoient rendu presque tous les hommes fous, et leur auoient quasi pourri toute la cervelle. »

Le grand maître touche du doigt la vérité. C'est, en effet, l'avarice et l'*ambition* qui rendent pourris le cerveau et le cœur de l'homme.

Les œuvres de Montaigne et de Rabelais ont eu de nombreuses éditions ; elles sont entre les mains de tout le monde. Pourquoi n'en est-il pas de même des œuvres de Bernard Palissy, un des plus grands hommes dont la France puisse s'enorgueillir, comme l'avait déjà reconnu Fontenelle ? Beaucoup de gens même instruits connaissent à peine de nom le célèbre potier de Catherine de Médicis. Cet oubli me paraît injuste, et non mérité. C'est pourquoi je me suis arrêté sur B. Palissy et ses œuvres, peut-être plus longtemps que je n'aurais dû le faire (1).

____

(1) M. Cap, très-versé dans l'histoire des sciences, se propose de publier prochainement un choix ou extrait des œuvres de Bernard Palissy. Nous ne pouvons qu'applaudir à cette louable entreprise.

§ 14.

A peu près vers le même temps, l'Italie était illustrée par trois grands génies : Léonard de Vinci, Cardan, et J.-B. Porta, tous trois d'un mérite différent.

LÉONARD DE VINCI (né en 1452, mort en 1519).

Grand dans les arts, grand dans les lettres, grand dans les sciences, c'est le génie le plus fécond, le plus vaste qui ait peut-être jamais existé. On peut lui appliquer ce qu'un historien ancien dit d'Alcibiade : *In eo natura quid efficere possit videtur experta.*

« Un siècle avant Galilée et Bacon, dit M. Libri dans le beau tableau qu'il trace de l'illustre peintre toscan, Léonard a porté le flambeau de la critique dans toutes les parties de la science, et il a donné les préceptes les plus vrais, les plus justes, les plus philosophiques, pour parvenir à reconnaître les causes des phénomènes naturels. Brisant le joug de l'autorité, combattant les qualités occultes, il proclama l'expérience comme le seul guide sûr, et il ne s'en écarta jamais (1). »

Léonard de Vinci n'avait publié aucun ouvrage pendant sa vie. Les nombreux manuscrits qu'il laissa après sa mort tombèrent en différentes mains, furent dispersés, et pour la plupart égarés.

Dans la *Notice de quelques articles appartenant à l'histoire naturelle et à la chimie, tirés de l'Essai sur les ouvrages de Léonard de Vinci, par Venturi,* on remarque le passage suivant, d'un intérêt plus particulier pour l'histoire de la chimie :

« Le feu détruit sans cesse l'air qui le nourrit ; il se ferait du vide, si d'autre air n'accourait pas le remplir.

« Lorsque l'air n'est pas dans un état propre à recevoir la flamme, il n'y peut vivre ni flamme, ni aucun animal terrestre ou aérien.

« Il se fait de la fumée au centre de la flamme d'une bougie, parce que l'air qui entre dans la composition de la flamme ne peut pas y pénétrer jusqu'au milieu. Il s'arrête à la surface de la flamme,

---

(1) M. Libri, *Histoire des sciences mathématiques en Italie,* t. III, p. 55.

il se transforma en elle, il laisse un espace vide, qui est rempli successivement par d'autre air (1). »

Léonard de Vinci n'est connu, auprès du vulgaire, que comme un grand artiste. Cependant il n'était étranger à aucune branche des connaissances humaines. Il était en même temps géomètre, mécanicien, physicien, naturaliste, anatomiste; et ce qui plus est, c'est qu'il avait fait lui-même d'importantes découvertes dans toutes ces sciences.

M. Libri a donné l'analyse la plus complète des travaux scientifiques de Léonard de Vinci, d'après les fragments qui en restent (2).

§ 15.

JÉRÔME CARDAN (né à Pavie en 1501, mort en 1576).

Tout à la fois mathématicien, médecin, physicien, philosophe, il révèle dans ses nombreux écrits, qui ne forment pas moins de 10 volumes in-folio (Lugd., edit. Spon, 1663), un esprit pénétrant, subtil, et doué d'une profonde connaissance des anciens. Mais on chercherait en vain dans ces idées éparses un enchaînement systématique. Enseignant et combattant tour à tour les doctrines de l'alchimie et de la cabale, il mêle les observations les plus pratiques avec les théories les plus insoutenables, les vues les plus élevées avec les folies les plus bizarres (3).

Cardan appartient beaucoup moins à l'histoire de la chimie qu'à celle de la philosophie. Nous n'avons de lui aucun traité chimique ou alchimique spécial. Mais on trouve des notions intéressantes, relatives aux sciences physiques et mathématiques, dans deux de ses ouvrages les plus remarquables : l'un, *de Subtilitate*; l'autre, *de Varietate rerum*.

Un des chapitres les plus curieux de ce dernier ouvrage (4) est celui qui traite des *forces et des aliments du feu*. L'auteur distingue

---

(1) Annales de chimie, t. xxiv, p. 150.

(2) Histoire des sciences mathématiques en Italie, t. iii, p. 27-60.

(3) M. Libri (Histoire des sciences mathématiques en Italie, t. iii, p. 167) apprécie, avec un grand sens critique, l'esprit et les œuvres de Cardan.

(4) H. Cardani mediolanensis medici *de Rerum varietate*, libri xvii; Basil., 1557, in-8.

implicitement les corps en *combustibles* et en *non combustibles*, et il établit, contrairement à l'autorité de ses prédécesseurs, que le feu, principe destructeur, n'est pas un élément.

Il y est positivement question d'un gaz (*flatus*) qui alimente la flamme, qui rallume les corps qui présentent ... en ignition. Ce gaz ne peut être que l'oxygène ou le protoxy... d'azote. L'auteur remarque, en outre, que *ce corps existe dans le salpêtre* (1).

Malheureusement ces observations sont trop isolées, trop vagues, et ne se trouvent accompagnées d'aucune démonstration expérimentale. On peut donc appliquer à Cardan ce que j'ai eu si souvent occasion de dire de tant d'autres philosophes, qu'il a *entrevu*, mais non pas découvert des faits qui devaient, par leurs résultats, amener une révolution immense dans la science.

Le livre de la *Variété des choses* a beaucoup d'analogie avec la *Magie naturelle* de Porta ; le lecteur y rencontre des détails qui non-seulement piquent sa curiosité, mais qui peuvent aussi recevoir d'utiles applications techniques. On y lit, entre autres, que c'est avec des *substances métalliques* que l'on *varie la couleur de la flamme*; que l'on peut faire une bougie merveilleuse par sa couleur, son odeur, son mouvement et son bruit (*candela colore, odore, motu et strepitu admirabilis*), avec 1 partie de nitro, ½ de myrrhe, d'huile commune, de suc d'épurge (*suc lathyridis*), $\frac{1}{16}$ de soufre, ⅓ de cire; et que l'on peut faire marcher des œufs sur l'eau, en les remplissant de poudre à canon par une petite ouverture que l'on bouche avec de la cire (2).

Le long chapitre sur la distillation ne renferme rien de nouveau. Il n'en est pas de même de celui qui traite *du verre*. Il y est dit que le verre, maintenu pendant quelque temps à une chaleur égale dans un état de liquéfaction, perd sa transparence et devient opaque. — C'est là un de ces phénomènes que les chimistes modernes croient expliquer par le nom d'*isomérie* (3).

---

(1) *Ibid.*, lib. x, c. 49, p. 668. Contigit ut jam quasi extinctus in flammam accensus erumpat, ob salsedinem murorum et ob nitrum quod muris vetustis adhæret et lignorum cariem ; quodcumque enim flatum gignit e pruna, flammam excitare solet. — *Ibid.*, p. 662 : Mira sunt quæ ignis ostendit. — Nam candelas extinctas non perfecte, imaginis ori admovens revivescere, qui tibi sulphur et petroleum adesse non norit, admirabitur, etc.

(2) *Ibid.*, lib. x, c. 49.

(3) *Ibid.*, lib. III, c. 14.

Le mode d'analyse de l'air proposé par Cardan ne porte que sur une partie de ce milieu ambiant, la *vapeur d'eau*. Il se sert, à cet effet, de boyaux ou de membranes animales, et juge, d'après leur état de contraction, de la sécheresse ou de l'humidité de l'air. Cette observation devait naturellement conduire à l'idée de la construction de l'*hygromètre* (1).

Les anciens préservaient les métaux de la rouille, en les recouvrant d'une couche de résine. Cardan et d'autres physiciens proposaient l'huile à la place de la résine. Il ajoute que la *rouille* provient d'un *humide aqueux* (*ab humido aqueo*); et il ne pense pas que le principe de la rouille existe dans l'air (2).

Dans son traité de *la Subtilité* (3), l'auteur parle également un peu de tout. Il y est question de physique, de mécanique, de chimie, de météorologie, d'astrologie, de zoologie, de médecine, de sorcellerie, etc. Beaucoup de matériaux sont empruntés à Pline, qui n'est pas toujours cité. Dans le livre II, l'auteur rapporte les feux d'artifice de Marcus Graecus, qu'il appelle *Marcus Gracchus* (4). Il y donne la composition de la poudre à canon alors employée : 3 parties de nitre, 2 parties de charbon et 1 partie de soufre. On voit que, comparativement à la poudre à canon de nos jours, la proportion de nitre est beaucoup trop faible.

Cardan s'impose un silence absolu sur ce qui concerne *les poisons*. « Un empoisonneur est beaucoup plus méchant qu'un brigand. Il est d'autant plus à craindre qu'au lieu de vous attaquer en face, il vous dresse des piéges clandestins presque inévitables. C'est pourquoi je me suis refusé non-seulement à enseigner ou à représenter de pareilles choses; mais je n'ai pas même voulu les savoir (5). »

Porta était beaucoup moins scrupuleux, ainsi que nous allons le voir.

---

(1) L'invention de l'hygromètre doit être, d'après M. Libri, attribuée à Léonard de Vinci. Voy. *Histoire des sciences mathématiques*, par M. Libri, t. III, p. 53, note 2.

(2) *De rerum Varietate*, lib. IV, c. 16, p. 157 : *Nam et sub terra ubi aer non est, corrumpuntur et multo magis (metalla).*

(3) H. Card. de *Subtilitate*, libri XXI; Basil., 1553, in-fol.

(4) *Ibid.*, lib. II, p. 36.

(5) Est venesicus latrone eo deterior, quo difficilius est vitare clandestinas insidias quam manifestas. Quam ob rem non solum docere aut experiri, sed neque scire talia nolui.

§ 16.

JEAN-BAPTISTE PORTA (né en 1537, mort en 1615) (1).

C'était là un véritable *polyhistor :* les mathématiques, la physique, la chimie, la médecine, l'histoire naturelle, toutes les sciences lui semblent familières. Il nous apprend lui-même dans la préface de sa *Magia naturalis* (2), ouvrage qui a été traduit dans toutes les langues de l'Europe, que, non content d'avoir approfondi les anciens, il s'était mis à voyager en Italie, en France, en Espagne, en Allemagne, pour entrer en relation avec les hommes les plus célèbres de son époque, et qu'il n'épargna aucune dépense pour faire acquisition des ouvrages de science les plus rares. Il eut surtout à se louer de la libéralité du cardinal d'Este, qui prit un vif intérêt aux travaux de Porta. Recevant chez lui les hommes les plus distingués, il fonda, dans sa propre maison, une société savante, à laquelle il donna le nom d'*Académie des secrets.*

C'est là qu'il faut peut-être chercher le germe de ces sociétés savantes qui ont si puissamment contribué aux progrès des sciences

Porta avait sur B. Palissy l'avantage d'une vaste érudition, mais il lui était inférieur quant à l'emploi rigoureux de la méthode expérimentale.

B. PALISSY était tout entier à ses pénibles recherches, lorsque Porta avait déjà réuni les éléments de l'art du fabricant de verres et d'émaux colorés. Il dit, dans le chapitre *de Gemmis adulterandis* (3), qu'il faut d'abord faire une pâte vitreuse fondamentale, avec à peu près parties égales de tartre calciné (carbonate de potasse) ou de soude (carbonate de soude), et de cristal de roche ou de pierres siliceuses pulvérisées et bien lavées; qu'il faut chauffer ce mélange, pendant six heures, dans des creusets d'argile supportant la température la plus élevée, et qu'il est

---

(1) Voy., sur la vie et les ouvrages de J.-B. Porta, M. Libri, *Histoire des sciences mathématiques en Italie* ; t. IV, p. 108-138.

(2) Jo. Baptistæ Portæ Neapolitani Magiæ naturalis libri xx ; Neapoli, 1589, in-folio.

— La première édition avait paru en 1549.

(3) Magia natural., lib. vi, p. 117 (edit. Neapol., 1589).

convenable d'ajouter à la masse vitreuse une certaine quantité de céruse, afin de la rendre parfaitement transparente. Cela fait, il ne s'agit plus que de colorer cette masse vitreuse ; et l'on y parvient en la faisant fondre avec des oxydes métalliques. Voulez-vous imiter le saphir ? mettez-y du cuivre brûlé (oxyde de cuivre) ; le manganèse (oxyde de manganèse) vous donnera l'améthyste, etc.

Après les pierres précieuses, l'auteur arrive naturellement à parler des émaux, qui sont, ainsi qu'il le remarque fort judicieusement, colorés par les mêmes moyens que le verre ; seulement la pâte est opaque, au lieu d'être transparente.

Poisons. Les poisons constituent pour ainsi dire la base de la *Magie naturelle.* C'est là l'idée dominante de Porta ; et, bien qu'il traite dans son ouvrage de beaucoup de sujets étrangers à cette question, il y revient chaque fois que l'occasion s'en présente.

On se faisait alors un scrupule de traiter de cette matière comme en parlerait aujourd'hui un toxicologiste. Aussi faut-il voir combien il s'ingénie pour arriver à son but ; en d'autres termes, pour aborder la question des poisons par une voie détournée.

Ainsi, dans le livre sur l'*art culinaire*, il trouve un moyen de glisser une recette *pour faire que les convives ne puissent rien avaler.* C'est de faire macérer dans du vin des racines de belladone (1) pulvérisées, et d'en donner à boire trois heures avant le repas.

Le principe vénéneux de cette plante, qui trouve dans le vin tout à la fois un dissolvant aqueux et alcoolique, produit en effet, comme beaucoup d'autres poisons, une constriction violente du pharynx, qui empêche la déglutition ; mais, à haute dose, ce vin devait faire plus que d'empêcher les convives de manger ; il devait les conduire directement de la table au tombeau. Porta, en homme d'esprit, ne dit pas ce que tout le monde peut deviner.

Il est beaucoup question dans le *Traité culinaire* (*de Re coquinaria*) des plantes de la famille des *solanées*, (jusquiame, stramoine, belladone), de la noix vomique, de l'aconit, de la staphysaigre, du bois gentil, de différentes espèces d'*apocynées*, etc. L'auteur a voulu sans doute dire que les cuisiniers et les empoisonneurs appartiennent à la même profession.

---

(1) *Herba, belladona vocata. De re coquinaria.* Magia natur., lib. xiv.

Dans le *Traité de l'oiseleur* (*de Aucupio*) (1), il indique un grand nombre de moyens pour rendre les oiseaux malades ou les tuer. Il y en a surtout un qui, à cause de son action violente, avait reçu le nom de *poison de loup* (*lupinum venenum*); il consiste en un mélange de feuilles d'aconit tue-loup (*Aconit. lycoctonum*), d'if, de verre pilé, de chaux vive, d'arsenic jaune, d'amandes amères, et de quantité suffisante de miel pour faire des pilules de la grosseur d'une aveline.

Malheureusement, ces pilules pouvaient être administrées à des hommes aussi bien qu'à des loups.

Enfin, dans le livre qui traite des *expériences de médecine* (*de medicis experimentis*), l'auteur indique le moyen d'administrer un poison pendant le sommeil. Ce moyen consiste à renfermer dans une boîte de plomb bien close un mélange de suc de ciguë, de semences écrasées de stramoine, de fruits de belladone et d'opium; à laisser ces substances fermenter pendant plusieurs jours dans cette boîte, et à ne l'ouvrir que sous les narines du dormeur (2).

On comprend qu'il peut y avoir, dans ce cas, non-seulement intoxication par les molécules mêmes de ces poisons, mais encore asphyxie par les gaz irrespirables développés pendant la fermentation des sucs.

Après avoir constaté ces faits, il établit implicitement trois degrés dans l'action des poisons narcotiques, et surtout de ceux des solanées. Dans le 1er degré, il y a narcotisation proprement dite; dans le 2e degré, aliénation momentanée (3); dans le 3e degré, mort.

C'est donc en dépassant la dose narcotisante de ces substances que l'on entre dans le royaume de la *magie naturelle*. Des mets saupoudrés de stramoine ou de racines de belladone font apparaître les visions les plus extraordinaires. Porta dit avoir vu des individus auxquels avaient été administrés de ces poisons, tomber dans les hallucinations les plus étranges : ils se croyaient tous métamorphosés en animaux ; les uns nageaient sur le sol comme des phoques ; les autres, transformés en oies ou en bœufs, broutaient l'herbe, etc.

Ce charme n'a qu'une durée limitée; bientôt les facultés rentrent dans l'ordre accoutumé.

---

(1) Mag. nat., lib. xv, p. 244 (edit. Neapol., 1589).

(2) Mag. nat. De med. experiment., lib. viii, p. 151.

(3) Eadem plantæ quæ somnum inducunt, si paulo plus propinentur, dementant. *Ibid.*

On se rappelle ici involontairement la fable de Circé, qui changea les compagnons d'Ulysse en cochons.

C'est Porta qui a le plus contribué à répandre en Italie l'usage de toutes ces plantes vénéneuses. Aussi les Italiens avaient-ils, surtout au XVIe siècle, une réputation peut-être exagérée d'empoisonneurs.

La question de rendre *l'eau de mer potable* a de tout temps occupé les philosophes et les chimistes. « S'il est vrai, dit le célèbre physicien de Naples, que les eaux douces des fleuves et des rivières sont alimentées par la mer, il faut que la nature possède le secret de rendre l'eau de mer potable. Il faut donc observer la nature et l'imiter. Or, la distillation nous en fournit le moyen. » Dans ce but, il conseille de construire un grand appareil distillatoire avec diverses modifications; et il ajoute qu'avec 8 livres d'eau de mer, il parvint à faire 2 livres d'eau douce (1).

Dans un chapitre intitulé *Moyen d'extraire l'eau de l'air*, il démontre parfaitement que les vapeurs qui se déposent, en été ou dans un appartement chaud, sur les parois d'un verre plein d'eau fraîche, proviennent de l'air qui en est chargé, et qu'elles se condensent par l'action du froid. Or, pour avoir de l'eau bien pure, il suffirait, ajoute-t-il, de remplir un grand ballon de verre d'un *mélange de glace et de nitre brut* (contenant du sel marin); l'eau, après s'être condensée sur les parois de ce ballon, s'écoulerait dans un bassin disposé à la recevoir (2).

Les livres *de Ziferis, de Metallorum transmutatione, de Re ferraria, de Igne artificiali*, contiennent peu de faits nouveaux.

Les livres *de Catoptricis imaginibus, de Mirabilibus magnetis*, sont au contraire d'un grand intérêt pour l'histoire de la physique.

Il m'est impossible de passer sous silence un passage qui, étranger, il est vrai, à l'histoire de la chimie, fait honneur à la sagacité de Porta. Il y est question d'un véritable système télégraphique. L'auteur avance que, pour transmettre des nouvelles à de grandes distances dans très-peu de temps, il serait bon de se servir de certains signes placés sur des tours élevées ou sur des montagnes, et

---

(1) Mag. nat. *Chaos*, lib. xx.
(2) Ibid., p. 295.

que ces signes habilement combinés pourraient tenir lieu de toutes les lettres de l'alphabet (1).

Ce système télégraphique n'a pas été, que je sache, mis en usage du temps de *Porta*.

Bien que dépourvue encore de principes scientifiques, l'étude de la *chimie technique* avait reçu une forte impulsion par la divulgation d'une multitude de faits importants qui avaient été jusqu'alors considérés comme des *secrets*, et comme tels soustraits à la connaissance du public. B. Palissy, Cardan, J.-B. Porta, etc., venaient de déchirer le voile qui semblait devoir cacher la science au regard du profane. Lev. Lemnius (2), Jessnen (3), Th. Garzoni (4), Rosello (5), Vent. Rosetti (6), Ant. Mizauld (7), suivirent la même route.

§ 17.

Bleu de cobalt. — Indigo. — Cochenille. — Établissements des Gobelins et du Jardin des Plantes.

Ce fut vers le milieu du XVIe siècle qu'un vitrier saxon, Christophe *Schürer*, eut l'idée de faire fondre avec le verre les minerais de cobalt de Schneeberg, rejetés jusqu'alors comme inutiles, sous le

---

(1) *Mag. natur.*, lib. XVI, *De ziferis*, p. 258. L'auteur dit que ces signes pourraient être au nombre de quatre : le premier, monté une fois, représenterait la lettre A ; deux fois, B ; trois fois, C ; et ainsi de suite jusqu'à sept fois : le deuxième signe, monté une fois, correspondrait à la huitième lettre de l'alphabet, H ; deux fois, I, etc. : et ainsi des autres signes.

(2) *De miraculis occultis naturæ ac variis rerum documentis*, lib. IV ; Antw., 1561, in-8. Cet ouvrage eut un grand nombre d'éditions, et fut traduit en français et en allemand.

(3) *Kunstkammer (chambre des arts)* ; Francf., 1595, in-8.

(4) *Piazza universale di tutte le professioni del mondo* ; Venez., 1579, in-4. — Cet ouvrage eut également de nombreuses éditions, et fut traduit en plusieurs langues.

(5) *Della summa dei secreti universali in ogni materia* ; Venez., 1601, in-12 (la première édition est de 1559).

(6) *Plicto (Plicto, Pletho), dell' arte de' tentori*, etc. ; Venez., 1548, in-4. Traduit en français ; Paris, 1716.

(7) *De arcanis naturæ* ; Lutetiæ, 1558, in-32. D'autres ouvrages du même auteur (*Mirouer de l'air, des Secrets du jardinage, des Secrets de la lune*) traitent de l'économie domestique.

nom de *Wismuthgraupen*. Il découvrit ainsi le beau *bleu de cobalt*, qu'il vendit d'abord comme un émail bleu aux potiers du voisinage. Ce produit ne tarda pas à être connu des marchands de Nuremberg, qui l'exportèrent en Hollande, où il se vendit alors de 150 à 180 francs le quintal (1). Les Hollandais apprirent ensuite eux-mêmes la fabrication de cette couleur, qu'ils appliquèrent heureusement à la peinture sur verre, dans laquelle ils excellaient. Venise faisait également un grand commerce de bleu de cobalt.

Ventura Roselli avait rapporté des pays où il avait voyagé, et notamment de l'Orient, de nombreux secrets de teinture dont il fit part au public.

Une communication plus facile avec les Indes orientales en doublant le cap de Bonne-Espérance, et la découverte de l'Amérique, avaient donné un nouvel essor à l'art de la teinture. L'usage de la *cochenille* et de l'*indigo* se répandit rapidement en France, en Angleterre, en Italie et même en Allemagne, malgré les ridicules ordonnances des électeurs et ducs de Saxe, qui essayèrent de proscrire l'indigo comme une couleur mordante du diable (*fressende Teufelsfarbe*) (2). L'indigo porta un rude coup à la culture du pastel, qui faisait alors la principale richesse de la Thuringe.

L'emploi de la *cochenille* (3) ne remonte pas au delà du règne de François Iᵉʳ. Gilles Gobelin de Paris fut le premier à en faire usage. Ayant remarqué que les eaux de la petite rivière de la Bièvre du faubourg Saint-Marceau possèdent des propriétés particulières pour la teinture, il s'établit sur les bords de cette rivière, et jeta ainsi le fondement d'un des établissements les plus célèbres de l'Europe. Le public railleur ou jaloux appela d'abord la maison de Gilles *la folie-Gobelin*, s'imaginant que l'entreprise du pauvre teinturier ne réussirait jamais. Gobelin ne s'appliqua, dans l'origine, qu'à la teinture *écarlate* sur des étoffes de laine. C. Drebbel, ou, suivant d'autres, le peintre flamand Kloek, venait de découvrir l'action du sel d'étain sur la cochenille (production de la couleur écarlate). Les guerres de religion et les troubles civils retardèrent le développement

---

(1) Ces sommes équivalent au moins à 500 ou 600 francs de notre monnaie.

(2) *Gothaische Landesordnungen* (ordonnances de Gotha), l. II, c. 3, tit. 40.

(3) La cochenille ne diffère du *kermès*, mot arabe qui signifie *vers*, que par la diversité des climats et des arbres où se tiennent ces insectes, qui ont l'apparence d'une grosse punaise. En Amérique, ils vivent sur diverses espèces de *cactus*.

de cette industrie naissante, et ce n'est guère que du règne de Louis XIV que date la prospérité de l'établissement des Gobelins (1).

Non loin des Gobelins, s'élève, à la même époque, un autre établissement cher aux sciences, et qui devait un jour donner au monde Buffon et Cuvier.

Jacques Gohorry, prieur de Marsilly, avait un jardin dans le lieu où est actuellement le labyrinthe du Jardin du Roi. C'est là que Rotal, Honoré Châtelain, Jean Chapelier, allaient tenir (vers 1572) des conférences, auxquelles assistaient Fernel et Ambroise Paré. A côté du jardin de Gohorry était celui de la Brosse, mathématicien du roi, « garni de simples rares et exquises. » Dans un laboratoire voisin de ce jardin, on se livrait aux opérations de la chimie. On y répéta des expériences faites au retour des voyages de Bélon, sur l'art de faire éclore des poulets dans des fourneaux dont les degrés de chaleur étaient réglés par des registres. Duchesne, Th. de Mayerne devinrent les oracles de ces assemblées. Ribit (de la Rivière), devenu premier médecin de Henri IV, encouragea de tout son pouvoir l'étude de la chimie. Il protégea Béguin, fit venir Davisson en France en 1600. Il écrivait à ses amis jeunes et vieux ces paroles remarquables de Pierre Séverin, qu'on devrait inscrire aujourd'hui au frontispice du musée du Jardin des Plantes (2).

Emittite catervas, montes ascendite; valles, solitudines, littora maris, terræ profundos sinus inquirite; animalium discrimina, plantarum differentias, mineralium ordines, omnium proprietates noscendi modos, notate; rusticorum astronomiam et terrestrem philosophiam diligenter ediscite; nec vos pudeat tandem carbones emittere; fornaces construite, vigilate et cogitate sine tædio; ita enim pervenietis ad corporum proprietatemque cognitionem, alias non (3).

---

(1) Francheville, Dissertation sur l'art de la teinture des anciens et modernes (Mém. de l'Acad. de Berlin, 1767).

(2) Gobet (Anciens minéralogistes, etc.), t. II.

(3) Préparez-vous à grimper les montagnes, à visiter les vallées, les déserts, les bords de la mer, les entrailles de la terre; observez les caractères des animaux et des plantes, les ordres des minéraux; approfondissez l'agriculture, la philosophie naturelle; ne soyez pas honteux de manier le charbon, de construire des fourneaux; veillez et travaillez sans relâche; car ce n'est qu'ainsi que vous arriverez à connaître les corps et leurs propriétés.

§ 18.

Une des branches les plus considérables de la chimie technique, c'est l'art du distillateur. Cette branche était très-cultivée au XVIe siècle (1).

---

(1) M. Alex. de Humboldt a donné, dans un important ouvrage intitulé *Examen critique de l'histoire de la géographie du nouveau continent*, etc., des documents très-précieux pour l'histoire des sciences. Nous regrettons de ne pouvoir reproduire ici qu'une partie seulement des détails concernant le koumys des Asiatiques, et la distillation, consignés dans une note d'un *bomen*, p. [XXX]. « — Il paraît, dit l'illustre savant, constant en Asie les boissons spiritueuses obtenues par l'alambic, ou par une simple fermentation vineuse interrompue. C'est ainsi que le mot *koumys*, qui ne désigne ordinairement qu'un lait de jument fermenté, non distillé, est quelquefois un synonyme du lait soumis à la distillation. Abel-Rémusat, décrivant le grand festin donné en 1251 par Manggou, nomme tout exprès le *koumys*, clair comme l'eau, fait de céréales et distillé deux fois… J'ai eu occasion, continue M. de Humboldt, à mon retour de la mer Caspienne, au mois d'octobre 1829, d'assister à la distillation du lait de jument dans la steppe des Kalmouks, entre le Wolga et l'Iayk. Parmi ce groupe de peuples nomades, la boisson enivrante qui a éprouvé la simple fermentation vineuse, après avoir été fortement battue, porte exclusivement les noms de *kumis* ou *koumys*, et de *tchighan*. Le koumys ou tchigan, une fois passé à l'alambic, s'appelle *araka*; l'araka, distillé de nouveau, donne une liqueur spiritueuse encore plus forte, désignée sous le nom d'*arza*. Quelques expériences chimiques de M. Vogel ont prouvé, en confirmant l'ancien travail d'Oseretskovsky, que même le lait de vache est susceptible de la fermentation vineuse. Il reste un travail important à faire sur cet objet, dont les chimistes d'Europe se sont encore peu occupés, niant même longtemps la possibilité de la fermentation spiritueuse dans un liquide qui ne paraît pas renfermer de principe sucré. M. Persoz, par des expériences ingénieuses, chimiques et optiques à la fois, a fait voir récemment comment l'action des acides sulfurique, citrique et acétique, donnent au sucre de lait la propriété de fermenter, et de fournir de l'alcool en abondance. On a lieu d'être surpris de la sagacité de ces peuples nomades, qui, dans l'absence de plantes céréales et bulbeuses, riches en amidon, ou de fruits à jus sucré, au milieu de l'aridité des steppes de l'Asie, ont trouvé, par la distillation de liquides animaux sécrétés par les mamelles des juments, de quoi satisfaire leur passion pour les liqueurs enivrantes. Chez les Kalmouks, le lait fraisé s'appelle *ussoun* (en mongol *sn*); le lait de vache aigri, *airak*; la première eau-de-vie obtenue par la distillation du lait, *arki*; la seconde, *dang*; la troisième, *arza* (en mongol, *ardjan*); la quatrième, *khortsd*; la cinquième, *chingtsd*; la sixième, *dingtsd*. Tel est le goût des liqueurs fortes, qu'on soumet le lait jusqu'à six distillations successives. Le mot *ariki* (corrompu par les Mandchoux en *arki*) a sans doute une même origine avec *urak*, eau-de-vie des Asiatiques méridionaux. » M. de Humboldt entre ensuite dans une discussion pleine d'intérêt sur l'antiquité de la distillation, en signalant le premier

Rubeus et *Khunrath* ont écrit des traités spéciaux sur la distillation.

Jérôme Rubeus, de Ravenne, s'étend beaucoup sur l'histoire et l'importance de l'art distillatoire (1). Il rapporte que le célèbre Côme de Médicis, les ducs de Ferrare et plusieurs princes d'Autriche s'étaient occupés de la distillation des herbes, de l'eau-de-vie, des essences, etc. Il est question dans son traité, qui n'est qu'une compilation, de la distillation de la chaux avec de l'huile (2).

Conrad Khunrath, de Leipsick, a consacré un ouvrage fort étendu sur la distillation du vin, des eaux de mer, des urines, du miel, de la cire, du sucre, des substances aromatiques, des résines, et d'une foule d'autres matières végétales ou minérales (3). On y chercherait en vain des observations neuves et saillantes.

On employait, selon les circonstances, le feu nu, ou des bains d'eau, de sable et d'huile. Le bec de l'alambic et le récipient étaient soigneusement mis en contact avec de l'eau froide, afin de condenser la vapeur qui s'élève de la cornue, à laquelle on applique une température graduée. On s'appliquait surtout à faire parcourir aux vapeurs le chemin le plus long, avant d'arriver à se condenser dans le récipient. Pour cela, on construisait des tubes en zigzag et on donnait aux appareils les formes les plus bizarres. La figure suivante représente un de ces appareils (4) :

---

un passage d'Alexandre d'Aphrodise, dont j'ai parlé tome I, p. 103. Il est bon de faire remarquer, en passant, que M. Ideler est dans l'erreur, quand il dit que le passage de la distillation de l'eau de mer manque dans la traduction qu'Alexandre Piccolomini a donnée en 1548 du commentaire d'Alexandre d'Aphrodise. Ce passage s'y trouve; mais la traduction latine n'est pas très-rigoureuse, comparativement au texte grec, ainsi que j'ai eu l'occasion de le vérifier (t. I, p. 219).

(1) De distillatione liber; in quo stillatitiorum liquorum qui ad medicinam faciunt, methodus ac vires explicantur; Basil., 1586, in-12.

(2) Ibid., p. 189. Cape aequas partes calcis vivae; haec oleo miscentur et vi ignis stillatitius emanat liquor, quo lampadem ardere perpetuo, si credere fas est, asserunt.

(3) Medulla distillatoria et medica (en allemand); Hambourg, 1605, in-4.

(4) C'est un fac-simile d'une figure qui se trouve dans Libav., Oper., vol. 1; Arcan. chym., p. 405.

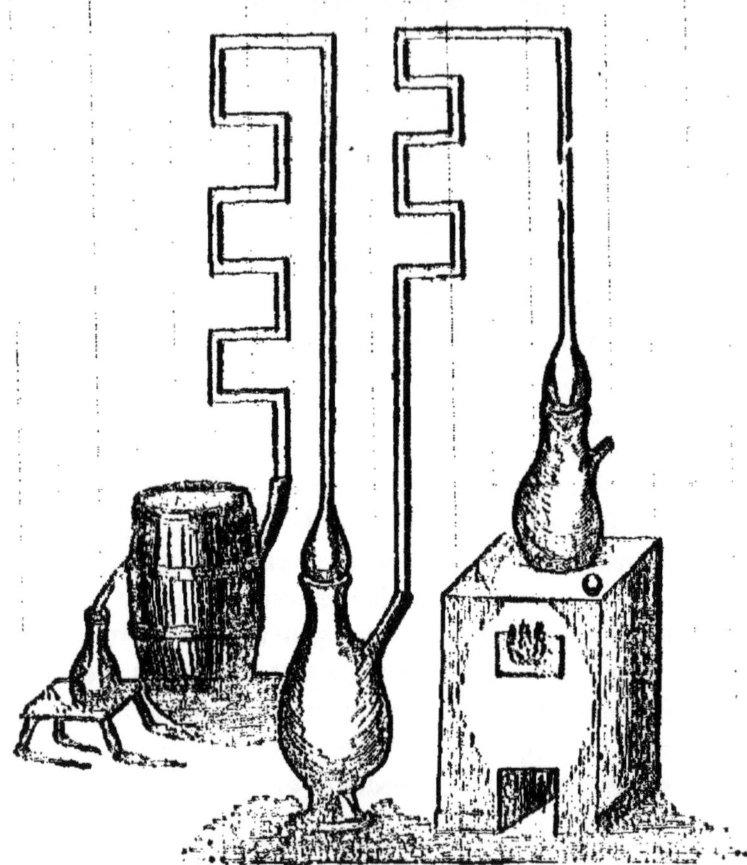

J. Costaeus de Lodi recommande de ne distiller les essences, pour les obtenir très-concentrées, que dans un bain de sable chauffé au soleil (1). *Ambroise Paré* et *B. Vettori* avaient déjà signalé l'inconvénient des vases de plomb pour la distillation des matières acides et corrosives. *Crato de Kraftheim* s'était élevé avec force contre l'emploi des vases de cuivre; et il cite, à l'appui de ses remarques, des cas d'empoisonnement dus à du vinaigre ayant séjourné dans des chaudières de cuivre.

André Baccio, médecin de Rome, consacre un volume in-folio à *l'histoire naturelle des vins* (2). C'est un érudit antiquaire, plu-

---

(1) In Mesues simplicia et composita et antidotarii novem posteriores sectiones adnotationes; Venet., 1602, in-fol.

(2) De naturali vinorum historia, de vinis Italiæ et de conviviis antiquorum libri vii, Andreæ Baccii; Romæ, 1596, in-fol.

tôt qu'un chimiste. Après avoir parlé des vins anciens et modernes, il arrive aux vins de France, et trouve que le vin des environs de Paris est très-exquis, et qu'il ne le cède à aucun autre
vin (1). Si Baccio eût été seul de son opinion, on pourrait dire
qu'il avait une hallucination du goût; et toute discussion serait
inutile. Mais le spirituel et satirique curé de Meudon, Rabelais,
qui aimait pourtant les bons vins, pensait là-dessus comme le
médecin italien. De deux choses l'une : ou il en est des goûts
comme des modes, qui n'ont qu'une existence éphémère ; ou le cli-
mat et le terroir sont changés, et par suite la qualité du vin.

On savait depuis longtemps extraire l'eau-de-vie du vin. Mais il
se passa un grand nombre d'années avant que l'on contractât la
funeste habitude de s'en servir comme d'une boisson enivrante.
L'eau-de-vie n'était encore qu'un médicament au xv° siècle, ainsi
que nous l'apprennent les documents de ce temps.

Dans le manuscrit n° 7178 (du xv° siècle) de la Bibliothèque
royale, se trouve un chapitre curieux ainsi intitulé « *Cy après
s'ensuyt les vertus et propriétés de l'eau-de-vie.*

« Eau-de-vie vault à toutes manières de douleurs qui peuvent
venir par froidure et par trop grande abondance de fluide.

« Et la dite eau vault aux yeulx qui larmoyent et pleurent souvent, et font grant douleur pour raison des larmes. — Elle vault
aussi à toutes personnes qui ont haleyne puante et corrompue. —
Elle vault contre hydropisie qui procède et vient de froide chose;
contre maladies qui sont incurables; contre playes qui sont pour-
ries et infectes; contre apostesme qui peut survenir à la main des
dames ; contre morsures de bestes venimeuses, etc. »

Il serait trop long d'énumérer toutes les maladies contre lesquelles l'eau-de-vie était préconisée comme un remède souverain.
Ses propriétés devaient éclipser celles de l'or potable. L'esprit distillé du vin avait la vertu de rajeunir les vieillards et de prolonger
la vie; de là son nom *aqua vitæ, eau-de-vie.* Bref, cette liqueur
ne se vendait encore, au xv° siècle, que dans l'officine de l'apothicaire; c'était, pour le répéter, un médicament, et non une boisson.

Tout le monde désire vivre longtemps, même celui qui a l'air de
n'en rien vouloir. Est-il donc étonnant que les hommes qui en

---

(1) *Ibid.*, lib. vii, p. 358. Verum nullis secunda vinis, quæ circa Lutetiam,
ubi Parrhisii, habentur.

tentaient tous les médecins vanter les propriétés merveilleuses de l'eau-de-vie, fussent peu à peu arrivés à en faire un usage immodéré? Et lorsqu'on avait cessé de croire à l'efficacité de ce moyen pour prolonger la vie, il était déjà devenu un objet de consommation. De médicament, il était devenu boisson.

C'est ainsi que, déjà vers la fin du XVIe siècle, l'usage de l'eau-de-vie était répandu dans presque tous les pays de l'Europe, surtout parmi la classe vulgaire.

Dans les contrées comme dans le nord de l'Allemagne, dans la Suède, le Danemark, la Russie, et en général partout où la vigne ne prospère point, l'eau-de-vie était chère. Aussi la préparation de l'eau-de-vie de grains produisit-elle une véritable révolution dans le commerce, et qui pourrait être comparée à celle qu'occasionne, de nos jours, l'extraction du sucre de la betterave. La fabrication de l'eau-de-vie de grains, loin d'être alors encouragée par les gouvernements, était elle-même proscrite par de certains *scrupules religieux*, comme étant une profanation de la matière qui constitue le pain quotidien. C'est ainsi qu'aujourd'hui on entrave le développement de l'industrie du sucre indigène, par la crainte de léser certains *intérêts matériels*.

Voilà deux faits qui à eux seuls caractérisent deux grandes époques mieux que toutes les dissertations du monde.

IV.

ALCHIMISTES.

Les chimistes expérimentateurs, qui formaient au moyen âge une bien faible minorité, vont bientôt attirer exclusivement l'attention du monde savant. L'alchimie s'éclipse, à mesure que la vraie science commence à poindre à l'horizon.

Nous n'avons pas l'intention de tracer l'histoire de l'alchimie proprement dite. Nous en avons assez dit, en exposant l'état des connaissances physiques au moyen âge. Cependant, comme, au xvi° siècle, les alchimistes cabalistiques sont encore assez nombreux, et que leur influence se faisait sentir sur la marche générale des sciences physiques et médicales, nous allons nous y arrêter un moment, et jeter un coup d'œil rapide sur les hommes et les choses.

D'abord les alchimistes peuvent se diviser en deux catégories distinctes : la première comprend ceux qui, à l'aide de quelques artifices plus ou moins grossiers exploitent à leur profit la crédulité du public. Ce sont les alchimistes qui se disent en possession de la pierre philosophale, ou qui vendent de la poudre de projection ayant la vertu supposée de transformer le mercure ou l'étain en cent fois son poids d'or ou d'argent. La seconde catégorie renferme ceux qui ont une foi illimitée dans l'autorité des anciens, et qui croient sincèrement à la possibilité de leur art. Ceux-là sont plus raisonnables; il y aurait moyen de s'entendre avec eux.

Malheureusement il n'est pas toujours facile de distinguer les alchimistes sincères des faux alchimistes, et nous sommes réduits à les juger d'après les pièces qu'ils nous fournissent eux-mêmes.

La *France*, l'*Allemagne*, l'*Italie* et l'*Angleterre* étaient parcourues en tout sens par des chercheurs de la pierre philosophale; leur vie aventureuse est pleine de détails d'un intérêt piquant, mais qui ne portent pas toujours l'empreinte de la véracité.

Parmi les alchimistes qui se sont fait connaître en France, soit par l'histoire de leurs aventures, soit par leurs écrits, nous mentionnerons :

§ 19.

DENIS ZECAIRE (*Dionysius Zaccharias*).

Cet alchimiste est né en Guyenne en 1510. Il nous raconte lui-même très-naïvement toutes les tribulations de sa vie, dans son *Opuscule de la vraye philosophie naturelle des métaux* (1).

Après avoir reçu dans la maison paternelle les premiers éléments de l'instruction primaire, il fut, à l'âge de vingt ans, envoyé au collége de Bordeaux, où il étudia, pendant trois ans, la grammaire, la rhétorique et la philosophie. C'est là qu'il commença déjà à se livrer à des travaux alchimiques, sous la direction de son maître, qui était lui-même un adepte zélé de l'art hermétique. De Bordeaux il se rendit à Toulouse, sous le prétexte d'y étudier le droit, mais en réalité pour continuer les investigations du grand œuvre. Mais il ne fut guère plus heureux que la première fois. Laissons-le parler lui-même :

« Presque tout estoit inutile ; si bien qu'à la fin de l'année mes deux cents escus s'en allèrent en fumée, et mon maistre mourut d'une fiebvre continue, qui luy print l'esté, de force de souffler et de boire chauld, pour ce qu'il ne partoit gueres de la chambre, où il ne faisoit gueres moins de chauld que dedans l'arsenal de Venise en la fonte des artilleries ; la mort duquel me fust grandement ennuyeuse, car mes proches parents refusoyent me bailler argent plus que ne m'en falloit pour m'entretenir aux estudes, et moy ne desirois autre chose que d'auoir le moyen pour continuer ; ce que me contraignist aller vers ma maison, pour sortir de la charge de mes curateurs, afin d'auoir le maniement de tous mes biens paternels, lesquels j'arrentis pour trois ans à quatre cents escus. »

Cet argent devait être employé pour mettre en œuvre un procédé vendu par un Italien. Ce procédé consistait à traiter de l'or et de l'argent par l'eau-forte pendant deux mois, pour obtenir de

---

(1) Anvers, 1567, in-12. Réimprimé en latin dans Bibl. Manget., t. II, et Theat. chim., t. I. — Traduit en allemand, par Forberger ; Halle, 1609, in-8.

la poudre de projection. Zecaire perdit, comme on le pense bien, son temps et son argent; et l'Italien qui travaillait avec lui trouva encore le moyen de lui soutirer une somme considérable, sous le prétexte d'aller à Milan, et de s'aboucher avec l'auteur même du procédé, qui n'avait pas réussi.

« Pour ainsi je fuz à Thoulouse tout l'hyver, attendant le retour de l'Italien; mais j'y serois encores, si je l'eusse voulu attendre, car je ne le vis plus.

« Cependant l'esté vint, accompagné d'une grande pestilence, qui nous fist abandonner Thoulouse. Et, pour ne laisser les compaignons que je cognoissois, m'en alloys à Cahors où je fus six moys; durant lesquels je n'oubliay pas à continuer mon entreprise, et m'accompagnai d'un bon vieil homme, qu'on appeloit communement le Philosophe, auquel je monstrois mes brouillatz, luy demandant conseil et advis, pour voir quelles receptes luy sembleroyent estre le plus apparentes. — Mais desdites receptes je rapportai tel et semblable proufit que des premières, de sorte que après la feste de la Sainct Jehan, je trouvay mes quatre cens escus augmentez, et devenus à cent soixante et dix. Non que pour cela je cessasse de poursuyvre tousiours mon entreprinse. Et, pour mieux la pouvoir continuer, je m'accoustay auec ung abbé près de Thoulouse qui disoit auoir le double d'une recepte pour faire nostre grand œuvre, que ung sien amy qui suyvoit le cardinal d'Armagnac lui auoit envoyée de Rome, laquelle il tenoit toute assurée. Et commençasmes à dresser de nouueaulx fourneaulx, tous de diverse façon, pour y travailler. »

Cette fois il s'agissait de chauffer de la limaille d'or avec de l'eau-de-vie rectifiée, pendant un an.

« Et acheptasmes pour trente escus de charbon tout à ung coup, pour entretenir le feu au dessoubz desdites cornues ung an entier. »

Au bout d'un an, il s'aperçut que l'eau-de-vie n'est pas le véritable dissolvant de l'or.

« Nous trouvasmes, dit-il, tout l'or en poudre comme l'y auions mis, fors qu'elle étoit quelque peu plus déliée; de laquelle nous fismes projection sur de l'argent vif chauffé, en suyvant la recepte; mais ce fust en vain. Si nous fusmes marriz, je vous le laisse à penser, mesmement monsieur l'abbé, qui auoit desia publié à tous les moines qu'il ne restoit que à faire fondre vne belle fontaine de plomb qu'ils auoient en leur cloistre, pour la couvertir en or incontinent que nostre besogne seroit acheuée; mais ce fust pour vne autre fois qu'il la fist fondre, pour auoir le moyen de faire travailler en vain quelque Allemand qui passa à son abbaye, quand j'estois à Paris. »

Zecaire résolut d'aller demeurer à Paris, en emportant avec lui huit cents écus, bien décidé ou de tout perdre, ou de trouver la pierre philosophale.

« Paris est la ville aujourd'hui la plus fréquentée de diuers operateurs en ceste science, que autre qui soit en Europe. J'y fuz ung mois durant presque incogneu de tous. Mais, après que j'eus commencé à frequenter les artisans, comme orfebvres, fondeurs, vitriers, faiseurs de fourneaulx et divers autres, il ne fust pas vn moys passé que je n'eusse la cognoissance à plus de cent operateurs. »

Paris devait, ainsi que l'on va le voir, fourmiller d'alchimistes.

« Les ungs travailloyent aux teintures des métaulx par projection; les aultres par cimentation, les aultres par dissolution, les aultres par conjonction de l'essence, les aultres par longues decoctions, les aultres travailloient à l'extraction du mercure des metaulx, les aultres à la fixation d'iceulx. De sorte qu'il ne se passoit jour, mesmement les festes et dimanches, que ne nous assemblissions ou au logis de quelqu'ung (et fort souvent au mien), ou à Nostre Dame la Grande, qui est l'église la plus frequentée de Paris, pour parlementer des besoignes qui s'estoyent passées aux jours precedens (1).

« Les ungs disoyent, si nous auions le moyen pour y recommencer, nous ferions quelque chose de bon; les aultres, si nostre vaisseau eust tenu, nous estions dedans; les aultres, si nous eussions eu nostre vaisseau de cuyvre, bien rond et bien fermé, nous aurions fixé le mercure auec la lune. Tellement qu'il n'y en auoit pas ung qui fist rien de bon et qui ne fust accompaigné d'excuse, combien que pour cela je ne me hastasse gueres à leur presenter argent, sachant desia et cognoissant très bien les grandes despences que j'auoys faict auparavant à credit et sur l'assurance d'aultruy. »

Cependant Zecaire ne tarda pas à faire connaissance avec un Grec qui passait pour un savant homme, et qui se disait possesseur du secret de changer des clous de cinabre en argent.

____

(1) Voy. Hist. de la chimie, t. I, p. 31.

« Et pour ce qu'il auoit besoing d'argent fin en limaille, nous en acheptasmes trois marcs, et les fismes limer; duquel il en faisoit de petits clouz, auec vne paste artificielle, et les mesloit auec le cinabre pulverisé, puis les faisoit decuyre dans vng vaisseau de terre bien couuert, par certain temps. Et quand ils estoient bien secs, il les faisoit fondre ou les passoit par la coupelle; tellement que nous trouuions trois marcs et quelque peu davantaige d'argent fin, qu'il disoit estre sorty du cinabre, et que ceulx que nous y auions mis d'argent fin s'en estoyent volez en fumée. »

Tout le monde comprend que c'est tout le contraire qui devait arriver : le cinabre, (confondu alors avec l'oxyde rouge de mercure) étant volatile, s'envolait, et l'argent restait en même quantité qu'on avait employée.

On n'a donc pas beaucoup de peine à comprendre la complainte qui suit :

« Si c'estoit prouflt, Dieu le sçait ; et par moy aussi qui despendis des escus plus de trente.

« Toutesfois il asseuroit tousiours qu'il y auoit du gaing; de sorte que auant le Noël suyuant cela fust tant cogneu en Paris, qu'il n'estoit fils de bonne mère s'entremeslant de travailler en la science, qui ne sçauoit ou auoit entendu parler des clouz de cinabre, comme vu aultre temps après fust parlé des pommes de cuyvre, pour fixer là dedans le mercure auec la lune. »

Ayant passé trois ans inutilement à Paris, et perdu ses huit cents écus et d'autres sommes encore que son ami l'abbé lui avait envoyées, il retourna dans son pays. Arrivé chez lui, il trouva une lettre du roi de Navarre, père de Henri IV, qui l'invita à se rendre à Pau, « pour luy apprendre les secrets que j'auois appris; qu'il me feroit fort bon traictement, et me recompenseroit de trois ou quatre mil escus. Ce mot de quatre mil escus chastouilla tellement les oreilles de l'abbé, que, se faisant croire qu'il les auoit desia en sa bourse, il n'eust jamais cessé que je ne fusse party pour aller à Pau, où j'arrivay au moys de may, sans travailler environ six septmaines, pour ce qu'il fallut recouvrer les simples ailleurs. Mais quand j'euz achevé, j'eu recompense que je m'attendois. Car encore que le roy eust bon vouloir de me faire du bien, il me renvoya avec un grand mercys, et que j'advisasse s'il n'y auoit rien en ses terres qui fust en sa puissance de me donner, comme confiscations ou aultres choses semblables; qu'il me le donneroit volontiers.

« Cette response me fust tant ennuyeuse, que, sans m'attendre à ses belles promesses (pour en auoir esté autrefois nourry à mes despences), je m'en retournay vers l'abbé. »

Enfin un docteur religieux détourna le malheureux alchimiste de la voie qu'il avait jusqu'ici suivie, et lui conseilla de s'adonner à la lecture des anciens philosophes. Sur ce conseil, Zecaire prit ce qui lui restait d'argent, et se rendit encore une fois à Paris.

« Par quoy je m'en allay à Paris, où j'arrivay le lendemain de la Toussaincts en l'année 1546, et là j'acheptay pour dix escus de livres en la philosophie, tant des anciens que des modernes; vne partie desquels estoyent imprimez, et les aultres escripts de main, comme *la Tourbe des philosophes* (1), *le bon Trevisan* (2), *la Complaincte de la nature* (3), et aultres divers traités qui n'auoient jamais esté imprimez. Et m'ayant loué vne petite chambre au faux-bourg Saint-Marceau, fuz là ung an durant, auec ung petit garson qui me seruoit, sans frequenter personne, estudiant jour et nuict en ces auteurs. »

Après avoir surmonté des obstacles de tout genre, il parvint enfin à faire de l'or, ainsi qu'il le raconte lui-même :

« Il ne se passoit jour que je ne regardasse d'vne fort grande diligence l'apparition des trois couleurs que les philosophes ont escript debuoir apparoistre avant la perfection de nostre divine œuvre, lesquelles (graces au Seigneur Dieu), je veis l'vne après l'aultre; si bien que, le propre jour de Pasques après, j'en vis la vraye et parfaicte experience sur l'argent vif eschauffé dedans ung crisol, lequel je convertis en fin or devant mes yeulx, à moins d'vne heure, par le moyen d'vn peu de ceste divine pouldre. Si j'en fuz aise, Dieu le sçait. Si je ne m'en vantis-je pas pour cela; mais après auoir rendu graces à nostre bon Dieu, qui m'auoit faict tant de faveur et grace par son filz et nostre redempteur Jesu Christ, et l'auoir prié qu'il me illuminast par son Sainct Esprit pour en pouvoir user à son honneur et louainge, je m'en allay le lendemain pour trouver l'abbé, etc. »

Zecaire garda la pierre philosophale pour lui. Il quitta la France, « afin de mener ung fort petit train à l'étranger; » ce qui ne plaide pas en faveur de la transmutation du mercure en or.

---

(1) Voy. Hist. de la chimie, t. I, p. 291.
(2) Ibid., p. 421.
(3) Ibid., p. 405.

Son séjour à l'étranger ne fut pas long, et eut une triste fin. Zecaire fut, dit-on, assassiné à Cologne par son compagnon de voyage (1).

§ 20.

BLAISE DE VIGENÈRE (né en 1522) (2).

Blaise de Vigenère, de St.-Pourçain en Bourbonnais, était contemporain de Zecaire et de Gaston de Claves. Son immense érudition et son esprit d'observation le distinguent de tous les alchimistes d'alors. Connaissant non-seulement le grec et le latin, mais encore les langues orientales, il discute et commente savamment, dans son *Traité du feu et du sel*, les textes des philosophes anciens, et surtout le *Zohar* de la cabale, dont il paraissait avoir fait une étude approfondie.

C'est Blaise de Vigenère qui a découvert l'*acide benzoïque*. Il paraît même avoir eu connaissance de l'oxygène, comme nous le verrons par l'analyse de son ouvrage.

Traicté du feu et du sel (3).

En parlant du tonnerre et des éclairs, qu'il explique par la combustion du soufre et du salpêtre, il décrit la composition d'une poudre qui est souvent employée dans les feux d'artifice.

« Qui sçaura, dit-il, bastir une poudre composée de certaines proportions de soufre et de salpêtre, et, au lieu du charbon, de l'antimoine, pourra parvenir à un feu artificiel non à dédaigner. »

C'est, comme on voit, la poudre à canon, dans laquelle le charbon est remplacé par un corps éminemment combustible, le sulfure d'antimoine naturel.

----

(1) Gmelin, t. I, p. 307.

(2) Blaise de Vigenère était, dès l'âge de dix-huit ans, secrétaire du Chevalier sans peur et sans reproche. Après la mort de Bayard, il voyagea en Allemagne; assista, en 1545, à la diète de Worms; il devint, en 1547, secrétaire du duc de Nevers, et plus de vingt ans après il accompagna, en cette qualité, Henri III en Pologne. Il mourut à Paris en 1596.

(3) Excellent et rare opuscule du sieur Blaise de Vigenère, Bourbonnais, trouvé parmy ses papiers après son deceds; Paris, 1608, in-4.

Le feu, ainsi que la lumière, serait une émanation du soleil. « Rien ne se produit, en la terre et en l'eau, qui n'y soit semé du ciel. Le rapport permanent entre ces deux grands corps pourroit être figuré par une pyramide dont le sommet appuye sur le soleil, et la base sur la terre. »

La lumière des corps célestes serait elle-même produite par des esprits ou des émanations subtiles servant de nourriture au feu du ciel. A ce propos, l'auteur raconte « comment il est parvenu à faire vne manière de soleil estincellant à l'obscurité (c'estoit vne lumière de lampe), si estincellant que toute vne grande salle en pouuoit estre plustost esblouïe qu'esclairée; car cela faisoit plus d'effect que deux ou trois douzaines de gros flambeaux. C'estoit vne lampe de verre plongée dans vne boule de crystallin grosse comme la teste, pleine de vinaigre distillé trois ou quatre fois; car il n'y a rien de plus transparent ny resplendissant. L'eau de mer l'est bien aussi, et plus que n'est l'eau douce, quelque part qu'elle puisse estre; c'est le sel détrempé parmy qui luy donne cette clarté lumineuse. »

D'après une expérience que H. de Vigenère rapporte en termes assez ambigus, on serait porté à croire qu'il avoit connaissance de l'oxygène. Il assure qu'en introduisant dans un vaisseau bien fermé, et dans lequel on a préparé certaines substances, une bougie allumée, « vous verrez *infinis petits feux voltiger comme des esclairs*, qui ne sont accompagnez de tonnerres et foudres, ny d'orage, *n'ayant qu'une inflammation d'air*, par le moyen du salpestre et du soufre qui se sont esleuez de la terre. »

Sans se prononcer sur la question concernant la composition des métaux, il croit que tous les métaux ne sont que des sels fusibles.

Tout en raillant les opérations de la plupart des alchimistes, il ne nie pas cependant la possibilité d'arriver à découvrir la pierre philosophale, « ceste terre vierge que tant d'ignorans avaricieux ont enquise et point obtenue, parce qu'ils n'y alloient qu'à clos yeux, offusquez d'vne sordide convoitise de gaing illicite, pour se rendre tout à coup plus riches qu'vn aultre Midas, dont il ne leur est enfin demeuré que ses oreilles d'asne. »

Après avoir remarqué que les cendres de plomb fixées dans la substance de la coupelle contiennent encore de l'argent, il indique un moyen de découvrir la pierre philosophale, que je livre à la vérification des alchimistes actuels.

« Broyez, dit-il, les coupelles où ceste vitrification (1) s'est comme empastée, et lavez-les bien avec de l'eau tiède, pour les dépurer de leurs crasses et immondices; puis les mettez en vn descensoire à très-forte expression de feu de soufflets, avec du sel de tartre et sel nitre; et il descendra par le trou d'embas vne metalline, laquelle recoupellée avec nouveau plomb, vous trouverez beaucoup plus de fin sans comparaison qu'à la première fois, et de là en avant toujours de plus en plus, en réiterant ce que dessus. De manière que qui voudroit prendre la patience de deseure le plomb en vn feu réglé et continuel qu'il n'excedast point sa fusion, c'est-à-dire que le plomb y demeurast toûsiours fondu, et non plus, y adioustant quelque petite portion d'argent vif et de sublimé pour le garder de se calciner et réduire en poudre; au bout de quelque temps on trouveroit que Flamel n'a pas parlé friuolement, de dire que le grain fixe contenu en puissance au plomb, à sçavoir l'or et l'argent, s'y multiplieroient et croistroient ainsi que le fruict fait sur l'arbre. »

Voici comment B. de Vigenère retiroit *une moelle* ou *aiguilles blanches* du benjoin :

« Prenez du benjoin concassé en grossière poudre, et le mettez en vne cornue avec de fine eau-de-vie qui y surnage trois ou quatre doigts; et laissez-les ainsi par deux ou trois jours sur vn feu moderé de cendres, que l'eau-de-vie ne se puisse pas distiller, les remuant à toutes heures. Cela fait, accomodez la cornue sur le fourneau, dans vne terrine pleine de sable. Distillez à feu lent l'eau-de-vie, puis l'augmentant par ses degrez, apparoistront infinies petites aiguilles et filamens, telles qu'ès dissolutions de plomb, et de l'argent vif. — Ayez apresté vn petit baston qui puisse entrer dedans le col de la cornue, car ces aiguilles s'y viendront reduire comme en vne moelle; et si vous ne les ostiez soudain, le vaisseau se creueroit. »

On comprend que cette *moelle blanche* n'est autre chose que l'acide benzoïque.

Après avoir parlé de différentes espèces de feux d'artifice et de feu grégeois, dont il donne la composition (soufre, bitume, poix noire, poix-résine, terébenthine, colophone, surcocolle, huile de

---

(1) Oxyde de plomb qui s'est vitrifié avec le carbonate de potasse et la silice des cendres de la coupelle.

lin, de pétrole, huile de laurier, salpêtre, camphre, graisses). Il rapporte une expérience qu'il avait faite à Rome sur l'incubation artificielle :

« En ces fourneaux qu'on appelle à tour, l'ardeur du feu vient tellement à se modérer, qu'elle passe en une chaleur naturelle, vivifiante; au lieu qu'elle brusloit, cuisoit, consumoit. Et en tel feu puis-je dire avoir fait esclorre à Rome, pour une fois, plus de cent ou six vingts poullets; les œufs y ayant esté couvez et esclos ainsi que sous une géline. »

On voit par cette courte analyse du *Traicté du feu et du sel*, que le secrétaire de Bayard n'était pas un alchimiste vulgaire, et qu'il fait preuve, dans ses expériences, d'une profonde sagacité.

§ 21.

GASTON CLAVES, dit *Dulco*.

C'était un avocat et un alchimiste célèbre de Nevers, et qui était contemporain de Blaise de Vigenère. Il défendit l'alchimie contre ses détracteurs. Sa défense ressemble à un obscur plaidoyer. Voici comme il s'exprime en faveur de la transmutation des métaux :
« Toute cause efficiente entraîne le sujet et la matière vers un but quelconque. Le mouvement indique le chemin et la distance qui séparent la matière de ce but. Celui-ci consiste ou dans la forme, ou dans la quantité, ou dans la qualité. La cause efficiente tend donc vers différents buts. Et comme le but de l'*argyropéie* (art de faire de l'argent) et de la *chrysopée* (art de faire de l'or) consiste à faire de l'argent ou de l'or, son mouvement tend vers une nouvelle forme. Car la forme du plomb, de l'étain, du cuivre, du fer, du mercure, n'est pas la forme de l'argent ni celle de l'or; mais ces métaux sont le sujet et la matière (1). »

On trouve dans cette même *Apologie* quelques expériences vaguement indiquées sur la densité des métaux.

Gaston a laissé un assez grand nombre d'ouvrages, parmi lesquels

-----

(1) Apologia Chrysopœiæ et Argyropœiæ adversus Th. Erastum. Theat. chim., tom. II.

nous nous contenterons seulement de citer : *Philosophia chemica* (1); *De triplici præparatione auri et argenti* (2); *De recta et vera ratione propignendi lapidis philosophici* (3).

Si *Pulco* est le nom corrompu de *Duclos* (Gaston de Claves), on pourrait ajouter à cette liste le *Recueil de M. Duclos sur la transmutation des métaux* (manuscrit n° 111 de la Bibliothèque de l'Arsenal).

On lit dans ce manuscrit, fol. 5 (livre des secrets de l'empereur Rodolphe II) : *Teinture excellente et très-véritable éprouvée à Venise :*

« Prenez une part de très-bon nitre pur et deux parties de chaux vive, meslez-les bien ensemble en les broyant très-subtilement, et faites-les calciner par trois heures au fourneau à vent. Puis faites extraction du sel des fèces avec de l'eau commune bien pure; et coagulez à siccité par évaporation de l'eau, puis cimentez ce sel derechef avec de nouvelle chaux vive et calcinez-le comme la première fois, et faites-en l'extraction de nouveau avec de nouvelle eau chaude, et coagulez le sel en évaporant; repetez sept fois ce travail; enfin par ce moyen le nitre sera converti en huile, et ne se coagulera plus ni à chaud ni à froid, mais il demeurera fixe et liquide en forme d'huile, que vous garderez. »

Après cela, l'auteur fait calciner un amalgame d'or avec des fleurs de soufre, de manière à réduire l'or en chaux.

« Broyez bien subtilement cette chaux d'or, et l'imbibez avec le vinaigre vitriolé (4), en sorte que cette chaux soit un peu br[...]. Mettez ensuite cette chaux dans un petit creuset, et chauffe. jusqu'à ce que elle devienne blanche et spongieuse comme du coton.

« Dissoluez cette chaux d'or spongieuse dans de l'eau de sel ammoniac et de salpestre, digerez et distillez, afin que tout l'or passe par l'alembic; ajoutez à cette dissolution d'or deux onces de la

---

(1) Cum B. Penoti præfat.; Lugd., 1612.
(2) Nevers, in-8, 1592. Theat. chem., t. IV.
(3) Theat. chem., t. IV.
(4) Ce vinaigre vitriolé n'est autre chose, ainsi que l'auteur l'indique plus loin, que du vinaigre distillé, contenant en dissolution du sel commun (trois livres de vinaigre pour une once de sel).

sudite huile de nitre ; ensuite distillez si souvent l'eau des deux champions, c'est-à-dire du sel ammoniac et du salpestre de dessus ce composé, qu'enfin l'or s'unisse bien avec la susdite huile, et demeure comme une huile fixe, incoagulable tant à la chaleur qu'au froid. »

Dulco ou Duclos passait pour un très-habile alchimiste ; il possédait, dit-on, le secret de la transmutation des métaux.

Nicolas BARNAUD, contemporain de Gaston de Claves et de Blaise de Vigenère, était un second Flamel. Il avait, dit-on, découvert la pierre philosophale dans une inscription sépulcrale fort ancienne, trouvée à Bologne, de même que Flamel l'avait découverte dans les figures hiéroglyphiques du livre d'Abraham le Juif.

Barnaud est de Crest en Dauphiné. La plupart de ses écrits sont imprimés dans la *Bibliothèque de Manget* et le *Théâtre chimique*. Ses commentaires sur l'épitaphe de Bologne sont aussi incompréhensibles que le texte énigmatique qu'ils sont censés expliquer (1).

§ 22.

Tous les alchimistes de ce temps n'étaient pas de la trempe de Blaise de Vigenère, ni même de Gaston de Claves ; témoins *J. Lio-*

---

(1) Voici le texte de cette épitaphe :

D. M.

Ælia Lælia Crispis, nec vir nec mulier, nec androgyna,

Nec puella, nec juvenis nec anus, nec meretrix nec pudica,

Sed omnia.

Sublata neque fame, nec ferro neque veneno, sed omnibus.

Nec cœlo nec aquis nec terris, sed ubique jacet.

Lucius Agatho Priscus, nec maritus nec amator

Nec necessarius neque mœrens, neque gaudens neque flens hanc,

Neque molem, nec pyramidem, nec sepulcrum, sed omnia.

Scit et nescit quid, cui posuerit.

Hoc est sepulcrum intus cadaver non habens,

Hoc est cadaver, sepulcrum extra non habens,

Sed cadaver idem est et sepulcrum sibi.

Manget. Bibl., t. II, p. 713. Theat. chim., t. III. — Les autres écrits de Bernard sont : Brevis elucidatio arcani philosophorum. Theat. chem., t. III. — Theosophiæ palmarium, ibid. — Epistola de occulta philosophia, ibid. — Processus aliquot chemici, ibid. — Dicta sapientum de lapide, ibid. — Carmen de lapide, ibid.

hault (1), *Orance Finé* (2), *Rousselet* (3), *Sidrach* (4), *Alex. de la Tourvette* (5), *Fr. de Verville* (6), *L. de Launay* (7), dont nous nous contentons de citer seulement les noms.

Cependant il y en a un qui se distingue de la tourbe commune des alchimistes, c'est *Nicolas Guibert*. Après avoir été un des plus zélés adeptes, il devint plus tard un des adversaires les plus acharnés des imposteurs du grand œuvre. Au moins on ne peut pas lui reprocher d'avoir parlé sans connaissance de cause.

Nic. Guibert, né à St.-Nicolas-de-Port en Lorraine, docteur en médecine vers 1570. Il travailla, comme alchimiste, dans le laboratoire du célèbre cardinal Granvelle, vice-roi des Deux-Siciles. Il traduisit en latin, pour le cardinal d'Augsbourg, les livres allemands de Paracelse. Il était lié à Naples avec Jean-Baptista Porta et Dom. Piazzimento. En 1579, sous le pontificat de Grégoire XIII, il devint inspecteur général des pharmacies de l'État Ecclésiastique. Enfin, après bien des déceptions, il revint dans sa patrie, et alla habiter la ville de Toul. C'est là qu'il composa *De alchymiae ratione et experientia, ita demum viriliter impugnata et expugnata, una cum suis fallacibus et deliramentis, quibus homines imbubinantur (embabouiner), ut nunquam in posterum se erigere valeant. Argentorat.*, in-8°, 1603. Il démontre dans cet ouvrage que la transmutation des métaux est impossible, et que la fin de l'alchimie est le chemin de l'hôpital (8).

Les alchimistes étaient, au plus haut degré, animés par l'esprit

---

(1) Secrets de médecine et de la philosophie chimique; Rouen, 1600, in-8.

(2) Libri de his quæ mundo mirabiliter eveniunt, et de mirabili potestate artis et naturæ, ubi de philosophorum lapide; Paris, 1542, in-5.

(3) Chrysospagirie, c'est-à-dire de l'usage et vertu de l'or; Lyon, 1582, in-8.

(4) Le grand Philosophe, fontaine de toutes sciences; Paris, 1514, in-4.

(5) Bref discours des admirables vertus de l'or potable; Paris, 1375, in-8. Défense pour l'alchimie; Paris, 1579, in-8.

(6) Appréhensions spirituelles; Paris, 1584, in-12. Le Palais des curieux, Paris, 1612, in-12. Le Cabinet de Minerve; Rouen, 1601, in-8. Le Voyage des princes fortunés; Paris, 1610, in-12.

(7) De l'antimoine; la Rochelle, 1564, in-4. Réplique à la réponse de Grevin contre son livre; la Rochelle, 1566, in-4.

(8) Un autre ouvrage de lui est intitulé *De interitu alchymiæ*; Tulli., in-8, 1614. Il y traite Libavius, Porta et d'autres, avec lesquels il était autrefois lié, d'imposteurs.

d'association. Ils s'attachaient un certain nombre d'amis, et se réunissaient pour travailler et rédiger en commun leurs ouvrages.

GROSPARMY, VALOIS, VICOT, nous en offrent un exemple remarquable. On ignore à peu près l'époque où ils vivaient ; peut-être faut-il les placer à la fin du XVe ou au commencement du XVIe siècle (1). Leurs ouvrages n'ont pas été, que je sache, imprimés ; ils se trouvent dans deux manuscrits, l'un appartenant à la Bibliothèque royale (2), l'autre à celle de l'Arsenal (3). Ce dernier (du XVIe siècle) se fait remarquer par la beauté et l'élégance de son écriture ; c'est un des plus beaux manuscrits de la bibliothèque de l'Arsenal. On y lit, sur le verso de la 1re feuille, ces lignes tracées par une main étrangère : « Grosparmy était un gentilhomme du pays de Caux en Normandie ; il avait, dit-on, trouvé la pierre philosophale dans son château, où il y avait une vieille tour qui fut abattue longtemps après sa mort, et dans laquelle le comte de Flers, son héritier, avait, dit-on, trouvé la poudre de projection qu'a faite Grosparmy et son ami Valois. L'abbé Vicot était précepteur des fils de Grosparmy, et il mettait en vers les découvertes alchimiques du seigneur chez qui il demeurait. »

Le traité de N. Grosparmy, très-intéressant pour l'histoire de l'alchimie, est divisé en deux livres ; le premier est intitulé *Abrégé de théorique*, le second ; le *Trésor des trésors*.

Dans le même manuscrit (n° 166), ce traité est suivi des *cinq livres de Nicolas Valois*, compagnon du seigneur Grosparmy.

Après celui-là, vient le *livre du prestre Vicot* : « Ce livre-cy estoit doré et escrit en parchemin et lettres d'or, et relié aux quatre coins de quatre grands clous d'or ; et en iceluy est declaré ce que ces messieurs (Grosparmy, Valois, Vicot) avoient un peu caché, dont ce present est la copie et l'original. Donc, ceci soit gardé sous le silence, et qu'il ne soit montré à personne s'il n'est parfaict philosophe et homme de bien, en peine d'encourir les tourments et peines eternelles par l'ire de Dieu. »

Ceci rappelle l'histoire du livre d'or du Juif Abraham, dont parle Nicolas Flamel (4).

---

(1) Ces trois alchimistes n'avaient point été encore signalés : Gmelin, Lenglet-Dufresnoy, P. Borel, Nazari, Bergman n'en parlent pas.

(2) Ms. 1642 du fonds de Saint-Germain.

(3) Ms. 166, in-4.

(4) Hist. de la chimie. t. I, p. 428.

Enfin le manuscrit n° 166 est terminé par un poëme alchimique : *le Grand Olympe ou Philosophie poétique, attribuée au très-renommé Ovide ; traduit du latin en langue française.*

On en jugera d'après le spécimen suivant :

> « Après vient Saturne le noir,
> Que Jupiter de son manoir
> Issant, déboute l'empire
> Auquel la lune aspire.
> Aussi fait bien dame Vénus,
> Qui est l'airain, je n'en dis plus ;
> Sinon que Mars, montant sur elle,
> Sera du fer l'auge martelle,
> Après lequel apparaistra
> Le soleil, quand il renaistra. »

Le reste est à l'avenant.

Les Métamorphoses d'Ovide ne pouvaient pas échapper à l'attention des alchimistes, eux qui ne songeaient qu'à faire des transmutations.

L'alchimie, ou plutôt *la soif de l'or*, fut la cause de bien des crimes. Le travail, la patience, le poison, le meurtre, tout était bon pour parvenir à la possession d'un secret imaginaire, *la pierre philosophale*.

Sébastien Siebenfreund venait, disait-on, d'apprendre le secret de la pierre philosophale d'un moine qui, en mourant, lui avait légué ses manuscrits. Peu de temps après, il fut assassiné à Hambourg par L. Thurneysser, Sebald Schwerzer et M. Weis, qui arrachèrent à la victime les précieux manuscrits. Le célèbre alchimiste Montesnyders de Vienne fut tué par son ami Marcus Bragadinus. Louis de Neisse eut le même sort.

Les princes avaient leurs astrologues et leurs alchimistes. L'alchimie, ainsi que l'astrologie, était, dans certaines cours, une charge importante. Hâtons-nous d'ajouter que presque tous les alchimistes de cour, après avoir pendant quelque temps joui de toutes les faveurs désirables, eurent une fin malheureuse ; quelques-uns périrent par le glaive, d'autres furent mutilés, et moururent dans d'affreux tourments.

Le duc Jules de Brunswick fit rôtir dans une cage de fer une femme alchimiste, Marie Zieglerin, parce qu'elle n'avait pu réaliser ses promesses. Le duc Frédéric de Wirtemberg avait fait pendre fait poudre plusieurs philosophes hermétiques, parmi lesquels on cite Moutan et J. de Mühlenfels (1).

Marcus Bragadinus, capucin de Candie, fut décapité à Munich en 1590 (2).

Les électeurs de Brandebourg et de Saxe attirèrent à leurs cours un grand nombre d'alchimistes que l'exemple de leurs confrères n'avait point intimidés. L'électeur Auguste de Saxe travaillait lui-même assidûment avec son épouse dans un laboratoire qu'il avait fait construire dans son château : Dav. Beuther et Seb. Schwerzer, le meurtrier de Siebenfreund, le dirigèrent dans ses opérations. Son fils et successeur Christian Ier continuait les travaux alchimiques de son père.

Mais de tous les princes, celui qui cultivait l'alchimie avec le plus d'ardeur, c'était l'empereur Rodolphe II. Tous les alchimistes (Ed. Kelley, Seb. Schwerzer, J. Gustenhover, Mühlenfels, etc.) qui avaient l'honneur de souffler avec Sa Majesté le feu du grand œuvre, furent anoblis et armés chevaliers.

<h3 style="text-align:center">§ 23.</h3>

L'Allemagne, la France, l'Angleterre, l'Italie, étaient infestées par une multitude d'alchimistes ambulants, dont les uns cherchaient à s'instruire, et les autres à s'enrichir aux dépens de quelques dupes. Ces derniers paraissaient être en majorité. « Le monde, dit un auteur italien de ce temps, est rempli de faux alchimistes, tant religieux que laïques, qui vont tenter et tromper les princes, les seigneurs, les gentilshommes, les marchands et des gens de basse classe, en leur promettant de les enrichir en peu de temps, et en leur enseignant les moyens de congeler le mercure, de changer le plomb, l'étain, le fer, le mercure, en argent ou en or. » Puis il ajoute : « Ceux qui prétendent savoir de semblables choses sont des gens très-astucieux, qui veulent toujours vivre aux dépens d'autrui. » Enfin, l'auteur, rempli d'indignation, sollicite le pape Sixte-Quint (auquel est dédié son livre) de chasser de la chrétienté tous les faux alchimistes (3).

---

(1) Spittler, Histoire de Wirtemberg; Goetting., 1783, in-8, pag. 216 (en allemand).

(2) Thuanus, Histor. sui temporis, t. VI; Genev., 1626, p. 99.

(3) La vera Dichiarazione di tutte le metafore di gli antichi filosofi alchimisti,

En Allemagne, on remarque à cette époque, parmi les philosophes hermétiques les plus ardents : Jérôme Crinot, qui était, dit-on, assez riche pour fonder 1300 églises ; J. Tanex, Salomon Trismosin (1), qui, avec un demi-grain de sa panacée, rajeunissait des femmes nonagénaires, et les rendait aptes à mettre au monde plusieurs enfants, et pour lequel c'était une bagatelle (ce sont ses expressions) de prolonger la vie jusqu'au jugement dernier ; Wenz. Lavinius (2) ; Meresinus (3) ; Al. de Suchten (4), qui avait trouvé la pierre philosophale dans l'antimoine ; Chrys. Polydorus (5) et Joh. Garland (6), deux compilateurs ; Chrys. Fanianus (7), qui traita à fond la question de savoir si l'alchimie est un art permis ou non.

Des prêtres, s'étant affranchis de l'autorité de l'Église catholique, construisirent, avec quelques dogmes de la religion, des systèmes alchimiques et astrologiques qui rappellent les doctrines mystiques des théosophes de l'école d'Alexandrie.

Valentin Weigel, curé à Tschopau en Saxe, prétendit expliquer le dogme de la transsubstantiation par la transmutation des métaux (8) ; Egid. Guetmann, d'Augsbourg, publia un livre sur la *révélation de la divine majesté*, où il parle de la création comme s'il en avait été témoin oculaire : il soutient qu'il est facile de voyager dans les airs, de changer les métaux les uns dans les autres, enfin de réaliser toutes les idées des alchimistes, pourvu qu'on ait la foi (9).

On peut également mettre au nombre de ces alchimistes théo-

---

ove con un breve discorso della generazione dei metalli secundo i principii della filosofia si mostra l'errore e ignoranza (per non dir l'inganno) di tutti gli alchimisti moderni ; Roma, 1587, in-8.

(1) Aureum vellus : Rohrschach., 1598, in-4.

(2) Marpurg., 1612, in-8. Bibliothèque des philosophes chimiques, t. I. Theat. chim., t. IV.

(3) Lumen novum de metallorum causis et transsubstantiatione ; Francof., 1593, in-8.

(4) De secretis antimonii ; Basil., 1575, in-8.

(5) Collectio aliquot veterum scriptorum de alchimia ; Norimb., 1541, in-4.

(6) Compendium alchimiæ, cum dictionario ejusdem artis ; Basil., 1560, in-8.

(7) De arte metallicæ metamorphoseos ; accedunt judicia et responsa de jure artis, etc. ; Basil., 1576, in-8. Theat. chim., t. I. Manget., t. I.

(8) Hilliger, de vita, fatis et scriptis Val. Weigelii ; Wittenb., 1721, in-4.

(9) Arnstad., 1575, in-4 (en allemand).

sophes Bapst DE ROCHLITZ (1), curé à Mohorn (Saxe), et le prédicateur Joh. GRAMANN (2). Le fameux Corneille AGRIPPA était un des théosophes cabalistiques les plus célèbres; il s'adonna beaucoup moins à l'alchimie qu'à la science occulte et à la magie proprement dite.

L'*Italie* n'était pas moins féconde en alchimistes, dont la plupart se bornèrent au rôle de compilateurs ou de commentateurs, comme G. GRATAROL, de Bergame (3), professeur de médecine à Bâle; J. B. NAZARI (4), J. BRACESCHI, de Brescia (5), J. LACINI, de Calabre (6).

D'autres se contentèrent de reproduire sous toutes les formes possibles les théories anciennes sur le grand œuvre; ils ne hasardèrent qu'un très petit nombre de vues neuves et originales : tels sont J. A. PANTHÉE, prêtre vénitien, qui joue sur les noms de la cabale (כסף argent זהב or, יהוה Dieu), dont il paraît souvent ignorer la véritable valeur (7); H. CHIARAMONTE (8); Abe. PORTA LEONIS, Juif de Mantoue (9); Fl. GIROLARI (10); F. GLISSENTI (11); L. VENTURA, de Venise (12); F. E. QUADRAMMO (13); THOMAS BOVIUS (14), qui se croyait placé sous l'influence immédiate d'un esprit nommé Zéphiriel, et pré-

---

(1) *News und nützliches Arzney Kunst und Wunderbuch* (Nouveau traité de médicaments etc.); Mulhhausen, 1590, in-4.

(2) Apologetica refutatio calumniæ, etc.; Erf., 1593, in-4. Responsoria ad progymnasmata, etc.; Erf., 1594, in-4.

(3) Veræ alchimiæ scriptores aliquot collecti; Basil, 1561, in-fol. — De vini natura, artificio et usu, etc.; Basil., 1565.

(4) Concordanza dei filosofi; Brescia, 1599, in-4. — Della transmutazione metallica; Bresc., 1572, in-4.

(5) Dialogus veram et genuinam librorum Gebri sententiam explicans; Manget., t. I.

(6) Collectanea chimica; Basil., in-8. — Pretiosa artis chymiæ collectanea; Venet., 1546, in-8.

(7) Ars et theoria transmutationis metallicæ; Venet., 1530, in-8. Theat. chim., tom. II.

(8) Trattato della polvere o elixir vitæ; Genov., 1590, in-4.

(9) Dialogi tres de auro; Venet., 1514, in-4.

(10) Nuova minera d'oro; Venet., 1590, in-4.

(11) Trat. della pietra de filosofi; Venet., 1596, in-4.

(12) De ratione conficiendi lapidis philosophici; Basil., 1571, in-8. Theat. chem., tom. II.

(13) Vera dichiarazione di tutte le metafore degli alchimisti, etc.; Rom., 1587, in-4.

(14) Flagello contro gli medici communi detti rationali; Venet., 1583, in-4.

conisait les propriétés surnaturelles de son or potable, de son extrait d'ellébore ; FILARETO (1) ; P. BAIRO (2) ; Isabelle CORTESE (3) ; J. B. ZAPATA (4), célèbre par sa teinture d'or, qui n'était autre chose que du sucre dissous dans de l'eau-de-vie, ainsi que nous le révèle J. Scientia, son disciple ; H. ROSELLO (5) (*Alexius Pedemontanus*), qui parle, dans son livre *De secretis*, des vernis d'or, de la dorure du fer (recouvert préalablement d'une couche de cuivre), etc. ; H. ZANETTI (6), défenseur ardent de la réalité de l'alchimie ; J. B. BIRELLI, de Florence (7) ; G. FALLOPIA (8), qui publia une collection de procédés (secrets) alchimiques, qui fut traduite en français et en allemand.

A cette liste, il faut ajouter le Piémontais Ph. ROUILLAC, auteur d'un *Traité du grand œuvre* (9), et Léonard FIORAVENTI, de Bologne, l'inventeur du baume qui porte son nom, et à l'aide duquel il assure avoir opéré des cures miraculeuses. Il recommande son baume, auquel il donne différents noms, comme un *contre-poison* souverain de l'*arsenic ;* il en fait oindre tout le corps du malade (10). C'est à ce sujet qu'il raconte comment il avait parfaitement rétabli un

---

(1) Breve raccolto di secreti delle donne ; Firenza, 1573, in-8.

(2) Secreti medicinali ; Venez., 1592, in-8.

(3) I secreti, ne quali si contengono cose minerali, medicinali, alchimiche, etc ; Venez., 1561, in-8.

(4) Secreti varii di medicina e chirurgia ; Rom., 1586, in-8.

(5) De secretis ; Venet., 1557, in-4.

(6) Conclusio et comprobatio alchemiæ Theat. chem., t. IV.

(7) Alchimia ; Firenza, 1601, in-4.

(8) Secreti diversi e miracolosi, etc. ; Venet., 1563, in-8. — Traduit en allemand, par Martius ; Augsb., 1571, in-8. — Traduit en français, par Ch. Landry, sous le titre de Oecolatrie, laquelle contient en soy grands secrets, etc. — Traduit en anglais : *Three exact pieces of secrets ; secrets of chirurgery*, etc. ; London, 1652, in-4.

(9) Practica operis magni ; Lugd., 1582, in-8. — La bibliothèque de Sainte-Geneviève possède un manuscrit français (T. 1449, in-4) du traité de Rouillac, sous le titre de : *Traitte du grand œvre des philosophes, faict par frère Johan Rouillacq, cordelier piedmontais, premier philosophe de son temps. Cette présente copie a esté escripte par moy, Nicolas Rossignol, procureur, en mil six cent et huit.*

(10) Voici comment Fioraventi lui-même décrit la composition de son baume : Prenez : térébenthine de Venise, 1 livre ; huile d'olive, 4 onces ; galbanum, 3 onces ; gomme arabique, 4 onces ; oliban, myrrhe, 3 onces de chaque ; aloès, galega, clous de girofle, consoude, cannelle, zédoaire, gingembre, 1 once de chaque ; musc du Levant, ambre gris, 1 drachme de chaque substance.

Mêlez ces substances ensemble, et mettez-les dans une cornue de verre lutée ;

homme empoisonné par sa femme avec deux grains d'arsenic mis dans un potage au riz. « Appelé, dit-il, auprès du malade, qui était mourant, je fis venir la femme de la maison, et lui fis comprendre que si son mari venait à mourir, elle serait infailliblement accusée et punie comme empoisonneuse; mais que si elle voulait m'indiquer l'espèce et la quantité de poison employé, je pourrais peut-être parvenir à guérir son mari. »

Les *Pays-Bas*, qui étaient alors engagés dans une lutte à mort avec leur sombre despote Philippe II, roi d'Espagne, comptèrent également, vers la fin du xvi° siècle, un assez grand nombre d'alchimistes, parmi lesquels nous citerons en première ligne Cornélius DREBBEL, d'Alkmar en Hollande.

Drebbel explique, dans un *Traité de la nature des éléments* (1), le vent et la pluie par une élévation de température et un refroidissement brusque des couches de l'air atmosphérique. Il appuie cette explication sur une expérience dont la théorie devait plus tard donner lieu à l'emploi des tubes de sûreté : il chauffe une cornue, dont le bec plonge dans une cuvette pleine d'eau. Ici se trouve dans le texte de l'édition allemande de l'année 1624, que j'ai sous les yeux, la figure suivante (p. 71) :

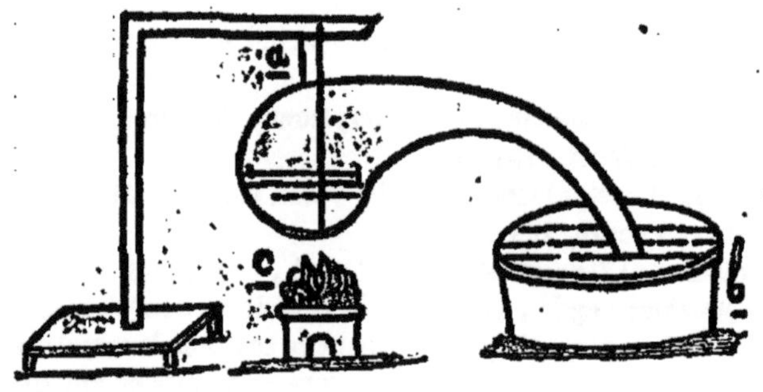

versez-y 6 livres d'eau-de-vie rectifiée, et laissez le tout macérer pendant huit jours. Puis, vous distillerez ce mélange sur un bain de sable : vous obtiendrez d'abord une eau blanche, mêlée d'huile. Lorsque vous verrez apparaître une huile noire, vous changerez de récipient, et vous augmenterez le feu jusqu'à ce que tous les esprits se soient dégagés. Séparez enfin l'huile de l'eau noire, et conservez toutes ces matières séparément. La première eau qui est blanche, c'est *l'eau du baume (aqua del balsamo)*; l'huile qui s'en sépare est *l'huile du baume (oleum del balsamo)*. La seconde eau est noire, c'est *la mère du baume (mater balsami)*; et l'huile qui est séparée s'appelle *baume artificiel (balsamo artificiato)*, qu'il faut conserver comme un joyau précieux.

(1) *Ein kurzer Tractat von der Natur der Elemente, und wie sie den*

« Dès que l'eau, dit l'auteur, contenue dans la cornue (a) commence à s'échauffer, vous verrez aussitôt des vents (vapeurs) sortir par le bec et soulever l'eau du bassin (b), sous forme de bulles. Si vous éloignez le feu (c) de la cornue, l'eau du bassin montera dans la cornue refroidie; elle se rompra, si elle est de verre. »

De là il arrive à expliquer la brise du soir et la brise du matin, dont les directions sont en sens opposés, par la différence de la température qui existe, soir et matin, entre le continent et la mer.

C'est à tort, ainsi que l'a parfaitement démontré M. Libri, que l'on attribue à Drebbel la découverte du thermomètre; car, dans le passage qui vient d'être indiqué, et que l'on cite généralement à l'appui de cette découverte, il n'est aucunement question du thermomètre, ni de la mesure de la chaleur (1).

Parmi les autres alchimistes néerlandais, qui tous en général ont une tendance bien plus rationnelle et pratique que les alchimistes allemands, nous nommerons : *Théobald de Hoghaland* de Mittelburg, qui a écrit pour et contre l'alchimie (2); *Jos. Michaelis* (3); *Reyner Snoy* (4); *Jos. Grever* (5); *Jos. Struthius* (6); *Dan. Hrouchhusen* (7), et *Just Balbian* d'Alost, qui n'est qu'un simple compilateur (8).

L'Espagne, qui était alors arrivée au plus haut degré de sa splendeur, ne produisit qu'un petit nombre d'alchimistes, parmi lesquels on cite *Caravantes*, qui a écrit une *Pratique de l'alchimie* (9).

L'Angleterre et l'*Écosse* eurent aussi plusieurs alchimistes fa-

---

Wind, Regen, etc. *verursachen* (Court traité des éléments de la nature, comment ils produisent le vent, la pluie, etc.); Esf., 1624, in-12. Ce même ouvrage a été traduit en latin : *De natura elementorum,* etc.; Genev., 1628, in-12; et en français, Paris, 1673, in-12.

(1) Voy. M. Libri, Histoire des sciences mathématiques en Italie, t. IV, p. 193.

(2) De difficultatibus alchemiæ; Colon. Agripp., 1594, in-8. Manget., tom. I. Theat. chem., t. I. — Historiæ aliquot transmutationis metallicæ, pro defensione alchimiæ; Colon., 1604, in-8.

(3) Scrutinium cinnabarinum. — Apologia chimica; Middelb., 1597, in-8.

(4) De arte alchimiæ; Francof., 1620, in-fol.

(5) Secretum. Theat. chem., t. III.

(6) Medicamentorum spagyrica præparatio; Francof., 1591, in-8.

(7) Secreta alchymiæ; Lugd. Bat., 1598, in-8.

(8) Tractatus septem de lapide philosophico ex vetustissimo codice desumpti; Lugd. Bat., 1599, 8. Theat. chem., t. III.

(9) Practica. Theat. chem., t. III.

mieux, dont les aventures faisaient beaucoup de bruit vers la fin du XVIᵉ et au commencement du XVIIᵉ siècle.

Édouard Kelley, adepte renommé, était d'abord notaire. Accusé de malversation et d'avoir altéré des actes publics, il fut condamné à avoir les oreilles coupées, et au bannissement. Misérable, fugitif, il arrive dans une auberge du pays de Galles, où le hasard fait tomber entre ses mains une boule d'ivoire contenant de la poudre de projection et un vieux livre, trouvés dans le tombeau d'un évêque; ce livre enseignait la préparation de la pierre philosophale. Kelley essaya de cette poudre, et réussit, dit-on, selon ses vœux. Il fait aussitôt part de sa bonne fortune à son ami Jean Dee de Londres. Ils quittent ensemble leur patrie, se rendent en Allemagne et pénètrent jusqu'à Prague, où l'empereur Maximilien donnait alors rendez-vous à tous les souffleurs du grand œuvre. Kelley fit la projection en présence de l'empereur. Sommé de préparer plusieurs livres de la poudre merveilleuse, il se trouva en défaut; ses opérations échouèrent. Dans sa détresse l'empereur l'avait menacé de le faire mettre en prison, il adressa des invocations aux démons de l'enfer; mais ceux-ci restèrent inexorables. L'empereur exécuta la menace, et Kelley fut privé de sa liberté. Voulant se sauver de sa prison, il se cassa une jambe, et mourut à la suite de sa chute. J. Dée retourna tranquillement dans sa patrie, où il mourut. C'était un enthousiaste mystique et un simple compilateur (1).

Les écrits de Kelley furent publiés par Lange et par Combach (2). Chaucer, Blomfeld, Casi (3), Fr. Antony (4), Mich. Scotus (5), Digby (6), sont moins connus que Kelley.

Mais le plus célèbre de tous était Alex. Sethon (Sidon), surnommé le *Cosmopolite*. Voici ce qu'on raconte de lui : Sethon parvint, vers la fin de sa vie, à découvrir ce que tant d'autres

---

(1) Monas hieroglyphica; Francof., 1591, in-8. Theat. chim., t. II. — Tractatus varii alchemicae; Francof., 1630, in-4. — Fasciculus chemicus; Basil., 1575, in-12. — Parallaticae commentationis nucleus, etc.; Lond., 1573, in-4. — Propaedeumata aphoristica; Lond., 1568, in-4.

(2) Tract. duo egregii de lapide philosophorum edit. a Langio; Hamburg., 1673, in-8. — Fragmenta a Combachio edita; Gelsm., 1647, in-12.

(3) Lapis philosophicus; Oxon., 1599, in-4.

(4) De lapide philosoph. Imprimé dans Rhenanus, Harmonia imperscrutabilis; Francof., 1625, in-8. — Panacea aurea, etc.; Hamb., 1618, in-8.

(5) De natura solis et lunae. Theat. chem., t. V.

(6) Alchimia sive auri multiplicatio; Paris, 1573, in-8.

avaient cherché en vain. Dès ce moment il se mit à voyager; il passa d'abord en Hollande, où il opéra, le 13 mars 1602, la transmutation du mercure en or, en présence du médecin Vanderlinden et de son ami Haussen (1). De là il passa en Saxe, où il fut présenté au duc, fort épris de l'alchimie, et qui le fit travailler dans une tour, sous la garde de quarante hommes. Le prince employa tous les moyens de persuasion pour se faire initier dans le secret de Sethon, mais il n'obtint rien, ni par la douceur, ni par la violence. Alors, emporté de colère, il fit mettre l'alchimiste dans une étroite prison. Sethon y serait mort, s'il n'en avait pas été délivré par un gentilhomme morave, Michel Sendivogius.

Ils sortirent déguisés du territoire de Saxe, et se rendirent à Cracovie, où Sendivogius avait son domicile habituel. Ce dernier s'attendait à ce que celui qu'il avait délivré lui apprendrait, par reconnaissance, le secret de la transmutation des métaux. Mais il se trompa; les prières, les menaces furent employées inutilement. Sethon lui fit seulement présent d'une once de sa poudre, ce qui devait suffire pour enrichir son libérateur. Bientôt après il mourut, vers l'année 1604.

Michel Sendivogius, déguisé sous l'anagramme *Divi Leschi genus amo*, publia les écrits de Sethon, soit sous le nom véritable de l'auteur, soit sous celui de Cosmopolite.

L'alchimie, la magie et l'astrologie s'étaient réfugiées jusque dans l'intérieur du *royaume de Maroc*. S'il faut en croire Léon l'Africain (2), il y eut, vers cette époque, un grand nombre d'alchimistes à Fez, où ils se réunissaient tous les soirs dans un temple, pour travailler au grand œuvre, selon les préceptes de Geber (3).

---

(1) Georg. Morhof (epist. de metall. transmutatione; Hamb., 1673, in-8), qui raconte cette histoire, dit avoir lui-même vu un morceau de cet or entre les mains de J. Antoine Vanderlinden, petit-fils de celui dont il est ici question, et qui avait eu soin de marquer sur ce même or que la transmutation s'était faite à quatre heures après midi, le 13 mars 1602.

(2) Africæ descriptio ix libris absoluta; Lugd. Bat., 1632, in-8.

(3) Ceux qui voudraient écrire une histoire plus détaillée de l'alchimie trouveront des documents manuscrits intéressants contenus dans deux boîtes fermées à clef (étiquetées *Pièces d'alchimie*), et conservées à la bibliothèque de l'Arsenal. Ce sont des procédés concernant la fixation du mercure, sa transformation en or et en argent; des procès-verbaux d'opérations plus ou moins curieuses, des morceaux choisis d'anciens auteurs. Ces documents ont été écrits

sur des feuilles volantes, et à différentes époques. Cependant ils n'ont pas tous trait à l'alchimie; il y en a qui appartiennent à la thérapeutique médicale, à la pharmacie, à l'art culinaire, etc.

Ces deux boîtes ne sont pas cataloguées, et se trouvent placées à côté du mss. n° 148, *in-folio* (section des arts et sciences).

On y trouve, entre autres : *Œuvre particulière d'un certain frère Grégoire, disciple d'Arnaud de Villeneuve*; — *Description d'une minière d'or, trouvée dans les papiers d'un fameux philosophe qui a esté assassiné en Languedoc pour les rares secrets qu'il avoit*; — *Œuvre du chevalier de la Magdeleine, gentilhomme breton*; — *Œuvres du sieur d'Aigremont*; — *Pour tirer l'or du fer*, etc.

SECTION DEUXIÈME.

APERÇU GÉNÉRAL DU XVIIᵉ SIÈCLE.

Le XVIIᵉ siècle continue dignement l'œuvre de réforme commencée dans les sciences au siècle précédent. Galilée, François Bacon, Descartes, Boyle, se placent à la tête de la direction nouvelle imprimée à la pensée de l'homme. La philosophie, toutes les sciences en général, cessent d'être fondées sur l'autorité traditionnelle et la spéculation ; elles s'appuient sur l'expérience et la raison. Il y a bien encore, surtout dans la première moitié de ce siècle, quelque sourde résistance opposée à cet esprit révolutionnaire qui, avant de se transporter dans le domaine de la science, s'en était d'abord pris à l'autel et au trône. Mais, depuis la fondation des sociétés savantes, qui constitue un des événements les plus importants de l'histoire du développement de l'esprit humain, les champions même les plus déclarés des doctrines spéculatives du passé comprirent leur impuissance, et ne tardèrent pas à déposer les armes. Aussi, à partir de la seconde moitié du XVIIᵉ siècle, la méthode expérimentale triomphe presque partout, et ouvre au progrès des sciences un champ illimité.

La guerre de trente ans qui ravagea l'Allemagne, les troubles civils de la Grande-Bretagne, les règnes agités de Louis XIII et de la minorité de Louis XIV, avaient comprimé un moment le mouvement progressif des sciences. C'est pendant ces agitations politiques et religieuses que quelques hommes d'élite, préférant le silence de la retraite au vain bruit du monde, se réunissaient en commun pour s'entretenir de divers objets d'étude, se communiquer mutuellement leurs découvertes, et faire jaillir la vérité du conflit des opinions contraires. Ce fut là le noyau des Académies royales des sciences de Paris et de Londres, dont la fondation avait été précédée en Italie par celle des Académies des Lyncei et del Cimento.

L'Allemagne, ce pays classique de l'érudition, était, chose remarquable, restée en arrière de l'Italie, de la France et de l'Angleterre; car la fondation officielle de la Société impériale *des curieux de la nature* ne date que de l'année 1672 (1). Et les premiers travaux de cette Société sont loin de porter ce cachet de la méthode expérimentale pure qui distingue les travaux des sociétés savantes françaises, italiennes et anglaises. La raison de ce phénomène pourra s'expliquer par la nature même du génie germanique, qui a toujours eu et qui aura toujours une prédilection marquée pour les doctrines spéculatives et abstraites, auxquelles répugne entièrement le génie des autres nations. Mais c'est là un sujet qui nous éloignerait de notre plan.

Méthode expérimentale. — François Bacon.

Le dogmatisme spéculatif a fait son règne. Désormais il importe de chercher la vérité, non plus dans les livres d'Aristote, mais dans le grand livre de la nature. Les péripatéticiens cédèrent la place aux philosophes expérimentateurs. Léonard de Vinci, Palissy, Galilée, avaient les premiers commencé à secouer ouvertement le joug de l'autorité scolastique, en payant de leur personne cette hardie entreprise. Léonard de Vinci fut abreuvé de chagrins, et vécut longtemps dans la misère; Palissy eut à essuyer le persiflage des beaux esprits, et le dédain des docteurs scolastiques de la Sorbonne; Galilée perdit sa liberté, et fut condamné à un silence pire que la mort (2).

François Bacon transporta dans la philosophie le principe de la révolution qui s'était, dans une autre sphère, opérée au xvie siècle; et de là il le transporta dans les sciences d'observation. Il en fit un système philosophique, et dressa le code de la méthode expérimentale.

----

(1) Nous donnerons plus bas de plus amples détails sur l'histoire de ces sociétés au xviie siècle.

(2) Voyez, sur la vie et les travaux de Galilée, l'*Histoire des sciences mathématiques en Italie*, par G. Libri, t. IV, p. 157-294.

La route que l'auteur du *Novum Organum* parcourut si glorieusement était déjà frayée, et débarrassée des obstacles qui auraient pu l'encombrer. Avec les matériaux existants, il pouvait aisément entreprendre de reconstruire l'édifice des connaissances humaines sur la méthode expérimentale rationnelle. La science ne sort pas, armée de toutes pièces, de la tête d'un homme, comme Minerve du cerveau de Jupiter. Toute découverte qui change la face de la science ou de la société n'est jamais le fruit d'un seul homme.

La boussole, la poudre à canon, la vapeur, ne sont qu'une application heureuse de faits déjà existants, mais qui seraient restés stériles si un esprit puissant n'était pas venu les féconder. L'attraction de l'aimant, le mélange inflammable de soufre, de salpêtre et de charbon, l'éolipyle, étaient, depuis des siècles, de curieuses expériences de laboratoire, jusqu'au moment où l'on parvint à faire servir ces données pour guider les navires, pour lancer des projectiles et mouvoir des machines. Les matériaux préexistent ; un grand génie les résume et les applique.

On peut en dire autant de l'origine de la philosophie du chancelier Bacon, qui eut de si immenses résultats pour le progrès des sciences (1).

Au nombre des observateurs qui, en brisant le joug de l'autorité scolastique, ont frayé, par la méthode expérimentale, une route nouvelle à la science, il faut compter en première ligne Van-Helmont, Robert Boyle, Glauber et Kunckel.

§ 1.

VAN-HELMONT (JEAN-BAPTISTE).

Van-Helmont est de beaucoup supérieur à Paracelse, qu'il avait pris en quelque sorte pour modèle. Versé dans la connaissance de l'antiquité, instruit dans les sciences et dans les lettres, il a plus

---

(1) Le moine Roger Bacon, Albert le Grand et d'autres philosophes avaient déjà, au moyen âge, reconnu la nécessité, pour la science, d'interroger l'expérience à l'aide de la raison ; Léonard de Vinci, B. de Palissy, Galilée, tous avaient, avant le chancelier Bacon, fait usage de la méthode expérimentale.

d'autorité que Paracelse, lorsqu'il oppose hardiment la raison et
l'expérience aux doctrines des anciens. Fidèle à l'école des paracelsistes, il fait une guerre impitoyable aux médecins galénistes,
qui dédaignent la chimie. Mais s'il attaque et renverse les systèmes des autres, c'est pour élever sur leurs débris un édifice
nouveau, et pour agrandir, par des découvertes importantes, le
domaine de la science.

Jean-Baptiste Van-Helmont eut l'immortelle gloire de révéler
scientifiquement l'existence de corps invisibles, impalpables, quoique matériels, jusqu'alors vaguement entrevus; je veux parler des
gas. C'est même ce nom qu'il a donné à ces corps.

Van-Helmont doit être considéré comme le précurseur de la
chimie pneumatique; car, en appelant le premier l'attention des observateurs sur l'étude des corps aériformes, il prépara la voie aux
découvertes du XVIII° siècle.

J.-B. Van-Helmont est né à Bruxelles en 1577, d'une des plus
anciennes familles de l'Europe (comte de Mérode), dont il existe
encore aujourd'hui une branche illustre. Contrairement aux vœux
de ses parents, il se livra de bonne heure à la carrière des sciences,
et s'adonna avec ardeur à l'étude de la médecine et de la chimie.
Doué de beaucoup de talents naturels et d'une persévérance à
toute épreuve, il parvint bientôt à se faire remarquer de tous les
savants de l'Europe. L'empereur Rodolphe II et l'électeur de Cologne l'invitèrent à se rendre à leur cour; mais, renonçant à tous
les avantages qui peuvent flatter l'ambition d'un homme, il consacra sa vie au silence de l'étude, et préféra son laboratoire de
Vilvorde, près de Bruxelles, aux splendeurs de la cour. Il mourut
le 30 décembre 1644.

Travaux de Van-Helmont.

Ses ouvrages furent recueillis après sa mort, et publiés par son
fils, François-Mercurius Van-Helmont, sous le titre de *Ortus medicinæ* (1).

---

(1) *Ortus medicinæ, id est initia physica inaudita, progressus medicinæ
novus in morborum ultionem ad vitam longam, edente auctoris filio.* Editio
quarta; Lugduni, 1 vol. in-fol., 1656. — C'est cette édition que j'ai sous les
yeux. La première fut publiée en 1648, à Amsterdam (Elzevirs), in-4; la deuxième

On y remarque, comme dans les écrits de Paracelse, ce ton un peu tranchant qui dépasse quelquefois les bornes de la modestie, une tendance à la philosophie cabalistique et surnaturelle, exprimée dans un langage qui est loin d'être toujours bien clair. Mais ces défauts sont rachetés par des découvertes et des observations de la plus haute importance, dont nous allons faire connaître un assez grand nombre.

Il est bon de rappeler que nous avons ici à apprécier, non pas le philosophe spiritualiste, mais l'homme qui le premier proclama la nécessité de l'emploi de la *balance*, instrument qui devait opérer une révolution complète dans la science.

Gas (1. — « Le charbon, et en général les corps qui ne se résolvent pas immédiatement en eau, dégagent nécessairement, par la combustion, *de l'esprit sylvestre*. Soixante-deux livres de charbon de chêne donnent une livre de cendre. Les soixante et une livres qui restent ont servi à former l'esprit sylvestre. *Cet esprit, inconnu jusqu'ici, qui ne peut être contenu dans des vaisseaux ni être réduit en un corps visible, je l'appelle d'un nouveau nom, gaz.* Il y a des corps qui renferment cet esprit, et qui s'y résolvent presque entièrement ; il y est alors comme fixé ou solidifié. On le fait sortir de cet état par le ferment, comme cela s'observe dans la fermentation du vin, du pain, de l'hydromel (2). »

Voilà bien ce que nous appelons aujourd'hui *gaz acide carbonique*. Et ce qu'il y a de plus surprenant, c'est que Van-Helmont annonce formellement que le gaz produit par la combustion du

---

en 1651, à Venise ; et la troisième en 1652. Il y a, en outre, trois éditions de Francfort, 1661, 1681 et 1707. — Les ouvrages de Van-Helmont furent traduits en français par le Comte, en 1670, in-4, en anglais (Londres, 1662, in-fol.), et en allemand (Sulzbach, 1683, in-fol.).

(1) Le nom de *gaz* ou *gas* (orthographe de Van-Helmont) dérive, par corruption, de *Gahst* (*Geist*), qui signifie *esprit*. Suivant d'autres, il dérive de *chaos*, de *blas* (souffle), ou de *Gaescht* (écume).

(2) *Ortus med.*, p. 66. Carbo et universaliter corpora quæcunque immediate non abeunt in aquam, necessario eructant *spiritum sylvestrem*. Ex LXII libris carbonis querni una libra cineris conflatur. Ergo LXI libræ residuæ sunt ille spiritus sylvestris. Hunc spiritum incognitum hactenus, novo nomine *gas* voco, qui nec vasis cogi, nec in corpus visibile reduci potest. Corpora vero continent hunc spiritum et quandoque tota in ejusmodi spiritum, abscedunt ; — est spiritus concretus et corporis more coagulatus, excitaturque acquisito fermento, ut in vino, pane, hydromele, etc.

charbon est le même que celui qui se développe pendant la *fermentation*, qu'il définit ailleurs la *mère de la transmutation*, *divisant les corps en atomes excessivement petits.*

Il ajoute, dans ce qui va suivre, que les raisins ne fermentent qu'au contact de l'air, et que le gaz qui se forme est le même que celui dont la présence rend les vins mousseux.

« Une grappe de raisin non endommagée se conserve et se dessèche ; mais une fois que l'épiderme est déchiré, le raisin ne tarde pas à subir le mouvement de fermentation ; c'est là le commencement de sa métamorphose. Ainsi le moût de vin, le suc des pommes, des baies, du miel, et même des fleurs et des branches contuses, éprouvent, sous l'influence du ferment, comme un mouvement d'ébullition dû au dégagement du gaz. Les raisins secs sont beaucoup plus longs à donner du gaz, à cause du défaut de ferment. *Ce gaz, étant comprimé avec beaucoup de force dans les tonneaux, rend les vins petillants et mousseux* (1). »

L'auteur s'attache ensuite à démontrer que ce gaz n'est pas du tout la même chose que l'esprit-de-vin.

« Séduit par l'autorité d'écrivains ignorants, je croyais autrefois que ce gaz des raisins n'était autre chose que de l'esprit-de-vin. »

L'auteur admet, indépendamment de la combustion du charbon et de la fermentation, encore quatre sources différentes du *gaz sylvestre* :

1º *Action d'un acide sur des produits calcaires* (carbonates).

« Au moment où le vinaigre distillé dissout des pierres d'écrevisses, il se dégage de l'esprit sylvestre (2). »

On sait que, dans cette action, l'acide liquide prend la place de l'acide gazeux (acide carbonique).

2º *Cavernes. — Mines. — Celliers.* — « Rien n'agit, dit Van-Helmont, plus promptement sur nous que le gaz, comme le démontrent la grotte des Chiens et les asphyxies par les charbons.

---

(1) *Ortus med.*, p. 66. Uva illæsa asservatur et siccatur. Sed semel pelle ejus disrupta et vulnerata, illa mox fermentum ebullitionis concipit, hincque transmutationis initium. — Vina ergo uvarum, pomorum, baccarum, mellis, itemque flores et frondes contusæ, fermento arrepto, bullire ac fervere incipiunt, unde *gas* ; e passis vero contusis, fermenti penuria statim non datur gas. *Gas si multa vi intra cados coerceatur, vina furiosa reddit.*

(2) *De flatibus.* — Acetum stillatitium, dum lapides cancrorum solvit, — eructatur spiritus sylvestris.

Très-souvent il tue instantanément ceux qui travaillent dans les mines. On peut être asphyxié sur-le-champ dans les celliers où une liqueur fermentée (bière) laisse échapper son gaz (1). »

Les fantômes du moyen âge sont absous. Ce n'est pas eux qui tuent l'ouvrier dans les mines ou le vigneron dans ses celliers, c'est le gaz sylvestre de Van-Helmont.

3° *Eaux minérales*. — « Les eaux de Spa dégagent du gaz sylvestre ; il y a des bulles qui s'attachent aux parois du vaisseau qui en contient (2). »

4° *Intestins*. — *Putréfaction*. — « Tout vent (*flatus*) qui se produit en nous par la digestion des aliments ou par les excréments est du gaz *sylvestre* (3). »

C'est ici le moment de faire voir que Van-Helmont reconnaissait déjà plusieurs espèces de gaz, et qu'il les divisait en quelque sorte en inflammables et en non inflammables.

« Les gaz de l'estomac éteignent la flamme d'une bougie. Mais le gaz stercoral, qui se forme dans les gros intestins, et qui sort par l'anus, s'allume en traversant la flamme d'une bougie, et brûle avec une teinte irisée (4).

En effet, les observations des physiologistes modernes mettent hors de doute que les gaz de l'estomac et des intestins grêles sont ordinairement l'acide carbonique, l'azote, l'hydrogène protocarboné, en un mot, des gaz non inflammables ; tandis que les gaz stercoraux sont en général l'hydrogène sulfuré, l'hydrogène, etc., c'est-à-dire des gaz inflammables.

« Le gaz qui se produit, continue Van-Helmont, dans les intestins grêles n'est (comme celui de l'estomac) jamais inflammable, souvent inodore et *acide*.

« Ainsi les gaz diffèrent entre eux selon la matière, la forme, le

---

(1) *Ortus med.*, p. 68. Nec aliquid velocius in nos operatur quam gas, ut patet in crypta Canis, carbonibus suffocatis. — Confestim sæpe pluries in cuniculis mineralibus interemti. Imo in cellariis, etc.

(2) *De lithiasi.* — Spadanæ (aquæ) sylvestre gas excitant, etc.

(3) *Ortus med.* (*De flatibus*), p. 261. Omnis in nobis flatus est gas sylvestre, inter digestiones excitatum e cibis, potibus et excrementis.

(4) *Ibid.* Flatus originales in stomacho extinguunt flammam candelæ. Stercoreus autem flatus qui in ultimis formatur intestinis atque per anum erumpit, transmissus per flammam candelæ, transvolando accenditur ac flammam diversicolorem, iridis instar exprimit.

lieu, le ferment, les propriétés. Ils sont aussi variables que les corps d'où ils proviennent. « Les cadavres nagent sur l'eau, à cause des gaz qui se produisent (1). »

Il est donc incontestable que Van-Helmont admettait plusieurs espèces de gaz, sans cependant en démontrer scientifiquement les caractères distinctifs.

Gaz sylvestre était une dénomination générale, et qui équivaut à *gaz incoercible (sylvestris*, sauvage). C'est Van-Helmont lui-même qui nous explique cette étymologie, en même temps qu'il donne la véritable définition d'un gaz permanent (2).

Une question importante se présente ici : Van-Helmont savait-il recueillir les gaz et les étudier isolément? Nous devons répondre négativement. Car il déclare lui-même que le gaz ne peut être emprisonné dans aucun vaisseau, et qu'il brise tous les obstacles pour arriver à se mélanger avec l'air ambiant (3).

Van-Helmont s'étonne avec raison que l'école galéniste ait été jusqu'ici sans distinguer la différence qu'il y a entre le *gaz venteux* (*gas ventosum*), c'est-à-dire l'air agité par une cause quelconque (vent), et les gaz du charbon, de la fermentation, de l'estomac, des intestins, etc. (4). Ces gaz, il les appelait, indépendamment de la dénomination générale de gaz sylvestre, *gas pingue, gas siccum, gas fuliginosum sive endimicum*, qui étaient produits par la distillation des huiles grasses, des baies, et d'autres matières organiques (hydrogène bicarboné, hydrogène protocarboné, acide carbonique, oxyde de carbone, etc.).

La *flamme* elle-même est, selon l'auteur, un *gaz incandescent* ou une vapeur allumée (5). Observation parfaitement juste, mais qui ne pouvait être alors démontrée scientifiquement.

---

(1) *Ortus med.* Qui vero in ileo sive intestinis gracilibus formatur, nunquam est inflammabilis, sæpe inodorus, acutus. — Differunt itaque flatus in nobis materia, forma, loco, fermento, proprietatibus. Nec minus flatus suas habent genericas atque specificas varietates, etc.

(2) *Ibid.* Gas sylvestre sive incoercibile, quod in corpus cogi non potest visibile.

(3) *Ibid.*, p. 68. Gas, vasis incoercibile, foras in aerem prorumpit, etc.

(4) *De flatibus*, p. 259. Nescivit schola galenica hactenus differentiam inter gas ventosum (quod mere aer est, id est ventus per siderum *blas* commotus), etc.

(5) Atque imprimis indubium est, quia flamma sit fumus accensus, et quod fumus sit *corpus gas*.

C'est ici que nous rappellerons une expérience très-remarquable de Van-Helmont, qui fut depuis répétée par tous les chimistes : « Placez une chandelle sur le fond d'une cuvette ; versez dans cette cuvette de l'eau de deux à trois doigts de haut ; recouvrez la chandelle, dont un bout est hors de l'eau, d'une cloche de verre renversée. Vous verrez bientôt l'eau, comme par une espèce de succion, s'élever dans la cloche et prendre la place de l'air diminué, et la flamme s'éteindre (*Videbis mox — aquam quadam succione sursum trahi et ascendere in vitrum loco aeris diminuti, flammam suffocari*) (1). »

La conclusion que l'auteur tire de cette expérience est qu'il peut se produire un vide dans la nature, mais que ce vide est immédiatement rempli par un autre corps. Il ne dit pas si la flamme enlève à l'air un gaz (oxygène), et que ce gaz en soit l'aliment.

Au gaz sylvestre, résultat de la fermentation et de la combustion du charbon, il faut ajouter le *gaz du sel*, dont Van-Helmont avait également connaissance. Ce gaz n'est autre que l'acide chlorhydrique. Il était préparé en mettant dans une cornue un mélange d'acide (eau forte) et de sel marin ou de sel ammoniac. « Il se produit, dit l'auteur, même à froid, un gaz dont le dégagement fait rompre le vaisseau (2). »

Que de vaisseaux brisés avant que l'on parvînt à recueillir les fluides élastiques ! — Van-Helmont n'ignorait pas que les accidents d'explosion qui arrivaient alors si fréquemment dans les laboratoires sont en grande partie dus aux corps en question. Aussi nous dit-il ingénieusement que le gaz nous explique le mieux l'action de la poudre à canon (3).

Il démontre expérimentalement que le gaz très-odorant (qu'il appelle également *gaz sylvestre*) produit par le soufre en combustion éteint la flamme. Il connaissait aussi le gaz nitreux, et l'obtenait en traitant l'argent par l'eau-forte (*dum chrysulca argentum solvit, eructatur spiritus sylvestris*) (4). Il avait même entrevu la production de l'oxygène ou du protoxyde d'azote par la combustion du nitre.

---

(1) *Ort. med.* (*Vacuum naturæ*), p. 84.

(2) *Ibid.*, p. 68. Mox etiam in frigore gas excitatur et vas, utut forte, desilit cum fragore.

(3) *Ibid.*, p. 67. Historiam enim gas exprimit proxime pulvis tormentarius.

(4) *Ibid.* (*De flatibus*), p. 424.

Si Van-Helmont n'a pas été assez heureux pour recueillir et étudier tous ces gaz isolément, personne ne saura lui contester l'immense mérite d'en avoir le premier signalé l'existence.

Il est curieux de suivre ce grand observateur dans les détails concernant la question importante de la composition des gaz. Ici encore il essaye de procéder par la voie expérimentale, et il s'arrête tout d'abord à la composition du *gaz de charbon* (*gas carbonis*, acide carbonique). Il soutient que, matériellement considéré, ce gaz n'est autre chose que de l'eau (*non nisi mera aqua materialiter*); et il s'appuie sur l'expérience qu'en *distillant* du bois de chêne, il avait obtenu, à la place du gaz, un liquide incolore et limpide comme l'eau (1).

On voit que l'erreur de Van-Helmont provient de ce qu'il confond la *distillation* avec la *combustion*. Et cette erreur était inévitable à une époque où l'oxygène n'était pas encore découvert, et où l'on ignorait l'action permanente qu'exerce ce gaz sur tous les corps, soit pendant leur combustion, soit par leur exposition à l'air.

Ne serait-il pas possible que nombre de conclusions que nous tirons aujourd'hui de nos expériences fussent entachées d'erreur, par cela même que nous sautons un ou plusieurs anneaux de la grande chaîne qui doit lier ensemble tous les faits de la science; en d'autres termes, parce que nous ignorons encore les découvertes capables de changer ou de modifier profondément et nos expériences et nos conclusions? Trop préoccupés du présent, nous oublions l'avenir. Dans son orgueil, l'homme crée des systèmes, pose des règles absolues, pense et agit comme si le monde devait finir avec lui. C'est là l'origine de presque toutes les erreurs que signale l'histoire des sciences et de l'humanité.

Mais faisons connaître l'expérience de Van-Helmont, destinée à prouver que le gaz du charbon n'est autre chose que de l'eau. Elle est intéressante sous le point de vue philosophique, et propre à nous rendre extrêmement circonspects dans nos déductions.

Ayant fait voir que le bois donne, par la distillation, un corps liquide et limpide comme de l'eau, il s'attache à démontrer que les plantes ne se nourrissent que d'eau.

« Je mis, dit-il, dans un vase d'argile deux cents livres de terre

______

(1) *Ortus med.*, p. 88.

(végétale) séchée au four, et j'y plantai une tige de saule pesant cinq livres. Au bout de cinq ans, le saule ayant pris de l'accroissement, pesait cent soixante-neuf livres et environ trois onces. Le vase n'avait jamais été arrosé qu'avec de l'eau de pluie ou de l'eau distillée, et toutes les fois qu'il était nécessaire. Le vase était large et enfoui dans la terre ; et, afin de le mettre à l'abri de la poussière, je le recouvris de lames de fer étamées, percées d'un grand nombre de trous. — Je n'ai point pesé les feuilles tombées pendant les quatre automnes précédents. — Enfin, je fis de nouveau dessécher la terre du vase, et je lui trouvai le même poids que primitivement (deux cents livres), moins deux onces environ. Donc, l'eau seule a suffi pour donner naissance à cent soixante-quatre livres de bois, d'écorce et de racine (*libræ ergo CLXIV ligni, corticum et radicum ex sola aqua surrexerunt*) (1). »

Certes, voilà une expérience qui dépose d'une sagacité profonde et d'un esprit d'observation alors assez rare. La balance y joue déjà un rôle important, bien qu'elle soit encore fort éloignée du degré de précision qu'elle devait atteindre plus tard. La conclusion de l'auteur entraînait la conviction de tous les savants de son époque ; on n'y trouvait rien à objecter. Et, abstraction faite de la légère diminution de poids de la terre végétale que Van-Helmont aurait dû expliquer par l'absoption des sels qui se retrouvent dans les cendres, il aurait été en effet impossible d'y voir rien à redire. Aucun contemporain ne pouvait (ce qui nous est permis aujourd'hui) reprocher à Van-Helmont d'avoir tiré de cette expérience une conclusion erronée, en négligeant l'action *de l'air* dans la végétation ; car un voile épais dérobait encore à la connaissance de l'homme l'oxygène, l'azote, l'acide carbonique de l'atmosphère, la respiration des plantes ; c'était là autant de découvertes réservées à l'avenir. La conclusion de Van-Helmont, que nous venons de faire connaître, est donc en quelque sorte une idée anticipée, et partant défectueuse, quoique en apparence fondée sur l'expérience.

Serions-nous, par hasard, exposés à tomber aujourd'hui dans des erreurs tout aussi graves, qui pourraient être relevées un jour par nos descendants, malgré l'autorité de l'expérience que nous invoquons sans cesse ? Connaissons-nous bien tous les agents qui

---

(1) *Ortus med.*, p. 68.

nous environnent, et qui exercent de près ou de loin leur action incessante sur tous les corps de la nature? Notre méthode expérimentale embrasse-t-elle toutes les conditions, tous les éléments nécessaires pour arriver à des lois absolues? — Je pose ces questions en passant; elles valent la peine qu'on y réfléchisse.

Éléments. — Il règne dans les écrits de Van-Helmont beaucoup d'incertitude au sujet des éléments de la nature. C'est là en effet un des problèmes les plus difficiles à résoudre. Tantôt il semble admettre, avec les alchimistes, trois éléments, le sel, le soufre, et le mercure, mais avec des restrictions dont le sens n'est pas toujours bien saisissable (1). Tantôt il partage l'avis de certains philosophes de l'antiquité qui établissaient trois éléments, l'*air*, l'*eau*, la *terre* ; car le *feu*, ne se combinant pas matériellement avec d'autres corps, n'est pas, selon l'auteur, un élément.

Nous venons de voir quel rôle important il attribue à l'*eau*. Il compare l'eau au sang qui circule dans les veines et vivifie le corps terrestre. Il explique la formation des montagnes par les soulèvements que l'eau produit dans le sein de la terre.

En opposition avec les théories de ses prédécesseurs, il démontre, avec une grande lucidité, que l'eau ne peut être transformée en air, ni l'air en eau. « *Sans doute l'eau, dit-il, peut être réduite en vapeur ; mais ce n'est là que de la vapeur, c'est-à-dire de l'eau dont les atomes sont raréfiés, et qui se condensent aussitôt par l'action du froid pour reprendre leur état primitif* (2). La vapeur d'eau qui existe dans l'air d'une manière invisible, et qui se résout dans certaines conditions en pluie, est celle qui se rapproche le plus de la nature des gaz (3).

« *L'air* est, dit l'auteur, un élément sec qui ne peut être liquéfié par le froid ni par la compression; l'air n'est donc point une métamorphose de l'eau, qui est l'élément humide.

La *terre*, le limon, tout corps tangible est matériellement consi-

---

(1) *Ortus med.*, p. 65. Sunt sal, sulphur et mercurius, non quidem ut corpora quaedam universalia, quae cunctis speciebus sunt communia, sed partes sunt simulares, in cunctis corporibus, varietate triplici, pro seminum exigentia distinctae.

(2) *Ibid.*, p. 64.

(3) *Ibid.*, p. 75 et 77.

déré comme un produit de l'eau, et se réduit en eau, soit naturellement, soit artificiellement (1). »

C'est là exactement le principe de Thalès. Mais, comprenant que le raisonnement seul ne suffit pas pour vider un combat scientifique, il en appelle à l'expérience, et s'appuie sur des preuves géologiques du plus haut intérêt.

« En creusant dans la terre, on rencontre, dit-il, des couches superposées d'un aspect varié ; ces couches sont les fruits de la terre, et proviennent d'une semence. Au-dessous de ces couches se trouvent les montagnes de silice, d'où découlent les premières richesses des mines. Au-dessous de ces roches, on rencontre le sable blanc et *de l'eau chaude. Lorsqu'on enlève une partie de ce sable et de cette eau, on voit aussitôt se combler le vide. Ce sable non mélangé est une espèce de crible à travers lequel les eaux filtrent, afin de conserver entre elles une communication réciproque depuis la surface de la terre jusqu'au centre (hoc sabulum impermixtum setaceum quodam vel cribrum est — per quod omnes aquæ transcolantur, ut invicem omnes communionem servent, — a superficie terræ in centrum usque).*

« Et cette masse d'eau accumulée dans les entrailles de la terre est peut-être mille fois plus considérable que les eaux de toutes les mers et fleuves réunis qui se trouvent à la surface du sol (2). »

Ces paroles si remarquables, qui nous rappellent Bernard Palissy (3), ne devaient plus laisser aucun doute sur l'existence des puits artésiens.

Van-Helmont fait mieux que de croire à un déluge universel, il s'efforce de le démontrer. Les coquilles et les plantes fossiles sont pour lui autant de preuves d'un monde antédiluvien, englouti par les eaux. Il raconte, avec la complaisance d'un paléontologue, qu'il conserve dans son musée la mâchoire d'un éléphant (mammouth), de plusieurs pieds de long, trouvée à Hingsen, sur l'Escaut, à douze pieds au-dessous du sol.

Thermomètre. — Van-Helmont, s'indignant de ce qu'un certain Heer lui reproche d'avoir poursuivi la chimère du mouvement

---

(1) *Ort. med.*, p. 34. Omnis terra, lutum ac omne corpus tangibile vere et materialiter est solius aquæ progenies, et in aquam iterum reducitur per naturam et artem.

(2) *Ibid.*, p. 33 et 34.

(3) Voyez page 87 de ce volume.

perpétuel, dit qu'il s'était en effet servi d'un instrument de sa propre invention, non pas pour chercher le mouvement perpétuel, mais pour constater que l'eau, renfermée dans une tige creuse de verre terminée par une boule, *monte ou descend, suivant la température du milieu ambiant (juxta temperamentum ambientis)* (1).

Cette idée, jetée en quelque sorte au hasard, devait être un jour féconde en résultats. La découverte du thermomètre a été successivement attribuée à Bacon, à Fludd, à Drebbel, à Sanctorius, à Sarpi. Mais M. Libri a prouvé que cette découverte est due à Galilée, qui déjà en 1603 en avait montré les effets au père Castelli (2).

Il serait trop long de faire connaître toutes les observations, d'ailleurs fort intéressantes, de l'auteur, relatives à la chimie technique, à la pharmacie et à la médecine. Il est aisé de se convaincre, par ce qui précède, que, loin d'adopter aveuglément tout ce que disaient les anciens, il réfute les doctrines qui lui semblent erronées, et cherche à enrichir la science de faits nouveaux.

Liqueur des cailloux. Cette liqueur s'obtenait en faisant fondre de la silice pilée avec un grand excès d'alcali, et exposant ensuite le produit à l'humidité, où il ne tardait pas à tomber en déliquium. « En versant dans cette solution, dit l'auteur, une quantité d'eau-forte suffisante pour saturer tout l'alcali (*quœ saturando alcali sufficit*), on remarque que toute la terre siliceuse se précipite au fond, *sans avoir éprouvé d'altération (immuta persistit)* (3). »

C'est la première fois que nous rencontrons l'expression de *saturer (saturare)*, employée pour désigner la combinaison d'un acide avec une base. La capacité de saturation, et la substitution des corps les uns aux autres, formeront plus tard les lois fondamentales de la chimie.

Sels métalliques. — *Dissolutions.* — La dissolution d'un métal (cuivre, fer, argent) était regardée par la plupart des alchi-

---

(1) *Ortus med.*, p. 39.
(2) Histoire des sciences mathématiques en Italie, par G. Libri, t. IV, p. 189. — Voyez aussi la note XVI du tome IV.
(3) *Ortus med.*, p. 56.

mistes comme la destruction même de ce corps. Van-Helmont combat cette opinion. « Bien que l'argent soit, dit-il, amené par l'eau-forte à prendre la forme de l'eau, il n'en est aucunement altéré dans son essence ; c'est ainsi que le sel commun que l'on dissout dans l'eau n'en reste pas moins ce qu'il est, et qu'on le retrouve intégralement dans le dissolvant. »

Urines. Le dépôt salin qui se manifeste dans les urines après l'évaporation de l'eau est appelé *tartarus urinæ*, par opposition à celui qui se forme dans les tonneaux de vin, et qui était le *tartarus vini*. Van-Helmont préparait, avec l'esprit d'urine (ammoniaque) et l'alcool absolu, un produit qui porte, d'après lui, le nom de *offa Helmontii*. Il avait remarqué que certaines substances communiquent aux urines une odeur particulière, et que les molécules odorantes peuvent être transmises de la nourrice au nourrisson par l'intermède des glandes lactées.

Van-Helmont introduisit d'utiles réformes dans la pharmacie. Il fit comprendre aux apothicaires l'inconvénient de ces bols, sirops, électuaires, etc., qui, sous une grande masse de matière, ne renferment quelquefois que des traces du médicament réellement actif. Il accorda une grande confiance aux préparations antimoniales, mercurielles et au vitriol de cuivre, employé comme vomitif. Enfin, il eut le mérite de faire voir qu'il n'est pas du tout indifférent d'employer la décoction, l'infusion ou la macération pour extraire des plantes les parties actives ; que l'infusion est beaucoup plus chargée des principes volatiles et odorants que la décoction, etc.

Nous n'insisterons guère sur les idées de l'auteur concernant les fonctions de l'économie à l'état sain ou à l'état de maladie ; ce serait empiéter sur le domaine de l'histoire de la médecine.

L'arché (*archeus*) est un fluide matériel (*aura corporalis*) qui sommeille dans les corps, comme la plante et le fruit dans la graine. Il imprime aux êtres vivants leurs caractères distinctifs, et crée ainsi le type de chaque espèce. Sous le nom de portier de l'estomac (*janitor stomachi*), il préside à la nutrition, et fait en sorte que les aliments deviennent assimilables en se changeant en chyle (1).

L'esprit vital (*spiritus vitalis*), auquel il attribue la nature d'un gaz, est engendré dans l'oreillette et le ventricule gauche du cœur ;

_____

(1) *Ortus med.*, p. 89.

il est la cause de la respiration en attirant l'air extérieur, de la pulsation des artères, de la contraction musculaire et de la force nerveuse. Les gaz exercent sur lui une influence puissante, instantanée, parce qu'il tient lui-même de la nature des gaz.

Van-Helmont reconnaît, l'un des premiers, l'existence d'un acide particulier dans l'estomac (suc gastrique). « Cet acide, dit-il, est aussi nécessaire à la digestion que la chaleur constante du corps ; dans le duodénum, l'acide de l'estomac rencontre la bile, qui agit comme un alcali ; il se combine avec elle, à peu près comme le vinaigre avec le minium (*non secus fere atque acetum acerrimum per minium*), et perdent l'un et l'autre, par cette combinaison, leurs propriétés anciennes (1). » L'acide de l'estomac, lorsqu'il s'accumule en trop grande abondance, peut, selon l'auteur, produire un grand nombre de maladies. Le rhumatisme articulaire, la goutte, les palpitations de cœur, la gangrène, la gale, etc., ont pour cause un principe acide.

Ces idées, empruntées en grande partie à la chimie, attirèrent l'attention d'un grand nombre de médecins, et en particulier du célèbre François Sylvius, le représentant de l'humorisme et du chimisme de son époque.

§ 2.

Robert BOYLE.

Un des hommes les plus judicieux du xviie siècle, et qui, par une application sage et logique de la méthode expérimentale, a rendu d'immenses services aux progrès des sciences, c'est l'illustre fondateur de la Société royale de Londres. Favorisé par la fortune et la naissance, il lui aurait été facile d'arriver aux fonctions les plus élevées dans l'État ; son ambition se bornait, noble ambition ! à consacrer sa vie à la science et au soulagement des malheureux. Il préféra aux vaines grandeurs de ce monde l'étude silencieuse de la nature, dans le cercle d'un petit nombre d'amis modestes et instruits.

Robert Boyle, fils de Richard, comte de Cork et d'Orrery, naquit à Lismore en Irlande, le 25 janvier 1626, l'année de la mort de

---

(1) *Ort. med.*, p. 209.

l'illustre chancelier Bacon. Ses parents, dévoués aux intérêts dynastiques de la branche des Stuarts, le destinèrent d'abord à l'Église. Une constitution très-faible, accompagnée d'infirmités, le força de renoncer à cette carrière, et d'interrompre momentanément ses études. En 1638, son père le fit voyager dans le Midi, sous la conduite d'un gouverneur. Il traversa la France, s'arrêta quelque temps à Genève, visita la Suisse et l'Italie. Les troubles qui avaient éclaté dans son pays lui firent prolonger son voyage jusqu'en 1644. A la mort de son père, il se trouva à la tête d'une fortune considérable. Loin du théâtre sanglant de la politique, il se retira dans la terre de Stalbridge, pour se vouer tout entier à l'étude des sciences physiques. Ce fut pendant les dissensions du parlement avec la royauté, prélude d'un drame sanglant, que Boyle réunissait autour de lui quelques hommes d'élite aimant la science pour la science, et qui s'assemblaient, dès l'année 1645, sous le nom de *collège philosophique*, tantôt à Londres, tantôt à Oxford. C'était le noyau de l'Académie royale des sciences. Les membres de cette assemblée, les amis de Boyle, étaient Guillaume PETTY, S. WARD, Th. WILLIS, GLISSON, MERRET, J. WILKINS, J. GODDARD, G. ENT, S. FOSTER, Th. HAAK (du Palatinat), R. BATHURST, S. HARTLIEB, ROOC, Math. et Christ. WREN, R. BATHURST, S. R. HOOK, H. OLDENBURG (de Brême), J. BEALE, J. EVELEYN, lord BROUNKER, BRERETON, H. BALL, HILL, CRONE, H. SLINGSBY, P. NEIL, Th. HANSHAN et Tim. CLARKE, qui tous se sont distingués dans les sciences.

Les instants qu'il dérobait à l'étude de la nature étaient consacrés à des œuvres pies. L'établissement des missions, la propagation de la religion chrétienne dans les Indes, était l'objet des efforts constants de Boyle.

Après la chute de Cromwell et l'avénement de Charles II, cette société obtint la protection du roi, qui lui avait conféré le titre de *Société royale*, et fixa son siége à Londres.

Le nom de Boyle devint bientôt célèbre dans toute l'Europe, et sa modestie s'accroissait avec sa célébrité. Il refusa les honneurs de la pairie ; il refusa même le poste de président de la Société royale, que personne n'était plus digne que lui d'occuper. Honoré successivement de l'estime particulière de Charles II, de Jacques II et de Guillaume, il ne demanda jamais rien pour lui-même, et n'employa son crédit qu'à solliciter des encouragements pour le progrès des sciences et le bien de la religion. Sa maison était également ment ouverte aux hommes curieux de s'instruire et aux malheureux qui souffraient. Sa fortune était employée à faire construire des instruments de physique, à fonder des bibliothèques, et à soulager les pauvres.

Cet homme, d'une vie si pure et si belle, s'éteignit à Londres le 30 décembre 1691, à l'âge de soixante-cinq ans. Sa dépouille mortelle repose dans l'église de l'abbaye de Westminster.

R. Boyle était d'une taille élevée; d'un visage pâle et maigre, il portait l'empreinte d'un esprit sévère, réfléchi, calme et inaccessible aux tourments de la vanité et de l'ambition. Il était d'une sobriété exemplaire, et réglait ses vêtements d'après le degré du thermomètre. Ennemi de toute emphase dogmatique et des doctrines tranchantes, il parlait lentement et avec quelque hésitation, discutant peu, et proposant plus souvent des doutes et des objections (1).

Travaux de R. Boyle.

Les ouvrages de ce grand homme, que Boerhaave appelle l'ornement de son siècle, sont très-nombreux. Écrits en anglais, ils ont été recueillis par Birel, et publiés à Londres en 1744, cinq volumes in-fol. Avant cette édition, Shaw avait déjà donné un recueil des œuvres de Boyle, sous le titre de *The philosophical works of the honorable R. Boyle, abridged, methodized et disposed by P. Shaw* (Londres, trois volumes in-4°, 1738). — C'est cette excellente édition que j'ai sous les yeux (2).

« Lequel de ses écrits, s'écrie Boerhaave, qui était avec raison un grand admirateur de Boyle, puis-je louer? tous. Nous lui devons les secrets du feu, de l'air, de l'eau, des animaux, des végétaux, des fossiles; de sorte que de ses ouvrages peut être déduit le système entier des sciences physiques et naturelles. » Cet éloge est parfaitement justifié. Boerhaave était, mieux que personne, à même d'apprécier et de juger l'importance des travaux de Boyle.

---

(1) Consultez sur la vie de R. Boyle l'édition anglaise des œuvres de Boyle (Londres, 1744), et le Dict. historique de Bayle.

(2) Les premiers écrits de Boyle (*Certain physiological essays written at distant times*) furent imprimés à Londres, 1661, 1663 et 1669, in-4. — Ses ouvrages furent traduits en latin et publiés dans différents endroits, à Cologne, 3 vol. in-4, 1680; Venise, 1695, in-4; Genève, 5 vol. in-4, 1714. Plusieurs de ces ouvrages ont été publiés en français, sous le titre de *Recueil d'expériences;* Paris, 1679, in-8.

Qu'il nous soit permis de nous étendre un peu sur l'analyse des œuvres de Boyle, qui concernent plus spécialement la science dont nous essayons de tracer l'histoire. Il y a tant de plaisir (plaisir si rare!) à lire les pensées et les observations d'un esprit élevé qui, au-dessus des misérables intérêts d'amour-propre et d'ambition, laisse bien loin derrière lui cette vile tourbe de faux savants qui font de la science un marchepied !

L'auteur débute par exposer, dans un *discours préliminaire*, les vues larges et philosophiques qui doivent présider à la direction de la science. Il rompt en visière avec les traditions spéculatives du passé, et prépare à la chimie un bel avenir.

« Les chimistes se sont laissé jusqu'ici guider, dit-il, par des principes étroits et sans aucune portée élevée. La préparation des médicaments, l'extraction ou la transmutation des métaux, voilà leur terrain. Quant à moi, j'ai essayé de partir d'un tout autre point de vue : j'ai considéré la chimie, non pas comme le ferait un médecin ou un alchimiste, mais comme un philosophe doit le faire. J'ai tracé le plan d'une philosophie chimique que je serais heureux de voir complétée par mes expériences et mes observations.

« Si les hommes avaient plus à cœur le progrès de la vraie science que leur propre réputation, il serait aisé de leur faire comprendre que le plus grand service qu'ils pourraient rendre au monde, ce serait de mettre tous leurs soins à faire des expériences, à recueillir des observations, sans chercher à établir aucune théorie avant d'avoir donné la solution de tous les phénomènes qui peuvent se présenter (1). »

Ce sont là de ces idées qui feraient honneur à nos hommes de sciences les plus distingués.

Le vœu le plus ardent de Boyle, ainsi qu'il l'avoue lui-même, était de répandre et de populariser l'emploi de la méthode expérimentale, « de laquelle seule on peut attendre le plus grand avancement d'une connaissance utile (2). »

Ce discours préliminaire est un chef-d'œuvre de logique qui ne serait déplacé dans aucun traité de science.

____

(1) Preliminary Discourse, vol. I, p. xvii et xviii.
(2) From which alone the greatest advancement of useful knowledge is to be expected. Vol. I, p. xii (*Preliminary discourse*).

Comme Paracelse et Van-Helmont, Boyle reconnaît la nécessité d'en appeler à la chimie pour décider des problèmes obscurs de la médecine. « La connaissance, dit-il, de la nature des ferments et de la fermentation conduira probablement un jour à la solution de bien des phénomènes pathologiques inexplicables par d'autres voies (1). »

Cette idée, émise depuis par tous les grands chimistes, n'est repoussée que par des médecins d'une intelligence bornée.

Théorie des éléments. — Les anciens chimistes avaient été divisés en deux camps : les uns admettaient, avec les péripatéticiens, quatre éléments; les autres, trois, le mercure, le soufre, le sel. Presque tous les alchimistes étaient de cette dernière opinion.

Boyle éleva le premier, dans son traité remarquable *The sceptical chymist*, des doutes sérieux et sur la théorie des péripatéticiens, et sur celle des alchimistes. D'abord il conteste la nature élémentaire de la terre, de l'air, de l'eau et du feu ; et il pense qu'il ne faut pas s'astreindre au nombre de trois, de quatre ou de cinq éléments, et qu'il arrivera peut-être un jour où l'on en découvrira un nombre beaucoup plus considérable.

« Il est, dit-il, très-possible que tel corps composé renferme seulement deux éléments particuliers ; tel autre, trois ; tel autre, quatre, etc. ; de manière qu'il pourrait y avoir des substances qui se composeraient chacune d'un nombre différent d'éléments. Bien plus, tel composé pourrait avoir des éléments tout différents, d'après leur essence, de ceux d'un autre composé, comme il y a des mots qui ne renferment pas les mêmes lettres que d'autres mots (2). »

La prophétie de Boyle s'est accomplie ; on compte aujourd'hui ni plus ni moins que cinquante-cinq corps simples, et il y a en effet des composés dont les éléments diffèrent de ceux de tel autre composé. Les anciennes théories, d'après lesquelles tout corps de la nature se compose de terre, d'air, d'eau, de fer ou de mercure, de soufre, de sel, étaient rudement attaqués par Boyle : il les sapa par leurs bases.

« Je voudrais bien, dit-il, savoir comment on parviendrait à décomposer l'or en soufre, en mercure et en sel ; je m'engagerais à payer

---

(1) *Usefulness of philosophy*, vol. I, p. 34.
(2) *The sceptical chymist*, vol. III, p. 295.

tous les frais de cette opération. J'avoue que, pour mon compte, je n'ai jamais pu réussir (1). »

Il se plaint avec raison de cette obscurité systématique dont les alchimistes font en quelque sorte parade dans leurs écrits ; c'était pour eux un moyen de cacher le vide de leurs paroles et de leurs procédés. Il leur reproche, en termes amers, d'avoir pris des combinaisons métalliques, particulièrement celles de l'eau-forte avec l'argent ou le plomb, pour les substances élémentaires de ces métaux.

Indépendamment des éléments visibles et palpables, ne pourrait-il pas y avoir, se demande Boyle, des éléments d'une nature plus subtile, invisibles, et qui s'échappent inaperçus à travers les jointures des vaisseaux distillatoires (2)?

Il démontre l'insuffisance des prétendues méthodes analytiques alors employées, et fait voir quelle immense différence il y a entre la distillation en vaisseaux clos, et la calcination des corps ou l'application du feu nu.

« Il serait, dit-il, à souhaiter que les chimistes nous apprissent clairement quel genre de division par le feu doit déterminer le nombre des éléments ; car il n'est pas aussi aisé qu'on le pense d'apprécier exactement tous les effets de la chaleur. Ainsi, le gaïac, brûlé à feu nu, se réduit en cendres et en suie, tandis que, soumis à la distillation, il se résout en huile, en esprit, en vinaigre, en eau et en charbon (3). »

Cette distinction était alors de la plus haute importance ; c'était une véritable découverte. Confondant la calcination avec la distillation, les chimistes arrivaient aux conclusions les plus étranges ; témoin Van-Helmont, dont nous avons parlé plus haut (4).

Le feu seul ne peut point décomposer les corps en leurs éléments hypostatiques ; le feu arrange les molécules dans un autre ordre, donne naissance à des produits nouveaux, qui, pour la plupart, sont de nature composée.

C'est là l'idée dominante de Boyle, d'après laquelle toutes les tentatives qui avaient été faites pour déterminer la composition

---

(1) The sceptical chymist, vol. III, p. 295.

(2) Ibid., p. 298. — Which escape unheeded, at the junctures of the vessels employed in distillation.

(3) Ibid., p. 266.

(4) Voy. page 147 de ce volume.

des corps lui paraissent illusoires. Il s'attache à prouver expérimentalement que les matières soumises à l'action du feu se décomposent dans un ordre tout différent de celui dans lequel elles ont été composées. « Vous composez, dit-il, du savon avec de la graisse et de l'alcali, et pourtant ce savon, chauffé dans une cornue, fournit des produits nouveaux, également composés, qui ne ressemblent ni à la graisse, ni à l'alcali employés; il s'y trouve surtout une huile très-acide, fétide, et tout à fait impropre à faire du savon. Autre exemple : vous mêlez du sel ammoniac, en proportion convenable, avec de la chaux vive. Eh bien! en chauffant ce mélange, vous obtiendrez un esprit très-volatil, d'une odeur fort pénétrante (ammoniaque), et tout à fait différent du sel ammoniac; la partie fixe (chlorure de calcium) ne ressemble plus en rien à la chaux; elle a de l'analogie avec le sel marin (1). »

Boyle est le premier qui ait nettement défini le mélange et la combinaison : dans un mélange (*mixture*), les principes qui y entrent conservent chacun leurs propriétés caractéristiques, et sont facilement séparés les uns des autres; dans une combinaison (*compound mass*), les parties constituantes perdent entièrement leurs propriétés primitives, et sont plus difficiles à séparer. Il cite comme exemple le sucre de Saturne, qui se compose de vinaigre et de litharge, éléments dont aucun n'a une saveur sucrée.

Air.

Boyle a fait un grand nombre d'expériences sur l'air, qu'il définit un fluide ténu, transparent, compressible, dilatable, enveloppant la surface de la terre jusqu'à une hauteur considérable, et se distinguant de l'éther, en ce qu'il réfracte les rayons du soleil.

Il pense que l'air, sur la nature duquel on n'a pas encore dit le dernier mot, est une matière complexe, et qu'il se compose de trois espèces différentes de molécules : la première proviendrait des exhalaisons des eaux, des minéraux, des végétaux, des animaux existant à la surface de la terre; la seconde, beaucoup plus subtile, consisterait dans les effluves magnétiques émis par la terre, et produisant, par leur choc avec les atomes innombrables émanant des astres, la sensation de la lumière; enfin, la troisième espèce ne se-

---

(1) The sceptical chymist, vol. III, p. 287.

rait autre chose que la portion vraiment élastique de l'air, compressible et dilatable comme le ressort d'une montre (1).

Il prouve, par une série d'expériences très-curieuses, que cette dernière partie de l'air joue un rôle actif dans un grand nombre d'opérations chimiques. La plupart de ces expériences consistent à remplir une fiole de verre au tiers ou au quart d'un mélange de limaille de cuivre et une solution aqueuse d'esprit d'urine (ammoniaque), et à bien fermer la fiole après y avoir préalablement introduit un petit baromètre (2). Le mélange se colorait en bleu céleste à mesure que l'air emprisonné dans le vaisseau diminuait de son élasticité, et faisait descendre la colonne de mercure (3).

Les expériences que Boyle a faites sur l'air démontrent scientifiquement ce que l'on n'avait jusqu'alors qu'entrevu d'une manière spéculative.

Presque en même temps qu'Otto de Guericke, l'inventeur de la machine pneumatique, Boyle faisait des expériences sur le vide. Il avait chargé Hook de lui construire une machine pneumatique composée d'un ballon en verre (récipient) et d'une pompe à air, instrument plus propre aux expériences qu'il avait entreprises, et qui n'offrait pas l'inconvénient d'être maintenu sous l'eau, comme l'exigeait la première machine pneumatique inventée par Guericke (4).

« Pour rendre, dit-il, nos expériences plus intelligibles, il faut d'abord admettre que l'air abonde en particules élastiques qui, étant comprimées par leur propre poids, tendent, sous cette compression, à se délivrer de cette force, ainsi que la laine, qui diminue de volume sous la pression de la main, mais qui tend sans cesse à reprendre ses dimensions, et qui les reprend, en effet, dès que la force comprimante a cessé d'agir. Lorsqu'on enlève l'air du récipient, ou que l'on en diminue l'élasticité, l'air extérieur s'appesantit sur la cloche de tout le poids de l'atmosphère; de telle sorte que l'on ne peut plus la soulever. »

---

(1) Memoirs for a general history of the air, vol. III (*Works of Boyle*, edit. Shaw), p. 17.

(2) Dans cette action, le cuivre s'oxyde, en absorbant l'oxygène de l'air; et l'oxyde se dissolvant dans l'ammoniaque, il se produit une belle coloration bleue.

(3) *Works of Boyle*, vol. III, p. 19.

(4) Physico-mechanical experiments to shew de spring and effects of the air, vol. II (*Works of Boyle*, edit. Shaw), p. 407.

Pour démontrer l'élasticité de l'air, il fait une série d'expériences, alors surprenantes, avec des vessies comprimées et liées (placées sous le récipient), qui se gonflent et finissent par éclater à mesure que l'on retire l'air du récipient, parce que les particules de ce fluide renfermées dans leurs plis, n'étant plus comprimées par le poids de l'atmosphère, reprennent toute leur force élastique, et tendent à occuper un espace plus considérable.

Nous nous dispensons de rapporter tous les détails dans lesquels l'auteur entre pour mettre hors de doute l'élasticité de l'air et la pression atmosphérique, au moyen du tube de Toricelli (1).

L'un des premiers il démontre, par de nombreuses expériences, que les corps en combustion (charbons ardents, chandelles, fer rouge, etc.) ont besoin d'air, et qu'ils s'éteignent dans le vide.

L'air peut-il être engendré artificiellement?

C'est à cette question que Boyle répond par une expérience capitale, et qui peut être considérée, en quelque sorte, comme le point de départ de la chimie des gaz. Nous avons fait connaître que Van-Helmont avait déjà entrevu l'existence des gaz, mais qu'il n'était point parvenu à les recueillir. Or, dans l'expérience de Boyle, il ne s'agit de rien moins que de l'invention d'une méthode particulière pour recueillir ces corps aériformes. Voici cette expérience :

« Un petit matras de verre, de la capacité de trois onces d'eau et pourvu d'un long col cylindrique, est rempli d'environ parties égales d'huile de vitriol et d'eau commune. Après y avoir jeté six petits clous de fer, nous fermons aussitôt l'ouverture du vase, parfaitement plein, avec un morceau de diapalme, et nous plongeons le col renversé dans un autre vase d'une plus grande capacité, et contenant le même mélange. Aussitôt nous voyons s'élever, dans le vase supérieur, des bulles aériformes qui, en se rassemblant, dépriment l'eau dont elles prennent la place. Bientôt toute l'eau du vase supérieur (renversé) est expulsée, et remplacée par un corps qui a tout l'aspect de l'air. Ce corps est produit par l'action du liquide dissolvant sur le fer (*produc'd by the action of the dissolving liquor upon the iron*) (2).

---

(1) *Works of Boyle*, vol. II, p. 416-417.
(2) Ibid., Physico-mechanic. experim., vol. II, p. 432.

Ce corps aériforme, comme on le voit, n'est autre chose que le gaz hydrogène provenant de la décomposition de l'eau, occasionnée par l'action de l'acide sulfurique sur le fer, qui s'oxyde aux dépens du second élément de l'eau.

Ainsi le premier gaz qui ait été recueilli, c'est l'hydrogène. Ceci ne veut pas dire que Boyle ait le premier découvert ce gaz ; car il était loin de s'imaginer que ce fût là un corps élémentaire, tout différent de l'air, en un mot, un élément de l'eau. Ce qu'il lui importait de constater par cette expérience, c'est la possibilité de la génération artificielle de l'air, ou tout au moins d'un corps élastique qui se dilate par la chaleur, se condense par le froid, et qui, en général, se comporte comme l'air commun. Mais c'était déjà une découverte immense que d'avoir trouvé le moyen de dégager un corps gazeux, et de le recueillir.

Le procédé de Boyle est propre à nous suggérer des réflexions intéressantes : le vase (à large orifice) qui sert de cuve à eau contient la même liqueur (eau et acide sulfurique) que le vase supérieur qui sert de récipient ; et le col allongé et étroit de ce dernier remplit l'office d'un tube recourbé pour le passage du gaz. Ceci nous rappelle le premier appareil distillatoire consistant dans un vaisseau unique, dont le fond représentait la cornue, et le couvercle ou l'orifice bouché de laine servait de récipient (1). Dans l'appareil de Boyle, comme dans celui de Pline, il manquait exactement le même élément, *un tube intermédiaire*, pour faire communiquer, dans le premier cas, le matras contenant le mélange propre à dégager le gaz, avec l'éprouvette pleine de liquide renversée sur une cuve à eau ; et, dans le dernier cas, pour faire communiquer la cornue avec le récipient.

C'est à la suite de cette expérience sur l'air engendré *de novo*, comme il l'appelle (*air generated de novo*), que Boyle rappelle une hypothèse qui, de nos jours, compte tout bas un grand nombre de partisans. D'après cette hypothèse, la différence des corps serait due à l'inégalité de forme, de grandeur, de structure, de mouvement des molécules élémentaires ; un ou deux éléments primitifs suffiraient pour expliquer toute la variété des corps de la nature. « Et pourquoi, s'écrie l'auteur, les molécules de l'eau ou de toute autre subs-

---

(1) Voy. Hist. de la chimie, vol. I, p. 195.

tance ne pourraient-elles pas, dans de certaines conditions, être groupées et agitées de manière à mériter le nom d'air (1) ? »

Boyle a puissamment contribué aux progrès de la physique, par ses expériences sur l'évaporation de diverses liqueurs dans le vide de la machine pneumatique, sur la pression de l'atmosphère, sur la succion, sur l'impossibilité d'obtenir un vide parfait, sur le poids des corps dans le vide, comparé au poids de ces mêmes corps dans l'air, sur l'élévation des liquides dans un siphon, sur la capillarité, sur la hauteur de l'atmosphère, sur l'ébullition des liqueurs dans le vide, sur la congélation de l'eau, sur les effets de la compression de l'air, sur la hauteur de la colonne des liquides (contrebalançant la pression atmosphérique) variant d'après leur densité, sur la construction du baromètre portatif, sur la propagation du son dans le vide, etc.

Ces recherches, répétées ensuite par d'autres savants, conduisirent aux lois fondamentales de la physique.

Les physiciens s'occupèrent alors beaucoup de la détermination de la densité de l'air. Ricciolus, cité par Boyle, estima la densité de l'air comparativement à celle de l'eau, comme 1 : 10,000 ; d'après Mersenne, ce rapport est comme 1 : 1856 ; d'après Galilée, comme 1 : 400 ; enfin, d'après Boyle, comme 1 : 853 $\frac{17}{30}$ (2).

On remarquera sans doute que, parmi tous ces physiciens célèbres, c'est Boyle qui se rapproche le plus de la vérité.

Expériences chymico-physiologiques sur la respiration.

Après avoir discuté les opinions plus ou moins inadmissibles des médecins sur l'usage de la respiration, il se range de l'opinion de Drebbel et de quelques autres physiciens, qui soutiennent que la respiration a pour but de purifier le sang, et de lui enlever, dans les poumons, une matière excrémentitielle.

Est-ce la totalité de l'air, ou une portion seulement, qui entretient la respiration ?

Drebbel avait déclaré que c'est une portion seulement de l'air. Boyle semble adopter l'idée de Drebbel, mais timidement, parc

---

(1) *Works of Boyle*, vol. II, p. 432.
(2) Ibid., *Physico-mechan. experim.*, vol. II, p. 515.

que, comme il l'avance lui-même, il n'avait pas réussi à isoler cette portion de l'air éminemment respirable.

Plusieurs centaines d'expériences faites de 1668 à 1678 témoignent de l'importance que Boyle attachait à la solution de cette question.

Il ne nous est pas permis de le suivre dans tous les détails de ses observations concernant les animaux de différentes classes (insectes, reptiles, oiseaux, mammifères), placés sous le récipient de la machine pneumatique. Il cherche ainsi à démontrer que les poissons eux-mêmes ont besoin d'air pour respirer, et qu'ils consomment l'air que l'eau renferme. La conservation des matières organiques dans le vide s'opposant à la fermentation ou à la putréfaction, faisait également partie des expériences de l'auteur, exécutées au moyen de sa machine pneumatique perfectionnée. Il alla jusqu'à essayer de faire éclore des vers à soie, et de faire détonner de l'or fulminant dans le vide.

C'est à ces observations aussi nombreuses que variées, enregistrées jour par jour, qu'il avait donné le nom de *physico-mechanical experiments*.

L'origine de la rouille des métaux était une question souvent agitée par les chimistes du xviie siècle.

« Le vert-de-gris (carbonate de cuivre) et la rouille de fer sont, dit l'auteur, engendrés par des effluves corrosifs de l'air (*corrosive effluvia of the air*). C'est l'étude de ces produits qui conduira à faire connaître la composition de l'air (1). »

La prophétie de Boyle s'est accomplie.

A propos des expériences de l'auteur sur la combustion (chandelles emprisonnées sous des récipients), Shaw (l'éditeur des œuvres de Boyle) rappelle une expérience du célèbre physicien Hawksbee, qui remarqua que l'air ayant passé sur des métaux incandescents renfermés dans des tubes, est irrespirable, et éteint la flamme d'une bougie. Hawksbee ne se doutait pas que cet air irrespirable, et éteignant la flamme, était un gaz élémentaire, l'azote (2).

Boyle consacre plusieurs expériences à démontrer que l'esprit-de-vin n'existe pas tout formé dans le jus des raisins, mais qu'il

---

(1) Memoirs for a genreal history of the air, vol. III, p. 29.
(2) Ibid., vol. III, p. 63.

est produit par la fermentation du moût, et que la fermentation elle-même ne peut point s'effectuer dans le vide.

L'auteur se borne à conclure de toutes ces expériences si nombreuses et si remarquables, qu'il y a quelque *substance* vitale (*some vital substance*) disséminée dans toute l'atmosphère, qui intervient dans les principaux phénomènes chimiques (la combustion, la respiration, la fermentation), que cette substance soit solaire, sidérale, ou de toute autre nature. « Il est, ajoute-t-il, surprenant qu'il y ait quelque chose dans l'air qui soit seul propre à entretenir la flamme, et qu'une fois cette matière consommée, la flamme s'éteigne aussitôt; et pourtant l'air qui reste a fort peu perdu de son élasticité (1). »

En lisant cette partie des travaux de Boyle, on s'attend à tout moment à le voir saisir cette *substance vitale* de l'air qui lui échappe sans cesse; vrai supplice de Tantale! C'est le prélude le plus sérieux de la découverte de l'oxygène, réservée au siècle suivant.

Je soupçonne que c'est le traité de Boyle, intitulé *le Feu et la Flamme pesés dans une balance*, qui a fourni à Stahl l'idée du phlogistique; car c'est dans ce traité que l'auteur entreprend une série d'expériences sur l'augmentation du poids des métaux (cuivre, plomb, étain) par la calcination. Obtenant à peu près les mêmes résultats en calcinant les métaux, soit dans des creusets ouverts, soit dans des creusets fermés, il arrive à conclure que *cette augmentation de poids est due à la fixation des molécules du feu qui passent à travers les pores du creuset*. « Il faut, ajoute-t-il, que ces molécules ignées soient en nombre considérable, pour être sensibles à la balance (2). »

Distillation du bois.

C'est Boyle qui a le premier fait voir que le bois fournit, par la distillation, du vinaigre et de l'alcool, qu'il appelle esprit anonyme, esprit de bois inflammable ou esprit adiaphorétique (*adiaphorous spirit*). Obtenant ces deux liquides ensemble dans le récipient, il les séparait, en les soumettant à une nouvelle distillation, à une température ménagée avec soin, pour ne laisser passer que l'esprit inflammable; mais comme par ce procédé l'esprit de bois conte-

---

(1) Memoirs for, etc., vol. III, p. 82.
(2) Fire and flame weigh'd in a balance, vol. II, p. 388-401.

naît toujours un peu de vinaigre, il traitait le mélange des deux liquides par la chaux ; l'acide se fixait sur la chaux en la dissolvant, et l'esprit était rectifié et séparé seul par une dernière distillation.

« En chauffant fortement, continue l'auteur, cette chaux saturée par l'acide, on obtient (par la distillation) un esprit très-rouge, d'une odeur très-pénétrante, d'une saveur excessivement piquante, et qui diffère entièrement de celle des autres liquides acides. C'est ce que quelques chimistes auraient appelé *teinture de corail*.

« En poussant la distillation du bois aussi loin que possible, on remarque que la liqueur qui passe dans le récipient n'est plus incolore, mais d'un assez beau jaune, d'une odeur très-forte, d'une saveur plus acide que l'esprit de vinaigre, et qu'elle possède toutes les propriétés dissolvantes des acides. Ne sachant trop me rendre compte de son origine, je l'appelai *acetum radicatum* (1). »

Il est donc incontestable que l'auteur avait connaissance des produits de la distillation du bois, particulièrement du vinaigre et de l'esprit de bois, en même temps que des produits de la distillation de l'acide acétique combiné avec les bases (acétates).

Dans le traité ayant pour titre *The atmospheres of consistent bodies*, l'auteur s'attache à démontrer que non-seulement les liquides, mais encore les corps solides, perdent de leur poids par des effluves, et par une émanation permanente des particules dont ils se composent (2).

On sait que tous les liquides, même le mercure, donnent des vapeurs à tous les degrés de température ; et que toutes les substances, même les plus compactes, peuvent s'user à la longue.

Le mémoire sur la *porosité des corps* renferme un passage fort intéressant relatif à la *peinture sur verre* (3).

Le procédé de peindre sur verre était tenu fort secret, même du temps de Boyle ; c'est ce qui fit accréditer le bruit généralement répandu que ce procédé était perdu sans retour.

Boyle n'en fait pas un aussi grand mystère : « La méthode de peindre sur verre n'a été, dit-il, jusqu'ici connue que d'un petit nombre de personnes ; car les artistes craignent de divulguer leurs

---

(1) The producibleness of chymical principles, vol. III, p. 386.
(2) Vol. I (Philosophical works), p. 397-438.
(3) The porosity of bodies, vol. I, p. 456-459.

secrets. Quant à nous, nous ne craignons pas d'apprendre au public que cette méthode s'exécute en recouvrant les lames de verre avec *des pigments minéraux*, et en les exposant, pendant plusieurs heures, à un grand feu, cependant pas assez fort pour faire fondre les lames. De cette manière, les *pores du verre s'ouvrent, les pigments minéraux y pénètrent, et, s'identifiant avec la substance du verre, produisent des colorations diverses.*

Il s'assura que *le rouge* est la seule couleur qui, sur les vitraux gothiques, ne pénètre pas la substance même du verre. Un fragment de vitre qu'il s'était procuré, après l'incendie de l'église Saint-Paul à Londres, lui fournit le moyen de faire cette observation : la couleur rouge formait une couche de pigment ou de vernis, appliquée à la surface du verre, qu'il était aisé d'enlever en raclant.

Ce fut un plaisir bien grand pour Boyle d'être mis, par un heureux hasard, sur la voie d'identifier la couleur rouge avec la substance même du verre.

« J'eus un jour, dit-il, occasion de chauffer un amalgame d'or dans un petit matras de verre. — A la fin de l'opération, je remarquai que le fond de ce matras était, dans l'étendue d'un pouce, coloré d'un rouge magnifique; ce qui le faisait ressembler à un beau rubis (1). »

Boyle répéta et fit répéter cette expérience ; et chaque fois il eut lieu de se convaincre que l'or et ses composés avaient la propriété de donner naissance à du verre rouge.

L'utilité du manganèse, et le rôle qu'il joue dans la fabrication du verre coloré ou incolore, n'avaient point échappé à la sagacité de l'auteur. Il n'ignore pas qu'une forte proportion de cette substance rend le verre noir (violet foncé), qu'une portion moyenne le teint en rouge, et qu'une petite portion le rend clair et transparent. Le cristal se fabrique, comme il le fait observer, avec des proportions convenables de silice, de potasse et de plomb (2).

Rectification de l'alcool.

Pour concentrer (rectifier) l'esprit-de-vin, l'auteur le distillait, ainsi que cela peut se pratiquer encore aujourd'hui, sur du tartre

---

(1) The porosity of bodies, vol. I, p. 459.
(2) Usefulness of philosophy, vol. I, p. 149.

calciné jusqu'au blanc (carbonate de potasse) ; quelquefois il substituait au tartre calciné la chaux vive. « Il y a, dit-il, dans l'emploi de ce procédé, double économie de temps et d'argent ; car le même résidu, convenablement séché, peut servir plus d'une fois dans cette opération (1). »

Il savait que tous les fruits sucrés ou amylacés sont, après une fermentation préalable, susceptibles de fournir de l'alcool à la distillation.

Dorure du fer.

Les ouvrages de fer dorés des anciens ne sont pas un fer pur sur lequel on aurait immédiatement appliqué une couche d'or ; entre le fer et l'or il y a constamment un métal intermédiaire sur lequel l'or est fixé. Ce métal intermédiaire est, comme on le devine, le cuivre.

« On plonge, dit-il, le fer dans une dissolution chaude de sulfate de cuivre ; la mince couche de cuivre qui s'y dépose suffit pour appliquer dessus l'amalgame d'or (2). »

C'est donc là, en dernière analyse, dorer sur cuivre, et non pas sur fer.

Poudre pour argenter sans le moyen du mercure.

Cette poudre, qui est encore de nos jours regardée, par quelques artisans, comme un secret, consiste dans un mélange de parties égales de sel commun, de cristaux d'argent dissous dans l'eau-forte (nitrate d'argent), et de chaux ou tartre calciné (3). On frotte avec cette poudre le cuivre ou le laiton préalablement décapé par un acide.

On aurait une bien fausse idée de l'état de la science du temps de Boyle et antérieurement à cette époque, si l'on s'imaginait que tous les procédés de chimie ou de physique alors inventés fussent livrés au domaine de la publicité. Boyle avoue lui-même avoir

---

(1) Usefulness of philosophy, vol. I, p. 72.

(2) Ibid., p. 152.

(3) Toutes ces substances réagissent les unes sur les autres : le chlorure de sodium (sel commun) donne, avec le nitrate d'argent, du chlorure d'argent, et celui-ci se décompose, par l'action de la chaux, en chlorure de calcium et en argent qui, à l'état naissant, argente le cuivre qu'il rencontre.

acheté à un prix très-élevé des secrets colportés par des physiciens ambulants ; souvent il en donnait en échange de beaucoup plus importants. Il possédait heureusement une fortune assez considérable pour faire face aux expériences les plus dispendieuses et à tous ces achats de procédés, parmi lesquels il y avait sans doute beaucoup de non-valeurs. Jamais richesse ne fut mieux employée. Cette fois du moins la Fortune, en distribuant ses biens, n'avait pas les yeux bandés.

Encre.

Dans ses expériences touchant l'action de quelques infusions ou décoctions de plantes sur des composés chimiques minéraux, l'auteur remarque qu'une décoction d'écorce de chêne, de sumac, de roses rouges, ajoutée à du vitriol de fer, donne de l'encre.

« Pourtant je n'affirmerai pas, ajoute-t-il, que tous les végétaux acides ou astringents puissent produire les mêmes effets (1). »

En effet, tous les végétaux ne renferment pas de l'acide tannique, qui, combiné avec l'oxyde de fer, constitue l'encre.

En substituant au vitriol une lessive de potasse, ajoutée à une infusion de pétales de roses rouges, on obtient, selon l'auteur, un précipité de couleur sale et un liquide d'une belle couleur rouge. Dans un autre passage, il fait observer que cette couleur est encore plus belle, si l'on remplace la lessive de potasse par du minium et un peu d'acide sulfurique (2).

Tous les éléments de l'encre, telle qu'on la fabrique aujourd'hui, se trouvent résumés dans un moyen que Boyle indiqua à une dame qui lui avait demandé comment il fallait s'y prendre pour ne pas se salir les doigts en écrivant.

« Une grande dame s'était plainte à moi de ce qu'elle ne pouvait écrire sans se noircir les doigts. Je lui conseillai de préparer le papier dont elle se servait, en le frottant (à l'aide d'une patte de lièvre) avec une poudre composée de 3 parties de couperose, de 4 parties de noix de galle, et de 1 partie de gomme arabique ; et d'écrire sur ce papier avec une plume trempée dans de l'eau claire (3). »

---

(1) Usefulness of philosophy, vol. I, p. 57.
(2) Experiments upon colours, vol. II, p. 78.
(3) Usefulness of philosophy, vol. I, p. 114.

Au nombre des moyens proposés pour effacer l'encre, on voit figurer l'esprit d'urine, et les sels acides retirés des végétaux.

Personne n'ignore que le sel acide d'oseille (bioxalate de potasse) possède la propriété d'effacer l'encre ordinaire.

Mais Boyle avoue lui-même que l'emploi de ces matières est insuffisant pour faire disparaître sans retour toute trace d'écriture; qu'il connaît un moyen qui remplirait parfaitement ce but, mais qu'il ne juge pas à propos de le porter à la connaissance du public, à cause du mauvais usage que des faussaires pourraient en faire.

Gravure sur métaux, par le moyen d'un acide.

L'auteur décrit le procédé de graver sur métaux, tel qu'il est encore employé de nos jours. Ce procédé consiste à recouvrir la lame d'un métal (cuivre, argent) d'une couche de vernis, à y tracer avec un stylet le dessin que l'on désire, et à la laver avec de l'eau-forte qui ne corrode le métal que dans les points mis à nu par le stylet (1).

Avant de donner la description de ce procédé, il communique la préparation d'un alliage propre à recouvrir les glaces. Cet alliage se compose de 1 partie de plomb, de 1 partie d'étain, 2 parties de bismuth, 10 parties de mercure (2).

Acides minéraux. — Dissolvants.

Boyle simplifia beaucoup les procédés de préparation des acides minéraux : il préparait *l'eau-forte*, « en distillant un mélange d'acide sulfurique et de salpêtre; *l'esprit de sel* (acide chlorhydrique), en soumettant à une forte chaleur un mélange de limaille de fer, de sel commun et d'eau (3). « Dans cette opération, dit-il, le récipient se remplit de vapeurs blanches abondantes, qui, étant condensées et mêlées avec de l'eau-forte, dissolvent très-bien les feuilles d'or » (4).

---

(1) Usefulness of philosophy, vol. I, p. 132.

(2) Ibid., p. 129.

(3) Dans ce procédé, le fer oxydé aux dépens de l'eau, qui se décompose, joue le rôle d'un acide qui se combine avec la soude; le chlore, s'emparant de l'hydrogène de l'eau, se dégage à l'état d'acide chlorhydrique, très-avide d'eau.

(4) Usefulness of philosophy, vol. I, p. 76.

Il prépare *l'eau régale* en mêlant une partie d'esprit de sel avec deux parties d'esprit de nitre (acide nitrique concentré)(1).

Il n'ignorait pas que l'eau-forte très-concentrée n'attaque pas les métaux, et qu'il faut y ajouter de l'eau pour les dissoudre (2).

Le nitre est un composé de potasse et d'eau-forte ; c'est ce que Boyle démontre synthétiquement, en préparant du nitre par un moyen direct qui consiste à traiter à chaud les cendres des végétaux par de l'eau-forte, et à faire cristalliser la liqueur par le refroidissement (3).

C'est à partir des travaux de Boyle que date, en quelque sorte, l'emploi de la voie humide et des dissolvants dans la chimie organique. C'est ainsi qu'il cherchait, pour nous servir de ses mots, à rendre l'opium plus actif, en le traitant par du tartre calciné (carbonate de potasse) et par de l'alcool (4). — C'est en effet la potasse qui, s'emparant de l'acide méconique, met en liberté la morphine, la partie la plus active de l'opium, laquelle est dissoute par l'alcool.

L'auteur propose différents moyens internes, empruntés soit aux acides, soit aux alcalis, pour dissoudre chimiquement la pierre dans la vessie. Nous avons vu que déjà Vitruve avait songé à ces moyens (5). Boyle fit l'analyse de quelques calculs urinaires, et y découvrit le premier la présence de la chaux comme un de leurs principaux éléments (6).

Il avait le premier observé que le sel commun retarde et le point de congélation et le point d'ébullition de l'eau. Il constata scientifiquement que l'eau se dilate en passant à l'état solide (glace), au lieu de se contracter (7).

Boyle avait le bon esprit d'allier partout la physique à la chimie. « La physique, la mécanique, les mathématiques, la chimie, l'agriculture, la médecine, toutes ces sciences doivent, dit-il, se donner la main et se prêter un mutuel appui.

---

(1) Usefulness of philosophy, vol. I, p. 63.
(2) Ibid., p. 165.
(3) Ibid., p. 76.
(4) Ibid., p. 74.
(5) Histoire de la chimie, t. I, p. 177.
(6) Usefulness of philosophy, vol. I, p. 34.
(7) Ibid., p. 144.

« La chimie vulgaire n'est que de la routine ; c'est une espèce de recueil d'expériences sans lien, sans ordre philosophique, et qui ne repose sur aucun principe solide (1).

« Pour construire l'édifice de la science, nous avons besoin de deux instruments, l'intelligence et l'expérience. »

Boyle revient souvent à ces idées de la plus haute sagesse, et dont il serait bon de rafraîchir à toutes les époques la mémoire des savants.

Il appelait philosophie naturelle la pratique des sciences appliquées aux arts, à l'industrie, à l'agriculture, etc.

Il prouva expérimentalement que les sels jouent un grand rôle dans les végétations, que la terre végétale est très-riche en sels alcalins, et que c'est de cette condition que dépend la fertilité du sol. L'importance de l'ammoniaque carbonatée, qu'il préparait en distillant les cendres de bois avec l'extrait d'urine, ne lui avait pas échappé dans la question de l'engrais.

La conservation des fruits, des viandes, en un mot des matières organiques faciles à se corrompre, avait été de tout temps un sujet d'étude souvent controversé (2). Boyle ne pouvait manquer de s'en occuper à son tour ; et il arriva à ce principe fécond, que tout ce qui tend à détruire l'influence de l'air est le plus propre à conserver les matières organiques (3).

Pour savoir ce que Boyle pensait de l'alchimie, il faut lire les traités *The excellence and grounds of the mechanical philosophy*, et *The origin of forms and qualities*.

Nous savons déjà qu'il rejette la théorie d'après laquelle le mercure, le soufre et le sel sont les éléments des métaux, sinon de tous les corps de la nature.

« Quel que soit, dit-il, le nombre des éléments, on démontrera peut-être un jour qu'ils consistent dans des corpuscules insaisissables, mais de forme et de grandeur déterminées, et que c'est de l'arrangement et de la combinaison de ces corpuscules que résulte une multitude de composés complexes. Si nous construisons, avec des briques de même dimension et de même couleur, des ponts, des routes, des maisons, uniquement par un changement de dis-

---

(1) Usefulness of philosophy, vol. I, p. 74.
(2) Voy. Histoire de la chimie, t. I, p. 203.
(3) Usefulness of philosophy, vol. I, p. 52.

position de ces matériaux de même espèce, quelle variété bien plus grande de composés ne doit produire l'arrangement varié de ces corpuscules primitifs, que nous ne supposons pas tous d'égale forme comme les briques (1) ! »

Boyle révoque sérieusement en doute *la simplicité de composition* de l'eau, en se fondant sur l'expérience que l'eau donne, dans l'alimentation des végétaux, naissance à des produits divers.

Voici un exemple de plus qui prouve que la synthèse est beaucoup plus ancienne que l'analyse. Ce n'est pas en décomposant le cinabre, mais en formant avec du soufre et du mercure un composé rouge, jouissant de toutes les propriétés du cinabre naturel, que les alchimistes ont constaté les éléments de ce corps. Il en a été de même de beaucoup d'autres substances.

En vertu de quelle loi ou de quelle force les molécules se groupent-elles dans tel ordre pour engendrer tel composé?

L'attraction ou l'affinité n'était pas encore inventée. La réponse à cette question était donc alors beaucoup moins commode qu'elle ne l'est aujourd'hui. Aussi ne faut-il pas s'étonner si l'auteur l'aborde d'une manière embarrassée et obscure.

« Il y a, dit-il, une matière universelle, commune à tous les corps, en tant que substance étendue, divisible et impénétrable. Cette matière étant une d'après sa nature, la diversité des corps doit nécessairement provenir d'une autre cause ; et comme dans la matière en repos il n'y a pas de changement, il faut nécessairement admettre un principe de mouvement et une tendance au mouvement. L'origine du mouvement dans la matière, ainsi que les lois d'après lesquelles il s'opère, et qui donnent au monde sa forme actuelle, dérivent de Dieu » (2).

Sans doute tout ce qui est émane de l'Être suprême, et y aboutit. Mais la science ne ferait jamais de progrès, si, pour résoudre un problème difficile, il suffisait de prononcer le nom de Dieu. L'intelligence nous a été donnée pour en faire usage, en méditant sur les œuvres de la création et en interrogeant l'expérience. C'est plus que blasphémer le Créateur, que de laisser dans l'inaction les forces dont il nous a doués. *Orat qui laborat.*

(1) The excellence and grounds, etc., vol. I, p. 193.
(2) The origin of forms, etc., vol. I, p. 197.

Boyle est loin de combattre la possibilité de la transmutation des métaux. Il admet, d'après le principe que nous venons de faire connaître, que les métaux se composent d'une matière universelle, commune à tous les corps ; et qu'ils ne diffèrent entre eux que par le poids, la forme, la structure, etc.

Il essaye de prouver cette proposition par l'expérience suivante : « Je fis, dit-il, avec l'huile rectifiée du beurre d'antimoine (acide chlorhydrique) et l'esprit de nitre, un menstrue très-acide (*menstrum peracutum*), propre à dissoudre les corpuscules de l'or ; ensuite je fis fondre une certaine quantité d'or avec 3 ou 4 fois son poids de cuivre ; cet alliage fut dissous dans de l'eau-forte, de manière que tout l'or se déposa sous forme de poudre. Cette poudre, ayant été fondue en un petit culot, fut traitée par une grande quantité de *menstrum peracutum*, où elle se dissolvait lentement. Enfin, il resta au fond de la liqueur un dépôt considérable d'une poudre blanche, insoluble dans l'eau régale. Cette poudre, fondue avec du borax ou tout autre flux convenable, donna naissance à un métal malléable et blanc comme de l'argent ; enfin il fut établi, par sa dissolution dans l'eau-forte, que c'était de l'argent véritable. (1) »

Cette expérience, dont le résultat paraît fort surprenant au premier abord, s'explique parfaitement quand on se rappelle que l'antimoine (dont le chlorure est ici employé pour la préparation du *menstrum peracutum*) est, ainsi que l'or, presque constamment argentifère. Les alchimistes, fascinés par le prestige du merveilleux, n'admettent pas cette explication. L'expérience de Boyle ouvre, selon eux, la voie qui doit conduire à la découverte de la pierre philosophale.

Le chapitre sur les couleurs (*experiments and observations upon colours*) contient des documents fort intéressants relatifs à la chimie (2).

L'auteur est le premier qui ait proposé l'emploi du sirop de violettes pour reconnaître si une substance est acide ou alcaline. « C'est là, dit-il, un caractère constant ; le sirop de violettes est rougi par les acides et verdi par les alcalis. »

Ce réactif devint depuis lors d'un usage universel.

---

(1) Forms and qualities, vol. I, p. 260.
(2) Vol. II (Philosophical works), p. 1-105.

Il s'assura, par de nombreuses expériences, que les sucs colorés des végétaux prennent des teintes différentes sous l'influence des acides et des alcalis. Il n'ignorait pas l'intervention de l'air dans un grand nombre de phénomènes de coloration. « Beaucoup de couleurs, dit-il, sont instables ; elles changent, et prennent des nuances diverses ; ce qui provient de l'influence de l'air. »

Le chlorure d'argent noircit au contact de la lumière. Boyle attribue ce phénomène à l'action de l'air.

L'action des acides et de certains sels métalliques sur les huiles essentielles avait particulièrement attiré son attention.

« Une très-petite quantité d'huile essentielle d'anis concrète donne, dit-il, avec l'huile de vitriol une couleur rouge de sang. Le sucre de plomb (sous-acétate de plomb) communique à l'essence de térébenthine avec laquelle on l'a fait digérer, une teinte rouge. C'est probablement un bon remède (1). »

L'auteur termine le chapitre *sur les couleurs*, par cette réflexion modeste et sage : « Je n'essaye de bâtir aucune théorie sur les observations et les expériences que je viens de communiquer ; je laisse ce soin aux investigateurs à venir. »

Dans le remarquable travail où Boyle examine les causes mécaniques des précipités (*the mechanical causes of precipitation*), il fait un fréquent usage de la balance (2). Il attribue la formation des précipités tout à la fois à l'action prépondérante de la pesanteur et à la faiblesse du véhicule, qui ne peut plus maintenir le corps (qui se précipite) en dissolution.

Il remarque que le précipité pèse quelquefois plus que le corps dissous ; que, par exemple, le précipité blanc produit par le sel marin dans une dissolution d'argent faite avec l'eau-forte, pesait plus que l'argent dissous. Encore un coup, et il aurait été près d'atteindre la doctrine des équivalents.

Les anciens chimistes s'adressaient souvent des questions que les chimistes modernes dédaignent, à tort sans doute, de soulever.

Pourquoi, se demandaient-ils, par exemple, l'eau-forte ne dissout-elle pas l'or, tandis qu'elle dissout l'argent ?

C'est parce que, répondait Boyle, les pointes de l'acide ne pénètrent pas les pores de l'or, et qu'elles pénètrent très-bien ceux de l'argent.

---

(1) Experiments and observations upon colours, vol. II, p. 78.
(2) Vol. I (Philosophical works), p. 515-525.

Cette explication, quelque peu satisfaisante qu'elle soit, suppose du moins un effort de bonne volonté. Aujourd'hui on ne se donne même pas la peine de se demander pourquoi tel ou tel corps est soluble dans tel acide, et insoluble dans tel autre. L'argent est soluble dans l'acide nitrique, l'or y est insoluble; et tout est dit. On ne demande pas pourquoi.

Boyle consacra plusieurs mémoires étendus sur le froid et la chaleur (*The mechanical origin of heat and cold* (1); — *Memoirs for an experimental history of cold* (2).

Le froid et la chaleur, qu'il considère, avec les anciens physiciens, comme deux phénomènes antagonistes, dépendraient des propriétés mécaniques et physiques des molécules qui composent les corps. Il n'ignorait pas que le froid resserre, tandis que la chaleur dilate les corps; et que c'est là-dessus qu'est fondée la théorie des thermomètres.

Son travail sur le froid et la chaleur renferme de nombreuses expériences faites avec *divers mélanges frigorifiques*. Il y est établi que beaucoup de sels, mais surtout le nitre et le sel ammoniac, causent, étant dissous dans l'eau, un abaissement de température sensible au thermomètre. L'auteur fait, avec un mélange de *sel commun et de neige*, congeler de l'urine, de la bière, des vins du Rhin, de France, des huiles, etc.; et il observe que l'on peut remplacer le sel par bien d'autres substances, comme le nitre, l'alun, le sel ammoniac, le vitriol et même le sucre.

Les moyens de produire une chaleur artificielle ne sont pas moins variés. La chaux vive, humectée d'eau, est une expérience connue depuis longtemps. Les alchimistes savaient que le tartre calciné ainsi que l'huile de vitriol produisent, au contact d'une petite quantité d'eau, une élévation de température assez considérable. Mais ce qui était moins connu, c'est qu'un mélange de limaille de fer et de soufre pulvérisé, humectés d'eau, donne également naissance à de la chaleur. Le mercure est dans le même cas au moment où il s'amalgame avec l'or.

Boyle se plaignait de ce que les thermomètres alors en usage

---

(1) Vol. 1 (Philosophical works), p. 550-572.
(2) Ibid., p. 573-730.

ne fussent pas susceptibles d'indiquer exactement les variations de la température, parce qu'il leur manquait un point fixe et stable, comme l'unité dans les mesures. Le premier il proposa d'adopter partout, comme point fixe ou terme de comparaison, le point de congélation de l'eau. Il apporta donc d'importants perfectionnements au thermomètre, de même qu'il avait déjà perfectionné la machine pneumatique et le baromètre.

Il y a, selon moi, autant de mérite à renverser une théorie nuisible au progrès de la science, qu'à faire une découverte.

C'est ainsi que Boyle, dans son mémoire sur *la salaison de la mer* (1), mérita bien de la science, en dévoilant l'erreur d'Aristote, renouvelée par Scaliger, qui prétendait que la salaison de la mer était produite par l'action du soleil, et que les eaux de mer n'étaient salées qu'à la surface. Au moyen d'un vaisseau à soupapes, construit par lui, Boyle se procura de l'eau de mer puisée à diverses profondeurs, et fut ainsi mis à même de prouver qu'elle y est tout aussi salée qu'à la surface, et que sa densité spécifique est sensiblement la même.

« Il ne faut pas, dit-il, faire entrer ici en ligne de compte les courants et les sources d'eau douce qui se trouvent accidentellement dans la mer, surtout dans le voisinage des côtes.

« La salaison de la mer provient du sel que l'eau dissout partout où il se rencontre. Ce sel peut, depuis le commencement du monde, exister en masse considérable au fond des mers, ainsi qu'on en rencontre des couches puissantes au sein de la terre, où il contribue à la formation des fontaines ou sources salées naturelles. Par la distillation, on trouve le sel en résidu dans la cornue ; l'eau qui a passé dans le récipient est douce et potable.

« Il serait à souhaiter que l'on fît des expériences multipliées pour s'assurer si les mers sont partout également salées. Il ne serait pas impossible que l'on trouvât, sous ce rapport, de nombreuses inégalités. »

Pour faire, à cet égard, des expériences précises, et pour déterminer la quantité de sel commun (qui domine dans les eaux de mer), Boyle proposa d'employer une dissolution d'argent dans l'eau-forte (nitrate d'argent), qui précipite tout le sel marin. Pour

____

(1) Experiments and observations upon the saltness of the sea, vol. III, p. 214-231.

faire voir combien ce procédé est rigoureux, il prouve expérimentalement que cette dissolution d'argent produit un nuage blanc très-sensible dans 5,000 grains d'eau distillée tenant en dissolution un grain de sel commun sec; et que l'esprit de sel (acide chlorhydrique) donne lieu au même résultat.

« Il est probable, ajoute-t-il, que des chimistes habiles pourront trouver un procédé moins coûteux; mais il sera difficilement aussi net et aussi certain que celui que j'ai proposé (1). »

Dans son mémoire sur *le nitre* (2), l'auteur avance que l'air pourrait bien jouer un rôle important dans la formation du nitre naturel. Mais, n'ayant pas des expériences positives, il garde à ce sujet une très-grande réserve. Le premier il fit voir que ce sel se compose réellement de deux principes distincts : l'un volatil, de nature acide, jaunissant la teinture rouge du bois de Brésil : « c'est, dit-il, une espèce de vinaigre minéral; » l'autre fixe et de nature alcaline, semblable à l'alcali obtenu par la lixiviation ou le tartre calciné.

Il reconstitua le nitre décomposé par l'action des charbons incandescents, en combinant le résidu avec de l'esprit de nitre. La quantité qu'il faut y ajouter pour recomposer le nitre est à peu près, dit-il, aussi considérable que celle que le sel a perdue par la combustion.

Il explique la chaleur qui se produit pendant la combinaison, par le mouvement des molécules; toute chaleur étant inséparable du mouvement.

Le travail de Boyle sur les *eaux minérales* est, comme on peut s'y attendre, supérieur à tout ce qui avait été fait jusqu'alors sur ce sujet (3).

L'espace ne nous permet pas de reproduire ici les règles et les

---

(1) *Experiments and observations*, etc., vol. III, p. 228.

Halley admettait que la salaison de la mer allait en augmentant avec le temps, et que rien n'était plus propre à calculer l'âge du monde que les analyses comparatives des eaux de mer, faites dans différents siècles. *Philosoph. Transact.*, n° 344, p. 296.

(2) *A fundamental experiment made with nitre*, vol. I, p. 297-304.

(3) *Memoirs for a natural history of mineral waters*, vol. III, p. 495-520

principes généraux, que ne doivent jamais perdre de vue ceux qui se livrent à l'étude des eaux minérales.

Boyle essaya d'introduire dans la science une méthode précise pour analyser les différents sels dont ces eaux peuvent être chargées. Il proposa la teinture de noix de galle pour s'assurer si les eaux sont ferrugineuses; l'infusion du bois de Brésil ou du papier réactif trempé dans cette infusion, le sirop de violettes, pour constater si les eaux sont acidules ou alcalines; l'ammoniaque, pour reconnaître la présence du cuivre; la dissolution d'argent (nitrate), pour découvrir le sel commun.

« L'arsenic, dit-il, peut aussi se rencontrer dans les eaux minérales; ce qui n'est pas étonnant, car ce corps existe abondamment dans l'intérieur de la terre, d'où jaillissent ces eaux. Il est très-difficile d'en constater la présence; il n'est que faiblement soluble dans l'eau. L'esprit d'urine (carbonate d'ammoniaque), et l'huile de tartre *per deliquium* (carbonate de potasse), produisent dans la solution arsénicale un léger précipité blanc. »

L'auteur démontra le premier que l'arsenic blanc doit être rangé parmi les acides, bien qu'il ait une réaction très-faible. Il le classe parmi les poisons corrosifs (1). L'hydrogène sulfuré n'était pas encore mis en usage; le meilleur moyen de reconnaître l'arsenic dans une liqueur, « c'est, dit-il, d'employer le sublimé corrosif, qui produit immédiatement un précipité blanc abondant. »

Il recommande l'emploi du microscope pour découvrir dans les eaux minérales des matières organiques ou des êtres vivants.

La détermination de la densité de ces eaux, sujet alors tout nouveau, attira particulièrement l'attention de Boyle. Après avoir censuré les résultats obtenus dans la boutique du pharmacien avec des instruments grossiers et inexacts, il propose lui-même une méthode nouvelle pour déterminer la densité des eaux minérales. Cette méthode consiste à prendre pour terme de comparaison l'eau distillée pesée dans un matras à col cylindrique très-long et étroit (de l'épaisseur d'un tuyau de plume d'oie), à y introduire jusqu'à la même tare (marquée sur le col du matras), et à peser les eaux dont on veut connaître la densité.

Il n'est pas encore fait mention de la nécessité de tenir compte de la température.

____

(1) *Memoirs for a natural history*, etc., vol. III, p. 509 et 510.

Voici quelques résultats obtenus à l'aide de cette méthode (1) :

	onces.	drach.	gr.
Eau distillée.	3	4	41
— commune.	3	4	43
— d'Acton.	3	4	48 $\frac{1}{2}$
— d'Epsom.	3	4	51
— de Dulwich	3	4	54
— de Strotham	3	4	55
— de Barnet.	3	4	52
— de North-hall.	3	4	50

Il conclut que les eaux minérales sont plus pesantes que l'eau distillée, à cause des sels qu'elles renferment.

La balance dont l'auteur se servait était sans doute encore bien éloignée de la précision de nos balances actuelles ; cependant elle était exacte à un centigramme près, c'est-à-dire qu'elle était supérieure à toutes les balances employées jusqu'alors.

Les alchimistes s'étaient beaucoup occupés *du sang humain* ; mais personne avant Boyle n'avait traité cette question d'une manière scientifique (*Histoire naturelle du sang humain hors des vaisseaux*) (2).

Il constata d'abord, à l'aide du thermomètre, que le sang se maintient constamment, en hiver comme en été, à une température supérieure à la chaleur de la canicule. — On sait que la température du sang est environ de 38 à 40° centigrades.

« La densité spécifique du sang humain est, dit-il, beaucoup plus difficile à déterminer qu'on pourrait se l'imaginer ; car elle peut varier sensiblement selon le sexe, l'âge, la constitution ; et chez le même individu elle peut varier, suivant le temps de l'année, et même de la journée, selon le plus ou moins grand intervalle qui s'est écoulé entre le repos et la saignée, etc. Outre cela, il y a une difficulté mécanique inhérente à l'expérience elle-même ; car le sang commence à se coaguler si vite après sa sortie de la veine, qu'il n'est guère possible de le peser hydrostatiquement, soit en y plongeant un corps solide plus pesant, soit en mettant toute la masse du sang dans l'eau ; le premier moyen est rendu impraticable par la partie fibreuse, et le dernier par le sérum du sang. »

---

(1) Memoirs for a natural history of mineral waters, vol. III, p. 501.
(2) *Memoirs for the natural history of extravased human blood*, vol. III. p. 448-481.

Ces paroles si judicieuses font voir combien l'auteur mettait de rigueur et de précision dans ses expériences.

Il ne lui avait point échappé que le sang noir acquiert, à sa surface, une coloration rouge vermeil par le contact de l'air. — De là il aurait pu facilement arriver à la conclusion que l'air change, dans les poumons, le sang noir des veines en sang rouge des artères.

Il entrevit, sans le démontrer, l'existence du sel commun dans le sang.

Il fit aussi de nombreuses expériences sur la transfusion de ce liquide, alors si souvent ordonnée par les médecins ; sur la coagulation du sérum au moyen des acides, de l'alcool concentré, de la chaleur, etc.

Boyle et Wren imprimèrent une forte impulsion à la toxicologie ; ils firent des expériences sur des chiens, en injectant, par les veines crurales, alternativement des poisons et leurs antidotes (1).

Frappé de la grande analogie que présentent certaines maladies avec les symptômes et la marche d'un empoisonnement, il mit en avant l'idée que ces maladies (choléra, peste, etc.) pourraient bien n'être que le résultat d'un véritable empoisonnement produit par des molécules arsénicales, ou toute autre substance vénéneuse suspendue dans l'air (2).

Nul ne fut plus sobre de théories que Boyle. Fidèle aux préceptes du chancelier Bacon, il éclaircit les sciences avec le flambeau de l'expérience, ne reculant devant aucun obstacle, de quelque nature qu'il fût. « Bien que, Dieu merci, ma condition me permette de faire exécuter les expériences par d'autres en ma présence, je ne me suis jamais refusé à disséquer moi-même des animaux, et à manier, dans mon laboratoire, le lut et le charbon (3). »

Personne n'était aussi au courant que Boyle de ce qui concerne le mouvement des sciences en Europe. S'agissait-il quelque part d'une découverte inattendue, extraordinaire? aussitôt il employait tous les moyens pour en connaître les détails, et pour en répandre la connaissance. C'est Boyle qui arracha à quelques charlatans ambulants les secrets du phosphore et du quinquina.

(1) The Usefulness of philosophy, vol. I, p. 38.
(2) The air consider'd with regard to heald and sickness, vol. III, p. 537.
(3) Usefulness, etc., vol. I, p. 8.

Ses mémoires sur les *phosphores naturels* et les *phosphores artificiels* contiennent des documents précieux pour l'histoire de la chimie (1). La classe des phosphores naturels comprend le ver luisant, le diamant, le bois, et les poissons pourris phosphorescents. Les observations de Boyle sur les phosphores naturels datent de l'année 1667, et sont par conséquent antérieures à la découverte de Brand. La classe des phosphores artificiels est elle-même subdivisée en deux tribus, l'une comprenant les phosphores qui ne luisent dans l'obscurité qu'après avoir été préalablement exposés au contact des rayons solaires ; tels sont le phosphore de Baudouin (nitrate de chaux calciné) et la pierre de Bologne (sulfure de baryum). L'autre tribu se compose du phosphore proprement dit (*aerial noctiluca*), luisant dans l'obscurité sans avoir besoin d'être préalablement exposé au soleil. Comme nous donnerons l'histoire de la découverte de ce corps à l'occasion des travaux de Kunckel, nous ne ferons connaître ici que ce qui se rapporte à Boyle, qui a été, par quelques savants, regardé, non sans raison, comme le véritable inventeur du phosphore.

Krafft, s'étaut approprié le secret de Brand, passa en Angleterre, où il gagna beaucoup d'argent en faisant voir son phosphore comme une curiosité.

« Il montra, raconte Boyle, à Sa Majesté (Charles II) deux espèces de phosphores : l'un était solide, de l'aspect d'une gomme jaune ; l'autre était liquide ; celui-ci ne me paraissait être qu'une dissolution du premier. — Après avoir vu moi-même ce singulier corps, je me mis à songer par quel moyen on pourrait parvenir à le préparer artificiellement. M. Krafft ne me donna, en retour d'un secret que je lui avais appris, qu'une légère indication, en me disant que la principale matière de son phosphore *était quelque chose qui appartenait au corps humain.* »

Enfin, après bien des tentatives inutiles, accompagnées d'une foule d'accidents malheureux, il parvint à obtenir de petits morceaux de la grosseur d'un pois, transparents, incolores, auxquels il donna le nom de *phosphore glacial* (*glacial noctiluca or phosphorus*). Il en décrit parfaitement les propriétés, le danger qu'il y a à le manier, la manière dont il se comporte avec les acides, avec les

---

(1) Natural phosphori, vol. III, p. 145-172. Artificial phosphori (aerial noctiluca), ibid., p. 173-213.

huiles essentielles, les alcalis, etc. En poursuivant l'étude de ces différentes réactions, il avait vu l'hydrogène phosphoré spontanément inflammable à l'air (1). Il avait préparé, avec le phosphore et les fleurs de soufre, un mélange explosible par des chocs légers (2).

Ce phosphore était préparé avec de l'urine humaine putréfiée, évaporée jusqu'à consistance d'extrait, et soumise à la distillation avec trois fois son poids de sable blanc très-fin. Ces deux matières, intimement mélangées, étaient introduites dans une forte cornue, à laquelle était joint un grand récipient en partie rempli d'eau. Après avoir soigneusement luté les jointures de l'appareil, l'auteur appliquait graduellement un feu nu pendant cinq ou six heures, afin de chasser d'abord tout le phlegme (eau). Après cela, le feu était augmenté, et poussé, pendant cinq ou six heures, à un degré très-intense. Par ce moyen il se produisait des vapeurs blanches, abondantes, semblables à celles qui se forment pendant la distillation de l'huile de vitriol ; enfin, la chaleur étant excessivement forte, il passait dans le récipient une substance assez dense, qui se rassemblait, sous forme solide, au fond du récipient.

Voilà comment Boyle rend compte du procédé qu'il avait employé pour préparer le phosphore. Comme il est le premier qui ait fait connaître publiquement la préparation de ce corps, à l'aide d'un procédé que personne ne lui avait appris, on pourrait, avec justice, réclamer pour lui l'honneur de la découverte du phosphore.

La substance qu'il appelle *phosphore aérien* était l'hydrogène bicarboné. Il l'obtenait en traitant l'esprit-de-vin rectifié avec de l'esprit de nitre : « Il se produit un air qui s'enflamme à l'approche d'une bougie, et continue à brûler de lui-même jusqu'à ce que l'effervescence du liquide vienne à cesser (3). »

Le nom de Boyle est resté attaché au sulfhydrate d'ammoniaque (*liqueur fumante de Boyle*). Ce sel était préparé en soumettant à la distillation un mélange intime de soufre, de chaux vive et de sel ammoniac pulvérisés. « On chauffe d'abord lentement sur un bain

---

(1) Artificial phosphori, vol. III, p. 200.
(2) Ibid., p. 203.
(3) Ibid., p. 210.

de sable ; puis, la chaleur étant plus intense, il passe dans le récipient une teinture volatile de soufre (*a volatile tincture of sulphur*) qui pourrait devenir un remède utile en médecine. La liqueur distillée est d'une couleur rougeâtre, et répand, à l'air,
d'abondantes vapeurs blanches, très-nuisibles (1). » L'auteur n'i-
gnorait pas que ce produit, qu'il appelle *teinture volatile de
soufre*, précipite en noir les dissolutions de plomb et d'argent.

Ce n'est pas seulement à la chimie que Boyle a rendu d'immenses services. Il travailla de toutes ses forces aux progrès de la physique, de l'histoire naturelle, de la médecine, de la philosophie, etc.

Nous regrettons que notre sujet ne nous permette pas d'exposer
ici tous les titres que cet illustre savant s'est acquis à la reconnaissance de la postérité. Cette courte analyse de ses travaux chimiques
prouve qu'il a fait une heureuse application des principes philosophiques posés par le chancelier Bacon.

Nous terminerons cette analyse par deux tables de Boyle, dont
l'une indique la fusion de la glace dans différents liquides, l'autre, la densité spécifique d'un assez grand nombre de corps. On
y remarquera que, sous ce dernier rapport, l'auteur ne s'est pas
beaucoup éloigné des résultats auxquels on est arrivé aujourd'hui.

De l'eau congelée dans des tubes de verre de même longueur et de
même épaisseur fut mise dans différentes liqueurs, la température
étant la même (température ordinaire). Un pendule à secondes indiqua exactement le temps qui s'écoula entre le moment d'immersion et la fusion complète de la glace dans chacun de ces liquides.
Voici les résultats de ces expériences neuves, et fort intéressantes (2) :

			Secondes.
La glace plongée dans	l'air.................... fut fondue dans l'espace de		04
	l'essence de térébenthine. — —		44
	l'eau-forte,............. — —		12 1/4
	l'eau commune........... — —		12
	l'esprit-de-vin........... — —		12
	l'huile de vitriol......... — —		5

(1) Experiments and observations upon colours, vol. II, p. 78 (exper. 34).
(2) Experiments upon cold, vol. I, p. 638.

Table des densités spécifiques, l'eau étant prise pour unité (1).

Or pur	19,640	Esprit de nitre	1,315
Mercure	14,000	Miel	1,450
Plomb	11,325	Gomme arabique	1,375
Argent fin	11,091	Sérum de sang humain	1,190
Bismuth	9,700	Esprit de sel	1,130
Cuivre	9,000	Esprit d urine	1,120
Acier doux	7,738	Sang humain	1,040
Acier dur	7,704	Lait	1,030
Fer	7,645	Urine	1,030
Étain	7,320	Camphre	0,986
Soufre	1,800	Huile d'olive	0,913
Cristal de roche	2,650	Essence de térébenthine	0,874
Sel gemme	2,143	Esprit-de-vin rectifié	0,866
Nitre	1,900	Cendres desséchées	0,800
Borax	1,714	Liége	0,240
Huile de vitriol	1,700	Air	0,001 1/4

C'est peut-être la première table des densités spécifiques qui ait été dressée depuis que la science existe.

L'influence que Boyle a exercée sur les savants de son époque a été immense. Aussi, bien qu'il soit de quelques années postérieur à Robert Fludd, à Glauber et à d'autres, n'avons-nous pas hésité à le placer à côté de Van-Helmont, qui ouvre naturellement la série des travaux chimiques du xviie siècle.

§ 3.

Robert FLUDD (R. *de Fluctibus*).

(Né à Milgat, comté de Kent, en 1574, mort en 1637.)

C'est un des savants les plus extraordinaires de son temps. Tout en professant un culte aveugle pour les doctrines de la cabale, dont il a sondé tous les mystères, il fait preuve d'un rare esprit d'observation dans les sciences exactes. Nul n'avait des connaissances plus

---

(1) The Hydrostatical balance, vol. II, p. 345. — L'auteur ne dit pas si c'est de l'eau distillée, ni à quelle température il l'a prise pour unité dans la détermination des densités spécifiques.

variées : il était tout à la fois philosophe, médecin, anatomiste, physicien, chimiste, mathématicien et mécanicien. Il avait construit des machines qui faisaient l'admiration de ses contemporains. Gassendi était son adversaire en philosophie. Il était renommé dans toute l'Europe comme astrologue, nécromancien et chiromancien.

Ceux qui rêvent une alliance entre les sciences occultes et les sciences positives doivent prendre pour modèle Robert Fludd. Ses ouvrages, qui ne sont pas aujourd'hui très-communs, semblent être conçus d'après ce plan.

Si Robert Fludd avait été un simple philosophe mystique planant dans les régions abstraites de la pensée, nous l'aurions passé sous silence, mais c'est en même temps un investigateur profond qui, à l'aide de l'expérience, est arrivé à poser des principes remarquables, lesquels ont sans doute exercé une grande influence sur les progrès des sciences physiques.

La méthode expérimentale employée par l'auteur est d'une logique sévère et d'une rigueur presque mathématique. On nous saura gré d'en donner ici un exemple.

Le troisième livre (Tr. II, part. VII) *de l'histoire métaphysique, physique et technique du macrocosme et du microcosme* commence ainsi (1) :

RÈGLE I.

L'air étant un corps matériel, ne cède à aucun autre corps l'espace qu'il occupe, si ce n'est qu'à la condition d'être lui-même déplacé en partie ou en totalité.

Démonstration.

En renversant un verre rempli d'air sur une cuve d'eau, on remarque que l'eau ne monte dans le verre qu'autant qu'on en retire l'air qui s'y trouve.

---

(1) Utriusque Cosmi majoris scilicet et minoris metaphysica, physica atque technica historia, in duo volumina secundum Cosmi differentiam divisa, authore Roberto Fludd, alias de Fluctibus, armigero, et in medicina doctore Oxoniensi; Oppenheim, 1617, in-fol.

RÈGLE II.

Lorsque l'air emprisonné dans un vase vient à être évacué ou consumé, un autre corps en prendra nécessairement la place, afin qu'il ne se fasse pas de vide (ne admittatur vacuum).

La démonstration dont se sert ici l'auteur est l'expérience de Van-Helmont (1) (une chandelle brûlant sous une cloche renversée sur l'eau).

Robert Fludd conclut, avec raison, de cette expérience, que *l'air nourrit le feu, et qu'en cessant cet aliment il diminue de volume.*

RÈGLE III.

La surface de l'eau est en contact immédiat avec l'air; il n'y a aucun intervalle entre ces deux éléments.

Démonstration.

Quand on plonge le bout d'un tube dans l'eau, et que l'on aspire par l'autre bout l'air qui s'y trouve, on voit aussitôt l'eau suivre le chemin de l'air en s'élevant dans le tube.

RÈGLE IV.

L'eau raréfiée (réduite en vapeur) occupe un plus grand espace; si cet espace ne lui est pas accordé, l'eau brise le vase qui la contient.

Démonstration.

Lorsqu'on remplit un vase à moitié d'eau, et qu'on le met sur le feu, on remarque que l'eau sort (en vapeur) avec bruit par l'orifice étroit qu'on y a pratiqué. En bouchant cet orifice, le vase est brisé en éclats par la vapeur de l'eau, qui tend à occuper un espace plus grand.

Ces expériences et les lois qui en sont déduites font le plus grand

---

(1) Voy. page 146 de ce volume.

honneur à Robert Fludd. C'est à cette source que puisèrent beaucoup de physiciens, sans l'indiquer.

Dans un autre endroit (1), l'auteur explique des phénomènes météorologiques, comme le vent, le tonnerre, l'éclair, etc., par des expériences de laboratoire très-curieuses.

Après avoir fait connaître les opinions des anciens sur la cause du vent, il arrive à exposer la sienne de la manière suivante : « Guidé par l'observation directe des choses, nous attribuons aux vents une double origine : les uns proviennent de l'air emprisonné dans le sein de la terre, et qui cherche violemment une issue ; les autres sont l'effet de l'eau réduite en vapeur par l'action du feu central (*vi ignis centralis*). »

Ici, il rapporte une série d'expériences sur la force élastique de l'air ou de la vapeur d'eau chauffée dans des vases qui se brisent avec fracas quand ils sont hermétiquement clos ; lorsque ces vases présentent, au contraire, une petite ouverture, la vapeur ou l'air en sort en sifflant, comme un vent impétueux. R. Fludd imagina des espèces de machines acoustiques, dans lesquelles des instruments à vent ou des tuyaux d'orgue sont mis en jeu par la force de la vapeur. C'est là que cette force a reçu, pour la première fois, si je ne m'abuse, une application industrielle.

Lorsqu'on projette sur du nitre en fusion du soufre en poudre, il se produit une explosion plus ou moins violente, accompagnée d'une lumière subite. C'est par cette expérience que l'auteur explique le phénomène de l'éclair et du tonnerre. La poudre à canon ferait en petit ce que ce phénomène fait en grand dans la nature.

C'est à ce propos qu'il donne la composition de deux produits inflammables au contact de l'eau : l'un consiste dans un mélange de parties égales de nitre, de soufre et de chaux vive, que l'on introduit dans un œuf vide, dont on bouche ensuite les orifices avec de la cire. Cet œuf, jeté dans l'eau, procure le spectacle d'un petit feu d'artifice flottant (2). L'autre produit, représentant une pierre qui s'enflamme aussitôt que l'on y crache, se compose d'un mélange de quatre parties de calamine (*calamitha*), une partie d'asphalte, une partie de nitre, deux de vernis liquide (*vernicis liquidæ*), et environ une partie de soufre (3).

---

(1) Utriusque Cosmi Historia, Tract. 1, lib. vii, c. 5.
(2) Ibid., c. 6.
(3) Ibid., c. 7.

Contrairement à l'esprit de la majorité des hommes de science, R. Fludd essaye, par la méthode expérimentale, de rattacher les phénomènes du monde physique à ceux du monde surnaturel. De là une étrange confusion de la psychologie avec la physique, de l'histoire naturelle avec la philosophie mystique. Voici comment il raisonne :

« L'âme qui anime le corps tend à s'élever, ainsi que la flamme, vers les hautes régions de l'air. C'est là son instinct et sa joie. Or, comment se fait-il que nous éprouvions une si grande fatigue, lorsque nous gravissons une montagne? Ne suivons-nous pas la route qui plaît à l'âme? — C'est que le corps matériel, dont l'essence est du tendre, tout au rebours de l'âme, vers le centre de la terre, l'emporte de beaucoup, par sa masse, sur l'étincelle vivifiante qui est en nous. Il faut que l'âme concentre toutes ses forces, pour élever avec elle et faire obéir à son impulsion la lourde masse du corps qui l'enchaîne (1). »

L'auteur ne s'en tient pas à ce simple raisonnement ; il a recours à l'expérience si connue d'une bougie allumée sous une cloche renversée sur une cuve d'eau ; l'eau monte dans la cloche par l'action de la flamme, qui finit par s'éteindre.

La chimie doit, selon R. Fludd, être fondée tout à la fois sur l'expérience et sur la cabale.

« Le vrai alchimiste, dit l'auteur, imite la nature. En commençant son œuvre, il réduit d'abord la matière en parcelles, il la broie et la pulvérise ; — c'est la fonction des dents. La matière ainsi divisée, il l'introduit par un long col dans la cornue ; — ce col représente l'œsophage ; la cornue, l'estomac. Ensuite il mouille la matière avant de la soumettre à l'action de la chaleur ; — comme la salive et le suc gastrique humectent les aliments ingérés dans l'estomac. Enfin, il ferme exactement l'appareil, et l'entoure d'une chaleur humide, égale et modérée, en le plaçant dans un bain-marie et dans du fumier de cheval ; — c'est ainsi que l'estomac est naturellement entouré par le foie, la rate, les intestins, qui le maintiennent dans une température égale. L'opération de l'alchimiste est assimilée à la digestion : les parties élaborées (chyle) sont mises à part et servent à alimenter le grand œuvre, tandis que

____

(1) De supernaturali, naturali, præternaturali et contranaturali microcosmi Historia, tom. II ; Oppenheim, 1619, in-fol. Tract. 1, lib. VII, p. 137.

les matières excrémentitielles (*fæces*) sont rejetées comme inutiles (1). »

Beaucoup d'adeptes étaient d'opinion que le sang cache de profonds mystères ; aussi est-il souvent l'objet de longues opérations. L'œuvre du sang (putréfaction et distillation lentes) étant l'affaire de plusieurs années, R. Fludd raconte à ce sujet, avec le plus grand sérieux du monde, plusieurs histoires d'un intérêt fort dramatique, dont il assurait avoir été témoin oculaire.

§ 4.

J. Rodolphe GLAUBER.

Glauber est le Paracelse de son époque. Comme celui-ci, il fait une rude guerre aux médecins qui se refusent opiniâtrément à reconnaître l'importance de la chimie. Son éducation première est tout aussi négligée que celle de Paracelse ; et il semble s'en venger en lançant contre les savants diplômés des plaisanteries qui ne sentent pas toujours le sel attique.

La science avait déjà fait de grands pas depuis Paracelse. Glauber avait donc par cela même des avantages incontestables sur Théophraste de Hohenheim, pour lequel il professe la plus grande vénération. Il apprécie beaucoup les travaux des anciens, et traite peut-être un peu trop dédaigneusement ses contemporains. Comme Paracelse, il est partisan des opérations et des théories alchimiques les plus bizarres ; ce qui ôte même à ses expériences ce cachet scientifique qui caractérise les travaux de Boyle. De prétendus secrets de panacées et de médicaments merveilleux ont porté à Glauber le même préjudice moral qu'à Paracelse.

On ne sait sur les premières années de sa jeunesse que ce que Glauber en dit lui-même dans divers endroits de ses ouvrages. Il demeura longtemps dans les États d'Autriche, à Vienne, à Salzbourg, puis à Francfort et à Cologne sur les bords du Rhin. Il mourut en 1668, à un âge très-avancé, en Hollande, où il s'était retiré vers la

---

(1) *De mystica sanguinis Anatomia*, sect. I, part. III, lib. I, p. 223-224.

fin de ses jours. Le mépris qu'il avait pour l'espèce humaine lui faisait rechercher la solitude. Vieillard abreuvé de chagrins vrais ou imaginaires, il fuyait le monde, qui n'avait pour lui aucun attrait : les hommes d'aujourd'hui, s'écriait-il, sont faux, méchants et traîtres; toutes les promesses sont violées; chacun ne songe qu'à soi, et agit contre toutes les lois divines et humaines. On rend le mal pour le bien, comme j'en ai fait la triste expérience. Souvent, quand je croyais avoir trouvé quelque aide, me promettant d'être fidèle, j'avais lieu de m'en plaindre quelque temps après : à peine lui avais-je enseigné quelque procédé, qu'il s'enflait d'orgueil, s'imaginant aussitôt en savoir plus que moi-même, et cherchant toutes sortes de prétextes pour me quitter. S'il ne pouvait se séparer de moi publiquement sans fonfaire à son honneur, il s'esquivait clandestinement, ou il se comportait de manière à me forcer de le congédier. C'est à mes dépens que j'appris la vérité de ce vieux proverbe : Quiconque veut que ses affaires se fassent bien, doit être soi-même tout à la fois maître et valet (*Wer seine Sachen will gethan haben recht, muss selbsten seyn Herr und Knecht*). — Si je n'ai pas fait dans ce monde tout le bien que j'aurais pu faire, c'est la perversité des hommes qui en a été la cause (1). »

Voilà les plaintes amères de toutes les âmes généreuses, et qui trouvent de l'écho dans tous les siècles.

Travaux de Glauber.

Les premiers ouvrages de Glauber parurent vers la fin de cette affreuse guerre de trente ans, qui, au nom d'une religion qui ordonne à tous les hommes de s'aimer comme frères, changea l'Allemagne en un épouvantable désert.

Il serait inutile d'énumérer tous les traités spéciaux (2) de cet auteur, parmi lesquels nous nous contenterons de signaler *Philosophische Œfen* (*Fourneaux philosophiques*); — *Opus minerale*; — *Pharmacopœa spagyrica*; — *Menstruum universale*; — *Explicatio miraculi mundi*; — *Continuatio miraculi mundi*; — *De natura salium*; — *Trost der Seefahrenden* (*Consolation des voyageurs sur mer*); — *Apologetische Schriften* (*Écrits apologé-*

----

(1) *Glauberi Opera chymica*; Francf., 1658, in-4°, p. 167-168.
(2) Voy. Gmelin, t. I, p. 644.

tiques); — *De aura potabili*; — *Teutschlands Wohlfart* (Prospérité de l'Allemagne).

Tous ces traités sont imprimés et réunis, sous le titre, moitié latin et moitié allemand : *Johannis Rudolphi Glauberi philosophi et medici celeberrimi opera chymica, Bücher und Schriften, soviel deren von ihm bishero an Tag gegeben*, etc.; Francfort, 1658, in-4° (1).

Glauber a, comme Paracelse, écrit en allemand, sa langue maternelle, sauf les titres de ses ouvrages, qui, pour la plupart, sont en latin. Son style est cependant beaucoup plus clair que celui de Paracelse.

Les ouvrages de Glauber eurent beaucoup de vogue depuis le milieu jusqu'à la fin du XVII° siècle : ils furent traduits en anglais (2) et en français (3).

Tout le monde connaît le *sel de Glauber*, et on est sans doute impatient d'apprendre l'histoire de ce sel, qui a, en quelque sorte, popularisé le nom de ce chimiste allemand.

Écoutons-le parler lui-même : « Pendant les voyages de ma jeunesse, je fus atteint, à Vienne, d'une fièvre violente appelée, dans ce pays, maladie de Hongrie, qui n'épargne aucun étranger. Mon estomac délabré rendait tous les aliments. Sur le conseil que m'avaient donné quelques gens qui eurent pitié de moi, j'allai me traîner, à une lieue de Newstadt, auprès d'une fontaine située près d'une vigne. J'avais emporté avec moi un morceau de pain que je croyais certainement ne pas pouvoir manger. Arrivé auprès de la fontaine, je tire le pain de ma poche, et, en y faisant un trou, je m'en sers en guise de coupe. A mesure que je bois de cette eau, je sens mon appétit revenir tellement, que je finis par mordre dans la coupe improvisée, et par l'avaler à son tour. Je revins ainsi plusieurs fois à la source, et je fus bientôt délivré de ma maladie. Étonné de cette guérison miraculeuse, je demandai quelle était la nature de cette eau ; on me répondit que c'était une eau nitrée (*Salpeter-wasser*; » (4).

---

(1) C'est cette édition allemande que j'ai entre les mains. — On cite encore d'autres éditions : Opera omnia; Amsterd., 1661, in-8°; ibid., 1651-1656. —Une édition abrégée : Glauberus concentratus, etc.; Leips. et Breslau, 1717, in-4°.

(2) Transl. by Packe; Lond., 1689, in-fol.

(3) Trad. par H. Duteil; Paris, 1659, in-8°.

(4) De natura salium, p. 492 (edit. 1658; Francf., in-4°).

Glauber avait alors vingt et un ans, et était, ainsi qu'il le dit lui-même, encore entièrement étranger à la chimie. Cependant le fait qu'il vient de rapporter ne lui sortit jamais de la mémoire. Un jour il eut l'idée d'essayer l'eau de sa fontaine de santé, pour voir si elle tient réellement du salpêtre en dissolution, comme le disaient les gens du pays. Dans ce but, il en fit évaporer un peu dans une capsule, et il vit se former de beaux cristaux longs, qu'un observateur superficiel « aurait pu, dit-il, confondre avec les cristaux du salpêtre; ces cristaux ne fusent point dans le feu et n'ont pas les propriétés du nitre. » Glauber trouva, plus tard, que ce sel avait la plus grande ressemblance avec celui qu'il obtenait artificiellement, en faisant dissoudre dans l'eau et cristalliser le résidu salin (*caput mortuum*) qui reste dans la cornue après la préparation de l'esprit de sel (*acide chlorhydrique*) (1).

Ce sel n'est autre que le sulfate de soude, que l'auteur nomma *admirable*, *sal admirabile* : sans s'attribuer aucunement l'honneur de l'avoir le premier découvert; car il soutient que son *sel admirable* est le même que le *sal enixum* de Paracelse (2).

« Ce sel, dit-il, quand il est bien préparé, a l'aspect de l'eau congelée; il forme des cristaux longs, bien transparents, qui fondent sur la langue comme de la glace. Il n'est pas âcre, et il a un goût de sel particulier. Mis sur les charbons ardents, il ne décrépite point comme le sel de cuisine ordinaire (*nicht springend wie ein gemein Kochsalz*), et ne brûle point comme le salpêtre. Il n'exhale aucune odeur et supporte tout degré de chaleur. Comme il n'est point caustique, on peut l'employer avec avantage en médecine, tant extérieurement qu'intérieurement. Il mondifie et cicatrise les plaies récentes sans les irriter : c'est un médicament précieux (3), employé à l'intérieur. — Dissous dans de l'eau tiède et donné en lavement, il purge les intestins et tue les vers. Il peut aussi servir de fondant (4). »

---

(1) L'esprit de sel était préparé le plus anciennement en soumettant à la distillation un mélange de sel marin et de vitriol de fer ou de cuivre; ce dernier ingrédient fut plus tard remplacé par l'acide même du vitriol (acide sulfurique). Dans tous les cas, il reste au fond de la cornue du *sulfate de soude* (sel de Glauber) parfaitement soluble dans l'eau.

(2) Opera chym., etc., p. 492.

(3) Ibid., p. 495.

(4) Ibid. (*Philosophische Oefen*), p. 13.

Voilà l'histoire la plus complète qui ait été jusqu'alors faite de ce sel. Ce n'est donc pas sans raison qu'il ait, même jusqu'à nos jours, conservé le nom de *sel de Glauber*.

L'esprit de sel (*spiritus salis*) était préparé en traitant, dans un appareil distillatoire, un mélange de sel commun et de vitriol ou d'huile de vitriol. Glauber en connaissait la nature aériforme (gazeuse), puisqu'il fait observer qu'on ne l'obtient point à l'état liquide, à moins de lui associer de l'eau ; c'est pourquoi il recommande de se servir de vitriol humide. Il ne paraît pas ignorer que, dans cette réaction, c'est l'esprit de vitriol qui prend la place de l'esprit de sel qui se dégage. Il prescrit expressément de le préparer dans des vaisseaux de verre, parce que l'acide attaque les vaisseaux métalliques.

L'esprit de sel est vanté par l'auteur comme fort utile pour des usages culinaires, où il pourrait avantageusement remplacer le meilleur vinaigre et le jus de citron. « Pour apprêter, dit-il, un poulet, des pigeons ou du veau à la sauce piquante, on les met dans de l'eau, dans du beurre et des épices ; puis on y ajoute la quantité que l'on désire d'esprit de sel, selon le goût des personnes. On peut ainsi amollir et rendre parfaitement mangeable la viande la plus coriace, de la vache et de la vieille poule (1). »

Il le recommande en outre comme un excellent moyen de conserver les fruits, le vin, de coaguler le lait et d'attaquer les minerais.

Glauber donne le nom de *nitrum fixum* au produit alcalin résultant de la combustion du nitre avec la poussière de charbon, et ajoute que ce produit peut être employé en teinture pour communiquer à la cochenille (*consinillium*) une couleur de pourpre foncée, laquelle est ramenée à la teinte écarlate la plus vive par l'addition de l'esprit de nitre. « Celui-ci, dit-il, colore aussi les cheveux, les ongles, les plumes en jaune d'or (*goldfarbig*). » Il n'ignorait pas qu'une dissolution d'argent dans l'eau-forte (nitrate d'argent) teint en noir les matières organiques, telles que les plumes, les fourrures, le bois, etc. ; que l'huile de vitriol se substitue facilement aux

---

(1) Ibid. *Philosophische Oefen* (1re part., c. xxv), p. 29.

acides du nitre et du sel, qui sont très-volatiles ; qu'une solution d'argent est d'abord précipitée par l'ammoniaque, puis qu'un excès de celle-ci redissout le précipité (1).

Glauber paraît avoir, le premier, entrevu l'existence du chlore ; car il dit qu'en distillant l'esprit de sel sur des chaux métalliques (cadmie et rouille de fer), il obtenait « un esprit couleur de feu qui passe dans le récipient (*geht wie Feuer über*), et qui dissout les métaux et presque tous les minéraux. » Il l'appelle *huile* ou *esprit de sel rectifié*. « Avec ce produit, on peut, ajoute-t-il, faire de belles choses en médecine, en alchimie et dans beaucoup d'arts. Lorsqu'on le fait quelque temps digérer avec de l'esprit-de-vin déphlegmé (concentré), on remarque qu'il se forme à la surface de la liqueur une espèce de couche huileuse, qui est l'huile de vin (*oleum vini*), très-agréable, et un excellent cordial (2). »

Glauber retirait de la distillation des charbons de terre une huile rouge de sang (*blutrothes oleum*), qu'il recommande comme fort utile dans le pansement des plaies anciennes (3).

Nul n'avait jusqu'ici montré autant de sagacité dans l'explication des phénomènes de composition et de décomposition des corps. On se rappelle que les anciens préparaient le *beurre d'antimoine* en soumettant à la distillation un mélange de sublimé corrosif et d'antimoine naturel (sulfure d'antimoine). Écoutons Glauber, qui expliqua, il y a deux cents ans, tout ce qui se passe dans cette opération, aussi bien que le ferait aujourd'hui un professeur de chimie :

« Dès que le mercure sublimé (corrosif), mêlé avec l'antimoine, éprouve l'action de la chaleur, l'esprit, qui est combiné avec le mercure, se porte de préférence sur l'antimoine, l'attaque en abandonnant le mercure, et forme une huile épaisse (beurre d'antimoine) qui s'élève dans le récipient. Le beurre d'antimoine n'est donc autre chose qu'une dissolution de régule d'antimoine (antimoine métallique) dans de l'esprit de sel. Quant au soufre de l'antimoine (naturel), il se combine (*conjungirt sich*) avec le mercure, et donne naissance à du cinabre qui s'attache au col de la cornue ; une partie du mercure se volatilise. Celui qui s'entend bien à

---

(1) Philosoph. Oef., part. II, c. ix, p. 53.
(2) Ibid., part. I, c. xxiv, p. 28.
(3) Ibid., part. II, c. xliv.

la manipulation peut retrouver tout le poids du mercure employé (1). »

Voulez-vous savoir pourquoi il donne cette explication, à laquelle il n'y a rien à redire ? C'est pour renverser des théories erronées d'après lesquelles le beurre d'antimoine était l'*huile de mercure* (*oleum mercurii*), et le précipité blanc qui se forme quand on y ajoute de l'eau, le *mercure de vie* (*mercurius vitæ*). « Prenez, dit-il, cette poudre blanche appelée mercure de vie, et chauffez-la dans un creuset ; vous la transformerez en un verre d'antimoine, et vous n'en tirerez pas une trace de mercure. » Mais, pour mettre le comble à sa démonstration, il enseigne un procédé pour préparer le beurre d'antimoine ou la prétendue huile de mercure, sans avoir recours au sublimé corrosif. Ce procédé très-simple et qui est encore employé de nos jours, consiste à traiter les fleurs d'antimoine (oxyde) par l'esprit de sel. Et il ajoute que l'on obtient des produits semblables (chlorures) en traitant l'arsenic, l'étain et le zinc par l'esprit de sel.

C'étaient là des idées nouvelles et qui paraissaient alors fort hardies. Mais persuadé de la bonté de sa cause, et voulant couper court à toute discussion qui n'aurait pu que lui faire perdre du temps, il termine un peu brusquement : « Je ne prétends d'ailleurs imposer mes opinions à personne ; que chacun garde les siennes si bon lui semble. Je dis ce que je sais, dans le seul intérêt de la vérité. »

Ce mépris souverain pour les hommes et cet amour pour la science percent, à tout moment, dans les écrits de Glauber.

Rubis d'or ; — *pierres précieuses artificielles ;* — *liqueur des cailloux.* C'est le hasard qui a donné lieu à la découverte de la couleur rouge que l'or communique aux matières nitreuses : «Je fis, dit-il, il y a quelques années, fondre dans un creuset de la chaux d'or (*calcem solis*) ; et voyant que la fusion s'opérait difficilement, j'y ajoutai un peu de flux salin. L'opération étant terminée, je retirai le creuset du feu, et je fus fort surpris de trouver, à la place de l'or que j'y avais mis, une masse nitreuse d'un beau rouge de sang. Les fondants que j'avais employés étant des sels blancs, je ne pouvais attribuer cette coloration qu'à l'âme de l'or (*anima auri*). »

---

(1) Philosoph. Oefen, part. I, c. xviii, p. 23.

Ce fait est très-probablement antérieur à un autre entièrement semblable, décrit, comme nous l'avons vu, par Boyle, qui semble s'attribuer la découverte des verres colorés en rouge par l'or (1). Glauber avait déjà la réputation d'un chimiste distingué à l'époque où Boyle voyageait encore à l'étranger. Au reste, Libavius avait observé, vers la fin du XVI° siècle, que l'or était susceptible de colorer le verre en rouge (2); observation que Glauber et Boyle paraissaient également ignorer.

Glauber s'empressa aussitôt de tirer parti de ce que le hasard venait de lui faire découvrir. C'est ici que se révèle toute l'habileté de ce chimiste renommé à si juste titre. Au lieu de faire fondre un mélange d'or ou d'un composé (sulfure) d'or avec les matières ordinairement si impures du verre, il proposa un procédé extrêmement ingénieux, et qui ferait honneur à un chimiste de notre époque. Ce procédé consiste à précipiter l'or de sa dissolution dans l'eau régale par *la liqueur des cailloux* (*liquor silicum*) (3), et à faire fondre le précipité dans un creuset. « La couleur jaune se convertit en une couleur de pourpre des plus belles (*die aller-schœnste Purpurfarb*). » Il ajoute que ce procédé pourra être appliqué à tous les autres métaux (cuivre, fer, manganèse, etc.) pour la préparation des verres colorés ou des pierres précieuses artificielles (4).

Curieux de se rendre compte de tous les phénomènes qui se présentaient à son examen, il se demande ce qui se passe chimiquement lorsqu'on verse la liqueur des cailloux dans une solution d'or. Voici, à cet égard, son opinion qui rappelle exactement la loi de l'échange ou de la double décomposition : « L'eau régale, qui tient l'or en dissolution, tue (*tödet*) le sel de tartre (potasse) de la liqueur des cailloux (silicate de potasse), de manière à lui faire abandonner la silice ; et, en échange, le sel de tartre (potasse) paralyse l'action de l'eau régale de manière à lui faire lâcher l'or qu'elle avait dissous. Ainsi la silice et l'or sont tous deux privés de leurs dissolvants. Le précipité se compose donc à la fois

---

(1) Voy. p. 167 de ce volume.
(2) Ibid., p. 31.
(3) Silicate de potasse, obtenu en faisant fondre du sable ou de la silice pulvérisée avec un excès de potasse. Ce composé, dissous dans l'eau, s'appelait *liquor silicum*.
(4) *Philosoph. Oefen*, part. II, c. LXXXII et c. LXXXIII.

de l'or et de la silice, dont le poids réuni représente celui de l'or et de la silice employés primitivement (1). »

Glauber connaissait le smalt bleu de cobalt (2), le bleu de carmin, les émaux blancs ou colorés, etc. Il remplaça le blanc de plomb (carbonate) par le précipité (chlorure) obtenu en traitant une dissolution de plomb par l'eau régale.

Il recommanda, un des premiers, l'usage des creusets de Hesse, fabriqués avec une terre argileuse des environs d'Almanroth ; et il remarque que la bonté de ces vaisseaux est due, non pas tant aux matériaux eux-mêmes, qu'au degré de cuisson qu'ils reçoivent.

Il donne des préceptes utiles aux pharmaciens sur les précautions et la température très-modérée qu'il faut employer pour retirer des plantes les parties volatiles et aromatiques. Il signale l'existence de produits multipliés provenant de la distillation du goudron et du bois.

Dans son Traité sur la *Prospérité de l'Allemagne*, il expose des notions pratiques sur l'industrie, sur l'agriculture, sur les engrais, les nitrières artificielles faites au moyen de la chaux, etc. (3).

Loin de borner son intelligence aux détails du laboratoire, Glauber s'élève parfois à l'examen des questions les plus élevées d'économie politique, science alors presque inconnue. « L'Allemagne, dit-il, est un pays favorisé par la richesse de ses mines ; il n'y a ni manque de bois ni manque de bras. N'est-ce donc pas une honte de vendre notre plomb à la France et à l'Espagne, notre cuivre à la Hollande et à Venise, pour acheter ensuite bien cher, à ces mêmes pays, le plomb transformé en blanc d'Espagne, et le cuivre en vert de Venise? Est-ce que notre bois, notre sable, nos cendres, ne sont pas aussi bons que ceux de France ou de Venise pour fabriquer des cristaux? Il en est de même de beaucoup d'autres

---

(1) *Phil. Oefen*, part. II, c. LXXXII, p. 125.

(2) *Bereitet von flüssiger Sand-Pott-Asche und Kobolt*, Explicat. Miraculi mundi, p. 187.

(3) *Teutschlands Wohlfart*, etc., p. 340 et 441. « Le nitre peut être, dit-il, ensemencé, cultivé comme les fruits des champs ; une petite quantité peut servir de *ferment* à une immense étendue de terrain qui ne tarde pas à se recouvrir de nitre ; de même qu'un peu de levûre de bière fait fermenter une prodigieuse quantité de pâte. »

produits dont l'Allemagne fournit les matériaux que l'étranger exploite (1). »

Ces paroles n'étaient pas seulement émises par l'instinct du patriotisme ; elles agitaient la question de l'avenir de l'industrie.

L'histoire ne nous montre qu'à de rares intervalles des hommes aussi éclairés, et surtout aussi probes et aussi honnêtes que Glauber.

« Je gémis, dit-il, de l'ignorance de nos contemporains et de l'ingratitude des hommes. Je sais bien que mes travaux seront appréciés différemment par les uns et par les autres, et que j'aurais tout aussi bien fait de garder mes découvertes pour moi. Mais je me moque des jugements des hommes ; c'est comme un vent qui souffle sur moi sans me renverser. Si Jésus-Christ vivait aujourd'hui, et qu'il fît les miracles qu'il a faits, on le brûlerait, comme on l'a crucifié il y a seize siècles. Les hommes sont toujours les mêmes, envieux, méchants et ingrats. Quant à moi, fidèle à la devise *Ora et labora*, je remplis ma carrière en honnête homme ; je fais ce que je puis, et j'attendrai la récompense que ce monde périssable ne peut me ravir. »

§ 5.

JEAN KUNCKEL DE LOEWENSTERN.

La méthode expérimentale de Bacon, si bien mise en pratique par Boyle, fut bientôt universellement adoptée.

Kunckel est un de ceux qui se sont le plus opposés à la fausse direction suivie par les anciens chimistes ; il demande, avant tout, des faits, sauf à laisser à d'autres le soin de faire des théories. La science lui est redevable d'une partie de ses progrès au XVIIᵉ siècle.

Kunckel était fils d'un chimiste de Holstein, et né vers 1612. On ne sait rien sur les premières années de sa jeunesse. Il nous apprend lui-même que, dès sa vingt-quatrième année, il s'était constamment occupé de chimie. Peu satisfait des procédés obscurs des alchimistes, il se mit à l'œuvre, en prenant pour guide l'expérience. Il obtint, par la suite, un emploi de chimiste et de

---

(1) Opera mineral., P. III.

pharmacien auprès des ducs Charles et Henri de Lauenbourg, qui, à l'exemple de beaucoup d'autres princes de ce temps, s'étaient épris d'une belle passion pour la chimie et la transmutation des métaux. De là il passa, sur la recommandation de Langelot, au service de Jean-Georges II, électeur de Saxe, qui lui confia la direction de son laboratoire à Dresde, avec des appointements considérables. Mais ses ennemis, dont il se plaint amèrement dans ses écrits, l'obligèrent d'abandonner cette place et de se retirer d'abord à Annaberg, puis à Wittemberg, où il remplit, pendant quelque temps, la chaire de chimie à l'université de cette ville. Plus tard, il se rendit, sur l'invitation de Frédéric-Guillaume, à Berlin, pour diriger les fabriques de verre et le laboratoire de l'électeur de Brandebourg. Ses économies lui permirent de faire l'acquisition d'une propriété seigneuriale, où il passa une partie de sa vie à faire des expériences de chimie pour son propre compte. Enfin le roi de Suède, Charles XI, l'appela à Stockholm, lui conféra des titres de noblesse (*de Lœwenstern*), avec la place de conseiller des mines du royaume.

Kunckel mourut en 1702, à un âge fort avancé.

Travaux de Kunckel.

Le principal ouvrage de Kunckel, écrit en allemand, a pour titre: *Laboratorium chymicum, worinnen von den wahren principiis in der Natur, der Erzeugung, den Eigenschaften und der Scheidung der Vegetabilien, Mineralien, und Metalle, gehandelt wird* (Laboratoire de chimie, dans lequel il est traité des vrais principes naturels, de la génération, des propriétés et de l'analyse des végétaux, des minéraux et des métaux (1).

Ses autres ouvrages, de moins d'importance, sont : 1° *Nützliche observationes von den fixem und flüchtigen Salzen, auro und argento potabili, spiritu mundi, etc.* (Observations utiles sur les sels fixes et volatiles, etc.) (2); 2° *Chymische Anmerkungen*

---

(1) Berlin, 1767, in-8°, 4° édition. La 1re édition est de 1716, in-8°; Hambourg et Leipzig.

(2) Hambourg, 1676, in-8°. Traduit en latin par Al. Ramsai; Lond. et Rotterd., 1678, in-12.

Notices chimiques) *de principiis chymicis, salibus acidis, alca-*
libus, etc. (1); 2° *Epistola contra spiritum vini sine acido* (2);
4° *OEffentliche Zuschrift van dem phosphoro mirabili*, etc. (3);
5° *Probierstein de acido et urinoso sale calido et frigido* (4);
6° *Ars vitraria experimentalis* (5).

Kunckel a attaché son nom à la découverte du phosphore ; c'est
lui qui nous a laissé là-dessus les détails les plus circonstanciés, et
qu'on lira peut-être avec un vif intérêt de curiosité.

Laissons-le d'abord raconter la découverte du phosphore de
Baudouin, dont nous avons déjà dit un mot (6), et qui se fit à peu
près vers le même temps que celle du véritable phosphore.

« Il y avait à Grossenhayn en Saxe un savant baillif du nom de
Baudouin (Balduin), qui vivait dans la plus grande intimité avec
le docteur Früben. Un jour il leur vint à tous deux l'idée de
chercher un moyen de recueillir l'esprit du monde (*spiritum
mundi*). Dans ce dessein , ils prirent de la craie pour la dissoudre
dans de l'esprit de nitre, ils évaporèrent la solution jusqu'à siccité, et
exposèrent le résidu à l'air, dont il attira fortement l'eau (humidité);
par la distillation ils obtinrent cette eau absorbée à l'air. C'était
là leur esprit du monde, qu'ils vendaient douze *groschen* le loth (7).
Tout le monde, seigneurs et vilains, voulait faire usage de cette eau.
— On peut bien s'imaginer que la foi a opéré ici des miracles ; car
l'eau de pluie aurait été tout aussi bonne (8). »

Baudouin cassa un jour une cornue où il avait calciné de la craie
avec de l'esprit de nitre, et remarqua que le produit qui y restait luisait dans l'obscurité, et qu'il n'avait cette propriété qu'a-
près avoir été exposé à la lumière du soleil.

---

(1) Wittemberg, 1677, in-8°. Traduit en latin par Ramsai, et en anglais sous le
titre de *Experiments of chymical philosophy ; Lond.,* 1705.

(2) Berlin, 1681, in-12.

(3) Leips., 1678, in-8°.

(4) Berlin, 1685, in-8°.

(5) Francf. et Leips., 1689; Nuremb., 1743 et 1756. Traduit en français par le
baron de Holbach, sous le titre : *L'art de la verrerie de Neri , Merret und
Kunckel;* Paris, 1752, 4.

(6) Voy. t. II, p. 182.

(7) Environ deux francs les 35 grammes ; somme assez considérable à une
époque (quelque temps après la guerre de trente ans) où l'argent avait au moins
six fois plus de valeur qu'aujourd'hui.

(8) *Vollstaendiges laboratorium,* etc., p. 601 (4° édit., 1767).

« Aussitôt Baudouin courut, continue Kunckel, à Dresde pour communiquer ce résultat au conseiller de Frieson, à plusieurs ministres de la cour, et enfin à moi. Je fus, je l'avoue, émerveillé de cette singulière expérience ; mais, ce jour-là, je n'eus pas le bonheur de toucher la substance de mes mains. Pour obtenir cette faveur, je fis une visite à M. Baudouin, qui me reçut fort poliment, et me donna... une belle soirée musicale. Bien que j'eusse causé avec lui toute la journée, il me fut impossible d'en tirer le fin mot de l'histoire. La nuit étant venue, je demandai à M. Baudouin si son *phospharus* (car c'est ainsi qu'il avait appelé son produit de la cornue) pouvait aussi attirer la lumière d'une bougie, comme il attire celle du soleil. Il se mit aussitôt à en faire l'expérience. Toutefois je n'eus pas encore le bonheur de toucher la substance en question. Ne serait-il pas, lui dis-je alors, plus convenable de lui faire absorber la lumière à distance, au moyen d'un miroir concave? — Vous avez raison, répondit-il. Sur-le-champ il alla lui-même chercher son miroir, et cela avec tant de précipitation qu'il oublia sur la table la substance que j'étais si curieux de toucher. La saisir de mes mains, en ôter un morceau avec les ongles et le mettre dans la bouche, tout cela fut l'affaire d'un instant. » — M. Baudouin revient, l'expérience commence, et Kunckel ne dit pas si elle réussit.

« Je lui demande enfin s'il ne veut pas me faire connaître son secret. Il y consentit ; mais à des conditions inacceptables. J'envoyai alors un messager à M. Tutzky, qui avait longtemps travaillé dans mon laboratoire, et le priai de se mettre immédiatement à l'œuvre, en traitant la craie par l'esprit de nitre (car je savais qu'on s'était servi de ces deux matières pour la préparation de l'esprit du monde), de calciner ce mélange fortement, et de m'informer du résultat de l'expérience par le retour du messager. »

L'expérience réussit, comme on le pense bien, au delà de toute espérance, et Kunckel reçut, vers le soir même, un échantillon de son phosphore ; il en fit cadeau à M. Baudouin, en récompense de..... sa soirée musicale.

Il est difficile d'être à la fois plus sagace et plus spirituel. Voici maintenant les détails concernant l'histoire de la découverte du phosphore proprement dit, dans laquelle Kunckel a joué un rôle important :

« Quelques semaines après la découverte du phosphore de Baudouin, je fus obligé de faire un voyage à Hambourg. J'avais emporté avec moi un de ces tôts luisants (*einen solchen leuchten-den Scherben*), pour le montrer à un de mes amis. Celui-ci, sans paraître étonné, me dit : Il y a dans notre ville un homme qui se nomme le docteur *Brand* ; c'est un négociant ruiné qui, se livrant à l'étude de la médecine, a dernièrement découvert quelque chose qui luit constamment dans l'obscurité. Il me fit faire connaissance avec Brand. Comme celui-ci venait de donner à un de ses amis la petite quantité de phosphore qu'il avait préparée, il fallait me rendre chez cet ami pour voir le corps luisant récemment découvert. Mais plus je me montrais curieux d'en connaître la préparation, plus ces hommes se tenaient sur la réserve. Dans cet intervalle, j'envoyai à M. Krafft, à Dresde, une lettre par laquelle je lui fis part de toutes ces nouvelles. Krafft, sans me répondre, se met aussitôt en route, arrive à Hambourg, et, sans que je me doute seulement de sa présence dans cette ville, il achète le secret de la préparation du phosphore pour 200 thalers (environ 800 francs), et à la condition de ne point me le dire à moi. Je me présentai un jour chez Brand, précisément au moment où il était en conférence avec Krafft. Brand sortit de sa chambre et s'excusa de ce qu'il ne pouvait pas me recevoir, alléguant que sa femme était malade, et qu'il y avait encore une autre personne chez lui. D'ailleurs il me serait, ajouta-t-il, impossible de vous apprendre mon procédé ; car ayant depuis essayé plusieurs fois, je n'ai plus réussi. Il fallut donc, bon gré mal gré, me préparer à quitter Hambourg sans avoir rien obtenu.

« Avant mon départ, je rencontre par hasard M. Krafft, auquel je raconte naïvement tout ce qui m'était arrivé. Celui-ci m'assura que je n'obtiendrais jamais rien de M. Brand, qui est, me dit-il, un homme très-entêté. Je ne savais pas alors que Brand s'était déjà engagé envers Krafft, par un serment, à n'apprendre son procédé à personne. Je partis donc comme j'étais venu.

« De Wittemberg j'écrivis à Brand, en le priant itérativement de me faire connaître son secret. Mais il me répondit qu'il ne pouvait plus le retrouver. Je lui écrivis encore une fois, en insistant de nouveau. Il me répondit alors qu'il avait, par l'inspiration divine, retrouvé son art ; mais qu'il lui était impossible de me le communiquer. Enfin, je lui adressai une dernière lettre dans laquelle je lui apprenais que j'allais moi-même, de mon côté, me livrer à des recherches assidues, et que, si j'arrivais à mon but, je ne lui en aurais aucune reconnaissance. Car *je savais que Brand avait travaillé sur l'urine, et que c'était de là probablement qu'il avait tiré son phosphore.*

« A cette lettre, il me fit la réponse suivante : « J'ai reçu la lettre de monsieur, et je vois avec regret qu'il est d'assez mauvaise humeur, etc. J'ai vendu ma découverte à Krafft pour la somme de 200 thalers. J'ai appris depuis lors que Krafft a obtenu une gratification de la cour de Hanovre. Si je ne suis pas content de lui, je serai disposé à traiter avec vous. Dans le cas où vous iriez vous-même découvrir mon secret, je vous rappellerai votre promesse, votre serment. »

« Cela avait-il le sens commun ? s'écrie Kunckel justement indigné. Jamais de ma vie je n'avais sollicité un homme avec des prières aussi instantes que ce M. Brand, qui se donne le titre de *doctor medicinæ et philosophiæ*. Il a encore l'audace de me demander une somme d'argent, si je parvenais moi-même à faire la découverte que je l'avais tant supplié de me communiquer !

« Enfin, de guerre lasse, je me mis moi-même à l'œuvre. Rien ne me coûta ; et, au bout de quelques semaines, je fus assez heureux pour trouver, à mon tour, le phosphore de Brand. Voilà, mon cher lecteur, toute l'histoire du phosphore : on voit par là que Brand ne m'en a pas appris la préparation.

« J'ai, depuis ce temps, appris que ce docteur tudesque (*doctor teutonicus*) s'est exhalé en invectives contre moi. Mais que faire d'un si pauvre docteur qui a complétement négligé ses études, et qui ne sait pas même un mot de latin ? Car je me rappelle un jour que son enfant s'étant fait une égratignure au visage, je recommandai au père de mettre sur la plaie *oleum ceræ*. Qu'est-ce que cela ? me dit-il. — Du cérat, lui répondis-je. — Ben, ben, reprit-il dans son patois hambourgeois, j'aurions dû y penser plus tôt (1). C'est pour cela que je l'appelle *le docteur tudesque.* Son secret devint bientôt si vulgaire, qu'il le vendit, par besoin, à d'autres personnes, pour 10 thalers (environ 40 francs). Il l'avait, entre autres, fait connaître à un Italien qui, étant venu à Berlin, l'apprenait, à son tour, à tout le monde pour 5 thalers (environ 20 francs).

« Quant à moi, je fais ce que personne ne sait encore : mon phosphore est pur et transparent comme du cristal, et d'une grande

---

(1) *Su, su, dat is ock wahr ; ick bedacht mi nich so balde.*

force. Mais je n'en fais plus maintenant, parce qu'il peut donner lieu à beaucoup d'accidents malheureux (1). »

Ces faits, qui auraient perdu leur charme par une sèche analyse, se passèrent à peu près vers 1669 à 1670.

Kunckel ne fut pas aussi intéressé, et ne fit pas le mystérieux comme Brand ; car il communiqua gratuitement son procédé à plusieurs personnes, et entre autres à Homberg, en présence duquel il fit l'opération en l'année 1670.

Comme Kunckel ne décrit pas, dans son *Laboratorium*, la préparation du phosphore, afin de ne pas devenir, ainsi qu'il le dit lui-même, la cause indirecte de beaucoup d'accidents, nous allons anticiper sur l'analyse des travaux de Homberg, qui fit le premier connaître en France *la manière de faire le phosphore brûlant de Kunckel* (2).

Voici comment Homberg décrit le procédé de Kunckel, qu'il répéta dans le laboratoire de l'Académie royale des sciences :

« Prenez de l'urine fraîche, tant que vous voudrez ; faites-la évaporer sur un petit feu jusqu'à ce qu'il reste une matière noire qui soit presque sèche. Mettez cette matière noire putréfier dans une cave durant trois ou quatre mois, et puis prenez-en deux livres et mêlez-les bien avec le double de menu sable ou de bol. Mettez ce mélange dans une bonne cornue de grès lutée ; et ayant versé une pinte ou deux d'eau commune dans un récipient de verre qui ait le col un peu long, adaptez la cornue à ce récipient et placez-la au feu nu. Donnez au commencement un petit feu pendant deux heures, puis augmentez le feu peu à peu, jusqu'à ce qu'il soit très-violent, et continuez ce feu violent trois heures de suite. Au bout de ces trois heures, il passera dans le récipient d'abord un peu de phlegme, puis un peu de sel volatil, ensuite beaucoup d'huile noire et puante ; et enfin la matière du phosphore viendra en forme de nuées blanches qui s'attacheront aux parois du récipient comme une petite pellicule jaune, ou bien elle tombera au fond du récipient en forme de sable fort menu. Alors il faut laisser éteindre le feu et ne pas ôter le récipient, de peur que le feu ne se mette au phosphore, si on lui

---

(1) *Vollstaendiges laboratorium*, p. 605 et suiv.
(2) Mém. de l'Acad. royale des sciences, t. X (mém. présenté le 30 avril 1692).

donnait de l'air pendant que le récipient qui le contient est encore chaud. Pour réduire ces petits grains en morceaux, on les met dans une petite lingotière de fer-blanc; et, ayant versé de l'eau sur ces grains, on chauffe la lingotière pour les faire fondre comme de la cire. Alors on verse de l'eau froide dessus, jusqu'à ce que la matière du phosphore soit congelée en un bâton dur qui ressemble à de la cire jaune. »

Voilà l'histoire détaillée de la découverte la plus importante qui ait été faite en chimie au XVII° siècle. Elle soulève quelques points litigieux. Le procédé de Kunckel, que nous venons de faire connaître, est exactement le même que celui que Boyle a donné comme étant de son invention (1). L'un avait été en Allemagne aussi malheureux auprès de Brand, que l'autre l'avait été en Angleterre auprès de Kraftt, dans l'acquisition du secret de la préparation du phosphore. Guidés alors par leur propre sagacité, et travaillant à l'insu l'un de l'autre, ils arrivèrent simultanément au même résultat. Cette coïncidence est presque aussi miraculeuse que celle des Septante. Et si nous n'avions pas affaire à des hommes aussi irréprochables que Boyle et Kunckel, nous serions tentés de croire que Brand, l'inventeur, et Kraftt, le colporteur du phosphore, n'étaient pas aussi discrets qu'on nous les a dépeints.

Kunckel attaqua, comme Boyle, les théories des alchimistes avec les armes de l'expérience et de la satire. Il regarde le mercure des métaux et le soufre fixe comme des éléments imaginaires. « Moi, vieillard, qui me suis, dit-il, occupé de chimie pendant soixante ans, je n'ai pas encore pu découvrir ce que c'est que le *sulfur fixum*, et comment il fait partie constitutive des métaux (2). »

Il raille avec esprit les alchimistes, qui ne s'entendent même pas entre eux, et qui appliquent souvent à un seul et même corps des propriétés et des noms différents; et il s'indigne de cette méthode déplorable qui a si longtemps retardé les progrès de la science.

« Les anciens, dit-il ironiquement, ne s'accordent pas sur les espèces de soufre. Le soufre de l'un n'est pas le soufre de l'autre, au grand préjudice de la science. A cela, on me répond que chacun est bien libre de baptiser son enfant comme il l'entend. D'accord: vous pouvez même, si bon vous semble, appeler âne un bœuf,

---

(1) Voy. p. 182 et 183 de ce volume.
(2) *Vollstaendiges laborat.*, p. 143 (4° édition).

mais vous ne ferez jamais croire à personne que votre bœuf est un âne (1). »

Afin d'apprécier tout le mérite de Kunckel, il faut se rappeler que, pour déblayer le terrain de la science, il avait à lutter contre des obstacles dont nous soupçonnons aujourd'hui à peine l'existence.

Le fameux *alkahest* de Paracelse et de Van-Helmont ne devait pas non plus échapper à la satire mordante de Kunckel. On se rappelle que l'*alkahest* était le dissolvant universel qui devait, par conséquent, dissoudre le verre, la silice, le soufre, l'or, en un mot tous les corps. « Mais si l'alkahest, remarque le spirituel Kunckel, dissout tout ce qui est, il doit aussi dissoudre le vase qui le renferme ; s'il dissout la silice, il doit dissoudre le verre, qui est fait avec de la silice. On a beaucoup discuté sur ce grand dissolvant de la nature : les uns le font dériver du latin *alkali est*, les autres, de deux mots allemands *all geist* (tout esprit) ; enfin d'autres le font venir de *alles est* (c'est tout). Quant à moi, qui ne crois pas au dissolvant universel de Van-Helmont, je l'appellerai par son vrai nom, *alles Lügen heist* ou *alles Lügen ist* (tout cela est mensonge) (2). »

Voulez-vous savoir ce que Kunckel pensait de la question si controversée de la transmutation des métaux ?

« Dans la chimie, dit-il, il y a des séparations, des combinaisons, des purifications ; *mais il n'y a pas de transmutations*. L'œuf éclot par la chaleur d'une poule. Avec tout notre art, nous ne pouvons pas faire un œuf ; nous pouvons le détruire et l'analyser, mais voilà tout (3). »

Ces paroles étaient dirigées contre les alchimistes, qui, dans leur orgueil, s'attribuaient le pouvoir non-seulement de transmuter des métaux, mais de créer des êtres vivants à l'aide de certains éléments.

Il s'était surtout rendu redoutable aux adeptes qui, avec leur poudre de projection, exploitaient la crédulité des riches. Un certain baron alchimiste avait offert à l'électeur de Saxe de lui enseigner l'art de faire de l'or. L'électeur, avant d'acheter le secret, consulta Kunckel, qui découvrit que la poudre de projection de cet alchimiste n'était autre chose qu'un composé rouge de soufre, d'ar-

---

(1) *Vollstaendiges laborat.*, p. 181.
(2) Ibid., p. 475.
(3) Ibid., p. 524.

senic et d'antimoine, où il était facile d'incorporer clandestinement de l'or ou de l'argent (1).

Poursuivons l'analyse des diverses questions sur lesquelles la sagacité de Kunckel a jeté quelque lumière.

Rubis artificiel (verre rouge). Ici encore nous voyons Boyle et Kunckel s'occuper de la même question, et arriver, à l'insu l'un de l'autre, presque aux mêmes résultats. Laissons le dernier raconter l'histoire de la découverte du rubis artificiel : « L'honneur de cette découverte revient, dit-il, à notre siècle ; car les verres rouges des anciens ne sont que des verres peints d'un seul côté : lorsqu'on les racle, on voit au-dessous de cette couche un verre grossier verdâtre. Voici comment se fit cette découverte : Il y eut un docteur en médecine, nommé Cassius, qui avait trouvé le moyen de précipiter l'or par l'étain (*præcipitatio solis cum Jove*), ce dont Glauber lui a donné peut-être la première idée. Ce docteur avait essayé, mais en vain, d'incorporer ce précipité dans le verre. Moi, qui en avais entendu parler, je me mis à faire également des essais de ce genre, et je réussis à obtenir du verre d'un beau rouge ; la couleur s'était complétement identifiée avec le verre. Le premier de ces verres ainsi fabriqués, je l'offris à l'électeur Frédéric-Guillaume, mon prince et seigneur, qui m'envoya 100 ducats de récompense. Peu de temps après, le prince-archevêque de Cologne me chargea de lui faire un calice de verre rouge d'un pouce d'épaisseur. Je me mis à l'œuvre, et je réussis. Ce calice était très-beau, et pesait vingt-quatre livres. Je reçus, en récompense, la somme de 800 thalers. L'électeur de Saxe fit présent de quelques-uns de ces verres à la reine Christine, qui séjournait alors à Rome ; et bientôt l'usage de ces verres se répandit, mais seulement parmi les grands seigneurs (2). »

Avant Kunckel, on savait déjà que l'or est susceptible de communiquer à la pâte vitreuse une belle couleur rouge (3) ; mais on n'avait pas encore songé aussi sérieusement à utiliser ce fait dans l'industrie.

Fermentation et putréfaction. « La putréfaction et la fermenta-

---

(1) *Vollstaendiges laborat.*, p. 570.
(2) Ibid., p. 590.
(3) Voy. p. 166, 167 et 197 de ce volume.

tion, dit Kunckel, sont sœurs ; elles sont intimement liées entre elles. Dans le règne animal, la fermentation est annoncée par une odeur fétide ; dès que la fermentation cesse, la putréfaction cesse aussi. Or, ceci a lieu du moment où l'eau, l'air et la lumière ont repris les éléments qui leur appartiennent, et qu'il ne reste plus qu'un peu de poussière ou de terre, avec laquelle ces éléments étaient unis. Une température douce et humide hâte la fermentation ; c'est aussi là ce qui accélère la putréfaction (1). »

Kunckel préparait de l'alcool avec des mûres et d'autres fruits sucrés soumis à la fermentation. Il n'ignorait pas que l'acide (vinaigre) qui se trouve dans les liqueurs fermentées, s'est formé aux dépens de l'alcool.

« Écrasez, dit-il, les mûres ; exposez-les à une chaleur très-douce, et les mûres commenceront d'elles-mêmes à fermenter. Dès que vous verrez qu'elles s'affaissent, et qu'elles exhalent une odeur aigrelette et vineuse, distillez-les : vous obtiendrez un bon esprit-de-vin, mais pas autant que si vous aviez aidé la fermentation avec un peu de levain ou de levûre de bière. Car, sans ce levain, la fermentation est plus lente ; il se produit beaucoup d'acide, et cela aux dépens de l'esprit-de-vin (2). »

« Quelques *théoriciens* (c'est ainsi qu'il nomme les alchimistes qui négligent la méthode expérimentale) soutiennent que l'esprit-de-vin est une espèce d'huile. Mais aucun des caractères propres à l'huile n'est applicable à l'esprit-de-vin ; car celui-ci ne nage pas sur l'eau, il ne dissout pas le soufre, il ne forme pas de savon avec les alcalis. Donc l'esprit-de-vin n'est pas une huile (3). »

Il s'en faut que tous les chimistes du XVIIe siècle aient eu le talent de raisonner ainsi.

Kunckel remarque fort bien que les acides, les plantes amères (huiles essentielles), le froid, sont autant d'obstacles qui arrêtent immédiatement la fermentation.

« Les acides empêchent, dit-il, la fermentation, parce qu'ils en tirent leur origine. Si, en faisant fermenter du sucre, vous y ajoutiez quelques gouttes d'huile de vitriol, vous verriez aussitôt la fermentation s'arrêter. Le froid agit de la même façon (4). »

-----

(1) *Vollstaendiges laboral.*, p. 636.
(2) Ibid., p. 638.
(3) Ibid., p. 642.
(4) Ibid., p. 651.

Attribuant la plupart des maladies de l'estomac à une sorte de fermentation, il tire parti des substances contraires à la fermentation pour combattre ces maladies.

« Les maux d'estomac, dit-il, ont pour cause des impuretés qui fermentent; car on les guérit facilement au moyen des acides ou des plantes amères : les acides et les plantes amères arrêtent la fermentation. Le sucre est contraire aux maladies d'estomac, parce qu'il augmente la fermentation. »

La conséquence est logique, en supposant que le principe soit vrai.

Le ferment, qui, comme on sait, est une substance azotée, était déjà signalé par Kunckel comme pouvant donner naissance à du sel volatil (d'ammoniaque), par l'application de la chaleur (1).

Sels. Suivant le même auteur, les sels (alcalins) sont composés d'une terre subtile et d'une matière huileuse (2). Et s'il ne croyait pas à la transmutation des métaux, il croyait, en revanche, à la possibilité de transformer les alcalis en acides, et les acides en alcalis (3).

Il avait parfaitement connaissance de l'ammoniaque caustique, qu'il compare à la potasse caustique : « Lorsqu'on traite le sel ammoniac avec de la chaux vive, on obtient la partie urineuse, d'une odeur très-forte (ammoniaque) ; de même, en traitant une bonne lessive avec la chaux vive, on a un produit soluble très-caustique.

« D'où vient, se demande-t-il, cette causticité? — Elle provient d'une combinaison (*Vereinigung*) : l'acide se sépare de la chaux et se porte sur le sel alcalin ; de là vient la causticité de ce dernier sel (4). »

Il est curieux de faire observer qu'effectivement il s'opère là une combinaison, mais que cette combinaison est précisément l'inverse de celle admise par l'auteur (5).

La chaleur qui se produit pendant l'union des acides et des alcalis entre eux n'avait point échappé à l'observation de l'auteur. Cette

---

(1) *Vollstaendiges laborat.*, p. 92.
(2) Ibid., p. 117.
(3) Ibid., p. 133 et 138.
(4) Ibid., p. 459.
(5) On sait qu'en traitant ensemble du carbonate de potasse (sel de lessive)

chaleur, dit-il, peut être quelquefois assez considérable pour enflammer la poudre à canon (1).

Il avait également connaissance de l'alun à base d'ammoniaque, car il dit formellement que l'alun est un sel double (*sal duplicatum*), dans lequel se trouve du sel urineux (ammoniaque) (2).

Moyen de constater la pureté de l'eau-forte. Ce moyen employé par Kunckel consiste à traiter cet acide par l'argent : si tout l'argent se résout en une liqueur limpide et transparente, l'acide est pur; celui-ci est au contraire impur (contenant de l'esprit de sel), si la liqueur est trouble, et qu'elle laisse déposer une chaux blanche (chlorure d'argent) (3).

Moyen de préparer de l'argent parfaitement pur. Ce moyen, indiqué il y aura bientôt deux cents ans, est le même que celui qu'on met aujourd'hui en usage : « La dissolution de l'argent dans l'eau-forte est précipitée par le sel commun ; le précipité blanc (chlorure d'argent) est ensuite mêlé avec de la potasse et calciné dans un creuset (4). » La seule différence, insignifiante du reste, c'est qu'on substitue en général la chaux à la potasse.

Emploi de l'huile de vitriol pour séparer l'argent de l'or. Ce procédé, qui est considéré par quelques chimistes, comme une découverte récente, était également connu de Kunckel, qui dit : « L'huile de vitriol dissout l'argent, mais seulement en faisant bouillir la liqueur; cette même huile de vitriol ne dissout pas l'or, qui peut être ainsi séparé de l'argent (5). »

Antimoine. Il y a, dans le *Laboratorium* de Kunckel, plusieurs chapitres sur l'emploi des préparations antimoniales, qui sont du plus haut intérêt pour l'histoire de la thérapeutique médicale; mais notre sujet ne nous permet pas de les passer en revue. On y trouve, entre autres, un cas d'empoisonnement qui s'est passé dans des circonstan-

---

et de la chaux vive, l'acide carbonique du sel de lessive se porte sur la chaux, et donne ainsi naissance à la potasse caustique (exempte d'acide).

(1) *Vollstaendiges laborat.*, p. 437.
(2) Ibid., p. 228.
(3) Ibid., p. 161.
(4) Ibid., p. 297.
(5) Ibid., p. 288.

ces assez singulières. Une femme demande à un pharmacien du régule d'antimoine (antimoine métallique) pour se purger. Le pharmacien, voulant faire voir à sa pratique toute sa science, lui dit : Attendez un instant, que je chasse auparavant le poison par le feu. Et aussitôt il se mit à calciner l'antimoine (c'est-à-dire, à le convertir en oxyde d'antimoine). La pauvre femme qui prit cette poudre eut, comme on le pense bien, des vomissements atroces, et faillit trépasser. La dose de l'antimoine métallique que le pharmacien avait calciné pour en chasser, comme il disait, le poison, était de 35 grains (1).

L'auteur préparait le régule d'antimoine en chauffant l'antimoine calciné (oxyde) avec un mélange d'huile, de beurre et de poussière de charbon. L'huile et le beurre agissent, par leur carbone, de la même manière que la poussière de charbon.

Préparation et distillation des huiles essentielles dans de l'alcool. Ce procédé est très-ingénieux, et nous allons le reproduire tel que Kunckel le décrit : « Je fais dissoudre un peu de sucre dans de l'eau chaude, et mets le *solutum* dans une cornue, après y avoir ajouté deux ou trois cuillerées de levûre de bière fraîche. Lorsque je vois que la fermentation est bien établie, j'y jette les fleurs dont je veux retirer l'essence. Je surmonte ensuite la cornue de son chapiteau, auquel j'adapte un récipient, et je distille le mélange à une chaleur douce. De cette manière j'obtiens un excellent esprit contenant toute l'essence des fleurs ou des herbes. Les premières portions qui passent à la distillation sont les plus riches en essence; les dernières sont les plus pauvres; et il faut alors arrêter l'opération (2).

Ne serait-il pas possible que l'alcool, au moment où il se développe par la fermentation du sucre, conséquemment à l'état naissant, fût plus apte que dans tout autre état à s'emparer des huiles essentielles des plantes, et à les entraîner dans le récipient?

Kunckel n'était pas seulement chimiste et manipulateur, il cultivait encore avec goût, et avec un véritable amour pour la science, la physiologie et l'histoire naturelle. C'est à lui que nous devons les premières observations concernant l'action que la lumière exerce sur la végétation. Il était parvenu, à l'aide de nombreuses expériences,

---

(1) *Vollstaendiges laboral.*, p. 414.
(2) Ibid., p. 649.

à reconnaître que les plantes que l'on fait croître dans l'obscurité n'atteignent jamais leur perfection ; que surtout elles n'acquièrent pas d'odeur, et sont privées de leurs molécules aromatiques.

La lumière est pour lui un élément important, qui exerce même une certaine influence sur les métaux. A ce propos il cite une expérience fort remarquable, qui devait être un jour féconde en résultats : « Lorsqu'on interpose entre la flamme et le métal qu'elle fait fondre, un crêpe (*Flohr*) métallique, l'action de la flamme est suspendue. Ceci est dû à l'obscurité placée entre la flamme et le métal (1). »

Les zoologistes regretteront sans doute vivement que Kunckel n'ait pas publié son traité, qu'il avait promis : *De observatione animalium in Germania*. L'étude des instincts et des mœurs des animaux était chez lui une véritable passion, comme il semble l'avouer lui-même : « Si mes amis, dit-il, me reprochent de m'être livré à la chasse et à la pêche, ce n'est pas là une occupation honteuse ; car j'ai appris ainsi les habitudes et mille ruses des animaux. Il n'y a pas d'espèce d'oiseau en Allemagne que je n'aie élevée auprès de moi, dans le dessein d'en étudier les mœurs. Un jour l'électeur Jean-George II, entrant dans mon laboratoire, aperçut dans un coin toute une couvée de mésanges. Le prince me demanda en riant si ces oiseaux devaient chanter pour me faire passer le temps (2). »

Mais arrêtons-nous ici dans notre analyse. Qu'il nous suffise de faire remarquer que si tous les savants du xviie siècle avaient été des observateurs aussi sages et aussi habiles que Kunckel et Boyle, la science aurait été un siècle plus tôt ce qu'elle est aujourd'hui.

§ 6.

J. Joachim BECHER.

Stahl, disciple de Becher, a beaucoup contribué à la renommée de son maître, qui ne mérite certes pas tous les éloges qu'on lui a prodigués. Becher est loin d'être toujours fidèle à la méthode

---

(1) *Voüislaendiges laborat.*, p. 23.
(2) Ibid., p. 564.

expérimentale, qui était destinée à ouvrir à la science des voies nouvelles. Il se perd souvent dans des divagations théoriques qui rappellent les plus mauvais jours du moyen âge. Sa vanité et son ambition lui suscitèrent beaucoup d'ennemis, et lui causèrent beaucoup de désagréments dans la vie.

J. Joachim Becher naquit en 1635 à Spire, où son père était ministre protestant. La guerre de trente ans désolait alors l'Allemagne, et transformait les contrées les plus fertiles en d'affreux déserts. Le jeune Joachim perdit de bonne heure son père et sa fortune, et il fut, dès l'âge de treize ans, obligé de passer ses journées à donner des leçons de lecture et d'écriture pour soutenir sa mère et ses frères. Il employait les nuits à étudier et à se faire à lui-même sa propre éducation. Plus tard, il se mit à voyager en Suède, en Hollande, en Italie; il y fit, ainsi qu'il nous l'apprend lui-même, connaissance avec les savants les plus célèbres de son temps (1).

En 1666, il fut nommé professeur de médecine à l'université de Mayence. Mais il quitta bientôt les États de l'électeur pour aller s'établir à Munich, où il eut la direction du plus beau laboratoire de chimie de l'Europe, ainsi qu'il le dit lui-même (2). S'étant attiré la haine du chancelier de la cour de Bavière, il jugea prudent de s'éloigner du pays, et se rendit à Vienne, où il gagna les bonnes grâces du comte de Zinzendorf, qui le fit nommer conseiller de la chambre du commerce. Là, il ne tarda pas à tomber, par son orgueil et sa vanité, en disgrâce auprès de son protecteur; il quitta les États autrichiens et se réfugia en Hollande, où il s'établit à Harlem vers 1678. Il présenta à cette dernière ville et aux états généraux toutes sortes de plans de finances et d'industrie pour augmenter la richesse monétaire de la Hollande, et notamment pour retirer des sables des dunes l'or qu'ils pourraient recéler. Mais, soit qu'on n'ait pas voulu lui prêter l'oreille, soit qu'il fût déçu

---

(1) *Psychosophia* quæst., 152, p. 308. — « A Stockholm j'ai connu, du temps de la reine Christine, Descartes, Salmasius (Saumaise), Naudé, Bochart, Mersenne, Heinsius, Freinshcim, Boekler, Meibome, Schaeffer; en Italie, l'abbé Bonini, de Castagna, Tachenius; en Hollande, Sylvius, Hornius, Schoten, etc.

(2) *Physica subterranea*, Præf. — Cum laboratorium commodissimum, angustissimum, omnibusque requisitis et materialibus instructissimum, in tota Germania, ne dicam, in Europa, sui simile vix reperibile hic Monachii in Aula habuerim, etc.

dans ses espérances, ou que, ainsi qu'il le prétend lui-même, ses ennemis de Vienne ne le laissassent nulle part en repos, il alla en 1680 en Angleterre, et visita pendant deux ans les mines de Cornouailles et d'Écosse. Mais son humeur vagabonde lui fit encore quitter ce dernier pays. Sur l'invitation du duc de Mecklenbourg, qui lui promit une place honorable avec de bons appointements, il revint en Allemagne, où il mourut peu de temps après son retour, en 1682, à l'âge de cinquante-sept ans.

Parmi les ouvrages de J. Becher, écrits partie en latin, partie en allemand, on remarque : *Physica subterranea* (1); — *OEdipus chymicus, seu Institutiones chymicæ* (2); — *Experimentum novum ac curiosum de minera arenaria perpetua* (3); — *Trifolium Becherianum hollandicum* (4); — *Magnalia naturæ* (5); — *Tripus hermeticus*, etc. (6); — *Becheri, Lancelotti*, etc., *epistolæ quatuor chemicæ* (7); — *Grosse chimische Concordanz* (8); — *Närrische Weissheit und weisse Narrheit* (Sagesse folle et Folie sage) (9); — *Pantaleon delarvatus* (10); — *Chymischer Rosengarten* (Jardin de roses chimique) (11).

Il y a dans ces écrits beaucoup plus de bavardage que de faits. L'auteur ne paraît point avoir eu des doctrines bien arrêtées; son imagination, franchissant le domaine de l'expérience, s'abandonne à des idées vagues qui souvent se contredisent.

A propos de la composition des métaux et en général des minéraux, il paraît admettre trois éléments : une terre vitrifiable, transparente, une terre subtile, volatile, mercurielle, et un principe

---

(1) Francf., 1669 et 1681, in-8. — Édit. de Stahl; Leips., 1702, 1703, 1738, in-4.

(2) Amstelod., 1664, in-12. — Édit. de Rosenstengel; Francf., 1705 et 1716, in-8. Traduit en allemand; ibid., 1680, in-8.

(3) Franc., 1680. — Dans toutes les éditions latines de *Physica subterranea*.

(4) Amsterd., 1679 (en allemand); Francf., 1679, in-8.

(5) Londin., 1680, in-4.

(6) Francof., 1680, in-8.

(7) Amsterd. et Hambourg, 1673, in-4.

(8) Francf., 1682, in-4.

(9) Francf., 1682 et 1686, in-12.

(10) Opus. chimic. rarior., t. XI, p. 295-310.

(11) Ibid., IX, p. 207-256.

igné, combustible (1). Ce dernier principe servit sans doute de base à la théorie du phlogistique de Stahl. — Les trois éléments de Becher devaient remplacer les trois éléments des anciens : le sel, le soufre et le mercure. Quant au *solvens catholicum*, *acidum universale*, *spiritus esurinus*, principe universel qui se trouve, selon l'auteur, dans les eaux, dans les sels, et qui fait accroître les minéraux, etc., il faut avoir l'esprit fasciné pour y reconnaître l'oxygène ou l'acide carbonique (2).

On doit à Becher un procédé plus commode pour préparer le beurre d'antimoine (jusqu'alors préparé avec le sublimé corrosif) (3), en traitant l'antimoine avec un mélange de sel commun et de vitriol (4). Il paraissait avoir eu connaissance de l'acide borique, obtenu en traitant le borax par l'huile de vitriol (5).

Si Becher avait suivi la méthode de Boyle, il aurait pu rendre de grands services à la science ; car il n'était pas tout à fait dépourvu de sagacité.

§ 7.

Parmi les médecins qui se sont distingués, au xvii° siècle, par un sage éclectisme, et par une impartialité calme et mesurée dans le conflit des opinions contraires, il faut placer au premier rang :

ANGELUS SALA.

Natif de Vicence, il quitta très-jeune l'Italie, et passa toute sa vie en Allemagne, dont il avait adopté les mœurs et les usages. En 1602 il commença à exercer la médecine à Dresde, ainsi qu'il nous l'apprend lui-même (6). Quelques années après, on le trouve à Torgau, à Amberg, et dans beaucoup d'autres villes de la Prusse, de la Bavière et de l'Autriche.

----

(1) Physica subterran., lib. I, sect. III, c. iii-v.

(2) Ibid., lib. I, sect. II, c. iv.

(3) L'acide sulfurique du vitriol déplace l'acide chlorhydrique (du sel marin), qui, en se combinant avec l'antimoine, donne naissance à un chlorure (beurre d'antimoine).

(4) *Chymischer Rosengarten*, p. 76, 77 (edit. Nuremb., 1717, in-8).

(5) Thèse chim. VI. Supplem. II in Physica subterr.

(6) Hemetologia, curat. XIV, p. 512 (Opera medico-physica).

Angelus Sala est un observateur habile, probe, doué d'un sens droit et d'un jugement exquis. Ennemi de l'orgueil, du charlatanisme et de toutes les opinions exagérées, il apprécie à leur juste valeur le bon et le mauvais côté des écoles opposées des médico-chimistes et des médecins galénistes.

Sala a parfaitement justifié sa réputation par des ouvrages qui ont été recueillis après sa mort et réunis en un volume, par F. Beyer, en 1647 (1). On y remarque des traités fort intéressants sur *le sucre* (*Saccharologia*), sur *le tartre* (*Tartarologia*), sur la distillation des essences, de l'eau-de-vie, etc. (*Hydrolæologia*), sur l'antimoine (*Anatomia antimonii*), traités, dont nous allons faire connaître les points les plus saillants :

Saccharologie. — La clarification et l'affinage (*reafinatio*) du sucre au moyen du blanc d'œuf et de la chaux, y sont exposés d'une manière claire et simple. L'auteur s'attache à combattre et à détruire le préjugé si généralement répandu, que la chaux vive communique au sucre des qualités malfaisantes (2). Il avait connaissance du produit acide de la distillation du sucre, et lui attribuait la propriété de dissoudre les pierres calcaires (3).

Sala avait fort bien observé qu'une dissolution aqueuse de sucre, contenant un peu de levûre de bière, donne au bout d'un certain temps une quantité notable d'esprit-de-vin. — Personne n'ignore aujourd'hui que c'est un des caractères essentiels du sucre de se transformer en alcool, par suite de la fermentation. — Il n'est pas encore fait mention du corps aériforme (gaz acide carbonique) irrespirable, qui s'échappe au moment de cette métamorphose. Quant au vinaigre, il était, selon l'opinion de l'auteur, un produit de l'altération de l'esprit-de-vin.

Tartarologie. — On y trouve indiquée la préparation de l'émétique ferrugineux, dans lequel le peroxyde de fer ($Fe^2 O^3$) remplace, comme on sait, exactement l'oxyde d'antimoine ($St^2 O^3$) (4).

L'auteur parle de l'extraction du tartre non-seulement du vin,

---

(1) Angli Salæ Vicentini chymiatri candidissimi et archiatri Megapolitani opera medico-chymica quæ extant omnia; Francof., 1647, in-4.
(2) Pars I, c. 3, p. 152.
(3) Pars II, c. 1, p. 162.
(4) Sect. I, c. 8, p. 131.

mais encore des feuilles de vigne, de mûrier, de tamarin, etc. Il appelle également tartre (*tartarum*) le sel d'oseille, qui, comme l'on sait, contient la même base, mais combinée avec un acide différent (acide oxalique) de celui du tartre (acide tartrique). Pour faire, dit-il, du *tartre bien acide*, il faut exprimer le suc de l'oseille (*acetosa*), et le clarifier avec du blanc d'œuf. Cela fait, il faut filtrer la liqueur, l'évaporer, redissoudre le résidu dans l'eau bouillante, et l'abandonner à la cristallisation. C'est la première fois qu'il est ainsi question du sel d'oseille (1).

Hydréléologie. — On est surpris de voir avec quel soin on savait ménager la température, varier les degrés de chaleur, par l'emploi des bains de sable, de cendre, d'huile, d'eau, etc., dans la distillation des essences et d'autres produits vaporisables.

La fermentation est définie un mouvement intime des particules élémentaires qui tendent à se grouper dans un ordre différent, pour donner naissance à un composé nouveau. Il est impossible de donner de ce grand phénomène, auquel se rattache toute la chimie organique, une définition à la fois plus élevée et plus vraie.

Selon les alchimistes, tous les corps de la nature sont susceptibles d'éprouver la fermentation. En restreignant cette opinion, Sala soutient que la nature des métaux, qui ne sont pas des êtres vivants, répugne à toute fermentation, et qu'il est impossible d'en retirer aucune quintessence (2).

C'était là en quelque sorte avouer implicitement que les métaux sont des corps simples, puisque la fermentation n'est que la séparation des éléments tendant, par un mouvement intime, à se grouper dans un autre ordre.

Les bières qu'on fabriquait en Allemagne du temps de Sala paraissent avoir été en général beaucoup plus riches en alcool qu'elles ne le sont aujourd'hui; car la célèbre bière de Bernburg (duché à Anhalt) contenait environ 16 pour 100 d'alcool. L'auteur ajoute que c'est à peu près la proportion que renferment les vins d'Espagne, et que c'est pourquoi la bière de Bernburg est si enivrante (3).

---

(1) Sect. II, c. 4, p. 138.
(2) Sect. IV, c. 5, p. 96.
(3) Sect. IV, c. 7, p. 98.

On sait que la bière double anglaise contient à peine 4 à 5 pour 100 d'alcool.

Le cidre de Normandie (*zithus in Normandia*), consistant dans le suc fermenté des poires ou des pommes, est, selon l'auteur, également riche en eau-de-vie (1).

Il y a dans *l'hydréléologie* un chapitre spécialement consacré à la préparation de l'eau-de-vie de grain (2).

Tous les habitants des contrées du Nord savent, y est-il dit, faire de l'eau-de-vie avec le fruit des céréales. A cet effet, ils se servent du blé tel qu'il convient à la fabrication de la bière; après l'avoir grossièrement moulu, ils le jettent dans une cuve, y versent de l'eau tiède, et remuent cette pâte demi-liquide avec des spatules; ils y ajoutent de la levûre de bière, et abandonnent le tout à la fermentation. Il faut, ajoute l'auteur, avoir quelque habitude de la chose pour savoir quand la fermentation est parfaitement accomplie, et quand il est opportun de soumettre la matière à la distillation pour en retirer *l'eau ardente* (alcool).

La fabrication de l'eau-de-vie de grain était, déjà avant la guerre de trente ans (avant l'année 1618), une branche d'industrie importante dans le district de Magdebourg et surtout dans la ville de Wernigerode (Harz), appartenant alors au domaine des comtes de Stollberg.

Il n'est pas indifférent, en *botanochimie*, de traiter les racines, les tiges, les feuilles, les fruits des plantes, par l'alcool, ou par l'eau; car il y a des cas où l'une de ces menstrues est plus apte que l'autre à se charger des principes qui affectent le goût ou l'odorat; en général, l'alcool se pénètre mieux que l'eau du principe odorant (huile essentielle), et l'eau dissout mieux le principe amer.

Cette idée, portant le cachet d'un observateur sagace, se trouve exposée avec une admirable clarté, et appuyée sur des données positives, dans un appendice à *l'hydréléologie* (3).

Anatomie de l'antimoine. — Aucun médecin n'avait, avant Sala, autant insisté sur les précautions infinies avec lesquelles il importe

---

(1) Sect. IV, c. 8, p. 98.
(2) Sect. IV, c. 9.
(3) Opera omnia, p. 102 (édit. Francf., 1647).

d'administrer les préparations antimoniales. « Quiconque, dit-il, aime sa santé, doit se tenir en garde contre ces médicaments. Indépendamment de l'arsenic qui s'y trouve naturellement, l'antimoine peut, en se combinant avec d'autres corps, acquérir des propriétés vénéneuses, de même que le mercure, qui en lui-même n'est pas un poison, peut le devenir à l'état de sublimé (1). »

Enfin, en esprit sensé, il arrive à conclure que, dans l'emploi de l'antimoine, il est absolument nécessaire de prendre en considération et la qualité et la quantité du médicament antimonié, en même temps que le tempérament et la constitution du malade, et l'espèce de maladie à laquelle on a affaire.

Après s'être élevé avec force contre les médecins, qui ignorent tout à la fois la pathologie et la chimie, il s'adresse aux alchimistes, qui prétendent retirer de l'antimoine un mercure particulier propre au grand œuvre. « Montrez-moi, leur dit-il, seulement une goutte de votre mercure merveilleux, et je vous croirai. En attendant, je suis sourd à vos déclamations vides de sens. »

Indépendamment des sulfures et des oxydes simples d'antimoine, il avait, ainsi que nous l'avons déjà vu, connaissance de l'émétique. Il parle, en termes assez précis, d'un composé d'antimoine blanc (oxyde) et de crème de tartre. Mais comme il ne s'arrête pas sur ce composé, il est à présumer qu'on n'en avait pas encore fait usage en médecine (2).

On n'ignorait pas que le vin dans lequel on laisse tremper du verre d'antimoine devient un vomitif ou un purgatif très-énergique, suivant la durée de l'immersion. Les vins du Rhin, si riches en tartre, étaient les plus propres à cela.

C'est à ce propos que Sala raconte l'histoire d'un Allemand usurpant en même temps les fonctions de médecin et d'apothicaire, que les malades venaient voir de plusieurs lieues à la ronde, pour le consulter ou plutôt pour lui emprunter son talisman, un morceau de verre d'antimoine; suivant que le malade avait besoin d'un médicament plus ou moins actif, il laissait cette substance trois, quatre, cinq heures en contact avec le vin qu'il devait boire. Ce talisman avait, dans l'espace de quatre ans, circulé dans tous les pays d'alentour;

---

(1) Pars I, c. 3, p. 306.

(2) Pars I, c. 4, p. 321. — Antimonium sic præcipitatum — bulliat in lixivio tartari, repetendo hoc opus toties usque dum lixivium nullum amplius colorem assumat.

il avait été prêté à plusieurs centaines de paysans, et chacun d'eux, en le rapportant à son propriétaire, avait eu la galanterie de l'accompagner d'une douzaine d'œufs (1).

Parmi les observations intéressantes dont les ouvrages de Sala fourmillent, nous nous bornerons à signaler encore les suivantes :

Composition du sel ammoniac. — C'est par la synthèse que Sala démontre le premier la composition de ce sel. Si vous mettez ensemble, dit-il, une partie de *sel volatil* des urines (*ammoniaque*) avec une proportion convenable d'*esprit de sel* (*acide chlorhydrique*), vous obtiendrez un produit qui ressemble en tout point au sel ammoniac ordinaire (2).

Les expériences les plus anciennes sur la composition des corps sont, non pas analytiques, mais synthétiques (3). L'esprit humain débute, comme la science, par la synthèse.

Acide phosphorique. — Ce produit était obtenu très-impur, et mélangé de sulfate de chaux. L'auteur, qui le prescrivait comme préservatif de la peste, le préparait en traitant des cornes de cerf ou des os calcinés et pulvérisés, avec de l'huile de vitriol (acide sulfurique) (4).

Esprit ou *huile de vitriol.* — Tout paraît clair et simple à celui qui sait. Bien des questions que les anciens devaient souvent se poser, nous paraîtraient aujourd'hui complétement oiseuses ; ces questions avaient alors une importance qu'elles n'ont plus maintenant. En voici un exemple :

L'esprit de vitriol retiré (par la distillation) du vitriol de cuivre est-il, sous tous les rapports, le même que celui que l'on retire du vitriol de fer ? C'est là ce que se demandaient autrefois les chimistes. Presque tous admettaient deux produits différents : que l'esprit de Vénus contenait un peu de cuivre, et celui de Mars un peu de fer.

Après avoir démontré que ces deux produits ne contiennent ni du cuivre ni du fer, et qu'ils ne constituent qu'un seul et même composé, Sala arrive à conclure que l'huile ou l'esprit de vitriol

<hr>

(1) Pars II, c. 1, p. 332.
(2) Synop. aphorism. chymiatr., aph. 38, p. 246.
(3) Voy. plus haut la composition du cinabre, t. I, p. 314 et 364.
(4) Tract. de peste, p. 454.

n'est autre chose qu'une *vapeur sulfureuse* ayant enlevé quelque chose à l'air ambiant (*ab ambiente aere extractum*) [1].

Il est à regretter que l'auteur n'ait pas fait des expériences directes pour élever son idée à la hauteur d'une vérité scientifique, en démontrant que ce *quelque chose* qui transforme le soufre en acide est le même corps aériforme (gaz oxygène) qui entretient la combustion et la respiration ; mais ceci était réservé à un temps qui ne devait pas être éloigné.

§ 8.

La plupart des idées de Van-Helmont furent reprises et poussées jusque dans leurs dernières conséquences par un médecin d'une autorité immense,

François SYLVIUS (Deleboë—Dubois).

Nul ne porta aussi loin la chimie appliquée à la médecine ; ce qui se comprend parfaitement de la part d'un homme qui était convaincu que toutes les fonctions de la vie sont des opérations de chimie.

François Sylvius naquit en 1614 à Hanau, d'une ancienne famille noble (Crèvecœur), d'origine française, qui s'était expatriée pendant les guerres de religion. Dès son jeune âge il se livra à l'étude des sciences médicales, sous la direction de Vorst, Heurnius, Zwinger et Stupanus ; et obtint, en 1637, le grade de docteur à l'université de Bâle. Il exerça pendant plusieurs années la médecine à Hanau, à Leyde et Amsterdam, et s'acquit une grande réputation comme praticien. En 1658, il fut appelé à remplir une chaire de médecine à l'université de Leyde, où il réunissait, jusqu'à la fin de ses jours, un auditoire extrêmement nombreux, composé de Français, d'Allemands, d'Anglais, d'Italiens, enfin d'élèves de toutes les nations, accourus pour entendre la parole du maître dont l'autorité retentissait alors dans toute l'Europe. La mort le surprit à peine âgé de cinquante-huit ans, dans le plus bel éclat de sa car-

---

[1] *De natura spiritus vitrioli*, p. 405-408.

rière. Sa devise était celle d'un homme qui comprend la vie : *Bene agere ac lœtari.*

Les ouvrages de Sylvius, qui ne sont pas bien nombreux, ont été réunis en un seul volume et imprimés à Amsterdam, en 1679 (1).

L'auteur n'a composé aucun traité spécial sur la chimie; mais sa *Methodus medendi* et sa *Praxis medica* parlent de la préparation de quelques médicaments chimiques utiles à connaître, et renferment des doctrines physiologiques et pathologiques où la chimie entre pour beaucoup.

Digestion. — Cette fonction importante de l'économie est, selon Sylvius, une véritable fermentation, dans laquelle la salive, le suc pancréatique et la bile jouent le rôle principal, le triumvirat, comme il l'appelle (2). L'estomac réunit toutes les conditions propres à entretenir la fermentation : de l'eau (salive et suc pancréatique), des matières fermentescibles (aliments), et une chaleur douce et constante (chaleur animale). A leur entrée dans le duodénum, les aliments subissent le contact de la bile, qui complète la fermentation, en servant à séparer le chyle des fèces.

La bile se compose d'une matière huileuse, d'eau, d'un esprit volatil et d'un sel lixiviel (carbonate de soude) (3). Une portion de la bile passe dans le sang, auquel elle communique la matière colorante, une saveur amère (4), en même temps qu'elle le rend plus liquide (5).

Une autre portion de la bile est employée à diviser chimiquement les aliments dans les intestins; elle est rejetée avec les matières excrémentitielles (6).

Un grand nombre de maladies sont engendrées par la viciation des sucs qui président à la digestion. La goutte a pour cause un acide qui a passé dans la lymphe et dans le sang.

Circulation. — Harvey, qui venait de découvrir la circulation

---

(1) Francisci Deleboe Sylvii Opera medica, vol. in-4.
(2) Method. med., lib. I, c. 1, § 18; c. XVI, § 6. — Praxis med., lib. I, c. VII, c. X.
(3) Prax. med., I, c. X, § 9.
(4) Meth. med., lib. I, c. VI, § 8 et 18.
(5) Ibid., lib. II, c. XXVIII, § 5, 9, 10.
(6) Prax. med., lib. I, c. I, § 3; c. XI, § 7.

du sang, avait trouvé en Sylvius un ardent défenseur. D'après ce dernier, c'est dans l'oreillette et le ventricule droits du cœur que le sang rencontre cette autre portion, qui est mêlée avec de la bile. Au moment de ce contact, il se manifeste aussitôt une effervescence comparable à celle que produit l'huile de vitriol étendue d'eau, avec la limaille de fer (1). Cette effervescence est le foyer de la chaleur animale, entretenue par l'air (2).

Respiration. — Sylvius connaissait la différence qui existe entre le sang de la moitié gauche du cœur et celui qui est contenu dans la moitié droite ; et il attribue la coloration rouge du sang artériel à l'air absorbé par la respiration (3).

La respiration a, selon l'auteur, la plus grande analogie avec la combustion, et l'activité de cette fonction est en rapport avec la température et la pureté de l'air. L'air, introduit dans le corps par le premier acte de la respiration (l'inspiration), a pour but de tempérer la chaleur produite par l'effervescence dont nous venons de parler. Le second acte de la respiration (l'expiration) sert à éliminer les vapeurs qui naissent de cette effervescence (4).

Les maladies tirent leur origine tantôt d'un principe acide, tantôt d'un principe alcalin. Ainsi, la peste a pour cause le sel volatil (ammoniaque), qui tient le sang dans un état de fluidité anormale, et s'oppose à sa coagulation. Ce qui le prouve, c'est qu'une solution de ce sel injectée dans les veines produit les symptômes de la peste (5). C'est pourquoi les moyens prophylactiques et le meilleur traitement de ces maladies, reposent sur l'emploi des acides (6).

Beaucoup de maladies de l'estomac ont pour cause un principe acide ; ce qui le démontre, c'est que les meilleurs remèdes, pour combattre ces maladies, consistent dans l'emploi des matières alcalines ou d'autres substances qui se combinent avec les acides (7).

Les idées pathologiques de Sylvius ont été en partie renouvelées par quelques médecins de nos jours.

---

(1) Prax. med. Append. Tract. V, § 425.
(2) Prax. med., lib. I, c. xlvi, § 35. — Append. Tract. IX, § 117, 119.
(3) Prax. med., lib. I, c. xxv, § 1.
(4) Disputat. de respiratione, etc., § 69-73.
(5) Prax. med. Append. Tract. II, § 55, 56 et suiv.
(6) Ibid., § 90 et suiv.
(7) Prax. med., lib. I, c. II, § 5.

Médicaments chimiques. — Sylvius était partisan de l'emploi des médicaments énergiques. Il n'hésite pas à prescrire intérieurement les cristaux de lune (nitrate d'argent) et le vitriol blanc (sulfate de zinc), pour provoquer le vomissement (1) ; il employa le sublimé corrosif à la dose d'un quart de grain, ajoutant qu'il y aurait du danger à dépasser cette quantité (2).

Les préparations antimoniales surtout trouvèrent en lui un zélé partisan. Les principales préparations antimoniales préconisées par Sylvius sont : 1° le régule d'antimoine à l'état de pilules (*globuli*), qui, après avoir été rendues par les selles, étaient lavées et conservées pour le même usage ; 2° le beurre d'antimoine (*butyrum antimonii*), obtenu en soumettant à la distillation de l'antimoine cru et du sublimé corrosif ; 3° le mercure de vie (oxyde d'antimoine), appelé aussi poudre d'Algaroth, préparé par la voie humide, en ajoutant au beurre d'antimoine de l'eau, ou une solution d'huile de tartre (carbonate de potasse) ; 4° le verre d'antimoine, préparé de différentes façons (3).

Les doctrines de Sylvius, bien qu'elles aient donné prise à la critique, ont beaucoup contribué à faire comprendre aux médecins l'importance de l'étude de la chimie.

§ 9.

Otto TACHENIUS.

Tachenius, dont le véritable nom est *Tacken*, doit être compté au nombre des chimistes les plus distingués de son époque. Versé dans la connaissance de l'antiquité, et nourri de la lecture des œuvres d'Hippocrate, de Galien et de Pline, c'est un des partisans les plus éclairés de la nouvelle école philosophique, dont la bannière est la méthode expérimentale. Les rapprochements qu'il fait entre les opérations des chimistes plus récents et entre divers passages des anciens, et surtout d'Hippocrate auquel il attribue des connaissances au moins exagérées, sont, il est vrai, souvent forcés et

---

(1) Method. med., lib. II, c. xi, § 63. — Prax. med. Append. Tract. VI, § 169.
(2) Ibid., lib. II, c. v, § 22.
(3) Ibid., lib. II, c. x ; de Vomitoriis, § 34 — § 47.

peu persuasifs ; mais ces rapprochements sont accompagnés de beaucoup de détails intéressants, d'interprétations et de faits nouveaux, qu'il est de notre devoir de signaler.

Tachenius vivait vers le milieu du XVIIe siècle ; les époques de sa naissance et de sa mort sont incertaines. Le premier ouvrage qu'il ait composé porte la date de 1655.

Natif d'Hervorden en Westphalie, il se voua, dans sa jeunesse, à l'étude de la pharmacie. Il passa la plus grande partie de sa vie en Italie, et particulièrement à Venise, où il fit paraître la plupart de ses écrits, dans lesquels il ne ménage point les médecins de son temps. Il avait engagé une polémique très-vive avec un médecin danois, Dietrich (1), qu'il appelle, dans son Apologie contre les attaques de ce médecin, faussaire et pseudo-chimiste (2).

Les écrits de Tachenius, outre sa Réponse à la diatribe de Dietrich, sont : *Epistola de famoso liquore alcahest* (3) ; — *Exercitatio de recta acceptatione arthritidis et podagræ* (4) ; — *Hippocrates chemicus, qui novissimi salis antiquissima fundamenta ostendit* (5) ; — *Antiquissima medicinæ Hippocratis clavis, manuali experientia in naturæ fontibus elaborata* (6) ; — *Tractatus de morborum principio,* — *opus tanto Achille dignum omnibusque nævis liberum* (7).

Ces trois derniers, et notamment *Hippocrates chemicus*, sont les ouvrages les plus marquants de cet auteur.

Tachenius était dominé de l'idée que les anciens, même du temps où le nom de chimie n'existait pas encore, avaient des connaissances chimiques plus étendues qu'on ne pense ; mais que des serments terribles défendaient aux initiés d'en parler.

---

(1) Vindiciæ adversus Oth. Tackenium ; Hamburg., 1655, 4.

(2) Apologia contra falsarium et pseudochimicum Helw. Didericum ; — Echo ad vindicias Chirosophi, in qua de liquore alcahest Paracelsi et Helmontii, veterum vestigia perquiruntur ; Venet., 1656, 4.

(3) Venet., 1655, 4.

(4) Patav., 1662, 4.

(5) Venet., 1666, 12. — C'est cette édition que j'ai sous les yeux. — Ce traité eut encore d'autres éditions : Brunsw., 1668 ; Leid., 1671 ; Paris, 1674.

(6) Brunsw., 1668 ; Venet., 1669, 12 ; Francof., 1669 et 1673 ; Lutetiæ, 1671 ; c'est cette dernière édition que j'ai entre les mains.

(7) Brem., 1668 ; Lugd., 1671 ; Osnabruck, 1678.

Cette idée paraît entièrement confirmée par mes recherches sur l'art sacré pratiqué jadis dans les temples d'Égypte. L'art sacré, qui, ainsi que je l'ai fait voir, embrassait les sciences physiques, et surtout la chimie, faisait partie des mystères de l'antiquité, dont le voile fut déchiré dans la lutte mémorable entre les derniers défenseurs du paganisme et les premiers docteurs de l'Église chrétienne (1).

Dans l'analyse des travaux chimiques de Tachenius, il reste à faire ressortir les points suivants :

Constitution des sels. — *Sel ammoniac.* — L'auteur donne le premier une définition rationnelle de ce qu'il faut entendre par sel : « Tout ce qui est sel se décompose, dit-il, en deux substances, savoir : un alcali (base) et un acide (2). » Il cite, comme exemple, le sel ammoniac, parce qu'on en tire l'esprit acide du sel (acide chlorhydrique), en tout semblable à celui obtenu avec le sel commun, et l'alcali volatile identique à celui qu'on prépare avec l'urine ; et qu'en réunissant ensemble l'acide et l'alcali, on reconstitue le sel ammoniac tel qu'il était. — Il n'y a rien à objecter contre l'observation de Tachenius ; ce chimiste tient parole quand il annonce, dans le style élégant et pittoresque qui lui est familier : *Quicquid sensibus occultius se obtulit, illud experientia duce, vestibus spoliavi, et veritatem rerum plane nudam ante oculos conspicientium exposui* (3). Plût à Dieu que ses prédécesseurs en eussent toujours fait autant ! la science y aurait beaucoup gagné.

Sublimé corrosif. — L'auteur décrit, avec détails, le procédé employé à Venise, et ensuite à Amsterdam, pour préparer le sublimé corrosif en grand (sublimation avec un mélange de sel commun, de nitre et de vitriol (4). Il démontre qu'une dissolution de sublimé dans de l'eau distillée, est précipitée en jaune ou rouge sale par l'alcali des cendres traitées par la chaux vive, et en blanc par l'alcali brut (5). C'est qu'en effet le premier est la potasse caustique, et le dernier, la potasse carbonatée.

Saponification. — Venise avait, pendant fort longtemps, le mo-

---

(1) Voy. Histoire de la chimie, t. I, p. 317 et suiv.

(2) *Omnia salsa in duas dividuntur substantias, in alcali nimirum et acidum.* *Hippocrat. chemic.*, p. 16.

(3) Ibid., p. 7.

(4) Ibid., p. 190.

(5) Ibid., p. 28.

nopole des savons. C'étaient, en général, des savons mous, médicinaux, préparés avec le sel lixiviel des cendres (potasse), rendu caustique par l'addition de la chaux vive. Pour donner un exemple de l'action caustique énergique de la potasse, l'auteur raconte qu'un ouvrier, employé dans une fabrique de savon, tomba d'ivresse dans une chaudière destinée à la concentration de cet alcali, et qu'en le retirant, on ne lui trouva plus que les os, son vêtement de laine et les chairs ayant été consumés.—Il établit deux degrés de concentration : dans le premier, la liqueur alcaline fait surnager un œuf ; dans le second, l'œuf tombe au fond de la liqueur. Cette dernière solution, qui est la plus faible, était traitée par de l'huile ou de la graisse, pour en faire du savon. C'est ici que Tachenius émet une remarque qui fait honneur à sa perspicacité. « Dans la saponification, dit-il, c'est un acide qui se combine avec l'alcali ; car l'huile ou la graisse contient un acide occulte : *oleum vel pinguedo — acidum enim occultum continet* (1). »

Nous savons, en effet, aujourd'hui que les corps gras contiennent, non pas un seul, mais plusieurs acides à la fois.

Tartre vitriolé (sulfate de potasse). — Ce sel était préparé directement en versant de l'huile de vitriol sur du sel de tartre (carbonate de potasse), jusqu'après la cessation de l'effervescence qui se produit dans ce cas. En évaporant la liqueur, on obtenait le sel cristallisé, appelé dans les pharmacopées anciennes *tartarus vitriolatus*, et *universale digestivum* (2). — Un autre mode de préparation consistait à traiter une solution de vitriol (sulfate de fer) par le sel de tartre, jusqu'à ce qu'il ne se produisit plus de précipité (3). La liqueur filtrée donnait, par l'évaporation, le tartre vitriolé en question (4).

En traitant le sel de tartre (carbonate de potasse) par le vinaigre, on obtenait l'acétate de potasse, appelé *tartre de vin (tartarus vini)* ; car on était persuadé que le tartre brut, tel qu'il se dépose sur les parois des tonneaux de vin, n'est autre chose que du vinaigre combiné ou neutralisé par l'alcali fixe (potasse) (5).

---

(1) Hippocrat. chemic., p. 17.

(2) Ibid., p. 47.

(3) Ibid., p. 48.

(4) L'acide du vitriol se combine avec la potasse pour former du sulfate de potasse soluble, tandis que le fer (oxyde) ayant perdu son dissolvant, se dépose, et reste sur le filtre.

(5) Hipp. chem., p. 50.

L'auteur démontre par la synthèse que le sel ou l'eau de Minderer (*aqua Mindereri*) est un sel composé de vinaigre et d'alcali urineux (ammoniaque) (1).

Il affirme que les sels de l'urine proviennent des aliments ingérés dans le tube digestif, et que l'urine des mourants est presque entièrement privée de sels (2). Un peu plus loin, il fait une observation très-remarquable, savoir, que le fer ne passe pas dans les urines, mais qu'il est entièrement rejeté par les matières fécales qu'il colore en noir (3). Il apporte, comme preuve, que l'urine des malades soumis à un traitement ferrugineux n'est pas colorée en noir par une infusion de noix de galle. « Le colcothar (oxyde de fer), dit-il, est précipité et rendu insoluble déjà avant d'être absorbé par les vaisseaux du mésentère, de manière qu'il est nécessairement obligé de rester dans les intestins (4).

La noix de galle, dont l'emploi comme réactif du fer était déjà connu des Romains, ainsi que je l'ai fait voir (5), fut appliquée, par Tachenius, à toutes les solutions métalliques, de cuivre, de zinc, de plomb, d'étain, de mercure. Il note l'abondance et la couleur de ces précipités ; il dit, entre autres, que l'infusion des noix de galle transforme une solution d'or, (colorant les doigts en pourpre, en une liqueur jaune succin qui, étendue avec la main sur du papier, brille comme du vernis, après avoir été desséchée (6). Il a donc le mérite d'avoir un des premiers généralisé l'usage de ce réactif.

Eau commune. — Eau distillée. — Jusqu'ici on avait employé, pour les usages du laboratoire, à peu près indifféremment l'eau commune ou l'eau distillée. Tachenius appela le premier l'attention des chimistes sur la différence qu'il y a entre ces deux eaux.

« L'eau des rivières, des puits, enfin l'eau commune, contient, dit-il, du sel qui est nécessaire à la végétation des plantes et même aux animaux. Ce qui le prouve, c'est qu'une dissolution d'argent

---

(1) Hippocrat. chemic., p. 64.

(2) Ibid., p. 91.

(3) Ce fait, qui est exact, s'explique par la formation d'un sulfure de fer noir, par la présence de matières sulfureuses.

(4) Colcotar præcipitatur priusquam liquor ad mesaraica rapiatur, ita ut necessario in intestinis permanere debeat. *Hippocrat. chem.*, p. 103.

(5) Voy. t. I, de l'Histoire de la chimie, p. 124.

(6) Hippocrat. chem., p. 115-117.

(nitrate d'argent) y produit un trouble, un précipité blanc, absolument comme si on avait versé dans cette dissolution un peu d'eau salée (1).

Venise faisait un commerce considérable d'eaux distillées de plantes aromatiques, et surtout d'eau de roses. Cette dernière était employée comme un remède anthelminthique, et provoquait quelquefois le vomissement. « Cette propriété, que le vulgaire, dit l'auteur, attribue à l'eau de roses, est due à la présence de quelques atomes de cuivre enlevés aux alambics cuivrés dont on se sert à Venise. En voulez-vous la preuve? Versez dans cette eau de roses quelques gouttes de sel alcalin, et vous verrez aussitôt un précipité vert se ramasser au fond de la liqueur, qui perd ainsi sa propriété vomitive, et devient semblable à toute autre eau de roses qu'on aurait distillée dans des vaisseaux de verre. Ce précipité vert, fondu avec du borax, vous donnera du cuivre (2). »

Arsenic. — Tachenius fournit des détails d'autant plus précieux pour l'histoire de la toxicologie, qu'il avait éprouvé lui-même les effets de l'empoisonnement par l'arsenic. Il chauffa dans un vaisseau fermé de l'arsenic, afin de le rendre fixe, suivant le conseil d'un certain alchimiste, Jean Agricola (qu'il ne faut pas confondre avec George Agricola). Voulant s'assurer s'il avait réussi, il ouvrit le vaisseau, et aspira une vapeur (*auram*) qui laissa dans la bouche la sensation d'une saveur sucrée très-extraordinaire : « mais au bout d'une petite demi-heure, j'éprouvai, dit-il, une contraction douloureuse à l'estomac, accompagnée d'une convulsion de tous les membres; la respiration devint difficile, je rendis des urines sanguinolentes et accompagnées d'une chaleur brûlante. Aussitôt après, je fus atteint de coliques et de contracture des muscles pendant l'espace d'une heure et demie. » Il ajoute qu'il se rétablit en prenant du lait et de l'huile, mais qu'il resta longtemps convalescent et faible (3).

Augmentation du poids des métaux par la calcination. — Tachenius remarque que le plomb augmente d'un dixième de son poids, lorsqu'il se transforme en minium, qui était, comme aujourd'hui, employé dans la confection des emplâtres. L'explication

(1) Hipp. chem., p. 132, 133.
(2) Ibid., p. 135.
(3) Ibid., p. 188.

qu'il en donne est assez embarrassé : il semble attribuer la cause de cette augmentation à un esprit acide du bois, ou plutôt, comme Boyle, à la flamme. Dans tous les cas, il n'est pas de l'opinion de la plupart de ses prédécesseurs, qui, s'étant également aperçus de cette augmentation du poids des métaux pendant la calcination, l'avaient attribuée à la fixation de certaines particules aériennes (1).

Multiplication des minerais. — Les minerais des métaux jouissent, selon les anciens, de la faculté de croître et de multiplier comme les végétaux et les animaux. L'auteur, adoptant cette opinion, croit la corroborer en citant pour exemple l'île d'Elbe, dont les mines fournissent depuis des siècles des masses prodigieuses de fer, et qui, loin de s'épuiser, semblent encore être tout aussi riches, sinon plus riches que le premier jour. Il rappelle un autre exemple comme devant être ajouté au précédent : ce sont les mines de vitriol absorbant à l'air la substance qui semble les alimenter. C'est dans l'air, s'écrie-t-il avec Calid, que se trouvent les racines des choses (*radices rerum in aere*) (2).

Esprit acide vital. — L'esprit acide, que l'auteur appelle aussi *fils du soleil*, est un être hypothétique ; mais il lui fait jouer le même rôle que l'*esprit générateur des acides*, en d'autres termes, l'*oxygène*. Il le fait intervenir dans la formation du nitre, dans la végétation, dans la fermentation, et son intervention s'exerce par l'intermède des rayons solaires (3).

Silice. — Tachenius est le premier qui ait soutenu que la silice (silex) est un acide. Il s'appuie sur ce que ce corps est susceptible de se combiner avec la potasse pour former la liqueur des cailloux, qui est, selon lui, un véritable sel. Or, un alcali ne peut se combiner qu'avec un acide, pour donner naissance à un sel. Mais il apporte encore une autre preuve à l'appui de son idée, qui est l'expression même de la vérité. « La silice, dit-il, n'est attaquée par aucun acide ; l'eau-forte même ne la corrode pas. Pourquoi ? Parce que la silice est elle-même de la nature d'un acide, et que si elle contenait seulement la moindre parcelle d'un alcali, les acides l'attaqueraient (4). »

---

(1) Hippocrat. chem., p. 210.
(2) Tachenii antiquissimæ Hippocraticæ medicinæ clavis, p. 14.
(3) Ibid., p. 18.
(4) Ibid., p. 34 et 150.

Puissance relative des acides. — C'est dans *Clavis Hippocraticæ medicinæ* que Tachenius émet une idée fort importante, et qui devait devenir un jour une loi fondamentale de la chimie. Il dit formellement que *tout acide est déplacé de sa combinaison par un autre acide plus puissant;* et il ajoute que l'acide qui se combine ainsi avec un alcali, augmente nécessairement de son poids d'une manière constante (1).

A part quelques imperfections qui ont leur origine dans l'esprit de l'époque, plutôt qu'elles ne tiennent au génie même de l'auteur, les travaux chimiques de Tachenius sont remarquables sous plus d'un rapport, et méritaient l'honneur d'être invoqués comme une autorité par la plupart des chimistes du xviie siècle.

§ 10.

Frédéric HOFFMANN.

F. Hoffmann est en général plus connu comme médecin que comme chimiste. Néanmoins ses premiers travaux, publiés vers la fin du xviie siècle, ont presque tous pour objet la chimie. C'est en prenant pour point de départ les sciences physique et chimique, que F. Hoffmann est parvenu à une des plus grandes gloires médicales dont l'histoire fasse mention.

Frédéric Hoffmann est né en 1660. Il étudia la chimie à Iena et à Erfurth, sous la direction des célèbres professeurs W. Wedel et C. Cramer. A l'âge de trente ans, il fut appelé comme premier professeur à l'université de Halle, nouvellement fondée; laquelle, grâce au talent admirable de Hoffmann, acquit bientôt une renommée européenne. Il serait hors de propos de faire ici la biographie, d'ailleurs si intéressante, de ce grand génie, auquel la médecine doit presque autant qu'à Hippocrate (2). Nous rappelle-

---

(1) Tachenii antiquissimæ Hypocraticæ medicinæ clavis, p. 137 et 141. — Quicquid dissolvitur in acido extra familiam suam, vel innato potentiori, statim supprimitur ejus debile acidum, et dissolutione acidi dissolventis naturam induat, necesse est; acidum cum solvit et combibitur ab innato alcali rei, — crescit ejusdem rei pondus, etc.

(2) Voy. sur la vie de Fréd. Hoffmann: *Vita Fred. Hoffmani,* par J. H. Schulze; Halle, 1710, 4. — Panégyrique de Fr. Hoffmann; Halle, 1743, in-fol.

rons seulement que F. Hoffman faisait l'admiration de tous les contemporains, non-seulement par la profondeur et la variété de ses connaissances, mais encore par ses belles qualités morales et sa probité scientifique. L'étendue de ses occupations ne l'empêchait pas d'entretenir une vaste correspondance avec tous les savants de l'Europe, qui se faisaient une gloire de communiquer leurs découvertes à leur illustre correspondant, comme à une académie des sciences personnifiée. C'est par une lettre de Garelli, médecin de l'empereur Charles VI, qu'il fut instruit que l'*agua Toffana* ou *aquetta di Napoli*, avec laquelle furent, dit-on, empoisonnées plus de six cents personnes, parmi lesquelles deux papes, Pie III et Clément XIV, n'était autre chose qu'une solution arsenicale, employée probablement à différents degrés de concentration, pour produire des effets plus ou moins lents (1).

Frédéric Hoffman est mort en 1743, à l'âge de quatre-vingt-trois ans.

Travaux chimiques de F. Hoffmann.

Ces travaux, qui ont presque tous une tendance médico-pratique, sont empreints d'une sagacité profonde; le langage dans lequel ils sont écrits est d'une lucidité remarquable, et d'une élégance qui ferait honneur aux meilleurs latinistes.

Parmi les dissertations physico ou médico-chimiques les plus intéressantes de F. Hoffman, nous choisirons d'abord, pour l'analyser, celle qui traite des eaux minérales.

De Methodo examinandi aquas salubres (2).

Libavius avait déjà consacré un travail spécial à l'examen des

---

(1) Le procès de l'empoisonneuse Toffana fut fait à Rome en 1718. Soumise à la question, elle déclara qu'elle ne communiquerait son secret qu'au pape et à l'empereur (Charles VI), qui se trouvait alors en Italie. L'empereur le communiqua à son tour à son médecin, qui lui-même s'empressa d'en faire part à son illustre correspondant. *Fred. Hoffmann. medicinæ rationi systemat.*, t. II, (Halæ, 1729, 4), p. 2, c. 2, § 19, p. 185. — Voy. sur l'aqua Toffana le mém. de M. Rognetta (Nouvelle méthode de traitement de l'empoisonnement par l'arsenic ; Paris, 1840, 8), p. XIII.

(2) Fr. Hoff. dissertat. physico-medic. select. pars altera ; Lugd. Batav., 1708, 8.

eaux minérales (1), mais F. Hoffmann attira plus particulièrement l'attention des chimistes et des médecins sur ce point important de la science ; car ce n'est que depuis lors que les ouvrages sur ce sujet se sont multipliés presque à l'infini.

En commençant sa dissertation, l'auteur soulève la question de savoir si l'eau est un corps élémentaire, ainsi qu'on l'avait admis de toute antiquité, ou si c'est un corps composé. Et il n'hésite pas à se prononcer en faveur de ce dernier point, en soutenant formellement que l'eau est composée d'un fluide gazeux très-subtil (*composita est ex elemento fluidissimo videlicet spiritu æthereo*) et d'un principe salin. C'était là alors une idée bien hardie que celle de la composition de l'eau ; elle n'est en apparence fondée sur aucune expérience positive, et il ne faut la considérer que comme un trait de révélation qui, semblable à un météore, traverse l'horizon de la science, pour revenir après la révolution d'une certaine période, et se montrer dans tout son éclat.

Mais l'eau, remarque l'auteur, n'est pas seulement un corps composé, mais encore dans son état naturel elle n'est jamais exempte de particules de matières solides qu'elle tient en dissolution (2). Ces matières varient suivant les terrains ou les couches minérales que l'eau traverse.

Avant de procéder à l'analyse de ces matières, il faut, dit-il, d'abord constater la densité des eaux qui les renferment. Or, on y arrive soit au moyen d'une balance hydrostatique, soit en employant un tube rempli d'un liquide coloré (espèce de liqueur normale) ; on débouche ce tube en l'introduisant dans l'eau qu'on examine. Si le liquide coloré est plus dense, il descendra ; sinon le contraire aura lieu (3).

De toutes les eaux minérales, les gazeuses sont celles qui fixèrent le plus l'attention de Hoffman. Il n'ignorait pas que les nombreuses bulles qui s'en élèvent sont uniquement dues au dégagement d'un fluide élastique, et que c'est ce même fluide qui, sous l'influence de la chaleur qui le dilate, fait éclater les bouteilles dans lesquelles on tient exactement fermées des eaux acidules gazeuses, comme celles

---

(1) Voy. p. 32 de ce volume.

(2) Fr. Hoff. dissertat. physico-medic. pars altera, p. 168. Nulla aqua in tota rerum natura reperitur, quæ non in sinu suo recondat siccæ et solidæ materiæ quippiam.

(3) Ibid., voy. p. 170.

de Wildung et d'Eger (1). Il remarque aussi que ces eaux laissent surtout échapper ce fluide élastique en abondance, lorsqu'on y met du sucre ou quelque acide (2). Enfin, ce fluide élastique, appelé tantôt *spiritus elasticus*, tantôt *substantia aerea vel ætherea*, mais le plus souvent *spiritus mineralis*, et qui n'est autre chose que le gaz acide carbonique, joue, selon l'auteur, un immense rôle dans le règne minéral, aussi bien que dans le règne végétal et animal.

Appuyé sur l'observation d'un chimiste français (Duclos), et fort de sa propre expérience, il déclare le premier de tous que l'*esprit minéral* (acide carbonique) est de *natura acide*, parce que, étant ainsi dissous dans l'eau, il rougit la teinture de tournesol (*aqua torna-solis*) (3).

Arrivant aux détails de l'analyse, il s'efforce d'abord de détruire l'erreur des anciens, qui prétendaient que les eaux minérales contenaient de l'or, de l'argent, de l'étain, du plomb, de l'antimoine et de l'arsenic. Mais il y constate chimiquement l'existence des substances suivantes :

1° *Fer.* — C'est là le métal dominant (*principatum obtinet Mars*). L'argile rouge, la terre jaune, etc., portent les indices du fer. Il n'est donc pas étonnant que l'eau s'en charge en traversant les terrains ferrugineux si universellement répandus. On reconnaît les eaux ferrugineuses par leur saveur astringente particulière (*sapore quem relinquunt in lingua quodammodo constringente*), par la matière ocreuse jaune qu'elles déposent, soit spontanément, soit par l'application de la chaleur. Cette matière, après avoir été fortement chauffée (avec du charbon), devient attirable par l'aimant ; ce qui prouve qu'elle est de la nature du fer (4). Mais le meilleur réactif consiste dans l'emploi de la poudre de noix de galle : si les eaux minérales ne contiennent que des traces de fer, ce réactif n'y produit qu'une coloration purpurine ; si le fer y est au contraire assez

(1) Fr. Hoff. dissertat. physico-medic. selec. pars altera, p. 172. Copiosissimarum harum bullularum ascensio unice debetur ætheræ, aereæ, substantiæ intra poros aquæ latitanti. — Hic æther spirituosus elasticus est quoque causa cur vitra vel lagenæ angustioris orificii acidulis totæ repletæ, si nimis accurate claudantur, sæpius soleant frangi.

(2) Ibid., p. 177.

(3) Ibid., p. 183. Ratio hujus phænomeni procul omni dubio est hæc, quod spiritus mineralis fuerit indolis acidiusculæ.

(4) Ibid., p. 196. — Igne tosta magneti prompte accedit, manifesto documento martialis esse naturæ.

abondant, on y verra une coloration noire (1). La noix de galle ne produit plus aucun changement dans ces eaux lorsqu'on les a fait bouillir ; car, dans ce cas, l'ocre se dépose. On peut encore (nous continuons à laisser parler l'auteur) séparer toute l'ocre, en mêlant les eaux ferrugineuses avec des coquilles d'huîtres ou de la chaux brûlées, et en les abandonnant quelque temps à elles-mêmes. Non-seulement les noix de galle, mais les feuilles de chêne, les écorces de grenade, l'extrait de thé, de tormentille, peuvent noircir les eaux ferrugineuses. Le fer n'étant pas soluble par lui-même, qui est-ce qui le rend ainsi soluble ? c'est *l'esprit minéral* (acide carbonique) ; car, à mesure que celui-ci s'échappe dans l'air, l'ocre abandonne l'eau, et se dépose au fond des vases sous forme d'une poussière légère (2). D'autres fois, le fer s'y trouve à l'état de véritable vitriol (combiné avec l'acide sulfurique).

2° *Cuivre.* — Ce métal est beaucoup plus rare dans les eaux minérales, où il ne se trouve qu'à l'état de vitriol ; telles sont quelques sources en Hongrie, comme celle de Neusohl, lesquelles précipitent du cuivre très-pur quand on y plonge une lame de fer (3). Ces eaux ne sont d'aucun usage interne, à cause de leur propriété émétique, dont le cuivre ne se dépouille jamais (*propter emeticam, quam nunquam exuit Venus, virtutem*).

3° *Sel commun.* — Presque toutes les eaux en contiennent ; les sources de Hornhausen et de Wiesbaden surtout en sont riches. Le sel commun se reconnaît par la forme de ses cristaux (cubes) (obtenus par l'évaporation des eaux), lesquels décrépitent dans le feu (*in igne crepitant*) ; en ce que, traité par l'eau-forte, il donne l'esprit de sel, qui, mêlé avec la même eau-forte, donne le dissolvant de l'or (eau régale) ; enfin, parce qu'il trouble une solution d'argent, et qu'il la précipite en blanc (4).

4° *Alcali fixe* (carbonate de potasse). — Ce sel se rencontre

---

(1) Fr. Hoff. dissertat. physico-medic. select. pars altera, p. 197. — Si minor copia inest, nanciscuntur purpureum ; si vero major, atrum colorem.

(2) Ibid., p. 198. — Exhalante spirituoso elemento, deponunt in vasis fundum leviusculum ochreum pulverem ; nam spiritus volatilis ille, qui sub compedibus suis tenuissimam Martis substantiam detinet, dum levissime exhalat, demittit ad fundum hanc ipsam.

(3) Ibid., p. 196. — Fontes in Hungaria, v. g. Neusohlii, ex quibus ferro immisso purissimum præcipitatur cuprum.

(4) Ibid., p. 199 : Præcipitat lunam solutam in forma pulveris albi.

principalement dans certaines eaux thermales, comme celles de Carlsbad en Bohême. On l'obtient par l'évaporation de ces eaux. On en constate la présence par le sirop de violettes, qui en est verdi (1). Étant traité par le sel ammoniac, il fait dégager l'alcali volatil (gaz ammoniacal); mélangé avec du soufre et du nitre en proportion convenable (*debita quantitate*), il donne une poudre fulminante. Le sel alcali fixe se reconnaît encore par d'autres caractères : il fait effervescence avec l'esprit de vitriol (acide sulfurique), enlève à celui-ci son acidité, et forme avec lui des cristaux de tartre vitriolé (sulfate de potasse). Étant fondu avec du soufre, il donne naissance à une substance rouge, puante, connue sous le nom de foie de soufre (*hepar sulfuris*) (2).

5° *Chaux.* — *Magnésie.* — C'est ici que la sagacité de Fr. Hoffmann se manifeste dans tout son éclat. A lui l'honneur d'avoir, le premier, démontré l'existence de la magnésie, qui de tout temps avait été confondue avec la chaux. On verra néanmoins avec quelle louable réserve il procède à ce sujet. Voici comment il s'exprime : « Un assez grand nombre de sources, parmi lesquelles je citerai celles d'Eger, d'Elster, de Schwalbach, et même celles de Wildung, contiennent un certain sel neutre qui n'a pas encore reçu de nom, et qui est à peu près inconnu (*sal quoddam neutrum innominatum et forme etiam incognitum*) (3). Je l'ai aussi trouvé dans les eaux de Hornhausen, qui doivent à ce sel leur propriété apéritive et diurétique. Les auteurs l'appellent vulgairement nitre (*nitrum*). Cependant ce sel n'a pas le moindre caractère du nitre (*ne minimam quidem notam hujus habet*) : d'abord il n'est point inflammable, sa forme cristalline est toute différente, et il ne donne point d'eau-forte comme le nitre. C'est un sel neutre semblable à l'*arcanum duplicatum* (sulfate de potasse), d'une saveur amère, et produisant sur la langue une sensation de froid. Il ne fait effervescence ni avec les acides ni avec les alcalis, et n'est pas très-fusible dans le feu (4). »

---

(1) Fr. Hoff. dissert. physico-medic. select. pars altera, p. 199 : Hoc sal syrupo violarum viridem colorem inducit.

(2) Ibid., 200 : Cum sulfure per ignem combinatum largitur substantiam rubicundam male olentem, quæ vocari solet hepar sulphuris.

(3) Ce sel n'est autre, comme on le devine, que le *sulfate de magnésie*, qui se trouve surtout abondamment dans certaines sources minérales d'Angleterre, comme celles d'Epsom, etc.

(4) Dissertat. physico-medic. x (*Pars alt.*), p. 200 : Non est inflammabile,

Après cette description, aussi rigoureuse que possible, des caractères négatifs de ce sel autrefois confondu avec le nitre, l'auteur passe à celle des caractères positifs, sujet beaucoup plus difficile et plus délicat. C'est là qu'il s'agissait de distinguer la magnésie d'avec la chaux. Mais auparavant il fallait savoir quel est l'acide qui forme, avec cette espèce de chaux *innominée*, ce sel dont on faisait alors, comme aujourd'hui, un si grand commerce, et qui, à la dose d'une once et au delà, était employé comme un excellent purgatif.

« Ce sel, dit Hoffmann, paraît provenir de la combinaison de l'*acide sulfurique* (*acidum sulfureum*) *et d'une terre calcaire de nature alcaline* (1). C'est au sein de la terre que cette combinaison s'opère ; l'eau dissout le sel qui se forme ainsi, et le charrie avec elle. »

Dans un autre écrit, il revient à ce sujet, qu'il croyait sans doute avoir incomplétement traité ; et il y ajoute que cette terre alcaline (obtenue en traitant une solution de sel amer par l'alcali fixe) diffère essentiellement de la chaux, en ce que celle-ci, traitée par l'esprit de vitriol, donne un sel très-peu soluble, qui n'est nullement amer, et qui n'a presque aucune saveur (2).

Lister avait déjà parfaitement décrit la forme cristalline du sel purgatif amer, qu'il appelle nitre calcaire (3). Mais personne n'avait encore songé à considérer ce sel comme étant *composé d'acide sulfurique, et d'une espèce de terre calcaire alcaline différente de la chaux.* C'est à Fr. Hoffmann qu'est due cette découverte, qui devait être, plus tard, reprise et poursuivie, dans tous ses détails, par Black.

6° *Eaux alumineuses.* — *Eaux sulfureuses*, etc. — Les auteurs anciens, Aristote, Varron, Pline, et, d'après eux, tous les

---

non in crystallisatione figuram pyramidalem assumit, neque aquam fortem dat ; sed est sal neutrum instar arcani duplicati saporis amaricantis, et frigus quoddam relinquit in lingua, neque cum acido vel alcali effervescit, nec fluit in igne facile.

(1) *Dissertat. physico-medic.*, p. 201 : Hoc sal originem suam trahere videtur ex combinatione acidi sulphurei et calcaria terra indolisque alcalinae.

(2) *Observat. physico-chymic. select.*, t. II, obs. II, p. 107, et obs. XVIII, p. 177.

(3) *List.* de aquis Angliæ, c. I, p. 13. Hujus salis (nitri calcarii) crystalli tenues longæque sunt, iisque mediis quatuor latera parallelogramma sunt, at fere inæqualia ; ex altera vero parte, ipse mucro ex binis planis lateribus triangularibus formatur.

médecins et chimistes, ont parlé des eaux minérales riches en alun. Taxant tous ces témoignages d'erronés, Hoffmann assure de n'avoir jamais rencontré de l'alun pur dans les eaux minérales. « Cependant je ne veux pas, ajoute-t-il, nier que des sources voisines de quelque mine d'alun ne puissent se charger de cette substance ; mais, dans ce cas, elles sont trop astringentes, et ne sont d'aucun usage en médecine (1) »

Il est bon de rappeler que les anciens donnaient le nom d'alun, *alumen*, στυπτηρία, à toute espèce de matière astringente (vitriol de fer, de cuivre, etc.), tandis que, pour Hoffmann, cette confusion n'existe plus. « Les vitriols laissent, dit-il, un *caput mortuum* métallique après leur calcination ; mais l'alun donne une terre bolaire très-précieuse, légère, d'une espèce particulière (*sui generis*) (2). »

Quant aux eaux sulfureuses, il en restreint également beaucoup le nombre, et ne paraît leur accorder en médecine qu'une médiocre confiance. Il remarque qu'elles se reconnaissent à leur odeur d'œufs pourris, et en ce qu'elles noircissent l'argent.

Enfin il termine en disant que les meilleures eaux existent dans les terrains gras et argileux, « parce qu'elles sont très-peu chargées de sels calcaires, qui, dit-il, rendent les eaux impropres à la boisson, à la cuisson des légumes, et à la fabrication de la bière (3). »

Cette dissertation si remarquable sur les sources minérales en général est suivie d'une autre sur *les eaux thermales de Carlsbad.*

De Carolinarum causa caloris, virtute et usu (4).

Rejetant la théorie du feu central, ainsi que d'autres hypothèses concernant la cause des sources thermales, l'auteur insiste particulièrement sur la chaleur que produisent certaines substances étant mélangées ensemble. Il cite l'expérience déjà connue du mélange

---

(1) Diss. physico-med. x, p. 202 : Me purum alumen nusquam in aquis salubribus invenisse. Non ibimus tamen inficias, ubi alumen magna in copia effoditur, scaturire interdum quosdam fontes alumine refertos, etc.

(2) Observat. physico-chymic. select., t. III, obs. VIII, p. 171. — Vitrioli caput mortuum metallicæ indolis est. Aluminis vero terra valde spongiosa, subtilis, bolaris sui generis videtur.

(3) Dissert. physico-med. x, p. 205 et p. 191.

(4) Dissert. physico-med. XI.

de soufre pulvérisé et de limaille de fer, qui s'échauffe considérablement après avoir été humecté d'eau. Comme ces mélanges
calorifiques peuvent, dans les entrailles de la terre, se trouver en
contact avec des matières très-inflammables, telles que le bitume,
l'auteur explique par là l'origine des sources thermales, des
volcans, des tremblements de terre et des incendies souterrains.
Il appuie surtout sur le concours de ces quatre choses, le fer, le
soufre, l'eau, et l'air. C'est qu'en effet les volcans se trouvent tous
dans le voisinage de la mer (1) ; le sommet du cône donne accès à
l'air, et rien de plus commun autour du cratère que le soufre et le
fer, débris des éruptions volcaniques.

A propos de ces mélanges, Hoffmann indique une expérience
assez curieuse, qui consiste à verser de l'esprit fumant concentré
(perchlorure d'étain) sur de l'huile essentielle de girofle : il se produit à l'instant une flamme très-belle (2).

A l'objection que cette chaleur, résultat des combinaisons variées
qui s'effectuent au sein de la terre, doit diminuer et enfin cesser
d'exister, il répond d'abord que les métaux ne faisant point défaut,
cette chaleur se reproduit sans cesse; et étant ainsi emprisonnée sous la croûte terrestre, elle se conserve beaucoup plus longtemps. A l'appui de cela il allègue, comme exemples, la marmite
de Papin, qui conserve la chaleur pendant fort longtemps, et le
corps humain lui-même, qui, par l'occlusion de ses pores et la cessation de la transpiration, éprouve l'effet d'une chaleur fébrile in-
accoutumée, sensible à la peau (3).

F. Hoffmann a traité de plusieurs eaux minérales d'Allemagne
en particulier, qu'il n'entre pas dans notre plan d'analyser ici (4).

---

(1) Ce fait n'est aucunement contredit par l'existence de certains volcans
éteints qu'on trouve dans l'intérieur des continents. Car pour ceux d'Auvergne,
par exemple, on peut bien admettre, sans faire une hypothèse exagérée, que la
mer Méditerranée a recouvert autrefois une grande partie du midi de la France.
Il est d'ailleurs constant que les eaux des mers éprouvent, de siècle en siècle, un
retrait marqué.

(2) Dissert. physico-med. xi, p. 211 : Flammam lucidissimam in momento
produco dum spiritum concentratissimum fumantem infundo oleo caryophyllo-
rum debita encheiresi.

(3) Ibid., p. 219.

(4) Fontis Sedlizenzis amari in Bohemia noviter detecti nec non salis ex eodem
parali examen chymico-medicum; Hal., 1724, 4. — De fontis martiati Lauchsta-
diensis viribus et usu; Hal., 1723, 4. — De fontis Spadani et Swalbacensis conve-

La question des eaux minérales artificielles ne lui est pas non plus restée étrangère (1).

Il a en outre laissé des observations intéressantes sur les huiles essentielles et leur combustion par l'acide nitrique, sur la distillation de l'alcool avec l'acide sulfurique et l'acide nitrique (éthers nitreux et sulfurique) (2). Le mélange de parties égales d'éther et d'alcool concentré porte encore aujourd'hui le nom de *liqueur anodine minérale d'Hoffmann*. La théorie de Stahl commençait déjà à se répandre. Hoffmann élève le premier des doutes sérieux sur l'exactitude de cette théorie, et trouve plus rationnel de croire que le charbon, loin de restituer aux chaux métalliques (oxydes) le prétendu phlogistique, leur enlève plutôt quelque chose, et les ramène ainsi à leur état primitif de métaux (3). Il savait que les terres vitriolées en général (sulfates terreux) calcinées avec du charbon, peuvent offrir le même phénomène que la pierre ou phosphore de Bologne. Il fut l'inventeur de plusieurs médicaments efficaces pendant longtemps employés, comme *balsamum vitæ, pilulæ balsamicæ, elixir viscerale, essentia balsamica*. Il recommanda, comme un des meilleurs remèdes contre la goutte, une solution alcoolique de foie de soufre, associée quelquefois au camphre et à l'extrait de pavots (4).

F. Hoffmann n'était pas seulement un chimiste observateur et sagace; il était également versé dans la physique. Son mémoire sur les vents renferme des notions exactes sur l'élasticité de l'air et de la vapeur d'eau; il explique la cause immédiate des vents par la différence d'élasticité dans les couches de l'air, et il établit que le mercure s'élève dans le tube barométrique non-seulement en raison de la pression atmosphérique, mais encore de l'élasticité de l'air, laquelle est égale à la pression de l'atmosphère; que la vapeur d'eau diminue l'élasticité de l'air, et que c'est la raison pour la-

---

nientia; Hal., 1730, 4. — Toutes ces dissertations sont imprimées dans *Opuscul. physico-medic. de elementis , viribus, utilitate et usu medicatorum fontium*, etc.; Ulmiæ, 8. T. I et II.

(1) Observationes de acidulis, thermis et aliis fontibus salubribus ad imitationem naturalium per artificium parandis. Dans *Opuscul. physico-medic.*, II, n° X. — De balneorum artificialium ex scoriis metallorum usu medico; Hal., 1722, 4.

(2) Observat. physico-chymic. select.; Hal., 1736, 4; lib. I, obs. i-xiv; lib. II, obs. iii et obs. iv.

(3) Observat. physico-chymic. select. III, obs. xiii.

(4) A la dose de 30 à 40 gouttes prises intérieurement. — *Observat. physico-chymic. select.* II, obs. xxxi.

quelle la colonne barométrique s'abaisse, lorsque l'atmosphère est très-humide. De tout cela, il tire des conséquences très-importantes pour la médecine (1).

Tous les médecins devraient prendre pour modèle les travaux de F. Hoffmann (2); suivre, comme lui, les progrès des sciences physiques au profit des sciences médicales; et se rappeler sans cesse que le corps de l'homme n'est pas un corps isolé, mais qu'il est perpétuellement sous l'empire d'agents physiques qui le modifient suivant des lois constantes.

§ 11.

Il faut mettre encore Davisson et Vigani au nombre des médecins qui ont bien mérité de la chimie, quoiqu'à un degré moindre que ceux que nous venons de passer en revue.

GUILLAUME DAVISSON.

Guillaume Davisson ou *d'Avissone* (c'est ainsi qu'il s'écrit lui-même) (3), médecin écossais, fut appelé à remplir la première chaire de chimie créée à Paris, au Jardin du Roi (4). Ses cours, qui eurent lieu dans la première moitié du XVIIe siècle, sous la minorité de Louis XIII, attirèrent un nombreux auditoire; il nous apprend lui-même qu'il comptait parmi ses élèves des étrangers de

---

(1) Dissertat. physico-medicæ curiosæ selectiores; P. I, Lugd. Bat., 1708, 8. *De ventorum generatione, ortu et causis.*

(2) Gmelin (t. II, p. 179) donne la liste des mémoires ou dissertations de F. Hoffmann, ayant trait à la chimie. On les trouve aussi indiqués dans *Omnium dissertationum et librorum ab Hoffmano, ab anno 1681 ad annum 1734, editorum conspectus;* Hall., 1734, 4. — Tous ses travaux chimiques sont imprimés dans *Oper. omn. medico-physic.;* Genève, 6 vol. in-fol., 1740 et 1748; avec un supplément de 2 vol., 1749; et un second supplément de 3 vol., 1753 et 1760. — Édit. de Naples, 1753, en 25 vol. in-4.; — 1763, en 17 vol.; — édit. de Venise, 1745, en 17 vol. in-4.

(3) M. Baudrimont possède une édition (2e éd., 1640) de la *Philosophie pyrotechnique,* où se lit sur le *recto* du dernier feuillet un autographe de l'auteur qui signe *d'Avissone,* sous la date du 29 août 1641.

(4) Voy. p. 108 de ce volume.

toutes les nations de l'Europe, des Allemands, des Anglais, des Italiens, etc. (1).

C'est à l'usage de ses élèves que Davisson publia, en 1635, un ouvrage intitulé *Philosophia pyrotechnica, seu Cursus chymiatricus*, et divisé en quatre parties (2); la première et la deuxième partie, que l'auteur dédia à deux de ses compatriotes, Jacques et George Stuart, et la troisième partie, ne contiennent que des théories spéculatives mystiques, qui témoignent d'une grande connaissance des anciens. La quatrième partie, qui traite des opérations chimiques, est la seule qui puisse nous intéresser.

C'est dans cette partie que, pour la première fois, il est question de la *cristallographie* sous un point de vue scientifique (3). L'auteur étend le principe de la cristallisation non-seulement aux sels et à des substances minérales, mais encore aux alvéoles des ruches et à certaines parties des végétaux, telles que les feuilles et les pétales des fleurs. Il ramène toutes les formes cristallines à cinq figures géométriques, qui sont le cube, l'hexagone, le pentagone, l'octaèdre et le rhomboèdre. Un sujet aussi intéressant et nouveau, *opus novum et a nullo ante me, quod sciam, elaboratum*, devait naturellement ramener un esprit, d'ailleurs assez spéculatif, aux doctrines anciennes de Pythagore et de Platon, suivant lesquelles toute l'harmonie de la création repose sur les nombres et les figures géométriques. Cette discussion, un peu obscure, sur le rôle important que jouent les mathématiques dans les écrits des philosophes anciens, et particulièrement dans le Timée de Platon, est terminée par ces vers de Boëthius :

Tu numeris elementa ligas, ut frigora flammis,
Arida conveniant liquidis, ne purior ignis
Evolet, aut mersas deducant pondere terras.

---

(1) Pyrotech. Pars quart., *admonitio ad lectorem*, p. 50 et 52.

(2) Paris, 8; 1640; 1642; 1644; 1657; Hag. Com., 1641, 4. Traduit en français : *Les éléments de la philosophie de l'art du feu*, éd. Hellot, 1651 et 1657.

(3) Philosoph. pyrotech. *Pars quarta*, p. 184 : *Doctrina de symbolo et mutatione elementorum cum quinque corporibus simplicibus geometricis; unde dilucide aperietur vera causa diversarum formarum, numerorum variarumque proportionum in compositis, ut figura hexagonali, cubica, pentagonali, octaedrica, rhombica, in sale cornu cervi, in nive sexangulari, in crystallo, smaragdo, adamante, vitriolo, caulibus, floribus et foliis stirpium, alveolis apum, nitro, sale gemmæ et vulgari.*

La cristallographie offre un beau champ pour quiconque aime les théories spéculatives de la science.

§ 12.

JEAN-FRANÇOIS VIGANI.

Ce chimiste-médecin, natif de Vérone, et qui passa presque toute sa vie en Angleterre, appartient à la grande école de Boyle. Adversaire déclaré des théories obscures et souvent incompréhensibles des alchimistes, il prend l'expérience pour guide dans ses recherches, et se glorifie de ne rien avancer qu'il n'ait lui-même vu et observé.

C'est dans un petit traité d'une soixantaine de pages, intitulé *Medulla chymiæ* (1), qu'il expose les faits qu'il a découverts, ainsi que les expériences dont il fut témoin.

Purification du vitriol de fer, et préparation de l'ammoniaque vitriolé (sulfate d'ammoniaque). — Le procédé que Vigani propose pour enlever au vitriol de fer les particules de cuivre dont il n'est presque jamais exempt, consiste à plonger dans la dissolution de ce vitriol une lame de fer, et de l'y laisser jusqu'à ce que tout le cuivre soit précipité. Pour préparer le nouveau sel d'ammoniaque (sulfate), recommandé comme médicament dans les maladies chroniques, il s'agit tout simplement de verser, dans la liqueur du vitriol de fer ainsi purifié, une solution d'alcali volatil, jusqu'à ce qu'il ne se forme plus de précipité. La liqueur filtrée donne, par l'évaporation, le sel en question, préférable au tartre vitriolé (sulfate de potasse), *longe enim antecedit tartarum vitriolatum* (2).

Afin de démontrer qu'une chaux métallique (oxyde) se combine toujours avec la même quantité d'un même acide pour produire un composé (sel) déterminé, il prend le vert-de-gris artificiel (acétate de cuivre), le soumet à la distillation, et constate ainsi que la quantité d'acide volatil qui se sépare est à peu près la même que celle que prendrait le cuivre qui reste, après la distillation, au fond du matras, pour reconstituer du vert-de-gris (3).

---

(1) *Variis experimentis aucta, multisque figuris illustrata*; Londini, 1683, 18.
(2) Ibid., p. 6 et 7.
(3) Ibid., p. 13.

Vigani a, un des premiers, détruit l'erreur des chimistes qui croyaient que l'antimoine rend le vin émétique sans pourtant rien perdre de son poids. Il affirme, par sa propre expérience, que, dans ce cas, l'antimoine, quel qu'en soit le composé, diminue un peu de son poids, et que l'émétisation du vin est produite par la combinaison des particules du tartre avec des particules antimoniales (1).

L'émétique est en effet un composé d'oxyde d'antimoine et de tartre (bitartre de potasse).

On sait que, dès l'origine, les mercuriaux étaient mis en usage pour combattre la syphilis. Vigani employait, dans ce but, un remède particulier, appelé mercure vert (*mercurius viridis*), et dont il garde la préparation comme un très-grand arcane (*quem tanquam maximum arcanum conservo*) (2).

On voit par là que l'intérêt pur de la science était loin de l'emporter sur toute autre considération, même chez les chimistes les plus éclairés de cette époque.

CHIMIE PHARMACEUTIQUE.

Les travaux de Basile Valentin et de Paracelse devaient porter leurs fruits. La chimie continue d'envahir, à bon droit, le domaine de la pharmacologie. Le nombre des médicaments chimiques actifs allait tous les jours en augmentant.

Les médecins qui se sont le plus efforcés de rendre la chimie tributaire de la médecine et de la pharmacie sont : Frédéric HOFF-MANN (3); Nic. CHESNEAU, médecin de Marseille (4); Th. WILLIS, célèbre médecin anglais (5); J. ZWELFER (6); P. POTERIUS, médecin

---

(1) Medulla chymiæ, p. 49.
(2) Ibid., p. 53.
(3) Clavis pharmaceutica Schœderi ; Hall., 1681, 4.
(4) Pharmacie historique ; Paris, 1600, 1682, 4.
(5) Pharmaceutica rationalis ; Hag., 1675 et 1677 ; Oxon., 1678, 8.
(6) Animadversiones in pharmacopœiam Augustanam, etc.; Vien., 1652, in-fol. Norimb., 1657, 1667, 1675, 8.

d'Anjou, qui passa une grande partie de sa vie en Italie, où il tomba victime de la perfidie de Saucassani (1) ; Lazare LA RIVIÈRE (Riverius), régent de la faculté de Montpellier (2) ; F. BARTOLETTI, professeur à Bologne, puis à Mantoue, où il mourut à l'âge de quarante-neuf ans, en l'année 1630 ; il a décrit le sucre de lait, sous le nom de *manna seu nitrum seri lactis* (3).

Il faut encore ajouter à la précédente liste Ray. MINDERER, médecin d'Augsbourg, qui attacha son nom à la liqueur de l'acétate d'ammoniaque, appelée esprit ou eau de Minderer (*spiritus vel aqua Mindereri* (4) ; Adrien de MYNSICHT, surnommé TRIBUDENIUS, auquel on attribue à tort la découverte de l'émétique (5), que d'autres chimistes connaissaient incontestablement avant lui (6) ; P. SEIGNETTE, pharmacien de la Rochelle, qui découvrit, vers l'année 1672, le sel portant le nom de Seignette, et qui valut une grande fortune aux héritiers de l'inventeur (7) ; TURQUET DE MAYERNE, martyr de l'intolérance de la faculté de médecine de Paris, sévissant contre tous ceux qui cherchaient à répandre l'emploi des nouveaux médicaments chimiques (préparations antimoniales, mercurielles,

---

(1) Pharmacopœa spagirica nova et inedita ; Bonon., 1622, 8 ; Colon., 1634, 12.

(2) Praxis medica cum theoria ; Paris, 1640, 8. Ibid. ; Lyon, 1647, 1649, 1652.

(3) Opuscul. scientific. e filolog., t. XXI, p. 393. Mazzuchelli, Scrittori d'Italia, II, p. 429.

(4) Aloedarium marocostinum ; August. Vindel., 1616, 8. — De chalcantho disquisitio iatro-chymica ; August. Vindel., 1617, 4. — Threnodia medica, sive planctus medicinæ lugentis ; Aug. Vindel., 1619, 8. — Medicina militaris ; Norimb., 1679, 12 ; édit. allemande, 1621 et 1623, 8.

(5) Thesaurus medico-chymicus ; Hamburg, 1631, 4. — Ce qui a probablement donné lieu à lui attribuer la découverte de l'émétique, c'est un passage où l'auteur dit (p. 13) de mettre du fer, de l'antimoine et du mercure pulvérisés dans de l'esprit-de-vin tartarisé (*spiritus vini tartarisatus*), pour obtenir un excellent médicament contre l'épilepsie, etc.

(6) Voy. p. 30 et 220 de ce volume.

(7) Les Principales utilités et l'usage le plus familier du véritable sel polychreste de M. Seignette ; la Rochelle, 4. — Le faux sel polychreste, etc. ; la Rochelle, 1675, 8. — Le sel polychreste de Seignette est le *tartrate double de potasse et de soude*. On l'obtient en ajoutant à une solution chaude de tartre du carbonate de soude en poudre jusqu'a ce qu'il ne se manifeste plus d'effervescence. Ce sel devint, bientôt après Lemery, un remède à la mode. Sa composition fut tenue secrète pendant longtemps ; Boulduc et Geoffroy la firent les premiers connaître en 1731.

ferrugineuses, etc. (1). L'arrêté du collège médical, qui condamna Turquet à la dégradation doctorale, est un chef-d'œuvre d'outre-cuidance et d'iniquité ; il est exprimé dans un langage injurieux et malhonnête, dont les médecins seuls ont le secret. Voici cet arrêté, qui déshonore ses auteurs ; car rien ne peut excuser des juges qui appellent celui qu'ils condamnent impudent, ivrogne, enragé, etc.

Collegium medicorum in Academia Parisiensi legitimo congregatum, audita renunciatione censorum, quibus demandata erat provincia examinandi apologiam sub nomine Mayerti Turqueti editam, ipsam unanimi consensu damnat, tanquam famosum libellum, mendacibus, conviciis et impudentibus calumniis refertum ; quæ nonnisi ab homine imperito, impudenti, temulento et furioso proficisci potuerunt. Ipsum Turquetum indignum judicat, qui usquam medicinam faciat, propter temeritatem, impudentiam et veræ medicinæ ignorationem. Omnes vero medicos, qui ubique gentium et locorum medicinam exerceant, hortatur ut ipsum Turquetum similiaque homini... et opiatorum portenta a se suisque finibus arceant, et in Hippocratis ac Galeni doctrina constantes permaneant ; et prohibuit ne quis ex hoc medicorum Parisiensium ordine cum Turquielo ejusque similibus medica consilia ineat. Qui secus fecerit, scholæ ornamentis et academiæ privilegiis privabitur, et de regentium numero expugnetur (2).

On faisait sans doute souvent un grand abus des nouveaux remèdes révélés par la pratique de la chimie ; le chevalier Digby (3), Rattray (4), médecin de Glasgow, et plusieurs autres charlatans, débitant aux crédules leur poudre de sympathie ; — d'où vient

____

(1) *Pharmacopœa*, in oper. medic. in quibus continentur consilium, epistolæ, observationes, variæque medicamentorum formulæ, quæ in usum Annæ et M. Mariæ Angliæ reginarum præscripta fuere, una cum epistola præfatoria, etc., édit. Brown ; Lond., 1703, in-fol.—Les médicaments chimiques dont Turquet recommande l'emploi sont le mercure doux, l'antimoine diaphorétique, le turbith minéral, des huiles pyrogénées, la solution alcoolique de l'acétate de potasse, l'acide benzoïque, le vitriol de cuivre, le vitriol de fer, toutes substances qui sont encore aujourd'hui vantées dans la thérapeutique. — Il conseille de préparer le vitriol martial avec de la limaille de fer bien pur. Il connaissait l'inflammabilité du gaz qui se produit lorsqu'on traite le fer par l'huile de vitriol étendue ; il indique des moyens pour purifier le tartre, pour préparer le vinaigre radical. — Voilà des titres qui prouvent que Turquet n'était point aussi ignorant que le prétendent ses détracteurs.

(2) Voy. Guy Patin, Lettres choisies, t. 1, p. 19-21.

(3) Receipts in physic and surgery ; Lond., 1665, 8. — Nouveaux et rares secrets, et un discours touchant la guérison des plaies par la poudre de sympathie ; Anvers, 1678, 8. — Le chevalier Digby, de Buckingham, fort renommé à la cour de Charles Ier et de Charles II, mourut en 1665, dans un combat contre les Turcs.

(4) Aditus novus ad occultas sympathiæ et antipathiæ causas inveniendas per principia philosophiæ naturalis, etc.; Glasgoæ, 1658, 8; Tubing. 1660, 12.

peut-être la locution vulgaire, jeter de la poudre aux yeux, — méritaient la réprobation de toutes les facultés. Malheureusement ici, comme partout, les coupables savaient se soustraire aux châtiments, qui tombaient sur des innocents.

Il serait facile d'allonger considérablement la liste des médecins qui ont pris en défense la cause des chimistes contre l'omnipotence des galénistes. Nous nous contenterons de joindre encore aux noms déjà cités : Dan. SENNERT, qui blâme avec raison l'habitude de faire un mystère de la préparation de certains secrets (1) ; Ara. KRANEN, médecin de Leipzig (2) ; Pierre BOREL, connu par un catalogue, d'ailleurs assez inexact, d'anciens chimistes ou alchimistes (3) ; R. ARNAUD (4), BARLET (5), STARKEY, zélé disciple de Van-Helmont, qui a laissé son nom au savon de térébenthine (6) ; Aud. CASSIUS (7), médecin de Zurich, connu par le précipité pourpre qui porte son nom (obtenu en traitant une dissolution d'or par le sel d'étain) ; BERTRAND, médecin de Lyon (8) ; J. HARTMANN, lequel occupa, à Marbourg (Hesse), la première chaire publique de chimie qui ait été créée en Allemagne (9) ; REINECCIUS (10) ; PITCAIRN,

---

(1) De chemicorum cum Aristotelicis et Galenicis consensu et dissensu ; Wittemb., 1619, 4. — Medicamenta officinalia cum Galenica tum chymica ; Wittemb., 1670, in-fol.

(2) *Balsamus vegetabilis, das ist gründlicher Discurs von einem kœstlichen vegetabilischen Balsam*, etc. ; Leips., 1618, 12. — Ce baume végétal n'est autre chose qu'un mélange d'aloès, de safran, de myrrhe, de térébenthine, de baies de genièvre, et de soufre.

(3) Hortus sive armamentarium simplicium, mineralium, plantarum, etc. ; Castris, 1660 ; Paris, 1667. — Historiarum et observationum medico-physicarum centuriæ IV ; Francof., 1652, 1653, 12 ; Paris, 1656, 1757.

(4) Introduction à la chymie ou à la vraye physique ; Lyon, 1650, 8.

(5) Cours de physique résolutive ou chimie, représenté par figures pour connaître la theotechnie ergocosmique, ou l'art de Dieu en l'ouvrage de l'univers ; Paris, 1657, 4.

(6) Pyrotechnie asserted and illustrated ; Lond., 1658, 8. — Natures explicatives and Helmont's vindications, etc. ; Lond., 1657, 8.

(7) De triumviratu intestinali cum suis effervescentiis disputatio ; Groning., 1668, 4.

(8) Réflexions nouvelles sur l'acide et l'alcali, et de l'usage qu'on en fait pour la physique et la médecine ; Lyon, 1683, 12.

(9) Opera omnia medico-chymica, aucta a C. Johrenio, Francof., 1684 et 1690, in-fol. — Disputationes chymico-medicæ ; Marburg, 1611 et 1614, 4. — Praxis chymiatrica ; Lips., 1633, 4.

(10) Thesaurus chymicus experimentorum certissimorum, etc., cum præfat. J. Tankii ; Lips., 1609, 8 ; Francof., 1620, 12.

professeur à Édimbourg (1) ; J. SWAMMERDAM (2) ; H. OVERKAMP (3) ; MONGNOT (4), qui supposa une espèce de ferment comme cause de toutes les fièvres ; S. REGIS, professeur à Amsterdam (5) ; R. VIEUSSENS (6), professeur à Montpellier ; Pierre CHIRAC (7) ; MINOT (8) ; H. BARBATUS de Padoue, qui entrevit l'existence de l'albumine dans le sérum du sang (9) ; Ol. BORRICHIUS, l'auteur du *Conspectus chemicorum* et *De ortu et progressu chemiæ* (10) ; E. HARVEY (11) ; M. CRABAS (12) ; J. MANGET (13) ; J. MURALT, professeur à Zurich (14) ; C. AXT (15) ; B. VALENTINI, qui préconisait surtout l'usage de la magnésie (16) ; J. JONCKEN, médecin de Francfort (17).

Enfin, en 1666, le collége des médecins de Paris fit rapporter l'arrêt qui avait, depuis près de cent ans, défendu l'usage des préparations antimoniales (18).

Mais, de tous ces médecins-chimistes, ceux qui méritent une

---

(1) Operæ quæ præstent corpora acida vel alcalica in curat. morb. in dissert. medic ; Edimb., 1713, 4.

(2) Tractatus physico-anatomico-medicus de respiratione usuque pulmonum ; Leid., 1667 et 1679, 8.

(3) *Van de natuur der fermentatien*, etc.; Amsterd., 1681, 4 (en hollandais).

(4) De la guérison de la fièvre par le quinquina ; Lyon, 1679, 12.

(5) Cours entier de philosophie ; Amsterd., vol. III, 1691, 4.

(6) De remotis et proximis mixti principiis ; Lugd., 1698, 4. — Epistola de sanguinis humani cum sale fixo spiritum acidum suggerent, etc.; Lips., 1698, 4. — De la nature du levain de l'estomac ; journal de Trévoux, janvier 1710. — Traité des liqueurs du corps humain ; Toulouse, 1715, 4.

(7) Dissertatio acad., in qua disquiritur an incubu ferrum rubiginosum ; Monspel ; 1692, 12.

(8) De la nature et des causes de la fièvre, avec des expériences sur le kinkina, etc., 1684, 8 ; 1691, 12.

(9) De sanguine ejusque sero ; Paris, 1667, 12 ; Lugd., 1736, 8.

(10) Epistol. ad Bartholinum ; cent. III, epist. 85.

(11) The family-physician and house apothicary ; Lond., 1678, 8.

(12) Pharmacopée royale, galénique et chimique ; Paris, 1672, 1676, 1681, 8.

(13) Messis medico-spagyrica ; Colon., 1683, in-fol.

(14) Hippocrates Helveticus ; Basil., 1690, 4 ; 1716, 8.

(15) De arboribus coniferis et pice conficienda ; accedit epistola de antimonio ; Jen., 1679, 12.

(16) Relatio de magnesia alba, novo, genuino, polychresto et innoxio pharmaco purgante, Romæ nuper advento ab G. G. Lobitz ; Giess., 1705, 8.

(17) Chymia experimentalis curiosa, ex principiis mathematicis demonstrata ; Francof., 1681, 8.

(18) Journal des savants, année 1666.

mention toute spéciale sont Thomas BARTHOLIN et Thomas WILLIS.
Le premier, professeur de médecine à Copenhague, attribue le ra-
mollissement des os à des causes chimiques (1) ; il connaît la phosphorescence de la viande et des poissons pourris dans l'obscurité (2) ; il rapporte le cas d'un gaz inflammable sorti de l'estomac
d'un cadavre soumis à l'autopsie ; il vit également sortir ce gaz de
la bouche d'un homme qui faisait abus de boissons alcooliques (3).
Th. Willis, célèbre anatomiste anglais, insista sur l'analogie de la
flamme avec le phénomène chimique de la respiration ; il reconnut
que, dans l'un comme dans l'autre cas, l'air agit surtout par certaines particules qu'il appelle nitreuses ; enfin il n'hésita pas d'attribuer à ces molécules aériennes la coloration rouge du sang dans
les poumons, ainsi que celle qu'éprouve le sang, tiré de la veine,
à sa surface, qui se trouve en contact immédiat avec l'air (4).

Les eaux minérales, les produits végétaux ou animaux employés
en médecine, devinrent l'objet d'un grand nombre de recherches
médico-chimiques.

F. VICARIUS, professeur de médecine à Fribourg, écrivit sur les
eaux minérales (5) ; G. WEDEL (6) et MOLITOR (7) publièrent des
dissertations sur les eaux thermales naturelles et artificielles. Nous
citerons encore, comme ayant composé des traités spéciaux sur les
eaux minérales naturelles ou factices, DUCLOS (8), TILEMANN (9),

---

(1) Histor. anatomic. rarior.; cent. VI, hist. 40.

(2) De luce animalium, libri III ; Lugd. Bat., 1647, 8 ; Hafn., 1669. — Episto
medic., cent. I, epist. 9, 13, 28, 83.

(3) Ibid., cent. III, n. 56.

(4) Affectionum quæ dicuntur historicæ et hypochondriacæ pathologia spas-
modica vindicata ; — de sanguinis accensione ; — de motu musculari ; Lugd.
Bat., 1671, 12.

(5) Hydrophilacium novum, seu discursus de aquis salubribus mineralibus
vere novus ; Ulmæ Suevorum, 1699, 12.

(6) Diss. de thermis ; Jen., 1695, 4.

(7) De thermis artificialibus septem mineralium planetarum ; Jen., 1676, 12.

(8) Observat. super aquis mineralibus diversarum provinciarum Galliæ in Academia scientiarum regia in annis 1670 et 1671 factæ. Ejusd. diss. super principiis mixtorum naturalium habita ; 1677, Lugd. Bat., 1685, 12.

(9) Delineatio praxeos oryctologicæ, seu modus brevis cognoscendorum et
probandorum fossilium, thermarum et acidularum ; Herbipol., 1657, 8.

GOECKEL (1), TABLE (2), LISTER (3), SCHREYER (4), STISSER (5), P. GIVRY (6), J. RAI (7), RHODEZ (8) et G. A TERRE de Padoue (9).

Deux autres médecins italiens, P. SERVIUS de Spolète, plus connu sous le nom de PERSIUS TREVUS (10), et J. NARDIUS de Florence (11), examinèrent plus exactement la nature du lait ; HEYOB et VIEUSSENS firent des recherches sur le sang (12) ; SLARE (13) et A. NECK (14) s'occupèrent de la sécrétion salivaire ; CUROUET, médecin de Liége, établit des investigations sur le cristallin et les humeurs de l'œil (15) ; Ant. de HEYDE étudia le pus (16) ; enfin F. HOFFMANN, JONSTON (17), S. KOENIG de Berne (18), N. PECHLIN (19) et SMALT (20) publièrent des observations sur les calculs urinaires et biliaires.

La lutte que les médecins novateurs avaient, depuis près de deux siècles, à soutenir contre les médecins de l'ancienne école, touchait à sa fin. Les médicaments chimiques, qui se distinguent des préparations galéniques et arabes en ce qu'on peut les rendre extrême-

---

(1) Consiliorum et observat. medicinal. decades sex. August. Vindel., 1683, 4.

(2) Achidularum artificialium materia, etc.; Wittemberg., 1682, 4.

(3) Nove exercitationes et descriptiones thermarum ac fontium medicatorum Angliæ; Eborn, 1683; Lips., 1684, 8.

(4) Trinum fluidum magnum seu natura aquæ, etc.; Hamburg., 1690, 8.

(5) Aquarum Rornkusauarum examen; Helmst., 1689, 4.

(6) Arcanum acidularum, etc.; Amstelod., 1682, 12.

(7) Observations topographical, moral and physiological made in a journey through Germany, Italy and France; Lond., 1673, 8.

(8) Sur les eaux minérales artificielles; Lyon, 1690, 12.

(9) Junonis et Nestis vires in humanæ salutis obsequium traductæ; diss., qua aeris et aquæ natura expenditur; Patav., 1668, 4.

(10) De sero lactis—privatæ quædam et domesticæ exercitationes; Paris, 1632, 12; Rom., 1616, 4.

(11) Lactis physica analysis; Florent., 1634, 4.

(12) De sanguinis humani, — nec non de bilis usu; Lips., 1698, 4.

(13) Philosophical transact., an. 1682.

(14) De ductu salivali novo, saliva, etc.; Lugd. Bat., 1685, 12. — Sialographia, etc., 1695, 1723, 8. (C'est le même ouvrage que le précédent.)

(15) Diss. de trium oculi humorum aliarumque ejus partium origine et formatione explicata; Lugd., 1688, 8.

(16) Observat. medic.; Amstelod., 1684, 1686, 8.

(17) Philosoph. Transact., n° 101.

(18) Ἀδογενεσίας humanæ specimen, etc.; Bern., 1689, 12; Vienne, 1686. Philosoph. Transact., 1681, n. 111 et 181.

(19) Observat. physico-medic.; Hamburg, 1691, 4.

(20) Voy. Blancaard Collectan. medico-physic.; Dec. III, cent. VII, obs. 21.

ment actifs, sous un volume relativement très-petit, commençaient, vers la fin du xvii° siècle, à être accueillis, même auprès des facultés qui s'étaient jusqu'alors montrées les plus réfractaires et les plus hostiles aux innovations des médecins-chimistes. Cette réconciliation de l'école ancienne avec l'école moderne arrêta, en partie, le développement du charlatanisme dangereux que des gens, souvent étrangers à l'art de guérir, faisaient par la vente inconsidérée d'une multitude de remèdes secrets, empruntés à la chimie, *pour rajeunir la vieillesse* (1), *restaurer le sang par la panacée* (2), *guérir radicalement toutes sortes de maladies* (3), et une foule d'autres merveilles dont il serait trop long de donner la liste (4).

§ 13.

État de la pharmacie au xvii° siècle.

A en juger d'après le nombre considérable de règlements, d'ordonnances, de projets de réforme, etc., concernant la pharmacie, on est conduit à croire qu'on attachait, avec raison, une grande importance à l'exercice régulier et consciencieux d'un art placé entre la chimie et la médecine. Ce qui manquait au corps des pharmaciens, qui se traînaient alors humblement à la suite des médecins ignorants et orgueilleux, c'était un peu plus d'union et surtout plus de dignité. Chaque pays, chaque province, chaque canton, que dirai-je, chaque ville avait, pour ainsi dire, ses règlements pharmaceutiques spéciaux.

Les ducs de Saxe promulguèrent, en 1607, une ordonnance destinée à régler l'exercice de la pharmacie dans leurs États. Les villes de Fribourg et de Schweinfurt arrêtèrent, d'après le rapport de J. Cornarius, un tarif pour le débit des drogues. Cet exemple fut suivi par beaucoup d'autres villes, comme Hambourg, Bâle, Strasbourg, Rostock, Worms, Helmstädt, Lemberg, Spire, etc. Le

---

(1) Dalicourt; Paris, 1668, 12.

(2) Pernauer; Ratisb., 1679, 4.

(3) Hemeri de Bordeaux; Paris, 1713, 1737, 1741, 12.

(4) Voy. Gmelin, t. I, p. 568-601; p. 660-677; t. II, p. 230-276. Il donne la liste de tous les médecins chimistes ou des vendeurs de remèdes secrets du xvii° siècle.

prince électeur émit en 1606, pour la ville de Mayence, des règlements qui devaient réformer la pharmacie, et soumettre à quelques restrictions les médecins, les chirurgiens, les barbiers, et tous ceux qui se livraient à la pratique de la médecine.

Il y avait des comités de médecins institués pour inspecter l'exercice de la pharmacie, et surveiller la préparation des médicaments. J. Guillaume publia à ce sujet : *Règlement entre les médecins et les apothicaires pour la visite des drogues*, et Bernier fit paraître son *Plaidoyer pour les apothicaires de Dijon* (1). Thomas Bartholin édita le livre de Lisetti Renanci sur *les fraudes des pharmaciens* (2) ; il y ajouta un catalogue tarifé des médicaments les plus usités (3), et deux programmes sur la nécessité de visiter les pharmacies (4).

George Bussius, médecin du duc de Holstein-Gottorp, fit des efforts pour concilier la pharmacologie avec les progrès de la chimie. Il appela l'attention des pharmaciens sur l'utilisation du résidu de beaucoup de distillations, lequel, sous le nom de *caput mortuum*, est souvent rejeté comme inerte et inutile. C'est lui qui fit inscrire au nombre des médicaments le résidu qui se trouve au fond de la cornue après la préparation de l'eau-forte, au moyen du nitre et de l'huile de vitriol. Ce *caput mortuum*, qui n'est autre chose que du sulfate de potasse, était alors débité sous le nom de double arcane (*arcanum duplicatum*), ou de panacée de Holstein (*panacea Holsatia*) (5).

Des comités composés de chimistes, de pharmaciens et de médecins, rédigèrent les codes pharmaceutiques ou les pharmacopées qui devaient servir de norme à la prescription des médicaments. C'est ainsi qu'on vit paraître successivement : à Anvers, *Pharmacopea Antwerpiensis*, en 1661 ; à Londres, *Pharmacopea Londinensis*, en 1662 ; à Utrecht, *Pharmacopea Ultrajectina*, en 1664 ; à Amsterdam, *Pharmacopea Amstelodamensis*, en 1668 ; à Bologne, *Antidotarium Bononiense*, en 1674 ; à Genève, *Pharmacopea regia Galenica et chimica*, 1684 ; à Barcelone, *Pharmacopea*

---

(1) Dijon, 1605, 4.

(2) Declaratio fraudum quæ apud pharmacopœos committuntur; Francof., 1667 et 1671, 8.

(3) Catalogus et taxa medicamentorum officinalium; Hafn., 1672, 4.

(4) De visitatione pharmacopœarum ; Hafn., 1672 et 1673, 4.

(5) Schelhammer, diss. de nitro; Amstelod., 1709, 8.

Catalana, en 1686; à Stockholm, *Pharmacopea Holmiensis*, en 1686; à Leowarden, *Pharmacopea ad mentem neotericorum adornata*, en 1688.

§ 14.

Le fait de *l'augmentation du poids des métaux par la calcination* avait été, ainsi que nous l'avons fait voir, signalé à différentes reprises (1), déjà antérieurement au xviie siècle; mais aucun observateur n'en avait fait, avant Jean Rey, le sujet d'un travail spécial.

JEAN REY.

Ce médecin-chimiste naquit, vers la fin du xvie siècle, à Bugues, dans le Périgord; on ignore l'année de sa naissance. Il consacrait les moments de loisir que lui laissait l'exercice de sa profession à l'étude de la physique et de la chimie, et entretenait une correspondance active avec un des plus célèbres physiciens de son temps, le P. Mersenne. Le dérangement de ses affaires domestiques le détourna malheureusement, par la suite, de ses occupations scientifiques, et contribua peut-être à abréger sa vie.

Quinze ans avant sa mort, qui arriva en 1645, il avait publié le résultat de ses expériences sur l'augmentation du poids des métaux, sous le titre de : *Essays sur la recherche de la cause pour laquelle l'estain et le plomb augmentent de poids quand on les calcine;* Bazas, 1630, in-8, 142 pages. Gobet donna, en 1777, une nouvelle édition (2) sur l'exemplaire original, qui est aujourd'hui très-rare.

Ce qui donna lieu à ces *Essays*, etc., ce fut la lettre d'un pharmacien de Bergerac, nommé Brun, dans laquelle celui-ci apprend à J. Rey que, voulant un jour calciner deux livres six onces d'étain, il fut surpris d'en retrouver, après l'opération, deux livres treize

---

(1) Geber, Eck de Sulzbach, Césalpin, Cardan, Libavius, en avaient déjà parlé.

(2) Nouvelle édition, revue sur l'exemplaire original, et augmentée sur les manuscrits de la Bibliothèque du roi et des Minimes de Paris, avec des notes; Paris, in-8, 1777.

onces : il ne pouvait s'imaginer d'où étaient venues les sept onces de plus. Brun avait répété la même expérience avec le plomb; mais, au lieu d'une augmentation, il trouva sur six livres un déchet de six onces (1).

« A la prière doncques de Brun, j'y ay employé quelques heures; et, estimant avoir frappé le but, j'en produis ces miens essays. Non sans prevoir très-bien que j'encourray d'abord le temeraire, puisqu'en iceux je choque quelques maximes approuvées depuis longs siècles par la plupart des philosophes. »

J. Rey se crée ici (du moins quant à l'augmentation du poids des métaux) des adversaires imaginaires; car les plus célèbres chimistes avaient déjà, avant lui, admis en principe cette augmentation de poids que les métaux acquièrent pendant la calcination. D'ailleurs, il reconnaît lui-même que Cardan, Scaliger et Césalpin, « qui étoient de grands philosophes, disoient estre digne d'admiration que le plomb noir se calcinant augmente en poids de huit à dix livres pour cent (2). »

Le mérite de J. Rey est d'avoir essayé le premier de donner de ce fait une explication vraie et rationnelle.

« *Response formelle à la demande, pourquoy l'estain et le plomb augmentent de poids quand on les calcine.*

« A cette demande doncques, appuyé sur les fondements jà posez, je responds et soustiens glorieusement que ce surcroît de poids vient de l'air, qui dans le vase a esté espessi, appesanti, et rendu aucunement adhesif par la vehemente et longuement continue chaleur du fourneau; lequel air se mesle avec la chaux et s'attache à ses plus menues parties (3). »

---

(1) Ceci s'explique, quand on se rappelle que l'oxyde de plomb se vitrifie avec la silice du creuset, et fait, par conséquent, éprouver une perte.

(2) Edit. Gobet, p. 104. — J. Rey n'ignorait pas non plus l'expérience de Poppius sur l'antimoine : *Basilica antimonii* comprobata et conscripta ab Hamero Poppio-Thallino philochymico (dans la *Praxis chymiatrica* de Hartmann), 1625 et 1635.

Cap III. — *De calcinatione antimonii per radios solares.* Sit ad manus speculum incensorium sive lenticulare, — ut objecta combustibilia inflammet; id soli opponatur, ita ut pyramidalis luminosæ apex ante antimonii pulverisati et juxta in marmore in modum metæ vel coni in acumen fastigiati summitatem feriat; — licet copiosus fumus multum de antimonio dissipari arguat, tamen antimonii pondus post calcinationem auctum potius quam diminutum deprehenditur.

(3) Essais, etc. (ed. Gobet) p. 66.

Le principe sur lequel l'auteur fonde son explication est la pesanteur de l'air, qu'il essaye de démontrer d'une façon neuve et vraiment scientifique.

« Balançans l'air dans l'air mesme, et ne luy trouvant point de pesanteur, ils ont creu qu'il n'en avoit point. Mais qu'ils balancent l'eau (qu'ils croyent pesante) dans l'eau mesme, ils ne luy en trouveront non plus ; estant très-véritable que nul élement pese dans soi-mesme. Tout ce qui pese dans l'air, tout ce qui pese dans l'eau, doibt soubs esgal volume contenir plus de poids (pour le plus de matière) que ou l'air ou l'eau, dans lesquels le balancement se pratique (1).

« Remplissez d'air à grande force un ballon avec un soufflet, vous trouverez plus de poids à ce ballon plein qu'à lui-mesme estant vide (2). »

Le P. Mersenne prenait un vif intérêt à ces expériences sur la pesanteur de l'air, et qui agitaient des questions dont il s'était lui-même beaucoup occupé. Une de ses lettres, adressée (Paris, le 1er septembre 1631) à Jean Rey, renferme des idées fort remarquables sur l'attraction universelle, et qui paraissent en quelque sorte avoir préparé les découvertes de Newton :

« Il n'y a rien de pesant absolument parlant. Nous ne sçavons pas encore, ni ne sçaurons jamais, si les pierres et les autres corps vont vers le centre par leur pesanteur, ou s'ils sont attirés par la terre comme par un aimant. — D'ailleurs, je ne doute nullement que les pierres qu'un homme jetterait en haut estant sur la lune, ne retombassent sur ladite lune, bien qu'il eût la teste de notre costé, car *elles retombent à terre, parce qu'elles en sont plus proche que des autres substances.* »

Poursuivant toujours ses recherches sur la pesanteur de l'air, J. Rey communique à son savant correspondant les détails de l'expérience suivante, qui lui semble, à juste titre, décisive :

« Vous pesez une phiole de verre estant froide ; vous la chauffez peu après sur un réchaud, et la pesant vous trouvez qu'elle pese moins, parce qu'il en est sorti de l'air ; et afin de trouver quelle

---

(1) Essais, etc. (éd. Gobet), p. 30.
(2) Ibid., p. 35.

quantité, vous mettez son tuyau (estant toute chaude) dans l'eau qu'elle suce, jusqu'à ce qu'il en soit autant rentré comme il en estoit sorti d'air, ce qui vous a monstré que l'eau est plus pesante 255 fois que l'air. Je suis assuré que toutes les fois que vous ferez cette expérience, vous y trouverez de la diversité, et partant demeurerez toujours dans le doute. Car, tantost vous chaufferez plus vostre phiole, tantost moins ; tantost vous mettrez promptement son tuyau dans l'eau, et tantost vous y apporterez plus de longueur (1). »

En résumé, la thèse soutenue par J. Rey est celle-ci ; *L'air est un corps pesant, et comme tel il peut céder à l'étain et au plomb des molécules pesantes, qui, par leur addition, augmentent nécessairement le poids primitif de ces métaux.* Cette proposition, nettement posée par l'auteur, n'était pas encore scientifiquement démontrée.

A propos de la fixation des molécules aériennes, J. Rey remarque que, passé un certain terme, le métal n'augmente plus de poids, et qu'il reste dans un état constant :

« L'air espaissi s'attache à la chaux (métallique) (2), et va adhérant peu à peu jusqu'aux plus minces de ses parties ; ainsi son poids augmente du commencement jusqu'à la fin. Mais quand tout en est affublé, elle n'en sçauroit prendre davantage. Ne continuez plus vostre calcination soubs cet espoir ; vous perdriez votre peine (3). »

Ne pourrait-on pas voir là quelques indices vagues de la grande loi de la combinaison des corps en proportions définies ?

Une chose qui fait le plus grand honneur à la sagacité de J. Rey, c'est qu'il inventa lui-même un thermomètre, sans prétendre s'approprier les travaux des physiciens qui s'étaient occupés du même sujet (4).

Voici ce que l'auteur écrit au P. Mersenne, le premier de l'an 1632 :

« Il y a diversité de *thermoscopes* ou *thermomètres*, à ce que je

---

(1) Lettre de J. Rey au P. Mersenne, en date du 1er avril 1632. (Essais, edit. Gobet), p. 167. — Comparez cette expérience avec celle de Drebbel, rapportée p. 133 de ce volume.

(2) L'auteur ne paraît pas avoir eu l'idée que la chaux (oxyde métallique) n'est elle-même qu'un composé chimique de métal et de particules aériennes.

(3) Essais, p. 101.

(4) Voy. p. 153 de ce volume.

voys : ce que vous en dites ne peut convenir au mien, qui n'est plus rien qu'une petite phiole ronde, ayant le col fort long et deslié. Pour m'en servir, je la mets au soleil, et parfois à la main d'un fébricitant, l'ayant toute remplie d'eau, fors le col ; la chaleur dilatant l'eau fait qu'elle monte ; le plus ou le moins m'indique la chaleur grande ou petite (1). »

Quelque imparfait que soit cet instrument, il faut avouer que personne n'en avait encore donné une description aussi simple que précise.

J'ignore si J. Rey s'était formé d'après les principes de Montaigne et de Fr. Bacon (2) ; toujours est-il qu'il se distingue par une grande indépendance d'esprit, et par un emploi judicieux de la méthode expérimentale. « J'advoue franchement n'avoir juré aux paroles d'aucun des philosophes : si la vérité est chez eux, je l'y reçois ; sinon, je la cherche ailleurs (3). »

Il faudra rattacher aux *Essais* de J. Rey les observations des chimistes, qui se rapportent à l'existence des fluides élastiques. C'était là le prélude d'une ère nouvelle pour la science.

CHIMIE DES GAZ.

L'origine de la chimie des gaz, ou, comme on l'appelait du temps de Lavoisier, la chimie pneumatique, date des travaux de Van-Helmont et de Boyle. Je renvoie donc le lecteur à l'analyse que j'ai faite des ouvrages de ces deux grands génies, qui ont, en quelque sorte, jeté les fondements de la chimie moderne (4).

Les observations les plus fécondes en résultats avaient pour objets l'air, le nitre, la respiration, la combustion, la fermentation, les eaux minérales gazeuses et les airs irrespirables. Ce riche

---

(1) Essais, p. 136.

(2) Descartes n'avait que trente-quatre ans à l'époque de la publication des Essais de J. Rey, en 1630.

(3) Essais, p. 45.

(4) Voy. p. 142-148, et 161-165 de ce volume.

terrain avait été fort peu cultivé par les chimistes des siècles précédents.

Ch. Wren poursuivit les recherches de R. Boyle sur la fermentation; il imagina de recueillir le fluide élastique (gaz acide carbonique) qui se dégage d'une matière en fermentation, au moyen d'une vessie adaptée au goulot du ballon renfermant le mélange fermentescible. Il remarqua que ce fluide, semblable à l'air (*in the form of air*), peut être absorbé par l'eau. Ceci se passa en 1664 (1).

Dans la même année, Hook se servit d'un matras à deux ouvertures, auxquelles s'adaptaient deux tubes. Il y introduisit des coquilles d'huîtres (chaux carbonatée) et de l'eau-forte. Le fluide élastique (gaz acide carbonique) qui se dégage au contact de ces deux matières fut recueilli dans une vessie. Il ne fit point d'investigation particulière sur le fluide contenu dans la vessie. Cette expérience eut lieu en présence de la Société royale de Londres, qui venait d'être fondée.

Huygens, mettant un mélange d'eau-forte et d'esprit-de-vin dans le vide pneumatique, constata, à l'aide d'un tube barométrique fixé au récipient de la machine, le dégagement d'un fluide élastique, comme l'avait déjà fait Boyle dans ses expériences sur les matières fermentescibles (2).

Moray, Pope, Birch (3) et Hagedorn (4) citent plusieurs exemples d'accidents produits par des airs irrespirables. Fred. Hoffmann avait déjà signalé le danger de respirer la fumée de charbon, sans en donner la raison véritable (5).

Jessop informa (vers 1674) la Société royale de Londres d'un accident arrivé à un ouvrier nommé Michel, dans une houillère du Yorkshire. Cet ouvrier était descendu dans la mine avec un flam-

---

(1) *Air generated de novo.* Philosoph. Transact., vol. I, n. 122. Philosoph. Transact. (1675), vol. X, n. 119.

(2) Voy. p. 160 de ce volume.

(3) Pholosoph. Transact., vol. I (for 1665 et 1666).

(4) Observationum et historiarum medico-practicarum variarum centuriæ tres; Rudolstadt, 1698, 8.

(5) Opusc. theologic. physico-med. diæt., 1719, t. V.

beau à la main, lorsqu'en s'avançant dans les galeries, il fut subitement environné d'une immense flamme qui lui brûla les vêtements, la figure, les cheveux et les mains. Ayant été retiré de là, il déclara n'avoir entendu aucun bruit, tandis que les ouvriers qui travaillaient dans le voisinage avaient été terrifiés par une explosion épouvantable, accompagnée d'un tremblement de terre. Le même accident arriva quelque temps après à deux autres ouvriers (1).

Lister, Moslyn, Browne, Hodgson, Shirley rapportèrent des observations semblables, qui se trouvent consignées dans les Mémoires de la Société royale de Londres (2). Ant. Portius écrivit sur l'irrespirabilité de l'air de la grotte du Chien, près de Naples (3); Sam. Ledel (4), Boccone (5), la Morandière (6), Pozzi (7) et Beaumont (8) racontèrent de nombreux cas d'asphyxie occasionnés par des gaz irrespirables.

§ 15.

J. MAYOW.

Frappé de tous ces phénomènes en apparence inexplicables, qui se passent dans le monde des fluides élastiques, J. MAYOW se livra à une série d'expériences et de travaux qui devaient puissamment contribuer à hâter le développement de la chimie des gaz.

JEAN MAYOW naquit en 1645 dans le comté de Cornouailles; il obtint le grade de docteur en médecine à l'université d'Oxford, et mourut en 1679. Sa carrière fut celle d'un homme modeste, cul-

---

(1) Philos. Transact., vol. X, n. 119.
(2) Philos. Transact., vol. X, n. 119; vol. XII, n. 136; vol. IV, n. 48; vol. XI, n. 130; vol. II, n. 26.
(3) Dissertationes variæ; Venet., 1683, n. 2.
(4) Ephemerid. natur. curios., dec. II, ann. 3, obs. 155.
(5) Osservazioni naturali ove si contengono materie medico-fisiche, etc.; Bolog., 1684, 12.
(6) Nic. de Blegny, Opusc. medic. varia, etc.; Lips., 1690, 8.
(7) Medicin. pars prior theoretic.; Lugd. Bat., 1681, 8.
(8) Hooke, Philosophical collections, 1679, 4, n. 1.

tivant les sciences avec un esprit indépendant et une supériorité d'intelligence incontestable.

Voilà à peu près tout ce que nous savons de la vie si courte et si bien remplie de Jean Mayow.

Cent ans avant les immortels travaux de Lavoisier, de Scheele et de Priestley, Jean Mayow publia en Angleterre un volume intitulé :

Tractatus quinque medico-physici, quorum primus agit de sale nitro et spiritu nitro-aereo; secundus de respiratione, etc., studio Joh. Mayow. Oxonii, 1674, 8.

Je vais essayer de reproduire et de rendre aussi fidèlement que possible les idées et les expériences contenues dans ce livre, sans contredit un des plus remarquables du XVII° siècle.

Du sel de nitre et de l'esprit nitro-aérien

« Il est manifeste, d'après ce qui suit, que l'air qui nous environne de toutes parts, et dont la ténuité échappe à notre vue en simulant un immense espace vide, est imprégné d'un certain sel universel (1), participant de la nature du nitre, c'est-à-dire d'un *esprit vital* ou d'un esprit de feu (*spiritus vitalis, igneus*) éminemment propre à la fermentation (2).

« Un mot d'abord sur la composition du nitre. Le nitre se compose d'un acide et d'un alcali.

« C'est ce que démontre l'analyse, et ce que confirme la génération même du nitre. Il est certain que l'air intervient dans la formation du nitre; mais la terre intervient aussi de son côté; c'est elle qui fournit probablement le sel fixe (alcali), tandis que la partie volatile est fournie par l'air. Et il est vraisemblable que les cendres et la chaux brûlée ne rendent la terre fertile que parce que ces substances fournissent un élément propre à la formation du nitre.

---

(1) Comme la nomenclature chimique ne fut inventée que plus de cent ans après Mayow, il est évident qu'il ne faudra pas prendre le nom de *sel*, ainsi que beaucoup d'autres termes, strictement dans le même sens que nous y attachons aujourd'hui. Le nom de sel avait autrefois une acception beaucoup plus large : un acide était lui-même appelé *sel*; bref, le nom de *sel* était presque l'équivalent de *substance chimique*.

(2) Ce même corps fut appelé plus tard *air de feu* (Scheele), ou *air vital*.

De la partie aérienne de l'esprit de nitre.

« Il est d'observation que les sels fixes et les sels volatiles, et même les vitriols, ayant été calcinés jusqu'à expulsion totale de leurs esprits acides, absorbent, par une longue exposition à l'air, une certaine acidité (*aciditatem quamdam contrahunt*). De plus, la limaille de fer, exposée à l'air humide, est corrodée comme si elle était attaquée par des acides, et se convertit en safran de mars apéritif. Il semble donc qu'il existe dans l'air un certain esprit acide et nitreux (*spiritum quemdam acidum nitrosumque in aere residere*).

« Cependant, en examinant la chose plus attentivement, on trouve que l'esprit acide de nitre est trop pesant proportionnellement à l'air dont il se compose; et puis, *l'esprit nitro-aérien (spiritus nitro-aerus), quel qu'il soit*, sert d'aliment au feu et entretient la respiration des animaux, comme nous le démontrerons plus bas; tandis que l'esprit acide de nitre (*spiritus nitri acidus*) est éminemment corrosif, et, loin d'entretenir la vie et la flamme, il n'est propre qu'à les éteindre.

« Bien que l'esprit de nitre ne provienne pas en totalité de l'air, il faut cependant admettre qu'une partie en tire son origine.

« D'abord, on m'accordera qu'il existe, quel que soit ce corps, quelque chose d'aérien, nécessaire à l'alimentation de la flamme (*concedendum arbitror nonnihil, quicquid sit, aereum, ad flammam quamcumque conflandam necessarium*). Car l'expérience démontre qu'une flamme exactement emprisonnée sous une cloche ne tarde pas à s'éteindre, non pas, comme on le croit vulgairement, par l'action de la suie qui se produit, mais par privation d'un aliment aérien (*pabulo aereo destitutam interire*). Dans un verre où l'on a fait le vide, il est impossible de faire brûler à l'aide d'une lentille les substances même les plus combustibles, telles que le soufre et le charbon.

« *Mais il ne faut pas s'imaginer que l'aliment igno-aérien soit tout l'air lui-même; non : il n'en constitue qu'une partie, mais la partie la plus active* (1).

---

(1) *At non est existimandum pabulum igno-aereum ipsum aerem esse, sed tantum ejus partem magis activam.*

« Il faut ensuite établir que les particules ignö-aériennes nécessaires à l'entretien de la flamme se trouvent également engagées dans le sel de nitre, et qu'elles en constituent *la partie la plus active, celle qui alimente le feu.* Car un mélange de nitre et de soufre peut être très-bien enflammé sous une cloche vide d'air, par conséquent d'où l'on a extrait cette partie de l'air qui sert à alimenter la flamme. Et ce sont alors les particules igno-aériennes du nitre qui font brûler le soufre. »

Ici suivent les expériences destinées à sanctionner cette opinion.

« Donc, conclut l'auteur avec juste raison, le nitre renferme en lui-même ces particules igno-aériennes nécessaires à l'alimentation de la flamme. Dans la déflagration du nitre, les particules igno-aériennes deviennent libres par l'action du feu, qu'elles alimentent puissamment (1). »

Comme il s'agissait non-seulement d'établir des faits nouveaux, mais encore de détruire des erreurs alors généralement accréditées, Mayow entre ici dans une série d'expériences et de raisonnements qu'il serait inutile de reproduire.

De la nature de l'esprit nitro ou igno-aérien.

« Que deviennent pendant la combustion les particules igno-aériennes? Nous n'en savons rien, sinon qu'elles se convertissent en un autre air pernicieux.

« Dans la combustion produite par l'action des rayons solaires (à l'aide d'une lentille), ce sont les particules igno-aériennes qui interviennent exclusivement. Car l'antimoine calciné à l'aide d'une lentille se convertit en antimoine diaphorétique, entièrement semblable à celui qu'on obtient en traitant l'antimoine par l'esprit acide du nitre. L'antimoine, ainsi traité par l'une ou par l'autre méthode, augmente en poids d'une manière à peu près égale. *Et il est à peine concevable que cette augmentation de poids puisse provenir d'autre chose que des particules igno-aériennes fixées pendant la calcination (2).* »

---

(1) Il est inutile de faire observer que ces *particules igno-aériennes*, que Mayow appelle ailleurs *esprit igno-aérien* ou *esprit nitro-aérien*, ne sont autre chose que ce qui fut plus tard appelé *oxygène*.

(2) Quippe vix concipi potest, unde augmentum illud antimonii nisi a particulis nitro-aereis igneisque et inter calcinandum infixis procedat.

Mayow s'attache ensuite à démontrer, avec la lucidité et la justesse d'observation qui le caractérisent, que ce n'est pas le soufre qui transforme ici l'antimoine en antimoine diaphorétique.

Il est bon de rappeler qu'il fallait alors lutter contre une multitude de préjugés traditionnels. On croyait encore généralement au fameux principe que tous les métaux se composent de soufre et de mercure, ainsi qu'à d'autres théories alchimiques qui presque toutes remontent au delà du moyen âge, aux IIIe, IVe et Ve siècles de l'ère chrétienne, c'est-à-dire à l'époque de l'école mystique néoplatonicienne de Plotin, de Porphyre et de Jamblique, comme je crois l'avoir le premier démontré par l'analyse des manuscrits grecs de Zosime, de Stephanus, d'Olympiodore, de Démocrite le jeune, et de beaucoup d'autres philosophes-chimistes, appartenant à cette grande époque du christianisme naissant, en lutte avec la vieille philosophie païenne.

De l'origine des acides.

« Tout le monde sait qu'on obtient par la calcination des vitriols l'esprit acide du soufre. Or, comme il n'est pas probable que le soufre contienne originairement en lui-même le principe qui le rend acide, et qu'il est d'ailleurs certain que cet acide peut se produire pendant la déflagration du soufre, nous pouvons raisonnablement admettre que, dans cette déflagration, les particules du soufre et les particules igno-aériennes sont agitées par un mouvement rapide, qu'elles s'entre-choquent et s'aiguisent réciproquement, de manière à donner naissance à un corps nouveau, à une liqueur acide qui n'est autre chose que l'esprit acide du soufre en question.

« Lorsqu'on fait brûler du soufre, les particules igno-aériennes entrent dans une lutte semblable ; leur action est la même. Ce qu'il y a à remarquer, c'est que la flamme bleue du soufre est beaucoup moins énergique que toute autre flamme : aussi y peut-on tenir impunément le doigt pendant quelque temps. — Faisons, en passant, observer que les esprits acides qu'on retire de la distillation du sucre et du miel sont probablement aussi formés par l'action de l'esprit nitro-aérien.

« En chauffant de l'esprit de nitre avec du soufre concassé, on obtient un acide en tout semblable à celui qu'on obtient par la distillation du vitriol. Dans cette opération, le soufre s'empare des mêmes particules nitro-aériennes qui se trouvent et dans l'esprit de nitre et dans l'air; car lorsque la mine salino-sulfureuse (*glebá salino-sulphurea*) (1), ou la marchasite, de laquelle on retire le soufre commun, se trouve exposée à l'influence de l'air et de la pluie, elle se convertit en vitriol. Pourquoi? c'est que les particules nitro-aériennes qui existent naturellement dans l'air entrent en fermentation avec les particules du soufre, qui se transforme alors en acide.

« Ce n'est pas tout : la rouille de fer combinée dans le vitriol prend elle-même naissance sous l'influence des particules nitro-aériennes de l'air ; car l'acide qui se produit corrode le fer, et le transforme en rouille avec laquelle il se combine, et il se passe alors la même chose que lorsqu'on traite le fer par un acide. »

De l'influence de l'esprit nitro-aérien sur la fermentation.

J. Mayow fait jouer aux particules nitro-aériennes un rôle important, non-seulement dans la fermentation du moût de vin et de la bière, mais encore dans celle qui transforme ces liqueurs en vinaigre. La corruption et la fermentation sont pour lui synonymes. « Toutes les choses faciles à se gâter peuvent, *à l'abri du contact de l'air*, se conserver et être garanties de la corruption (2). C'est pour cela que des fruits et des viandes couverts de beurre sont préservés de la putréfaction, de même que le fer enduit d'huile est préservé de la rouille. »

Mayow consacre ensuite un chapitre entier à démontrer que l'élasticité de l'air est due à la présence des particules nitro-aériennes. Les expériences et les raisonnements dont il se sert pour soutenir son opinion portent le cachet d'une profonde sagacité.

« Les expériences de Boyle, dit l'auteur, ont mis hors de doute que l'air est élastique; mais on ignore encore l'origine de cette propriété. Je vais maintenant dire ce que je sais sur ce sujet. D'abord on m'accordera que l'air contient certaines particules que j'ai ap-

---

(1) Sulfure de fer.
(2) Hinc ea quæ spiritum nitro-aereum excludunt, res a corruptione vindicant.

pelées ailleurs particules nitro ou igno-aériennes ; qu'ensuite ces particules sont nécessaires à la combustion, et qu'enfin l'air privé de ces particules est impropre à entretenir la flamme. »

Maintenant voici comment l'auteur s'y prend pour démontrer que l'élasticité de l'air est due à la présence de ces particules nitro-aériennes.

« Personne n'ignore, dit-il, que, quand on met une bougie sous une petite cloche renversée, et qu'on place ce petit appareil sur la surface de la peau, la flamme ne tarde pas à s'éteindre, et l'espace circonscrit par la petite cloche est presque vide ; car la peau est refoulée dans l'intérieur de cette cloche par la pression de l'air ambiant (*ob aeris ambientis pressuram*). On me dira peut-être que cet effet est dû à l'agitation rapide et à la condensation des particules ignées, etc. ; mais cette explication ne me satisfait nullement, car il est plutôt probable que l'air ou une portion de l'air se combine intimement avec la flamme à laquelle il sert d'aliment, de telle façon qu'il n'existe pas une molécule de la flamme, si petite qu'elle soit, qui ne renferme quelque chose d'aérien, enlevé à l'air (1). C'est donc à la soustraction des particules élastiques qu'il faut attribuer l'élasticité de l'air.

« L'expérience suivante, continue l'auteur, me fera mieux comprendre. Lorsqu'on allume une bougie s'élevant à six travers de doigt au-dessus de l'eau, et qu'on l'emprisonne sous une cloche de verre renversée, on remarque que l'eau qui se trouve sous la cloche est d'abord au niveau de l'eau environnante. Mais, à mesure que la bougie brûle, on verra l'eau s'élever graduellement dans l'intérieur de la cloche (*aquam in cucurbitæ cavitatem, cum adhuc lucerna deflagrat, gradatim assurgentem percipies*). Il résulte de là que la bougie, en brûlant, s'est emparée des particules nitro-aériennes et élastiques, de manière que l'air est devenu incapable de résister, comme auparavant, à la pression de l'atmosphère (2). »

L'auteur répète la même expérience avec d'autres substances

---

(1) Etenim probabile est, aerem flammæ confestim immisceri, utpote cui in pabulum cedit ; ita ut ne minima quidem flammæ pars sit, in qua aeris aliquantulum non existit.

(2) Quod lucerna vitro inclusa, per deflagrationem suam, particulas nitro-aereas et elasticas deprædata est, ita ut aer ibidem atmosphæræ pressuræ non veluti prius resistere valeat.

combustibles, telles que le camphre, le soufre, etc., qu'il enflammait au moyen d'une lentille. Il remarque qu'après l'extinction de la flamme, il lui était impossible de rallumer ces substances dans l'air qui restait.

« Et qu'on ne s'imagine pas, s'écrie l'auteur, que ce fût parce que le noir de fumée déposé sur les parois du verre s'opposait à la transmission des rayons concentrés par la lentille ; car j'avais eu la précaution de coller dans un point de l'intérieur du verre un morceau de papier, que j'enlevais, au moyen d'un fil, au moment de l'expérience ; c'est par ce point, pur de tout noir de fumée, que je faisais arriver le rayon ardent.

« L'expérience suivante confirmera l'hypothèse que l'air qui a servi à la respiration d'un animal a moins de force élastique, parce qu'il se trouve privé des particules nitro-aériennes. »

Cette expérience consistait à faire respirer une souris dans un vase recouvert d'une membrane mouillée qui se trouvait, au bout de quelques moments, refoulée vers l'intérieur du vase, comme si l'on y avait allumé une bougie (*haud secus ac si cucurbitula cum flamma ei inclusa, applicata fuerit*). Et il ajoute qu'un petit animal (souris) peut remplacer la flamme dans l'application de la ventouse.

Pour démontrer que pendant la respiration les animaux privent *l'air de ses particules vitales* (*aer particulis vitalibus per animalium respirationem orbatur*), il faisait respirer des animaux emprisonnés sous des cloches de verre renversées sur des cuves pleines d'eau. Il voyait alors monter l'eau dans l'intérieur de la cloche, comme dans l'expérience de la combustion.

« En mesurant le volume d'air qui restait, je me suis assuré, dit-il, qu'il avait diminué d'un quatorzième.

« *Il résulte de là que l'air perd, par la respiration des animaux comme par la combustion, de sa force élastique ; et il faut croire que les animaux, tout comme le feu, enlèvent à l'air des particules du même genre* (1). »

Mayow fit ensuite une série d'autres expériences, par lesquelles il constata qu'un animal (souris) emprisonné avec une bougie allu-

---

(1) Ex quibus manifestum est, aerem per animalium respirationem vi sua elastica deprivari, et utique credendum est, animalia ignemque particulas ejusdem generis ex aere exhaurire. —Boyle avait déjà émis une opinion à peu près semblable. Voy. p. 161 et 164 de ce volume.

mée sous une même cloche renversée sur l'eau, expirait dans un espace de temps moitié moindre que s'il y avait respiré seul, sans la bougie.

« Et qu'on ne croie pas, ajoute-t-il, que l'animal ait été suffoqué par la fumée. C'est que j'ai employé de l'alcool, qui, comme on sait, ne répand pas de fumée. »

L'auteur entre, après cela, dans des discussions théoriques qui n'offrent presque aucun intérêt.

« Mais l'air qui reste dans la cloche, et qui ne peut plus servir ni à la combustion ni à la respiration, n'est-il pas élastique? Certainement, il est élastique, et autant que l'air ordinaire, comme mes expériences le démontrent. »

Mayow avoue qu'il reste ici une grande difficulté à résoudre, puisque l'air qui reste dans la cloche doit être moins dense que celui qui a été absorbé, et qu'en effet l'air privé de ses particules nitro-aériennes ne perd rien de son élasticité, bien qu'il perde de son poids.

L'espace ne nous permet pas d'analyser le chapitre consacré à la question de savoir par quels moyens l'air répare les pertes immenses qu'il éprouve journellement par la respiration des animaux et la combustion.

Sur la reproduction de l'air (utrum aer de novo generari possit).

Expérience. — Que l'on mette dans un large vase de verre un mélange de parties égales d'esprit de nitre et d'eau de fontaine; qu'on y plonge ensuite un petit flacon de manière qu'il se remplisse entièrement de ce liquide. Cela fait, on mettra, par l'orifice du flacon, deux ou trois globules de fer, puis on renversera ce flacon dans le liquide commun, en ayant soin que les globules de fer n'en sortent pas ; ce qu'on évite en bouchant l'orifice avec le doigt. Tout étant ainsi disposé, l'acide attaque les globules de fer avec effervescence, et l'on voit aussitôt un souffle (*halitus*) (1) s'élever sous forme de bulles, et constituer à la partie la plus élevée du flacon un corps aériforme (*auram*) qui, en grossissant, déprime l'eau dont il prend la place (2). Lorsque le flacon est entièrement rempli

______

(1) *Halitus* est exactement l'équivalent de *gaz*.

(2) Il est inutile de dire que ce corps aériforme est l'hydrogène qu'un peu plus loin Mayow prépare avec l'acide sulfurique, l'eau et le fer.

de ce corps aériforme, il faut, pour que celui-ci ne s'échappe pas, se garder d'élever l'orifice du flacon au-dessus du niveau du liquide.

« Ce corps aériforme, à quelque froid qu'on l'expose, ne se condense jamais en un liquide (1).

« Si à la place de l'esprit de nitre nous employons l'huile de vitriol étendue d'eau, nous reproduisons ce même air, qui n'est susceptible d'aucune condensation. Or, cet air est-il de l'air véritable? c'est ce qu'il n'est pas facile de déterminer. Ce qu'il y a de certain, c'est qu'il a le même aspect que l'air ; il se contracte par le froid et il a la même élasticité. Mais, malgré tout cela, *on a peine à croire que ce soit de l'air véritable.* »

C'était là déjà un grand pas; car Boyle, qui avait obtenu l'hydrogène quelques années avant Mayow, le confondait avec l'air commun (2).

De la respiration (3).

« J'avais déjà annoncé, continue Mayow, dans un précédent traité, que l'usage de la respiration consistait en ce que, par le ministère des poumons, *certaines particules absolument nécessaires au maintien de la vie animale sont séparées de l'air et mêlées à la masse du sang, et que l'air expiré a perdu quelque chose de son élasticité.*

« *Les particules aériennes absorbées pendant la respiration sont destinées à changer le sang noir ou veineux en sang rouge ou artériel :* aussi le sang exposé à l'air a-t-il une couleur plus rouge à la surface qui se trouve immédiatement en contact avec l'air (4).

« *Expérience.* Lorsqu'on prend du sang conservé depuis quelque temps, et qu'on le met sous une cloche où l'on fait le vide (*ex quo aer per antliam aeream exhauritur*), on remarque une légère effervescence, et quelques bulles qui s'élèvent. Mais lorsqu'on prend du sang artériel récent, et qu'on le place encore

---

(1) Auraque ea, tempestate frigidissima existente, nunquam tamen in liquorem condensabitur.

(2) Voy. p. 162 de ce volume.

(3) Mayow avait déjà publié (trois ans auparavant) un traité sur la respiration (*Tractatus primus de respiratione, etc.;* Lugd. Bat., 1671, 12), dans lequel il est question des particules nitro-aériennes de l'air. Mayow était alors âgé de vingt-six ans.

(4) Comparez p. 224 de ce volume.

chaud sous une cloche où l'on fait le vide, on observe qu'il augmente considérablement de volume, et qu'il laisse échapper une quantité infinie de petites bulles. Cette effervescence est probablement due à un dégagement de particules aériennes qui s'y trouvent interposées. »

Mayow assimile la respiration à une véritable fermentation. « Car, dit-il, dans la fermentation du vin, de la bière, etc., il y a absorption de particules igno-aériennes, comme dans la respiration. »

De là il arrive à la chaleur animale (*incalescentia*), dont il n'hésite pas d'attribuer l'origine à la respiration ou à l'absorption des particules igno-aériennes. « Ne voyons-nous pas, ajoute-t-il, que la marchasite du vitriol (1), exposée à l'air humide, s'échauffe et acquiert une chaleur assez intense, à mesure qu'elle absorbe les particules igno-aériennes qui la transforment en vitriol? »

Il faut noter que cette absorption des molécules igno-aériennes par le sulfure de fer est elle-même regardée par Mayow comme un acte de fermentation. « On a objecté, continue l'auteur, que les liqueurs qui fermentent n'acquièrent pas de chaleur pendant la fermentation. Cependant l'expérience vulgaire nous apprend que les liqueurs épaisses, comme celle de la bière, s'échauffent un peu pendant la fermentation. »

Enfin, il termine en remarquant que l'urine et le sang développent, par la putréfaction, un sel tout à fait semblable au sel ammoniac, car, lorsqu'on y plonge du cuivre, celui-ci est attaqué comme par du sel ammoniac. « D'ailleurs, continue-t-il, lorsqu'on mélange de l'urine ou du sang avec des cendres, on obtient par la distillation une grande quantité de sel volatil, en tant *que le sel fixe des cendres absorbe tout l'acide contenu dans l'urine;* de telle façon que le sel volatil, libéré des liens de l'acide, se dégage facilement, et qu'il se passe ici absolument ce qui arrive lorsqu'on distille un mélange de sel ammoniac et de sel fixe (alcali fixe). »

Mayow avait 29 ans lorsqu'il publia (en 1674) le beau travail dont je viens de donner une courte analyse, et qui renferme, à côté d'un grand nombre d'expériences nouvelles, tout ce que ses prédécesseurs avaient avancé de plus vrai sur cette matière difficile. Cinq ans après, il était mort! Cette mort prématurée retarda d'un siècle la fondation de la chimie moderne.

---

(1) Sulfure de fer.

§ 16.

Les travaux de Mayow trouvèrent de l'écho en Angleterre et dans les autres pays de l'Europe, bien qu'ils parussent hardis et même extravagants à quelques esprits arriérés.

H. Mond (1), L. M. Barbieri (2) et J. B. Giovannini (3) adoptèrent les idées du célèbre médecin d'Oxford.

N. Pechlin (4), Al. Littre (5), F. Slare (6), dirigèrent leurs observations dans le même sens.

Jean Bernoulli annonça, dans une dissertation remarquable, sur l'effervescence et la fermentation, des faits nouveaux qui attirèrent l'attention des chimistes et des physiciens sur la nature des fluides élastiques (7).

Il reconnut que les premières bulles qui se dégagent lorsqu'on chauffe de l'eau ne sont que de l'air, et que les poissons ne peuvent point vivre dans l'eau bouillie, parce que, comme tous les autres animaux, ils ne respirent que de l'air ; que les branchies ont pour usage de séparer ce fluide élastique de l'eau, pour le faire servir à la respiration (8).

Il démontra l'existence d'un corps aériforme (gaz acide carbonique) dans la craie, et il parvint à le recueillir. Pour cela, il employa un gros tube de verre fermé à l'un des bouts (éprouvette),

---

(1) Βιοχρησιολογία, sive Commentarii de aere vitali, etc.; Oxon., 1680, 1685, 8; Lond., 1681; Francof. et Lips., 1685.

(2) Spiritus nitro-aerei operationes in microcosmum; Bonon., 1681, 12.

(3) Dissertation sur la fermentation, sur le nitre et l'air; Toulouse, 1685, 12.

(4) De aeris et alimenti defectu; Kilon., 1676, 8.

(5) Ergo aer hominem nutrit; Paris, 1689.

(6) Philosoph. Transact., 1682, n. 204.

(7) Dissertatio de effervescentia et fermentatione, nova hypothesi fundata, etc.; Basileæ, 1590, 4.

(8) Ibid., c. XIV : Videmus si aqua super igne coquatur bullulas excitari, manifesto certe aeris intra latentis indicio, qui ope ignis dilatatur, omniaque vincula quibus retinebatur solvit, et ob levitatem ad superficiem usque fertur ubi tales bullulas format; hinc fit, ut pisces in aqua quæ semel ebulliit vivere non possint, ob defectum nempe aeris qui in ebullitione omnis exhalavit; aerem enim et pisces haurire æque necesse est ac cætera animalia, in hunc finem eorum branchiæ conditæ sunt, ut illarum ope aerem, qui ad vitam sustentandam necessarius est, ab aqua secernant.

qu'il fit plonger dans un petit bassin ou cuvette de verre, à moitié rempli d'une liqueur acide. L'éprouvette était elle-même entièrement remplie de la même liqueur, et son extrémité ouverte renversée dans la cuvette. Après avoir ainsi disposé son petit appareil, il introduisit dans le bout inférieur et ouvert de l'éprouvette un morceau de craie : aussitôt il se manifesta un dégagement de nombreuses bulles de fluide élastique, qui chassèrent l'eau de l'éprouvette pour en occuper la place.

Voici la figure que l'auteur donne de son petit appareil.

Bernoulli ne tire de cette expérience d'autre conclusion que celle que des corps solides peuvent renfermer un fluide élastique (1).

En parlant de la fermentation, il fait observer que le pain doit sa porosité aux airs qui, au moment où ils s'échappent, soulèvent la pâte, et la font ressembler à une éponge ; et que le pain non fermenté est au contraire lourd et compacte (2).

Il démontra expérimentalement que l'effet de la poudre à canon est dû à des gaz ou fluides élastiques qui, étant mis en liberté, demandent à occuper un espace beaucoup plus considérable qu'auparavant, et poussent, par conséquent, devant eux tous les obstacles qu'ils rencontrent. Pour faire l'expérience, il mit quatre grains de poudre dans un matras ayant un col très-allongé et recourbé, lequel plongeait par son extrémité ouverte dans un vase contenant de l'eau. Il calcula, d'après l'abaissement de la colonne liquide du col du matras, l'étendue de l'espace que devaient occuper

---

(1) Dissertatio de effervescentia, etc., c. xv.
(2) Ibid., c. xx.

ces quatre grains de poudre enflammés à l'aide d'une lentille ardente, et réduits à l'état de gaz.

Voici la figure qu'il donne de cette expérience, extrêmement ingénieuse :

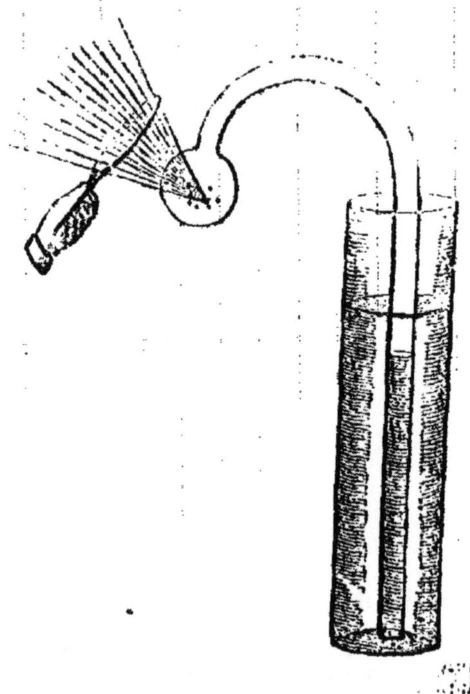

Il en tira la conclusion que le fluide élastique contenu dans la poudre à canon éprouve dans cet état solide une condensation de plus de cent fois son volume (1). On sait aujourd'hui que l'espace qu'occupent les gaz provenant de l'inflammation de la poudre, est de beaucoup plus considérable que ne l'indique Bernoulli, qui ignorait que ces gaz se dissolvent en grande partie dans l'eau, ce qui devait diminuer d'autant l'abaissement de la colonne au-dessous du niveau du liquide environnant.

Quoi qu'il en soit, Bernoulli n'en est pas moins le premier qui ait donné l'idée de calculer un peu plus rigoureusement qu'on ne l'avait fait l'expansion des fluides élastiques.

Le célèbre président de la Société de Brescia, François de LANA,

---

(1) *Dissertatio de effervescentia*, etc., c. XXII.

avait fait, de son côté, de nombreuses expériences sur l'élasticité de l'air, sur les effluves, sur les exhalaisons de la paille, etc. Mais ses travaux en général ont beaucoup moins pour objet la chimie que la physique, la mécanique et l'astronomie (1).

Tous ces travaux, depuis Van-Helmont jusqu'à Bernoulli (de 1640 à 1700), fournissaient des matériaux précieux pour le rapide développement de la science. Les chimistes du xviiie siècle en profitèrent, bien qu'ils ne rendissent pas toujours justice à leurs prédécesseurs.

FONDATION DES SOCIÉTÉS SAVANTES.

La fondation des Académies au xviie siècle est l'événement le plus important dans l'histoire des sciences. C'est aux travaux et aux efforts constants de ces sociétés que l'on doit l'adoption universelle de la *méthode expérimentale*. Il est même à remarquer que cette méthode, qui sépare d'une manière si nette le moyen âge des temps modernes, y prédomine, et qu'elle règne quelquefois trop exclusivement aux dépens de l'abstraction. Trouver des faits,

----

(1) *Magisterium naturæ et artis, opus philosophico - mathematicum P. Francisci Tertii de Lanis, societatis Jesu, Brixiensis; Brixiæ*, 1084, in-fol., t. I; t. II, Brixiæ, 1686, in-fol. — On y trouve dans le tome Ier un grand nombre de propositions sur les propriétés physiques des corps en général, sur l'emploi des forces. En astronomie, il combat le système de Copernic, qu'il regarde comme faux (Tract., III, p. 409). On peut lui reprocher d'être trop prolixe dans ses démonstrations. Le tome II renferme seul quelques chapitres ayant trait à la chimie. L'auteur semble croire à la transformation du rubis, du saphir, etc., en diamant. Pour opérer ce phénomène, il conseille l'emploi de la limaille d'acier. — On se rappelle sans doute que le manganèse, employé en proportion convenable, jouit de la propriété de décolorer les verres de couleur, et de les transformer en un cristal ou en une sorte de faux diamant. — Sa nouvelle méthode de concentrer l'alcool consiste à faire passer les vapeurs spiritueuses à travers une membrane de vessie de porc; le phlegme (eau) serait ainsi séparé de l'alcool (lib. I, c. 3, p. 32). — Le père Lana n'est pas toujours très-sévère dans le choix de ses propositions chimiques, et accorde une créance trop facile aux secrets des alchimistes, lorsqu'il rapporte, par exemple, lib. II, p. 75 : *Ex communi aere hydrargyrum seu argentum vivum prolicere.* — Ibid., p. 35 : *Acre vel cuspide acuto brachia vel crura perforare sine ullo doloris sensu; etc.*

encore des faits, toujours des faits, c'est là, en quelque sorte, l'ordre fondamental de presque toutes les Académies savantes, depuis leur origine jusqu'à nos jours. C'est une protestation énergique contre le passé, où l'on mettait l'autorité des paroles de quelques maîtres au-dessus de celle de l'expérience. Arrière les théories, vivent les faits! voilà le cri général auquel nous nous associons de grand cœur; à une condition pourtant, c'est que les faits soient liés entre eux par des lois générales qui les dominent et les résument tous. Il n'y a rien, dit-on, de plus brutal qu'un fait qui entrave les spéculations du théoricien. Soit; mais nous dirons aussi qu'il n'y a rien de plus stupide qu'un fait, quand il ne se rattache à aucune cause connue, à aucune loi dominante. Il faut donc concilier l'individualisation des faits avec leur généralisation. C'est là que réside le vrai critérium, l'avenir de la science.

L'idée de ces associations destinées à travailler en commun aux progrès des connaissances humaines, remonte à la plus haute antiquité, et s'est reproduite dans tous les temps. Nous avons vu les prêtres de l'Égypte établir leurs laboratoires dans les temples, et y pratiquer l'art sacré. Pythagore et Platon avaient emprunté à ces maîtres cet esprit d'association qui présidait aux grandes écoles philosophiques de la Grèce. Plus tard, les alchimistes, imitant les prêtres de Thèbes et de Memphis, se réunissaient dans les cathédrales pour se communiquer réciproquement leurs idées ou leurs découvertes. Ici, ce sont les théories, c'est l'élément spéculatif qui l'emporte, et s'éloigne même de l'élément pratique de l'expérience. Mais bientôt l'esprit humain, obéissant en quelque sorte à la loi universelle du pendule, fera, pour m'exprimer ainsi, une excursion en sens contraire, et inclinera visiblement vers le domaine de l'observation expérimentale.

Nous voilà arrivés à la naissance des Académies de Florence, de Paris et de Londres, à laquelle avaient déjà préludé l'Académie *des Secrets* qui s'éteignait avec Porta, et surtout celle des *Lyncei*, fondée vers 1602, et qui, après une existence courte mais glorieuse, fut bientôt dissoute après la mort du prince de Cesi, le protecteur de Galilée (1). C'est donc à l'Italie que revient l'hon-

____

(1) *Histoire des sciences mathématiques en Italie*, par M. Guillaume Libri, t. IV, p. 250.

neur de l'initiative de la fondation des sociétés savantes modernes.

Déjà, avant 1648, sous le règne de Ferdinand II, grand duc de Toscane, il s'éleva une société dont les travaux avaient particulièrement pour objet les sciences physiques (1). On y avait fait des expériences intéressantes sur la concentration de l'esprit-de-vin par la congélation ; sur la quantité de cendres contenues dans la paille et plusieurs espèces de bois ; sur la dissolution du mercure dans l'eau régale, des perles dans le vinaigre ; sur le froid produit par l'évaporation de l'esprit-de-vin et de l'eau (2). Mais ce n'est qu'en 1657 que fut créée l'Académie *del Cimento*, sous le patronage du prince Léopold, frère du grand-duc Ferdinand II (3). Cette célèbre académie, qui compta au nombre de ses membres les plus illustres J. A. BORELLI, ALEX. MARSIGLI, A. OLIVA, FR. REDI, ne publia ses travaux que dix ans environ après sa fondation officielle. Malheureusement elle eut bientôt le sort de beaucoup d'autres sociétés savantes : son protecteur, étant devenu cardinal, oublia d'encourager l'Académie *del Cimento*, qui bientôt après cessa d'exister. Parmi les travaux de l'Académie de Florence qui intéressent plus directement la chimie, on trouve des expériences fort remarquables sur le changement des couleurs à l'aide des réactifs ; sur la cristallisation des sels dans l'eau ; sur la fusion des métaux ; sur la vaporisation de différents liquides ; sur la dissolution des coraux dans le vinaigre, etc. (4).

---

(1) Targioni Tozzetti, t. I, p. II, § XXIX, XXX, p. 160-164.

(2) *Registro d'esperienze ed osservazioni naturali fatte dal serenissimo gran duca Ferdinando II e da alcuni suoi cortigiani*, etc.; voy. Targioni Tozzetti, t. II, p. I, append. II, n. XX, p. 163-182.

(3) J. B. Nelli, *Saggio d'istoria letteraria fiorentina del secolo XVII*, p. 8. et 99.

(4) *Saggi di naturali esperienze fatte nell' Academia del Cimento*; Firenz., 1666, in-fol. — J. Ph. Cecchi en fit paraître une seconde édition in-fol. Une troisième parut à Venise en 1711, in-4, et une quatrième ibid., en 1701, in-8. Deux éditions furent publiées à Naples, l'une en 1691, l'autre en 1714, in-fol. L'édition la plus récente et la plus complète est de Targioni Tozzetti ; voy. *Notizie degli aggrandimenti delle science fisiche*, etc.; t. II, p. II ; Firenz., 1780. — Traduction anglaise, par Waller : *Essays of natural experiments made in the academy del Cimento*; London, 1684, in-4. — Traduction latine par Musschenbroeck : *Tentamina experimentorum naturalium*, etc.; Lugd., 1731, in-4. Trad. en français par Lavirotte (Collection de l'Académie des sciences, etc., 1755).

Au milieu des dissensions civiles qui désolèrent l'Angleterre vers la fin du règne de Charles Ier, un petit nombre de citoyens, amis des sciences et de la paix, et liés entre eux par l'amour de la retraite et de la philosophie expérimentale, s'assemblaient au collége de Wadham à Oxford, et au collége de Gresham à Londres, pour s'entretenir de mathématiques, de chimie, d'histoire naturelle et de médecine.

Le projet du chancelier Bacon allait enfin se réaliser, et même au delà des vœux qu'il avait exprimés (1). Dès l'année 1645, ces assemblées eurent lieu sous la direction de l'illustre Robert BOYLE, assisté du savant évêque WILKINS, et de Théodore HAAK, résident de l'électeur Palatin à Londres.

Nous avons déjà fait connaître les autres membres (2) de ces assemblées, qui se tenaient d'abord séparément à Londres et à Oxford, en correspondant entre elles. Mais, à dater de l'année 1659, elles se réunissaient toutes les deux à Londres. Leurs travaux furent momentanément suspendus pendant les troubles sanglants qui eurent pour résultat la fin tragique de Charles Ier, et l'avénement de Cromwell au protectorat. Après le retour de la famille royale, la société du collége de Gresham obtint, en 1662, la sanction de Charles II, qui lui donna des statuts et plusieurs priviléges (3). Dès lors elle prit le nom de *Société royale de Londres*, se divisa en huit classes, au nombre desquelles est comprise la chimie, et s'assembla régulièrement toutes les semaines.

Les fonds mis à la disposition de la Société royale étaient d'abord très-modiques; ce dont se plaint son secrétaire, H. Oldenburg, dans une lettre adressée à Boyle. En 1664, la Société compte déjà cent cinquante membres, et la publication de ses Mémoires commence, en 1665, sous le titre de *Philosophical Transactions, giving some account of the present undertakings, studies and*

---

(1) *Atlantis nova*, imprimé avec *Histor. nat., cent.* X; Amstelod., 1661, in-12. Voy. Oldenburg, dans la préface aux *Philosophical Transactions*, n. 133, p. 815.

(2) Voy. p. 154 de ce volume.

(3) *Charters and statuts of the royal Society of London*; Lond., 1728, 8. — Th. Sprat, History of the royal Society of London for the advancement of experimental philosophy; Lond., 1667, in-4; traduit en français; Genève, 1669, 8. — J. B. Menken, Oratio de Societatis regiæ Anglicanæ origine, legibus ac sociis; Lips., 1734, 8. — Th. Birch, History of the royal Society of London, etc., vol. I et II, in-4.; London, 1756; vol. III et IV, ibid., 1757.

labours of the ingenious in many considerable parts of the world (1).

---

(1) Voici la liste des travaux (section de chimie) contenus dans les seize premiers volumes (191 numéros) :

VOLUME I.

W. Pope, de la mine de mercure du Frioul et des fabriques de laiton à Tivoli. — R. Moray, des pyrites de Liége et de leur usage. — Th. Henshaw, expériences faites avec la rosée de mai. — Expériences faites avec le miroir ardent de M. de Villette. — Examen des sources minérales de Paderborn et de Bâle; sur les sources salées de Halle et de Lunebourg. — G. Talbot, sur un minerai de plomb alumineux de la Suède.

VOLUME II.

Du blanc de baleine. — Colepress, d'un breuvage fermenté, provenant d'un mélange de suc de pomme et de baies de mûrier.

VOLUME III.

M. Behm, de la coagulation du sérum. — Colepress, du verre artificiel opalin et du rubis. — Des mines du Mexique.

VOLUME IV.

Grandville, de l'eau de Bath. — Highmore, d'une source minérale à Farrington. — Des marais salants de France. — Jackson, des salines de Cheshire. — Notices sur une éruption de l'Etna. — Brown, des mines de mercure d'Idria.

VOLUME V.

Beale, des eaux minérales. — Des eaux minérales en Hongrie. — Willis, des eaux minérales. — Montauban, sur la préparation du vin de muscat. — De la fabrication du vinaigre. — Hauton, procédé de rendre l'eau de mer potable. — J. Wray, de l'acide de la fourmi.

VOLUME VI.

Observations sur les mines d'étain dans la Cornouailles et le Devonshire. — Observations sur quelques couleurs des végétaux et des insectes, et l'altération que ces couleurs éprouvent par l'action des substances salines. — Expériences de Lana, faites avec le miroir ardent de Villette.

VOLUME VII.

Js. Newton, sur l'alliage le plus convenable pour faire des miroirs concaves.

VOLUME VIII.

D. Coxe, moyen de retirer des plantes de l'alkali volatil. — Recherches sur le vitriol. — Sur le tannage du cuir. — D. Coxe, recherches pour démontrer que les sels lixiviels sont produits par le feu. — D. Coxe, recherches sur les sels volatils. — M. Lister, sur l'effervescence des pyrites, et la vitrification de l'antimoine avec un minerai de plomb.

VOLUME XII.

H. Powle, description des forges dans la forêt de Dean. — Ph. Vernatti, de la

Il y avait à Paris, sous le règne de Louis XIII, un homme fort savant qui suivait, avec le plus grand intérêt, le mouvement des sciences dans toute l'Europe; c'était le père *Mersenne*, le même qui avait traduit en français les écrits de Galilée (1), et qui était en correspondance avec les savants les plus distingués de la France, de l'Italie, de l'Allemagne et de l'Angleterre. Le père Mersenne réunissait chez lui, vers 1635, un certain nombre d'amis qui s'occupaient en commun de diverses expériences de physique (2). Plus tard, ces réunions scientifiques se tenaient chez *Montmort* et *Thevenot* (3). C'est là que s'était formé le noyau de l'Académie royale des sciences de Paris, fondée en 1666 par Louis XIV, ou plutôt par son grand ministre Colbert, qui en prit la haute direction. Parmi

---

fabrication du blanc de plomb. — Ch. Merret, des mines d'étain dans la Cornouailles. — De l'affinage de l'or et de l'argent, par le même. — J. Goddard, expériences sur la purifiation de l'or par l'antimoine. — Collwall, description des fabriques d'alun d'Angleterre. — Description des fabriques de vitriol d'Angleterre, par le même. — Rastell, description des salines de Droytwich dans le Worcestershire. — R. Moray, de la fabrication du malt, en Ecosse.

VOLUME XIII.

Fr. Slare, sur les mélanges (combinaisons) qui produisent de la chaleur. — Plot, du sable dans le sel commun du Staffordshire.

VOLUME XIV.

Expériences sur l'augmentation de poids de l'huile de vitriol exposée à l'air. — M. Lister, des sources salines d'Angleterre. — De la différence du sel marin et du sel des sources salées, par le même. — Moyens de rendre l'eau de mer potable, par le même. — De la combustion des pyrites, et des tremblements de terre qui en naissent. — Leigh, du nitre des anciens. — Petty, propositions concernant l'analyse des eaux minérales. — Lloyd, du papier d'asbeste.

VOLUME XV.

Lister, de la congélation de l'eau douce et de l'eau de mer, et du natron des Égyptiens. — Robinson, des eaux thermales. — Du sucre d'érable. — Leeuwenhoeck, des sels du vin et du vinaigre. — Waite, de la toile d'asbeste.

VOLUME XVI.

S. Reisel, sur une coloration accidentelle de la calcédoine.

Dans cette liste ne sont pas compris les travaux de Boyle, dont nous avons déjà rendu compte.

(1) G. Libri, Histoire des sciences mathématiques en Italie, t. IV, p. 184 et p. 271.

(2) Targioni Tozzetti, t. I, p. III, § XLVII, p. 456. — A. Fabroni, Lettere inédite d'uomini illustri, t. II, p. 91, 93, 104-106, 110.

(3) J. B. Duhamel, Regiæ scientiarum Academiæ Historia, etc., Paris, 1698, in-4.

les différentes sections dans lesquelles l'Académie fut divisée, et qui devaient, dans l'origine, se réunir tous les samedis, la chimie était représentée par Duclos et Bourdelin, auxquels s'associèrent plus tard Homberg et Bonel. Ce dernier membre présenta divers mémoires, *sur la décomposition des liqueurs animales* (en 1684), *de l'urine* (en 1688), *sur la dissolution du marbre dans les acides* (en 1687), *sur la précipitation par les sels alcalins* (en 1688).

L'Académie publia ses premiers travaux très-irrégulièrement ; ils se trouvent insérés dans l'*Histoire de Duhamel*, dans le *Journal des savants*, ou dans d'autres recueils ; il n'y a rien qui puisse intéresser la chimie. Ce n'est que quelque temps après que ces travaux furent réunis et imprimés ensemble, en volumes séparés (1).

L'impulsion toute nouvelle donnée aux sciences par les académies de Florence, de Londres et de Paris, devait se faire sentir sur les autres pays de l'Europe.

L'Allemagne ne tarda pas à s'associer à ce mouvement de régénération scientifique. Depuis longtemps elle aurait répondu à l'appel de François Bacon, si pendant trente ans, de 1618 à 1648, elle n'avait pas été mise à feu et à sang par les troupes mercenaires de Tilly, de Torstenson, de Wallenstein, sous prétexte de défendre la cause d'une religion qui place la paix et l'amour du prochain au premier rang des devoirs de l'homme.

En 1651, un médecin de Schweinfurth (Bavière), Laurent Bausch, traça le plan d'une académie des sciences physiques et na-

---

(1) Recueil de l'Histoire et Mémoires de l'Académie royale des sciences depuis son établissement en 1666 jusqu'en 1698 ; imprimés en 11 tomes, lesquels se divisent én 14 volumes in-4°, avec la table générale des matières de tout le recueil des mêmes mémoires depuis 1666 jusqu'à 1730 ; Paris, 1733, in-4. — Table alphabétique des matières contenues dans l'Histoire et les Mémoires de l'Académie royale des sciences, publiée par son ordre et dressée par M. Godin, année 1666-1698 ; Paris, 1734, 4. — Histoire de l'Académie royale des sciences à Paris, avec les Mémoires des mathématiques et de physique, depuis son établissement en 1666 jusqu'en 1698 ; Paris, 1699, vol. I-XI, in-4 ; publiés en 1729-1733. — Histoire de l'Académie royale des sciences à Paris, contenant les ouvrages adoptés par cette Académie avant son rétablissement en 1699 ; vol. I-VI, in-4 ; Paris, 1729-1741 ; la Haye, 1729-1736 ; Amsterdam, 1729-1735. — Les principaux mémoires de chimie ont été traduits en allemand par B. de Crell ; Archives de chimie, t. I.

turelles, qu'il appela *Academia naturæ curiosorum* (1). On nomme parmi les membres de cette Académie, qui se réunit pour la première fois le 1er janvier 1652, Michel FEHR, G. Balthazar METZGER, G. B. WOLFARTH, et plusieurs autres médecins allemands.

Dans le commencement, les membres de cette Académie publièrent leurs travaux isolément. C'est ainsi que Bausch, le président, fit paraître, outre plusieurs mémoires qui n'ont aucun rapport avec la chimie, *Schediasma posthumum de cæruleo et chrysocolla* (2); Fehr publia *Hiera picra* (3), et *Anchora sacra* (4), Jacques Sachs de Lowenheimb, son Αμπελογραφία (5) et Γαμμαρολογία (6); André Graba, son Ἐλαφογραφία (7); Ferd. Hertodt, sa *Crocologia* (8), etc.

A partir de ce moment, le nombre des membres allait en augmentant. Par une originalité alors très-commune aux savants allemands, ils se donnaient des noms grecs empruntés surtout aux héros de l'expédition des Argonautes. L'Académie reçut, en 1672, l'approbation de l'empereur, et s'intitula *Académie des curieux de la nature du Saint-Empire romain*.

Déjà dès l'année 1670 l'Académie, placée sous le patronage du prince de Montecuculli, publia ses travaux annuellement, divisés par décades, sous le titre de *Miscellanea curiosa, sive Ephemerides medico-physicæ germanicæ Academicæ naturæ curiosorum*, etc. (9). L'édition latine fut bientôt suivie d'une édition allemande.

---

(1) Salve Academicum vel judicia et elogia super recens adornata Academia naturæ curiosorum, 1662, 4.

(2) Jen., 1668, 8.

(3) Vel de absinthio analecta, ad normam et formam Academiæ naturæ curiosorum elaborata; Lips., 1667 et 1668, 8.

(4) Vel scorzonere, etc.; Jen. et Vratislav., 1666, 8.

(5) Sive vitis viniferæ ejusque partium consideratio physico-philologico-historico-medico-chymica, etc.; Lips., 1661, 8.

(6) Sive gammarorum, vulgo cancrorum consideratio, etc.; Francof. et Lips., 1665, 8.

(7) Sive cervi descriptio physico-medico-chymica; Jen., 1668, 8.

(8) Seu curiosa croci regis vegetabilium enucleatio, continens illius etymologiam, differentiam, tempus quo viret et floret, etc.; Jen., 1670, 8.

(9) Decuriæ I, annus primus anni MDCLXX, continens celeberrimorum medicorum in et extra Germaniam observationes medicas et physicas, vel anatomicas, vel botanicas, vel pathologicas, vel chirurgicas, vel therapeuticas, vel chymicas, præfixa epistola invitatoria ad celeberrimos medicos Europæ; Lips., 1670, in-4.

L'Académie des curieux de la nature avait plus particulièrement pour objet les travaux de médecine et d'histoire; la chimie cependant n'y était pas entièrement négligée (1).

Une remarque générale à faire, c'est que les travaux de l'Académie allemande portent à un degré beaucoup moindre le cachet de la méthode expérimentale, que les travaux sortis des Académies d'Italie, de France et d'Angleterre. L'esprit spéculatif y a souvent une part trop large.

En dehors de ces Académies, qui ont rendu des services immenses aux progrès des sciences, il s'était formé quelques sociétés savantes, dont les travaux ne sont pas non plus dépourvus de mérite.

La société qui se réunissait, en 1672, à Paris chez l'abbé Bourdelot, et qu'on appelait l'*Académie de monsieur l'abbé Bourdelot*, a laissé quelques mémoires de chimie, ayant pour objet les

---

(1) Les principaux mémoires de chimie (jusqu'à la fin du XVIIe siècle) sont : HAIN, de la teinture du corail; des minerais de Hongrie; du salpêtre dans la bardane, etc. — GREISEL, des principales mines de la Bohême. — LUD. DE WEDEL, de la coloration de l'or par le résidu de la rosée; de la bonification du vin et de la bière; de l'alcool retiré des céréales; des cristaux qui se forment dans l'essence de cannelle; de l'essence de succin, etc. — Bern. de BERXICZ, de l'usage de l'écarlate de Pologne. — TALDUCCI A DOMO, expériences de chimie. — Jacques BREYN, de l'arbre à cannelle de Ceylan et du camphrier du Japon. — Eh. HAGEDORN, du baume de catechu; de l'esprit volatil des cantharides; de la prétendue palingénésie, etc. — B. BELOW, moyen de retirer du cresson de fontaine un sel volatil. — P. SPECHT, expériences de chimie. — Ch. Ad. BAUDOUIN, d'une espèce de cuivre combiné avec de l'or. — DOLAEUS, de l'or fulminant. — H. DE JÄGER, notions sur la culture de l'indigo dans l'Orient. — J. G. VOLKAMAR, du préjudice que reçoivent les malades que l'on soustrait à l'accès de l'air pur. — G. CLAUDER, du vin de Malvoisie factice; d'une pierre urinaire; de la possibilité de la transmutation des métaux, etc. — SCHMIDT, des cristaux dans l'urine. — Dan. CRÜGER, de l'huile de marjolaine. — R. LENTILIUS, recherches chimiques sur les eaux minérales; du sel purgatif d'Angleterre; des gouttes d'Angleterre; de la terre de Sicile; des cristaux de sel dans les yeux d'une femme. — J. G. SOMMER, d'un moyen d'obtenir le cinabre en plus grande quantité; de l'infusion aqueuse du safran d'antimoine. — E. KOENIG, de la vitrification des métaux; de l'élixir des sages; de quelques médicaments de Van-Helmont; de l'esprit de bézoard de Busse. — WOLFF, de la pluie de soufre. — J. M. HOFFMANN, de l'esprit de mélisse; de deux esprits fumants; d'une dissolution de vitriol de fer qui ne se congèle pas par le froid; du sel de vinaigre feuilleté. — J. C. BAUTZMANN, de la manière d'imiter toute espèce de vin. — M. B. VALENTIN, d'un vitriol de fer produit par l'exposition à l'air. — GEYER, d'un vernis propre à conserver les insectes.

principes élémentaires, les vapeurs, les sels caustiques, les eaux de trempe, la pierre philosophale, l'or potable, etc. (1).

A cette société il faut en ajouter une autre, fondée à Brescia en 1686. On trouve dans les actes de cette société quelques mémoires intéressants, parmi lesquels nous citerons ceux de *Lana* et de *Bernardini Boni* (sur les exhalaisons inflammables) (2).

Le président et l'âme de la société de Brescia, connue sous le nom de *Academia philexoticorum naturæ et artis*, était le savant jésuite *François Tertius de Lana*.

Dans la seconde moitié du XVIIe siècle, on voit également, pour la première fois, apparaître les journaux scientifiques, qui devaient rapidement propager les découvertes intéressantes, et les observations nouvelles faites par les académiciens ou par des hommes étrangers aux sociétés savantes.

Le *Journal des savants* est la première publication de ce genre. Il commença à paraître au mois de janvier 1665, d'abord hebdomadairement, puis mensuellement (à dater de 1707). La première année il était publié sous la direction de D. de Vallo, conseiller au parlement de Paris ; dans les années suivantes, il l'était sous celle de l'abbé Gallois, puis sous celle de l'abbé de la Roque. A partir de l'année 1687, la direction du *Journal des savants* fut confiée à Cousin, président du parlement. Enfin, en 1702, les rédacteurs se constituèrent en un comité permanent, chargé de la critique et du compte rendu des ouvrages contemporains.

L'abbé Fr. Nazari et Ciamponi fondèrent en 1668, à Rome, le *Giornale d'Italia*, d'après le plan du *Journal des savants*. Il ne faut pas confondre cette publication avec le *Giornale dei letterati*, qui commença à paraître à Parme en 1686.

A ces publications périodiques, on pourra ajouter *Miscellanea medico-physica* (3) et *Nouvelles de la république des lettres* (4).

Mais la publication la plus importante de ce genre, c'est les *Acta eruditorum*, qui commencèrent à paraître en 1682, sous la direction des savants Mencken père et fils.

---

(1) Gallois, Conversations tirées de l'Académie de monsieur l'abbé Bourdelot, contenant diverses recherches et observations physiques ; Paris, 1672, 12.

(2) Acta novæ Academiæ philexoticorum naturæ et artis, celsissimo principi J. Fran. Gonzaga dicata ; Brixiæ, 1687, in-8.

(3) Paris, 1672.

(4) Paris, 1684.

§ 17.

Vers la même époque on vit surgir, comme à l'envi, une multitude de traités ou de *compendia* de chimie, appliquée surtout à la médecine ou à la pharmacie, résumant plus ou moins fidèlement l'état des connaissances d'alors.

En Italie, C. Lancilotti publia *Guida alla chimica* (1) et *Nuova guida alla chimica* (2).

En France, *la Chimie facile de Marie Meurdrac* (3) ; — Thibaut le Lorrain, *Cours de chimie* (4) ; — Malbec de Tressel, *Abrégé de la théorie et des principes de chimie* (5).

En Angleterre, Bolnest, *Aurora chimica* (6) ; — Packe, *Chimical aphorisms* (7).

Dans les Pays-Bas, Jacques le Mort, professeur à Leyde, recommanda aux médecins, de la manière la plus pressante, l'étude de la chimie ; il publia *Compendium chemiæ* (8) ; *Chemiæ veræ nobilitas et utilitas* (9) ; *Chymia medico-physica, rationibus et experimentis superstructa* (10) ; — E. Blancaard, *Verhandeling van de hedendaagsche chymie* (Traité de la chimie actuelle) (11), composé d'après les principes de Descartes ; — Nic. Grimm, *Compendium medico-chymicum* (12) ; — Jacques Barner, *Chymia philosophica* (13).

---

(1) Modena, 1672 et 1679, 12.

(2) Venez., 1687, 8. — Trad. en hollandais (sous le titre bizarre de *den brandende Salamander*, la Salamandre brûlante) ; Amsterdam, 1680, 8 ; et en allemand ; Francof., 1681 et 1687, 8 ; Lubeck., 1697, 8.

(3) En 1665, trad. en allemand ; Francof., 1673, 1676.

(4) En 1667 ; puis en 1674, 8 ; Paris (Augmenté du fébrifuge de Sylvius, d'un excellent émétique, etc.). Traduit en anglais ; Lond., 1668, 8.

(5) Paris, 1671, 12.

(6) Or rational way of preparing animals, vegetable, etc.; London, 1672, 8.

(7) London, 1688, 8.

(8) Leyd., 1682, 12.

(9) Leyd., 1696, 4.

(10) Leyd., 1676, 4.

(11) Amsterd., 1685, 8. Trad. en allemand ; Hanovre, 1689 ; Wolfenbüttel, 1697 ; Augsbourg, 1700, 8.

(12) Batav., Javan., 1677 (en hollandais).

(13) Batav., 1670, 4.

En Allemagne, les élèves en chimie suivaient, comme guide, le Manuel de J. H. Jüncken, qui parut, à des époques différentes, sous des titres différents (1); — J. Bohn, *Dissertationes chymico-physicæ*; — A. Rivinus, *Manuductio ad chemiam pharmaceuticam* (2); et surtout G. Wolffgang Wedel, professeur à Iéna, *Tabulæ XV in synopsi universam chimiam exhibentes* (3); *Compendium chimiæ theoreticæ et practicæ* (4).

Tous ces traités n'avaient pas encore fait disparaître des écoles les manuels plus anciens de Béguin (5), de Barnet (6), de Brendel (7), de Davisson (8) et de Rolfink (9).

§ 18.

Les auteurs dont les traités résument le mieux les connaissances chimiques d'alors, et qui avaient la plus grande vogue, étaient LEFEBVRE, GLASER, LEMERY et ETTMÜLLER. Qu'il nous soit permis de nous y arrêter un peu plus longtemps.

---

(1) *Chymia experimentalis curiosa, ex principiis mathematicis demonstrata;* Francof., 1681, 8. — Nouvelle édition, 1682, sous le titre : Medicus præsenti sæculo accommodandus per veram philosophiam spagiricam, etc.

(2) Lips., 1690, 12.

(3) Jen., 1692, 4.

(4) Methodo analytica propositæ; Jen., 1715, 4.

(5) Tyrocinium chemicum e naturæ fonte et manuali experientia de promptum; Paris, 1608, 12; 1611, 8; Lips., 1614, 12; Colon., 1615, 18; 1625, 12; cum notis Jerem. Barth, Regiomont, 1618, 8. En français, *Éléments de chimie;* Paris, 1615, 8; 1620, 1624; Genève, 1624; Rouen, 1626, 1637 et 1680; Lyon, 1665. Traduit en anglais; London, 1669, 8. — On trouve dans Béguin un bon procédé pour préparer le mercure doux (protochlorure); il consiste à sublimer un mélange intime de quatre parties de sublimé et de trois parties de mercure métallique.

(6) Tyrocinium chemicum; Francof., 1618, 8.

(7) Chymia in artis formam redacta et publicis prælectionibus Philiatris in Academia Jenensi communicata; Jen., 1630, 12; cum præfat. Rolfinkii, 1641, 8; Lugd. Bat., 1671; Amstelod., 1672, 8; Francof., 1686, 4.

(8) Philosophia pyrotechnica, sive curriculus chymiatricus, etc., 1635, 8; 1640; 1642; 1644; 1657; Hag. Com., 1635; 1645, 4. En français, *Éléments de la philosophie de l'art du feu*, etc., 1675; éd. de J. Hellot, 1651 et 1657.

(9) Chymia in artis formam redacta seu libris comprehensa; Jen., 1641, 8; 1661; 1669; 1679; Genev., 1671; Francof., 1696; Francof. et Lips., 1686, 12; Lugd. Bat., 1671.

Nicolas LEFEBVRE.

Celui qui ferait tout d'un coup table rase de tous les travaux antérieurs à la seconde moitié du xviie siècle, pourrait peut-être considérer N. Lefebvre comme le type des chimistes de son époque. Et encore faudrait-il avoir pour ce chimiste une singulière prédilection pour le préférer à Boyle et à Kunckel, qui ont réellement contribué aux progrès de la science par un emploi judicieux de la méthode expérimentale, et par la découverte de faits de la plus haute importance.

Les observations et les faits signalés par Lefebvre sont, à l'exception d'un très-petit nombre, empruntés à ses prédécesseurs. — C'est moins un chimiste praticien qu'un chimiste philosophe qui brille par son imagination, et qui aime mieux discuter la valeur des théories que de descendre dans les détails des faits.

Lefebvre avait été élevé dans l'Académie protestante de Sedan. Il nous apprend lui-même (1) qu'il fut appelé par Vallot, premier médecin de Louis XIV, à remplir la chaire de démonstrateur de chimie au Jardin des Plantes, chaire qui avait été déjà illustrée par Davisson.

Il faut se rappeler ici que les cours de chimie que les élèves suivaient au Jardin du Roi étaient, pour parler ainsi, faits en parties doubles. Chaque leçon se faisait par deux professeurs ; le premier planait dans les régions abstraites des généralités, s'étendait avec complaisance sur les principes des philosophes anciens, et n'aurait voulu, pour rien au monde, déroger à sa dignité en descendant dans les détails du laboratoire, et en salissant ses gants blancs avec la poussière de charbon. C'était la *Théorie personnifiée*, c'était le véritable professeur titulaire, dont la fonction était d'ordinaire remplie par un des médecins du roi. Lorsque celui-ci avait cessé de parler, arrivait l'humble démonstrateur, qui devait appuyer les théories du professeur sur des expériences démonstratives, par des arguments *ante oculos*. C'était, en un mot, la *Pratique personnifiée*. On peut bien penser que les expériences du démonstrateur étaient bien loin de confirmer toujours les paroles du maître, qui, dans tous les cas, avait hâte de se retirer après qu'il avait

______

(1) Cours de chimie (Paris, 1751, in-12), t. II, p. 105.

fini la première partie de la leçon. — Ces dispositions ne sont-elles pas, en quelque sorte, la réalisation en chair et en os des dialogues de B. Palissy, entre la *Théorique* et la *Practique*, qui ne s'accordent pas non plus guère entre elles? Ces dispositions continuèrent à être en usage pendant plus d'un siècle, jusqu'à la mort de Rouelle.

Vers l'époque de la création de la Société royale de Londres, Charles II invita Lefebvre à venir en Angleterre, pour lui confier la direction du laboratoire de Saint-James. C'était là un grand honneur pour le modeste démonstrateur du faubourg Saint-Victor, d'autant plus que l'Angleterre possédait alors un des grands chimistes du XVIIe siècle, l'illustre Robert Boyle. Lefebvre avait déjà publié son *Traité de chimie*, à Paris, en 1660; et ce fut vraisemblablement en 1664 (par conséquent deux ans avant la fondation de l'Académie des sciences de Paris, dont il n'a jamais été membre) qu'il fut appelé à Londres, où il fit paraître, en 1665, une dissertation sous ce titre : *Discours sur le grand cordial du sieur Walter Rauleigh*, in-12 (1).

C'est dans ce pays adoptif qu'il passa le restant de ses jours, estimé et honoré de la plupart des membres de la Société royale, nouvellement fondée (en 1662).

L'ouvrage de Lefebvre eut successivement jusqu'à cinq éditions; il fut traduit en anglais et en allemand (2).

L'auteur n'a point la prétention de donner, dans son Traité, des découvertes inattendues; il se considère lui-même comme un sim-

---

(1) Voy. la Préface de la 5e édit., Paris, 1751, p. xv.

(2) *Traité de chimie*, etc.; Paris, 1660, 8, 2 vol.—En 1669, 12; Paris et Leyd., t. II. Le tome I «sert d'instruction et d'introduction tant pour l'intelligence des auteurs qui ont traité de la théorie de cette science en général, que pour faciliter les moyens de faire artistement et méthodiquement les opérations qu'enseigne la pratique de l'art sur les végétaux et sur les minéraux, sans la perte d'aucune des vertus essentielles qu'ils contiennent.» Le tome II contient la suite de la préparation des sucs qui se tirent des végétaux, comme aussi de leurs parties et celles des minéraux.—Nouvelle édition, fort augmentée, vol. II; Paris, 1674, 12.—Sous le titre de : *Cours de chimie*, t. II; Leyd., 1696, 12.—5e édition, par Damoustier; Paris, 1751, t. V, 12. Trad. en anglais : *Compleat body of chemistry, wherein is contained whatsoever is necessary to the knowledge to the art*, etc., by P. D. C.; London, 1664, 1670, in-4. Trad. en allemand : *Chymisches güldenes Kleinod* (bijou d'or chimique); Nuremberg, 1672, 1685; même traduction, augmentée par Cardiluccio, 1688.

ple compilateur, quand il dit : « Nous tirerons des œuvres de Paracelse, de Helmont et de Glauber la théorie et la pratique de ce Traité de chimie, que nous réduirons en forme d'abrégé. — M. de Helmont et M. Glauber sont à présent comme les deux phares qu'il faut suivre, pour bien entendre la théorie de la chimie et pour en bien pratiquer les opérations. »

La chimie a, selon Lefebvre, pour objet toutes les choses naturelles que Dieu a tirées du chaos par la création.

D'après cette définition, beaucoup trop générale, la chimie serait la science universelle.

L'auteur établit ensuite trois espèces de chimie : l'une, « qui est tout à fait scientifique et contemplative, peut s'appeler *philosophique* : elle n'a pour but que la contemplation et la connaissance de la nature et de ses effets, parce qu'elle prend pour son objet les choses qui ne sont aucunement en notre puissance. La seconde espèce peut s'appeler *iatrochymie*, qui signifie médecine chimique et qui n'a pour but que l'opération, à laquelle toutefois elle ne peut parvenir que par le moyen de la chimie contemplative et scientifique. La troisième espèce s'appelle *chymie pharmaceutique*, qui n'a pour but que l'opération, puisque l'apothicaire ne doit travailler que selon les préceptes et sous la direction des iatrochimistes, dont nous avons le véritable modèle en la personne de M. Vallot, choisi par Sa Majesté Très-Chrétienne pour son premier médecin, qui possède très-éminemment la théorie et la pratique des trois chimies que nous avons décrites (1). »

C'est ce même M. Vallot, médecin de Louis XIV, qui avait nommé Lefebvre démonstrateur de chimie, et auquel celui-ci dédia la 2ᵉ édition de son Traité.

Selon toute apparence, Lefebvre emprunta à Vallot, son protecteur, et professeur de chimie théorique et philosophique, les généralités et les divagations nuageuses qui se trouvent dans le commencement de son ouvrage. Il est probable que ces emprunts sont souvent textuels.

Voici ce qu'il dit, entre autres, sur la nature de l'esprit universel, le pandémonium des alchimistes : « Cette substance spirituelle, qui est la première et l'unique semence de toutes choses, a trois substances distinctes et non différentes en soi-même, car

---

(1) Traité de chimie, 5ᵉ édit. (1751), t. I, p. 5.

elle est homogène ; mais parce qu'il se trouve en elle un chaud, un humide et un sec, et que tous trois sont distincts entre eux, et non pas différents, nous disons que les trois ne sont qu'une essence et une même substance radicale ; autrement, comme la nature est une, simple et homogène, il ne se trouverait cependant en la nature rien qui fût un, simple et homogène, parce que les principes séminaux de ses substances seraient hétérogènes, ce qui ne peut être à cause des grands inconvénients qui s'ensuivraient ; car si le chaud était différent de l'humide, il ne pourrait en être nourri, comme il le nourrit nécessairement, parce que la nourriture ne se fait pas de choses différentes, mais de choses semblables.

« Concluons donc que cette substance radicale et fondamentale de toutes les choses est véritable, unique en essence, mais qu'elle est triple en nomination ; car, à raison de son feu naturel, elle est appelée soufre ; à raison de son humide, qui est le propre aliment du feu, elle est nommée mercure ; enfin, à raison de ce sec radical qui est le ciment et la liaison de cet humide et de ce feu, on l'appelle sel. »

Grand devait être l'embarras du démonstrateur appelé à confirmer, par des expériences de laboratoires, ces nuageuses théories hermético-platoniciennes, éternels lieux communs des alchimistes et des physiciens scolastiques.

Quant à ce qui concerne les manipulations et la description exacte des détails de pharmacie, le démonstrateur est passé maître, car il parle évidemment de son propre fonds. On voit enfin qu'il est sur son véritable terrain.

Il faut lire les instructions précises qu'il donne aux pharmaciens qui veulent exercer leur profession avec conscience, les préceptes qu'il leur communique sur le choix des vaisseaux, sur l'application des différents degrés de la chaleur, sur la distillation, et surtout sur la préparation des sirops.

« Il faut, dit-il, que, quand les apothicaires cuiront des sirops de fleurs odorantes, on ne sente point leurs boutiques de trois ou quatre cents pas, ce qui témoigne la perte de la vertu essentielle des parties volatiles, des fleurs et des écorces odorantes ; si ce n'est que ces apothicaires veuillent faire sentir leurs boutiques de bien loin par une vaine politique, qui néanmoins est très-dangereuse et très-dommageable à la société (1). »

_____

(1) Traité de chimie, 5e édit. (1751), t. I, p. 364.

Lefebvre a un des premiers signalé et fait ressortir la loi si importante des *solutions saturées*. Il cite comme exemple le sel commun : « Prenez, dit-il, quatre onces de sel ordinaire, faites-les dissoudre dans huit onces d'eau commune à chaud, et vous verrez que l'eau ne se chargera que des trois onces de ce sel, et qu'elle laissera la quatrième, quoique vous fassiez bouillir l'eau et que vous l'agitiez avec le sel (1). »

Il applique ce fait à tous les dissolvants (menstrues) en général, et se résume : « Lorsque le menstrue est ainsi saoulé et rempli, soit à froid ou à chaud, il est impossible à l'art de lui en faire prendre davantage, parce qu'il est chargé selon le poids de nature, qu'on ne peut outre-passer, si on ne veut tout gâter. » — C'est ici qu'il cite avec à propos les vers d'Horace :

Est modus in rebus, sunt certi denique fines,
Quos ultra citraque nequit consistere rectum.

Le Traité de chimie de Lefebvre, qui donne la description d'un grand nombre de médicaments, parmi lesquels on rencontre, entre autres, l'acétate de mercure, en cristaux blancs nacrés, paraissait destiné à être mis surtout entre les mains des pharmaciens ou des médecins-chimistes (2).

§ 19.

CHRISTOPHE GLASER.

Le départ de Lefebvre pour l'Angleterre laissa vacante la place de démonstrateur de chimie au Jardin du Roi. Vallot, qui, ainsi que nous l'avons dit, était professeur en titre et faisait la partie théorique du cours, appela, pour succéder à Lefebvre, un chimiste allemand, Christophe Glaser, natif de Bâle. Vallot étant premier médecin du roi, il n'est pas étonnant que son démonstrateur ait été apothicaire de la cour. On ne sait rien de particulier sur la vie de cet habile chimiste, auprès duquel Nicolas Lemery avait

----

(1) Traité de chimie, t. I, p. 381.
(2) Voyez sur les théories chimiques de Lefebvre, M. Dumas, *Leçons sur la philosophie chimique*, p. 56.

puisé de bons principes de manipulation. Ch. Glaser se trouva impliqué dans le procès de l'empoisonneuse d'Aubray, marquise de Brinvilliers, et par suite de ce procès il quitta le royaume (1).

C'est en 1663 que parut le *Traité de chimie* de Christophe Glaser (2). Il est destiné aux apothicaires ou aux médecins qui faisaient alors usage des médicaments chimiques. On y trouve quelques bonnes préparations, décrites avec une rare simplicité. C'est pour la première fois qu'on y lit la préparation de la pierre infernale, telle qu'elle s'effectue encore aujourd'hui. On pourra même considérer Glaser comme le véritable inventeur du sel d'argent fondu dans des lingotières. Il vaut donc la peine de citer ses propres paroles : « Après avoir fait cristalliser la dissolution d'argent dans l'eau-forte, mettez ce sel (nitrate d'argent cristallisé) dans un bon creuset d'Allemagne un peu grand, à cause que la matière en bouillant au commencement s'enfle, et pourrait verser et s'en perdre ; mettez votre creuset sur petit feu, jusqu'à ce que les ébullitions soient passées, que votre matière s'abaisse au fond ; et environ ce temps-là vous augmenterez un peu le feu, et vous verrez votre matière comme de l'huile au fond du creuset, laquelle vous verserez dans une lingotière bien nette et un peu chauffée auparavant, et vous la trouverez dure comme pierre, laquelle vous garderez dans une boîte pour vos usages (3).

Le cristal minéral ou sel prunelle (sulfate de potasse fondu) se préparait en projetant des fleurs de soufre sur du nitre en fusion.

---

(1) Les substances avec lesquelles avaient été commis les nombreux empoisonnements dont on accusa la marquise de Brinvilliers, étaient du sublimé corrosif, de l'arsenic et de l'opium. C'est du moins ces poisons qui furent trouvés, par la commission médico-légale, dans la cassette de Sainte-Croix. Pour avoir plus de détails sur l'affaire de la Brinvilliers, consultez : *Causes célèbres et intéressantes, par M. Gayot de Pitaval* ; la Haye, 1737, 8, t. I. — *Recueil des lettres de la marquise de Sévigné* ; Paris, 1754. — *Histoire du règne de Louis XIV, par Reboulet* ; Avignon, 1746. — *Histoire de la vie et du règne de Louis XIV, par de la Martinière* ; la Haye, 1740.—*Mémoires et réflexions sur les principaux évènements du règne de Louis XIV*, par M. L. D. L. F. ; Rotterdam, 1716.

(2) *Enseignant par une brève et facile méthode toutes ses plus nécessaires préparations* ; Paris, 1663, 8. — Ce livre a eu plusieurs éditions : 1668 ; 1673 ; 1678 ; Bruxelles, 1676, 12 ; Lyon, 1676, 8. — Il fut traduit en allemand sous le titre de *Chymischer Wegweiser* (Indicateur chimique) ; Jen., 1684, 12 ; et par Marschalk, Nuremb., 1677, 8.

(3) Edit. Paris, 1663, p. 96.

« Faites fondre, dit l'auteur, une livre de salpêtre bien purifié dans un bon creuset. — Dès qu'il sera fondu et rendu bien coulant, jetez-y peu à peu une once de fleurs de soulphre ; et lorsqu'elles seront exhalées, jetez le salpêtre dans une bassine bien nette, et l'estendez comme une plaque, laquelle ou peut rompre et garder sèchement dans quelque vase bien bouché (1). »

On l'appelait sel ou pierre *prunelle* (*lapis prunella*), parce qu'il était employé comme un remède efficace contre les fièvres prunelles ou ardentes.

Le *sel antifébrile* est ce qui fut plus tard appelé *sel polychreste de Glaser* (de πολύχρηστος, très-utile). C'était du sulfate de potasse impur, préparé à peu près de la même façon que le sel précédent (2).

L'*huile ou liqueur corrosive d'arsenic* n'était autre que le chlorure d'arsenic obtenu en soumettant à la distillation un mélange de parties égales de régule d'arsenic et de sublimé corrosif. « Cette liqueur, dit l'auteur, a les mêmes propriétés que le beurre d'antimoine ; mais elle est bien plus violente. » Après que toute la liqueur butireuse avait été recueillie, il changeait le récipient, et poussait le feu pour séparer le mercure (3).

Il serait inutile de nous arrêter sur la préparation du bézoard minéral, de l'or diaphorétique, du baume de soufre, du magistère de bismuth (sous-nitrate obtenu en traitant le nitrate par un excès d'eau), et de tant d'autres compositions chimico-pharmaceutiques dont Guy-Patin, contemporain de Glaser, se moque mal à propos dans ses lettres satiriques.

Ch. Glaser était un habile manipulateur, appréciant toute l'importance des détails de pratique. Il disait de lui-même, avec un noble orgueil : « *Je fais profession de ne dire rien que ce que je sçay, et de n'escrire rien que ce que j'aye fait* (4). »

----

(1) Traité de chimie, p. 205.
(2) Ibid., p. 206.
(3) Ibid., p. 255.
(4) Ibid., préface, p. III.

§ 20.

NICOLAS LEMERY (1).

Lemery appartient moins à l'histoire de la chimie qu'à l'histoire de la pharmacie, à laquelle il a rendu de grands services. Moins philosophe peut-être que Lefebvre, et peu versé dans la connaissance des anciens, il se distingue par la clarté de sa méthode et par l'exposition des faits de la pratique, dans laquelle il excelle.

Nicolas Lemery est né à Rouen, en 1645. Son éducation première était assez négligée. Après avoir passé plusieurs années dans le laboratoire d'un de ses parents, pour se familiariser avec les manipulations pharmaceutiques, il vint à Paris pour y suivre les leçons de Christophe Glaser, alors démonstrateur de chimie au Jardin du Roi. Quelques années après on le trouve à Montpellier, débutant avec succès dans la carrière du professorat. Riche de connaissances pratiques, il revint à Paris, où ses leçons de chimie attirèrent un nombreux auditoire (2).

Lemery était protestant. Au moment de la réaction religieuse qui devait être couronnée par la révocation de l'édit de Nantes, il fut obligé d'abandonner son enseignement et même sa pharmacie, pour chercher en Angleterre un refuge contre ses persécuteurs. Préférant le bien-être de sa famille et le séjour dans sa patrie à la confession d'Augsbourg, il abjura, à quarante ans, le protestantisme, et rentra dans son pays en même temps que dans le giron de l'Église catholique. Il recouvra la jouissance de ses biens qui avaient été confisqués, son établissement de pharmacie prospéra, et il fut, en 1699, nommé membre de l'Académie des sciences. Il mourut en 1715, la même année que Louis XIV, Fénelon et Malebranche (3), laissant un fils qui suivit les traces du père.

---

(1) L'orthographe ancienne, qu'il faut conserver, est *Lemery*, et non *Lémery*.

(2) M. le professeur Dumas a fait, dans ses *Leçons sur la philosophie chimique* (Paris, '337, in-8, p. 64), un tableau animé du cours brillant que Lemery faisait, en 1672, dans la rue Galande, alors peuplée d'élèves.

(3) Pour avoir plus de détails sur la vie de Lemery, voyez l'intéressante brochure de M. Cap : *Éloge de Nicolas Lemery*, etc. ; Paris, 1839, in-8 (42 pages) ; l'Éloge de Lemery, par Fontenelle ; la Biographie universelle, article Lemery, par Cadet-Gassicourt.

Travaux de N. Lemery.

Peu d'ouvrages de science ont eu un succès aussi brillant que le *Cours de chimie* de N. Lemery, qui parut, pour la première fois, à Paris en 1675, in-8 (1). C'est, dans l'intention même de l'auteur, un cours de chimie appliquée à la médecine. Cet ouvrage, qui a servi pendant fort longtemps de guide aux chimistes et aux pharmaciens, eut de nombreuses éditions (2), et fut traduit en anglais (*A Course of chymistry, containing an easy method, etc.*; London, 1677, 1686, 1698 et 1720, in-8); en allemand (*Der vollkommene Chymist*, 1698); en latin (*Cursus chymicus, etc.*, versus a J. C. Rebecque; Genev., 1681, in-12); en italien (*Corso di chimica, tradotto dal francese, etc.*; Venez., 1763, in-8) et même en espagnol (3).

Le succès prodigieux de ce livre s'explique parfaitement quand on se rappelle que, d'un côté, les chimistes, à l'exception d'un petit nombre, avaient en quelque sorte pris pour tâche de voiler leur matière ou leur ignorance par un langage obscur, et que, d'un autre côté, l'auteur a tenu parole quand il dit dans sa préface : « Je tâche de me rendre intelligible, et d'éviter les expressions obscures dont se sont servis les auteurs qui en ont écrit avant moi. »

On trouve, en somme, peu de faits nouveaux dans le *Cours de chimie*; mais les détails d'opérations, exposés avec une grande simplicité, prouvent que l'auteur était un manipulateur habile et sagace, qui se sentait, en général, peu enclin aux théories en désaccord pas avec la pratique.

« Les belles imaginations des autres philosophes, touchant leurs principes physiques, élèvent l'esprit par de grandes idées, mais elles ne prouvent rien démonstrativement. Et comme la chimie

_____

(1) Contenant la manière de faire les opérations qui sont en usage dans la médecine, par une méthode facile; avec des raisonnements sur chaque opération, pour l'instruction de ceux qui veulent s'appliquer à cette science.

(2) Paris, 1677, 1679, 1682, 1683, 1687, 1690, 1690, 1697, 1698, 1701, 1713, 1730, in-8. La dernière édition est de 1756, in-4. Nouvelle édition, revue, corrigée, et augmentée d'un grand nombre de notes, par M. Baron. D'autres éditions furent publiées à Amsterdam, 1682 et 1698, in-8; à Leyde, 1697, 1716, 1730, in-8; à Bruxelles, 1744 et 1747, in-8; à Avignon, 1751, in-4.»

(3) Fontenelle, Hist. de l'Académie des sciences, t. II, p. 172.

est une science démonstrative, elle ne reçoit pour fondement que celui qui lui est palpable et démonstratif (1). »

Ces paroles auraient été le prodrome de toute une révolution, si Bernard Palissy et Fr. Bacon n'avaient pas déjà proclamé, avant Lemery, la souveraineté de la méthode expérimentale.

L'auteur admet trois sortes de sels qu'on retire des végétaux : un sel acide appelé essentiel, un sel fixe, et un sel volatil. Le sel essentiel se retire du suc de la plante, abandonné à la cristallisation.

C'est, comme on voit, le sel acide de potasse (tartrate, oxalate, etc.), tel qu'il existe dans la plante même.

A ce propos, l'auteur signale un des premiers l'importance de distinguer la voie humide de la voie sèche, dans la chimie des végétaux.

« On peut dire, dit-il, que ce sel acide est le véritable sel qui était dans la plante, puisque les moyens qu'on a employés en le tirant sont naturels et incapables de changer sa nature; mais on n'en peut pas dire de même des deux autres; car, eu égard à la violence du feu dont on s'est servi pour les faire et aux effets qu'ils produisent, il y a une grande apparence qu'ils ont été déguisés par le feu. »

On sait que les tartrate, oxalate, malate, citrate de potasse, etc., qui existent naturellement dans les végétaux, sont transformés, par l'incinération, en carbonate de la même base. Lemery lui-même ne paraît pas éloigné de croire que le sel alcalin (des cendres) provient de la destruction du sel acide obtenu par la voie humide.

« Je crois, dit-il, avec plus de vraisemblance que le sel alcali est une partie du sel acide essentiel dont nous avons parlé. — Si l'on veut considérer sans préoccupation comment le feu agit, on avouera qu'il détruit et confond la plupart des choses qu'il dissèque, et qu'il n'y a pas lieu qu'il rende les substances en leur état naturel (2). »

Dans l'exposition de sa théorie sur les pointes de l'acide pénétrant les pores de l'alcali, théorie renouvelée des anciens, l'auteur n'est pas tout à fait fidèle à la méthode expérimentale.

Au xviie siècle, et à plus forte raison avant cette époque, le nom de sel avait une signification vague et très-étendue. Aussi les

---

(1) Cours de chimie; Paris, 1730, pag. 5.
(2) Ibid. (éd. 1730), p. 20.

acides comme les alcalis étaient appelés des sels (1). Lemery appelle *sel salé* ce que, dans la nomenclature actuelle, nous appelons un sel; et il le définit « un mélange d'acide et d'alcali, ou plutôt un alcali soûlé et rempli d'acide (2). »

Profondément pénétré de la vérité du princip... o des degrés de chaleur différents donnent lieu, dans les opé...   à ces résultats différents, il insista, indépendamment du feu de *réverbère* « qui se fait dans un fourneau couvert d'un dôme, afin que la chaleur ou la flamme, qui cherche toujours à sortir par le haut, réverbère sur le vaisseau qu'on a posé à nu sur les deux barres de fer; » il insiste, dis-je, sur « plusieurs autres espèces de chaleur, comme l'insolation, les bains de sable, de limaille de fer, de cendres, de fumier, de marc de raisin, de chaux vive, etc. »

Lemery avait, comme d'autres chimistes, constaté l'augmentation de poids de l'étain et du plomb par la calcination. Comme Boyle, il attribue ce phénomène à la fixation des corpuscules du feu.

« Les pores du plomb, dit-il, sont disposés en sorte que les corpuscules du feu s'y étant insinués, ils demeurent liés et agglutinés dans les parties pliantes et embarrassantes du métal sans en pouvoir sortir, et ils en augmentent le poids (3). »

Les phénomènes géologiques et météorologiques attirèrent fortement son attention; il essaya de s'en rendre compte par des expériences de laboratoire.

Il expliqua l'origine des volcans, des tremblements de terre, des embrasements spontanés, par la combinaison de substances minérales. Et il se fonde sur ce qu'un mélange de parties égales de limaille de fer et de soufre pulvérisé, et humecté d'eau, s'échauffe tellement qu'on a peine d'y souffrir la main.

« Il arrive même, ajoute-t-il, que si l'on fait vingt-cinq ou trente livres de cette préparation à une fois, elle s'enflamme et se calcine à demi avant qu'on l'ait mise sur le feu (4). »

Ce mélange reçut le nom de volcan artificiel de Lemery.

Il explique le phénomène du tonnerre et de l'éclair par une ex-

---

(1) Voy. p. 261 de ce volume, *note* 1.
(2) Cours de chimie, etc., p. 24.
(3) Ibid., p. 143.
(4) Ibid., p. 179.

périence alors entièrement neuve, et qui, autant que je sache, n'avait été encore faite par aucun chimiste : c'est l'inflammation de l'hydrogène, gaz qui avait été, pour la première fois, recueilli par Boyle, qui le confondait avec l'air commun (1). Ainsi, l'hydrogène avait été déjà préparé, recueilli et brûlé, plus de cent ans avant d'avoir été décrit comme un élément de l'eau.

Voici le passage en question : « Si l'on met dans un matras de moyenne grandeur, et dont le cou soit médiocrement long, trois onces d'huile de vitriol et douze onces d'eau commune, qu'on jette à plusieurs reprises une once de limaille de fer, il s'y fera une ébullition et une dissolution du fer qui produit des vapeurs blanches, lesquelles s'élèveront jusqu'au haut du cou du matras; si l'on présente à l'orifice du cou de ce vaisseau une bougie allumée, la vapeur prendra feu à l'instant, et ` un temps fera une fulmination violente et éclatante, puis s'éteindra (2). Si l'on continue à mettre un peu de limaille de fer dans le matras, et qu'on en approche la bougie allumée comme devant, réitérant le même procédé quatorze ou quinze fois, il se fera des ébullitions et des fulminations semblables aux premières, pendant lesquelles le matras se trouvera souvent rempli d'une flamme qui pénétrera et circulera jusqu'au fond de la liqueur. Il arrivera même quelquefois que la vapeur se tiendra allumée comme un flambeau au haut du cou du matras pendant plus d'un quart d'heure. Il me paraît que cette fulmination représente bien en petit la matière sulfureuse qui brûle et circule tout enflammée dans l'eau des nues, pour faire l'éclair et le tonnerre (3). »

« La vapeur qui s'élève d'un mélange de fer, d'huile de vitriol et d'eau, et qui s'enflamme au contact d'une bougie allumée, » fut plus tard désignée par le nom d'*air inflammable*, avant d'être appelée *hydrogène*, c'est-à-dire élément *générateur de l'eau*.

Encres sympathiques. — L'auteur revient, à plusieurs reprises, sur ce sujet, qui intéressait vivement la curiosité du public. Il propose de tracer les caractères avec une dissolution de plomb dans du vinaigre ou de bismuth dans de l'eau-forte, et de les frotter, après leur dessiccation, avec un morceau de coton imbibé d'une décoc-

(1) Voy. p. 161 et 162 de ce volume.
(2) L'hydrogène mélangé avec l'air (du matras) devait détonner au contact de la bougie allumée.
(3) Cours de chimie (éd. 1730), p. 185.

tion de scories d'antimoine (sulfure d'antimoine), ou de chaux et d'orpiment (sulfure de calcium). Il semble ne pas ignorer que les caractères, d'abord invisibles, deviennent noirs et lisibles parce que les molécules sulfureuses s'unissent au plomb ou au bismuth, et il rejette l'explication des anciens, qui avaient recours « à la sympathie et à l'antipathie, qui sont des termes généraux qui n'expliquent rien (1). »

Poisons. — Voici la définition qu'il donne de ce qu'il faut entendre par poison : « Le poison est tout ce qui peut rompre et détruire la liaison et l'économie des humeurs du corps, en corrodant les parties ou en empêchant le cours naturel des esprits. » — Il cite ensuite comme les poisons les plus communs, l'*arsenic*, le *sublimé*, la *ciguë* et le *napellus* (aconit). Il distingue, dans une intoxication, deux effets différents : « Les uns, dit-il, comme la vipère, le scorpion, la ciguë, le napellus, coagulent le sang ; — et l'animal meurt en convulsions, de la même manière qu'il arrive quand on seringue quelque liqueur acide dans une veine ou dans une artère (2). Les autres, comme le sublimé, les arsenics, rongent et ulcèrent les entrailles, jusqu'à ce que la gangrène y soit venue, d'où s'ensuit la mort. » Les antidotes sont à peu près les mêmes que ceux employés par les anciens (3).

Lemery avait lui-même fait des expériences toxicologiques sur des animaux. Il raconte à ce sujet l'histoire de deux souris enfermées dans une bouteille de verre contenant deux scorpions vivants : la première souris, qui était la plus petite, mourut un quart d'heure après avoir été piquée ; l'autre, qui était plus grosse, fut également piquée ; mais aussitôt elle se vengea en mangeant les deux scorpions, à la réserve de la tête et de la queue : elle échappa saine et sauve.

Antimoine. — L'histoire des préparations antimoniales est faite avec une clarté jusqu'alors inconnue. L'auteur remarque d'abord que l'antimoine naturel est *composé de soufre et d'une substance fort approchante d'un métal (stibium)*. L'antimoine naturel est en effet un sulfure. Les alchimistes lui donnent divers noms ; ils l'appellent *loup* ou *lion rouge*, parce qu'il dévore les métaux (le

---

(1) Cours de chimie (éd. 1730), p. 391 et 140.
(2) Ibid., p. 236.
(3) Voy. Histoire de la chimie, t. I, p. 208.

soufre les attaque), *protée*, parce qu'il peut revêtir différentes couleurs; *plomb sacré, plomb des philosophes*, etc. Il savait fort bien que le fer avec lequel on préparait le régule d'antimoine avait pour effet d'enlever à cet antimoine naturel les parties sulfureuses qui s'opposaient à la formation des cristaux de l'antimoine, disposés en forme d'étoile (1).

Le seul dissolvant de l'antimoine est, dit-il, l'eau régale.

La *panacée antimoniale* n'est autre chose, d'après la description qu'il en donne, que l'émétique obtenu en traitant une solution d'antimoine (beurre d'antimoine) par du tartre. La dose de l'émétique en dissolution était de huit à vingt gouttes dans un bouillon.

Sulfate de magnésie. — Ce sel fut mis en usage peu de temps après que Glauber eut préconisé les propriétés du sulfate de soude. On le préparait en Angleterre par l'évaporation des eaux minérales d'Epsom. Ce sel était d'abord connu dans les pharmacopées sous le nom de *sal mirabile, sal catharticum amarum* (2).

Lemery avait pris un vif intérêt aux travaux de son célèbre confrère à l'Académie des sciences, Homberg, qui avait répandu en France la découverte du phosphore. Il émit le premier l'idée que l'on pourrait trouver le phosphore « dans une infinité d'autres choses où il n'en paraît pas présentement (3). » Probablement il avait quelques motifs pour parler ainsi, car il s'était beaucoup occupé de la distillation du crâne et du cerveau de l'homme, dont l'huile empyreumatique composait, avec l'esprit-de-vin et la teinture d'opium, le fameux élixir anti-épileptique, connu sous le nom de *gouttes d'Angleterre.*

La mousse verte qui pousse sur les crânes exposés à l'humidité de l'air, était, sous le nom d'*usnée*, employée en médecine comme un remède puissant. Du temps de Lemery on en faisait venir d'Irlande : « Car, dit-il, en ce pays-là on laisse les hommes qu'on a pendus, attachés à des poteaux dans la campagne, jusqu'à ce qu'ils tombent par pièces; or, pendant ce temps-là, la chair et les membranes de la tête s'étant consumées, cette mousse naît sur le crâne (4). »

---

(1) Cours de chimie, p. 299.
(2) Ibid., p. 465.
(3) Ibid., p. 816.
(4) Ibid., p. 856.

La présence du fer dans les cendres, et particulièrement dans le charbon du miel, a été pour la première fois signalée par Lemery. Pour prouver ce fait, il se servait d'un couteau aimanté. « On s'apercevra, dit-il, que dans ce moment beaucoup de particules du charbon se hérissent et seront attirées par le couteau, s'y attachant de même que la limaille de fer s'attache à l'aimant. Cette expérience montre que le charbon de miel contient du fer (1). »

Ces expériences furent faites dans l'année 1702, devant les membres de l'Académie des sciences.

Lemery avait, pour le répéter, le talent de décrire les choses les plus obscures et les plus arides avec une simplicité et une précision remarquables. C'est là la pierre de touche d'un esprit qui sait apprécier l'importance des détails.

Les faits consignés dans les nombreux mémoires que Lemery avait présentés à l'Académie royale des sciences, dont il était alors un des membres les plus distingués (2), sont en grande partie reproduits dans son *Cours de chimie* (3).

Les autres ouvrages de Lemery sont : *Pharmacopée universelle,* dont la première édition parut à Paris en 1697, in-4; *Dictionnaire universel des drogues simples,* Paris, 1698, in-4 (4); *Traité de l'antimoine,* Paris, 1707, in-12 (5).

Ils appartiennent plus spécialement à l'histoire de la pharmacie.

§ 21.

Michel ETTMÜLLER.

Michel Ettmüller s'était livré, dans sa jeunesse, à l'étude des mathématiques et de la philosophie. Plus tard, il s'adonna aux études médicales, voyagea en Italie, en France et en Angleterre.

---

(1) Cours de chimie, p. 874.

(2) Fontenelle, Histoire du renouvellement de l'Académie royale des sciences à Paris, t. II, p. 172.

(3) Les mémoires que Lemery présenta à l'Académie appartiennent aux années 1700, 1701, 1706, 1707, 1708, 1709, 1712.

(4) Ces deux ouvrages eurent successivement un grand nombre d'éditions, et furent traduits en plusieurs langues.

(5) Ce traité fut traduit en allemand par Malbern; Dresde, 1709, in-8.

De retour à Leipzig, où il avait été reçu docteur en médecine, il fut nommé professeur de botanique et de chirurgie. Il mourut dans la même année que Glauber, en 1668, à l'âge de trente-neuf ans.

Le *Traité de chimie raisonné* d'Ettmüller renferme plusieurs détails intéressants.

L'auteur expose avec clarté l'histoire des préparations antimoniales. Il rappelle que l'antimoine commun contient du soufre. Comment cela se démontre-t-il? Cela se démontre, répond-il, par toutes les préparations de ce minéral, par son inflammabilité, par son odeur sulfureuse, par sa détonation avec le nitre et le tartre, par les teintures (foie de soufre) qu'on en retire avec les alcalis qui s'emparent promptement du soufre des minéraux, par le cinabre que donne l'antimoine commun servant, avec le sublimé corrosif, à préparer le beurre d'antimoine (1); enfin, parce qu'on retire de l'antimoine beaucoup de soufre tout semblable au soufre commun.

On retirait le soufre de l'antimoine naturel soit par la voie sèche, en chauffant le minéral dans un appareil sublimatoire, soit par la voie humide, en le traitant par l'eau régale.

Quant à l'antimoine proprement dit (régule), c'est, dit l'auteur, la plus noble partie de l'antimoine et la plus métallique, ou bien le mercure de l'antimoine concentré; ce régule est de la nature du plomb, ou un plomb imparfait, etc.

Le *foie d'antimoine* s'obtenait en faisant dissoudre dans un creuset un mélange d'antimoine naturel et de parties égales de nitre et de tartre. « La matière est rouge à cause du soufre de l'anti-moine. Le précipité pulvérulent que donne le foie d'antimoine mis dans l'eau était appelé *safran des métaux (crocus metallorum)*, *safran*, à cause de sa couleur, et *des métaux*, à cause de l'anti-moine, qui était considéré comme le père de tous les métaux (2). »

Ettmüller n'ignorait pas que les alcalis (potasse) qu'on faisait fondre avec l'antimoine naturel pour en extraire le régule (anti-moine métallique) absorbent (ce sont ses propres expressions) le soufre de l'antimoine, et que, pour en séparer ce soufre, il faut dis-soudre les scories (sulfure alcalin) qui recouvrent le régule, dans de

---

(1) Voy. p. 195 de ce volume.
(2) Nouvelle chimie raisonnée (Lyon, 1693), p. 187.

l'eau, et y verser un acide, comme l'esprit de vitriol. « Aussitôt il s'élèvera une puanteur horrible (hydrogène sulfuré), et il se précipitera un soufre diaphorétique, appelé soufre doré d'antimoine. »

Ainsi, le soufre doré d'antimoine n'était autre chose que du soufre véritable, tel qu'on l'obtient en traitant un polysulfure alcalin par un acide. Du reste, la préparation de ce soufre doré variait beaucoup, suivant les auteurs (1).

Le fameux médicament antihectique de Potier (*antihecticum Poterii*) n'était autre chose qu'un alliage composé de quatre parties d'antimoine métallique et de cinq parties d'étain, oxydé par la calcination avec du nitre.

Le *bézoard minéral*, auquel les médecins et les alchimistes attribuaient de grandes vertus, était préparé de différentes manières. La plus commune consistait à traiter le beurre d'antimoine par l'esprit de nitre, à séparer ensuite tout l'acide par la distillation, et à faire brûler de l'esprit-de-vin sur le résidu pulvérulent. — Le bézoard minéral n'était donc autre chose que de l'oxyde d'antimoine.

L'auteur prévient qu'il faut user de précautions dans les calcinations de l'antimoine, et que la fumée de cette substance est corrosive et chargée de particules arsenicales. Il conseille de manger, avant l'opération, du pain et du beurre, « afin que la graisse de celui-ci tempère la vertu corrosive de la fumée, » et de mâcher, pendant l'opération même, de la racine de zédoaire (2).

On sait que le peroxyde d'antimoine fortement calciné est de couleur jaune. C'est cet oxyde que les chimistes d'alors appelaient *fleurs d'antimoine cheiri* (giroflée) (3). Sublimé avec du sel ammoniac, il recevait le nom de *teinture sèche d'antimoine*, ou *lilium antimonii*, dont Hartmann préconisait les vertus.

La chimie d'Ettmüller paraît avoir été particulièrement destinée à l'usage des médecins, comme celle de Lefebvre l'avait été à celui des pharmaciens.

____

(1) Nouvelle chimie raisonnée, p. 198.
(2) Ibid., p. 181.
(3) *Cheiranthus cheiri.*

CHIMIE TECHNIQUE.

Les chimistes qui, pendant le XVII° siècle, ont cultivé exclusivement la science dans ses applications spéciales aux arts, tels que la teinture, la verrerie, la parfumerie, etc., ne sont pas très-nombreux.

P. Antoine Neri, prêtre florentin, recueillit, dans ses voyages en Italie et dans les Pays-Bas, des renseignements intéressants sur la fabrication des émaux, des verres colorés, des pierres précieuses artificielles, des miroirs métalliques. Son ouvrage, où ces renseignements se trouvent consignés, a pour titre *de Arte vitraria* (1). Merret et Kunckel en ont tiré grand profit.

Venise, Florence et Anvers possédaient des fabriques de verre très-renommées, dont les produits s'exportaient dans les pays les plus éloignés.

Les fabriques de vitriols blanc et bleu de la Hongrie continuaient à maintenir leur ancienne réputation. Actius Cletus (2) et J. M. Caneparius (3) se sont particulièrement occupés de cette branche de chimie industrielle.

Dclos, membre de l'Académie royale des sciences de Paris, avait fait des expériences pour rendre l'eau de mer potable (4) ; il avait entrevu l'existence du sel amer de magnésie dans les eaux de la mer et de certaines sources salées (5).

Bourdelin, Marchant, Dodart, également membres de l'Académie royale des sciences, s'étaient livrés à l'étude des produits obtenus par la distillation sèche des plantes et des matières organiques en général.

Hanton avait proposé de rendre l'eau de mer potable à l'aide de la distillation, après l'avoir préalablement précipitée par le sel lixiviel

---

(1) Aut. Neri, de Arte vitraria, lib. vii, et in eosdem Christ. Merreti observationes et notæ; Amstelod., 1681, in-12. — Trad. en anglais sur l'original italien : *the Art of glass*, etc.; Lond., 1662, in-8. — En français : l'Art de la verrerie de Neri, Merret et Kunckel; Paris, 1752, in-4.

(2) Dodecaporion chalcanthicum; Rom., 1620, in-4. — Disput. de chalcantho; Rom., 1623, in-8.

(3) De atramentis cujuscunque generis; Venet., 1619 et 1629, in-4; Lond., 1660; Rotterd., 1711.

(4) Hist. de l'Acad. royale des sciences, vol. I, p. 50.

(5) Ibid., année 1667.

(carbonate de potasse) (1). COLE, JACKSON, TODD, COLWALL, ont écrit sur l'exploitation du sel marin et des vitriols. Leurs mémoires sont consignés dans les Transactions philosophiques de Londres (2).

HOCHBERG, THICKMANN et MONTAGNIN, se sont occupés de l'art de fabriquer les vins; MONRO, de la préparation du malt pour la bière d'Écosse, etc.

Un assez grand nombre de chimistes tâchaient de répandre le goût des travaux de laboratoire au profit du progrès des arts et de l'industrie. STISSER (3) et Jean-Maurice HOFFMANN, d'Altorf (4), publièrent leurs *Acta laboratorii*; D. MAYON (5), ELSHOLZ (6), J. ROUX (7), professeur à Leipzig, et beaucoup d'autres, communiquaient au public le résultat de leurs expériences.

§ 22.

Les rois de Suède ont favorisé, d'une manière toute spéciale, le développement de la chimie. Gustave-Adolphe, malgré ses graves occupations politiques, honora souvent de sa présence les travaux des chimistes de son temps. La célèbre Christine s'y livra, non-seulement pendant la durée de son règne, mais encore, après son abdication, dans sa retraite à Rome. Mais il était réservé à Charles XI de fonder en 1683, dans la capitale de ce royaume, un laboratoire dont les fonds furent assignés sur le trésor royal et sur le collège des mines. On y devait travailler principalement à pénétrer dans l'intérieur des corps pour en découvrir les parties constituantes et la manière dont elles étaient unies; à faire des recherches sur la nature des métaux, examiner s'ils étaient susceptibles

(1) Philosophical Transact., ann. 1670, vol. V.

(2) Vol. IV, V, XII et XIV.

(3) Actorum laboratorii chemici auctoritate atque auspiciis ducum Brunsv. et Lyneburg. in Academia Julia editorum specimen primum; Helmst., 1690, in-4; specim. secundum, 1693; specim. tertium, 1698.

(4) J. M. Hoffmanni laboratorium novum chemicum, etc.; Altdorf., 1683.
Acta laboratorii chymici Altdorfini, etc.; Norimb et Altdorf, 1719, in-4.

(5) Collegium medico-curiosum hebdomatim intra ædes privatas habendum, etc.; Kiel, 1670, in-4.

(6) Distillatoria curiosa, sive ratio ducendi liquores coloratos per alambicum, etc.; Berolni, 1674, in-8.

(7) Experimenta ac dubia nonnulla chymica, etc.; Acta erudit., ann. 1681. — Dissertationes chymico-physicæ, etc.; Lips., 1685, in-4.

d'amélioration, et rechercher jusqu'à quel point il serait possible de les transformer les uns dans les autres; à composer, surtout avec les substances que produit la Suède, différents médicaments plus efficaces que ceux qu'on trouve dans les pharmacies ordinaires; enfin, à épuiser tout ce qui pourrait être relatif à l'économie, comme l'examen chimique des terres propres à l'agriculture; la découverte d'une matière propre à couvrir les maisons, qui réunit à la légèreté la faculté de résister aux incendies, aux pluies et aux neiges; la recherche des moyens de garantir le fer de la rouille, le bois de la pourriture, etc.

Le célèbre Hiærne, auquel on confia d'abord cet établissement, avait entrepris de publier les travaux faits de son temps dans ce laboratoire; mais une mort prématurée l'empêcha d'exécuter un projet si utile: il ne donna, de son vivant, qu'une espèce d'introduction, contenant les résultats les plus généraux des expériences et des observations qu'il avait faites. Ce n'est que longtemps après sa mort que Wallerius publia une partie des expériences chimiques exécutées dans le laboratoire de Stockholm, sous la direction de Hiærne (1).

On y remarque surtout un travail sur l'*acide de la fourmi*, et un autre sur l'*augmentation du poids des métaux par la calcination*. Arrêtons-nous un moment sur ce premier travail.

Hieronym. Targus, Langham et d'autres observateurs avaient déjà vu que les fourmis rougissent les couleurs bleues végétales humides (fleurs de chicorée, de bourrache, etc.) avec lesquelles on les met en contact. J. Wray signala en 1670, dans un extrait de lettre inséré dans les Transactions philosophiques de Londres, le résultat de ses recherches sur les fourmis; il constata que ces insectes, soumis à la distillation, seuls ou humectés d'eau, donnent un esprit très-acide, semblable à l'esprit de vinaigre (*like spirit of vinegar*), lequel rougit les couleurs bleues végétales, comme le feraient les acides forts, et donne, en se combinant avec

---

(1) Les actes chimiques d'Urb. Hiærne furent publiés et augmentés de notes par J. G. Wallerius, en 1753 : Actorum chemicorum Holmensium, t. II; hoc est Parasceve sive præparatio ad tentamina in reg. laboratorio Holmiensi peracta, etc.; Stockholmiæ, 1753, in-8.

le plomb, une espèce de sucre de Saturne, et avec le fer, une liqueur astringente (1).

Hierne reprit ces observations, et en approfondit davantage le sujet. Il remarqua que, dans la distillation des fourmis, il y a trois liquides distincts qui passent dans le récipient, qu'il convient de changer chaque fois : le premier est l'acide de la fourmi, faible, étendu d'un peu de phlegme (eau) ; le second est franchement acide, et plus fort que le premier ; enfin le dernier, qui passe dans le récipient, n'est plus que de l'alcali volatil (carbonate d'ammoniaque), verdissant le sirop de violette, et faisant effervescence avec les deux premiers liquides. Il essaya ensuite l'acide de la fourmi avec différents réactifs, et, entre autres, avec une solution de colophane qui, dit-il, est rendue trouble et laiteuse ; il remarqua qu'étant versé dans une solution de foie de soufre, cet acide donne, ainsi que le ferait un acide fort, un dépôt de soufre (2).

Dans son travail sur la calcination des métaux, Hierne, après avoir reconnu l'exactitude du fait même de l'augmentation du poids que les métaux acquièrent pendant la calcination, pense que cette augmentation provient d'une espèce d'acide gras et sulfureux (*acidum pingue et sulphureum*), contenu dans les charbons et le bois. Cependant il avoue que la question est très-embarrassante, puisque les métaux se convertissent en chaux (oxyde) sans l'intermédiaire du bois ou du charbon (3).

Wedel, célèbre professeur de chimie à l'université d'Iéna, s'était rangé du côté de l'opinion de J. Rey ; il fut, par des raisons inadmissibles, réfuté par le P. Cassatus. Boyle, Kunckel et Homberg n'avaient pas non plus donné des explications satisfaisantes au sujet de la calcination des métaux et de leur augmentation en poids. Cette question, à laquelle devait se rattacher tout l'avenir de la chimie, resta donc non résolue et pendante jusqu'à l'époque de Lavoisier.

---

(1) Philosoph. Transact., vol. V, for 1670, n° 68. — *Concerning some uncommon observations and experiments made with an acide juyce to be found in ants.*

(2) Act. chim. Holm., t. II, p. 40-51.

(3) Ibid., p. 112-124.

§ 23.

Pendant que Hierne dirigeait à Stockholm les travaux exécutés dans le laboratoire du roi de Suède, Homberg faisait à Paris de brillantes expériences dans le laboratoire du duc d'Orléans.

GUILLAUME HOMBERG.

Homberg appartient aussi à la grande école de la philosophie expérimentale de Bacon, de Galilée, de Boyle. Comme Glauber, il n'écrivait pas pour les hommes, mais pour la vérité. Ses travaux sont inspirés par l'amour le plus pur de la science. C'était un chimiste aux connaissances variées, et, ce qui vaut mieux encore, un honnête homme.

Homberg naquit le 8 janvier 1652, à Batavia, capitale de l'île de Java ; il était fils d'un officier au service de la Compagnie hollandaise des Indes orientales. Son père l'envoya de bonne heure en Europe, et lui fit faire ses premières études au collége d'Amsterdam. Homberg fut destiné au barreau ; il alla, par obéissance à ses parents, étudier le droit aux universités d'Iéna et de Leipzig, et se fit recevoir, à l'âge de vingt-deux ans, avocat à Magdebourg, ville natale d'Otto de Guérike. Ce n'était pas là la carrière pour laquelle le jeune avocat se sentit de la vocation. Au lieu de se débattre dans le fatras des turpitudes humaines, il aima mieux se livrer aux sciences d'observation, et lire, avec recueillement, dans le grand livre de la nature. Les plantes et les astres fixèrent d'abord son attention. « Il devint ainsi, comme dit Fontenelle, botaniste et astronome sans y penser, et en quelque sorte à son insu. » Son goût pour les sciences alla de jour en jour en augmentant, et finit par l'éloigner entièrement des occupations du barreau. Ses parents et ses amis insistèrent, et voulurent même le forcer à se marier, afin de le ramener à l'exercice de sa profession, de lui inspirer le goût du bien-être matériel. Dès lors Homberg, n'écoutant plus que la voix intérieure, qui était plus forte que celle de ses parents, brisa ses relations de famille, et se mit à parcourir presque tous les pays de l'Europe, pour suivre ses penchants naturels. Il étudia à Padoue la médecine et la botanique ; à Bologne et à Londres, il apprit la chimie, à Rome, la mécanique et l'optique; à Leyde, l'anatomie. Riche de toutes ces connaissances, il se rendit à Wittemberg, université alors très-célèbre, où il reçut le grade de docteur en médecine. Dans le cours de ses voyages, il visita les mines d'Allemagne, de Hongrie, de Bohême, de Suède, recherchant partout la société des savants; il entretenait des rapports intimes avec les hommes les plus illustres de son époque, dont plusieurs avaient été ses maîtres, comme Otto de Guérike, Boyle, Celio, Graaf, le grand anatomiste. En 1682, Colbert, instruit du mérite de Homberg, le fixa en France par des offres avantageuses. Peu de temps après, il perdit son protecteur. Abandonné de ses parents et sans ressources, il accepta avec joie le présent d'un lingot d'or que lui fit un alchimiste de ses amis, voulant le convaincre de la possibilité de faire de l'or. Il en retira 400 fr. Cette somme lui servit pour retourner à Rome (en 1685), où il se livra, pour vivre, à l'exercice de la médecine. L'abbé Bignon le rappela en 1691 à Paris, et le fit nommer membre de l'Académie des sciences. Un an après, le duc d'Orléans, le même qui devint régent en 1715, choisit Homberg pour son maître et démonstrateur de chimie; puis, deux ans après, il le nomma son premier médecin, avec un traitement considérable. Ce prince éclairé, qui cultivait la chimie avec passion, possédait un des plus beaux laboratoires de l'Europe. C'était là un événement phénoménal dans une cour où l'on ne s'occupait guère de sciences. Chimiste, dans la bouche des courtisans d'alors, était presque synonyme d'empoisonneur. Et il ne faut pas s'étonner qu'à la mort du Dauphin et de son fils, on ait osé diriger des soupçons injustes contre le neveu de Louis XIV et son précepteur de chimie. Homberg épousa, à l'âge de cinquante-six ans, la fille du célèbre médecin Dodart, et fut heureux de trouver dans sa compagne une sympathie parfaite de caractère et de goût; elle aimait la chimie avec tant d'ardeur, qu'elle servait souvent à son mari d'aide et de préparateur intelligent. La mort surprit Homberg au milieu de ses travaux, à la suite d'une dyssenterie à laquelle il était sujet depuis quelques années. Il mourut en 1715, le 24 septembre, la même année où son illustre élève prit les rênes du gouvernement, pendant la minorité de Louis XV.

« Jamais, dit Fontenelle, on n'a eu des mœurs plus douces et plus sociables. Une philosophie saine et paisible le disposait à recevoir sans trouble les différents événements de la vie. A cette tranquillité d'âme tiennent nécessairement la probité et la droiture. »

Ces paroles d'un contemporain illustre, qui connaissait Homberg dans la vie intime, sont un document précieux.

Travaux de Homberg.

Homberg n'a pas publié de corps d'ouvrages. Ses travaux ont été imprimés sous forme de mémoires dans la collection de l'Académie des sciences, où on pourra les lire à côté des mémoires de Cassini, de Roemer, de Lemery, de Mariotte, de Borelli, tous collègues et contemporains de Homberg.

Nous avons déjà eu l'occasion de faire remarquer que c'est ce savant distingué qui a le premier fait connaître en France la découverte du phosphore, dont il donne, d'après Kunckel, une description détaillée (1).

Homberg étudia, un des premiers, les propriétés de ce nouveau corps. Il essaya de démontrer que la flamme du phosphore est plus intense que celle du feu ordinaire.

« Lorsqu'on s'est brûlé, dit-il, avec le phosphore, l'endroit brûlé de la chair devient jaune, dur, et creux comme un morceau de corne que l'on aurait touché avec un fer rouge ; souvent il ne s'y fait point d'ampoule, comme il s'en fait aux autres brûlures ; et quand on met quelque onguent sur la blessure, il s'en sépare une escarre deux ou trois jours après, comme si l'on y avait mis un caustique ; ce qui montre que la flamme du phosphore est plus ardente que celle du feu ordinaire.

« La flamme du phosphore allumera toujours le camphre, qu'on l'écrase ou qu'on ne l'écrase pas ; ce qui fait voir que le camphre est bien plus inflammable que le soufre et la poudre à canon (2). »

Pour faire des expériences divertissantes, il recommande d'incorporer le phosphore dans une pommade, et de s'en frotter le visage, qui paraîtra lumineux dans l'obscurité.

Le phosphore n'était point encore considéré comme un corps simple. Mais « c'était la partie la plus grasse de l'urine, concentrée dans une terre fort inflammable (3). »

---

(1) Voy. pag. 205 de ce volume.
(2) Mémoires de l'Académie des sciences, t. X, p. 110, 30 février 1692.
(3) Ibid., Mémoire présenté le 30 avril 1692.

C'était une opinion déjà généralement répandue, que l'on pouvait retirer du phosphore, en plus ou moins grande quantité, non-seulement de l'urine, mais de la chair, des os, du sang, des excréments, etc. On allait même jusqu'à vouloir en tirer des poils, de la laine, des plumes, des ongles, de la cire, du sucre et de la manne.

Le nom de phosphore ou de *lucifer*, qui est la traduction littérale de φῶς, lumière, φορός, porteur, était alors indistinctement appliqué à la pierre de Bologne, à la pierre hermétique de Baudouin, et au phosphore de Brand ou de Kunckel. Aussi Homberg divise-t-il les phosphores en deux espèces : « La première comprend ceux qui luisent jour et nuit, sans qu'il soit besoin de les allumer, pourvu seulement qu'on ne les tienne pas dans un air trop froid, comme sont tous ceux que l'on fait d'urine et de sang humain. »

C'était là le phosphore proprement dit.

« La seconde espèce renferme ceux qui, pour paraître lumineux, ont seulement besoin d'être exposés au grand jour, sans qu'il soit nécessaire de se mettre en peine si l'air dans lequel on l'expose est froid ou chaud. Tels sont la pierre de Bologne et le phosphore de Baudouin. »

C'est ce que nous appelons aujourd'hui des sels pyrophoriques, substances que l'on semblait, dans l'origine, confondre avec le phosphore véritable.

A propos de la préparation du phosphore de la première espèce, Homberg remarque que toute urine n'est pas propre à donner du phosphore; qu'il faut qu'elle provienne de personnes qui boivent de la bière. « Tous les essais, dit-il, qu'on a faits avec l'urine de vin ont manqué ou produit si peu d'effet, qu'à peine a-t-on pu s'en apercevoir. »

Cette observation, fort curieuse, ne paraît pas dénuée de fondement quand on songe que l'orge, qui entre dans la composition de la bière, est, comme tous les grains des céréales, riche en phosphates, dont le vin est presque entièrement dépourvu.

L'auteur raconte que la découverte du phosphore, appelé *phosphore de Homberg*, est due au hasard. Voulant un jour calciner un mélange de sel ammoniac et de chaux vive, il fut surpris de voir que ces deux substances produisaient, en fondant, une masse blanche qui avait la propriété de devenir lumineuse à chaque coup de pilon, « à peu près comme quand on pile du sucre dans un milieu obscur, mais avec beaucoup plus d'éclat. »

Voici en quels termes Homberg lui-même enseigne à préparer son phosphore : « Prenez une partie de sel ammoniac en poudre, et deux parties de chaux vive ; mêlez-les exactement, remplissez-en un creuset, et mettez-le à un petit feu de fonte (1). »

On voit, d'après cela, que le phosphore de Homberg n'est autre chose que du *chlorure de calcium*, un des sels les plus déliquescents. C'est ce que l'auteur n'ignorait pas, quand il dit qu'il faut conserver ce produit dans un air bien sec, à cause de la grande tendance qu'il a à se liquéfier.

Dans un autre mémoire, *Réflexions sur différentes végétations métalliques* (2), l'auteur indique une méthode plus simple pour faire l'arbre de Diane, qui ne diffère pas beaucoup de la méthode d'Eck de Sulzbach, dont il ne paraissait pas avoir eu connaissance (3).

Quelque temps après la découverte de son phosphore, Homberg remarqua aussi qu'une lame de verre qu'on brise dans l'obscurité jette un éclat lumineux (4).

Dans un mémoire contenant des *expériences sur la glace dans le vide*, il s'attache à prouver que si l'eau augmente de volume en se congelant, c'est parce qu'il y a dans ses pores beaucoup plus d'air renfermé que dans ceux de tous les autres liquides ; que lorsqu'on fait congeler l'eau dans le vide, et qu'elle est bien purgée d'air, elle n'a rien de particulier dans sa congélation ; enfin que la glace formée dans le vide a, conformément à la loi générale, moins de volume que n'en avait l'eau avant d'être congelée (5).

Ces expériences, et les conclusions qu'il en tire logiquement, devaient alors paraître tout à fait convaincantes.

Quelques mois après, le savant et laborieux académicien présenta un nouveau mémoire sur l'*évaporation de l'eau dans le vide* (6). On y lit que cette évaporation doit être attribuée, non pas à la

---

(1) Observations sur un nouveau phosphore; Mémoire présenté le 31 décembre 1693.

(2) Mémoire présenté à l'Académie le 30 nov. 1692.

(3) Voy. t. 1 de l'Hist. de la Chimie, p. 446.

(4) Réflexions sur l'expérience des lames de verre, etc., Mém. présenté le 31 décembre 1692.

(5) Mémoire présenté le 28 février 1693.

(6) Mémoire présenté le 15 mai 1693.

diminution de la pression de l'air, mais au mouvement *de la matière éthérée*, qui est également supposée jouer un grand rôle dans les phénomènes de la lumière.

Toutes ces expériences étaient faites avec une machine pneumatique perfectionnée par Homberg lui-même.

Mais les plus importants de tous les mémoires sont ceux qui traitent de la saturation des acides par les alcalis, ou réciproquement. On y trouve les premiers jalons de la grande loi des *proportions définies* dans lesquelles s'effectuent les combinaisons des acides et des bases.

« La force des acides, dit l'auteur, consiste à pouvoir dissoudre; celle des alcalis consiste à être dissolubles ; et plus ils le sont, plus ils sont parfaits dans leur genre. » — Substituez aux mots *dissoudre* et *dissolubles, neutraliser* et *neutralisables*, et vous aurez la définition des acides et des bases, telle qu'on la donne encore aujourd'hui (1).

Pour démontrer que le même alcali (potasse) se *combine avec des proportions différentes d'acides différents*, Homberg traitait une quantité déterminée (une once) de sel de tartre calciné (potasse) avec de l'esprit de nitre en excès (acide nitrique concentré). Après avoir fait évaporer jusqu'à siccité, il pesait le résidu, et *l'augmentation du poids du sel indiquait la quantité d'acide absorbée*.

Il avait ainsi dressé une table des différentes proportions d'acides volatils (susceptibles d'être chassés par l'évaporation), se combinant avec la même quantité de base (2).

Dans un second mémoire, il revient sur le même sujet, et s'attache de plus en plus à démontrer que la quantité d'un acide que prend *un alcali est la mesure de la force passive de cet alcali*. Ce sont là les propres termes de l'auteur.

Enfin il fait voir, dans ce même travail, que la chaux éteinte (carbonatée) dissout la même quantité d'acide que la chaux vive. Cette expérience lui servit d'argument pour renverser la théorie de quelques chimistes, d'après laquelle la chaux devait perdre sa force alcaline par la calcination.

Dans une notice *sur les huiles des plantes*, il signale l'imperfection des procédés employés par les distillateurs et les pharmaciens

---

(1) Mémoire présenté le 20 février 1700.
(2) Mémoire présenté le 29 avril 1699.

dans la préparation des essences. Il dit que, pour retirer des plantes (des roses par exemple) toute leur huile essentielle, il faut les laisser macérer pendant quinze jours dans de l'eau acidulée par de l'esprit de vitriol (1).

Le duc d'Orléans, qui prenait un si vif intérêt aux progrès de la chimie, encouragea généreusement les travaux de Homberg. C'est ainsi qu'il fit, entre autres, acheter une lentille ardente, de trois pieds de diamètre, de la façon de Tschirnhausen, afin de faire des expériences sur la fusibilité et la volatilité des métaux (2).

Le nombre des mémoires que Homberg présenta à l'Académie, depuis son entrée dans cette société savante jusqu'à sa mort, est très-considérable. La chimie, la zoologie, la physiologie botanique, la physique, en font les sujets ordinaires. Homberg et Cassini étaient les membres les plus actifs de l'Académie des sciences.

CHIMIE MÉTALLURGIQUE.

On ne compte, dans cette période, qu'un fort petit nombre de chimistes qui eussent fait de la chimie métallurgique une étude spéciale; et encore se contentaient-ils de copier Agricola et Biringuccio. Le seul qui mérite une mention particulière est un Espagnol, A. Barba, ancien curé à Potosi.

§ 24.

Alonso BARBA.

A. Barba est un des meilleurs métallurgistes de l'Espagne. Il nous a laissé les détails les plus complets sur l'état des mines du Pérou au commencement du xviie siècle. Les renseignements qu'il donne sont puisés sur les lieux mêmes : car il fut, pendant

---

(1) Mémoire présenté le 28 août 1700.
(2) *Observations faites par le moyen d'un verre ardent*, Mémoire présenté en 1702.

plusieurs années, curé de Potosi. Mais ses fonctions ecclésiastiques ne l'empêchèrent pas de se livrer lui-même avec succès à des travaux métallurgiques, dont il avait des connaissances approfondies. L'ouvrage qu'il publia en 1640 a pour titre : *El arte de los metales, en que se enseña el verdadero beneficio de los de oro y plata*; Madrid, in-4. (1) Il est, selon la déclaration de l'auteur, écrit pour les mineurs, par ordre du gouverneur de la province du Pérou (2).

On y trouve d'excellents préceptes concernant l'investigation et l'essai des mines. L'expérience, dit Barba, nous fait voir que toutes les mines découvertes jusqu'à présent au Pérou ont la couleur différente de celle des autres terres. C'est ce qui frappe même ceux qui s'y connaissent le moins. Il n'y a cependant point de règle certaine pour connaître l'espèce du métal que renferme une mine par le seul aspect de sa couleur ; il faut en venir à l'expérience et aux essais. — Potosi, et les autres montagnes des provinces où il y a des mines d'argent, sont ordinairement jaunes comme le froment mûr. Les éminences de Scapi, de Pereyra, de Lipas, qui donnent du cuivre, sont de la même couleur (3).

Une des contrées les plus riches en mines d'argent était le district de Charcas. Tout ce pays n'était, selon Barba, pour ainsi dire, qu'une seule mine. « On en a découvert, dit-il, jusqu'à présent plus de quarante-sept, et on a des indices certains de plusieurs autres très-riches; mais les naturels du pays font tous leurs efforts pour les cacher.

« Toutes les mines qu'on travaille actuellement au Pérou ont été trouvées et essayées par les Espagnols. On n'a jamais pu découvrir aucune mine d'argent travaillée anciennement par les Indiens. Quand on a voulu forcer les naturels du pays à les montrer, ils se sont tués eux-mêmes. On est cependant assuré qu'ils avaient autrefois des mines d'argent très-abondantes. Chaque petit

---

(1) L'édition espagnole fut réimprimée en 1729. — L'ouvrage de Barba a été traduit en anglais par le comte de Sandwich; Londres, 1074, in-8; et en français (dédié à Grassin, directeur général des monnaies de France); Paris, 1751, 2 vol. in-8. Il existe aussi une traduction allemande, sous le titre de *Berg-Büchlein, darinnen von der Metallen und Mineralien Generation und Ursprung,—gehandelt wird*; Hamburg, 1676; Francf., 1726, 1739; Vienne, 1749.

(2) Ibid., c. xvi.

(3) Liv. I, c. xxiv.

canton, du temps des Incas, avait sa mine particulière. On trouve dans les rues de leurs bourgades, et dans les murailles de leurs maisons, du métal de bon aloi. Quand je fus prendre possession de ma cure, les rues de Rorogoi étaient parsemées de minerai très-riche que je recueillis, et je le mis à profit. Les Indiens m'apportaient souvent des minerais d'argent qu'ils tiraient de mines inconnues aux Espagnols (1). »

C'est ce mystère dont les indigènes semblaient envelopper leurs richesses, qui excitait au plus haut degré l'avarice et la cruauté des Espagnols.

On ne s'attachait qu'à l'exploitation des mines d'or et d'argent, tandis qu'on négligeait complétement celle des mines de cuivre, de plomb, de fer, etc., dont le Pérou abonde autant qu'aucun autre pays. On faisait venir de l'Europe le fer, la couperose, l'alun et les autres matières qui se consommaient au Pérou, pendant que ce pays aurait pu, selon l'aveu même de Barba, en fournir suffisamment à tout l'univers.

« On connaît quatre mines de fer dans le district de Charcas. On les négligo, pour ne s'attacher qu'à l'argent. Les pierres des minerais de fer sont aussi dures et aussi pesantes que nos balles. Les Indiens en mettaient dans leurs frondes, qui étaient anciennement leurs principales armes ; c'est l'unique usage qu'ils faisaient du fer (2). »

Ce minerai paraît être du fer presque natif. C'est probablement de ces globes de fer natif dont on avait connaissance dans l'antiquité, et qui servaient quelquefois de prix dans les jeux des héros de la Grèce.

Presque toutes les mines d'argent, au Pérou comme dans tous les autres pays, contiennent du plomb. « A Sibicos, près de Potosi, il y a une mine de plomb qui contient un peu d'argent. On ne peut pas traiter par le mercure les mines de plomb argentifère ; il les faut travailler par la fonte : c'est pourquoi on tire si peu de profit de la riche mine d'Andecaba (3). »

Les mines d'étain sont assez rares au Pérou ; il y en avait cepen-

(1) El arte de los metales, etc., liv. I, c. xxviii.
(2) Ibid., c. xxx.
(3) Ibid., c. xxxi.

dant cinq dans le district de Charcas ; l'une d'elles avait été exploitée déjà du temps des Incas (1).

Les mines d'argent du Pérou ont consommé des quantités
prodigieuses de mercure, depuis l'adoption du procédé d'amalgamation. Ce procédé avait de grands avantages à côté de grands
inconvénients, résultant de la perte considérable du mercure dont
le prix allait de plus en plus en augmentant. Barba donne à ce sujet
une juste appréciation.

« L'usage du mercure, dit-il, était rare, et on en consommait
peu avant ce siècle d'argent. On ne s'en servait qu'en des compositions pharmaceutiques dont on pouvait très-bien se passer, telles
que le sublimé, le cinabre, le précipité rouge, etc. Mais depuis que
par le moyen du mercure on sépare l'argent des minerais moulus
en farine, la quantité de ce métal qu'on emploie à cette opération est presque incroyable. Si l'argent qu'on a tiré des mines
du Pérou a rempli l'univers de richesses, on a perdu ou employé
du moins une fois autant de mercure ; de telle façon qu'encore aujourd'hui (vers l'année 1010) celui qui travaille le mieux consume
le double de mercure de ce qu'il peut tirer d'argent, et il est rare
qu'il ne s'en perde pas davantage. On commença à Potosi, en
1574, à se servir du procédé d'amalgamation ; et jusqu'à présent
on a porté aux caisses royales de cette ville, pour le compte
du roi d'Espagne, plus de 204,700 quintaux de mercure, outre
la grande quantité qu'on a employée de ce qui est entré par
d'autres voies (2). »

Cette quantité de mercure fut consommée dans l'espace d'environ *trente-cinq* ans, depuis 1574 jusqu'à 1609 ; car c'est sous
cette dernière date que Barba, ainsi qu'il nous l'apprend lui-
même, résidait dans la province de Charcas, à huit lieues de la
ville de la Plata (3).

L'auteur se plaint de l'ignorance des ingénieurs employés aux
travaux des mines , comme de l'insuffisance du procédé par le
mercure. « Ces deux articles, s'écrie-t-il avec amertume, nous ont

---

(1) El arte de los metales, etc., liv. I, c. xxxii.
(2) Ibid., c. xxxiv.
(3) Ibid., liv. III, c. i.—Gmelin (*Geschichte der Chemie*, t. I, p. 751) tombe
dans une étrange erreur, en étendant cet espace de temps jusqu'à l'année 1640,
date de la publication de l'ouvrage de Barba.

fait perdre bien des millions ; et on peut dire, sans exagérer, que ce qu'on perd en ce pays-ci par ignorance, et par une négligence très-blâmable, suffirait pour enrichir bien d'autres royaumes. Le gouvernement devrait y pourvoir (1). »

Barba prêchait là dans le désert. Le gouvernement espagnol, qui ne s'occupait guère du nouveau monde, aimait mieux s'immiscer dans les guerres civiles qui troublaient alors la France, et y perdre son honneur et son argent.

Si les mines du Pérou avaient alors quelque splendeur, c'est en grande partie aux sages conseils de Barba que les Espagnols le devaient.

« La plus exacte probité, dit-il, ne suffit point au métallurgiste, s'il manque des connaissances nécessaires. Il faut qu'il examine bien les minerais, leurs qualités et leurs différences ; qu'il sache distinguer ceux qui sont propres à être travaillés par le mercure, de ceux qui exigent l'emploi direct du feu. — On ne doit point donner cet emploi à qui que ce soit qui ne sache faire un essai en petit, par le feu, de toute la farine que contient le *caxon* avant d'y incorporer le mercure, afin de s'assurer au juste combien le caxon contient d'argent (2). L'ignorance en ce point a coûté et coûte encore tous les jours des sommes considérables à ce royaume. »

Ici l'auteur rapporte deux faits qui se passèrent sous ses yeux : « Peu d'années avant que je fusse au pays de Lipas, un mineur avait travaillé à un filon d'où il avait tiré des minerais très-riches ; mais il en ignorait lui-même la richesse. Il en fit l'essai par le mercure, à quatre ou cinq cents écus par quintal, et traita les minerais selon ce calcul. Il ne tarda pas à abandonner cette mine, parce qu'il n'en tirait aucun profit. Un Indien me la montra : j'en fis l'essai par le feu : le minerai donnait neuf cents écus par quintal, au lieu de quatre ou cinq cents qu'il donnait par la méthode ordinaire du mercure. Je fis juridiquement ma déclaration de la mine, que j'indiquai sous le nom de Notre-Dame de Begona. Aussitôt on y éleva des travaux ; et on a depuis découvert,

---

(1) El arte de los metales, etc., liv. II, c. I.

(2) On appelle *caxon* un nombre indéterminé de quintaux de minerais moulus et tamisés, qu'on met dans une espèce d'auge pour les traiter par le mercure.

dans ce même endroit, plusieurs autres filons qui ont donné des quantités considérables d'argent.

« A *Verenguela* de *Pacages*, sur la colline de *Santa Juana*, on avait rencontré des minerais semblables aux *sarroches* (galènes argentifères), qui, par l'essai ordinaire du mercure, donnaient très-peu d'argent. Les mineurs les rejetaient comme inutiles, jusqu'à ce qu'un prêtre de mes amis m'en envoya un échantillon à *Oruro*, où je me trouvais alors. J'en fis l'essai par le feu, et j'en constatai une richesse de soixante écus par quintal. Le bon prêtre, sur mon avis, ramassa quantité de ces minerais. Les mineurs, qui d'abord se moquaient de lui, quelque temps après lui portèrent envie, à cause des richesses qu'il en avait tirées (1). »

Les mineurs espagnols réduisent les minerais d'argent à trois espèces : ils appellent *pacos* (rouge) tantôt des minerais d'un rouge plus ou moins foncé ; tantôt, comme à Verenguela de Pacages, des minerais verts cuprifères ; tantôt, comme dans la province de Charcas, des minerais qui ne se distinguent par aucune couleur particulière. Les *negrillos* sont des minerais remarqués pour leur brillant et leur couleur plus ou moins noire. Les *mulatos*, d'ailleurs assez mal définis, tiennent à peu près le milieu entre les pacos et les negrillos (2).

Barba, qui prenait une part très-active aux travaux des mines du Potosi, attribue la perte du mercure, dans l'emploi du procédé d'amalgamation, à la construction défectueuse des appareils dans lesquels on chauffe les *pinas*, masses d'argent de forme pyramidale, contenant encore une quantité notable de mercure qui n'a pas passé par les pores des linges.

« L'argile qu'on emploie, dit l'auteur, pour faire les vases dans lesquels on chauffe ces *pinas* est très-poreuse ; l'eau transpire au travers (3). Il n'est donc pas étonnant que la vapeur mercurielle passe au travers de ces pores et se perde. Qu'on fasse les cucurbites

----

(1) El arte de los metales, etc., liv. II, c. III.

(2) Ibid., c. II.

(3) Les vases de terre qui laissent suinter l'eau à travers leurs pores, et qui, par l'effet de l'évaporation, la conservent ainsi fraîche en été (*alcarazas*), sont assez communs en Espagne et en Égypte. On croyait autrefois qu'on pourrait se servir de ce moyen pour dessaler l'eau de mer et la rendre potable. C'est là une erreur des anciens, comme il est aisé de s'en convaincre.

et leurs chapiteaux avec de la terre grasse dont on fait les creusets, l'inconvénient cessera, et on aura des vaisseaux qui dureront longtemps, s'ils ne sont cassés par accident. — Il importe aussi de vernir les chapiteaux en dedans, mais non pas les corps des cucurbites, parce que la violence du feu ferait fondre l'émail vitreux (1). »

L'eau-forte, dont l'usage était gardé par beaucoup de métallurgistes des siècles précédents comme un secret, devait rendre de grands services au Pérou dans l'affinage des matières d'or et d'argent, mais la manière coûteuse dont on la préparait, et son inepte emploi, ne permettaient pas d'en espérer de grands bénéfices. Tout allait bien tant que les Espagnols n'avaient d'autre peine, dans le nouveau monde, que de se baisser pour ramasser l'or et l'argent natifs, ou — ce qui les accommodait encore davantage — que de torturer les indigènes pour leur faire déposer ces métaux aux pieds de ces fiers hidalgos ; mais du moment qu'il fallait mettre la main à l'œuvre, tourmenter les entrailles du sol pour en arracher les trésors cachés, faire preuve d'intelligence, — plus d'Eldorado ; l'Amérique devint, pour ces féroces industriels, une terre maudite.

Seize ans avant A. Barba, A. Carillo avait publié un traité sur *les mines de l'Espagne* (2). L'auteur, qui est loin de posséder les connaissances métallurgiques de Barba, ne fait qu'un vain étalage d'érudition sur l'exploitation des anciennes mines de l'Ibérie par les Romains, et néglige complétement le point capital qui pourrait ici nous intéresser le plus, savoir, la description de l'état des mines de son temps. Son récit n'aurait sans doute pas été bien long, car il dit en terminant : « Il faut avouer que nos rois, dans les longues guerres dont l'Espagne fut agitée, négligèrent trop l'utile ressource que les mines leur offraient de toutes parts ; ce fut l'impuissance où ils étaient d'entretenir toujours une armée sur pied, qui fit durer si longtemps ces guerres. A peine furent-elles terminées, qu'on découvrit le nouveau monde ; la nouveauté et le désir de s'enrichir entraînèrent la foule dans ces régions éloignées. L'Espagne resta dépeuplée et déserte ; ses mines, ensevelies dans l'oubli, semblent

---

(1) El arte de los metales, etc., liv. II, c. xxiii.
(2) *Las minas de España* ; Cordova, 1624, in-8. — Trad. en français, imprimée dans le t. I de la Métallurgie de Barba, p. 467.

aujourd'hui nous reprocher d'aller aux extrémités du monde, au prix de mille dangers, chercher ce que nous avons sous nos pas. »

Carillo n'énumère pas toutes les causes qui firent négliger les richesses du sol de la presqu'île Ibérique. Ces causes, tout le monde les connaît; c'est, probablement, l'orgueil national qui a empêché l'auteur de les nommer.

Dans toute la période du XVII° siècle, il n'a point été publié d'ouvrage fondamental sur la métallurgie. F. de CASTILLO (1), un anonyme (2), Ol. BORRICHIUS (3), DELLA FRATTA MONTALBANO (4), CŒLZTINUS (5), et plusieurs autres, n'ont à peu près rien ajouté aux travaux d'Agricola et de Biringuccio, qu'ils avaient tous pris pour modèles.

§ 26.

État des mines au XVII° siècle.

Henri IV encouragea en France les travaux métallurgiques, par les ordonnances de 1601 et 1603, d'après lesquelles le salaire des officiers employés aux mines devait être augmenté. Déjà, en l'année 1600, il avait chargé Malus, maître de la monnaie de Bordeaux, de lui faire un rapport détaillé sur l'état des mines dans les Pyrénées. Il résulte de ce rapport que les montagnes de Foix, de Comminges, de Couzerans, de Saint-Pau, de Béarn et de Bigorre, étaient très-riches en minerais d'argent, d'or, de plomb, de fer, etc. Henri IV fut, par des événements inattendus, détourné de ses desseins concernant l'exploitation des Pyrénées, lesquels furent entièrement abandonnés après la mort du roi.

Le mémoire du maître des monnaies de Bordeaux sur les mines des Pyrénées fut publié, en 1632, par le fils de Malus, qui l'accompagna de réflexions d'économie politique fort curieuses. « Tous les ans, dit-il, il part de Gascogne, Biscaye, et des provinces voi-

---

(1) Tractado de enseyadores; Mad., 1623, in-8.
(2) *Probirbüchlein* (livre des essayeurs); Francf., 1608, in-8.
(3) Docimastice metallica clare et compendiarie tradita; Hafn., 1677, in-4.
(4) Caloscopia minerale o vero modo di far saggio d'ogni miniera metallica; Bologna, 1676, in-4.
(5) De metallis; Wittenberg., 1666.

sines, beaucoup d'hommes, plus de dix mille, qui vont en Espagne faire le labour et autre œuvre pénible de cette nation arrogante et paresseuse, au lieu des Morisques, cy-devant habitants de la Grenade, qu'ils ont chassez; car si Sa Majesté (Louis XIII) les retenoit pour le mesme salaire qu'ils reçoivent des Espagnols, et les faisoit travailler à ses mines, elle en retireroit les richesses, et d'autre part elle affameroit ses voisins peu affectionnez ou plustost de toujours et à toujours ennemis, et les ruineroit plus par ce moyen juste et légitime que si elle gagnoit dix batailles sur eux. Et puis, outre ces volontaires, dont la France est toujours assez abondante, qui empeschera que l'on y conduise les vagabonds et les vicieux, voire mesme les mutilez en quelques uns de leurs membres? Celui qui n'aura pas de jambes, avec les mains peut bien tirer les mines que l'on luy mettra devant; et celui qui n'aura qu'un bras et une main, ne pourra-t-il pas manier la manivelle de quelque instrument de rouage; comme aussi ceux qui n'auront que des jambes, d'ailleurs valides, ne pourront-ils pas entrer dedans des roues appliquées à des machines pour les faire mouvoir? Car, maintenant plus riches en inventions des machines, soit pour tirer les eaux que pour les autres travaux, ne pourrons-nous pas facilement mettre un chacun en besogne et faire travailler utilement? Aussi bien, quelque part qu'ils soient, la France les nourrit; ils ne despendront pas davantage de vivre là qu'ailleurs (1). »

Il vint alors en France une fameuse aventurière, s'appelant baronne de Beausoleil, qui promettait au cardinal de Richelieu de faire le roi de France le monarque le plus riche de la chrétienté. Elle présenta deux mémoires, l'un à Louis XIII, — *Véritable déclaration faite au roy et à nosseigneurs de son conseil, des riches et inestimables thrésors nouvellement découverts dans le royaume de France;* — l'autre était adressé au cardinal duc de Richelieu, sous le titre : *La restitution de Pluton; œuvre auquel il est amplement traité des mines et minerais de France, cachés et détenus jusqu'à présent au ventre de la terre, par le moyen desquelles les finances de Sa Majesté seront beaucoup plus grandes que celles de tous les princes chrétiens, et ses sujets les plus heureux de tous les peuples.*

---

(1) Avis des riches mines d'or et d'argent, et de toutes espèces de métaux et minéraux des monts Pyrénées, par le sieur de Malus; 1632, in-4. Imprimé dans le t. II de la *Métallurgie de Al. Barba*; Paris, 1751, in-12, page 3.

Le ministre, comme l'on peut penser, resta sourd aux propositions de la baronne de Beausoleil et de son mari, prétendant avoir dépensé des sommes considérables pour la recherche des mines du royaume, et demandant avec instance le remboursement de leurs frais, sinon la réalisation de leurs projets. « Je ne suis pas venue en France, dit l'ingénieur en jupon, pour y faire mon apprentissage, ou contrainte par la nécessité ; mais étant parvenue à la perfection de mon art, et désirée par le feu roy Henry le Grand, d'heureuse mémoire, et mandée et sollicitée de sa part par le feu sieur de Doringhen, nous y sommes arrivez, moy et mon mari, pour y faire voir ce que jamais on n'y a veu ; et ayant au préalable pris licence, permission, passeport et congé de sa Sacrée Majesté (l'empereur d'Autriche), avons bien voulu obliger les François en cela, et montrer aux étrangers que la France n'est pas despourvue de mines et minières (1). »

Ces paroles seules devaient déjà suffire pour mettre en doute la probité de ces deux industriels, qui se vantaient d'avoir dirigé l'exploitation des mines de Hongrie, des États du pape, et du Pérou.

Dans ce même mémoire, la baronne conte au cardinal qu'elle a, entre autres, rencontré dans les mines de Neusol et de Chemnitz (Hongrie), à quatre ou cinq cents toises de profondeur, « de petits nains, de la hauteur de trois ou quatre paulmes, vieux, et vestus comme ceux qui travaillent aux mines, à savoir d'un viel robon et d'un tablier de cuir qui leur pend au fort du corps, d'un habit blanc avec un capuchon, une lampe et un baston à la main, spectres espouvantables à ceux que l'expérience dans la descente des mines n'a pas encore assurez. »

Après avoir donné la liste des mines découvertes en grande partie à l'aide du compas minéral et de la baguette de coudrier, la baronne de Beausoleil se résume ainsi, en son nom privé et au nom de son mari : « Nous demandons seulement la seureté des biens que nous avons employés, et des deniers que nous avons despensés et que nous employerons et despenserons cy-après, pour remplir vos coffres de thrésors et de finances, pour enrichir vos sujets, ouvrant dans vos provinces des fontaines qui jetteront l'or et l'argent gros comme le bras, et le tout par des moyens aussi justes et innocents que l'innocence même (2). »

____

(1) *Restitution de Pluton* (Métallurgie d'A. Barba, tom. II, page 60).
(2) Ibid., p. 114. — Voy. Gobet, ancien minéralogiste de France, t. I.

Le rejet de la demande de Beausoleil donna lieu à des réclamations et des procès qui firent beaucoup de bruit, et dont de hauts personnages faillirent être les victimes.

L'illustre Colbert, le bras droit de Louis XIV, eut garde de négliger les richesses métalliques de la France. Il nomma des hommes capables, Clorville et César d'Arçons, directeurs généraux des mines du royaume (1).

Dans les années 1648 et 1649, on retira un riche butin des mines d'argent et d'or situées dans le val Grésivaudan en Dauphiné. Le roi avait, en 1649, accordé au général d'Erlach le privilège des forges de l'Alsace, à la condition de fournir gratuitement un certain nombre de bombes, de balles et de grenades (2).

En 1667, on compta quarante-quatre forges dans les seuls districts de Foix, de Couzerans et de Mirepoix, aux Pyrénées (3).

L'exploitation des mines était bien loin d'être en voie de prospérité dans les pays germaniques. La guerre de trente ans avait eu pour résultat immédiat une profonde stagnation dans toutes les branches de l'industrie nationale. La plupart des mines du Harz étaient entièrement fermées à l'exploitation : la famine et les maladies avaient cruellement décimé le nombre des ouvriers.

On peut en dire autant des mines autrefois si prospères de la Saxe, de la Bohème et de la Moravie. Ce ne fut guère qu'après la paix de Westphalie, conclue en 1648, que ces mines reprirent de l'activité.

C'est environ à partir de l'année 1660 que les mines de mercure d'Idria devinrent très-lucratives pour la maison d'Autriche. On trouve, dans les *Transactions philosophiques* de Londres pour l'année 1665, un mémoire assez détaillé sur ces mines. Il y est dit que les ouvriers restent six heures par jour sous terre, qu'ils deviennent tous paralytiques et meurent hectiques. Un homme qui n'y avait travaillé que pendant l'espace de six mois devint si tremblant, qu'il ne pouvait avec ses deux mains porter à sa bouche un

---

(1) Gobet, t. I, Prélim., p. xxxiii.

(2) Mémoires historiques concernant M. le général d'Erlach; Yverdun, 1784, in-8.

(3) Dietrich, Description des gîtes de minerais, des forges et des salines des Pyrénées, etc.; Paris, 1786, in-4.

verre de vin sans le répandre ; les pièces de cuivre qu'il mettait dans la bouche, ou qu'il frottait avec ses doigts, devenaient blanches comme de l'argent. On peut rapprocher ces détails d'autres faits semblables rapportés par Ant. de Jussieu dans son mémoire *sur les mines d'Almaden en Espagne* (1). Les forçats qui travaillent dans ces mines, et qui y mangent sans se laver, sont atteints d'une salivation continuelle, de gonflement des parotides, et de pustules répandues sur tout le corps.

Les mines de Suède (Sahla) et celles de Norwége étaient dans un état assez florissant, dans la seconde moitié du XVIIe siècle.

Les guerres civiles avaient paralysé en Angleterre l'essor de l'industrie métallurgique. Les travaux dans les mines d'étain de Cornouailles furent, pendant quelque temps, complétement suspendus.

La Russie commença bientôt à rivaliser en industrie avec les autres pays de l'Europe. Les forges d'Olkusch étaient en pleine activité vers 1630. En 1679 furent découvertes les mines de Daurie (2).

Mais ce sont les mines du nouveau monde, et particulièrement celles du Pérou, qui occupèrent alors le plus de bras. Le monde se précipitait en foule vers cette terre promise, qui devint pour le plus grand nombre une terre de déception. Le procédé d'amalgamation dont on se servait au Mexique comme au Pérou, pour l'extraction de l'argent, était loin de fournir les résultats qu'on espérait. C'est que l'on perdait une grande quantité de mercure, qui devenait de plus en plus cher ; en sorte que la perte de ce métal compensait souvent à peine le rendement des minerais. A. Barba nous a laissé sur l'exploitation des mines du Pérou, dans cette période, des détails précieux dont nous avons déjà parlé.

On découvrit en 1603, dans les environs du fleuve Saint-Laurent, des mines d'argent et de cuivre, dont il est fait mention dans des lettres patentes de Jacques Ier. Il y est dit que le roi d'Angleterre se réserve le cinquième pour l'argent, et le quinzième pour le cuivre (3).

---

(1) Mémoires de l'Académie des sciences, 15 novembre 1719.
(2) Pallas, *Neue nordische Beytraege*, t. IV, p. 199.
(3) Purchas, etc., t. IV, p. 1683.

ALCHIMIE.

§ 26.

Rose-Croix.

Comme il n'entre pas dans mon plan de faire l'histoire de l'alchimie, je serai bref en traitant des alchimistes du xvii° siècle.

On a beaucoup discuté sur la confrérie de la Rose-Croix, dont l'existence fut, pour la première fois, révélée vers 1604. Sans m'engager dans une discussion au moins oiseuse sur l'antiquité de cette espèce de société maçonnique, je suis autorisé à croire que c'était une association, d'abord tenue secrète, d'alchimistes qui mêlaient des questions politiques et religieuses à des débats hermétiques et aux illusions les plus étranges. Les investigations des frères de la Rose-Croix avaient pour objets principaux : *la transmutation des métaux; l'art de conserver la vie pendant plusieurs siècles; connaître tout ce qui se passe dans les pays les plus éloignés; avoir, par la cabale et la science des nombres, la connaissance des choses les plus cachées.* Ils prétendaient être destinés à régénérer le monde; qu'ils pouvaient forcer et retenir à leur service les esprits et les démons les plus puissants; que les huit premiers frères de la Rose-Croix avaient la faculté de guérir toutes les maladies; que par leurs moyens la tiare serait bientôt réduite en poudre. Ils ne reconnaissaient que deux sacrements, avec les cérémonies de la première Église, renouvelées par leur société, et l'Empereur pour leur chef, aussi bien que de tous les chrétiens.

A cette espèce de profession de foi, ils ajoutaient six règles de conduite :

1° Dans les voyages ils sont obligés de guérir gratuitement les malades;

2° Ils doivent s'habiller conformément aux usages des pays où ils ont à vivre;

3° Ils doivent tous les ans se rendre au lieu de leur assemblée générale, ou en donner par écrit une excuse légitime;

4° Chaque frère doit choisir une personne capable de lui succéder, lorsqu'il lui plaira de mourir;

5° Le nom de Rose-Croix leur doit servir de marque pour se faire reconnaître réciproquement ;

6° Cette confrérie doit être tenue secrète pendant cent ans.

Le fondateur de cette société, Allemand d'origine (*Christian Rosenkreuz*), avait été, d'après la légende, instruit en Arabie dans la sagesse de l'Orient. Il ordonna, en mourant, que son tombeau ne fût ouvert que dans cent ans. A l'ouverture de ce tombeau, en 1604, on trouva un livre écrit en lettres d'or, contenant de très-grands secrets.

Quoi qu'il en soit de cette société, qui paraissait avoir été assez nombreuse vers le milieu du xviie siècle, il n'est nullement démontré qu'elle ait en rien contribué aux progrès des sciences. La plupart des membres ne pouvaient être que des illuminés, ou des charlatans que la loi devait poursuivre. Potier, Michel Mayer, J. Sperber, étaient de cette société.

Dès que l'existence et les prétentions des frères de la Rose-Croix furent connues, elles devinrent l'objet de vives attaques de la part des savants éclairés. J. Valentin André avait le premier commencé cette croisade, en publiant un ouvrage spirituel et satirique, sous le singulier titre de « *Noces chimiques* (Chemische Hochzeit) *de Christian Rosen-Kreutz ;* les secrets perdent leur valeur ; la profanation détruit la grâce ; donc, ne jette pas les perles aux porcs et ne fais pas à un âne un lit de roses. » Strasbourg, 1616, in-8 (1).

Al. Wormius (2), J. Sivert (3), L. Conrad de Bergen (*Montanus*) (4) et J. Schubert, etc., n'épargnaient point leurs sarcasmes.

En France, la Rose-Croix fut moralement tuée par le manifeste de Gab. Naudé, *Avis à la France sur les frères de la Rose-Croix*, imprimé en 1623, la même année où ils avaient essayé de faire à Paris des prosélytes par une affiche ainsi conçue :

« Nous, députés du collége principal des frères de la Rose-Croix,

---

(1) Une nouvelle édition parut à Ratisbonne, 1781, in-8. Valentin André est probablement aussi l'auteur de *Fama fraternitatis Crucis cum eorum confessione*, 1614, in-8 ; en allemand ; Cassel, 1615, in-8.

(2) Laurea philosophica contra fratres Roseæ Crucis ; Hafn., 1619, in-4.

(3) *Entdeckte Mummenschanz oder Nebelkappen* (Momeries découvertes, etc.); Magdebourg, 1617, in-8.

(4) *Gründliche Anweissung zu der wahren hermetischen Wissenschaft* (Indicateur de la science hermétique, etc.); 1635 (en manuscrit). Imprimé à Francf. et Leips. en 1751, in-8.

faisons séjour visible et invisible en cette ville, par la grâce du Très-Haut, vers lequel se tourne le cœur des justes; nous montrons et enseignons, sans livres ni marques, à parler toutes sortes de langues des pays où nous voulons être, pour tirer les hommes, nos semblables, d'erreur de mort. »

Cette affiche excita beaucoup la curiosité des Parisiens; mais elle manqua son but. On y répondit par des ouvrages anonymes, parmi lesquels on remarque: *Examen de la nouvelle et inconnue cabale des frères de la Rose-Croix, habitués depuis à Paris; effroyables pactes faits entre le diable et les prétendus invisibles* (1).

Les doctrines cabalistiques et alchimiques des frères de la Rose-Croix furent défendues par Robert FLUDD, et propagées par J. FRISCH (2), Ph. A GABELLA (3), S. GENTERSBERGER (4), BROTOFFER (5), GROSSCHEDEL AB AÏCHA (6), H. NEUHAUS (7), F. RIESER (8), SCHWEIGHARD (9), SPACHER (10), Th. DE PEGA (11); par un grand nombre d'auteurs dont les noms sont supposés, symboliques ou anagrammatiques, comme Jesaias sub Cruce, Irenæus Agnostus, Nigrinus,

---

(1) Paris, 1623, 8.

(2) Summum bonum, quod est verum magiæ, cabalæ, alchimiæ fratrum Roseæ Crucis subjectum; Franc., 1628, in-fol.

(3) Secretioris philosophiæ consideratio, cum confessione fraternitatis Roseæ Crucis edita; Francof., 1616, in-8.

(4) Speculum utriusque luminis Gratiæ et Naturæ, etc.; Darmstadt, 1611, in-8.

(5) Elucidarius major, etc.; Lunebourg, 1617, in-8.

(6) Calendarium naturale magicum perpetuum profundissimam rerum secretissimarum contemplationem totiusque philosophiæ cognitionem complectens; — Proteus mercurialis, exhibens naturam metallorum, etc.; Francof., 1619, in-8.

(7) De fratribus Roseæ Crucis; Dantzig, 1618, in-8. — Utilissima admonitio de F. R. C. nempe an sint, quales sint, etc.; Francof., 1618, in-8.

(8) Cabbala chymica, etc.; Mulhus., 1606, in-8.

(9) Speculum sophicum rodostauroticon sive Revelatio collegii et axiomatum Rosæ Crucianorum; 1617, in-4.

(10) Cabala, seu Speculum artis et naturæ in alchimia; 1616, in-4.

(11) Sylloge an hostia sit panis, a fratribus Roseæ Crucis donata Rhumelio et Puello; Hanov., 1618, in-8.

Philaretes, Stellatus, etc.; enfin, par beaucoup d'ouvrages anonymes (1).

La société cabalistique de la Rose-Croix, dont bientôt on n'entendit plus parler, ne doit pas être confondue, comme l'ont fait Langlet-Dufresnoy et Bergmann, avec une autre société du même nom, qui s'était formée vers la même époque en Dauphiné, et dont le fondateur s'appelait Rose (2). Cette dernière société s'était proposé de résoudre les problèmes du mouvement perpétuel (*perpetuum mobile*), de l'art transmutatoire des métaux, et de la médecine universelle. Pierre Mormius, après avoir fait de vaines démarches pour intéresser les états généraux de la Hollande au plan de cette société, publia en 1630 un livre sur les travaux des membres du *collegium Rosianum* (3).

§ 27.

Alchimistes du xviie siècle.

Dans tous les temps, l'espèce humaine se laissera séduire par la promesse de la santé et de la richesse, véritable pierre philosophale. Être riche et jouir de la vie, c'est là malheureusement, quelques détours qu'on prenne pour la voiler, la pensée immuable et fondamentale de l'homme. Les moyens d'y parvenir sont divers et ondoyants, comme dirait Montaigne; et c'est là en effet la seule chose qui varie. Aujourd'hui c'est l'astuce qui, sous le prétexte du bien général, s'empare du bien des particuliers; demain, c'est la force brutale qui enlève ce que le droit lui refuse. Les choses les plus saintes sont souvent mises en avant pour cacher la laideur d'une pensée égoïste. Est-il donc étonnant qu'il y ait eu foule pour s'adresser à la science de l'alchimiste qui se disait posséder le secret de la pierre philosophale, dans une époque où l'on brûlait des ma-

---

(1) Voy. Gmelin, t. I, p. 564; et Lenglet-Dufresnoy, Hist. de la philosophie hermétique, t. III. Pour avoir plus de détails sur les frères de la Rose-Croix, consultez *Semler, Historie der Rosen-Kreuzer*; Leips., 1786, in-8; *Tiedemann, Geschichte der Philosophie*, t. V, p. 539-541. — *Mercure français*, t. IX. — *Histoire de la philosophie hermétique*, t. I, p. 369-380.

(2) Kazauer, Diss. hist. de Rosæcrucianis; Wittemb., 1715, in-4.

(3) Arcana totius naturæ secretissima nec hactenus unquam detecta, a collegio Rosiano in lucem proferuntur; Lugd. Bat., 1630, in-4.

giciens, et où l'on croyait peut-être plus encore au diable qu'à Dieu?

Les alchimistes étaient, jusque vers la fin du xvıe siècle, surtout bien accueillis à la cour des princes allemands, parmi lesquels on cite François II, duc de Saxe-Lauenbourg; Gustave-Adolphe, roi de Suède, qui, dit-on, avait fait frapper un grand nombre de ducats avec de l'or alchimique, portant les signes $\odot$ φ σ (soleil, Vénus, Mars); Ferdinand III, empereur d'Autriche, qui conféra à un nommé Richthausen le titre de baron de Chaos. Cet alchimiste avait, dit-on, transformé deux livres et demie de mercure en or qui servit à faire frapper une médaille de la valeur de trois cents ducats. Cette médaille se voit encore aujourd'hui, selon Fr. Gmelin, dans le trésor impérial de Vienne, et porte sur l'exergue l'inscription suivante : *Divina metamorphosis exhibita Pragæ, xv jun. an.* **MDCXXXXVIII,** *in præsentia Cæs. Majest. Ferdinandi III;* sur le revers on lit : *Rara hæc ut hominibus nota est ars, ita rara in lucem prodit. Laudetur Deus in æternum, qui partem infinitæ suæ scientiæ nobiscum abjectissimis suis creaturis communicat;* en mémoire de la transmutation opérée en présence de l'empereur, en l'année 1648.

Il y avait des alchimistes attachés au service des rois, comme il y avait des médecins et des astrologues. Les rois de Danemark Christian IV et Frédéric III avaient pour alchimiste Gaspard Harbach, qui savait extraire de l'or des mines de la Norwége, ce qui est plus croyable que la transmutation du fer ou du cuivre en or. On lit sur l'exergue des médailles frappées avec cet or : *Vide mira Domini,* 1047; ces mots sont surmontés d'une paire de lunettes. W. Heinersberg transforma, devant l'empereur Léopold, une coupe d'étain en or; mais on découvrit, après la mort de cet alchimiste, qu'il avait volé à son maître plus de 20,000 florins qui lui avaient servi à opérer la transmutation.

Mais les adeptes n'étaient pas toujours aussi heureux à la cour des princes. Ceux qui n'étaient pas assez adroits pour satisfaire, au moins en apparence, à leurs promesses ou à la cupidité de leurs souverains, étaient soumis à des tortures cruelles, jetés dans de sombres cachots, et expiaient par la vie leurs téméraires entreprises. On pourrait raconter à ce sujet bien des scènes tragiques, suivies d'exécutions sanglantes.

Le nombre des auteurs qui ont, pendant le xvıe siècle, écrit sur l'alchimie, est si considérable, que nous devons nous contenter de signaler seulement les principaux, d'après l'ordre des différents pays de l'Europe. En Italie on remarque : A. POTIUS (1), Jean DE PADOUE (2), ZACH A PUTEO (3), CHIARAMONTE (4), J. GUIDIUS (5), le dominicain ROCCA DEVENDRO (6), J. MARINI (7), Valer. MARTI- NIUS (8), H. GRIMALDI (9), FINELLI (10), R. MAZOTTA (11), L. LOCA- TELLI de Bergame (12), le moine A. LATOSCAN (13), SENTIMONTI (14), H. URSINI (15), C. LANCILOTTI (16), L. DE CONTI (*de Comitibus*) (17); mais, de tous les alchimistes italiens, celui qui s'est acquis la plus grande renommée par ses écrits ou plutôt par sa vie, c'est Joseph Borri (Burrhus).

Borri naquit à Milan en 1616. Doué de beaucoup de talents naturels et d'une imagination ardente, il devint le fondateur d'une secte d'illuminés, dont le développement fut aussitôt arrêté par le tribunal de l'inquisition. Borri se déroba par la fuite à la vengeance de ce terrible tribunal, qui le fit brûler en effigie à Rome, en 1661. Après avoir erré, pendant onze ans, en pays étrangers, en France, en Hollande, en Allemagne, en Danemark,

---

(1) Libri duo de quinta essentia solutiva ; Panor., 1613, in-4.

(2) Philosophia sacra, sive praxis de lapide minerali ; Magdeb., 1602, in-4.

(3) Clavis spagirica ; Venet., 161 , 4. Clavis medicinæ rationalis, etc.; Venet., 1614, in-4.

(4) Della polvere o elixir vitæ ; Firenz., 1620, in-4.

(5) De mineralibus tractatus absolutissimus ; Venet., 1625, in-4.

(6) Dell' elixir vite, lib. IV ; Neapol., 1624, in-fol.

(7) Breve tesoro alchimistico ; Venet., 1644, in-8.

(8) Magna physica fœcunda cælesti divinoque cultu perfusa, etc.; Venet., 1639, in-4.

(9) Dell' alchimia opera, che con fundamenti di bona filosofia e perspicacità ammirabile tratta della realtà, etc.; Palerm., 1645, in-4.

(10) Salium empiricum soliloquium ; Neapol., 1649.

(11) De triplici philosophia ; Bonon., 1653, in-4.

(12) Theat. d'arcani chimici ; Milano, 1648, in-8.

(13) Breve compendio di maravigliosi secreti, etc.; Rome, 1655, in-8. — Cet ouvrage a eu de nombreuses éditions.

(14) De lapide Lydio naturæ aureæ ; 1669, in-8.

(15) Exercitatio de Hermete Trismegisto ejusque scriptis; Norimb., 1661, in-8.

(16) Guida alla chemia ; Modena, 1672, in-12.

(17) Clara fidelisque admonitoria disceptatio de liquore alcahest., etc.; Venet., 1661, in-4. De metallis, etc.; Colon. Agripp., 1665, in-8. Manget., Bibl. chem., t. II, p. 764.

Il fut pris dans les États autrichiens au moment où il allait se rendre en Turquie, et livré, comme contumace, à l'inquisition. Il fut condamné à languir vingt-cinq ans, jusqu'à sa mort (1695), dans la prison du château Saint-Ange, où la reine Christine, qui vivait alors à Rome, avait obtenu la faveur de le visiter et de s'entretenir avec lui de chimie, comme autrefois elle avait fait venir auprès d'elle Descartes, pour s'instruire dans la physique. Les ouvrages alchimiques de Borri sont : la *Chiave del cabinetto* (1); *Ambasciata de Romolo a Romani* (2).

En France on remarque parmi les principaux alchimistes de ce siècle : P. Monestel (3), Paumier (*Palmarius*) (4), le franciscain G. de Castaigne, aumônier de Louis XIII (5), Roussel (6), J. B. Besson de Besançon (7), Michel Potier (*Poterius*), qui, s'intitulant lui-même le premier philosophe hermétique de son époque, parcourut tous les pays de l'Europe, se disant possesseur des plus grands secrets, et mourut pauvre et méprisé (8); R. de la Chatre (9), Noysement, de Liguy, dans l'ancien duché de Bar (10),

----

(1) Colonia (Ginevra), 1681, in-12.

(2) Ginevra, in-8. — Pendant son séjour à Copenhague, à la cour de Frédéric III, Borri publia des ouvrages de médecine : De ortu cerebri et usu medico ; et de artificio oculorum humores restituendi, epistolæ duæ ; Hafniæ, 1669, in-8.

(3) Les Secrets de nature, ou la pierre de touche des poètes, etc.; Rouen, 1607, in-12.

(4) Lapis philosophicus dogmaticus, etc.; Paris, 1609, in-8. — Laurus Palmaria franæus fulmen subventaneum cyclopum, falso scholæ Parisiensis nomine evulgatum; Paris, 1609, in-8.

(5) L'or potable qui guérit tous les maux; Paris, 1611, in-8. — Le grand Miracle de la nature métallique; Paris, 1611, in-8. —Œuvres médicinales et chimiques (avec le paradis terrestre); Paris, 1661, in-8.

(6) Secrets de pharmacie et de chimie; Paris, 1613, in-8.

(7) Antrum philosophicum, arcana chimica, etc.; August. Vindel., 1617, in-4.

(8) Compendium philosophicum in comitem Trevisanum, etc. ; 1610, in-12. — Novus tractatus chimicus de vera materia et vero processu lapidis; Francof., 1617, in-8. — Philosophia pura, etc. ; Francof., 1617, in-8. — De conficiendo lapide philosophico et secretis naturæ; Francof., 1622, in-8. —Apologia hermetico-philosophica; Francof., 1630, in-4. — Redivivi apologia, etc.; Francof., 1631, in-4. —Fons chimicus, etc.; Colon., 1637, in-4. — Philosophia chymica, etc.; Francof., 1648, in-4.

(9) Le Prototype de l'art chimique, 1620 et 1635.

(10) La Table d'Hermès expliquée par sonnets, avec son Traité du sel; Paris, 1620. — Traité de l'harmonie, du vrai sel secret des philosophes, et de l'esprit universel du monde; la Haye, 1639, in-12. Traduit en latin par Combach. — Poême philosophique, etc.; la Haye, in-8.

DE L'ANGÉLIQUE (1), MONTVALON (2), le médecin Étienne DE CLAVES (3), le chirurgien PLANIS-CAMPI (*Plainchamp*), dont il existe plusieurs manuscrits à la Bibliothèque royale de Paris (4); J. COLLESSON, qui s'offrait à faire des cours publics sur la philosophie hermétique (5); DE GERZAN, qui essayait de revêtir l'alchimie de la forme des romans (6); Fabre DE CASTELNAUDARI, médecin et alchimiste très-fécond (7); DE LAGODOR (8); GOBINEAU DE MONTLUISANT, selon lequel les figures sculptées au grand portail de la cathédrale de Notre-Dame de Paris sont des signes hiéroglyphiques indiquant tous les éléments du grand œuvre ou de la pierre philosophale (9); J. D. DAOUAUT (10); le médecin Is. CHARTIER (11), A. ISNARD (12); D'ATERMONT, auquel on attribue le *Tombeau de la pauvreté*; Dominique DECLOS, qui, vers la fin de sa vie, brûla tous ses manuscrits alchimiques, afin d'engager ses semblables à re-

----

(1) La Vraye pierre philosophale; Paris, 1622, in-12.

(2) De l'Esprit de vie, ou élixir pour la conservation de l'humeur radicale ès sexagénaires; 1620, in-8.

(3) Nouvelles lumières philosophiques; des principes de la nature; Paris, 1635, in-8. — Cours de chimie; Paris, 1646, in-8.

(4) Ouverture de l'escole de philosophie transmutatoire métallique, etc.; Paris, 1633, in-8.

(5) Idée parfaite de la philosophie hermétique, etc.; Paris, 1630, in-8.

(6) Le Trésor de la vie humaine, etc.; Paris, 1653, in-8. — Histoire africaine, roman mystérieux et chimique; Paris, 1627, in-8. — Histoire asiatique mystique; Paris, 1634, in-8.

(7) Les ouvrages de cet auteur sont très-nombreux; nous ne citerons que : Alchimista Christianus; Tolos., 1632, in-8. — Hercules Pio-chymicus; Tolos., 1634, in-8. — Hydrographum spagyricum; Tolos., 1639 et 1646, in-8. — De auro potabili medicinali; Francof., 1670, in-4. Manuscriptum ad sereniss. Holsat. ducem Fredericum, olim transmissum, res alchymicorum obscuras explanans; Norimb., 1690, in-4. — Pharmacopœa chymica; Tolos., 1628 et 1646, in-8. — Chirurgia spagyrica, etc.; Tolos., 1626, in-8. — Abrégé des secrets chimiques, etc.; Paris, 1636, in-8. — La plupart de ces traités se trouvent réunis dans *Opera medico-chymica duobus voluminibus exhibita*; Francof., 1652 et 1656, in-4.

(8) Explications de l'énigme trouvée à un pilier de l'église Notre-Dame de Paris; Paris, 1630, in-4.

(9) Énigmes et hiéroglifs physiques qui sont au grand portail de l'église cathédrale et métropolitaine de Notre-Dame de Paris; dans la Bibliothèque des philosophes alchimiques, t. IV, p. 307.

(10) Abrégé de l'astronomie inférieure, etc.; Paris, 1644, in-4. Il existe à la Bibliothèque royale un manuscrit inédit du même auteur *sur l'eau-de-vie* (n. 7937).

(11) De la science du plomb sacré des sages; Paris, 1651, in-4.

(12) L'or potable des médecins hermétiques; Paris, 1655, in-4.

noncer à de pareilles chimères ; d'ACQUEVILLE ; CLAUDE GERMAIN ; P. GRISSON ; SAINT-ROMAIN ; P. DE ROSNEL ; SALMON, auteur de la *Bibliothèque des philosophes alchimiques* ; et d'ESPAGNET, présid[ent] à Bordeaux.

Ce dernier donne, dans son *Enchiridion physicæ restitutæ* (1), des notions remarquables sur les généralités de la science. Il soutient, entre autres, qu'il est impossible de découvrir les éléments parfaitement simples des corps, et que ce que nous appelons éléments, comme eau, air, terre, etc., ne sont que des corps composés. Il appelle l'air, comme on appelait plus tard l'oxygène, *vitæ fomes et pabulum* ; et il avance que le feu est un corps matériel extrêmement subtil, en connexion étroite avec l'air environnant (*circumstanti aeri adhæret*) ; que les végétaux s'accroissent par intussusception, et qu'ils tirent leurs aliments non-seulement de l'eau et de la terre, mais encore de l'air ; enfin, que les substances sont le plus propres à se combiner, lorsqu'elles sont dans un état de division extrême. Je ne pense pas que l'*Arcanum hermeticæ philosophiæ opus* soit d'Espagnet (ana-gramme : *Penes nos unda Tagi*) (2) ; car on n'y retrouve ni le même style, ni les mêmes idées.

En *Allemagne*, en *Angleterre*, en *Hollande*, en *Suède*, et en gé-néral dans les pays parlant les idiomes dérivés de la langue germani-que, on remarque parmi les chimistes hermétiques : J. RHENANUS (3) ; N. HAPELIUS (4) ; Ph. MULLER, médecin à Fribourg, qui connaissait l'acétate de potasse (5) ; Martin PENSA (6) ; Michel MAYER, qui peut être considéré comme un des représentants de l'alchimie au XVIIe siècle ; il

---

(1) Parisiis, 1633, in-8. — Traduit en français : La philosophie naturelle réta-blie en sa pureté, etc.; Paris, 1651, in-8 ; et en allemand ; Leipsick, 1685, in-8. — Manget., t. II. Albineus, Biblioth. chimic. contract., n. 3.

(2) Paris, 1633, in-8.

(3) Opera chymiatrica ; Francof., 1635, in-8. — Dissertat. chymico-technica ; Marpurg., 1610, in-4. — Solis e puteo emergentis, sive disputationis chymico-technicæ libri tres ; Francof., 1613 et 1623, in-4. — Binæ epistolæ de solutione materiæ ; Francof., 1635, in-8.

(4) Cheiragogia Heliana de auro philosophico ; Marpurg., 1612, in-8. Imprimé dans Theat. chemic., t. IV, n. 107. — Aphorismi Basiliani ; ibid., n. 108.

(5) Miracula et mysteria chymico-medica ; Rothomag., 1610 et 1651, in-12 ; Amstelod., 1656, in-8.

(6) Libellus aureus de proroganda vita ; Lips., 1615, in-8.

fut fait chevalier et comte palatin par Rudolphe II et le landgrave Maurice de Hesse (1); Samuel NORTHON, qu'il ne faut pas confondre avec Thomas NORTHON, plus ancien (2); Ed. DEANE (3); J. de THOANAURG, évêque de Winchester (4); l'Irlandais BUTLER, qui fit beaucoup de bruit avec la poudre de projection, qu'il avait dérobée à un Arabe de Tunis, son maître (5); BOLNEST; J. OATHRLICS, le commentateur du cosmopolita, de Marie, etc. (6); W. ROLFINK (7); G. JOHNSON (8); Joach. POLEMANN (9); S. SALZTHAL (10); M. SCHMUCKER (11); HIEBNER (12); SCANVAB VON LANDSIDEL (13); JESSEN (14); le cordonnier théosophe Jacques BOEHME, qui avait amal-

<hr>

(1) Arcana arcanissima, hoc est, hieroglyphica Ægyptio-Græca, etc.; Londin., 1614, in-4. — Lusus serius, quo Hermes, rex mundanorum omnium sub homine existentium, post longam disceptationem in concilio octovirali habitam, homine rationali arbitro, judicatus est; Oppenheim, 1616 et 1619, in-8. — De circulo physico quadrato, hoc est, auro ejusque virtute medicinali sub duro cortice instar nuclei latente, etc.; Francof., 1616, in-4. — Atalanta fugiens, hoc est, emblemata de secretis naturæ chimica; Oppenh., 1618, in-4. — Verum inventum, hoc est munera Germaniæ, ab ipso primitus reperta; Francof., 1619, in-8. — Septimana philosophica, qua enigmata aureola proponuntur; Francof., 1620, in-4. — Themis aurea, hoc est de legibus fraternitatis Roseæ Crucis; Francof., 1618, in-8. — Voy. Lenglet-Dufresnoy, t. III; Cauelin, t. I, p. 517.

(2) Septem Tractatus chimici cum figuris, etc.; 1630, in-4.

(3) Tractatus varii alchimici; Francof., 1630, in-4.

(4) Omnia in gratiam eorum qui artem auriferam physico-chimico et pie profitentur; Oxon., 1621, in-4.

(5) Voy. Van Helmont, opera (Elzevirs, 1648, in-4), p. 582. — Histoire de la philosophie hermétique, t. I, p. 308.

(6) Commentarius in novum lumen Sendivogii, Theat. chim., t. VI, n. 182.— Manget., t. II, p. 516. — Interpretatio verborum Mariæ, Theat. chimic., t. VI, n. 189. Commentarius in epistolam Pontani, ibid., n. 191.

(7) Non entia chemica, mercurius metallorum et mineralium; Jen., 1670, in-4.

(8) Lexicon chimicum tum obscurorum verborum et rerum hermeticarum, etc.; Londin., 1657 et 1660, in-8.

(9) Novum lumen chymicum; Amsterd., 1659, in-12.

(10) De potentissima philosophorum medicina universali; Argentor., 1659, in-8.

(11) Secretorum naturalium chymicorum et medicorum thesauriolum; Schleusing., 1637, in-8.

(12) Mysterium metallorum, herbarum et lapidum; Erfurt, 1651, in-4.

(13) *Kunst und Wunderbüchlein* (le petit livre des arts et des merveilles); Francf., 1676 et 1690, in-8.

(14) De lapide philosophorum discursus; Rostock, 1645, in-4.

gamé le mysticisme cabalistique avec des symboles alchimiques (1);
Fréd. de RAIN, gentilhomme autrichien, qui accusait de crime de
lèse-majesté ceux qui doutaient de la réalité de la pierre philosophale; Jacques TOLL, selon lequel toute la mythologie païenne
n'était que la symbolique du grand œuvre (2); Th. KRAKRING, le
commentateur de Basile Valentin; Adolphe DAUNOUIN de Grossen-
heim, qui découvrit le phosphore qui porte son nom (3); D. REICH,
qui prétendait avoir décomposé l'or en ses éléments (4); A. Chr.
DENTZ (5); A. STISSEN, l'apologiste de l'alchimie, qui était convaincu de la possibilité de la transmutation des métaux (6); Georges MONNOF, qui, dans sa lettre à Lancelot, s'efforce de prouver la
réalité de la transmutation des métaux (7); CLAUDER, qui défendit
l'alchimie contre les attaques de KIRCHER, et qui indiqua des procédés pour obtenir le mercure des métaux (8); Dan. MYLIUS (9), médecin hessois; AMELUNG (10); de STENDAL, HELIAS (11); REUDEN, VAR-
NER, BORRICHIUS, BOREL, ASHMOL, BACGER, DIENHEIM, NOLL, HORN,

----

(1) Idea chemiæ Behmianæ adepta; Amsterd., 1680 et 1690, in-12.

(2) Ausonius Maximus, ex vetustis codicibus; Amstelod., 1689, in-12. — Animadversiones criticæ ad Longini περὶ ὕψους; Lugd. Bat., 1677, in-12. — Fortui-
ta, in quibus præter critica nonnulla tota fabularis historia Græca, Phœnicia,
Ægyptia, ad chemiam pertinere adseritur; Amstelod., 1687, in-8. — Sapientia
insaniens sive promissa chemiæ; Amstelod., 1689, in-8. — Manuductio ad cœlum
chemicum; Amstelod., 1688, in-8.

(3) Phosphorus hermeticus sive magnes luminaris; Lips., 1674, in-12. — Aurum superius et inferius, auræ superioris et inferioris hermeticum; Lips., 1674,
in-12.

(4) Ephemerid. Acad. cæsar. nat. curios., Dec. II, ann. IX, obs. 151.

(5) *Philosophische Schaubühne* (Théâtre philosophique); Hamburg, 1690,
in-8. — Tractätlein de menstruo universali; Nuremb., 1709, in-8. — Thesaurus
processuum chymicorum; Nuremb., 1715, in-4.

(6) Commendatio chemiæ; Helmst., 1679, in-4.

(7) De metallorum transmutatione; Hamb., 1673, in-8. Manget., t. I, p. 168.

(8) Dissertat. de tinctura universali, etc.; Altenburg, 1678, in-8. Imprimé dans
Manget, t. I, p. 119.

(9) Tractatus chimicus de animalibus seu Basilicæ chimicæ liber septimus; Francof., 1610, in-4. — Pharmacopœa nova de mysteriis medico-chimicis; Francof.,
1618. — Opus medico-chymicum, t. III, in-4; Francof., 1618 et 1620. — Philosophia reformata; Francof., 1622 et 1638, in-4. — Auri anatomia seu de auro potabili; Francof., 1628, in-4.

(10) Tract. nobil. primus in quo alchymiæ seu chimicæ artis antiquissimæ in-
ventio demonstratur; Lips., 1607 et 1617, in-8.

(11) Speculum alchimiæ; Francof., 1614, in-8.

SPACHER, GERHARD, SCHEUNEMANN, CRUSIUS, LAMPERT, POPPIUS, PONTANUS, GROELMANN, CROLL, TENZEL, BILLICH, MUSSARIA, COMBACH, STARKEY, HARPRECHT, BARCHUSEN, Jean-Frédéric HELVETIUS, qui prétendait avoir transmuté du plomb en or pur (1).

A ces alchimistes, dont il serait inutile de grossir la liste, il faut ajouter un nombre considérable d'ouvrages anonymes, publiés sous les noms anagrammatiques ou symboliques de *Sybolista*; de *Mars*; *Vigilantius de monte cubi*; *Eremita*; *Ali Puli* (*centrum naturæ concentratum*); *De monte kermetis* (*Le pied d'or hermétique*); *Floret de Bethabor* (*Songe de Ben-Adam*); *Cyrus* (*Refrigeratorius Hierosolymitanus*); *Chrysogonus de puris* (*Eau mercurielle des sages*); *Pantaleon* (*Tumulus hermeticus apertus*; *Bifolium metallicum*, etc.); *Philalethes*, quelquefois surnommé *Cyrenæus* ou *Irenæus* (*Introitus apertus ad occlusum regis palatium*) (2).

Nous ajouterons à cette liste un alchimiste qui, au milieu de ses recherches sur la pierre philosophale, découvrit le phosphore de Bologne, comme Brand le phosphore véritable.

CASCIOROLO.

La découverte dont rend compte Licetus, professeur de philosophie à Bologne, dans son livre intitulé *Litheosphosphorus, sive de lapide Bononiensi* (3), fut faite plus de cinquante ans avant la découverte du phosphore.

Vincent Casciorolo, habitant de Bologne, avait, depuis quelque temps, abandonné la profession d'honnête cordonnier pour se livrer à l'art trompeur de faire de l'or à l'aide d'opérations hermé-

---

(1) *Vitulus aureus, quem mundus adorat et orat*, etc.; Amstelod., 1667 et 1702, in-8.

(2) Ceux qui voudraient grossir cette liste, qui est, selon nous, déjà trop longue, n'ont qu'à consulter Pierre Borel et le 3ᵉ volume de l'Histoire de la philosophie hermétique.

(3) *Lucem in se conceptam ab ambiente claro mox in tenebris mire conservante, liber Fortunii Liceti Genuensis, in Bononiensi archygymnasio philosophi eminentis*, etc.; Bononiæ, 1640, in-4. — Cet ouvrage est dédié au cardinal Capponius, archevêque de Ravenne.

tiques. Il eut un jour l'idée d'opérer sur une de ces pierres blanches et pesantes, si communes aux environs de sa ville natale. Il la soumit à la calcination avec du blanc d'œuf ou d'autres matières organiques qui remplissent l'office du charbon, et obtint, en l'année 1602, un produit nouveau, doué de la propriété singulière de luire dans l'obscurité, après avoir été préalablement exposé aux rayons du soleil. Casciorolo s'empressa de montrer ce produit, qu'il appelait *pierre solaire* (lapis solaris), à Scipion Bagatelli, qui passait alors pour un homme très-versé dans les connaissances alchimiques. Ce dernier fut d'autant plus frappé de ce phénomène extraordinaire, qu'il lui semblait voir le soleil, symbole de l'or, se fixer dans cette pierre, qui était précisément employée dans le dessein de faire de l'or. Bagatelli fit part de cette découverte à Ant. Maginus, professeur de mathématiques à Bologne, lequel envoya des échantillons de la pierre de Bologne à Galilée, ainsi qu'à d'autres savants, et même à plusieurs souverains de l'Europe (1).

Si les travaux de tous ces alchimistes avaient été faits d'après les principes posés par les anciens, savoir, que les métaux sont des corps composés des mêmes éléments, mais dans des proportions différe.. tes, et qu'il ne s'agit que de trouver ces éléments et ces proportions pour faire de l'or et de l'argent ; que le fer, le plomb, l'étain, etc., sont des métaux auxquels il faudrait enlever leurs impuretés pour les amener à la perfection ; si leurs travaux, dis-je, avaient été faits d'après les doctrines d'Albert le Grand et de Roger Bacon, il n'y aurait que des éloges à donner. Mais

---

(1) La préparation du phosphore de Bologne, que Lemery appelle très-significativement *éponge de lumière*, était pendant quelque temps tenue secrète ; ou les personnes qui en avaient connaissance ne la communiquaient qu'avec beaucoup de mystère, et d'une manière fort incomplète.

Ch. Poterius donna le premier, dans sa Pharmacie spagyrique, la description détaillée du procédé pour obtenir le phosphore de Bologne. Ce procédé consiste à réduire la pierre en poudre, à l'humecter d'eau et d'un peu de blanc d'œuf, à en faire des espèces de pastilles que l'on saupoudre de poussière de charbon, et que l'on chauffe pendant 4 à 5 heures à un feu violent. Si elles n'attiraient pas encore assez de lumière, on les soumettait à une nouvelle calcination avec du charbon. On sait que la pierre pesante de Bologne n'est autre chose que du sulfate de baryte, lequel, étant calciné avec du charbon, se transforme en sulfure de baryum pyrophorique. C'est ce sulfure parfaitement sec qui paraît lumineux dans l'obscurité, après avoir préalablement subi le contact des rayons du soleil.

quand ces philosophes hermétiques, comme ils s'appellent eux-mêmes, soutiennent avec forfanterie, et sur le ton du dogmatisme le plus hautain, que les légendes de l'Église les douze apôtres, les mythes de Jupiter, de Mercure, d'Hercule, de Jason, ne sont autre chose que des symboles de leur grand œuvre, et qu'ils prétendent faire de l'or avec les taches jaunes d'une salamandre, enlevées avec un couteau conservé pendant trois fois trois lunes dans le ventre d'un crapaud pris la veille de la Saint-Jean, sous un chêne portant un gui au sommet, ou qu'avec une dose presque infinitésimale d'une poudre jaune ou rouge, projetée sur du plomb, de l'étain ou du mercure, ils prétendent transformer des masses de ces métaux en or ou en argent, on conviendra sans doute que la science n'a rien à y voir, et que les hommes qui, avec de pareilles prestidigitations, abusent du public, sont du ressort de la juridiction criminelle.

Il y a deux sortes d'alchimistes : les uns consacrent leurs veilles, sacrifient leur fortune et leur santé au progrès de la science; les autres, sachant que c'est par le prestige du merveilleux qu'on séduit les masses, ravalent la science à l'état de mensonge et la font servir au profit de leur ambition sans frein. Les premiers nous remplissent d'admiration ; les derniers portent sur leur front les stigmates de la réprobation universelle (1).

La science est pour les uns un but, pour les autres ce n'est qu'un moyen; il est du devoir de l'historien de signaler ces sycophantes à la malédiction de la postérité la plus reculée.

Parmi les savants de ce temps qui ont le plus contribué à dévoiler les jongleries des faux alchimistes, on remarque le célèbre A. Kircher.

Athanase KIRCHER (né en 1602, mort en 1680).

Le P. Kircher, un des plus célèbres jésuites de son époque, était archéologue et mathématicien plutôt que chimiste. Natif de Fulda,

---

(1) Lenglet-Dufresnoy rapporte (Histoire de la philosophie hermétique, t. II) plusieurs histoires de projection que le lecteur curieux pourra lire. Mais alors il faudra lire aussi, comme contre-épreuve, le mémoire de Geoffroy l'aîné *sur les supercheries concernant la pierre philosophale* (*présenté à l'Académie des Sciences le 15 avril* 1722).

il resta quelque temps professeur de mathématiques et de langues orientales à Avignon ; de là il passa à Rome, où il mourut, âgé de soixante-dix-huit ans.

Il fait, dans son *Mundus subterraneus*, une rude guerre aux alchimistes (1) ; ce qui lui attira de nombreux ennemis parmi les adeptes : il suffit de citer Blauenstein (2) et Clauder (3). Dans la thèse qu'il soutient, il fait preuve d'une intelligence droite, exempte de tout préjugé. Il s'exprime avec beaucoup de verve, et dans un langage parfois très-caustique.

Il faut, selon le P. Kircher, diviser les hommes qui se sont occupés d'alchimie en quatre ou plutôt en trois classes : 1° ceux qui croient l'alchimie une science tout à fait impossible : ceux-là sont des alchimistes désappointés ; 2° ceux qui donnent de l'or ou de l'argent faux pour de l'or ou de l'argent véritables : ce sont les faux monnayeurs ; 3° ceux qui prétendent faire de l'or et de l'argent pur, au moyen de la pierre philosophale : ce sont les alchimistes proprement dits.

Le P. Kircher établit un terme moyen, savoir, que l'alchimie n'est pas une science impossible, que peut-être un jour on parviendra à faire la transmutation des métaux ; mais que, telle qu'elle existe maintenant, c'est une chimère. Ceux qui se disent en possession de la pierre philosophale sont ou des fripons ou des niais (4).

Cette opinion était adoptée par un grand nombre de chimistes.

---

(1) Mundus subterraneus, in quo universa naturæ majestas et divitiæ summa rerum varietate exponuntur, etc.; Amstelod.,1664, in-fol.

(2) Interpellatio brevis ad philosophos pro lapide philosophorum contra anti-chymisticum mundum subterraneum, etc.; *Manget.*, *Bibl. chem.*, t. I, p. 113.

(3) Tractatus de tinctura universali, ubi in specie contra R. P. Athanas. Kircherum pro existentia lapidis philosophici disputatur ; *Manget.*, p. 119.

(4) De lapide philosophorum dissertatio, ex Athanas. Kircheri mundo subterraneo descripta; *Manget.*, t. I, p. 54. — K. J. E. Kestler a extrait des nombreux ouvrages du P. Kircher tout ce qui est relatif à la chimie, à la physique, etc., et l'a publié sous le titre : *Physiologia Kircheriana experimentalis*, etc.; Amstelod., 1680 et 1682, in-fol.

SECTION TROISIÈME.

—

COUP D'ŒIL GÉNÉRAL.

A considérer le développement extraordinaire des sciences, des lettres, de l'état politique et social de l'homme au xviiie siècle, on est tenté de croire qu'il y a des moments où le progrès du genre humain, au lieu de suivre une impulsion lente, graduelle, est brusque et violent, comme la tempête qui assaillit un vaisseau au milieu des flots de l'Océan. Dans l'histoire des sciences, le moyen âge est comme le calme qui précède l'orage, ou comme l'athlète qui recueille ses forces avant la lutte.

La chimie a une large part dans ce mouvement immense. Partie de quelques points obscurs, mais grandissant, dès le xvie siècle, dans des proportions gigantesques, elle s'est tout à coup élevée à l'état d'une science appelée aux plus hautes destinées.

Fiat lux! tel est le cri du philosophe qui apprécie l'histoire des sciences au moyen âge. A cet appel les temps modernes répondent : *Et lux facta est.* La science sort de son état chaotique ; la lumière disperse les ténèbres.

Mais gardons-nous bien de trop nous exalter dans notre joie, et de devenir par là même injustes envers nos prédécesseurs, qui ont posé bien des pierres de l'édifice dont on se glorifie aujourd'hui. La méthode expérimentale, ce grand levier des progrès des connaissances humaines, peut avoir des résultats aussi funestes que jadis la voie spéculative, si elle s'affranchit de toute contrainte et qu'elle dédaigne de sages restrictions (1).

Ce n'est qu'à de très-rares intervalles qu'on voit apparaître sur la scène du monde de ces esprits privilégiés qui semblent conser-

—

(1) Comp. p. 147 de ce volume.

ver un parfait équilibre entre la spéculation et l'expérience, qui dominent les détails sans se perdre dans les hauteurs de l'imagination, et qui, réunissant tous les faits d'observation en un faisceau compacte, arrivent à formuler des lois universelles.

Le XVIII° siècle offre l'exemple de quelques-uns de ces esprits privilégiés.

Il faut que l'homme se rappelle sans cesse que, s'il a beaucoup fait, il lui reste bien plus encore à faire. Nous nous trouvons aujourd'hui en face de la postérité dans la même position où se trouvaient vis-à-vis de nous nos ancêtres; nous ne sommes qu'un faible anneau d'une chaîne mystérieuse dont aucun être humain ne connaît les limites. Si Eck de Sulzbach (1) et Boyle (2) n'ont pas découvert l'oxygène, ce n'était point certainement de leur faute; car ils avaient tout fait pour y arriver. Et combien de savants sont aujourd'hui, comme autrefois Eck de Sulzbach et Boyle, à saisir des corps qui, —supplice de Tantale! —leur échappent sans cesse, et dont la découverte ne sera réservée peut-être qu'à leurs descendants? —Les vérités grandes et solennelles sont lentes à se faire jour; elles ne brillent de tout leur éclat que sur les débris de bien des générations.

Voilà des réflexions bien faites pour abaisser notre orgueil, source de tant d'erreurs et de tant de calamités.

§ 1.

Nous avons vu, dans le siècle précédent, Van Helmont, Boyle, Mayow entreprendre des recherches sérieuses sur l'existence des gaz. Mais, pour pénétrer plus avant dans cette question importante et difficile, il fallait d'abord trouver le moyen de parvenir à manipuler un corps aériforme avec autant de facilité que tout autre corps solide ou liquide, et montrer, même aux yeux du vulgaire, que l'air, par exemple, peut être manié, recueilli et transvasé tout comme l'eau.

Cette tâche était réservée à un modeste et obscur physicien français, dont le talent fut entièrement méconnu par ses contemporains.

---

(1) Voy. p. 446 du 1er volume.
(2) Ibid., p. 165 de ce volume.

Moitrel d'Élément, c'est le nom de ce physicien, faisait pour gagner sa vie, vers l'année 1719, et peut-être antérieurement à cette époque, des cours de manipulation, ainsi annoncés par voie d'affiches dans les rues de Paris :

La manière de rendre l'air visible et assez sensible pour le mesurer par pintes, ou par telle autre mesure que l'on voudra; pour faire des jets d'air, qui sont aussi visibles que des jets d'eau. — Malgré la nouveauté du sujet, le cours de Moitrel n'eut aucun succès, et ce qu'il y avait de plus affligeant, c'est que les princes de la science, les académiciens auxquels le pauvre physicien s'était adressé pour obtenir leur approbation, le traitèrent de visionnaire, d'esprit malade, et le tuèrent moralement. Il ne lui resta d'autre ressource que de rédiger ses idées, et de vendre à un libraire son manuscrit, qu'il avait dédié « aux dames, » soit pour se venger de messieurs les académiciens, soit que les femmes, devinant, en quelque sorte, la vérité, eussent prêté une oreille plus favorable aux paroles du professeur. La brochure de Moitrel, imprimée en 1719 et tirée à un très-petit nombre d'exemplaires, se vendait trois sous, chez Thiboust, imprimeur-libraire, au Palais de Justice.

Le lecteur sera sans doute curieux de connaître les principaux fragments de cette brochure, aujourd'hui très-rare, et dont un exemplaire trouvé sous le n° 3264, dans la bibliothèque de Falconet, fut imprimé, en 1777, dans la nouvelle édition du Traité de Jean Rey, par Gobet.

Voici des passages textuels de ce travail, chef-d'œuvre de clarté et de méthode :

Expérience I.

« Air plongé au fond de l'eau pour faire voir que tout est plein d'air, et que nous en sommes environnés de toutes parts, comme les poissons sont environnés d'eau au fond des mers.

« *Disposition.* — On plonge au fond de l'eau un grand verre à boire renversé, et l'on voit que l'eau n'entre point dans le verre, quoiqu'il soit renversé et ouvert.

« *Explication.* — Un verre qui serait dans l'eau serait toujours plein d'eau, quoique renversé ; il en est de même à l'égard de l'air, car le verre, quoique renversé, est plein d'air. C'est pourquoi, lorsqu'on le plonge dans l'eau, l'eau n'y peut pas entrer, parce que l'air, qui est un corps, occupe la capacité du verre, et résiste à l'eau. Si l'on veut voir cet air, il n'y a qu'à pencher le verre, et on le voit sortir, et l'eau entrer en sa place.

« *Remarques.* — On connaît par cette expérience que tout ce qui nous paraît vide est plein d'air, et que nous en sommes entourés, quelque part que nous allions.

« Pour que cette expérience soit bien visible et agréable à voir, on se sert d'un grand vase de cristal, qu'on nomme récipient, parce qu'il reçoit le sujet qu'on veut expérimenter.

Expérience II.

« *Le jet d'air.* — Pour faire voir l'air par le secours de l'eau, et pourquoi nous ne le voyons pas naturellement.

« *Disposition.* — On plonge dans l'eau un entonnoir de cristal, dont le bout est fort fin, qu'on bouche d'abord avec le pouce. Cet entonnoir, qui est renversé, est retenu au fond de l'eau par le moyen d'un cercle de plomb. Quand on retire le pouce pour laisser sortir l'air de l'entonnoir, on le voit former un jet d'air qui traverse l'eau, et s'élève jusqu'à sa superficie.

« *Explication.* — L'eau, par sa pesanteur, comprime l'air par la base de l'entonnoir, et l'oblige à sortir par le petit trou qui est au haut de l'entonnoir, où il y a moins de pression, parce que toute la hauteur de l'eau presse sous la base de l'entonnoir, et qu'il n'y a pas la moitié de cette hauteur d'eau qui presse sur le petit trou. On voit le jet d'air; parce qu'il se fait dans l'eau, comme on voit un jet d'eau, parce qu'il se fait dans l'air. Si on faisait un jet d'eau dans l'eau, on ne le verrait pas, comme on ne verrait pas un jet d'air dans l'air; et un homme qui serait dans l'eau, les yeux ouverts, ne verrait pas l'eau, parce que l'eau qui baignerait ses yeux l'empêcherait de voir l'eau; mais il verrait fort bien un jet d'air, s'il y en avait un. Car il en est de même de l'air, où nos yeux sont pour ainsi dire baignés, et nous empêchent de le voir.

« *Remarque.* — Je ne prétends pas dire que l'air soit la cause de ce que l'on voit l'eau; mais seulement que l'air ne se peut distinguer dans l'air, non plus que l'eau dans l'eau, et qu'il faut une distance entre nos yeux et l'objet.

Expérience III.

« Mesurer l'air par pintes, ou par telle autre mesure qu'on voudra, pour faire voir que l'air est une liqueur qu'on peut mesurer comme les autres liqueurs.

« *Disposition.* — On plonge dans l'eau une mesure renversée, et on tient à sa superficie, au-dessus de la mesure, le vase où l'on veut mettre l'air mesuré. Ce vase, qui est de cristal, doit être renversé et plein d'eau.

« *Explication.* — Lorsque l'on penche la mesure, on en voit sortir l'air qui coule au travers de l'eau, pour s'aller rendre dans le vase disposé à ce sujet, duquel il descend autant d'eau qu'il y monte d'air, parce que l'air est moins pesant que l'eau.

« *Remarque.* — Ayant trouvé par le secours de l'eau la manière d'emprisonner l'air, et de le rendre visible en telle quantité qu'on souhaite, il est aisé de faire plusieurs jolies expériences en ce genre, selon la curiosité et le génie des personnes. Pour ce qui regarde la facilité de cette expérience, un demi-setier est plus commode qu'une pinte.

Expérience IV.

« *Mesurer une pinte d'air dans une bouteille qui ne tient pas pinte, afin de voir répandre le surplus.*

« *Disposition.* — On se sert d'une bouteille ordinaire, dont on ôte l'osier. Quand la bouteille est pleine d'eau, on la bouche avec le doigt, afin de la renverser sans en répandre, pour faire tremper le bout du goulot dans l'eau du grand récipient, au fond duquel on a mis un entonnoir de verre, que l'on élève ensuite pour le faire entrer dans le goulot de la bouteille qui doit être à la superficie de l'eau.

« *Explication.* — On met avec une mesure de l'air dans l'entonnoir, cet air coule dans la bouteille, et au quatrième demi-setier on voit répandre l'air que la bouteille n'a pu contenir. On le voit couler entre la bouteille et l'entonnoir, mieux que si c'était du vin ou autre liqueur. »

Que de lucidité, que de simplicité dans la description de ces expériences capitales, portant l'empreinte d'une sagacité et d'une rigueur admirables !

Vous serez peut-être curieux d'apprendre le sort de Moitrel d'Élément. Eh bien ! ce modeste physicien occupait à Paris une misérable mansarde de la rue Saint-Hyacinthe, près de l'ancienne porte St-Jacques, et vivait du produit des leçons qu'il donnait aux écoliers. Une personne charitable ayant eu pitié du pauvre Moitrel, qui était déjà âgé, l'emmena avec elle en Amérique, où il est mort (1).

§ 2.

Si Moitrel d'Élément était traité avec dédain, il n'en était pas de même des travaux d'autres savants, bien qu'ils renfermassent au fond les mêmes idées.

Il y a des moments dans l'histoire où l'esprit humain est poussé en quelque sorte malgré lui, par une force irrésistible, à des découvertes importantes. A dater des travaux de Boyle, de Van Helmont et de Mayow, l'attention des chimistes s'était presque exclusivement arrêtée sur l'étude des gaz, comme s'ils avaient pressenti qu'il devait en sortir un jour une ère nouvelle pour la science. C'est ainsi qu'aujourd'hui les physiciens concentrent leurs efforts sur la solution des problèmes de la lumière et de l'électricité. Faudra-t-il chercher là aussi le présage d'une ère nouvelle?

Il est de notre devoir de signaler ici jusqu'aux moindres entreprises faites pendant *la première moitié du* XVIIIe *siècle*, dans le but d'éclaircir la question alors assez obscure des corps aériformes.

Voici les chimistes qui se sont, pendant cette période, livrés à l'étude des gaz, dont ils ne cherchaient guère à connaître que quelques propriétés physiques, et leur action sur l'économie animale :

J. GOTTSCHED, professeur à Koenigsberg, examina l'action de l'air sur les liquides du corps humain (2); HAWKSBEE, les fluides élastiques provenant de la combustion de la poudre à canon, et de la réduction des oxydes métalliques (3); GREENWOOD, LOWTHER, MAND, CHARLETT et DURANT, observèrent divers airs irrespirables,

---

(1) Voy. l'appendice à la 2ᵉ édition des Essais de Jean Rey, par Gobet ; Paris, 1777, 8.

(2) Dissertatio de æthere et aere eorumque in corpus humanum ejusque humores vi atque actione ; Regiomont., 1698, 4.

(3) Philosoph. Transact. for the years., 1704 and 1705, t. XXIV, n. 295 ; an. 1706 et 1707, t. XXV, n. 311 ; an. 1710-1712, t. XXVII, n. 328.

existant dans les mines (1); PINKERTON traita du gaz asphyxiant qui
se dégage des matières en fermentation (2); RYBERG, de l'air considéré comme aliment de la vie (3); J. Ch. LANGE, de l'existence
d'un acide aérien (4); S. SUTTON, du moyen de renouveler l'air
dans les navires (5); Ph. PERCIVAL, des eaux acidules, de l'irrespirabilité des vapeurs de charbon, etc. (6); LANE, de la dissolution du
fer par l'eau chargée d'air fixe (gaz acide carbonique) (7). BRO
WALL, TRIEWALD, BIOERNSHAUL, DEICHMANN, THEOBALD, FREWEN,
BEL, citent des observations sur les airs irrespirables et inflammables qu'on rencontre dans les mines, et sur les accidents que
ces airs peuvent occasionner.

L'immortel NEWTON, qui, transportant la grande loi de l'attraction universelle dans le domaine de la chimie, avait le premier
expliqué par l'affinité la dissolution des métaux par les acides, fit
des expériences sur l'élasticité des gaz, et définit la flamme un
fluide incandescent (8).

§ 3.

Mais celui qui avait le plus contribué à la connaissance des fluides
élastiques était

HALES.

Peu de sciences étaient étrangères à Étienne Hales (né le 7 septembre 1677). Il enrichit quelques-unes d'entre elles des plus brillantes découvertes. La physique, la chimie et la physiologie
avaient pour lui un attrait particulier. Comme plus tard Priestley,
Hales avait embrassé l'état ecclésiastique. En 1719, il communiqua

---

(1) Transact. philosoph., vol. XXVI, XXXVI, XXXVIII, XXXIX, XLIV.
(2) De suffocatione ex liquore fermentante; Regiomont., 1706, 4.
(3) De aere vitæ pabulo; Hafn., 1733, 4.
(4) Diss. de acido aereo insonte; Hafn., 1754.
(5) Medical essays and observations by a Society of Edinburg; vol. V, 1744.
Traduit en français sous le titre de *Nouvelle méthode pour pomper le mauvais
air des vaisseaux; avec une dissertation sur le scorbut par le docteur
Mead*, etc.; Paris, 1749, 12.
(6) Essays medical and experimental, etc., vol. II, n. 6.
(7) Philosophical Transact., LIX, n. 30, p. 216.
(8) Opticks; London, 1701, 4, quest. 9.

à la Société royale de Londres, dont il venait d'être nommé membre, des expériences sur les effets de la chaleur du soleil pour faire monter la sève dans les végétaux, expériences qui servirent de point de départ à la *Statique des végétaux* (un des livres les plus remarquables publiés dans la première moitié du XVIII° siècle), que l'auteur dédia (1727) au roi Georges II. Hales est mort en 1761. La princesse de Galles lui fit élever —honneur insigne— un monument dans l'abbaye de Westminster, sépulture des rois et des plus illustres personnages de l'Angleterre.

Travaux de Hales.

Hales avait fait, dès l'année 1724, un très-grand nombre d'expériences sur la végétation des plantes, sur leur transpiration, sur la circulation de la sève, sur la distillation des produits végétaux et les fluides élastiques qui s'en dégagent. Ces expériences furent d'abord communiquées à la Société royale de Londres, dont l'auteur était membre; puis recueillies et publiées sous le titre de *Vegetable staticks or an account of some statical experiments on the sap, being an es ay towards a natural history of vegetation etc.*; Lond., 1727, 8. L'apparition de cet ouvrage produisit une grande sensation dans le monde savant; il fut bientôt après traduit en français, en hollandais et en allemand (1).

Le grand mérite de Hales, qui seul suffirait pour lui assurer une gloire immortelle, c'est d'avoir découvert un appareil plus convenable que celui de Boyle et de Mayow, pour recueillir les gaz; appareil dont se servirent plus tard Black, Priestley, Lavoisier, et sans lequel l'acide carbonique, l'oxygène, l'hydrogène et tant d'autres gaz seraient peut-être encore à découvrir!

La figure suivante donnera de l'appareil de Hales une idée plus nette que ne le ferait une description détaillée.

---

(1) La traduction française est due à l'illustre Buffon : *La statique des végétaux*, etc.; Paris, 1735, 4. Nouvelle édition, revue par Sigaud de Lafond; Paris, 1779, 8. — Trad. hollandaise, 1750, 8; trad. allemande, 1747.

Il est aisé de voir que l'appareil dont on se sert aujourd'hui pour recueillir les gaz ne diffère de celui de Hales que par quelques légères modifications qui en rendent l'emploi plus commode. A la place du tuyau recourbé de plomb, on se sert d'un tube en verre, et l'on se dispense de suspendre le récipient ou l'éprouvette renversé sur la cuve, dont la forme ainsi que celle du récipient sont un peu simplifiées.

Nous avons déjà fait observer que, par une singulière coïncidence, les deux appareils peut-être les plus importants de la chimie, ceux de la distillation et du recueillement des gaz, manquaient, dans leur origine, de tube intermédiaire entre le récipient et la cornue (1).

C'est précisément ce tube-là qui fait tout le mérite de l'invention de Hales ; car Boyle et Mayow s'étaient servis, avant lui, de ballons de verre pleins d'eau, et renversés sur des cuvettes remplies du même liquide.

(1) Voy. t. I, p. 195, et t. II, p. 161.

Les gaz qu'il était ainsi parvenu à recueillir sont très-nombreux. Il en obtenait en chauffant du bois de chêne, du blé de Turquie, du tabac, des huiles, du miel, du sucre, des pois, de la cire, du succin, du sang, de la graisse, des écailles d'huître, etc. Il s'assurait que la plupart de ces gaz sont inflammables, et il comparait dans ses expériences, faites avec beaucoup de soin, le poids de la substance employée avec la quantité de gaz produite (1).

Indépendamment de ces gaz, résultats de la distillation de matières organiques, il avait recueilli les fluides élastiques provenant de l'action des acides sur les métaux [(acide vitriolique, eau et fer; — eau-forte et cuivre), de la combustion du soufre, du charbon, du nitre, de la fermentation, de la distillation des eaux de Spa, de Pyrmont, etc. Il démontra, par une série d'expériences, que l'air dans lequel brûle un corps combustible, comme le phosphore, etc., diminue de volume; qu'après l'extinction de ce corps, il est impossible de le rallumer, et que la respiration des animaux produit les mêmes effets que la combustion; d'où il conclut que les animaux absorbent une certaine partie de l'air, laquelle se combine dans les poumons avec les particules combustibles du sang.

« Dans l'intérieur des vésicules du poumon, dit Hales, le sang est séparé de l'air par des cloisons si fines, qu'il est raisonnable de penser que le sang et l'air se touchent d'assez près pour tomber dans la sphère d'attraction l'un de l'autre; et c'est par ce moyen que le sang peut absorber continuellement de nouvel air, en détruisant son élasticité (2). »

De là, à la théorie de la respiration considérée comme un phénomène de combustion, il n'y avait qu'un pas. — De plus, non-seulement il savait que le plomb augmente considérablement de poids en se convertissant en minium, mais que le minium chauffé au moyen d'une lentille dégage une énorme quantité de fluide élastique.

Voilà bien des gaz produits et recueillis : l'hydrogène, l'hydrogène bicarboné, l'acide carbonique, l'hydrogène protocarboné, l'acide sulfureux, l'azote, l'oxygène; il ne manquait plus, pour avoir la série presque complète, que le chlore, le cyanogène

---

(1) Staticks of veget., ch. VI.
(2) Ibid., ch. VI, exp. 110.

et les gaz (ammoniaque, acide chlorhydrique) trop solubles dans l'eau pour pouvoir être recueillis sur ce liquide. Eh bien, qui le croirait? Hales n'a découvert aucun de ces gaz. Pourquoi? c'est que tous ces gaz n'étaient pour lui que de l'air commun. Si l'air provenant de la distillation de la cire, de la graisse, des pois, etc., est inflammable, c'est qu'il est, disait-il, imprégné de particules sulfureuses ou huileuses. Si l'air est irrespirable, c'est que ses molécules ont subi une diminution de l'élasticité nécessaire à l'entretien de la respiration. En un mot, tous ces différents gaz ne sont pour lui que de l'air atmosphérique, susceptible, selon les circonstances, d'éprouver des changements dans sa pureté et dans son élasticité. C'est le cas d'appliquer à Hales le verset du psaume : *Oculos habent et non videbunt ;* tant est funeste l'influence d'une théorie préconçue : car Hales s'était mis dans la tête, ce que personne n'aurait pu lui ôter, que l'air (atmosphérique) est le lien élémentaire qui unit entre elles toutes les particules d'un corps, et qu'il en est éliminé soit par la combustion, soit par la fermentation.

En résumé, Hales n'a pas, à proprement parler, découvert de gaz; mais il a inventé le meilleur moyen de les recueillir. C'est en quoi la postérité lui doit la plus grande reconnaissance. Moitrel d'Élément avait enseigné que l'air est susceptible d'être manié comme tout autre corps, qu'il peut être transvasé comme de l'eau; mais il n'avait pas indiqué le moyen de le recueillir, lorsqu'il se dégage de quelque combinaison. Hales est venu combler cette lacune.

§ 4.

Les expériences du célèbre auteur de la Statique des végétaux, quelles que soient les conclusions qu'il en ait tirées, n'en éveillèrent pas moins l'attention des physiciens et des chimistes.

Boerhaave fut un des premiers à répéter ces expériences, et il se forma à cet égard à peu près les mêmes idées que Hales.

Fr. VENEL, professeur de chimie à Montpellier, présenta en 1750, à l'Académie des sciences, deux mémoires ayant pour objet de prouver que les eaux de Seltz et la plupart de celles connues sous le nom d'acidules, doivent leur goût piquant, et les bulles qui s'en élèvent et imitent l'effet du vin de Champagne, à une quantité considérable d'air dans un état de dissolution. Il fabriqua le premier une espèce d'eau gazeuze, au moyen de parties égales de sel de soude (carbonate) et d'acide muriatique (1). Ces recherches n'amenèrent aucun résultat nouveau; car l'auteur se refusait obstinément à croire que l'air des eaux gazeuses fût différent de celui de l'atmosphère. Il y avait plus de cent ans que Van-Helmont avait déjà dit ce que Venel n'a fait que répéter sur l'existence d'un fluide élastique dans l'eau gazeuze acidule; et Van-Helmont faisait preuve d'une plus grande sagacité, en ce qu'il ne confondait pas l'air (esprit sylvestre) de ces eaux avec l'air atmosphérique (2). — Indépendamment de ce travail, il nous reste de Venel quelques observations sur la décomposition des plantes (3); sur les moyens de dissoudre les calculs urinaires (4); sur le salpêtre (5) et sur la bile (6), observations qui ne renferment rien de saillant.

GEOFFROY (l'aîné) cita plusieurs cas de production de gaz inflammables et irrespirables (7); DESAGULIERS essaya d'expliquer la formation des mofettes dans les galeries souterraines, et proposa des moyens de renouveler l'air dans les chambres où se trouvent accumulés des malades (8); DUHAMEL donna également des instructions sur le renouvellement de l'air dans les hôpitaux, dans les prisons, etc. (9); le célèbre physicien MUSCHENBROEK ne resta pas étranger à l'étude des gaz (10); J. HUBER, de Bâle, annonça que les poumons sont comme un filtre qui laisse passer l'air dans le sang (11); Gaspard HAUSER traita de l'air dans l'intérieur de l'économie (12); J. VENATTI publia une série d'expériences sur l'action nuisible de l'air corrompu par la respiration des animaux (13); un médecin napolitain, J. MOSCA, traita de l'influence de l'air dans la produc-

---

(1) Mémoires présentés à l'Académie des sciences de Paris par divers savants étrangers, vol. II, p. 53, 80 et 337.

(2) Voy. p. 143 et 144 de ce volume.

(3) Mém. présent. à l'Acad. de Paris, vol. II, p. 319.

(4) Questiones chemicæ duodecim, etc., quæst. 3, 9, 10.

(5) Ibid., n. VII.

(6) Ibid., n. IX.

(7) Hist. de l'Acad. des sciences, années 1701, 1710, 1744, 1751.

(8) Philosoph. Transact., an. 1735 et 1736.

(9) Hist. de l'Acad. des sciences, année 1748.

(10) Tentamina experimentorum naturalium corporum in Acad. del Cimento, etc., addit., § 36-50; § 77.

(11) De aere atque electro œconomiæ animalis, etc.; Cassel., 1748, 4.

(12) Diss. de aere intra œconomiam corporis humani; Basil., 1733, 4.

(13) De Bonon. scient. et art. institut. commentarii, vol. II, pars I.

tion des maladies (1) ; NOLLET, DAQUEN, FAYE, SAUVAGES, HANNAEUS, BARTELS, TEICHMEYER, SCHRECK, ALBERTI, REIMAMNN, SEIP, parlèrent de l'action des airs irrespirables qui se rencontrent dans la nature.

§ 5.

La science des fluides élastiques était dans un état de confusion, d'incertitude, d'où elle devait bientôt sortir. Aucun gaz n'avait encore été jusqu'ici parfaitement distingué de l'air atmosphérique, lorsque parut Black, qui, par la découverte ou plutôt la distinction du gaz acide carbonique des autres corps aériformes, traça à la chimie une route nouvelle.

BLACK.

Plus ancien que Lavoisier, Black resta, avec quelques restrictions, fidèle à la doctrine du phlogistique, en dépit des progrès immenses que faisait journellement la science, progrès auxquels il avait lui-même considérablement contribué. Et son exemple démontre qu'il n'est pas impossible de faire de grandes découvertes, d'enrichir le domaine des connaissances positives de faits nouveaux, lors même qu'on est dominé par des théories fautives et surannées.

Joseph Black peut être en quelque sorte revendiqué par la France, car il naquit à Bordeaux en 1728, de parents écossais établis sur le sol français. Il vint très-jeune en Écosse, et étudia la médecine à Glasgow et dans l'Université d'Édimbourg, où il reçut, en 1754, le grade de docteur en médecine. C'est à cette occasion qu'il soutint une thèse remarquable, *De humore acido a cibis orto, et magnesia alba*, où l'on trouve des expériences fort exactes pour distinguer la magnésie de la chaux. En 1756 il fut chargé, à Glasgow, de la chaire de Cullen, son ancien maître, qui venait d'être appelé à la place de professeur de chimie à l'Université d'Édimbourg. L'année suivante, le jeune professeur attira sur lui l'attention du monde savant par un beau travail sur la chaleur latente, découverte dont tout l'honneur, quoi qu'on en ait dit, revient à Black. Lorsque

---

(1) Dell' aria e di morbi dell' aria dipendenti; Neapol., 1746 et 1747, 8.

Cullen quitta en 1765 sa chaire, son digne élève fut encore choisi pour le remplacer.

La renommée de son enseignement fit affluer en Écosse une nombreuse jeunesse, suivant avidement les leçons du célèbre professeur. C'est à cette époque qu'il entretenait une correspondance active avec les chimistes les plus distingués de l'Europe, et en particulier avec Lavoisier, qui se plaisait à l'appeler son maître. Il s'opposait, avec beaucoup de chaleur et d'entraînement, à l'envahissement des théories nouvelles de la chimie pneumatique, soit par conviction, soit pour ne pas donner un démenti à ses travaux primitifs. Le Nestor de la chimie du xviii° siècle (c'est ainsi que Black était appelé par Fourcroy) mourut âgé de 71 ans. Ses mœurs étaient simples, austères; son caractère, froid et réservé.

M. Robison, son élève favori, nous a laissé des détails touchants sur les derniers jours de la vie de ce savant, admirable par la simplicité de son enseignement, et, ce qui vaut cent fois mieux encore, par sa haute moralité. Sa mort était calme comme l'avait été sa vie.

« Le 26 novembre 1799, il expira sans qu'aucun symptôme eût précédé ce terrible passage. Il était à table : son régime ordinaire était un peu de pain, des prunes cuites, et pour boisson du lait mêlé d'eau. Il tenait sa coupe à la main, lorsque son pouls battit pour la dernière fois : il la posa sur ses genoux, qu'il tenait serrés pour qu'elle ne tombât pas, et expira à l'instant, sans qu'une goutte de boisson fût versée et sans qu'aucun de ses traits eût changé. On aurait dit qu'il était là encore comme une expérience pour montrer à ses amis combien il est facile de mourir. Dans ce moment son domestique ouvrit la porte pour lui annoncer une visite; son maître ne répondant pas, il avança de quelques pas; mais le voyant tranquillement assis et tenant sa coupe sur ses genoux, il le crut endormi, ce qui lui arrivait souvent après le repas. Il s'en retourna. Mais, à moitié de l'escalier, une sorte d'inquiétude l'engagea à revenir auprès de son maître; il le retrouva dans la même position, et se préparait encore une fois à s'en aller, lorsqu'un nouveau scrupule le fit approcher tout à fait : Black n'était plus.

« Black n'était pas seulement un savant, ajoute Robison, qui vivait dans sa plus grande intimité; rien de ce qui peut contribuer à l'agrément de la société ne lui était étranger, et il savait parler de bagatelles comme des objets les plus profonds. Il avait l'oreille très-musicale, et il chantait avec beaucoup de goût; il était assez bon musicien pour exécuter un air à la première vue; et je n'ai jamais entendu personne apprécier avec autant de justesse et d'intelligence les divers caractères des compositions musicales, soit nationales, soit étrangères, et les comparer entre elles avec autant de sagacité. Il cessa de cultiver ces talents, lorsqu'il vint s'établir à Édimbourg. Son cours de chimie était l'objet de tous ses soins. Chaque année il s'étudiait à rendre son cours encore plus simple et plus familier, et à varier les expériences qui lui servaient d'exemples. Personne ne les a jamais faites avec plus de grâce et avec un succès plus constant. C'est en étudiant l'optique de Newton qu'il prit l'habitude de ces raisonnements par induction dont on trouve là de si heureux modèles, et qui le conduisirent ensuite si rapidement dans la route des découvertes. »

Travaux de Black.

Black n'a rédigé lui-même qu'un très-petit nombre de mémoires qui se trouvent insérés dans les *Philosophical Transactions of London*, et dans les *Physical and litteray essays and observations by a Society in Edinburg*. Comme Rouelle, il se fit plutôt connaître par son enseignement, qui avait un immense retentissement. Ses leçons, dans lesquelles il se plaint quelquefois avec aigreur de Lavoisier, furent rédigées après sa mort sur les manuscrits de l'auteur par un de ses élèves les plus distingués, M. Robison, et publiées sous le titre de *Lectures on the elements of chemistry, delivered in the university of Edinburgh, by the late J. Black; new published from his manuscripts, by John Robison, professor of natural philosophy*, etc. (1).

Nous avons fait connaître les recherches de Fred. Hoffmann sur une terre alcaline différente de la chaux, la *magnésie* (2). Black est venu compléter ces recherches par des observations nouvelles. C'était le premier travail du célèbre professeur d'Édimbourg. « Lorsque je commençai, dit-il, à faire des expériences de chimie, j'eus la curiosité d'examiner de plus près la terre décrite

---

(1) Édimburg, 2 vol. in-4, 1803. — Cet ouvrage, tiré à un très-petit nombre d'exemplaires, est aujourd'hui très-rare.

(2) Voy. p. 237.

par Hoffmann. Le résultat de ces expériences me suggéra, quelque temps après, l'idée de donner une explication plus satisfaisante de l'action de la chaux vive sur les sels alcalins (carbonates) ; et je me trouvai ainsi engagé dans une série de recherches qui devaient plus tard répandre une vive lumière sur beaucoup de points importants de la chimie.

« Vers cette époque (année 1754), les docteurs Whytt et Alston, professeurs à l'université d'Édimbourg, avaient entamé une discussion de médecine pratique d'un grand intérêt ; le premier soutenait que l'eau de chaux faite avec la chaux des coquilles d'huître (*lime-water of oyster-shell lime*) est plus efficace pour dissoudre les calculs de la vessie que l'eau de chaux préparée avec la pierre calcaire ordinaire ; le docteur Alston donnait à cette dernière eau la préférence. Attentif à cette discussion, j'avais conçu l'espérance qu'en essayant un grand nombre de terres alcalines, je pourrais peut-être en rencontrer quelques-unes qui fussent différentes, par leurs qualités, des espèces communes, et qui donnassent une eau encore plus efficace que la chaux des coquilles d'huître. Je commençai donc mes recherches par la terre dont Hoffmann a fait mention (1). »

Black préparait la magnésie (à l'état de carbonate) en traitant une solution de sel *cathartique amer* (sulfate de magnésie) par la potasse commune (carbonate). Voici les caractères qu'il en donne, et qui désormais ne permettaient plus de confondre la magnésie avec la chaux :

1° Elle (magnésie carbonatée) fait effervescence avec les acides, et les neutralise. Les composés qu'elle forme avec les acides sont différents de ceux que donne la chaux avec ces mêmes acides.

2° Elle précipite la terre calcaire de ses combinaisons avec les acides.

3° Exposée à l'action du feu, elle ne se change pas en chaux vive.

4° Calcinée et traitée par l'eau, elle ne donne point de solution sensible au goût ; elle est donc, contrairement à la chaux vive, insoluble dans l'eau.

Cependant Black n'ignorait pas que la magnésie (carbonate)

____

(1) *Lectures on the elements of chemistry*, etc., vol. II, p. 52.

soumise, pendant quelques heures, à l'action d'une forte chaleur rouge (magnésie calcinée), possède des propriétés différentes qui fixèrent toute son attention.

D'abord il avait remarqué que la magnésie calcinée a considérablement diminué de volume, que son poids est également moindre; de telle sorte que 12 parties sont réduites à 5, et qu'elle se dissout dans les acides, sans effervescence, bien que les sels qu'elle forme avec les acides ne diffèrent point de ceux que ces mêmes acides forment avec la magnésie non calcinée.

Ces résultats l'engagèrent à poursuivre ses recherches, afin de s'assurer comment le feu avait opéré ces changements, et *quelle était la matière qui s'était séparée par l'action de la chaleur, et qui avait ainsi diminué le poids et le volume de la magnésie.*

« Dans cette fin, je mis, dit-il, une quantité déterminée de magnésie (carbonate) dans une cornue de verre, à laquelle j'adaptai un récipient entouré d'eau froide. Je chauffai jusqu'au rouge; mais je n'obtins qu'une très-petite quantité de fluide aqueux (*a very small quantity of watery fluid*), contenant des traces d'une matière volatile; et pourtant la magnésie avait beaucoup perdu de son poids. Ce fait m'étonna, et me rappela certaines expériences de Hales. Je soupçonnai alors que la perte du poids qu'avait éprouvée la magnésie serait peut-être due à la sublimation d'une matière aérienne élastique (*elastic aerial matter*), ou d'un air à travers le lut de l'appareil. Je me confirmai encore davantage dans cette pensée, en songeant à ce que l'effervescence que la magnésie fait avec les acides pourrait bien provenir de l'expulsion d'un air combiné avec cette substance.

« Pour me corroborer encore davantage dans mon opinion, je réfléchis au moyen de rendre, s'il était possible, à la magnésie calcinée l'air qu'elle avait perdu par la calcination. Et je me demandai d'abord comment la magnésie avait acquis cet air : elle ne pouvait le contenir pendant qu'elle était encore combinée avec l'acide sulfurique dans le sel d'Epsom; car l'effervescence que la magnésie produit, au contact d'un acide, prouve que celle-ci ne peut pas être combinée en même temps avec un acide et avec cet air en question. *La magnésie ne peut donc avoir reçu cet air que de l'alcali (carbonate) employé pour la précipiter* (1). »

____

(1) *Lectures on the elements of chemistry*, etc., vol. II, p. 59.

A l'appui de ces raisonnements, Black fit l'expérience suivante, tout à fait décisive :

« Je pris, dit-il, 120 grains de magnésie commune ; je la calcinai dans un creuset, de manière à lui faire perdre 70 grains de son poids. Cette magnésie, ainsi calcinée, fut ensuite dissoute sans effervescence dans une quantité suffisante d'acide vitriolique dilué, et la liqueur fut précipitée par une solution chaude d'alcali fixe commun (carbonate de potasse). Enfin, en pesant ce précipité, convenablement lavé et desséché, il fut aisé de me convaincre que la magnésie avait recouvré, à une légère différence près (*except a mere trifle*), la totalité du poids qu'elle avait perdu par la calcination. Et ce précipité se comportait en tout comme la magnésie commune. »

Cette expérience le confirma dans l'idée que la magnésie reçoit une certaine quantité d'air de la part de l'alcali employé pour la précipiter. Il expliqua ensuite parfaitement le double échange d'acide et de base, et conclut que la somme des forces qui tendent à unir l'alcali avec l'acide est plus grande que la somme de celles qui tendent à unir la magnésie avec l'air en question (gaz acide carbonique).

Bientôt après, Black fit une expérience qui devait lui assurer le mérite de la découverte du gaz acide carbonique. Voici comment il la décrit : « Mettez un peu de sel alcalin (carbonate de potasse), ou de chaux, ou de magnésie (carbonatées) dans un flacon contenant un acide étendu ; fermez aussitôt l'ouverture du flacon avec un bouchon de liége, par lequel passe un tube de verre recourbé en col de cygne (*bent into a swan-neck*); l'autre extrémité du tube est (d'après la méthode de Hales) introduite dans un vase de verre renversé, rempli d'eau et placé dans une cuvette de même liquide. Vous verrez aussitôt une vive effervescence et de nombreuses bulles élastiques traverser l'eau pour en gagner la surface, en déprimant la colonne du liquide. Ce n'est donc pas là une vapeur momentanée qui s'échappe, mais un fluide élastique permanent, non condensable par le froid. »

C'est à ce fluide élastique que Black donna le nom d'*air fixe* ou *fixé* (*fixed air*), qui fut, quelques années après, changé, par Bergmann, en celui d'*acide aérien*, et enfin en celui de *gaz acide carbonique*. Ce dernier nom a prévalu.

« Dans la même année 1757, continue Black, pendant laquelle j'avais publié le premier rapport de mes expériences, j'avais découvert que cette espèce d'air, absorbable par les alcalis, est mortel pour tous les animaux qui respirent à la fois par la bouche et par les narines. Mais j'eus occasion d'observer que des moineaux qui mouraient dans cet air au bout de dix à onze secondes pouvaient y vivre trois ou quatre minutes, lorsque les narines de ces oiseaux avaient été préalablement fermées avec du suif. Je pus me convaincre que le changement qu'éprouve l'air salutaire sous l'influence de la respiration consiste principalement, sinon uniquement (*if not solely*), dans la transformation d'une partie de cet air en air fixe : car j'avais remarqué qu'en soufflant à travers un tuyau de pipe dans de l'eau de chaux ou dans une solution d'alcali caustique, la chaux se précipitait, et que l'alcali perdait de sa causticité. »

Dans la même année, il trouva que l'air qui se produit pendant la fermentation est de l'air fixe, ce qu'avait déjà constaté Van-Helmont, qui avait donné à cet air le nom de *gaz sylvestre*. Dans la soirée du même jour où il avait fait cette observation, Black démontra, au moyen de l'eau de chaux, que la combustion du charbon donne naissance à de l'air fixe; il confirma ainsi expérimentalement l'opinion de Van-Helmont.

Black arriva le premier, par ses belles expériences, à conclure que les alcalis et les terres alcalines renferment tous une certaine quantité d'air fixe qui, au contact d'un acide, se dégage avec effervescence; que cet air est fortement combiné avec les alcalis, puisque la chaleur la plus forte ne suffit pas pour leur faire perdre leur effervescence avec les acides ; que les alcalis sont en quelque sorte neutralisés par cet air (*in some measure neutralized*); que la chaux calcinée (ainsi que tout alcali caustique), exposée à l'air libre, attire peu à peu les particules de l'air fixe qui existe dans l'atmosphère; enfin (et en cela Black s'éloigne entièrement de l'opinion de Hales) que tout air n'est pas de l'air fixe, mais qu'il faut admettre une distinction entre la plus grande partie de l'air atmosphérique, et cet air qui forme la crème de l'eau de chaux.

Croirait-on que ces déductions si nettes, si rigoureuses, eussent été vivement attaquées par plusieurs chimistes, qui étaient sur le point d'entraîner la conviction même de Lavoisier?

Mais le plus beau fleuron de la couronne de Black, c'est la découverte de *la chaleur latente*, que vainement on a cherché à lui ravir. C'était la pierre angulaire de l'édifice de Lavoisier, de la théorie de la combustion.

Les recherches de Black sur la chaleur latente datent de l'année 1762 (1). Il se demanda d'abord pourquoi la glace fond si lentement sous l'influence de la chaleur ; fait inexplicable par les théories généralement émises sur la fusion des corps. Dans la première expérience qu'il fit pour éclaircir cette question, il trouva que, pendant que l'eau à 0° s'élève à la température de 7°, la même quantité de glace, également à 0°, quoique soumise à la même chaleur que l'eau, exige un temps 21 fois plus long, pour arriver à la même température de 7° (7 × 21 = 147) ; et qu'il y a, par conséquent, 140 degrés (Fahrenh.) de chaleur d'absorbés que le thermomètre n'indique pas.

Pour mieux éclaircir encore cette question de l'absorption et du recel de la chaleur (*the absorption and concealment of heat*), il fit l'expérience suivante :

« Lorsqu'on mélange ensemble quantités égales d'eau chaude et d'eau froide, le mélange s'opère d'une manière égale partout, et la température du mélange est la moyenne entre celle de l'eau chaude et de l'eau froide. »

Black entre ensuite dans les détails de plusieurs expériences par lesquelles il établit que, lorsqu'on fait fondre de la glace dans une égale quantité d'eau à 176° (Fahrenh.), le mélange qui en résulte est à peu près à la température de la glace fondante. Cette quantité considérable de chaleur qui disparaît et que le thermomètre n'indique pas, Black l'appela *chaleur latente* (*latent heat*).

L'eau bouillante marque toujours le même degré de température, quelle que soit la chaleur qu'on lui applique. Black donne ce fait comme une chose déjà connue, mais il démontre expérimentalement que, pendant la vaporisation, il y a une grande quantité de chaleur d'absorbée, laquelle n'est point accusée par le thermomètre, et qu'il arrive ici ce qui se passe pendant la liquéfaction des corps solides. « De même que la glace, dit-il, combinée avec une certaine chaleur, constitue l'eau ; ainsi l'eau combinée avec une nouvelle quantité de chaleur constitue la vapeur. »

L'illustre professeur d'Édimbourg semble plus d'une fois reprocher à Lavoisier d'avoir profité des découvertes d'autrui, de se les être appropriées subrepticement, sans rendre toujours justice à qui de droit. Ces reproches paraissent exagérés. Car voici comment

(1) Voy. *Lectures on the elements of chemistry*, etc., vol. I, p. 161.

Lavoisier s'exprime dans une lettre adressée à Black, qu'il appelle son maître :

« J'apprends avec une joie inexprimable que vous voulez bien attacher quelque mérite aux idées que j'ai professées le premier contre la doctrine du phlogistique. Plus confiant dans vos idées que dans les miennes propres, accoutumé à vous regarder comme mon maître, j'étais en défiance contre moi-même, tant que je me suis écarté, sans votre aveu, de la route que vous avez si glorieusement suivie. Votre approbation, monsieur, dissipe mes inquiétudes, et me donne un nouveau courage. Je ne serai content jusqu'à ce que les circonstances me permettent de vous aller porter moi-même le témoignage de mon admiration, et de me ranger au nombre de vos disciples. La révolution qui s'opère en France devant naturellement rendre inutiles une partie de ceux attachés à l'ancienne administration, il est possible que je jouisse du plaisir de la liberté ; et le premier usage que j'en ferai sera de voyager, et surtout en Angleterre et à Édimbourg, pour vous y voir, pour vous entendre, et profiter de vos leçons et de vos conseils. »

Cette lettre, si simple et si touchante, est datée du 14 juillet 1790, et imprimée dans le Cours de chimie de Black, publié par Robison (1). Répond-elle aux accusations jalouses que plusieurs chimistes distingués ont portées contre le grand maître de la chimie moderne ?

§ 6.

Les travaux de Black furent en partie repris en sous-œuvre par divers savants, au nombre desquels on compte particulièrement Macbride, Cavendish et Jacquin.

Le célèbre chirurgien de Dublin s'est fait un nom dans l'histoire de la chimie par ses *Essais d'expériences sur la fermentation des mélanges alimentaires, sur la nature et les propriétés de l'air fixe, sur les vertus respectives de différentes espèces d'antiseptiques, sur le scorbut, et sur la vertu dissolvante de la chaux vive* (2). Le principal mérite de Macbride est d'avoir fixé l'attention

---

(1) *Lectures on the elements of chemistry*, vol. II, p. 219.

(2) Experimental Essays on the fermentation of alimentary mixtures, on the nature and proprieties of fixed air, etc.; London, 1764, 8. — Traduit en français : *Essais d'expériences*, etc., par Abbadie; Paris, 1766, in-12. Trad. en allemand : *Durch Erfahrungen erläuterte Versuche*, etc., p. Rahn; Zurich, 1766, 8.

des chimistes et des médecins sur le rôle important que l'*air fixe* de Black joue dans les êtres animés. « Tous les corps de la nature, dit-il, doivent la force, la consistance et la cohésion de leurs parties à l'air fixe qu'ils contiennent ; en les privant de cet air par un moyen quelconque, ils perdent bientôt l'adhérence réciproque des différentes molécules qui les composent : de là résulte la putréfaction pour les substances qui en sont susceptibles, et celles qui ne le sont pas se réduisent en poussière. » C'était là aussi l'opinion de Hales. Black n'ayant pas assez généralisé ses idées sur l'air fixe, Macbride vint, en quelque sorte, combler cette lacune, en établissant la théorie suivante : des trois règnes, le règne animal est celui qui renferme le moins d'air fixe, tandis que le règne végétal en contient beaucoup ; la fermentation et la putréfaction sont enrayées, lorsqu'on arrête le dégagement de l'air fixe ; et, en rendant cet air à des matières putrides, on peut les ramener à leur premier état. C'est en raison de ces principes qu'il recommande aux scorbutiques l'usage de l'air fixe ou des liqueurs qui en renferment, comme le moût de bière, etc.; car le scorbut est défini : « une maladie putride, faute de ce principe qui est le lien et le ciment des corps. »

Macbride assure avoir assaini des morceaux de viande putréfiés, en leur rendant l'air fixe qu'ils avaient perdu, soit en les exposant à l'action du fluide élastique (air fixe) qui se dégage d'une substance en fermentation, soit en les soumettant à l'effervescence produite par l'emploi d'un acide avec un alcali (carbonaté). Les astringents sont, selon lui, de puissants antiseptiques, parce qu'en resserrant les pores du corps, ils y retiennent l'air fixe, et empêchent, par ce moyen, la désunion des parties, cause de la putréfaction.

Ses expériences sur la chaux tendent à établir que cette substance ne doit son état d'agrégation qu'à la grande quantité d'air fixe qu'elle contient ; que si elle l'a perdu, on peut le lui rendre en l'exposant à une matière en fermentation, ou tout simplement à l'air libre ; que la chaux hâte la putréfaction, et qu'elle décompose les matières animales, en leur enlevant l'air fixe qu'elles contiennent.

L'auteur essaye enfin de prouver expérimentalement que l'alcali volatil qui se développe par le progrès de la putréfaction des matières animales est tantôt combiné avec son air fixe, tantôt caustique, c'est-à-dire dépouillé de son air. Il dit aussi avoir reconnu que le sang putréfié, ainsi que l'esprit qu'on en tire, fait effervescence avec les acides, tandis que la bile également putréfiée, et la liqueur provenant des chairs en putréfaction, ne faisaient point effervescence.

Voilà, en résumé, les idées qui appartiennent à Macbride. Il serait inutile de reproduire les faits qu'il a en partie empruntés à Van-Helmont, à Hales et à Black.

L'ouvrage de Macbride fut, peu de temps après, suivi de quelques observations de Cavendish, dont le résultat se trouve consigné dans les Transactions philosophiques de Londres, années 1766 et 1767. On y trouve établi que l'alcali fixe absorbe, en se saturant, $\frac{5}{12}$ de son poids d'air fixe, et l'alcali volatil $\frac{7}{13}$; que l'eau peut dissoudre un peu plus de son volume d'air fixe, et que la quantité qu'elle est capable de dissoudre est en raison de la pression et de l'abaissement de la température; enfin que l'eau ainsi saturée d'air fixe peut dissoudre la chaux, la magnésie, le fer, et le zinc.

§ 7.

Malgré leur évidence, les faits signalés par Black et ses disciples, relativement à l'air fixe, ne furent pas acceptés par tous les chimistes.

Frédéric Meyer, apothicaire d'Osnabruck, publia, en 1764, un livre intitulé *Essais de chimie sur la chaux vive, la matière élastique et électrique, le feu, et l'acide universel* (1). La théorie qu'il y développe se trouve en opposition directe avec les faits ; c'est un exemple curieux de cet aveuglement de l'esprit humain, qui se refuse systématiquement à la lumière de la vérité. Selon ce chimiste, la pierre calcaire, loin de perdre, gagne au contraire quelque chose pendant sa calcination. On sait que la chaux crue (carbonate de chaux), effervescible avec les acides, soumise à l'action du feu, se convertit en chaux vive (chaux caustique), en abandonnant son acide carbonique. Suivant Meyer, c'est tout le contraire qui se passe : la chaux crue, qui se distingue de l'autre par son défaut de causticité et d'insolubilité, absorbe dans le feu un acide particulier, appelé par l'auteur *acidum pingue*, lequel transforme la pierre calcaire (carbonate) en chaux caustique, et lui enlève la propriété de faire effervescence avec les acides. Il en est de même lorsqu'on

____

(1) Chymische Versuche zur nähern Erkenntniss des ungelöschten Kalks, der elastischen und electrischen Materie, etc.; Han. et Leipz., 1764, 8. Trad. en français par le Dreux; Paris, 1766, 12.

verse de l'alcali fixe ou volatil (carbonate de potasse ou d'ammoniaque) dans de l'eau de chaux ; la chaux se trouble en cédant à l'alcali son *acidum pingue*, et en lui donnant ainsi la causticité qu'elle perd. Deux objections devaient faire crouler immédiatement ce vain échafaudage : la première, c'est que la chaux perd de son poids lorsque, selon la théorie de Meyer, elle absorbe son *acidum pingue*, et vice versâ. Il y a donc là contradiction flagrante avec les faits. La seconde objection, qui est sans réplique, c'est que ce prétendu acide est un être fantastique. Si vous demandez à l'auteur de vous montrer son *acidum pingue*, il vous répondra que c'est une matière très-proche de celle du feu et de la lumière ; que c'est par le *latus* de cet acide que la chaux s'unit aux huiles, qu'elle dissout le soufre ; que c'est lui qui s'échappe du charbon qui brûle ; que c'est lui qui augmente le poids des métaux pendant la calcination, etc.

On voit que c'est un véritable factotum ; c'est l'acide carbonique, c'est l'oxygène, c'est tout ce que l'on voudra, sauf un être réel. Voilà ce qui ne manque jamais d'arriver lorsqu'on viole la raison et l'expérience, pour complaire à son imagination.

On s'abuserait étrangement si l'on croyait que la théorie de Meyer devait, dès son apparition, tomber d'elle-même. Cette théorie, quelque radicalement fausse qu'elle soit, trouva des défenseurs, sinon nombreux, du moins très-ardents, qu'il faut tous condamner à l'oubli (1).

§ 8.

Jacquin, célèbre professeur de chimie et de botanique à Vienne, partageant la doctrine de Black, attaqua, un des premiers, l'ou-

____

(1) Il y a peut-être quelque chose de vrai dans le reproche que l'on a fait à Lavoisier de ne pas avoir rendu à Black la justice qu'il méritait. L'analyse qu'il fait de ce qu'il appelle *la théorie de Black* est fort sèche, et cache des sentiments qui ne conviennent pas à un homme de science ; tandis qu'en rendant compte du livre de Meyer, il commence ainsi : « Ce traité contient une multitude d'expériences, la plupart bien faites et *vraies*, d'après lesquelles l'auteur a été conduit à des conséquences tout opposées à celles de M. Hales, de M. Black et de M. Macbride. Il est peu de livres de chimie moderne qui annoncent plus de génie que celui de Meyer. » (*Opuscules physiques et chimiques, par Lavoisier*; Paris, 2ᵉ édit., 1801, p. 60.) L'ouvrage fantastique de Meyer, dirigé avec intention contre le travail de Black, ne méritait pas un pareil éloge.

vrage de Meyer. Mal lui en prit : toute l'école meyerienne se déchaîna après lui, et, ne pouvant le vaincre sur le terrain de la science, on le traîna dans le champ clos des personnalités ; on l'accabla d'injures et de calomnies, où l'absurde le dispute au ridicule. *Ab uno disce omnes !*

L'ouvrage que Joseph Jacquin publia, en 1769, en faveur de la doctrine attaquée par Meyer, a pour titre : *Examen chemicum doctrinæ Meyerianæ de acido pingui et Blackianæ de aere fixo, respectu calcis* (1). L'auteur reproduit en grande partie les expériences de Black et de Macbride ; il remarque, en outre, que la diminution de poids qu'éprouve la chaux commune (carbonate) dans le feu provient presque entièrement de l'air fixe qu'elle renferme, et que Meyer est dans l'erreur lorsqu'il attribue cette diminution seulement à la perte de l'eau contenue dans la chaux. La pierre calcaire renferme, selon Jacquin, environ six ou sept cents fois son volume d'air fixe ; il distingue dans les corps l'air de porosité et celui de combinaison. Le premier peut être dégagé par l'effet de la machine pneumatique ; le dernier, au contraire, est dans un état tout particulier qui ne lui permet plus de jouir de son élasticité. Il admet, avec Macbride, que la chaux et les alcalis caustiques décomposent les matières organiques, en leur enlevant cet air dont ils sont si avides. En parlant de la préparation de la chaux caustique, il fait une observation très-remarquable, savoir, qu'il faut une calcination prolongée pour que les couches intérieures de la pierre calcaire perdent leur air, et qu'il faut aussi que la chaleur dépasse celle de la fusion du verre.

Jacquin s'éloigne de Black, en soutenant à tort que l'air fixe de la chaux et des alcalis est le même que l'air atmosphérique.

Jacques Well (2) s'associa à l'entreprise de Jacquin, pour détruire l'école de Meyer, qui comptait alors en Allemagne de nombreux disciples, dont le plus fougueux était Crans, médecin du roi de Prusse. Il reproduit dans son livre (*Examinis chemici doctrinæ Meyerianæ rectificatio*) les arguments de Meyer, et les accompagne de personnalités contre Jacquin, complétement étrangères à la

---

(1) Vindobonæ, 1769, in-12.

(2) Rechtfertigung der Lehre von der figirten Luft, etc.; Vienne, 1771, 8. Forschung ueber die Ursache der Erhitzung des ungeloeschten Kalchs; Wien., 1772, 8.

science (1). Crans nie l'exactitude des expériences de Black et de Jacquin. La pierre calcaire, après sa calcination, n'est point, selon Crans, dépouillée de la propriété de faire effervescence avec les acides ; la chaux (caustique) peut se conserver longtemps à l'air, sans cesser d'être chaux ; et même, au bout d'un laps de temps assez considérable, elle acquiert plus de causticité ; la diminution du poids de la chaux calcinée provient de la perte de son eau ; la crème de chaux n'est autre chose qu'une chaux qui a perdu le principe caustique, c'est-à-dire l'*acidum pingue*, etc. Ce serait perdre notre temps que d'insister sur les objections futiles que Crans expose dans son pamphlet contre Jacquin et Black (2).

Nous en dirons autant de la dissertation inaugurale de Smeth (3), dont les conclusions fort singulières, et démenties par l'avenir, sont « que la doctrine de l'air fixe de Black n'est appuyée que sur des fondements incertains et débiles ; que, de la manière dont elle est présentée par ses partisans (Macbride, Jacquin, etc.), elle ne peut soutenir un examen sérieux, et qu'elle ne sera que l'opinion du moment. »

De la lutte que Black eut à soutenir contre ses adversaires, et d'où il devait nécessairement sortir victorieux, il ressort ce haut enseignement philosophique : La *Vérité* reste calme au milieu de la tempête qui l'assaille ; elle méprise les injures de l'*Erreur*, qui se démène et s'irrite en raison même de son impuissance.

§ 9.

Coup d'œil sur l'état des sociétés savantes au commencement du XVIIIᵉ siècle.

L'*Italie*, qui avait la première donné l'exemple de la création

----

(1) Lips., 1778.

(2) Un fait qui viendrait encore à l'appui de ce que nous avons fait observer dans la note de la pag. 363, c'est que Lavoisier, après avoir consacré seulement cinq pages et demie à l'analyse du beau travail de Black sur l'air fixe, consacre quinze pages à l'analyse du méchant pamphlet de Crans, et vingt-deux pages à celle de la thèse de Smeth, qui renferme plus d'erreurs que de faits ; et encore ces derniers, loin d'être nouveaux, ne sont qu'empruntés à Priestley et à des chimistes plus anciens. (*Opuscules physiques et chimiques* de Lavoisier, p. 73-110).

(3) Sur l'air fixe ; Utrecht, 1772, in-4 (101 pages).

des sociétés savantes, continue à occuper le rang qui lui appartient. Dès l'année 1690, Ant. de Via, Manfredi, de Sandris, auxquels s'adjoignirent J. B. Morgagni et Stancari, réunissaient autour d'eux un grand nombre de gens studieux et zélés pour le progrès des sciences. Ils se donnaient le nom de société des *Inquieti*, et s'assemblaient, depuis 1705, dans la maison du comte de Marsigli. C'était là le noyau de l'*Académie des sciences et des arts de Bologne*, laquelle, établie en 1712, fut solennellement confirmée en 1714. A dater de l'année suivante, elle commença ses séances publiques et ses travaux, qui avaient pour objet les sciences mathématiques, physiques et naturelles (1). La chimie n'y figure qu'au second rang. On y remarque cependant quelques mémoires de GALEAZZI sur les calculs biliaires (2), de BECCARI sur le gluten et le lait (3), de MENGHINI sur l'existence du fer dans le sang, et sur l'action dissolvante de certaines eaux sur les calculs de la vessie (4); de Th. LAGHI sur les particules ferrugineuses dans les cendres des végétaux, et sur l'action de l'air corrompu par diverses émanations (5).

L'Académie des *Fisio-critici* de Sienne, qui avait, en 1691, pris naissance sous le patronage du cardinal Fr. Medici, ne commença à publier le 1er volume de ses travaux qu'en 1760, époque de sa restauration (6). On y lit quelques observations de J. BALDASSARI sur un sel calcaire des environs de Sienne, sur l'amiante, et sur la prétendue existence d'un acide vitriolique sec naturel (7).

La cour de Toscane, de même qu'elle avait autrefois puissamment encouragé les arts, ne négligea rien pour agrandir le domaine des sciences. Cosme III s'était associé aux expériences d'Averami et de Targioni relatives à la combustion du diamant. Il ré-

---

(1) Voy. Journal des savants, sept. 1715. — J. G. Bolletti, dell' origine et de' progressi dell' Instituto delle scienze di Bologna, etc.; Bologna, 1751, 8. — Le premier volume des travaux de cette Académie parut en 1731, sous le titre de *De Bononiensi scientiarum et artium Instituto atque Academia Commentarii*; Bonon., 4.

(2) De Bononiensi scient. et art., etc., t. I.

(3) Ibid., t. II, p. 1 (1745). — T. V, p. 1 (ann. 1767).

(4) Ibid., t. II, p. 1. — T. IV (ann. 1757).

(5) Ibid., t. II, p. III (ann. 1747.) — T. III (ann. 1755).

(6) *Gli atti dell' Academia delle scienze di Siena, detta de' Fisio-critici*; Siena, 4.

(7) Atti dell' Academia, etc., t. IV (ann. 1771). — T. V (ann. 1774).

sulta de ces expériences coûteuses que le diamant, brûlé au foyer d'un miroir ardent, se consume et disparaît, sans laisser aucun résidu (1). On ne se doutait pas encore que le diamant n'est que du charbon pur, et qu'il se réduit, par la combustion, en un fluide aériforme (gaz acide carbonique). — Ces expériences furent répétées, en 1751, avec le même succès, par un des successeurs de Cosme III; on fit des essais semblables sur le rubis, mais on n'obtint pas les mêmes résultats qu'avec le diamant.

Le comte de SALUCES (Saluzzo), CIGNA et L. DE LA GRANGE avaient fondé à Turin une société ayant pour objet l'étude des sciences mathématiques et physiques. Cette Société fit, en 1758, paraître ses premiers travaux, d'abord en latin, ensuite en français, après qu'elle eut été érigée en Société royale (2). On y trouve les recherches de Saluces sur le fluide élastique que dégage la poudre à canon, lorsqu'elle s'enflamme. Il avait assigné à ce fluide les propriétés de l'air atmosphérique, en ajoutant cependant que celui-ci diffère de l'air commun, en ce qu'il éteint la flamme d'une chandelle et qu'il tue les animaux qui le respirent. Il avait aussi reconnu que le fluide élastique ainsi dégagé occupait un espace deux cents fois plus grand que celui de la poudre dont il provenait (3). Ce même savant avait fait des observations sur l'action de la chaux vive sur différents corps (4), sur les changements de couleur que subit le suc de violette de la part de diverses substances (5), sur le blanchiment et la teinture de la soie (6), sur différents produits végétaux et animaux (7).

§ 10.

La Société royale des sciences de Londres, cette riche pépinière de savants, compte au nombre de ses membres des chimistes distingués. J. BROWN publia des recherches sur le sel amer, sur

---

(1) Giornale de' Letterati d'Italia, vol. VIII, art. 9.

(2) Miscellanea philosophico-mathematica Societatis privatæ Taurinensis; August. Taurin., t. I, 1758, 4. — Mélanges de philosophie et de mathématiques de la Société royale de Turin, 4.

(3) Mélanges de philosophie, etc., années 1760 et 1761.

(4) Ibid., 1762-1765, p. 73.

(5) Ibid., p. 153.

(6) Ibid., p. 174-177.

(7) Ibid., p. 193, 199.

le bleu de Prusse dont Woodward avait déjà fait connaître la composition, en émettant l'opinion qu'il ne serait pas impossible de préparer cette matière sans le concours du sang (1). WATSON, qui avait fait connaître le platine, décrivit les phénomènes que présente l'eau chargée de sels à différents degrés; il examina la méthode d'Appely pour rendre l'eau de mer potable (2). Th. PERCEIVAL communiqua des observations sur les propriétés vénéneuses du plomb, sur le quinquina, et les principes organiques amers et astringents (3). J. CANTON apprit le moyen de préparer, par la calcination d'un mélange de fleurs de soufre et de coquilles, une substance analogue à la pierre de Bologne, et qui fut depuis désignée sous le nom de phosphore de *Canton* (4).

SLARE, SMITH, COLES, SOUTHWELL, HARRIS, ROBIN, FROBENIUS, MORTIMER, SEEHL, MITSCHELL, PRINGLE, HUXHAM, BROWNRIGG, CHAPMAN, WOLF, MONRO, HEWSON, DELAVAL, HARTLEY, SHORE, IRWIN, DAVISON, FRENCH, RAMSAY, MACLURG, Th. YOUNG, HORTON, REDMOND, GODFREY, PLUMMER, ont discuté, dans leurs mémoires, différents points de chimie minérale et de chimie organique, qu'il serait inutile de reproduire.

Au nombre des chimistes anglais, membres de la Société royale de Londres, qui, dans la première moitié du XVIIIe siècle, se sont fait remarquer pour leurs travaux, il faut compter surtout LEWIS. On lui doit une dissertation très-étendue sur le *platine*, métal alors tout nouveau. Le nom de *platine* vient de l'espagnol *plata*, argent, dim. *platiña*, petit argent. Le platine, d'abord connu sous le nom d'*or blanc*, fut découvert en Amérique par les Espagnols, qui le considéraient comme une espèce particulière d'argent. Ce métal n'a été introduit en Europe qu'en 1740. On le connaissait depuis fort longtemps en Amérique, mais on n'en faisait aucun usage. Les employés du gouvernement espagnol avaient même, dit-on, ordre de jeter le minerai de platine dans la mer, afin qu'on ne l'employât pas frauduleusement pour l'allier avec l'or. Ce n'est point

---

(1) Philosoph. Transact., vol. XXXIII, p. 17.

(2) Ibid., vol. LX, p. 323 — XLVIII, p. 69.

(3) Ibid., LVII. — Observations and experiments on the poison of lead; Lond., 1774, 12. — Essays on the astringent and bitter, etc.; Lond., 1767, 8.

(4) Philosoph. Transact., vol. LVIII, p. 337.

Scheffer, comme on l'a dit, mais WATSON, qui décrivit le premier, en 1749, le platine comme un métal particulier (1).

« Ce dernier métal, dit l'auteur, me fut présenté pour la première fois il y a neuf ans (en 1740), par Charles Wood, qui le trouva à la Jamaïque, où il avait été apporté de Carthagène (2). »

Le mémoire de Watson fut peu de temps après suivi du travail de Lewis : *Expériences sur une substance blanche qu'on dit avoir été trouvée dans les mines d'or des Indes occidentales* (3). —Après un rapide aperçu historique, où il est dit que le platine, appelé aussi *pinto* ou *Juan blanco* par les Espagnols, avait été originairement regardé comme de l'or déguisé sous une enveloppe blanche, difficile à fondre, Lewis décrit la plupart des propriétés de ce métal nouveau. Il trouva le poids spécifique du platine de 18 à 19.

En 1752, Scheffer publia, dans les *Actes de l'Académie des sciences de Suède* (4), une notice sur ce même sujet, qui est ainsi résumé : 1° l'or blanc (platine) est un métal ; 2° c'est un métal noble, car il résiste au feu comme l'or et l'argent ; 3° ce n'est point un des six métaux des anciens, ce n'est ni l'or ni l'argent ; c'est donc un métal nouveau. — Marggraf confirma, en 1756, par de nouvelles recherches, les données de Lewis et de Scheffer. — Un auteur italien, Cortinovis (*Opuscoli scelti sulle scienze*, etc., Milano, 1790, in-4) chercha à prouver, dans une savante dissertation, que le platine était connu des anciens sous d'autres noms (*la platina è stata conosciuta anticamente sotto altri nomi*).

Il cite entre autres, à l'appui de son opinion, le passage suivant de Servius, ancien commentateur de Virgile : *Sunt tria electri genera : unum ex arboribus, quod succinum dicitur ; aliud quod naturaliter invenitur ; tertium quod fit de tribus partibus auri et una argenti*. Mais un passage beaucoup plus explicite et plus

---

(1) Le mémoire de Watson se trouve inséré dans les *Philosophical Transactions of London*, vol. XLVI (déc. 1750), p. 584-596.

(2) Ibid., *This semi-metal was first presented to me about nine years ago*, etc.

(3) *Experimental examination of a white metallic substance said to have been found in the gold mines of West-Indies* ; Philosoph. Transact. of Lond., vol. XLVIII, p. 638-689.

(4) *Das weisse Gold oder siebente Metal, in Spanien Kleines Silber von Pinto genannt* (De l'or blanc ou du septième métal, appelé en Espagne petit argent de Pinto).

ancien que celui-là, est celui de Pline le naturaliste, que nous avons eu l'occasion de citer dans le tome Ier de cet ouvrage (1).

Outre le mémoire sur le platine, Lewis a donné un travail non moins étendu *sur l'or*, où l'on trouve même quelques indications vagues sur la dorure par la voie humide (2). Ses expériences *sur le verre* renferment des détails nouveaux sur la fabrication du verre opaque, ou de la fausse porcelaine (3); ses recherches *sur les couleurs* contiennent des faits précieux concernant la fixation de la couleur noire, la préparation de l'encre ordinaire, et la composition d'une encre indélébile, au moyen d'un mélange d'encre commune avec le noir de fumée et la gomme. C'était là, selon Lewis, l'encre avec laquelle ont été écrits les manuscrits les plus anciens, et dont nous admirons encore aujourd'hui, après tant de siècles, la stabilité (4).

On doit encore au zèle infatigable de W. Lewis, indépendamment du *Course of practical chemistry*, Lond., 8, 1746, des ouvrages relatifs à la pharmaceutique plutôt qu'à la chimie : *New Dispensatory, containing the theory and practice of pharmacy*; Lond., 1753 et 1765, 8; — *Experimental history of the materia medica*; Lond., 1761, 4.

<h3 style="text-align:center">§ 11.</h3>

En *Allemagne*, la fondation de la *Société des curieux de la nature* fut bientôt suivie de celle de l'Académie des sciences de Berlin. Leibnitz, qui partageait avec Newton l'admiration du monde savant, présenta le plan de cette Académie, en 1700, à Fréderic Ier, roi de Prusse. Les premiers travaux de l'Académie royale de Berlin furent imprimés en 1710, sous le titre de *Miscellanea Berolinensia* (5). En 1744, elle fut réformée par Frédéric

---

(1) Pag. 133. — La plupart de ces documents sur l'histoire du platine sont tirés des *Observations et recherches expérimentales sur le platine*, etc., par Ferd. Hoefer, broch. in-8; Paris, 1841, p. 6, note I.

(2) *Expériences physiques et chimiques sur plusieurs matières relatives au commerce et aux arts* (trad. de l'anglais, par de Puisieux); Paris, 1768, in-8, vol. II, p. 1-53.

(3) Ibid., p. 56-105.

(4) Ibid., p. 227-392.

(5) Cette publication fut continuée en 6 tomes ou séries jusqu'à 1743. Conti-

le Grand, d'après le modèle de celle de Paris, et publia dès lors ses travaux sous le titre : *Histoire de l'Académie royale des sciences et des belles-lettres de Berlin, avec les mémoires tirés des registres de cette Académie* (1).

Autour de la Société des curieux de la nature et de l'Académie des sciences de Berlin, sont venues plus tard se grouper la *Société des naturalistes de Dantzig* (2), la *Société de Bâle* (3), la *Société royale des sciences de Gœttingue* (4), l'*Académie des connaissances utiles d'Erfurt* (5), l'*Académie des sciences de Munich* (6).

Bien que la place qu'y occupe la chimie ne soit pas aussi large que celle des sciences naturelles, on y trouve cependant quelques mémoires qui ne sont pas tout à fait sans intérêt pour l'histoire de la science. On pourra citer parmi les chimistes un peu marquants : G. KAÏM, qui a fait des recherches sur la plombagine, sur l'arsenic, le cobalt, le nickel et le manganèse (7); J. Fr. HENCKEL, qui s'est distingué par ses expériences sur le sel marin contenu dans les végétaux, sur les usages de la silice, sur la préparation de l'arsenic métallique, sur le zinc, sur la coloration du verre par le cobalt et qu'il attribue au fer, sur la phosphorescence de la cadmie

---

nuatio I, 1723; *Continuatio* II, 1727; *Continuat.* III, 1734; *Cont.* IV, 1737; *Cont.* V, 1740; *Cont.* VI, 1743.

(1) Cette nouvelle série se compose, depuis 1745-1770, de dix-neuf volumes.

(2) Elle s'est réunie pour la première fois en 1741, et publia trois volumes (1747-1756). *Versuche und Abhandlungen der Naturforschenden Gesellschaft in Dantzig*, 4. Pour ce qui concerne la chimie, on n'y remarque qu'un article de Lürsenius sur la quantité de sel marin que renferme l'eau de mer près de Dantzig.

(3) La publication de ses travaux commence en 1751 : *Acta helvetica physico-mathematico-botanico-medica, figuris nonnullis œneis illustrata*, etc.; Basil., 4. On y remarque quelques articles de Zwinger et de Ryhiner.

(4) Fondée sous les auspices du célèbre Haller, la Société de Gœttingue fit paraître en 1752 le premier volume de ses actes : *Commentarii Societatis regiœ scientiarum Gœttingensis*; Gœtting., 4. Les premiers volumes ne renferment aucun article de chimie.

(5) Cette Académie, fondée en 1754, par l'électeur de Mayence Frédéric-Charles, publia en 1757 le premier volume de ses actes : *Acta Academiœ electoralis Moguntinœ scientiarum utilium, quœ Erfordiœ est*; Erford. et Goth., 8.

(6) Fondée en 1759, elle publia le 1er volume de ses mémoires en 1763 : *Abhandlungen der Churfürstlich Bayerschen Akademie der Wissenschaften*; Munich, 4.

(7) *Diss. chemica de metallis dubiis*; Vien., 1770, 8.

des fourneaux, etc. (1); H. KNAPE, sur l'acide de la graisse (2); J. G. GLEDITSCH, qui, indépendamment de ses travaux de botanique, a laissé des observations chimiques sur les matières végétales pouvant, dans le tannage du cuir, remplacer l'écorce de chêne; sur la nature de l'amidon, sur le natron (3); Valentin ROSE, qui essaya d'analyser le café et le seigle, et auquel on doit l'invention d'un alliage de plomb, de bismuth et d'étain, fusible dans l'eau bouillante (4); BRUNNWISER, qui indiqua le moyen d'extraire la matière colorante des végétaux, à l'aide de solutions d'acides minéraux (5).

F. Frédéric CARTHEUSEN s'était beaucoup occupé de la décomposition des matières organiques; il avait étudié les huiles essentielles, l'huile de cajeput, le miel, la cire, le sucre, le camphre, l'amidon, la graisse, les substances empyreumatiques et les sels (oxalates, malates, etc.) séparés des sucs végétaux par la cristallisation (6). Fr. Auguste CARTHEUSEN, fils du précédent, s'adonna davantage à la chimie minérale; il donna des notions sur le gypse employé comme fondant des minerais de fer, sur l'argile, le strass, l'acide borique, l'arsenic, l'antimoine, etc. (7). Auguste Cartheuser fit pour la chimie minérale ce que son père avait fait pour la chimie organique.

Le goût de la chimie semble être, pour ainsi dire, héréditaire dans certaines familles. Les Gmelin présentent, sous ce rapport, un exemple curieux. Jean-George GMELIN, dont le père avait été élevé à l'école du célèbre Hierne, répéta les expériences relatives à l'augmentation du poids des métaux par la calcination (8), et enseigna les moyens de

---

(1) Flora saturnizans, die Verwandschaft des Pflanzen mit dem Mineral-Reich, etc.; Leipz., 1722, 8. — Pyritologia oder Kiess-Historie, etc.; Leipz., 1725, 8. — Act. Acad. cæsar. natur. curios., t. IV et t. V.

(2) Diss. de acido pinguedinis animalis; Goetting., 1754, 8.

(3) Hist. de l'Acad. des sciences de Berlin, ann. 1755. — Beschæftigungen der Berlin. Gesellschaft naturforschender Freunde, vol. I.

(4) Berlin. Sammlungen, etc., vol. I. — Stralsundisches Magazin, vol. II.

(5) Abhand. der Churbayerschen Akad. der Wissenschaften, vol. VII.

(6) Dissertationes physico-chimico-medicæ, de quibusdam materiæ medicæ subjectis exaratæ, etc.; Francof. ad Viad., 1774, 8. — Vermischte Schriften aus der Naturwissenschaft, Chymie, etc.; Francf. sur l'Oder, 1757, 8.

(7) Mineralogische Abhandlungen, etc.; Giesen, 1773, 8. — Acta Acad. elect. Magunt. Scient. ut quæ Erford est, vol. II.

(8) Comment. Acad. imperial. Petropolit., vol. V, p. 277.

préparer des laques rouges avec le carmin et le bois de Fernambouc (1). Il donne, dans son voyage en Sibérie, fait par ordre du gouvernement russe, des renseignements intéressants sur les richesses minéralogiques des pays qu'il parcourut; il assure, comme témoin oculaire, que les peuples pasteurs de la Russie méridionale fabriquent avec le lait une liqueur enivrante (2). Son frère et successeur à la chaire de botanique et de chimie dans l'université de Tubingue, Philippe-Frédéric GMELIN, fit connaître quelques nouvelles préparations antimoniales; et son second frère, Jean-Conrad, publia des observations sur la préparation de l'eau de Hongrie, sur le bleu de Prusse, sur la dissolution du phosphore dans l'essence de girofle, sur un médicament secret préparé au moyen du sublimé corrosif, du vinaigre et de l'alcool, etc. (3). Les travaux de Jean-Frédéric, de Gottlob et de Léopold Gmelin appartiennent à une époque plus récente.

Charles-Abr. GERHARD avait choisi pour objet de ses recherches quelques produits végétaux astringents, diverses espèces de verres colorés ou incolores, l'appréciation de la bonté du fer, etc. (4).

Ulr. WALDSCHMIEDT de Kiel décrit, dans son *Collegium physico-experimentale*, quelques propriétés du phosphore, la coloration des solutions cuivreuses sous l'influence de l'air (5).

H. Gottl. JUSTI, de Goettingue, a laissé sur quelques points de chimie métallurgique des mémoires qui ne témoignent pas d'une méthode d'observation bien sévère. Il refusait au cobalt et au nickel le caractère métallique, et soutenait, en renouvelant la théorie des anciens, que l'eau est susceptible de se changer en air atmosphérique (6).

R. Augustin VOGEL communiqua, en 1753, des observations sur l'augmentation de poids qu'éprouvent certains corps pendant leur

---

(1) Act. Acad. cæs. natur. curios., vol. III, obs. 83.

(2) Epistol. ad Alb. Hallerum, vol. II (script. ab anno 1740-1748), 1773, n. 28.

(3) La plupart de ces travaux se trouvent imprimés dans *Commercium litterar. ad rei medicæ et scient. natural. increment. institut.*, ann. 1722, 1723, 1731, 1734, 1737, 1742, 1745.

(4) Voy. Beytræge zur Chymie und Geschichte des Mineralreichs; Berlin, 1773, 8. — Nouveau Mém. de l'Acad. de Berlin, ann. 1777, 1779, 1780, 1783. — Crell, chemische Annalen, ann. 1785, t. I.

(5) Collegium physico-experimentale curiosum, etc.; Kiliæ, 1717, 4.

(6) Gesammelte chymische Schriften, etc.; Berlin et Leips., 1760, 8.

calcination (1); sur le sel de seignotte, le foie de soufre, l'alcali minéral, etc.

L'université de Jéna était illustrée par Wolfgang et Adolphe Wedel. Ce dernier enseignait quelques nouveaux procédés pour la construction des fourneaux, pour la préparation de l'antimoine, etc.

Büchner, Henri Schulze, Michel Alberti et J. Juncker attirèrent à Halle une jeunesse nombreuse.

J. Ant. Scopoli, de Tyrol, a bien mérité des sciences naturelles, par la publication de son Annuaire (*Anni historico-naturales*). On n'y rencontre qu'un très-petit nombre d'articles de chimie (2).

Frédéric Delius ne s'est occupé de chimie qu'accidentellement, dans son *Recueil de Franconie* (*Frænkische Sammlungen*), si important à consulter pour l'histoire de la médecine et des sciences naturelles. On y remarque un travail de Weismann sur la préparation de l'alcali phlogistiqué (cyanure de potassium) employé pour fabriquer le bleu de Prusse, en calcinant, au contact de l'air, de la potasse avec du noir de fumée; sur la coloration rouge du verre au moyen du fer (3); sur l'utilisation du suc des baies de troène (*ligustrum album*), comme matière tinctoriale (4). On y lit des observations sur l'asphyxie par la combustion du charbon (5); sur le sucre extrait des sucs de l'érable, du noisetier et d'autres arbres indigènes (6). Du Hamel avait déjà donné la description du sucre d'érable (*acer saccharinus*), que les indigènes du Canada fabriquaient avant l'arrivée des Européens (7).

---

(1) Progr. quo experimenta chemicorum de incremento ponderis quorumdam igne calcinatorum examinat; Goett., 1753, 4.

(2) Annus historico-naturalis I; Lips., 1769, in-12. 5 fascicules. Le 5ᵉ fasc. fut publié en 1772.

(3) Frænkische Sammlungen, etc., vol. 1 (Nurenberg, 1756), 2ᵉ cah., p. 201

(4) Ibid., p. 312.

(5) Ibid., vol. III, p. 28.

(6) Ibid., vol. V, p. 36.

(7) « On distingue, dit un célèbre naturaliste, la liqueur sucrée qui découle de ces deux arbres; celle de l'érable blanc s'appelle *sucre d'érable*, et celle de l'érable rouge en plaine s'appelle *sucre de plaine*. On tire la liqueur en faisant des incisions aux deux espèces d'érables dont on vient de parler; ces incisions se font ordinairement ovales, et l'on fait en sorte non-seulement que le grand diamètre soit à peu près perpendiculaire à la direction du tronc, mais aussi qu'une des extrémités de l'ovale soit plus basse que l'autre, afin que la séve puisse s'y rassembler. On fiche au-dessous de la plaie une lame de couteau ou une mince

La Société royale des sciences de Copenhague, fondée en 1742 par L. de Holstein, ne commença qu'en 1745 à publier ses travaux en langue danoise (1). On y remarque quelques travaux de Heilmann, de Cappel, de Fabricius, de Schytte, de Thue et de Cnoll. Ce dernier croyait que le borax qu'on apporte des Indes orientales était fabriqué avec de l'alun, du suc d'euphorbe et de l'huile de sésame (2).

La *Russie* avait fait, depuis Pierre le Grand, des pas de géant dans la civilisation. La fondation de l'Académie impériale de Saint-Pétersbourg, en 1724, est un des plus beaux monuments de gloire de ce grand homme, dont la capitale du plus vaste empire éternise le nom (3). La Société économique de Saint-Pétersbourg, créée en 1765, contribua également à répandre dans ces vastes contrées le goût des sciences, des arts et de l'industrie (4). Nous citerons au nombre des chimistes russes : Mich. Lomonosow, qu'il ne faut pas confondre avec le poëte de ce nom ; George Model, Allemand de nation, qui indiqua des moyens de purifier le borax, le sel marin, le camphre, et qui découvrit un sel calcaire (oxalate) dans la racine de rhubarbe, etc. ; Leutmann, qui, dans son *Vulcanus famulans*, s'étend sur la construction des fourneaux chimiques (5) ; J. Gottlob Lehmann, qui communique, dans ses œuvres physico-chi-

---

règle de bois qui reçoit la séve, et la conduit dans un vase que l'on place au pied de l'arbre. Cette liqueur étant concentrée par l'évaporation, donne un sucre gras et roussâtre, qui est d'une saveur assez agréable. » *Traité des arbres et arbustes*, etc., 1755 ; Paris, 4, t. I, p. 32.

(1) *Skrifter, som in det Kongl. Videnskabers Selskab ere fremlagde og oplaste ; Kiobenhaven*, 4. Il en parut quelque temps après une traduction latine.

(2) Beaucoup de ces mémoires se trouvent dans *Prodromus præverlens continuata acta medica Hafniensia*, etc.; Hafn., 1753, 4.

(3) L'Académie impériale de Saint-Pétersbourg, qui s'est réunie pour la première fois à la fin de l'année 1725, publia, jusqu'en 1750, 14 volumes sous le titre : *Commentarii Academiæ scientiarum imperialis Petropolitanæ*; Petrop., 1728, 4. A dater de cette année, elle fit paraître, jusqu'en 1770, quatorze volumes sous le titre : *Novi Commentarii*, etc.

(4) Les travaux de cette Société, qui jusqu'en 1777 comprennent dix volumes, sont publiés en russe et en allemand : *Abhandlungen der freyen œkonomischen Gesellschaft in S. Petersbury*, etc.; Mittau et Riga, 1765, 8.

(5) *Vulcanus famulans, oder sonderbare Feuernutzung*, etc. ; Wittenberg, 1723, 8.

miques, plusieurs observations remarquables touchant la minéralogie et la géologie (1).

§ 12.

Les *Pays-Bas* étaient illustrés par un homme qui, par sa renommée européenne et l'étendue de ses connaissances, valait presque à lui seul une académie. Cet homme était BOERHAAVE.

La chimie était l'étude favorite de ce célèbre médecin, qui est né le 31 décembre 1668, dans le petit bourg de Woorhout, près de Leyde, ville où il fit ses premières études, et qu'il illustra par son nom. Son premier mémoire scientifique (dissertation inaugurale), traitant *de utilitate explorandorum excrementorum in ægris* (2), fit concevoir de grandes espérances sur le jeune médecin qui venait de prendre ses grades à l'université de Harderwyk.

La vie de Boerhaave et ses travaux appartiennent moins à l'histoire de la chimie qu'à celle de la médecine. Aussi serons-nous brefs.

En 1729, Boerhaave se vit contraint, par des raisons de santé, de se démettre des chaires de botanique et de médecine, autour desquelles s'était, pendant vingt ans, pressée une jeunesse nombreuse, accourue de toutes les parties de l'Europe. Il mourut le 23 septembre 1738. La ville de Leyde fit élever dans l'église de Saint-Pierre un monument orné du portrait de Boerhaave, avec la belle devise de cet homme célèbre : *Simplex sigillum veri*.

Son grand traité de chimie : *Elementa chemiæ*, où se trouvent résumés tous les travaux chimiques de l'époque, servit, pendant longtemps, de guide à ceux qui s'étaient voués à l'étude de cette science (3). Cet ouvrage, adopté dans toutes les écoles, fut traduit en français, en allemand et en anglais.

---

(1) Physikalisch-chymische Schriften, etc.; Berlin, 1761, 8.

(2) Harderwyk, 1693, 8.

(3) Elementa chemiæ, quæ anniversario labore docuit in publicis privatisque scholis; vol II, in-4; Lugd. Bat., 1732; Lond., 1732 et 1735; Paris., 1732, 1733, 1753; Basil., 1745; Venet., 1745, 1759; Lips., 1732.

Éléments de chimie, etc., traduits par Allamand; t. II, in-8; la Haye, 1748; Leyde, 1752. — Abrégé de la théorie chimique, tiré des écrits de Boerhaave, par M. de la Mettrie; Paris, 1741. Trad. anglaise; Lond., 1741, 4; 1742. — Trad. allemande; Halberstadt, 1732-1734, 9 vol. in-8.; ed. de Wiegleb; Berlin, 1782, 8.

Les questions agitées par les alchimistes ne semblaient pas indifférentes à Boerhaave. Lui aussi, s'était beaucoup occupé de la solution des problèmes concernant la transmutation des métaux, la solidification du mercure, l'extraction du mercure des métaux; mais il n'avait obtenu que des résultats négatifs (1). Il avait repris les expériences de Boyle et de Hales sur les fluides élastiques, et entrevu la composition de l'eau, en démontrant expérimentalement qu'il se forme de l'eau pendant la combustion de l'alcool dans l'air (2).

Boerhaave devait agir par son exemple immédiatement sur ses compatriotes. H. Doonschoot, J. Egeling et Vullyamoz s'occupèrent de l'analyse du lait (3); G. Klökhof étudia la nature du liquide qui remplit, dans certaines maladies, les cavités séreuses (4); Alb. Schlosser fit des recherches sur le sel d'urine, sur les cristallisations métalliques (5); J. Kaas, sur le borax (6); Kriele, médecin de Batavia, sur l'ambre (7); de Lis, sur l'aloès (8); Al. Nahuys, sur les bases du sel marin, du salpêtre, de l'alun; et plus tard, sur la composition de l'eau (9).

§ 13.

Progrès de la chimie en France antérieurement à l'époque de Lavoisier.

A mesure qu'on avance dans l'histoire, on voit se dessiner de plus en plus nettement la place respective qu'occupe chaque nation

---

(1) Mém. de l'Acad. des sciences de Paris, année 1734, p. 539. — Philosophical Transact., n. 430, p. 145; n. 443, p. 343; n. 444, p. 378.

(2) Elem. chem., t. II, pars. I, p. 206 (Lugd. Bat., 1732).

(3) Diss. de lacte; Leid., t737, 4; — Ultraj., 1759, 4. — Diss. de sale lactis essentiali; Lugd. Bat., 1756, 4.

(4) Vanhandelingen uitgegeeven door de Hollandse Maatschappye der Weetenschappen te Haarlem, t. VI, 1762, n. 1, p. 451 (Mémoires de la Société des sciences de Haarlem).

(5) Tract. de sale urinæ nativo; Lugd. Bat., 1743, 4. — Verhandelingen, etc. (Mémoires de la Société de Haarlem), t. I, p. 138.

(6) Diss. sistens observationes de borace, etc.; Traject. ad Rhen., 1769, 4.

(7) Histoire de l'Acad. royale des sciences de Berlin, année 1763, p. 126.

(8) Diss. de aloë; Leid., 1745, 4.

(9) Tractatus chemicus, continens nova quædam experimenta cum basi salis marini, nitri et aluminis, etc.; Amstelod., 1761, 8. — De aquæ origine ex basibus aeris puri et inflammabilis; Traj. ad Rhen., 1789.

dans le mouvement progressif des sciences. Depuis la fondation des sociétés savantes surtout, les sciences comme les lettres deviennent, pour ainsi dire, oligarchiques, tandis que la constitution sociale tend vers la démocratie. Anciennement, c'était tout le contraire.

Quatre nations vont se placer au premier rang : les Français, les Allemands, les Anglais et les Suédois; les autres nations n'occuperont qu'un rang secondaire. C'est à Paris, à Berlin, à Londres et à Stockholm, au sein des Académies royales, que va se débattre le sort des sciences.

Il n'y a pas au monde d'institution qui ait fait plus pour les sciences, et notamment pour la chimie, que l'*Académie royale des sciences de Paris*, dont nous avons plus haut raconté la fondation.

Les travaux des deux frères Geoffroy, de Lemery fils, de Hellot, de Boulduc, de Rouelle, de Baron, de Macquer, de Cadet, de Du Hamel, de Grosse, forment, avec les travaux du siècle précédent, pour ainsi dire, l'avant-garde de la révolution qui devait bientôt s'opérer dans la science chimique. Jetons un regard sur les œuvres de ces chimistes, qui presque tous sont nés à Paris.

§ 14.

GEOFFROY Aîné (né à Paris, le 13 février 1672).

Étienne-François Geoffroy reçut sa première éducation dans la maison paternelle, où Cassini, Duverney, Homberg, tenaient souvent des conférences. Il se rendit ensuite à Montpellier pour y étudier la médecine; en 1698, il accompagna le maréchal de Tallard dans son ambassade à Londres, et devint bientôt après membre de la Société royale de cette ville. De là, il passa en Hollande, et fit en 1700 un voyage en Italie, qu'il mit à profit pour l'étude de l'histoire naturelle. En 1712, Fagon, premier médecin du roi, se démit de la chaire de chimie au Jardin du Roi (1), en faveur de

---

(1) Le premier médecin du roi était, comme nous l'avons déjà vu, presque toujours le professeur titulaire de la chaire de chimie au Jardin du Roi, de même que le démonstrateur était en même temps le premier apothicaire de la cour.

Geoffroy, dont les leçons attiraient de nombreux élèves. Il mourut le 6 février 1731.

Un travail capital, auquel le nom de Geoffroy restera éternellement attaché, c'est sa *Table des différents rapports observés en chimie entre différentes substances*. C'est là qu'on trouve pour la première fois nettement énoncée cette loi fondamentale : « Toutes les fois que deux substances ayant quelque tendance à se combiner l'une avec l'autre se trouvent unies ensemble, et qu'il en survienne une troisième qui ait plus d'affinité avec l'une des deux, elle s'y unit en faisant lâcher prise à l'autre. » C'est sur cette loi qu'il établit la classification des acides, des alcalis, des terres absorbantes et des substances métalliques (1).

Tout en combattant avec force les jongleries de certains alchimistes (2), il s'attachait à prouver que le fer qu'on trouve dans les cendres des matières organiques est le produit d'une génération particulière, et qu'on peut non-seulement faire du fer, mais encore tous les autres métaux, les composer ou les décomposer, en réunissant ou en séparant les éléments dont ils sont formés. Voici comment il raisonnait : La matière n'a rien d'absolument indestructible, si ce n'est l'étendue et l'impénétrabilité ; tout ce qu'elle présente de variable à nos sens ne consiste que dans des modifications moléculaires (3).

Indépendamment d'un certain nombre de mémoires qui se trouvent insérés dans les recueils de l'Académie des sciences (4), Geoffroy a laissé un grand ouvrage sur la matière médicale qui ne parut qu'après sa mort, et qui fut traduit dans les principales langues de l'Europe (5).

---

(1) Mém. de l'Acad., année 1718, p. 202.

(2) Des supercheries concernant la pierre philosophale ; Mém. de l'Acad., ann. 1722, p. 61.

(3) Mém. de l'Acad., année 1707, p. 176.

(4) On remarque parmi ces mémoires : *Du changement des sels acides en sels alcalins volatils urineux*, Mém. de l'Acad., ann. 1717, p. 226 ; — *Moyen facile d'arrêter les vapeurs nuisibles qui s'élèvent des dissolutions métalliques*, ibid., ann. 1719, p. 71 ; — *Éclaircissements sur la table des affinités*, etc., ibid., 1720, p. 20. — *Observations sur la préparation du bleu de Prusse*, ibid., 1725, p. 153 et 220.

(5) Traité de la matière médicale, etc., vol. III ; Paris, 1741, 1757 (vol. VII), in-8.

§ 15.

GEOFFROY JEUNE (né à Paris, le 8 août 1685).

Claude-Joseph Geoffroy s'était destiné à la carrière de la pharmacie, tandis que son frère aîné exerçait la médecine. Élève de Tournefort, il avait acquis de grandes connaissances en botanique avant de se livrer à la chimie. Le premier mémoire qu'il présenta à l'Académie, dont il faisait partie dès l'année 1707, eut pour objet l'application de la botanique à la chimie. D'après le mode d'analyse alors en usage, il n'était pas étonnant de voir les plantes les plus diverses donner les mêmes principes à l'analyse. « Il faut donc, disait Geoffroy, qu'il y ait dans la combinaison de ces principes quelque différence qui occasionne celle qu'on remarque surtout dans la couleur et l'odeur des différentes plantes. » Et il la cherchait dans la manière dont l'huile essentielle se trouve mêlée avec les autres principes; il observa que celle du thym, combinée, en diverses proportions, avec les acides et les alcalis, donnait à peu près toutes les nuances de couleur qu'on observe dans les plantes. — Il découvrit que les huiles essentielles ne se trouvent pas répandues dans toute la substance de la plante, mais qu'elles sont contenues dans des vésicules particulières affectées à certaines parties du végétal. Dans ses recherches sur les huiles essentielles, il affirme que ces huiles sont des composés d'acide, de phlegme, d'un peu de terre, et de beaucoup de matière inflammable; il entreprit d'en faire une artificielle au moyen de l'esprit-de-vin et de l'acide vitriolique. A propos des huiles grasses, il remarque qu'un gros de savon blanc, dissous dans trois onces d'esprit-de-vin, acquiert, sans perdre sa transparence, la propriété de se congeler à un degré de froid très-médiocre (1).

En 1732, il fit l'examen du borax. On lui doit d'avoir démontré que la base du sel marin est une des parties constituantes du borax (2).

Geoffroy était un de ces hommes rares qui aiment et cultivent

---

(1) Mém. de l'Acad., ann. 1707, p. 517; — Ibid., ann. 1721, p. 147; — Ibid., ann. 1728, p. 88; — Ibid., ann. 1741, p. 11.

(2) Nouvelles expériences sur le borax, etc.; Mém. de l'Acad., année 1732, p. 398.

la science par goût, et dans l'intérêt même de la science. Il passait ses moments de loisir dans sa maison de campagne à Bercy, où il avait fait construire un cabinet d'histoire naturelle et un jardin de plantes médicinales. Il mourut le 9 mars 1752, en laissant un fils qui devait bientôt rejoindre son père; ce fils avait présenté, peu de temps avant sa mort, un mémoire intitulé *Analyse chimique du bismuth, de laquelle il résulte une analogie entre le plomb et ce semi-métal*. (Mém. de l'Acad., année 1753, p. 296).

Indépendamment des travaux déjà signalés, Joseph Geoffroy a inséré dans la collection de l'Académie les mémoires suivants :

Des différents degrés de chaleur que l'esprit-de-vin communique à l'eau par son mélange (1); — *Méthode pour connaître et déterminer au juste la qualité des liqueurs spiritueuses, etc.* (2); — *Sur la nature et la composition du sel ammoniac* (3); — *Réflexions sur la manière d'éteindre le feu par le moyen d'une poudre* (4); — *Sur la fabrique du sel ammoniac, et sa décomposition pour en tirer du sel volatil* (5); — *Observation d'un métal qui résulte de l'alliage du cuivre et du zinc* (6); — *Différents moyens d'enflammer non-seulement les huiles essentielles, mais même les baumes naturels, par les esprits acides* (7); — *Observations sur le mélange de quelques huiles essentielles avec l'esprit-de-vin* (8); — *Examen des différents vitriols, avec quelques essais sur la formation artificielle du vitriol blanc et de l'alun* (9); — *Examen du vinaigre concentré par la gelée* (10); — *Examen chimique des viandes qu'on emploie ordinairement dans les bouillons, par lequel on peut connaître la quantité d'extrait qu'elles fournissent, et déterminer ce que chaque bouillon doit contenir de suc nourrissant* (11); — *Examen chimique des chairs des animaux ou de quelques-unes*

---

(1) Mém. de l'Acad., année 1713, p. 53.
(2) Ibid., ann. 1718, p. 37.
(3) Ibid., ann. 1720, p. 189.
(4) Ibid., ann. 1722, p. 155.
(5) Ibid., ann. 1723, p. 210.
(6) Ibid., ann. 1725, p. 57.
(7) Ibid., ann. 1726, p. 93.
(8) Ibid., ann. 1727, p. 114.
(9) Ibid., ann. 1728, p. 301.
(10) Ibid., ann. 1729, p. 68.
(11) Ibid., ann. 1730, p. 217.

de leurs parties, auquel on a joint l'analyse du pain (1); — Sur l'éméticité de l'antimoine, sur le tartre émétique et le kermès minéral (2); — De l'étain (3); — Manière de préparer les extraits de certaines plantes (4); — Moyen de volatiliser l'huile de vitriol, de la faire paraître sous la forme d'une huile essentielle (5); — Différents moyens de rendre le bleu de Prusse plus solide à l'air et plus facile à préparer (6); — Observations sur la terre d'alun (7); — Examen d'une préparation de verre d'antimoine, spécifique pour la dyssenterie (8); — Essai sur la formation artificielle du silex, et observations sur quelques propriétés de la chaux vive (9); — Observations sur les préparations du fondant de Rotrou et de l'antimoine diaphorétique (10).

§ 16.

Louis LEMERY.

C'était le fils et digne élève de Nicolas Lemery. Il naquit à Paris, le 25 février 1677. Docteur en médecine à vingt et un ans, il entra à l'Académie des sciences à l'âge de vingt-trois ans. En 1702 il publia son premier ouvrage, *Traité des aliments*, qui fut sévèrement critiqué par Andry. Il publia, dans la suite, un grand nombre de mémoires de chimie, de médecine, d'anatomie et de zoologie, qui, pour la plupart, ne sont pas dénués d'intérêt. En 1708, Fagon, premier médecin de Louis XIV, chargea Lemery de faire le cours de chimie au Jardin du Roi, à la place de Berger, qui était tombé dangereusement malade. Après la mort de Berger, cette chaire fut donnée à Geoffroy, et c'est à lui que Lemery succéda en 1731. Il mourut le 9 juin 1743.

---

(1) Mém. de l'Acad., ann. 1732, p. 17.

(2) Ibid., ann. 1734, p. 417; — 2e mémoire sur les préparations antimoniales, ann. 1735, p. 54; — 3e mémoire, ibid., p. 311; — 4e mém., ann. 1736, p. 414.

(3) Ibid., 1738, p. 103.

(4) Ibid., 1738, p. 193.

(5) Ibid., 1742, p. 53.

(6) Ibid., 1743, p. 33.

(7) Ibid., 1744, p. 69.

(8) Ibid., 1745, p. 182.

(9) Ibid., 1746, p. 284.

(10) Ibid., 1751, p. 304.

Lemery débuta, dans ses travaux chimiques, en combattant les idées de Geoffroy sur la génération du fer. (Mémoires de l'Acad., années 1706, 1707, 1708).

Il découvrit, en 1720, par un pur hasard, que le plomb, « lorsqu'il a une certaine forme, fort approchante d'un segment sphérique ou d'un champignon, » devient presque aussi sonore que le métal des cloches. Quelque temps après, Réaumur observa que, pour que cette expérience réussisse, il faut que le plomb ait acquis par la fusion la forme indiquée, et que si on lui donne cette forme à froid, il reste aussi sourd qu'il l'est ordinairement.

Les mémoires de chimie que Lemery fils a communiqués à l'Académie ont pour titres : *Une végétation chimique du fer (cristallisation d'un sel de fer)* (1); — *Examen de la manière dont le fer agit sur notre corps* (2); — *L'action des sels sur différentes matières inflammables* (3); — *Sur le nitre* (4); — *De la volatilisation vraie ou apparente des sels fixes* (5); — *Réflexions sur le défaut et le peu d'utilité des analyses ordinaires des plantes et des animaux* (6); — *Observation historique sur le kermès minéral* (7); — *Sur la précipitation de quelques sels dissous dans de l'eau* (8); — *Expériences et réflexions sur le borax, d'où l'on pourra tirer quelques lumières sur la nature et les propriétés de ce sel, et sur la manière dont il agit, non seulement sur nos liqueurs, mais encore sur les métaux dans la fusion desquels on l'emploie* (9); — *Sur le sublimé corrosif* (10); — *Nouvel éclaircissement sur l'alun, sur les vitriols, et particulièrement sur la composition naturelle et jusqu'à présent ignorée du vitriol blanc ordinaire* (11).

---

(1) Mém. de l'Acad., ann. 1707, p. 299.

(2) Ibid., ann. 1713, p. 30.

(3) Ibid., p. 99.

(4) Ibid., ann. 1717, p. 31 ; 2ᵉ mém., p. 122.

(5) Ibid., ann. 1717, p. 246.

(6) Ibid., ann. 1719, p. 173; 2ᵉ mém., ann. 1720, p. 98; 3ᵉ mém., p. 166 ; 4ᵉ mém., ann. 1721, p. 22.

(7) Ibid., année 1720, p. 417. Lemery rappelle que le kermès minéral, ou *poudre des Chartreux*, était déjà indiqué par son père dans le Traité sur l'antimoine, et que d'autres ont eu tort d'en réclamer la découverte.

(8) Ibid., ann. 1727, p. 40.

(9) Ibid., ann. 1728, p. 273; 2ᵉ mém. sur le borax, ann. 1729, p. 282.

(10) Ibid., ann. 1734, p. 259.

(11) Ibid., ann. 1735, p. 262; 2ᵉ mémoire, ibid., p. 385; supplément aux mémoires précédents, ibid., ann. 1736, p. 263.

§ 17.

HELLOT.

Ce chimiste naquit à Paris, le 20 novembre 1685. Ses parents le destinèrent à la carrière ecclésiastique, mais son goût pour la chimie lui fit bientôt abandonner l'étude de la théologie. Dans un voyage en Angleterre, il avait fait connaissance avec les savants les plus distingués de ce pays ; et son entrée à l'Académie des sciences de Paris, en 1735, fut bientôt suivie de sa nomination comme membre de la Société royale de Londres. Chargé par le ministère de l'inspection générale des teintures, il publia sur cet objet des travaux importants. Il mourut en 1766. Il avait épousé, à l'âge de soixante-cinq ans, une femme qui partageait ses goûts.

Les travaux de Hellot se trouvent consignés dans les Mémoires de l'Académie des sciences de Paris. Son premier mémoire traite de l'analyse du zinc, que l'on regardait comme un composé ou *mixte*, pour employer le langage alors usité (1). L'année d'après il communiqua un article sous le titre de *Conjectures;* il y prétend que la coloration rouge des vapeurs nitreuses tient à la présence du fer, et que ces vapeurs renferment aussi un sel volatil urineux (ammoniaque) (2). Il découvrit une nouvelle encre sympathique (solution de minerai de cobalt exposée à la chaleur), indiqua tous les moyens de préparation des encres, qu'il divise en quatre classes : « Faire passer une nouvelle liqueur ou la vapeur d'une nouvelle vapeur sur l'écriture invisible; — exposer la première écriture à l'air, pour que les caractères se teignent; — passer légèrement sur l'écriture une matière colorée, réduite en poudre subtile; — exposer l'écriture (invisible) au feu (3). »

Il annonça, à l'occasion de la liqueur éthérée de Frobenius, qu'en faisant digérer à froid de l'esprit acide vineux non rectifié (mélange d'alcool et d'acide sulfurique) dans l'huile jaune de vin

---

(1) Mém. de l'Acad., ann. 1735, p. 12; 2ᵉ mém. sur le zinc, ibid., p. 221.
(2) Ibid., ann. 1736, p. 36.
(3) Ibid., ann. 1737, p. 101; 2ᵉ mém., p. 228.

pesante, provenant de la préparation de l'éther, on obtient des cristaux d'une matière blanche, ayant l'odeur, la saveur et l'inflammabilité du camphre (1).

Dans sa *Théorie chimique de la teinture des étoffes*, il partit de cette hypothèse, qu'il essaya de confirmer par des expériences : « Dilater les pores du corps à teindre, y déposer les particules d'une matière étrangère, et les y retenir, ce sera le bon teint. Déposer ces matières étrangères sur la seule surface des corps, ou dans des pores dont la capacité ne soit pas suffisante pour les recevoir, ce sera le petit ou faux teint, parce que le moindre choc détachera les atomes colorants. Enfin, il faut que ces corps soient enduits d'une espèce de mastic que ni l'eau de pluie ni les rayons de soleil ne puissent altérer (2). »

Il donna le premier une histoire complète de tous les procédés jusqu'alors employés pour préparer le phosphore (3). Son mémoire sur l'exploitation des mines mérite également une mention honorable (4).

Hellot a, en outre, laissé quelques travaux étrangers à la chimie.

§ 18.

BOULDUC (né à Paris, le 20 février 1675).

Boulduc a travaillé pour la pharmacie plutôt que pour la chimie proprement dite. Son père avait été, comme lui, démonstrateur de chimie au Jardin du Roi, et membre de l'Académie des sciences. Il publia, en 1710, des recherches sur les purgatifs, sur le suc d'élatérium, etc. Il simplifia la préparation du sublimé corrosif (5), et donna des notions sur l'analyse des plantes (6), sur le sel polychreste de Seignette (7), sur le sel de Glauber (8) et le sel d'Ep-

---

(1) Mém. de l'Acad., ann. 1739, p. 62.
(2) Ibid., ann. 1740, p. 126 ; 2e mémoire, ibid., 1741, p. 38.
(3) Ibid., ann. 1737, p. 342. *Sur le phosphore de Kunckel et l'analyse de l'urine.*
(4) Ibid., ann. 1756, p. 134.
(5) Ibid., ann. 1730, p. 357.
(6) Ibid., 1734, p. 101.
(7) Ibid., 1731, p. 124.
(8) Ibid., 1727, p. 375.

som (1). Mais ce qui lui valut le plus d'honneur, ce sont ses recherches sur les eaux minérales : sur celles de Passy (en 1720), les eaux de Bourbon-l'Archambault (en 1729), et celles de Forges (en 1735).

Ses fonctions de premier apothicaire du roi et de la reine l'obligeaient à suivre la cour ; conséquemment elles ne lui permettaient pas d'assister régulièrement aux séances de l'Académie, et de prendre une part active aux travaux de cette célèbre assemblée.

Boulduc mourut le 17 février 1742, à Versailles, où la cour résidait alors.

§ 10.

ROUELLE aîné.

Guillaume-François Rouelle, le maître de Lavoisier, est né en 1703, au village de Mathieu, en Normandie (2). Après avoir fait ses premières études au collége de Caen, il vint à Paris, où il se livra assidûment à ses goûts pour la chimie et la pharmacie. En 1744, il entra à l'Académie des sciences comme chimiste adjoint, et dans la même année il présenta à cette illustre compagnie un mémoire sur *les sels neutres*, son premier écrit scientifique. « J'appelle, dit-il dès le début, *sel neutre*, *moyen* ou *salé*, tout sel formé par l'union de quelque acide que ce soit, minéral ou végétal, avec un alcali fixe ou volatil, une terre absorbante, une substance métallique ou une huile. » On lui doit la première classification méthodique des sels alors connus, qu'il divise en six sections principales ; chaque section est, à son tour, subdivisée en genres et en espèces : l'acide donnait le genre, et la base l'espèce. Ainsi, la première section renfermait tous les sels cristallisés en lames ; le premier genre de cette section se composait des sels d'acide vitriolique (sulfates), et les espèces, de tous les vitriols à base d'alcali fixe ou volatil, de terres ou de substances métalliques.

---

(1) Mém. de l'Acad., 1731, p. 347.
(2) La plupart de ces détails sont tirés de l'excellente Biographie de F. G. Rouelle, par P. A. Cap. (*Journal de pharmacie et de chimie*, sept. 1842).

Nous avons déjà dit (1) que les leçons de chimie du Jardin du Roi étaient faites concurremment par un professeur (théoricien) et un démonstrateur (manipulateur). Bourdelin, alors professeur en titre, était écouté assez froidement dans ses abstractions théoriques; mais lorsque paraissait Rouelle, le démonstrateur, l'intérêt et l'attention s'éveillaient subitement. La leçon du professeur finissait d'ordinaire par ces mots : « Tels sont, messieurs, les principes et la théorie de cette opération, ainsi que M. le démonstrateur va vous le prouver par ses expériences. » Mais, le plus souvent, M. le démonstrateur se plaisait à prouver tout le contraire, et à donner, par les faits, un éclatant démenti à la théorie (2).

---

(1) Voy. p. 289 de ce volume.

(2) C'est à ces leçons du Jardin du Roi que se rattachent la plupart des anecdotes plaisantes que l'on raconte de Rouelle. Il arrivait ordinairement dans son amphithéâtre en grande tenue : habit de velours, perruque bien poudrée, et petit chapeau sous le bras. Assez calme au début de sa leçon, il s'échauffait peu à peu; si sa pensée ne se développait pas nettement, il s'impatientait, il posait son chapeau sur un appareil, il ôtait sa perruque, dénouait sa cravate; puis, tout en discutant, il déboutonnait son habit et sa veste, qu'il quittait l'un après l'autre. — Grimm, à qui nous devons ces particularités sur la vie de Rouelle, raconte qu'un jour, se trouvant dans un cercle où il y avait plusieurs dames, et parlant avec sa vivacité ordinaire, Rouelle défait sa jarretière, tire son bas sur son soulier, se gratte la jambe avec les deux mains, remet ensuite son bas et sa jarretière, et continue sa conversation, sans avoir le moindre soupçon de ce qu'il venait de faire. — Dans ses cours, il avait ordinairement pour aides son frère et son neveu pour faire les expériences; mais ces aides ne se trouvant pas toujours auprès de lui, Rouelle s'écriait : « Neveu, éternel neveu! » et l'éternel neveu ne venant pas, il s'en allait lui-même dans les arrière-pièces de son laboratoire chercher les objets dont il avait besoin. Pendant cette opération, il continuait la leçon comme s'il était en présence de ses auditeurs. A son retour, il avait ordinairement achevé la démonstration commencée, et rentrait en disant : « Oui, messieurs, voilà ce que j'avais à vous dire. » Alors on le priait de recommencer, ce qu'il faisait volontiers, croyant seulement avoir été mal compris. — Dans sa pétulance et sa distraction ordinaires, il exprimait souvent des vues neuves, hardies, profondes; il décrivait des procédés dont il eût bien voulu dérober le secret à ses auditeurs, mais qui lui échappaient, à son insu, dans la chaleur du discours; puis il ajoutait : *Ceci est un de mes arcanes que je ne dis à personne*, et c'était précisément ce qu'il venait de révéler à tout le monde. — Ses récriminations et ses plaintes faisaient en quelque sorte partie de son cours; en sorte qu'à telle leçon on était sûr d'entendre une sortie contre Macquer ou Malouin, contre Pott ou Lehmann; à telle autre, une diatribe contre Buffon ou Bordeu. Dans son emportement, il ne se faisait faute d'aucune injure;

En 1750, il devint membre de l'Académie royale de Stockholm et de celle d'Erfurth. Deux années après, il fut nommé associé de l'Académie des sciences de Paris. Il refusa la charge de premier apothicaire du roi, et accepta la place d'inspecteur de la pharmacie de l'Hôtel-Dieu. En 1754, le ministre des finances lui confia un travail sur l'essai des monnaies d'or. Rouelle y apporta tant de zèle et de talent, qu'on lui promit en récompense la place d'essayeur en chef des monnaies ; mais cette place ne fut donnée qu'après sa mort à J. d'Arcet, son gendre. Sentant ses forces s'affaiblir, il

---

mais la plus commune, l'épithète qu'il prononçait le plus souvent et qui servait le mieux sa colère, était celle de *plagiaire*. Pour montrer toute sa fureur pour l'attentat de Damiens, il ne manquait pas de dire que c'était un *plagiat*. « Oui, messieurs, s'écriait-il tous les ans, à certain endroit de son cours, en parlant de Borden, c'est un de nos gens, un frater, un *plagiaire*, qui a tué mon frère que voilà. » — Hors de son laboratoire et dès qu'il perdait de vue ses appareils, il semblait ne plus rien comprendre au monde et à la société. Un jour, chez Buffon, on parlait des mouvements instinctifs dont on n'est pas le maître. « Par exemple, disait le cardinal de Bernis, il m'est impossible d'entrer dans une église sans courber la tête. » « Il y a, en effet, reprit Rouelle, certains mouvements naturels et machinaux dont il n'est pas facile de se rendre compte. Pourquoi, par exemple, les ânes et les canards baissent-ils toujours la tête quand ils passent sous des arcades ou des portes cochères ? » Et comme on le regardait en souriant, « Oui, messieurs, ajouta-t-il, j'ai fait cette expérience, moi; j'ai fait passer des ânes et des canards sous la porte Saint-Antoine, et même sous la porte Saint-Denis, qui est bien autrement haute. Eh bien! messieurs, vous me croirez si vous voulez, mais je vous donne ma parole d'honneur que je n'en sais pas plus que vous à ce sujet. » — Les grands événements politiques et militaires le préoccupaient au point de balancer dans son esprit l'intérêt qu'il prenait aux progrès de la science, et il trouvait parfois l'occasion d'en entretenir ses auditeurs au milieu même de ses leçons. C'est ainsi que pendant la guerre qui venait d'éclater contre les Anglais en 1756, il voulait aller commander les bateaux plats, et assurait qu'il possédait un arcane à l'aide duquel il se flattait de brûler Londres, et d'incendier sous l'eau toute la flotte anglaise. — Grimm raconte que le lendemain du jour où parvint la nouvelle de la défaite de Rosbach, il a rencontra tout éclopé et marchant avec peine. « Eh! mon Dieu, M. Rouelle, lui dit-il, que vous est-il donc arrivé? — Je suis moulu, répondit le chimiste; toute la cavalerie prussienne m'a marché cette nuit sur le corps. » Le même jour, il se trouvait au Jardin du Roi; et la conversation ayant roulé sur le même sujet, il ne manqua pas de traiter le prince de Soubise (commandant de l'armée française à Rosbach, et qui reçut quelque temps après le bâton de maréchal) d'ignare, d'esprit obtus, de criminel, et enfin de *plagiaire*. « Mais, lui dit Buffon, ce n'est point un plagiat que de s'être laissé battre par les Prussiens, c'est au contraire une invention toute nouvelle de M. de Soubise. — Ne le défendez pas, s'écriait Rouelle, c'est un animal infâme, un mulet cornu, un double cochon borgne! Je suis sûr qu'il a quelque chose de vicié dans la conformation. »

renonça, dès l'année 1768, à ses cours, et se démit, en faveur de son frère, de la chaire de chimie du Jardin du Roi (1). Depuis ce moment, il traîna une vie languissante; il perdit l'usage de ses jambes, et, transporté à Passy, il y mourut le 3 août 1770, à l'âge de 67 ans.

Travaux de Rouelle.

Rouelle a exercé une influence immense sur les progrès de la chimie, moins par ses écrits, qui sont peu nombreux, que par ses cours publics, qui étaient suivis avec un empressement et une curiosité extraordinaires. Les paroles du maître étaient recueillies comme des oracles par ses élèves; et il n'est pas rare de rencontrer aujourd'hui de ces cahiers manuscrits, rédigés, il y aura bientôt cent ans, avec un soin infini (2). C'est là un spectacle presque unique dans les annales de la science. Rouelle est, sans contredit, un de ceux qui ont le plus contribué à populariser la chimie en France, et il faut revendiquer pour lui une part glorieuse dans cette grande révolution scientifique dont Lavoisier est le chef.

Les travaux imprimés de Rouelle consistent en quelques dissertations insérées dans le recueil des Mémoires de l'Académie des sciences, dans le Journal de physique de Rozier, et dans le Journal de médecine de Roux.

Son premier mémoire *sur les sels neutres* est de l'année 1744 (3). L'année suivante, Rouelle lut un nouveau mémoire ayant pour

---

(1) Gmelin et beaucoup d'autres ont confondu le frère cadet avec Rouelle aîné. *Rouelle jeune*, moins célèbre que son frère, a publié des observations sur les alliages de l'étain, considérés sous le point de vue hygiénique (*Recherches chimiques sur l'étain, publiées par ordre du gouvernement*; Paris, 1781, 8); sur les eaux minérales de Lenk (*Journal de médecine*, etc., t. XLV, 1770, juin); *Tableau de l'analyse chimique des procédés du cours de chimie*, etc.; Paris, 1774, 12. — *Observations sur l'air fixe dans certaines eaux minérales* (Opuscules physiques et chimiques de Lavoisier, p. 157).

(2) Je possède moi-même deux de ces cahiers, écrits par des mains différentes; l'un a pour titre : *Cours de chimie de M. Rouelle*, 2 vol. in-8; l'autre : *Cours de chimie rédigé d'après les leçons de M. Rouelle l'aîné*, par MM. ***, in-fol. L'écriture du premier manuscrit paraît être un peu plus ancienne que celle du dernier. La Bibliothèque royale possède également plusieurs de ces cahiers manuscrits des cours de Rouelle; on en trouve aussi à Paris dans quelques bibliothèques privées. M. d'Arcet est en possession de plusieurs documents précieux sur Rouelle. — Il est à regretter que les cours de Rouelle n'aient pas été imprimés.

(3) Mém. de l'Acad. des sciences, ann. 1744, p. 57.

sujet l'application des principes établis dans le précédent à l'étude spéciale *du sel marin* (1). Un travail qui fixa beaucoup l'attention du public est celui qui traite de *l'inflammation des huiles essentielles, au moyen de l'esprit de nitre* (2). Au sujet de ces expériences curieuses qu'il se plaisait à répéter souvent dans ses leçons, il enseignait un procédé aussi simple qu'ingénieux de concentrer l'acide nitrique. Ce procédé, dont l'invention appartient de droit à Rouelle, consiste à distiller l'acide nitrique, ou, comme il l'appelle, l'esprit de nitre ou acide nitreux, avec de l'acide vitriolique; et ce qu'il y a surtout de remarquable, c'est qu'il comprend parfaitement la théorie de ce procédé : « L'acide vitriolique ne sert, dit-il, qu'à concentrer davantage l'acide nitreux (nitrique), et à le dépouiller de la plus grande partie de son phlegme (eau), cet acide ayant plus de rapport avec l'eau que l'acide nitreux; toutes les fois qu'on mêle un acide vitriolique bien concentré à un acide nitreux phlegmatique (aqueux), le premier se charge du phlegme (eau) du second, et l'en dépouille. Cela nous offre donc un moyen de porter l'acide nitreux à un état de concentration beaucoup plus considérable que celui auquel on peut espérer de parvenir par la distillation (3). »

En 1750, Rouelle publia un mémoire étendu sur *les embaumements*, où il commente avec beaucoup de sagacité la méthode d'embaumement des Égyptiens, décrite par Hérodote (4).

En 1754, il communiqua à l'Académie des sciences un nouveau mémoire sur *les sels neutres* (5). C'est dans ce mémoire qu'il distingue le premier les sels en *sels acides* ou *sels moyens* (neutres) et en *sels avec excès de base*; il remarque que, dans les premiers, l'acide surabondant n'est pas seulement ajouté, mais combiné; que la combinaison de l'acide avec la base a des limites. De cette observation à l'établissement de la loi des proportions fixes il n'y avait qu'un pas.

On trouve dans le Journal de médecine de Roux des expériences de Rouelle (publiées en grande partie par son frère) sur le tartre

---

(1) Mém. de l'Acad., ann. 1745, p. 773.
(2) Ibid., ann. 1747, p. 34; Hist., p. 65.
(3) Cours de chimie de Rouelle l'aîné, rédigé par MM. *** (manuscrit in-fol.), p. 395.
(4) Mém. de l'Acad. des sciences, ann. 1750, p. 123.
(5) Ibid., ann. 1754, p. 572.

traité par la chaux et les oxydes métalliques (1); sur le lait, le sucre de lait et d'autres produits organiques, etc. (2); sur le sang, sur l'eau des hydropiques (3); sur l'urine de l'homme, des vaches et des chevaux (4); sur le diamant (5); sur l'or calciné au moyen des étincelles électriques (6). Il démontra, contrairement à la théorie d'un grand nombre de chimistes, que le sel lixiviel (potasse) existe déjà dans les plantes avant leur incinération (7).

Plût à Dieu que tous les savants remplissent leur carrière aussi honorablement que Rouelle! Probe, intègre, d'un cœur noble, généreux, inaccessible à la corruption, il aimait la science pour la science. *Amicus Plato, sed magis amica veritas.*

§ 20.

BARON.

Théodore Baron (né à Paris, le 17 février 1715) se prépara, par les mathématiques, à l'étude de la médecine et de la chimie. Il eut pour maîtres dans cette dernière science Rouelle et Bourdelin. Deux ans après avoir été reçu docteur en médecine, en 1744, il lut à l'Académie des sciences un mémoire (son premier travail scientifique) ayant pour objet l'action du sel de tartre sur les sels neutres (8). En 1752, il obtint auprès de l'Académie la place d'adjoint-chimiste, devenue vacante par la nomination de Rouelle à celle d'associé. Il mourut le 10 mars 1768, par suite de l'étranglement d'une hernie ombilicale. Il avait toujours mené une vie fort retirée, au sein d'un petit nombre d'amis.

Le principal titre scientifique de ce chimiste est d'avoir dé-

(1) Roux, Journal de méd., de chirurg, de pharmac., t. XXXIX, etc., p. 369.
(2) Ibid., p. 250; t. XL, p. 59.
(3) Ibid., t. XL, p. 68.
(4) Ibid., p. 451.
(5) Ibid., t. XXXIX, p. 50.
(6) Ibid., t. XL, p. 63; t. XLVIII, p. 299.
(7) Rozier, Observations et mém. sur .a physique, etc., t. I, p. 13.
(8) Mém. de mathématiques et de physique, présentés à l'Académie royale des sciences par divers savants, etc., t. I, p. 100: *Sur une propriété singulière qu'a le sel de tartre de précipiter tous les sels neutres sur lesquels il n'a point d'action.* Il conclut que la véritable cause de la formation des précipités dépend de l'affinité qui existe entre le précipitant et le dissolvant.

brouillé l'histoire alors si obscure du borax. Ses deux mémoires : *Expériences pour servir à l'analyse du borax*, se trouvent insérés dans les Mémoires de l'Académie des sciences de Paris (1). Voici les conclusions de ce travail, remarquable par sa clarté : « Le sel sédatif (acide borique) est toujours le même, par quelque acide qu'il ait été retiré du borax; on peut régénérer le borax en unissant le sel sédatif avec le sel de soude; on peut faire artificiellement deux espèces de borax, différentes par leurs bases, de celui qui est connu jusqu'ici, savoir : l'une en combinant le sel sédatif avec l'alcali du tartre (potasse), et l'autre en le combinant avec l'alcali du sel ammoniac; le sel sédatif existe tout fait dans le borax; la dénomination imposée par Homberg, de sel *volatil narcotique du vitriol*, est impropre en tous points, puisque ce sel est très-fixe par lui-même, et n'est sublimable que par son eau de cristallisation; il ne participe en rien, lorsqu'il est bien préparé, de l'acide vitriolique qu'on a employé pour le dégager du borax, puisqu'il est possible de le dégager par tout autre acide même végétal, sans qu'il participe davantage de la nature de ces acides; enfin, il n'est point narcotique. »

Voilà des conclusions bien nettes et laissant peu à désirer. Il ne manquait plus que la découverte de la composition du sel sédatif (acide borique) pour compléter l'histoire du borax; car la nature et les propriétés de l'acide borique étaient déjà parfaitement connues.

Quelques années après, Baron présenta à l'Académie un mémoire *sur un sel apporté de la Perse sous le nom de borech* (2). Il reconnut que ce sel n'était autre chose que du borax sophistiqué.

L'histoire du borax resta, pendant toute cette période, à peu près telle que Baron l'avait donnée, si ce n'est qu'en 1777 François Hoefer, directeur de la pharmacie du grand-duc de Toscane à Florence, découvrit l'acide borique dans les eaux de Monterotondo, dit Cerchiajo, près de Sienne. En soumettant ces eaux, d'un aspect laiteux, à l'analyse, ce chimiste remarqua que le résidu de l'évaporation, redissous par l'alcool, brûlait avec une *flamme verte*. Croyant d'abord que cette couleur provenait d'un sel de cuivre, il répéta l'ex-

---

(1) 1er mémoire, 25 et 28 janvier 1747; 2e mém., 3 juillet 1748.
(2) Le 17 juin 1752.

périence et obtint le même résultat ; de plus, en combinant ce résidu avec l'alcali minéral, il forma du borax, ce qui lui donna l'idée d'élever une fabrique de borax dans le voisinage de ces eaux (1).

§ 21.

MACQUER.

Pierre-Joseph Macquer (né à Paris, le 9 octobre 1718) avait, depuis l'âge de vingt-sept ans, consacré ses veilles aux progrès de la chimie. Ses premiers travaux avaient pour objet la solubilité des huiles dans l'esprit-de-vin, et les composés arsénicaux, particulièrement de l'arsenic blanc avec les alcalis (2). Il s'était sérieusement occupé de la composition du bleu de Prusse. Cette matière n'est, suivant lui, qu'une combinaison de fer avec une substance particulière que les alcalis enlèvent aux produits charbonneux ; et il en donne comme preuve, que l'alcali digéré sur le bleu de Prusse se charge de cette substance, et ne laisse plus qu'une chaux de fer, tandis que ce même alcali ainsi saturé, et versé sur une dissolution de fer, donne de nouveau du bleu de Prusse (3).

Il existait alors en Bretagne un homme (le comte *de la Garaye*) qui, depuis quarante ans, s'était dévoué au service de l'humanité souffrante. Il avait construit un hôpital à côté d'un laboratoire de chimie ; il soignait lui-même les malades, auxquels il administrait les remèdes préparés dans son laboratoire, remèdes de son invention. Ce sont ces remèdes que Macquer fut chargé par le gouvernement d'examiner ; il trouva que la panacée mercurielle de la Garaye n'était autre chose qu'une dissolution de sublimé corrosif dans de l'esprit-de-vin (4).

Macquer s'était constamment refusé aux idées nouvelles qui devaient bientôt universellement prévaloir, et qui l'auraient obligé de revenir sur des opinions qu'il avait longtemps adoptées. Il faisait

---

(1) Sopra il sale sedativo della Toscana ; Firenz., 1778, 12. Trad. en allemand, *Nachricht von dem in Toscana entdeckten natürlichen Sedatifsalze*, etc., par Hermann ; Wien., 1781, 12.

(2) Mém. de l'Acad., année 1745, p. 9 ; — 1746, p. 223 ; — 1748, p. 35.

(3) Ibid., année 1752, p. 60.

(4) Ibid., ann. 1756, p. 531.

d'ailleurs preuve de beaucoup de modération dans ses jugements, d'une grande réserve dans ses assertions; il ne connaissait ni l'aigreur ni l'emportement de l'amour-propre blessé.

Macquer avait partagé plusieurs de ses travaux avec Beaumé. Mais celui-ci, moins opiniâtre que son ami, se rallia plus franchement à la bannière de la chimie pneumatique.

Macquer mourut en 1784. Son Cours et son Dictionnaire de chimie, qui fut traduit dans les principales langues d'Europe, contribuèrent beaucoup à répandre le goût de cette science.

Outre les mémoires déjà désignés, il nous reste encore à mentionner : *Observations sur la chaux et sur le plâtre* (1); — *Sur une nouvelle espèce de teinture bleue, dans laquelle il n'entre ni pastel ni indigo* (2); — *Sur une nouvelle méthode du comte de la Garaye pour dissoudre les métaux* (3); — *Sur un nouveau métal connu sous le nom d'or blanc* (platine) (4); — *Sur les argiles et la fusibilité de cette espèce de terre avec les terres calcaires* (5); — *Sur les essais des matières d'or et d'argent* (Hellot, Tillet et Macquer) (6); — *Sur l'action d'un feu violent de charbon appliqué à plusieurs terres, pierres et chaux métalliques* (7).

Un des collaborateurs de Macquer, TILLET, à qui nous devons des expériences physiologiques si remarquables sur les degrés extraordinaires de chaleur auxquels l'homme et les animaux sont capables de résister (Mém. de l'Académie, année 1764, page 186), présenta à l'Académie, en 1763, un mémoire *sur l'augmentation réelle de poids qui a lieu dans le plomb converti en litharge* (8). Après avoir dit que cette augmentation est environ d'un huitième, il s'exprime ainsi : « C'est un vrai paradoxe chimique que l'expérience met cependant hors de tout doute ; mais, s'il est facile de constater ce fait, il ne l'est pas autant d'en rendre une raison satis-

---

(1) Mém. de l'Acad., année 1747, p. 678.
(2) Ibid., ann. 1749, p. 255.
(3) Ibid., ann. 1755, p. 25.
(4) Ibid., ann. 1758, p. 119.
(5) Ibid., même année, p. 155.
(6) Ibid., ann. 1763, p. 1.
(7) Ibid., ann. 1767, p. 298.
(8) Quelques années après, il présenta un mémoire (année 1769, p. 153) *Sur la nécessité d'extraire des coupelles les particules d'argent fin qu'elles retiennent toujours.*

faisante ; *il échappe à toutes les idées physiques que nous avons, et ce n'est que du temps qu'on peut attendre la solution de cette difficulté.* »

Voilà ce que disait Tillet, dix ans avant le travail de Lavoisier sur la décomposition de l'air par l'oxydation du plomb et de l'étain.

§ 22.

DUHAMEL DUMONCEAU.

Presque toutes les sciences doivent quelques-uns de leurs progrès à ce génie vraiment universel. En botanique, qui ne connaît ses beaux travaux sur la circulation de la séve, sur l'accroissement des plantes, sur l'influence du sol, de la lumière, de l'air, sur la végétation ? Parlez-vous d'agriculture, d'industrie agricole ? vous y trouverez encore le nom de Duhamel ; c'est Duhamel qui, le premier, popularisa en France la culture de la pomme de terre ; il soumit le premier l'art des engrais à des principes scientifiques, donna d'excellents préceptes sur la greffe des arbres fruitiers, enseigna les moyens de conserver le blé ; il trouva qu'en exposant le grain dans des étuves à une chaleur assez forte pour faire périr les œufs des insectes qui peuvent y être contenus, en le privant par cette opération de l'humidité, on le garantissait à la fois de deux fléaux destructeurs, la fermentation et les insectes. Qui a fait plus que Duhamel pour la météorologie ? Depuis 1740 jusqu'à sa mort, il a rédigé pour chaque année les observations météorologiques faites à Pithiviers, avec des détails relatifs à la direction de l'aiguille aimantée, à l'agriculture, à la constitution médicale de l'année, à l'époque de la ponte ou du passage des oiseaux. Nommé, par le ministre Maurepas, inspecteur général de la marine, il déploya un zèle extraordinaire pour le développement de cet élément de la prospérité nationale ; il donna des préceptes utiles sur l'emploi des matériaux de construction des vaisseaux, sur la fabrication des voiles, des cordages, sur l'assainissement, etc. Enfin, la physiologie, la physique et la chimie lui doivent de précieuses découvertes.

Les questions scientifiques soulevées par Duhamel sont d'une importance tellement capitale, qu'elles ont été presque toutes reprises postérieurement, pour les agrandir plutôt que pour les redresser. Neuf ans avant Black, Duhamel avait déjà observé que la pierre calcaire étant chauffée au four perd de son poids, et qu'elle

le reprend peu à peu par son exposition à l'air (1). En 1736, il mit
le premier sur le tapis une question qui plus tard fut complétement
résolue par Marggraf. Il avait avancé que la base du sel marin
(soude) est un alcali différent, à quelques égards, de l'alcali (potasse) qu'on retire des plantes terrestres (2). Voulant s'assurer si la
différence entre ces alcalis tient à la différence spécifique des plantes qui les produisent, ou à la nature des terrains où elles croissent, il fit semer du kali (*salsola soda*), plante riche en soude,
dans sa terre de Denainvilliers, et suivit ces expériences pendant
un grand nombre d'années. Comme il avait renoncé à la chimie
avant qu'elles fussent terminées, il pria Cadet d'examiner les sels
que contenaient les cendres des kalis de Denainvilliers, et ce chimiste remarqua que la première année l'alcali minéral (soude) y
dominait encore; que dans les années suivantes l'alcali végétal (potasse) augmentait rapidement; enfin, qu'il se trouvait presque
seul après quelques générations.

Son mémoire *sur la liqueur colorante que fournit la pourpre,
espèce de coquille qu'on trouve sur les côtes de la Provence*, a
soulevé des discussions industrielles et archéologiques d'un grand
intérêt (3). Frappé des analogies qui existent entre le règne végétal
et le règne animal, il se mit à examiner si les os ne suivent pas dans
leur développement les mêmes lois que l'accroissement des arbres;
il établit, par une suite d'expériences faites sur de jeunes animaux
nourris avec de la garance, que les os s'accroissent par l'ossification
successive des lames du périoste, comme les arbres par l'endurcisse-
ment de la partie interne des couches corticales. On sait combien de
questions intéressantes soulèvent aujourd'hui ces recherches. Enfin,
avant Franklin, il avait établi l'identité de la foudre avec le fluide
électrique.

Duhamel était secondé dans ses travaux par un frère qu'il aimait
tendrement. Il passait une grande partie de sa vie à la campagne,
au milieu des champs, où il faisait ses expériences d'agriculture et

---

(1) Mém. de l'Acad., ann. 1747.

(2) Ibid., ann. 1736, p. 215.

(3) Ibid., ann. 1736, p. 49. Les autres mémoires chimiques de Duhamel ont
pour titres : *Sur le sel ammoniac*, ibid., ann. 1735, p. 106; ibid., 2e mém.,
p. 414; 3e mém., p. 483; — *Diverses expériences sur la chaux*, ibid., 1747,
p. 59; — *Sur les effets de la poudre à canon*, ibid., 1750, p. 1; — *Sur les
sels qu'on retire des cendres des végétaux*, ibid., 1767, p. 233 et p. 239.

de physiologie végétale. Il était resté toute sa vie célibataire, et voyait même avec peine les savants s'abandonner à un état qui les obligeait de sacrifier à de nouveaux devoirs leur temps et surtout leur indépendance. Duhamel est mort en 1785, à l'âge de quatre-vingt-cinq ans.

C'est de concert avec Duhamel que GROSSE a publié l'histoire de l'éther (1). Il règne beaucoup d'obscurité relativement à l'inventeur de ce corps, qui doit son nom à son extrême fluidité (de αἰθήρ, éther). Plusieurs chimistes en réclament la découverte. C'est à tort qu'on attribue à Frobenius la découverte de l'éther, qui a longtemps porté le nom de liqueur de Frobenius (2); car déjà avant lui d'autres chimistes en avaient fait un bien moins grand mystère (3). Mais, incontestablement, ce n'est guère que vers le commencement du xviiie siècle (vers 1720) que l'usage de ce corps a commencé à se répandre, d'abord en Angleterre et en Allemagne.

Hanckwitz, Hellot, Geoffroy aîné et Newton lui-même avaient essayé de dévoiler la préparation de l'éther, que l'on cachait alors comme un secret. Newton dit positivement (Philos. Transact., mai 1730) que l'éther se fait avec un mélange d'huile de vitriol et d'esprit-de-vin.

Mais personne n'avait pénétré aussi loin que Grosse dans les détails de ce sujet important. Sachant que, pendant la distillation du mélange d'huile de vitriol et d'esprit-de-vin, il se dégageait des matières différentes, il voulait, avant tout, s'assurer de la nature de ces matières : « Pour cela, dit-il, je m'avisai de piquer avec une épingle la vessie qui joint le récipient au bec de la cornue, afin de discerner par l'odorat les différentes liqueurs à mesure qu'elles se succéderaient. La première ne sentait presque que l'esprit-de-vin, approchant cependant un peu de l'eau de Rabel (mélange d'alcool et d'acide sulfurique); la deuxième passe en vapeurs blanches, et sent beaucoup l'éther, ce qui me fit juger qu'elle était la seule qui

---

(1) *Recherches chimiques sur la composition d'une liqueur très-volatile, connue sous le nom d'éther*, Mém. de l'Acad., ann. 1734, p. 41.

(2) Voici les paroles de Frobenius, sur lesquelles on s'est cru autorisé à lui attribuer la découverte de l'éther : *Paratur ex sale volatili urinoso plantarum phlogisto, aceto valde subtili per summam fermentationem cunctis subtilissime resolutis et mixtis.* Évidemment ces paroles sont faites pour déguiser précisément ce qu'il s'agissait de faire connaître.

(3) Voy. p. 450 du t. I.

le contînt, et que les autres ne servaient qu'à l'absorber; la troisième avait une odeur de soufre des plus pénétrantes. »

Ces faits, qui caractérisent un observateur habile, le conduisirent à préparer l'éther de la manière suivante :

« Je distillai, dit-il, trois parties d'huile de vitriol sur une partie d'esprit-de-vin très-rectifié, jusqu'à ce que j'aperçus à la voûte de la cornue les vapeurs blanches dont j'ai parlé; alors je cessai le feu. On a par ce moyen la liqueur qui contient l'éther, seulement un peu mêlée d'esprit-de-vin qui passe d'abord, et puis d'un peu d'esprit sulfureux qui vient ensuite, malgré la cessation du feu. Lorsqu'on veut avoir l'éther seul, il faut employer l'eau commune pour le séparer; et si on ne trouve pas cet éther assez sec (privé d'eau), on peut le rectifier par une lente distillation, et alors l'éther monte avant l'esprit-de-vin, qui cependant passait toujours le premier dans la première opération. »

Plus tard, Baumé et Cadet perfectionnèrent considérablement le mode de préparation de l'éther. Le premier surtout examina le résidu de la distillation, et indiqua les moyens d'obtenir une bien plus grande quantité d'éther qu'on n'en avait par la méthode ancienne (1).

Grosse a, en outre, laissé un mémoire *sur la manière de purifier le plomb et l'argent qui se trouvent alliés avec l'étain;* ce mémoire renferme quelques détails qui, sans être nouveaux, n'en sont pas moins intéressants pour le chimiste (2).

CADET (né à Paris en 1731, mort le 19 octobre 1799), apothicaire major de l'Hôtel royal des Invalides, a attaché son nom à un composé arsenical connu sous le nom de liqueur fumante de Cadet. Voici comment il décrivit, en 1760, la préparation de cette liqueur :

« Je prends, dit-il, deux onces d'arsenic (acide arsenieux), je le mets en poudre très-fine dans un mortier de marbre, j'y ajoute deux onces de terre foliée de tartre bien préparée (acétate de potasse); j'enferme aussitôt ce mélange dans une cornue de verre lutée, que je place à nu dans un petit fourneau à réverbère. J'adapte à la cornue un récipient que je lute, je la chauffe par degrés;

---

(1) *Sur l'éther vitriolique,* par Baumé, maître apothicaire de Paris; Mém. des savants étrangers, t. III, 209 (ann. 1755).

(2) Mém. de l'Acad., ann. 1736, p. 167.

il en sort quelque temps après une liqueur un peu colorée qui répand l'odeur d'ail la plus pénétrante ; il passe ensuite une liqueur d'un rouge brun qui remplit le ballon d'un nuage épais (1). »

Dans une note communiquée à l'Académie, ce chimiste rapporte qu'il avait obtenu de l'alcali volatil, en traitant par l'alcali fixe le résidu de la distillation d'une dissolution de mercure dans l'acide nitrique alcoolisé (2).

Cadet a laissé des recherches moins importantes sur la nature de la bile (3), sur la soude de varech (4); des expériences sur le borax (5), sur la terre foliée de tartre, etc. (6).

§ 28.

A côté des travaux qui précèdent, nous pourrons en signaler d'autres non moins remarquables. Parmi ceux qui ne se sont occupés de chimie qu'en quelque sorte accidentellement, on remarque des physiciens et des médecins de la plus haute renommée.

Réaumur (né en 1683, mort en 1757), comme Duhamel, s'est immortalisé dans presque toutes les sciences. Parmi ses travaux qui regardent la chimie, on remarque particulièrement ce qu'il a fait sur la fabrication de la porcelaine, substance alors peu connue en Europe (7); sur la pourpre qu'on retire de certains coquillages (8); sur la nature des terres (9); sur le fer (10); sur le son que rend le plomb dans quelques circonstances (11).

Qui ne connaît les titres que Réaumur s'est acquis à la reconnaissance des physiciens et des naturalistes?

---

(1) Mémoires des savants étrangers, t. III, p. 635, ann. 1700.

(2) Hist. de l'Acad., ann. 1769, p. 66.

(3) Mém. de l'Acad., ann. 1767, p. 471; ibid., ann. 1769, 66.

(4) Ibid., ann. 1707, p. 487. Cadet parle dans ses mémoires d'une matière bleue et verte, obtenue aussi par d'autres chimistes, en traitant la lessive de varech par un acide (acide sulfurique ou acide nitrique). Aurait-il entrevu l'existence de l'iode?

(5) Ibid., ann. 1766, p. 365.

(6) Mém. des savants étrangers, t. IV, p. 518.

(7) Mém. de l'Acad., ann. 1727, p. 185; 2e mém., ibid., ann. 1729. — Voyez t. I de l'Histoire de la chimie, p. 11.

(8) Mém. de l'Acad., ann. 1711, p. 218.

(9) Mém. de l'Acad., ann. 1730, p. 243.

(10) Ibib., ann. 1726, p. 273.

(11) Ibid., ann. Ibid., p. 243.

Louis-Claude BOURDELIN (né à Paris en 1696, mort en 1777) était d'une noblesse académique : son père et son aïeul avaient été membres de l'Académie des sciences. Il fut lui-même reçu au sein de cette savante assemblée en 1725 ; nommé professeur de chimie au Jardin du Roi, il fut, en 1770, remplacé dans sa chaire par Macquer. Doué d'une constitution faible et maladive, il avait pris, depuis l'âge de trente ans, l'habitude de prendre du vin de quinquina, et avait ainsi prolongé sa vie au delà de quatre-vingts ans.

Les travaux de Bourdelin sont peu nombreux, et ont eu moins d'éclat que ceux de plusieurs de ses collègues (1).

Charles-François DUFAY (né à Paris en 1698), issu d'une ancienne famille noble, s'éprit, jeune encore, de passion pour l'étude de la chimie. Mais ses parents l'avaient destiné à la carrière des armes, ce qui l'empêchait de se livrer tout entier à ses travaux de prédilection. Nommé en 1723 membre de l'Académie, il quitta le service militaire, et passa le reste de sa vie dans la retraite des sciences. Ses travaux de chimie sont moins nombreux et moins importants peut-être (2) que ceux d'anatomie, de botanique et d'astronomie, dont il fit la communication à l'Académie. Son plus grand titre à la reconnaissance de la postérité est d'avoir contribué, plus qu'aucun de ses prédécesseurs, à l'agrandissement du Jardin du Roi ; et d'avoir à sa mort, arrivée en 1741, désigné l'illustre Buffon pour lui succéder dans l'intendance de ce bel établissement.

MALOUIN (né à Caen en 1701, mort à Paris en 1778), quoique ayant appartenu à la section de chimie dans l'Académie, fit peu pour cette science. Parent de Fontenelle, il lui était facile d'obtenir ce que l'ambition d'un médecin voué à la pratique de son art pouvait désirer. Il était ami de Voltaire, parce que celui-ci n'avait pas écrit, comme Molière, contre les médecins. Dans

---

(1) Mémoires de Bourdelin : *Sur la formation des sels lixiviels*, Mém. de l'Acad., ann. 1728, p. 384 ; — *Sur le sel lixiviel de gayac*, ibid., ann. 1730, p. 33 ; — *Sur le succin*, ibid., ann. 1742, p. 143 ; — *Sur le sel sédatif*, ibid., ann. 1753, p. 201, et ann. 1755, p. 397.

(2) *Sur le phosphore du baromètre* (phosphorescence), Mém. de l'Acad., ann. 1723, p. 295 ; — *Sur le sel de la chaux* (chaux caustique), ibid., ann. 1724, p. 88 ; — *Observations physiques sur le mélange de quelques couleurs dans la teinture*, ibid., année 1737, p. 253.

tout le cours de sa longue carrière, il n'a jamais présenté à l'Académie que trois mémoires d'une médiocre importance (1).

Le célèbre anatomiste et médecin Français DE LASSONE (né en 1717, mort en 1788) n'est point resté spectateur indifférent du développement rapide et extraordinaire qu'avait pris la chimie. Il se révéla comme minéralogiste et chimiste dans ses recherches sur les grès cristallisés de Fontainebleau, sur quelques combinaisons de l'acide borique, sur les sels de mercure, d'antimoine et de fer, sur le phosphore, etc. (2). Il resta néanmoins attaché aux doctrines des anciens, et ne vit dans la révolution opérée par les chimistes modernes que des faits de plus à observer.

Jean-Baptiste Bucquet (né à Paris en 1746, mort en 1780) s'est fait remarquer par ses travaux minéralogiques, et ses efforts pour rattacher la chimie à la physiologie et à l'histoire naturelle (3). Il fut remplacé à l'Académie par un chimiste qui devait l'éclipser sous tous les rapports. Ce chimiste était Berthollet.

Pour compléter la liste des savants français qui ont bien mérité de la chimie pendant le commencement et vers le milieu du siècle passé, il faudra mentionner BEALET (4), Jean PELLETIER (5), POLINIÈRE (6), LEFÈVRE (7), HÉRISSANT (8), VENEL (9), LAURAGAY (10),

---

(1) *Expériences qui découvrent l'analogie entre l'étain et le zinc;* Mém. de l'Acad., ann. 1742, p. 46; — 2° mém. sur le même sujet, ibid., ann. 1743, p. 70; — *Sur le sel de chaux,* ibid., ann. 1745, p. 93.

(2) Ces recherches sont consignées dans les Mémoires de l'Académie, années 1755, 1757, 1772, 1773, 1774, 1775, 1776, 1777, 1778, 1780, 1781.

(3) Ses travaux se trouvent insérés dans les Mém. de l'Acad., ann. 1776; — Mém. des savants étrangers, vol. VII et vol. IX. — Dissertations inaugurales : *Ergo digestio alimentorum vera digestio chymica;* Paris, 1769, 4.

(4) Mém. de l'Acad., ann. 1700, p. 122, *De l'usage médicinal de l'eau de chaux;* — ibid., 1724, p. 114, Histoire d'un sel cathartique d'Espagne.

(5) L'alkahest, ou le dissolvant universel; Paris, 1706, 12. — Suite du traité sur l'alkahest; Paris, 1736, 12

(6) Expériences de physique, vol. II; Paris, 1709, 12; 4° éd., 1734.

(7) Hist. de l'Acad., ann. 1728, p. 36; — ibid., ann. 1730, Hist., p. 52.

(8) Mém. de l'Acad., ann. 1758, p. 322. — Ergo a substantiæ terreæ intra poros cartilaginum appulsu ossea durities; Paris, 1768, 4.

(9) Voy. p. 350 de ce volume.

(10) Mém. de l'Acad., 1758, p. 9, *Sur la dissolution du soufre dans l'esprit de-vin;* — ibid., p. 29, *Expériences sur les mélanges qui donnent l'éther, sur l'éther lui-même, et sur sa miscibilité dans l'eau.*

D'ARCET (1), FOUGEROUX DE BONDAROY (2), COURTANVAUX (3), MAR-
CORELLE (4), auxquels on pourra encore joindre GUETTARD, POLI,
SAINT-AMAND, MENON, BELLERY, RIVES, BOURGELAT, RENÉ, d'ESTÈVE,
Ch. LE ROI, SÉVIGNY, JULIN, RONCEO, MATTE, RONACLE, ROBORDER,
JARS.

§ 24.

Progrès de la chimie en Allemagne jusqu'à l'époque de Lavoisier.

A voir, au commencement du xviiie siècle, l'immense retentissement de la théorie du phlogistique, on aurait pu croire que l'Allemagne était appelée à régénérer la chimie. Mais ce rôle ne lui
devait pas appartenir; car toute théorie, si elle n'a pas pour base
l'expérience, tombera, quel que soit le prestige qui l'environne.

A côté de l'école de Stahl s'était élevé, en Allemagne, une pépinière riche en chimistes; l'Académie des sciences de Berlin comptait au nombre de ses membres POTT, ELLER, NEUMANN et MARG-
GRAF, le plus illustre de tous.

Tâchons de faire connaître sommairement les travaux de chacun
d'eux.

STAHL.

George-Ernest Stahl naquit à Ansbach (Bavière) en 1660. Après
avoir achevé ses études médicales à l'université de Iéna, il fut attaché, en 1687, en qualité de médecin, à la cour du duc de Saxe-
Weimar. Le célèbre Frédéric Hoffmann, qui avait, vers cette époque, reçu du roi de Prusse la mission d'organiser l'université de

---

(1) Mém. de l'Acad., ann. 1766, *Sur l'action d'un feu égal, violent et con-
tinué pendant plusieurs jours, sur un grand nombre de terres, de pierres
et de chaux métalliques;* — 2e mém., ann. 1768; — *Mémoires sur le diamant,* Mém. de l'Acad., ann. 1770. — *Expériences sur l'alliage fusible de
plomb, de bismuth et d'étain,* Journal de médecine, 1775, juin.

(2) Mém. de l'Acad., 1770, p. 1, *Sur les solfatares des environs de Rome;*
— ibid., p. 37 et p. 45, *Sur le pétrole de Parme.*

(3) Mém. des savants étrangers, t. V, p. 19 (ann. 1762), *Sur l'éther marin;*
— ibid., p. 72, *Sur la concentration et congélation du vinaigre radical.*

(4) Ibid., t. V, p. 631 (ann. 1768), *Sur le salicor.*

Halle, appela Stahl auprès de lui, et lui confia une chaire de médecine. Ce dernier conserva peu de sentiments de gratitude envers son
bienfaiteur, car il devint, par la suite, son adversaire acharné.
L'ambition et la vanité qui percent dans ses écrits l'ont souvent fait
dévier du droit chemin. En 1710, Stahl fut appelé à Berlin pour occuper la charge de premier médecin du roi de Prusse, père de Frédéric le Grand. Il mourut en 1734, à l'âge de soixante-quinze ans.

Travaux de Stahl.

Peu de travaux ont eu autant de célébrité que ceux de Stahl,
non pas à cause des faits nouveaux (fort peu nombreux) qui s'y
trouvent exposés, mais à cause d'une théorie qui, par sa simplicité
philosophique, avait captivé l'admiration des contemporains, et en-
traîné la conviction de presque tous les savants de l'époque.

Stahl avait débuté, en 1697, par la publication d'un grand ouvrage
sur la fermentation, *Zymotechnia fundamentalis* (1). Mais l'ouvrage le plus considérable a pour titre : *Fundamenta chymiæ
dogmatico-rationalis* (2).

Pour comprendre les œuvres de Stahl (imprimées en latin), il
faut savoir non-seulement le latin, mais encore l'allemand ; car
l'auteur pousse jusque dans ses dernières limites ce pédantisme
puéril alors fort à la mode, de larder le texte latin d'expressions
allemandes ; ce qui produit un ensemble fort bizarre, mais qui est
loin de donner une idée avantageuse de l'esprit de l'auteur. C'est
ainsi que quelque temps après, sous le règne de Frédéric le Grand,
beaucoup d'érudits d'Allemagne se servaient d'un langage moitié
allemand, moitié français. Gellert et d'autres se moquèrent avec

---

(1) Seu fermentationis theoria generalis, qua nobilissimæ hujus artis et partis
chymiæ, utilissimæ ac subtilissimæ, causæ et effectus in genere, ex ipsis me-
chanico-physicis principiis, summo studio eruuntur, etc.; Hal., 8.

(2) Norimb., 1747, 4. — D'autres ouvrages de Stahl ont pour titre : *Specimen Beccherianum, sistens fundamenta, documenta, experimenta*, etc., 4
C'est un commentaire de la *physica subterranea* de Beccher. — *Opuscula
chymico-physico-medica*, etc.; Magdeb., 1715, in-4. — *Observationes selectiores physico-chemico-medicæ curiosæ*, etc.; Hal., 1709, 8. — *Experimenta,
observationes, animadversiones CCC numero chimicæ et physicæ*, etc.;
Berolin., 1731, 8.

raison de cette singulière ostentation pédantesque. Voici un spéci-men du langage de Stahl :

Sonsten ist aus den angeführten alterationibus metallorum zu *notiren dass in den* metallis imperfectis *dreyerley* substantia *vorhanden sey :* 1° *eine* quasi superficialis cohesionis quœ et ea propter omnium prima abit scilicet substantia inflammabilis seu φλογιστόν; 2° substantia colorans, quœ apparet in coloratis horum metallorum vitris, *und endlich;* 3° substantia crudior, *und diese sonderlich in den* crassioribus metallis, *Eisen und Kupfer zu finden* (1).

Stahl regarda le soufre comme un corps composé, et croyait être parvenu à en extraire les éléments, l'un combustible et volatil, l'autre incombustible et fixe (2). Le foie de soufre était, suivant lui, le dissolvant de l'or, dont se serait servi Moïse pour dissoudre le veau d'or (3). En parlant de l'action des acides sur les métaux, il remarque que ces derniers n'entrent en dissolution qu'autant qu'ils sont préalablement convertis en chaux (oxydes), et que le degré d'action de l'acide varie suivant la nature du métal. Il indiqua les moyens de concentrer les liqueurs alcooliques (bière, vin) par la congélation, de préparer du vinaigre très-concentré en le combinant avec l'alcali fixe (potasse), et en traitant cette combinaison par l'acide vitriolique (4). Il n'ignorait pas que les végétaux qui croissent le long des vieux murs sont très-riches en salpêtre (5); que le zinc existe dans le laiton, non pas, comme on l'avait cru, à l'état de cadmie, mais à l'état métallique; et qu'on parvient à retirer tout le zinc du laiton en frottant celui-ci longtemps avec du

(1) *Traduction de ce passage :* D'ailleurs, d'après les susdites altérations des métaux, il est à noter que les métaux imparfaits renferment trois principes ou substances : 1° une substance de cohésion superficielle, qui s'en va la première, à savoir, la substance inflammable ou le *phlogistique;* 2° une substance colorante, qui apparaît dans les verres colorés de ces métaux; et enfin, 3° une substance moins subtile et qui se rencontre particulièrement dans les métaux plus épais, dans le fer et dans le cuivre. — Voy. *Abrégé de l'Histoire de la chimie, servant d'introduction aux Éléments de chimie minérale,* etc., par Ferd. Hoefer; Paris, 1841, in-8.

(2) Opuscul. chymico-physico-medic., p. 749-764.

(3) Observat. chymico-physico-med., ann. 1698, mensis aprilis, quo vitulus aureus igne combustus est, p. 585-607. — J'ai démontré dans le tome Ier ce qu'il en est de cette prétendue dissolution du veau d'or. Voy. t. I, p. 29.

(4) Specim. Bechh., p. II, p. 132.

(5) Fragmenta quædam ad historiam naturalem nitri, etc., Opuscul. physico-chymico-medic., p. 532-564.

mercure, et en l'arrosant d'eau. Il avait entrevu l'existence de l'acide tartrique en traitant le tartre cru par l'acide vitriolique (1). Le sel calcaire qui se dépose dans les chaudières où l'on concentre des eaux salées, pour la préparation du sel commun, était, selon lui, un résultat de transmutation, et un indice que les sels se composent d'une substance terreuse subtile, et d'eau.

Théorie du phlogistique.

Le germe de cette théorie célèbre, dans laquelle se sont égarés les meilleurs esprits, se trouve dans les écrits de Becher. S'emparant de l'idée du maître, Stahl la développe dans différents endroits de ses ouvrages, sans cependant lui donner cette importance qu'y attachèrent plus tard ses nombreux disciples.

Qu'est-ce que le principe impondérable du feu? Qu'est-ce que le calorique? Est-ce un élément qui entre dans la composition de tous les corps? Ces questions, qui même aujourd'hui sont loin d'être résolues, occupaient beaucoup autrefois les chimistes. Voici la réponse de Stahl et de ses disciples :

Le feu (calorique) se présente dans deux états différents : 1° à l'état de combinaison; 2° à l'état libre. Tous les corps renferment en eux leur principe de combustibilité; c'est le feu fixé ou combiné qui les rend combustibles; c'est ce feu, ce principe combustible, ainsi fixé ou combiné, que Stahl appelle *phlogiston*, de φλόξ, flamme. Or, ce principe ne devient appréciable à nos sens qu'au moment où il quitte ses liens et se dégage d'un corps quelconque. Il reprend alors ses propriétés ordinaires, que tout le monde connaît; il constitue le feu proprement dit, accompagné de lumière ou de chaleur. La combustion n'est autre chose que le passage du feu combiné (*phlogistique*) à l'état de feu libre. Tous les corps se composent donc, en dernière analyse, d'un principe inflammable ou phlogistique, et d'un autre élément qui varie suivant les espèces. Plus un corps est combustible ou inflammable, plus il est riche en phlogistique. Le charbon, les huiles, la graisse, le soufre, le phosphore, etc., sont les substances les plus riches en phlogistique, et sont les plus propres à communiquer ce principe inflammable à d'autres qui en manquent.

____

(1) Specim. Becch., p. II, p. 132.

Appliquons ces idées de Stahl aux métaux.

Qu'est-ce qu'un métal? Dans l'état actuel de la science, c'est un corps simple, c'est-à-dire jusqu'à présent reconnu indécomposable. Suivant la théorie du phlogistique, c'est, au contraire, un corps composé. Quels en sont les éléments? le phlogistique et une matière terreuse (chaux). Le phlogistique est partout le même, mais la matière terreuse varie suivant la nature du métal. Cette matière terreuse n'est autre chose que la rouille (oxyde) du métal, laquelle, à cause de son aspect pulvérulent, terreux, est appelée *chaux*. Lorsqu'on chauffe le métal, son phlogistique se dégage et la chaux reste : c'est pourquoi on désigne cette opération sous le nom de *calcination* (de *calx*, chaux). Voulez-vous rendre à cette chaux sa ductilité, son élasticité, sa malléabilité, enfin toutes les propriétés qui caractérisent le métal? Rendez-lui son phlogistique ; si vous donnez au colcothar (chaux de fer) du phlogistiq..., vous le changerez en fer; si vous donnez au pompholix (chaux de zinc) du phlogistique, vous aurez le zinc, etc. Comment donnerez-vous à ces chaux du phlogistique? en les chauffant avec du charbon, avec des graisses, en un mot, avec des substances qui abondent en phlogistique.

S'il est vrai que la simplicité est un caractère distinctif de la vérité, jamais théorie n'aura été aussi vraie que celle de Stahl ; car il est impossible de trouver nulle part une théorie aussi séduisante par sa simplicité. Faut-il maintenant s'étonner qu'elle ait eu de si nombreux défenseurs?

Ainsi, comme nous venons de le voir, *la calcination* est, selon la théorie de Stahl, une opération *analytique*, puisque le métal (ou tout autre corps) se décompose en phlogistique et en chaux, tandis que *la réduction* est une opération *synthétique*, puisque, dans ce dernier cas, la chaux reprend son phlogistique.

D'après la théorie actuelle, dont le fondateur est Lavoisier, c'est tout le contraire : la calcination est une synthèse, puisque le métal, loin de perdre, absorbe quelque chose en augmentant de poids ; et la réduction est une décomposition, car le charbon, au lieu de rendre, enlève quelque chose au métal, en lui faisant perdre de son poids exactement ce qu'il avait gagné pendant la calcination.

Si Stahl avait employé la balance, il aurait sans doute immédiatement renoncé à sa théorie, comme étant en contradiction évidente avec l'expérience.

Détrompez-vous. Écoutez plutôt :

« Je sais fort bien, — c'est Stahl qui parle, — que les métaux augmentent de poids pendant leur calcination. Mais ce fait, loin d'infirmer ma théorie, vient, au contraire, merveilleusement à son appui. Car le phlogistique étant plus léger que l'air, tend à soulever le corps avec lequel il est combiné, et à lui faire perdre une partie de son poids ; ce corps pèse donc davantage après avoir perdu son phlogistique. »

Ainsi la théorie de Stahl est fondée sur une illusion, sur une erreur de statique, d'après laquelle le phlogistique ferait l'office d'une espèce de ballon aérostatique. Stahl semblait ignorer que tout corps matériel est pesant, et que le phlogistique (en admettant son existence) doit, ainsi que l'air inflammable (hydrogène), occuper un espace beaucoup moins grand, par conséquent déplacer un volume d'air beaucoup moindre, à l'état de combinaison qu'à l'état de liberté.

Il ne faut pas oublier que Stahl, lorsqu'il établit sa théorie, n'avait aucune connaissance spéciale des gaz. Après la découverte de l'azote, de l'oxygène, de l'hydrogène, fluides élastiques qui paraissaient avoir certains rapports avec le phlogistique, les chimistes apportèrent à la théorie de Stahl des modifications souvent difficiles à saisir. Et comme, d'un côté, l'expérience, par suite des découvertes multipliées, contrariait leurs hypothèses, et que, d'un autre côté, ils ne voulaient pas, soit par amour-propre, soit par conviction, abandonner une théorie qui avait en quelque sorte présidé à tous leurs travaux, il advint, ce qui arrive toujours en pareil cas, que les hypothèses, les explications spéculatives, les additions supplémentaires à la théorie du phlogistique, s'accumulèrent à un tel point, qu'il faudrait le fil d'Ariane pour se reconnaître au milieu de ce labyrinthe. Il n'y a pas deux chimistes phlogisticiens qui s'entendent : c'est absolument comme pour la philosophie.

C'est dans cette seconde période, époque de décadence du phlogistique, qu'on voit apparaître les noms d'*air phlogistiqué* (azote), d'*air déphlogistiqué* (oxygène), *acide marin déphlogistiqué* (chlore), *acide vitriolique phlogistiqué* (acide sulfureux), *esp. it de nitre phlogistiqué* (acide nitreux), *alcali phlogistiqué* (cyano-ferrure de potassium), etc.

Voilà un exposé succinct de la théorie du phlogistique, qui, vers le milieu et la fin du xviiie siècle, divisa les chimistes en deux camps ennemis, et produisit une émulation très-salutaire pour le progrès de la science : car ce n'est que du conflit des opinions contraires que jaillit la vérité. Et puis, la théorie du phlogistique a soulevé certaines questions qui même aujourd'hui sont loin d'être vidées. S'il est vrai, comme le soutient la théorie qui a succédé à celle de Stahl, que le calorique logé dans les interstices des molécules matérielles devient libre au moment où ces molécules se rapprochent, pourquoi l'oxygène ou tout autre gaz, au moment où il devient libre et qu'il abandonne quelque combinaison, ne produit-il pas un abaissement de température au moins proportionnel au degré de chaleur qu'il produit pendant sa combinaison?

§ 25.

POTT.

Disciple de Fréd. Hoffmann et de Stahl, Pott avait allié étroitement l'étude de la chimie à celle de la médecine. C'était un des membres les plus actifs de l'Académie de Berlin. Mais il a quelque peu terni sa mémoire par sa polémique passionnée et injuste avec plusieurs de ses collègues, et particulièrement avec Eller. Il mourut en 1777, à l'âge de quatre-vingt-cinq ans.

Pott était un des chimistes les plus actifs de son temps. Les travaux qu'il a laissés ne comprennent pas moins d'un espace de cinquante ans ; ils témoignent d'une connaissance étendue de l'histoire de la science, sans cependant porter le cachet d'une méthode expérimentale rigoureuse, et d'une observation approfondie des faits. Son premier mémoire, *sur les soufres des métaux*, parut en 1716 : Pott avait alors vingt-quatre ans.

Nous ne nous arrêterons, dans l'indication des travaux de ce chimiste, que sur la dissertation qui a pour objet le borax.

Borax (1). — Les Grecs et les Romains connaissaient le borax sous le nom de *chrysocolle* (soudure de l'or), nom qu'ils semblent aussi avoir appliqué au carbonate de cuivre mêlé avec des phosphates alcalins (2). Plus tard, les Arabes désignèrent par le nom de *baurach* indifféremment le nitre et le borax. Enfin, à mesure que les ténèbres qui couvraient encore la science venaient à se dissiper, le nom de *baurach*, transformé en *borach* ou *borax*, fut exclusivement em-

---

(1) Observat. et animadvers. chymic., Collect. II, p. 54-105. — Dissertations chimiques, t. II, p. 319 (Paris, 1759, in-8).

(2) Histoire de la chimie, t. I, p. 164.

ployé pour désigner un sel particulier que l'on faisait primitivement venir du Thibet et de l'Inde. Quelle est la nature du borax? Cette question avait été successivement agitée par un grand nombre d'observateurs, sans avoir reçu de solution. Zwelfer, Berger, etc., regardaient cette substance comme un alcali fixe naturel ; Homberg la définissait un sel urineux minéral ; Melzer prétendait que c'est un sel maria minéral, composé d'un principe terreux vitrifiable, d'alcali urineux, d'un acide subtil, et de phlogistique ; enfin les chimistes se sont épuisés en vaines conjectures sur la composition du borax. Ce qui mettait le comble à cette confusion, c'est que la matière organique grasse dont le borax (tinckal) cru, venant de l'Inde, est toujours sali, donnait, par la distillation et la combustion (seuls modes d'analyse alors employés), naissance à ? s produits empyreumatiques, ammoniacaux, propres à embrouiller plutôt qu'à éclaircir la question : car cette matière organique était, par la plupart, considérée, non comme accidentelle et étrangère, mais comme essentiellement inhérente à la composition même du borax.

Tel était à peu près l'état de la science lorsque Pott publia, en 1741, sa dissertation sur le borax. Ce chimiste soutenait, avec Geoffroy et Lemery jeune, que le borax est une substance saline, composée d'alcali et d'un acide particulier. Quel est cet acide? Ce n'est, répondirent Neumann et Pott, ni l'acide vitriolique, ni l'acide muriatique, puisque le borax, chauffé par le charbon, ne donne point de foie de soufre, et que, traité par l'esprit de nitre, il ne donne point d'eau régale ; mais lorsqu'on soumet une solution chaude de borax à l'action de l'acide vitriolique, on obtient un précipité blanc, appelé *sel sédatif*, et la liqueur qui surnage donne, par l'évaporation, du sel de Glauber (sulfate de soude). Voilà une expérience qui était alors connue de tous les chimistes ; et pourtant aucun d'eux n'osa soutenir, excepté Baron, que *le sel sédatif*, découvert en 1702 par Homberg (sel sédatif de Homberg), est un acide particuler (acide boracique ou borique) combiné avec l'alcali (soude) du sel de Glauber (1). Homberg avait entièrement méconnu la nature de son sel sédatif, appelé indifféremment *sel volatil narcotique de vitriol, sel volatil de borax, fleurs de vitriol philosophique, sel blanc des alchimistes, fleurs de Diane* ; car il le regardait comme un produit du vitriol de fer. Quant à Pott, il considère le sel sédatif, dont il décrit

_____

(1) Voy. pag. 396 de ce vol.

les principales propriétés, comme « un sel neutre, composé de quelques molécules de vitriol et de borax. » Voulez-vous savoir pourquoi? c'est que ce sel communique à l'alcool une flamme verte, absolument comme le ferait, à un plus faible degré, le vitriol de cuivre.

Pott est bien au-dessous de son compatriote et contemporain Marggraf, pour la sagacité et l'esprit d'observation qui pénètrent les détails et les embrassent dans leur ensemble. Ses mémoires, très-prolixes, sont beaucoup plus riches en mots et en raisonnements qu'en faits nouveaux et positifs, vraiment utiles aux progrès de la science.

Ses mémoires ont pour objet : l'*Analyse de l'orpiment* (1); — l'*Histoire de la dissolution particulière de différents corps* (2); — *De l'acide vitriolique vineux* (3) (mélange d'alcool et d'acide sulfurique); — *De l'acide nitreux urineux* (4); — *Sur la cause de la rougeur des vapeurs de l'acide nitreux* (5) (il attribue cette coloration au phlogistique); — *Sur le sel commun* (6) (il regarde la base du sel commun comme une espèce de terre calcaire); — *Sur l'esprit de sel vineux* (7) (c'était un mélange d'alcool et d'acide muriatique, qu'il considérait comme un bon dissolvant de l'or); — *Expériences chimiques sur l'existence de l'acide dans les animaux* (produits empyreumatiques mal définis) (8); — l'*Analyse du vitriol blanc* (sulfate de zinc) (9); — *La terre feuillée du tartre* (acétate de potasse) (10); — *Le sel fusible microcosmique* (11) (phosphate de soude); — *Recherches sur l'union de l'acide du vitriol avec le tartre* (12) (c'est dans ce mémoire que Pott parle vaguement de l'acide tartrique); — *La dissolution de la chaux vive dans l'acide nitreux* (acide nitrique) (13); — *La décomposition du*

(1) Hal., 1720. — Exercit. chymic., p. 46-112. — Dissertat. chimiques, t. I, p. 133.

(2) Dissertat. chimiques, t. I (éd. Demachy), p. 319.

(3) Ibid., p. 388.

(4) Ibid., p. 489.

(5) Ibid., p. 557.

(6) Ibid., t. II, p. 1.

(7) Ibid., p. 249.

(8) Ibid., t. II, p. 469.

(9) Ibid., p. 507.

(10) Ibid., p. 527.

(11) Ibid., t. III, p. 1.

(12) Ibid., p. 159.

(13) Ibid., p. 178.

tartre vitriolé (sulfate de potasse) (1); — *La distillation par la chaleur du soleil* (2); — *Le bismuth* (3) (ce mémoire est précédé d'un long historique où l'on voit que le bismuth était souvent confondu avec le plomb); — *Le zinc* (4); — *Le manganèse* (5) (que Pott regardait comme une combinaison intime d'une terre alcaline particulière avec un principe inflammable subtil); — *La pseudogalène* (blende) (6); — *La plombagine* (qu'il confondait avec le molybdène) (7); — *Examen pyrotechnique du talc* (il y méconnaissait la présence de la magnésie) (8); — *Expériences pyrotechniques sur la topaze de Saxe* (9), — *Examen pyrotechnique des stéatites* (il n'y trouvait point la terre magnésienne) (10); — *Essai sur la manière de préparer des vaisseaux qui puissent supporter le feu le plus violent* (11); — *Recherches sur le mélange de l'acide du vitriol avec le salmiac* (12); — *Examen chimique de la nature du sel acide volatil du succin* (13) (Pott obtint l'acide succinique cristallisé par la distillation de l'ambre; il décrivit les principales propriétés de cet acide qu'il a découvert).

§ 26.

ELLER.

C'était l'antagoniste de Pott. Les discussions de ces deux chimistes rivaux dépassaient souvent les bornes de la bienséance, et donnaient au monde le triste spectacle d'une vanité mal déguisée sous le manteau de la science (14). Il est du devoir de l'historien

---

(1) Dissertations chimiques, t. III, p. 219.
(2) Ibid., p. 251.
(3) Ibid., p. 267.
(4) Ibid., p. 392.
(5) Ibid., p. 523.
(6) Ibid., p. 559.
(7) Ibid., t. IV, p. 1.
(8) Ibid., p. 28.
(9) Ibid., p. 66.
(10) Ibid., p. 90.
(11) Ibid., p. 167.
(12) Ibid., p. 265.
(13) Ibid., p. 326.
(14) Pott avait publié, en 1756, un volume in-4 (*Animadversiones physicochimicæ circa varias hypotheses et experimenta Elleri*), où il critique peut-

de flétrir en termes énergiques ce mauvais ferment des passions humaines, qui, franchissant les bornes de la morale, vont souiller jusqu'au sanctuaire même de la science.

J. Théodore Eller avait étudié les sciences physiques et médicales dans les écoles de Iéna, de Halle, de Leyde, d'Amsterdam, de Paris et de Londres. Ses connaissances variées, sa grande souplesse d'esprit, lui avaient valu les bonnes grâces de Frédéric le Grand, qui nomma Eller premier médecin de la cour et directeur du collège médical, avec le titre de conseiller intime. Celui-ci était donc, par sa position, le supérieur de Pott; et cette raison seule aurait dû l'engager à la modération, et à user d'une noble indulgence envers son adversaire.

Eller mourut à un âge assez avancé: il était né en 1689, à Plœtzkau, dans la principauté de Bernbourg.

Les travaux scientifiques d'Eller, dont quelques-uns seulement ont trait à la chimie, se trouvent insérés dans la collection des *Mémoires de l'Académie des sciences de Berlin* (1). Ils furent recueillis, après sa mort, sous le titre de: *Physikalisch-Chymisch-Medicinische Abhandlungen*, etc., par C. Gossard; Berlin, 1764, in-8.

Les travaux chimiques d'Eller renferment plus d'hypothèses que d'observations expérimentales; néanmoins on y trouve quelques recherches microscopiques fort intéressantes sur l'altération qu'éprouve le sang frais, maintenu à la température du corps, sous l'influence d'un grand nombre de médicaments et de substances chimiques mis en contact avec lui. Ces recherches portent particulièrement sur l'altération des globules du sang, produite par l'action des vitriols de cuivre et de fer, du sel marin, de l'alcali fixe (carbonate de potasse), de l'alcali volatil, du borax, du tartre, du sel d'Epsom, du sel d'oseille, de l'arsenic, du sublimé corrosif, des acides vitriolique, nitrique et muriatique, des teintures de myrrhe, de safran, d'aloès, d'opium, d'ellébore, de rhubarbe, de quin-

---

être un peu trop sévèrement les travaux d'Eller. Celui-ci y répondit dans un opuscule anonyme: *Courte recherche sur les vrais motifs qui ont engagé M. Pott à critiquer le conseiller Eller*, etc. Dans cette diatribe, indigne d'un homme de science, il raconte des intrigues amoureuses fort compromettantes pour la réputation de mademoiselle Pott, etc. Pott répliqua par une *Nouvelle continuation de critique*, etc.

(1) Années 1745, 1746, 1747, 1749, 1750, 1751, 1752, 1754, 1757.

quina, etc. Il proposa l'emploi d'un micromètre particulier pour mesurer les globules du sang (1). — Son mémoire *sur les éléments des corps* est un exposé historique des diverses opinions émises par les philosophes sur la constitution de la matière (2). Ses mémoires sur le vide comme préservatif de la putréfaction, sur la végétation des plantes, sur la génération des métaux, sur le départ de l'or au moyen du soufre, sur les propriétés de l'eau, renferment très-peu d'observations nouvelles.

§ 27.

NEUMANN.

Gaspard Neumann débuta par être garçon apothicaire. Il quitta ensuite son pays, et séjourna quelque temps en Angleterre ; il visita la Hollande et la France, et se mit en rapport avec les chimistes les plus distingués de ce temps. De retour à Berlin, il fut nommé par le roi de Prusse, père de Frédéric le Grand, professeur de chimie et conseiller aulique. Ses leçons eurent un grand succès, et sa méthode d'enseignement, d'après les principes de Stahl, fut pendant longtemps généralement adoptée. Il mourut en 1737, à l'âge de cinquante-quatre ans.

Parmi les travaux originaux de Neumann, il n'y a guère de remarquable qu'une dissertation sur le camphre qu'il était parvenu à extraire de l'huile essentielle de thym (3). Dans d'autres mémoires, il établit que le suc de violette est insuffisant pour déceler les caractères des liqueurs salines (4), que l'albumine desséchée est essentiellement différente du succin, bien qu'elle lui ressemble par son aspect (5). Il fit des recherches sur le sel ammoniac, le soufre, le tartre, le vin, la bière, le café, les fourmis, etc.

---

(1) Mém. de l'Acad. des sciences de Berlin, ann. 1751, p. 11. — *Physikalisch-chymische Abhandlungen*, etc., p. 178.

(2) Mém. de l'Acad. des sciences, ann. 1746. — *Physikalisch-chymische Abh.*, p. 197.

(3) Philosophical Transact., ann. 1724 et 1725, n. 389, p. 321. — Miscellan. Berolin., contin. II, p. 70. — Camphre du thym : Philosoph. Transact., 1733 et 1734, n. 431, p. 202.

(4) Miscellan. Berolin., contin. II, p. 54.

(5) Act. Academ. cæsar. natur. curios., t. V, obs. 55, p. 220.

§ 28.

MARGGRAF.

L'Allemagne doit avec raison compter Marggraf au nombre des plus grands chimistes du xviiie siècle. Expérimentateur ingénieux, prudent dans ses vues spéculatives, d'une logique sévère dans ses déductions, le célèbre chimiste de Berlin peut, à juste titre, revendiquer la gloire d'avoir, un des premiers, introduit dans la science l'emploi du microscope, et la voie humide dans l'analyse des matières organiques.

André-Sigismond Marggraf était fils d'un pharmacien, et né en 1709 à Berlin. Après avoir reçu les premières notions de son art dans la maison paternelle, il fut placé comme préparateur auprès du professeur Neumann, dont les cours de chimie attiraient alors un grand nombre d'élèves. Plus tard il alla perfectionner ses connaissances aux écoles de Francfort, de Strasbourg, de Halle et de Freyberg. A son retour il fut nommé, à l'âge de vingt-neuf ans, membre de l'Académie royale de Berlin, et, en 1762, directeur de la classe de physique. L'Académie des sciences de Paris le nomma, quelque temps après, associé étranger. Pendant tout le cours de sa carrière jusqu'à sa mort, arrivée le 7 août 1780, Marggraf a joui de la réputation d'un savant consciencieux, intègre, et inaccessible à ces passions mesquines qui devraient à jamais rester étrangères à tout homme de science. En gardant une stricte neutralité dans la polémique haineuse qui eut lieu, au grand scandale du monde savant, entre deux de ses collègues, Pott et Eller, Marggraf donna un exemple de sagesse qui mérite en tout temps d'être imité.

Travaux de Marggraf.

Les travaux de ce grand chimiste, auquel la postérité n'a pas encore entièrement payé son tribut de reconnaissance, se trouvent insérés dans les Mémoires de l'Académie des sciences et belles-lettres de Berlin. Rassemblant ses mémoires épars, il en fit un recueil qui fut publié presque en même temps en allemand et en français (1).

---

(1) Opuscules chimiques de M. Marggraf; Paris, 1762, 2 vol. in-8. — Marggraf avait lui-même revu une seconde fois les mémoires que Formey avait tra-

N'y eût-il que la découverte du sucre de betterave, elle seule suffirait pour mettre Marggraf au nombre des chimistes qui ont le plus mérité de l'humanité, de la science et de l'industrie.

Expériences chimiques faites dans le dessein de tirer un véritable sucre de diverses plantes qui croissent dans nos contrées. — Tel est le titre d'une dissertation insérée dans les Mémoires de l'Académie de Berlin pour l'année 1745, et dont toute l'importance ne devait être comprise et appréciée que beaucoup plus tard.

Cette dissertation de Marggraf réclame une analyse aussi complète que possible. C'est l'extraction du sel d'oseille et d'autres sels acides par l'évaporation du suc des végétaux, qui avait suggéré à Marggraf l'idée de traiter, par des procédés semblables, les plantes sucrées.

Il établit, avec toute la sagacité qui ferait aujourd'hui honneur au plus habile expérimentateur, que, parmi les plantes indigènes les plus riches en sucre, il faut placer en première ligne la betterave (rouge et blanche) et la carotte; que le sucre qui s'y trouve est parfaitement semblable à celui de la canne; que ce sucre existe tout formé dans les plantes; que le moyen le plus commode et le plus simple de l'en extraire consiste à dessécher les racines, et à les faire bouillir dans de l'esprit-de-vin, qui se charge du sucre et le laisse déposer, sous forme cristalline, par le refroidissement.

Voilà des résultats aussi inattendus que prodigieux, eu égard à l'époque où ils furent publiés pour la première fois. Mais comme un résumé n'est jamais exempt de reproche, il sera plus convenable d'entendre Marggraf lui-même :

« Les plantes, dit-il, que j'ai soumises à un examen chimique pour tirer le sucre de leurs racines, et dans lesquelles j'en ai trouvé effectivement de véritable, ne sont point des productions étrangères; ce sont des plantes qui naissent dans nos contrées aussi bien que dans d'autres en assez grande quantité, des plantes communes qui viennent même dans un terroir médiocre, et qui n'ont pas besoin d'une fort grande culture. Telles sont la bette blanche ou poirée, le chervis (*sisarum Dodonæ; — Daucus carotta*), et la bette

---

duits en français. — Ce recueil contient vingt-sept dissertations, dont quinze sont traduites du latin et douze de l'allemand.

rouge. Les racines de ces trois plantes m'ont fourni jusqu'à présent un sucre très-copieux et très-pur. Les premières marques caractéristiques qui indiquent la présence du sucre renfermé dans les racines de ces plantes, sont que ces racines, étant coupées en morceaux et desséchées, ont non-seulement un goût fort doux, mais encore qu'elles montrent pour l'ordinaire, surtout *au microscope*, *des particules blanches et cristallines qui tiennent de la forme du sucre.* »

Voilà la première fois que nous voyons apparaître, dans l'histoire de la science, l'emploi du microscope, auxiliaire puissant du progrès de la chimie; et il est curieux de faire observer que ce fut pour servir à signaler une des découvertes les plus importantes des temps modernes.

Écoutons l'auteur lui-même décrivant son premier procédé d'extraction, renouvelé de nos jours, et qui avait été considéré, par quelques chimistes ignorants de l'histoire de la chimie, comme un procédé nouveau :

« Comme le sucre, continue Marggraf, se dissout même dans de l'esprit-de-vin (chaud), j'ai jugé que ce dissolvant pourrait peut-être servir à séparer le sucre des matières étrangères; mais pour m'assurer auparavant combien de sucre pouvait être dissous par l'esprit-de-vin le plus rectifié, j'ai mis dans un verre deux drachmes du sucre le plus blanc et le plus fin, bien pilé, que j'ai mêlé avec quatre onces d'esprit-de-vin le plus rectifié; j'ai soumis le tout à une forte digestion continuée jusqu'à l'ébullition, après quoi le sucre s'est trouvé entièrement dissous. Tandis que cette solution était encore chaude, je l'ai filtrée et mise dans un verre bien fermé avec un bouchon de liége, où l'ayant gardée environ huit jours, j'ai vu le sucre se déposer sous forme de très-beaux cristaux. Mais il faut bien remarquer que la réussite de l'opération demande qu'on emploie l'esprit-de-vin le plus exactement rectifié, et que le verre aussi bien que le sucre soient très-secs; sans ces précautions la cristallisation se fait difficilement.

« Cela étant fait, j'ai pris des racines de bette blanche coupées en tranches, et les ai fait dessécher, mais avec précaution, afin qu'elles ne prissent point une odeur empyreumatique. Je les ai ensuite réduites en une poudre grossière; j'ai pris huit onces de cette poudre desséchée, et les ai mises dans un verre qu'on pouvait boucher; j'y ai versé seize onces d'esprit-de-vin le plus rectifié, et qui allume la poudre à canon. J'ai soumis le tout à la digestion au feu, poussé jusqu'à l'ébullition de l'esprit-de-vin, en remuant de temps en temps la poudre qui se ramassait au fond. Aussitôt que l'esprit-de-vin a commencé à bouillir, j'ai retiré le verre du feu, et j'ai versé promptement tout le mélange dans un petit sac de toile, d'où j'ai fortement exprimé le liquide qui y était contenu; j'ai filtré la liqueur exprimée encore chaude, j'ai versé le liquide filtré dans un verre à fond plat, fermé avec un bouchon de liége, et l'ai gardé dans un endroit tempéré. D'abord l'esprit-de-vin y est devenu trouble, et, au bout de quelques semaines, il s'est formé un produit cristallin, ayant tous les caractères du sucre, médiocrement pur et composé de cristaux compactes. J'ai dissous de nouveau ces cristaux dans de l'esprit-de-vin, et on les obtient ainsi plus purs. »

Marggraf ajoute que cette expérience capitale peut servir de moyen préliminaire pour s'assurer si une plante, en général, contient du sucre, et quelle en est la quantité. C'est ainsi qu'il est parvenu à constater que la betterave (blanche) renferme environ 6 p. % de sucre. « Ce qui mérite, dit-il, d'être remarqué en passant, c'est que la plus grande partie du sucre se sépare de l'esprit-de-vin par la cristallisation, et que la partie résineuse demeure dans l'esprit-de-vin. De plus, il paraît que, dans cette opération, l'eau de chaux vive n'est point du tout nécessaire pour dessécher le sucre et lui donner du corps, mais que *le sucre existe tout fait, sous forme cristalline, au moins dans nos racines.*

« Cette manière de procéder, continue Marggraf, à l'extraction du sucre, m'ayant paru trop coûteuse, j'ai cru devoir en chercher quelque autre. Je jugeai que ce qu'il y avait de mieux à faire c'était de suivre la route ordinaire, en ôtant à ces racines leurs sucs par l'expression, en dépurant le suc exprimé, en l'évaporant pour le préparer à la cristallisation, et en purifiant les cristaux qui prennent naissance. »

Nous ne rapporterons point les détails d'exécution que l'auteur expose avec une admirable lucidité, et auxquels on changea, par la suite, fort peu de chose. Il remarque que la carotte se prête assez difficilement à l'extraction du sucre, à cause d'une *matière glutineuse* (acide pectique) qui entrave la cristallisation du sucre; qu'il faut apporter beaucoup de soin au râpage et à l'expression du sucre, afin d'obtenir la plus grande quantité possible de la matière sucrée, et que les mois d'octobre, novembre et décembre, sont la saison la plus propice à la récolte de la betterave.

La plus grande difficulté que l'auteur ait rencontrée dans l'extraction du sucre de betterave, c'est d'avoir un sucre parfaitement blanc. Enfin, il parvint, ainsi qu'il l'avoue lui-même, à obtenir *un sucre pareil au meilleur sucre jaunâtre de Saint-Thomas, qu'on appelle aussi muscouade.*

« C'est là, dit-il, jusqu'où j'ai poussé le sucre qu'on peut tirer de nos racines, en suivant le travail que j'ai indiqué. Je réserve le reste à un autre temps, où je pourrai me procurer une plus grande quantité de suc tiré de nos racines et dépuré, en me servant de la bette blanche, qui est, de toutes ces plantes, celle qui fournit le plus de sucre; et alors je ferai passer ce sucre par un plus grand nombre de solutions; je le dépurerai plus exactement par l'addition de l'eau de chaux vive, et je tâcherai de lui procurer une plus grande blancheur. »

Ce travail éminemment remarquable est terminé par les réflexions suivantes de chimie agricole sur la culture des plantes propres à fournir le sucre indigène :

« Quoique ces racines (betterave, carotte) fournissent toujours une quantité quelconque de sucre, il pourrait cependant arriver que dans telle année elles en donnassent une plus grande quantité que dans telle autre, suivant que le temps est plus humide ou plus sec. On doit aussi faire attention à la parfaite maturité de ces racines. C'est vers la fin d'octobre et en novembre qu'elles sont les meilleures. — Il y a lieu de croire que ces racines, après qu'elles ont poussé des tiges, des feuilles, mais surtout des graines, sont moins propres à l'extraction du sucre. »

C'est qu'en effet une grande partie de la matière sucrée et de l'amidon disparaît, à mesure que la végétation se développe, en se métamorphosant en matière ligneuse.

« D'après ce que nous avons dit, ajoute Marggraf en se résumant, il est facile de voir quels avantages économiques on pourrait tirer de ces expériences; il me suffira d'en indiquer un seul, qui est même le moindre. Le pauvre paysan, au lieu d'un sucre cher ou d'un mauvais sirop, pourrait se servir de notre sucre des plantes, pourvu qu'à l'aide de certaines machines il exprimât le suc des plantes, qu'il le dépurât en quelque façon, et qu'il le fît épaissir jusqu'à la consistance de sirop. Le suc épaissi serait assurément plus pur que le sirop ordinaire et noirâtre de sucre; et peut-être même que ce qui resterait après l'expression pourrait avoir encore son utilité. Outre cela, les expériences rapportées ci-dessus mettent dans une pleine évidence que le sucre peut être préparé dans nos contrées tout comme dans celles qui produisent les cannes à sucre. »

Ceci fut dit et écrit en l'année 1745, soixante ans avant l'empire de Napoléon et le blocus continental, sans lequel la découverte de Marggraf, quoique annoncée par l'auteur lui-même comme devant occasionner une révolution dans l'industrie, aurait été peut-être laissée dans l'oubli.

Poursuivons l'analyse des travaux de Marggraf.

Sur les rapports du phosphore solide avec les métaux et les demi-métaux (1). Ce mémoire contient la découverte de l'acide phosphorique, dont l'honneur revient à Marggraf.

En décrivant les combinaisons (phosphures) que le phosphore est susceptible de former avec les métaux, il remarqua le premier que l'or et l'argent ne donnent pas de véritables composés avec le phosphore.

Il prépara l'acide phosphorique en brûlant le phosphore à l'air, et compara le produit de cette combustion, sous formes floconneuses, avec les fleurs de zinc (oxyde de zinc). Il ajoute « que ce produit, étant pesé encore chaud, avait pris une augmentation de poids de trois drachmes et demie. » — S'il avait cherché la cause de cette augmentation de poids du phosphore brûlé dans l'air, il aurait été bien près de la découverte de l'oxygène.

En continuant ses observations sur l'acide phosphorique qu'il appelle *fleurs de phosphore*, il remarque que ce produit nouveau attire l'humidité de l'air, qu'il fait effervescence avec les alcalis (carbonates alcalins), qu'il est susceptible de se combiner avec les alcalis, avec les chaux (oxydes) métalliques, pour donner naissance à des composés cristallisables; en un mot, il signale les principales propriétés physiques et chimiques de l'acide phosphorique, qu'il enseigne de préparer également en traitant le phosphore par l'esprit de nitre (acide nitrique) concentré.

Exposition de quelques méthodes nouvelles au moyen desquelles on peut faire plus aisément le phosphore solide d'urine (2). — Kunckel, Brand et Boyle avaient les premiers extrait le phosphore de l'urine (3).

---

(1) Miscellan. Berolinens., ann. 1746, t. VI, p. 54-64.
(2) Ibid., ann. 1743, t. VII, p. 324-335.
(3) Voy. p. 182 et 202 de ce volume.

Dans quel état le phosphore existe-t-il dans l'urine? Quelle est l'explication scientifique du procédé d'extraction? Voilà des questions qu'il était réservé à Marggraf de résoudre. Il prouva que le phosphore existe dans l'urine à l'état de sel (phosphate) cristallisable; que lorsque ce sel a été préalablement séparé d'une masse d'urine, ce qui reste « n'est guère propre à la production du phosphore. » Il préparait son phosphore d'urine en soumettant à la distillation, en des vaisseaux parfaitement clos, un mélange de *sel d'urine fixe* (phosphate de soude et ammoniaco-magnésien), de sable et de suie (poussière de charbon). « J'étais, dit-il, dans l'idée que le sable délié (acide silicique) s'unit avec la partie terrestre (base) du sel d'urine fixe, et en dégage l'acide (acide phosphorique). » Il ignorait le rôle que jouait ici le charbon (suie) qu'il avait employé.

En observateur qui cherche à approfondir la nature des choses, *rerum cognoscere causas*, il pose la question : D'où vient le phosphore dans les urines? Un alchimiste aurait répondu que le phosphore est engendré de toutes pièces dans le corps de l'homme. Guidé par les observations de Pott, qui avait trouvé cette matière dans le froment, le seigle et d'autres graines semblables, Marggraf répond : « Comme les végétaux nous servent continuellement de nourriture, il y a toute apparence que le phosphore en tire son origine, et qu'il existe dans les végétaux. »

Expériences sur la manière de tirer le zinc de sa mine (1).
La grande combustibilité du zinc avait toujours offert beaucoup de difficultés pour obtenir celui-ci à l'état métallique. Après s'être un moment arrêté sur la volatilité et l'inflammabilité de ce singulier métal, Margraff insiste pour que la réduction du minerai de zinc se fasse dans des vaisseaux fermés, à l'abri du contact de l'air, « duquel s'ensuivrait l'inflammation du zinc une fois formé. » Le zinc métallisé était recueilli dans des récipients contenant un peu d'eau froide. Il donne ensuite l'analyse des minerais de zinc d'Angleterre, de Silésie et de Bohème.

Examen chimique d'un sel d'urine fort remarquable qui contient de l'acide de phosphore (2). — Ce sel n'est autre que le

---

(1) Mém. de l'Acad. de Berlin, ann. 1746, p. 49-57.
(2) Ibid., ann. 1746, p. 84-107.

phosphate d'ammoniaque, d'après la description qu'en fait l'auteur. « C'est, dit-il, un sel moyen (neutre) ammoniacal; mais l'esprit urineux (ammoniaque) n'y est pas étroitement combiné, car il s'en sépare à une médiocre chaleur, de manière qu'il ne reste que l'acide seul, circonstance que je n'ai observée dans aucun autre sel ammoniacal sec. L'acide qui reste se présente sous la forme d'une masse transparente et semblable au verre. » Il ajoute que cet acide attaque la substance du creuset, et éprouve une certaine perte si on le calcine longtemps à un feu violent.

Et il termine en faisant observer que « l'urine d'été, saison où les hommes mangent beaucoup plus de végétaux, fournit toujours une plus grande quantité de ce sel que l'urine d'hiver.

Combien de sagacité ne fallait-il pas pour faire, il y a cent ans, de pareilles observations!

Manière aisée de dissoudre l'argent et le mercure dans les acides des végétaux (1). « C'est un fait connu, dit l'auteur dès le début de son mémoire, que les acides des végétaux, dont le plus puissant est le vinaigre distillé, dissolvent quelques métaux et revêtent avec eux la forme de sels; mais il n'est pas moins vrai que l'or, l'argent et le mercure résistent à l'action de ces dissolvants. »

Après avoir démontré l'insuffisance des essais faits par les anciens pour dissoudre l'argent dans les acides végétaux, il annonce que le précipité (oxyde d'argent) obtenu en traitant le sel d'argent (nitrate) par le sel de tartre le plus pur (potasse), se dissout dans le vinaigre distillé; que la solution étant faite à chaud, il se dépose d'assez beaux cristaux par le refroidissement, et que l'acide du citron, le vin du Rhin, etc., dissolvent également une quantité notable de ce précipité. Le précipité de mercure donnait les mêmes résultats.

Sur l'action des acides des végétaux sur l'étain, et sur l'arsenic qui s'y trouve caché (2). — L'auteur s'attache, dans cet intéressant mémoire, à démontrer, 1°. que l'étain est susceptible d'être attaqué par les acides végétaux; 2° que ce métal contient toujours une quantité appréciable d'arsenic.

____

(1) Mém. de l'Acad., des sciences de Berlin, ann. 1746, p. 49-57.
(2) Ibid., ann. 1747, p. 33-46.

C'est d'abord par la synthèse qu'il s'explique la difficulté de l'analyse, car il prouve qu'en traitant un alliage composé de proportions connues d'étain et d'arsenic, on n'obtient jamais par l'analyse tout l'arsenic qu'on aurait dû trouver. De là il conclut qu'il est très-difficile, sinon impossible, de séparer l'étain des dernières traces d'arsenic. C'est à la présence de l'arsenic qu'il attribue la fragilité de l'étain.

Voici le procédé de Marggraf pour séparer l'arsenic de l'étain : On traite l'étain par un mélange d'eau-forte et de sel ammoniac (16 parties d'eau-forte pour 1 partie de sel ammoniac) ; on y ajoute ce mélange peu à peu, jusqu'à ce que tout le précipité rentre en dissolution. On évapore ensuite la liqueur avec précaution, et on la laisse refroidir : les cristaux qui se forment contiennent tout l'arsenic. Ces cristaux se subliment, et donnent une poudre blanche qui, mise sur une lame de cuivre chauffée, répand une odeur d'ail. Calciné avec du soufre, le sublimé blanc d'arsenic donne du réalgar ou arsenic jaune (sulfure).

Moyen de faire la réduction de l'argent corné sans perte (1). — C'est dans cette dissertation que l'on trouve les germes de la méthode par la voie humide, développée de nos jours par M. Gay-Lussac, et substituée à la coupellation dans la plupart des monnaies de l'Europe.

Voici les propres paroles de Marggraf : « Pour préparer l'argent corné (chlorure d'argent), on prend, par exemple, deux onces d'argent qu'on dissout à chaud dans cinq onces d'eau-forte. Si l'argent contient de l'or, celui-ci se déposera. Cette solution d'argent (nitrate d'argent) est ensuite précipitée par une solution de sel commun pur ; on y ajoute de cette dernière jusqu'à ce qu'il ne se manifeste plus de trouble. On laisse reposer la liqueur pendant une nuit ; le lendemain on en retire la liqueur limpide qui surnage ; on lave et on dessèche le précipité blanc du poids de *deux onces cinq drachmes et quatre grains*. L'augmentation de poids vient de l'acide du sel commun ; par conséquent, dans une once de ce précipité il se trouve six drachmes et quelques grains d'argent pur. Si *l'opération dont on vient de parler se fait avec un argent qui ne soit point d'un aussi bon aloi que par la coupelle, on comprendra facile-*

---

(1) Mém. de l'Acad. des sciences de Berlin, ann. 1749, p. 16-26.

ment que le précipité doit être moins pesant, parce qu'il ne se précipite ici autre chose que l'argent, le cuivre restant en dissolution. Il faut avoir soin de laver le précipité avec de l'eau distillée. »

Pour réduire la lune cornée (chlorure d'argent), Kunckel avait proposé l'emploi du sel alcali végétal (potasse).

Marggraf proposa, dans ce même but, un procédé un peu plus long, mais qui n'en est pas moins ingénieux. Ce procédé consiste à dissoudre l'argent corné par l'esprit de sel ammoniac (ammoniaque), à mettre dans cette solution six parties de mercure (pour une partie d'argent corné), et à laisser reposer ce mélange. On y trouve le lendemain un bel arbre de Diane, qui n'est autre chose qu'un amalgame d'argent. On sépare le mercure par la distillation, et l'argent reste pur.

Il observa que l'argent coupellé n'est jamais parfaitement pur; que l'on s'en aperçoit très-facilement en refondant ce même argent avec du salpêtre et du borax, qui décèlent le cuivre par la production de scories vertes.

Observations sur l'huile qu'on peut exprimer des fourmis, avec quelques essais sur l'acide des mêmes insectes (1). — La découverte de l'acide formique remonte, ainsi que nous l'avons vu, à une époque plus reculée (2); mais Marggraf obtint le premier l'acide formique assez pur, et exempt de la matière huileuse dont il constate la présence dans la fourmi rouge (*formica media rubra*).

« En exprimant, dit-il, le résidu des fourmis écrasées restant dans la cornue, on obtient une huile qui tache le papier, plus légère que l'eau, d'un brun rougeâtre, et exhalant l'odeur des fourmis; elle s'épaissit à une température basse, et perd sa transparence; elle brûle comme les autres huiles; cuite avec le minium, elle forme une espèce d'emplâtre; avec l'alcali fixe elle donne un savon ordinaire et bien lié. »

Quant à l'acide des fourmis, il lui trouve, comme Wren, une très-grande analogie avec le vinaigre. « Cependant, ajoute-t-il en terminant, il ne lui ressemble pas parfaitement. »

---

(1) Mém. de l'Acad. des sciences de Berlin, ann. 1749, p. 38-46.
(2) Voy. p. 305 de ce volume.

Sur la pierre de Bologne (1). — *Sur différentes pierres* (2). — C'est dans ces deux dissertations que l'auteur décrit le premier la composition du gypse ou de la pierre à plâtre, et, jusqu'à un certain point, celle du spath pesant. Ce n'est point le hasard, mais la réflexion, qui le conduisit à cette découverte. Voici comment Marggraf raisonnait : Le tartre vitriolé, composé d'alcali fixe (potasse) et d'acide vitriolique (sulfurique), étant calciné avec du charbon, fait effervescence et exhale une odeur puante de soufre. Or, le gypse et le spath pesant se comportent à peu près de la même manière. Donc il est permis de croire que ces substances sont composées d'acide vitriolique et d'une terre alcaline. — Il se confirma dans cette opinion, lorsqu'il vit que le gypse, traité par l'alcali fixe (potasse), lui donnait du *tartre vitriolé* et de la chaux. Il reconnut l'identité de la pierre spéculaire avec le gypse, et conclut, d'une série d'expériences fort ingénieuses, que le spath pesant, la pierre de Bologne (sulfate de baryte), le gypse, la pierre spéculaire (sulfate de chaux), sont composés de chaux et d'acide vitriolique. Il s'était également aperçu de la différence qui existe entre la chaux du spath pesant ou de la pierre de Bologne (baryte), et entre la chaux provenant de la décomposition du gypse ou de la pierre spéculaire (chaux); car il remarque que la première est plus pesante et moins soluble dans l'eau que la seconde.

Enfin, il explique l'existence des couches de pierres séléniteuses ou spéculaires (sulfate de chaux) par les dépôts que forment les eaux saturées de ces sels calcaires, qui, par la suite des siècles, peuvent revêtir différentes formes de cristallisation : « Le temps, dit-il, peut opérer des merveilles qu'il nous est impossible de produire dans nos laboratoires. »

Expériences sur la régénération de l'alun (3). — Stahl avait prétendu que l'alun était un composé de chaux et d'huile de vitriol. Mais Marggraf démontra qu'en combinant l'acide vitriolique avec la chaux, on n'obtient autre chose qu'une sélénite (sulfate de chaux). Après un grand nombre d'expériences tendant à éclaircir la question si souvent agitée de la composition de l'alun, il parvint

---

(1) Mém. de l'Acad. des sciences de Berlin, ann. 1749, p. 56-71.
(2) Ibid., ann. 1750, p. 144-163.
(3) Ibid., ann. 1754, p. 31-41.

À faire, voir que pour obtenir des cristaux d'alun véritable, il fallait ajouter au composé d'argile et d'huile de vitriol (sulfate d'alumine) un peu de lessive d'alcali fixe (potasse), qu'on peut aussi, ajoute-t-il, remplacer par l'alcali volatil (ammoniaque). Il observa, en outre, que l'alun contient des particules ferrugineuses dont il est difficile de le débarrasser.

C'est donc par la synthèse que Marggraf démontra que l'alun est un composé d'acide vitriolique, d'argile et de potasse, ou d'ammoniaque.

Expériences faites sur la terre d'alun (1). — Ce mémoire est la confirmation du précédent. L'auteur achève de mettre hors de doute que Stahl avait été dans l'erreur, et que la terre d'alun n'est point une terre calcaire; enfin, que la terre d'alun (argile) diffère essentiellement de la terre calcaire (chaux), par son insolubilité dans les acides.

C'est dans ce même mémoire que Marggraf annonce qu'en calcinant un mélange de sable, de terre d'alun (argile), de stéatite (pierre de magnésie) et de sélénite, on obtient une masse blanche, compacte, faisant feu avec l'acier. — Cette masse n'était autre que la porcelaine.

Examen chimique de l'eau (2). — C'est une analyse qualitative et quantitative des sels calcaires et alcalins contenus dans les eaux communes (de puits, de rivière, etc.). Il expose fort bien la raison pourquoi les eaux dites dures ou séléniteuses sont impropres à la cuisson des légumes (pois, haricots, lentilles, etc.) : « C'est qu'en cuisant, un peu de terre se sépare toujours de ces eaux et va s'attacher à la surface des légumes, et le reste de l'eau ne peut pas s'insinuer aussi promptement, etc. »

Marggraf décèle le premier la présence du fer, au moyen de *la lessive du sel alcalin calciné avec du sang* (cyano-ferrure de potassium). Ce réactif lui donna du bleu de Berlin (de Prusse), non-seulement avec des eaux martiales, mais encore avec des macérations aqueuses de pierres urinaires, d'os de brebis et de crâne humain. Mais il resta

(1) Mém. de l'Acad. des sciences de Berlin, ann. 1754, p. 41-51.
(2) Ibid., ann. 1751, p. 131-158.

encore un doute à dissiper. Ces précipités bleus sont-ils réellement dus à la présence du fer? Pour résoudre cette question, il prescrit de calciner ces précipités, et de les chauffer ensuite fortement avec un peu de graisse ou de charbon dans un creuset fermé. « L'opération étant terminée, on trouvera, dit-il, dans le creuset une poudre noirâtre; qu'on approche de cette poudre un bon aimant et on le verra attirer les particules du fer. »

Dans sa dissertation *sur l'eau distillée* (1), Marggraf rend compte, d'une expérience curieuse qui fut, environ douze ans après, répétée presque en même temps par Lavoisier et Scheele : il attacha un flacon d'eau distillée aux ailes d'un moulin à vent. Quelques années auparavant, Boerhaave avait fait une expérience semblable avec un flacon de mercure qui avait, après une longue agitation, donné une poudre noire (mercure divisé). Mais Marggraf n'obtint aucun résultat : l'eau resta limpide comme auparavant. Persistant dans son intention de s'assurer si l'eau peut se changer en terre, il fit remuer ce même flacon d'eau distillée pendant huit jours par plusieurs hommes qui se relevaient l'un après l'autre. Il ne tarda pas à voir l'eau devenir trouble, et laisser déposer une poudre blanche ayant de l'analogie avec le verre pilé; et pourtant il n'osa pas en conclure avec certitude que cette poudre ne fût que des molécules de verre détachées du flacon par suite d'une agitation prolongée.

Sur la meilleure manière de séparer la substance alcaline du sel commun (2). — C'est dans cette dissertation que se trouve exposée la découverte de la soude, qui est, pour la première, fois nettement distinguée de la potasse. Marggraf démontre d'abord, par des expériences précises, 1° que le sel commun est composé d'acide muriatique et d'un alcali particulier, et non pas d'une terre alcaline comme on l'avait cru jusqu'alors; 2° qu'on obtient l'acide du sel commun sous forme de vapeurs blanches, en traitant ce sel par l'acide du nitre; et que cet acide (muriatique) précipite la solution d'argent en blanc; 3° qu'en traitant le nitre cubique (nitrate de soude), résultant de l'opération précédente, par le charbon, on obtient un sel alcalin (carbonate de soude) très-soluble dans l'eau, mais qui se distingue

----

(1) Mém. de l'Acad. des sciences de Berlin, ann. 1756, p. 20-31.

(2) Opuscules chimiques de Marggraf, vol. II, dissert. xxiv, p. 331 (Paris, 1762, in-8).

de l'alcali fixe (carbonate de potasse) extrait des cendres des végétaux, en ce qu'il n'est pas déliquescent à l'air.

Duhamel avait déjà établi que la base du sel commun n'est pas une terre alcaline ; mais il n'avait pas suffisamment distingué l'alcali du sel commun d'avec l'alcali fixe végétal (potasse) (1).

Voici en résumé les caractères essentiels indiqués par Marggraf, pour distinguer l'alcali végétal de l'alcali du sel commun :

1° L'alcali du sel commun, donne, avec l'acide du vitriol, des cristaux de sel de Glauber (sulfate de soude), différents de ceux du tartre vitriolé (sulfate de potasse) ; les premiers sont plus solubles dans l'eau que les derniers.

2° L'alcali du sel commun donne avec l'eau-forte (acide nitrique) du nitre cubique, tandis que l'alcali fixe des végétaux donne du nitre prismatique ; le premier produit avec la poussière de charbon une flamme jaune, et le second une flamme bleuâtre.

3° En combinant l'acide muriatique avec l'alcali du sel commun, on forme du véritable sel commun ; tandis que ce même acide donne avec l'alcali végétal le sel digestif de Sylvius (chlorure de potassium).

Après cette exposition, qui sanctionne la découverte d'un nouvel alcali, appelé aujourd'hui *soude*, l'auteur ne se dissimule pas la grande ressemblance qu'offre ce nouvel alcali avec l'alcali végétal, lorsqu'on le traite par le soufre (foie de soufre), par la silice, par les solutions métalliques, etc.

Pour distinguer ce nouvel alcali de l'alcali fixe végétal, il lui donna le nom d'*alcali fixe minéral*.

« Je n'aime, dit-il en terminant, rien avancer que je ne puisse appuyer sur de bonnes expériences. »

Expériences sur le lapis lazuli (2). — Cette pierre, fort connue des anciens, fut, pour la première fois, soumise par Marggraf à une analyse sérieuse. Il constata que le *lapis lazuli* ne contient pas de traces de cuivre, et qu'il est, par conséquent, impossible d'attribuer la couleur bleue de cette pierre à la présence du cuivre.

Musc artificiel (3). — Ce fut dans l'année 1758 que Marggraf

(1) Mém. de l'Acad. des sciences de Paris, ann. 1736, p. 215.
(2) Opuscules chimiques, vol. II, dissert. XXIII, p. 305.
(3) Ibid., dissert. XXVII. — Mém. de l'Acad. des sciences de Berlin, ann. 1759, p. 32.

découvrit, par hasard, qu'en traitant l'huile essentielle de succin par l'acide du nitre concentré, on obtient une résine jaune qui a l'odeur du musc le plus fort sans conserver le moindre vestige de l'odeur de l'huile de succin. Cette résine est soluble dans l'alcool, et sa solution alcoolique est précipitée par l'eau.

Marggraf joignait l'originalité à la fécondité. Ses travaux sont aussi nombreux que remarquables sous le point de vue de l'intérêt scientifique. Aux mémoires que nous venons d'analyser, il faudra en ajouter d'autres sur le platine (1); sur le spath fluor (2); sur le bois de cèdre (3); sur la purification du camphre au moyen de la chaux (4); sur une couleur bleue produite accidentellement (5); sur une laque rouge (6); sur un alliage de bismuth, d'étain et de plomb, fusible dans l'eau bouillante (7); sur le manganèse (8); sur les fleurs et graines du tilleul, dont il avait extrait une huile grasse (9); sur les calculs urinaires (10); sur la topaze saxonne (11); sur la magnésie (12); sur le pourpre d'or et l'extraction du cuivre (13); sur les mines de cobalt (14); et quelques autres dissertations d'un intérêt moins saillant, pour compléter la série des travaux de cet infatigable et sagace observateur.

§ 20.

De la chimie en Suède.

Peu de pays ont fait autant que la Suède pour le progrès de la science dont nous essayons de tracer l'histoire. C'est surtout la

---

(1) Mém. de l'Acad. des sciences de Berlin, ann. 1757.
(2) Ibid., ann. 1768.
(3) Ibid., ann. 1753.
(4) Ibid., ann. 1759.
(5) Ibid., ann. 1764.
(6) Ibid., ann. 1771.
(7) Ibid., ann. 1771.
(8) Ibid., année 1773.
(9) Ibid., année 1772.
(10) Ibid., année 1775.
(11) Ibid., année 1776.
(12) Ibid., années 1778 et 1780.
(13) Ibid., année 1779.
(14) Ibid., année 1781.

chimie minérale, la métallurgie et la minéralogie qui doivent leur avancement aux Suédois. Quelle en est la cause? On l'a attribuée à la position géographique du pays, dont les montagnes recèlent les minerais tout à la fois les plus abondants et les plus rares. Mais n'y a-t-il pas d'autres pays au moins aussi riches en mines que la Suède, sans donner cependant une aussi forte impulsion à l'étude de la minéralogie et de la chimie minérale? Il faut donc chercher la raison de ce goût si prononcé pour les sciences, non pas seulement dans la simple conformation du sol, mais surtout dans le caractère réfléchi, sérieux des Suédois, qui, par leur développement politique et social tout aussi bien que par leurs travaux scientifiques, peuvent en quelque sorte servir de modèle à toutes les nations.

Le mouvement scientifique de la Suède s'est particulièrement concentré dans deux villes principales, Upsal et Stockholm. Dès l'année 1720, une réunion de savants publiait, d'abord par cahiers trimestriels, soit des mémoires originaux, soit des extraits ou des analyses de dissertations inaugurales. On y remarque, parmi les chimistes, Odhelstierna, Wollonius, Brandt, Nic. Wallerius et Colling (1). Cette réunion devint le noyau de la *Société royale des sciences d'Upsal*, instituée en 1728 par ordre du successeur de Charles XII (2).

L'Académie royale des sciences de Stockholm, fondée en 1739 sous les auspices de Linné, d'Alstroemer, de Hoopken, de Bielke et de Friewald, reçut ses statuts en 1741. La publication de ses travaux, depuis l'année 1740 jusqu'en 1770, se compose de 31 volumes in-4°, qui ont été en partie traduits en latin, en français et en allemand (3).

---

(1) *Acta literaria Sueciæ*; Upsal., 4; le 1er volume comprend les années 1720-1724; et le 2e volume, 1725-1729.

(2) *Konigl. mayts. nadiga Resolution wid den i Upsaln inröllade Societas litteraria och scientiarum*, etc.; Stockh., 1729, 4. — Les travaux de cette Académie furent publiés, à dater de l'année 1740, sous le titre de *Acta Societatis regiæ scientiarum Upsaliensis*, in-4.

(3) Trad. latine: *Epitome commentariorum regiæ scientiarum Academiæ Sueciæ suecico idiomate conscriptorum, sive Analect. Transalpin.*; Venet., vol. I (pro annis 1739-1746); vol. II (pro annis 1747-1754), 1762. — Traduct. française: *Collection académique (vol. XI) de la partie étrangère contenant les Mémoires de l'Acad. des sciences de Stockholm.* Trad. allemande: — *Der Koenigl. schwedischen Akademie der Wissenschaften Abkandlungen*, etc.,

Un coup d'œil sur ces travaux suffira pour nous convaincre que la chimie minérale et métallurgique avait presque exclusivement fixé l'attention des chimistes de la Suède.

BRANDT.

George Brandt, conseiller au département des mines en Suède, naquit en 1694 dans la province de Westmannie. Il avait voyagé, pour l'intérêt de la science, dans divers pays de l'Europe; et après son retour il fut nommé directeur du laboratoire de Stockholm. Il mourut en 1768.

Le nom de Brandt restera éternellement attaché à l'histoire de l'arsenic et du cobalt. Si l'on peut lui contester la découverte de l'arsenic, il est impossible de lui ravir le mérite d'avoir le premier donné une description scientifique de cette substance, et d'en avoir révélé les propriétés caractéristiques.

Arsenic. — Nous avons fait voir ailleurs que l'arsenic blanc et les principaux sulfures d'arsenic étaient déjà connus des anciens (1). Mais personne n'avait encore fait des observations scientifiques propres à mettre en lumière la nature de la substance en question. Brandt publia, en 1733, un mémoire (2) dans lequel il soutint que l'arsenic blanc est une chaux (oxyde) métallique, soluble dans l'alcali fixe (potasse) et précipitable par les acides; qu'il se dissout très-bien dans les huiles d'amande, d'olive, dans l'essence de térébenthine, et qu'il pourrait ainsi fournir un vernis propre à garantir les bois de la pourriture, de la vermoulure, etc. Il remarqua qu'il faut quarante-huit parties d'eau bouillante pour dissoudre une partie d'arsenic blanc; que cette substance est également soluble dans l'huile de vitriol, et qu'elle devient ainsi fusible, et capable de soutenir un grand feu avant de se dissiper en

---

V. Kaestner. (Les deux premiers volumes sont publiés par Holzlacher). — Il existe en français un extrait des Mémoires des Sociétés royales d'Upsal et de Stockholm, sous le titre : *Recueil des Mémoires les plus intéressants de chimie et d'histoire naturelle, contenus dans les actes de l'Académie d'Upsal et dans les Mémoires de l'Académie de Stockholm,* publiés depuis 1720 jusqu'en 1760; Paris, 2 volumes in-12, 1764. — Crell a donné, dans les tomes I, II et III de ses Archives, de nombreux extraits des Mémoires de ces Académies.

(1) Voy. t. I, p. 138.

(2) Act. Acad. Upsal., t. III, ann. 1733, p. 39.

fumée; qu'elle donne au verre de plomb en fusion une couleur rouge; enfin qu'en se combinant avec les métaux, elle les rend très-cassants. Il préparait le régule d'arsenic (arsenic métallique) en chauffant doucement jusqu'au rouge une pâte d'arsenic blanc avec de l'huile.

Cobalt. — On donnait ce nom à ces lutins qui, selon les croyances superstitieuses, inspiraient, dans les galeries souterraines, de trompeuses espérances (1). Dans beaucoup de contrées d'Allemagne, *kobolt* signifie encore aujourd'hui *lutin*. Il existait même anciennement un usage de prier, dans les églises, pour préserver les mineurs et leurs travaux de l'influence maligne des *kobolts*. Le minéral de cobalt était depuis le xvi° siècle, et peut-être plus anciennement, employé dans la préparation de l'émail bleu (2). On l'avait longtemps considéré comme un minerai de cuivre; mais tous ceux qui jusqu'alors avaient essayé d'en retirer ce métal avaient échoué dans leurs tentatives. C'est là probablement ce qui fit appliquer à ce minerai le nom d'esprit trompeur, *cobalt.*

Brandt annonça, en 1742 (3), que la propriété de ce minerai, de donner un smalt bleu, est due à la présence d'un métal ou, comme il l'appelle, d'un demi-métal particulier qu'il parvint le premier à extraire de sa mine. Il ne lui échappa point que le régule de cobalt (cobalt métallique), de couleur grise, un peu rosé, peut être lamelleux, grenu ou fibreux, suivant le degré du feu qu'on a employé pour le réduire et le fondre; et qu'il est, comme le fer, attirable à l'aimant. Lehmann publia en 1761, dans sa cadmiologie, beaucoup de détails sur l'histoire et les propriétés de ce métal; et Bergmann confirma, en 1780, la découverte de Brandt, en y ajoutant quelques faits nouveaux.

Brandt a enrichi la science d'un grand nombre de travaux intéressants, relatifs à la minéralogie et à la chimie minérale; nous nous contenterons de citer une dissertation *sur les demi-métaux* (4), parmi lesquels il comprend le mercure, l'antimoine, le bismuth, le cobalt, l'arsenic, le zinc; et il regarde comme un caractère distinctif des métaux, qu'étant foudus, ils prennent, par le refroi-

---

(1) Voy. t. I, p. 350.
(2) Ibid., p. 162.
(3) Act. Societ. reg. scient. Upsal., ann. 1742.
(4) Ibid., ann. 1735.

dissement, une forme convexe à leur surface; une autre dissertation *sur l'attraction entre l'or et le mercure* (1), où il s'attache à démontrer que le mercure peut, à l'aide d'une digestion prolongée, être si intimement combiné avec l'or, que ni l'eau régale, ni le feu le plus violent ne peuvent, l'en séparer; un mémoire *sur l'alcali volatil* (ammoniaque), où il passe en revue les réactions que cet alcali donne dans la plupart des solutions métalliques, et démontre que l'or fulminant n'est produit qu'en précipitant la solution régale au moyen de l'alcali volatil (2); un mémoire *sur la chaux*, dans lequel il met, par de nombreuses expériences, hors de doute les propriétés alcalines de la chaux (3); — *sur le fer* (4); *sur la dissolution de l'or dans l'eau-forte* (5); c'est dans ce travail que l'auteur fait voir que l'or est soluble dans l'acide nitrique, à la condition d'être allié avec une forte proportion d'argent (16 p. pour 1 p. d'or); il signale avec empressement ce fait aux essayeurs des monnaies. — On sait que le platine, qui, pris isolément, n'est pas soluble dans l'acide nitrique, s'y dissout, étant allié avec une forte proportion d'argent; — *sur le sel marin*, qu'il croyait composé d'esprit de sel, d'alcali fixe et d'une terre alcaline particulière (6); — *sur la séparation de l'or* (dissous dans l'eau régale) *au moyen du vitriol de fer* (7); — *sur la séparation du fer et du cuivre de leurs minerais* (8).

Mais nous ferons particulièrement ressortir, sous un point de vue philosophique, le mémoire sur le vitriol de fer.

Expériences sur le vitriol de fer (9). — C'est dans ce mémoire que Brandt explique, à sa manière, la production très-anciennement connue du vitriol, qu'il savait être composé d'huile de vitriol et de fer, composition qui s'effectue en exposant les pyrites (sulfures de fer et de cuivre) à l'air et à l'humidité (10). D'abord il n'admet point

---

(1) Act. Acad. Societ. reg. Upsal., ann. 1731.
(2) Act. Acad. reg. Suec., ann. 1740.
(3) Ibid., ann. 1749.
(4) Ibid., ann. 1751.
(5) Ibid., ann. 1748.
(6) Ibid., ann. 1753.
(7) Ibid., ann. 1652.
(8) Ibid., ann. 1764.
(9) Ibid., ann. 1741.
(10) Comparez p. 265 de ce volume.

l'intervention de l'air dans ce phénomène chimique, et il nie hardiment l'existence d'un fluide élastique particulier se fixant sur le soufre pour le convertir en huile de vitriol, en acide vitriolique. Eh bien! vous le croyez peut-être bien embarrassé de donner de tout cela une explication tant soit peu plausible. Détrompez-vous : « L'huile de vitriol (acide sulfurique très-concentré), dit-il, ne dissout point le fer, à moins qu'on ne l'étende d'une certaine quantité d'eau; il en est de même de l'acide vitriolique contenu dans la pyrite grillée; il n'agit point sur la chaux (oxyde) de fer, à moins de s'être chargé d'une quantité d'humidité atmosphérique suffisante pour pouvoir la dissoudre. »

L'oxygène n'étant pas encore découvert, il lui fut impossible de connaître le rôle que joue ce gaz dans l'oxydation du fer et du soufre, partant dans la formation du vitriol. Il est beau sans doute de pouvoir aujourd'hui apprécier les erreurs de nos prédécesseurs et de nous ériger en juges souverains du passé. Mais gardons-nous bien de nous targuer de notre savoir et de nous enfler d'orgueil; la postérité nous jugera à son tour. Et sommes-nous bien sûrs de ne pas commettre des erreurs qui seront un jour condamnées, grâce au progrès de la science, ainsi que nous venons de le faire pour l'erreur de Brandt, dont la sagacité valait pourtant celle de bien des chimistes? Qui sait si telle explication que nous donnons aujourd'hui de tel fait, et laquelle emporte tous les suffrages, n'est qu'une pure fiction, parce qu'il y manque quelque chose dont nous ne soupçonnons pas même l'existence? En effet, si l'explication que Brandt avait donnée de la formation du vitriol était fausse, c'est parce que l'oxygène restait encore à découvrir. — Voilà des réflexions (sur lesquelles j'insiste) qui font de l'histoire de la science un haut enseignement philosophique (1).

Jean-Gottschalk WALLERIUS, né en 1709, mort en 1785, assesseur du collége des mines, professeur de chimie à l'université d'Upsal, ami et collègue de Brandt, a enrichi la science d'un grand nombre d'observations qui intéressent la minéralogie et la géologie, plutôt que la chimie proprement dite. C'est à lui qu'on doit une des premières classifications rationnelles de la minéralogie. On remarque, parmi les mémoires qu'il a insérés dans la collection

---

(1) Voy. p. 147 de ce volume.

d'Upsal ou de Stockholm, ceux qui ont pour objet *l'amélioration des fonderies de cuivre* (1); — *Expériences sur un sel d'or et sur le nitre artificiel* (2); — *Expériences sur le mercure sans mélange d'aucun autre métal* (3); — *Recherches sur la nature de la terre qui se tire de l'eau, des plantes et des animaux* (4); — *Observations sur le platine* (5). Wallerius, renouvelant la doctrine des alchimistes, essaya de prouver que l'eau est susceptible de se changer en terre. (6). Il est à remarquer que la théorie de la prétendue transformation de l'eau en terre occupa successivement les plus grands chimistes de l'époque, Marggraf, Scheele et Lavoisier. Wallerius fit répandre par ses élèves les idées qu'il avait sur les principes élémentaires des corps (7), sur la palingénésie (8), sur l'origine des huiles dans les plantes, sur l'action chimique de la foudre (9), etc. Son élève Petersen fit des recherches sur la calcination des métaux (10).

Le célèbre chef d'une secte d'illuminés, Emmanuel SWEDENBORG, a laissé des travaux minéralogiques fort étendus, qui ne sont pas sans intérêt pour la chimie. Il a recueilli dans ses ouvrages métallurgiques un grand nombre d'observations concernant l'exploitation des minerais de fer et de cuivre, lesquelles n'ajoutent pas beaucoup au domaine de la science (11). Au reste, la vie et les œuvres de l'auteur *des merveilles du ciel et de l'enfer*, de ce

---

(1) Act. Acad. reg. scient. Suec., ann. 1743.

(2) Ibid., ann. 1749.

(3) Ibid., ann. 1754.

(4) Ibid., ann. 1760.

(5) Ibid., ann. 1765.

(6) Dissertatio, respondente J. Wahlström, qua dubia quædam contra transmutationem aquarum mota refelluntur; Holm., 1761, 4. — Resp. N. Schwartz, de indole aquæ mutabili; Holm., 1761, 4.

(7) Diss., resp. Schoenstedt, de principiis corporum; Upsal., 1761, 4.

(8) Diss., resp. Hoyer, de palingenesia; Upsal., 1764, 4.

(9) Diss., resp. Wilom, animadversiones chemicæ ad ictum fulminis in arce regia Upsalensi. 24 maj. 1760; Upsal., 1761, 4.

(10) Diss. om metallernes calcinationer i Eld; Upsal., 1761, 4.

(11) Regnum subterraneum sive minerale de cupro et orichalco deque modis liquationum cupri per Europam passim in usum receptis, etc.; Dresd. et Lips., 1734, in-fol. — Nova observata et inventa circa ferrum et ignem, etc.; Amstelod., 1721, 8. — Miscellanea observata circa res naturales et præsertim circa mineralia, ignem et montium strata; Lips., 1722, 8.

grand mystique qui, comme Mahomet, se disait en communication directe avec Dieu, et qui parle sérieusement des habitants de la lune, de Vénus, de Mercure, etc., rentrent dans les annales de l'histoire de la philosophie et des sectes religieuses.

Antoine Swab avait, dès l'année 1738, recommandé l'emploi du chalumeau pour l'analyse des minéraux (1). Ce même chimiste a fait connaître l'existence de l'antimoine natif, allié avec une certaine quantité d'arsenic (2); dans un autre mémoire, il s'étend sur la matière gélatineuse (silice) qui se manifeste dans la dissolution de quelques minéraux et même de certains verres dans les acides. A ce sujet il raconte un fait assez curieux : la Compagnie des Indes avait embarqué pour l'approvisionnement de ses vaisseaux une certaine quantité de vin du Rhin, qui, comme on sait, est connu pour son acidité ; mis dans des bouteilles de verre, ce vin se gâta en très-peu de temps et devint trouble, sans qu'on pût en deviner la cause. Informé de cela, Swab se rendit sur les lieux, et reconnut que la matière qui troublait le vin donnait du verre de bouteille, par sa fusion avec la potasse. L'acide du vin avait donc dissous une partie de l'alcali du verre et fait précipiter la silice (3).

CRONSTEDT.

Alex.-Frédéric Cronstedt (né en 1722) a fait plus pour la minéralogie que pour la chimie proprement dite. Préparé par de fortes études mathématiques, il prit une part active aux travaux de l'Académie royale de Stockholm, dont il était un des membres les plus distingués. Il mourut en 1765, à un âge peu avancé.

C'est à Cronstedt qu'on doit la découverte d'un nouveau métal. Il s'assura, par l'analyse du minerai connu sous le nom de *Kupfernickel*, que les réactions qu'on y remarque ne doivent pas toutes être mises sur le compte du cuivre, mais qu'elles appartiennent à une substance métallique particulière, à laquelle il donna le nom de *nickel*. Il obtint le régule (nickel métallique) par la calcination

---

(1) Voy. Bergman, de tubo ferruminatorio, etc., in Opuscul. physic. et chemic., t. II, p. 455.
(2) Act. Acad. reg. scient. Suec., ann. 1748.
(3) Ibid., ann. 1758.

et la réduction des cristaux verts que forme le kupfernickel exposé à l'air et traité par l'eau. « Ce régule, dit-il, est de couleur d'argent dans l'endroit de la cassure, et composé de petites lames assez semblables à celles du bismuth ; il est dur, cassant, et faiblement attiré par l'aimant. » Cronstedt attribua cette dernière propriété au fer qui s'y trouverait combiné. Il ne se laissa point induire en erreur par quelques caractères que le nickel a de commun avec le cuivre ; car les dissolutions du nickel dans l'eau-forte, dans l'eau régale, dans l'esprit de sel, etc., sont vertes, et, comme celles de cuivre, elles produisent avec l'ammoniaque en excès une belle coloration d'un bleu céleste. A ces caractères trompeurs il opposa un réactif infaillible : « Le fer et le zinc précipitent, dit-il, le cuivre de toutes ses solutions ; or, dans le cas actuel, ni le fer ni le zinc ne produisent d'effet ; c'est pourquoi le nickel s'approche beaucoup plus du fer que du cuivre. »

Les deux mémoires sur le nickel furent publiés l'un en 1751 et l'autre en 1754 (1). Bergmann confirma en 1775, par de nouvelles recherches, les travaux de Cronstedt, et détruisit les objections de Sage et de Monnet, qui avaient considéré le corps découvert par Cronstedt, non pas comme un métal nouveau, mais seulement comme un composé de différents métaux, séparables les uns des autres.

Dans la même année 1751, où Cronstedt avait entrepris l'analyse du kupfernickel, il fit paraître la description de trois nouveaux minerais de fer, dont les détails ne sont pas sans intérêt pour la minéralogie (2).

Dans un mémoire sur la pierre à plâtre, le célèbre chimiste Suédois était arrivé presque aux mêmes résultats que Marggraf. Bien qu'il prouvât synthétiquement que l'acide vitriolique est le seul acide qui puisse donner à la chaux la propriété de prendre corps et de se durcir avec l'eau, après avoir été légèrement calcinée, il semble encore indécis sur la véritable composition de la pierre à plâtre (sulfate de chaux) (3).

A ces travaux il faudra ajouter des observations *sur le platine* (4), *sur un acier argentifère* (5), *sur les fabriques de*

____

(1) Act. Acad. reg. Suec., ann. 1751 et 1754.
(2) Ibid., ann. 1751.
(3) Ibid., ann. 1753.
(4) Ibid., ann. 1764.
(5) Ibid., ann. 1755.

chaux (1), et la description d'une nouvelle espèce de minéral auquel Cronstedt donna le nom de *zéolithe* (2), de ζέω, bouillir, et λίθος, pierre, parce qu'elle se boursoufle au chalumeau.

Henri-Théophile SCHEFFER.

Ses travaux sur le platine (3), sur une espèce de spath calcaire (4), sur différentes sortes de potasse du commerce (5), sur la préparation du *pinch-beck* (alliage de zinc et de cuivre imitant l'or) (6), sur le départ des métaux (7), portent un cachet de chimie pratique et industrielle alors assez rare. Dans ce dernier mémoire il fait entrevoir l'avantage que les affineurs pourraient tirer de la méthode par la voie humide, consistant à précipiter la dissolution d'argent (nitrate) par le sel marin, et à réduire la lune cornée (chlorure d'argent) par la fusion avec la potasse. C'est là du moins, ajoute-t-il, le meilleur moyen de préparer de l'argent parfaitement pur. Il ne se dissimule pas les difficultés qu'il y a pour obtenir, à l'aide de l'eau-forte, le départ exact des matières d'or et d'argent ; et il remarque à ce sujet que l'acide vitriolique concentré est au moins aussi bon que l'eau-forte pour séparer l'argent (à chaud) de l'or qui ne s'y dissout pas. Dans ce même mémoire il cite une expérience qui tend à prouver que la chaux (oxyde) d'argent est soluble dans l'air fixe (acide carbonique). « C'est une chose, dit-il, bien digne de remarque, que la façon dont l'air agit dans la précipitation des corps : si l'on verse subitement de l'alcali fixe (carbonate de potasse) dans une dissolution d'argent faite dans l'eau-forte, dont on aura presque rempli une bouteille, et que sur-le-champ on bouche cette bouteille avec un bouchon de cristal qui la ferme bien exactement, enfin que l'on secoue le mélange pour que l'alcali se mêle parfaitement avec l'eau-forte, il ne se précipitera point d'argent ni d'autre métal, et l'on ne remarquera point d'ef-

---

(1) Act. Acad. reg. Suec., ann. 1761.
(2) Ibid., ann. 1756.
(3) Ibid., ann. 1752 et 1757.
(4) Ibid., ann. 1753.
(5) Ibid., ann. 1759.
(6) Ibid., ann. 1760.
(7) Ibid., ann. 1752.

fervescence tant qu'il n'entrera point d'air dans la bouteille, quand même on la laisserait pendant un an dans cet état ; mais aussitôt que l'on ôtera le bouchon, il se fera une effervescence très-vive et le métal se précipitera. »

J. FAGGOT communiqua en 1740, à l'Académie des sciences de Stockholm, des observations sur le moyen de garantir le bois de l'action du feu et de la pourriture. Ce moyen, qui ne paraissait pas inconnu aux anciens (1), consiste à faire imprégner le bois d'une eau dans laquelle on a fait dissoudre de l'alun, du vitriol, ou un autre sel astringent. Salberg donna, en 1744, de plus grands développements à ce sujet, qui n'est point, comme on l'a prétendu, une découverte faite de nos jours. — Les questions scientifiques qui se rattachent en même temps à la pratique et à l'industrie paraissaient avoir beaucoup d'attrait pour ce chimiste. Dans un mémoire *sur la poudre à canon*, il propose une méthode nouvelle pour évaluer la qualité de la poudre et sa richesse en salpêtre. D'après cette méthode, il faut dissoudre la poudre (écrasée) dans de l'eau distillée, et plonger dans la solution une balance hydrostatique, dont la tare aura été prise dans une liqueur nitrée normale. On pourra, pour plus de précision, recueillir le précipité (composé de soufre et de charbon), dont la diminution de poids indique la quantité de salpêtre, la seule matière de la poudre qui soit soluble dans l'eau. Si le salpêtre renferme, ce qui arrive presque toujours, du sel marin et de l'alcali fixe, on traitera la solution successivement par le sel d'argent (nitrate) et le sublimé corrosif ; le sirop de violette pourra aussi servir pour déceler la présence de l'alcali (carbonate de potasse ou de soude) (2). Faggot proposa également l'emploi de la balance hydrostatique pour l'évaluation de la qualité de la potasse du commerce.

J. BROUWALL est le premier qui ait rangé l'arsenic dans la classe des métaux, en se fondant principalement sur l'aspect extérieur, l'éclat et la densité de ce corps. Il avoue aussi que l'arsenic, ainsi que le soufre, se trouve dans presque tous les minerais, et minéralise un grand nombre de métaux (3).

---

(1) Histoire de la chimie, t, I, p. 202.
(2) Acta Acad. reg. Suec., ann. 1755.
(3) Ibid., ann. 1744.

Le minerai appelé *blende* (de l'allemand *blenden*, aveugler, séduire) avait été anciennement rejeté comme une matière qui ne contenait rien de métallique. Alex. Funk mérita bien de la science en démontrant analytiquement que la blende renferme un métal, le zinc. Il lutta en même temps victorieusement contre une opinion qui avait été admise sans discussion par presque tous les chimistes, savoir : que le zinc n'est pas un métal pur, mais une sorte d'alliage de plusieurs métaux ; on alléguait à l'appui de cette opinion que les mines de zinc renferment presque constamment du plomb et du cuivre. « Mais ces métaux, s'écrie Funk, n'y existent qu'accidentellement et en petite quantité ; autant vaudrait regarder le soufre comme une partie constituante du cuivre et du fer, ou comme intimement combiné avec ces métaux, tels qu'ils se rencontrent dans la nature (1). »

Aujourd'hui qu'on trouve la route frayée, on se doute à peine des obstacles qui l'encombraient autrefois. Combien d'erreurs fallait-il déraciner avant de recueillir des faits?

Rinmann, Engestroem, Bergius, Quist, Retzius et Gadd, ont, en général, adopté dans leurs travaux les principes qui commençaient, depuis Lavoisier, à présider à la science.

§. 80.

Mais personne n'était arrivé à fixer aussi exclusivement l'attention du monde savant que Bergmann et Scheele, l'un et l'autre partisans du phlogistique. Placés sur les limites extrêmes de l'ère nouvelle et de l'époque de Stahl, ils ont contribué, par la découverte des faits, à fonder la première, tandis que, par leurs idées, ils appartiennent encore à la dernière.

BERGMANN.

Peu de chimistes ont eu des connaissances aussi variées et aussi étendues que Bergmann. Les mathématiques, l'astronomie, la physique, l'histoire naturelle lui étaient familières ; il contribua même, par des travaux importants, au progrès de ces sciences qu'il avait approfondies. Sa méthode d'observation, adoptée aussi par Scheele, témoigne d'une grande pénétration, et d'une pré-

---

(1) Act. Acad., reg. Suec., ann. 1744.

cision presque mathématique des faits. Mais ce n'est pas seulement comme savant, mais encore comme homme, que Bergmann commande notre respect. Ne songeant point à rapetisser le mérite d'autrui, sans orgueil, ami dévoué, laborieux, il n'a jamais eu en vue que l'intérêt de la science, auquel il sacrifia sa vie.

Torbern Bergmann naquit le 20 mars 1735, à Catherineberg, en Suède. Son père, receveur des finances de l'endroit, l'envoya faire ses premières études dans l'institut de Skara. Muni de ces connaissances préliminaires, le jeune Bergmann se rendit, à l'âge de dix-sept ans, à l'université d'Upsal. Il s'y livra avec ardeur à l'étude des mathématiques et de l'histoire naturelle. Ses premiers travaux (1) lui valurent l'estime de ses maîtres, et, en 1758, une chaire d'histoire naturelle. Il publia vers la même époque plusieurs mémoires d'histoire naturelle (sur l'insecte de la noix de galle; — sur les larves des insectes; — sur les abeilles; — sur les sangsues), qui attirèrent l'attention de Linné, dont le nom était déjà célèbre dans toute l'Europe.

Il découvrit, dans ses recherches sur les sangsues, que le *coccus aquaticus*, dont la nature n'avait pas été déterminée par Linné, n'était autre chose que les œufs d'une espèce particulière de ces annélides (*hirudo monoculata*). On raconte que cet illustre naturaliste écrivit au bas de la dissertation de Bergmann (*De cocco aquatico sive hirudine octoculata*) : *Vidi et obstupui.*

En 1761, Bergmann fut nommé professeur de mathématiques; son cours public d'algèbre ne l'empêcha pas de poursuivre ses travaux d'histoire naturelle, de physique générale, et de s'initier en même temps dans la chimie. Trois ans après, l'Académie royale des sciences de Stockholm l'admit dans son sein. Après la mort de Wallerius, il échangea, en 1767, la chaire de mathématiques contre celle de chimie et de minéralogie (2). A partir de ce moment, il se livra entièrement à l'étude de la chimie, qui devint sa science de prédilection. Tous ses efforts tendaient à faire pour la chimie ce que son grand compa-

---

(1) *De crepusculis*, dissertatio academica, quam præside Stroemer, publice defendit; Upsal., 1755. — *De interpolatione*, dissertatio, quam præside Ferner, publice defendit; Upsal., 1758.

(2) On rapporte que ses compétiteurs ayant fait valoir qu'il ne devait point savoir la chimie, parce qu'il n'avait jamais rien publié sur cette science, il se renferma pendant quelque temps dans un laboratoire, et en sortit avec un mémoire sur la fabrication de l'alun.

triote Linné avait fait pour l'histoire naturelle. Il entretenait une correspondance avec les principaux chimistes et physiciens de France, d'Allemagne, d'Angleterre et d'Italie; et la renommée de ses travaux se répandit dans toute l'Europe. Bientôt les Académies des sciences de Paris, de Londres, de Goettingue, de Dijon, de Montpellier, de Turin, la Société des naturalistes de Berlin, etc., le comptèrent au nombre de leurs membres, et le roi de Suède lui conféra l'ordre de Wasa. Dès l'année 1777, l'Académie des sciences de Stockholm lui avait affecté une somme annuelle de 150 rixdalers (environ 600 francs), pour lui servir d'encouragement à ses expériences. Ainsi que Linné, il attira à Upsal des étrangers de toutes les nations. C'est sous les auspices de Bergmann que Scheele se produisit dans le monde. Il refusa de se fixer à Berlin où l'appela le Frédéric II. A l'âge de trente-six ans il avait choisi une compagne qui partageait ses goûts pour la science.

Bergmann avait eu, dès sa jeunesse, une santé chancelante; les voyages, l'emploi des eaux minérales, et particulièrement de l'eau de Seltz qu'il avait le premier fabriquée lui-même, ne lui procuraient que des soulagements passagers. Un malheureux accident hâta l'affaissement de sa constitution, usée en grande partie par le travail. Un jour, voulant faire avec un de ses amis une promenade dans l'île de Lintre, il posa le pied sur le bord du bateau, glissa, et tomba dans l'eau, d'où il fut cependant promptement retiré; mais, quelques jours après, il cracha du sang en abondance, symptôme fâcheux du dénoûment fatal d'une phthisie pulmonaire; ses forces dépérissaient de jour en jour, une fièvre hectique le consumait; et il mourut à l'âge de quarante-neuf ans, le 8 juillet 1784, aux bains de Medwi (1).

Travaux de Bergmann.

Bergmann apporta, dans toutes ses recherches, cette rigueur d'observation qui distingue un esprit nourri des sciences mathématiques. Ses travaux, tous originaux, sont très-nombreux, et concernent, non-seulement la chimie, mais l'astronomie, la physique, la minéralogie, la géologie et la zoologie.

Comme nous n'avons ici à faire connaître que la partie chimique de ses travaux, il nous est impossible de suivre l'ordre chronolo-

----

(1) Voy. Vicq d'Azir, Éloge de Bergmann. — Crell, Annalen der Chemie, 1787, t. I, p. 74-96.

gique dans cette multiplicité de mémoires présentés successivement, dans l'espace d'environ trente ans, à l'Académie royale des sciences de Stockholm, dont l'auteur était un des membres les plus illustres.

Parmi les travaux chimiques qui font le plus d'honneur aux talents de Bergmann, il faut placer en première ligne deux mémoires, dont l'un traite *de l'acide aérien*, et l'autre *des affinités électives*. Nous allons nous arrêter plus particulièrement sur le premier de ces mémoires.

De l'acide aérien.

Bergmann appelle *acide aérien* ce que Black, Priestley et d'autres physiciens appelaient *air fixe, gaz crayeux, esprit de la craie*, etc., et ce que nous nommons aujourd'hui *gaz acide carbonique*.

Déjà dès l'année 1770, il s'était livré à une étude approfondie de la nature et des caractères de ce fluide élastique. Avant de faire imprimer les résultats de ses observations, il en avait fait part à plusieurs chimistes distingués, et notamment à Priestley, qui en fit mention dans un mémoire inséré dans les Transactions philosophiques de ' ondres pour l'année 1772. Ce n'est qu'en 1774 que l'auteur se décida à communiquer à l'Académie royale de Stockholm le mémoire complet *sur l'acide aérien*, qui est reproduit dans ses *Opuscules chimiques et physiques* (1).

Avant d'entrer dans une discussion approfondie sur ce sujet, l'auteur commence d'abord par décrire les trois procédés qui lui paraissent les plus convenables pour préparer l'acide aérien : le premier consiste à verser de l'acide vitriolique sur des pierres calcaires; le deuxième, à calciner de la magnésie blanche; et le troisième, à recueillir le fluide élastique qui se dégage pendant la fermentation.

L'appareil mis en usage pour recueillir l'acide aérien produit par les trois moyens indiqués est à peu près le même que celui que Priestley donne comme de son invention : c'est un matras en

---

(1) *Opuscula physica et chemica*; Lipsiæ, 1788, 8, vol. I. — *Trad. par M. de Morveau*; Dijon, 1780, 8, vol. I. — Ce mémoire se trouve imprimé dans les Mémoires de l'Académie royale de Stockholm, pour l'année 1775. Un mémoire beaucoup moins étendu sur le même sujet y avait déjà paru dans l'année 1773.

verre ou une fiole à deux ouvertures, qui communique, à l'aide d'un tube recourbé, avec une cloche remplie d'eau, et renversée dans un bassin également plein d'eau.

C'est l'appareil de Hales dont on se sert encore aujourd'hui, avec de très-légères modifications, pour recueillir les gaz.

Bergmann insiste déjà sur la nécessité de laver le gaz (dans des flacons de lavage), afin de l'avoir parfaitement pur, et exempt de l'acide minéral qu'il aurait pu entraîner. Il constate que l'acide aérien est soluble ; que l'eau en absorbe à peu près son volume à la température de 10° du thermomètre centigrade (1), et que cette solubilité diminue à mesure que la température s'élève.

Il détermina, avec beaucoup de précision, la densité de l'eau saturée d'acide aérien, à la température de +2°, et la trouva, comparativement à la densité de l'eau distillée à la même température, comme 1,015 est à 1,000.

Arrivant ensuite à la démonstration de la nature acide du gaz en question, il remarque que l'acide aérien n'a de saveur qu'autant qu'il est dissous dans l'eau. « Devenu plus concentré et moins volatil dans cette combinaison, il affecte la langue d'une légère saveur aigrelette, assez agréable : c'est là le véritable esprit des eaux minérales froides acidules. C'est par son moyen, et en ajoutant quelques sels dans une juste proportion, qu'on imite parfaitement les eaux de Seltz, de Spa et de Pyrmont. Je fais usage de ces eaux artificielles depuis huit ans, et j'en éprouve les plus heureux effets. »

D'après cette date, il faut faire remonter la découverte de l'eau gazeuse employée comme eau médicinale au moins à l'année 1766. Priestley a donc tort de réclamer pour lui-même cette découverte, en la préconisant comme un immense bienfait pour l'humanité, propre à guérir et à prévenir le scorbut, ce fléau des navigateurs, etc. (2).

---

(1) C'est depuis longtemps le thermomètre usité en Suède. Bergmann nous apprend, dans une note, que le thermomètre suédois est de mercure, et que son échelle est divisée en cent parties, dont les deux extrêmes sont représentées, l'une par le point de congélation de l'eau = o ; l'autre, par l'eau bouillante. — *Opuscula physica et chemica*; Lipsiæ, 1788, vol. I, p. 6.

(2) Voici comment Priestley raconte lui-même l'histoire de cette découverte : « Vers la fin du mois de juin 1767, je quittai ma demeure à Warrington pour m'établir à Leeds ; et m'étant logé la première année dans une maison contiguë à une brasserie, une occasion si favorable me donna l'envie de faire quelques expériences sur l'air qui était constamment produit dans cette

Pour démontrer que l'air fixe est un acide gazeux, Bergmann essaya la réaction de la teinture de tournesol, et il constata qu'un cinquantième de ce gaz suffit pour rougir sensiblement une bouteille de cette solution bleue, et que cette coloration disparaît par l'effet de la chaleur.

L'auteur fait à ce sujet une observation pleine de sagacité. « A la vérité, dit-il, les acides minéraux, versés *à très-petite dose* dans cette teinture, paraissent produire également une altérati·n aussi peu durable ; mais, en examinant la chose de plus près, on découvre l'illusion. Le suc de tournesol, qui a été préparé avec des matières alcalines, en retient toujours une portion; à l'instant où l'alcali (carbonate de potasse) s'unit à l'acide, il laisse échapper son air fixe (acide carbonique), qui colore la liqueur; et celui-ci s'évaporant, la teinte rouge disparaît. Supposons que la saturation de l'alcali exige une quantité d'acide égale m, il est évident qu'on peut en ajouter dix fois $\frac{m}{10}$ avant que la saturation soit complète, et qu'à chaque fois on produira une couleur rouge passagère ; mais quand on aura une fois atteint le point de saturation, l'acide que l'on versera

---

brasserie. Sans cette circonstance, je ne me serais jamais probablement occupé des différentes espèces d'air. — Une des premières opérations que je fis dans cette brasserie, ce fut de placer des vaisseaux évasés remplis d'eau dans la région de l'air fixe, à la surface des cuves en fermentation. Et lorsque je les y avais laissés toute la nuit, je trouvais pour l'ordinaire, le lendemain matin, que l'eau avait acquis une imprégnation sensible et agréable. Ce fut avec une satisfaction singulière que je bus pour la première fois de cette eau, qui était, je crois, la première de cette espèce que les hommes eussent jamais goûtée. — Quelques-uns de mes amis qui vinrent me voir se souviennent que je les ai régalés d'un verre de cette eau de Pyrmont artificielle, faite en leur présence. Je prendrai la liberté de faire mention entre autres du chevalier John Lee, qui fut singulièrement frappé de cette invention et de son effet. Ceci se passait dans l'été de l'année 1768. — Pendant tout ce temps jusqu'en 1772, je n'ai jamais entendu parler d'aucune autre méthode d'imprégner l'eau d'air fixe, que celle dont je viens de faire mention. Ce qui me fit penser à mettre en pratique quelque méthode pour faire la même chose avec l'air dégagé de la craie et des autres substances calcaires, ce fut un pur hasard. J'étais à dîner avec le duc de Northumberland au printemps de l'année 1772; ce lord nous montra une bouteille d'eau que le docteur Irving avait distillée pour l'usage de la marine. Cette eau était parfaitement douce, mais elle manquait de la saveur et de l'esprit de l'eau vive de source. Il me vint sur-le-champ en idée que je pourrais aisément corriger cette eau pour l'usage des vaisseaux, et leur fournir un moyen facile de prévenir ou de guérir le scorbut de mer, etc. » — Voy. *Expériences et observations sur différentes espèces d'air*, par J. Priestley (trad. par Gibelin ; Paris, 1777), vol. III, p. 77-89.

au delà produira une altération constante, et détruira, par degrés, la couleur bleue ; d'où il résulte que c'est l'air fixe et non l'acide minéral qui produit la coloration rouge toutes les fois qu'elle disparaît.

De ces données si précises à l'*alcalimétrie*, il n'y avait qu'un pas. L'honneur de cette invention, ou plutôt de l'application du principe posé par Bergmann, devait être réservé à un chimiste plus récent.

Ne jugeant pas la saveur et la réaction de la teinture de tournesol comme des caractères suffisants pour mettre en évidence la nature acide de l'air fixe, Bergmann s'arrête longuement sur les combinaisons que ce fluide élastique peut donner avec les alcalis et les chaux métalliques. C'est là un des chapitres les plus intéressants de la dissertation sur l'acide aérien, c'est l'histoire primitive des *carbonates*, désignés sous le nom de *substances aérées*.

L'auteur fait voir que la causticité des alcalis préparés au moyen de la chaux vive tient à ce que cette dernière enlève à l'alcali son acide aérien, et que tous les alcalis, abandonnés à l'air, reviennent à leur premier état, en empruntant à l'air le gaz acide qui les sature. En même temps il indique le sublimé corrosif comme un bon réactif pour reconnaître si un alcali est caustique ou aéré (carbonaté). En effet, l'alcali fixe pur (potasse pure) précipite le sublimé en jaune (oxyde de mercure), tandis que l'alcali aéré (non carbonaté) le précipite en blanc (carbonate mercuriel).

Mais il ne suffisait pas de constater le simple fait de la combinaison de l'acide aérien avec les bases ; il lui importait de savoir *dans quelles proportions* cet acide entre dans la composition des *sels aérés* (carbonates).

La méthode dont il se sert dans ce but, et qu'il applique en général à la détermination des proportions définies, témoigne d'une exactitude mathématique à laquelle les chimistes n'étaient pas encore habitués. Voici cette méthode, telle que l'auteur la décrit lui-même :

Soient deux flacons, dont l'un, plus grand, contenant un poids déterminé d'alcali (carbonaté) dissous dans l'eau, pèse (y compris cette dissolution et le bouchon), comme A ; dont l'autre, plus petit, rempli d'un acide quelconque, ait un poids égal B : que l'on verse dans le grand flacon une portion de l'acide du petit, et qu'on les bouche aussitôt légèrement l'un et l'autre ; dès que l'effervescence aura cessé, qu'on verse de nouveau de l'acide, ayant toujours soin de fermer tout de suite le flacon, et que l'on continue ainsi jusqu'à la saturation. Supposons qu'après cela le poids du premier soit a, et celui du second b ; il est certain que $B - b$ ayant été versé dans le grand flacon, la perte du petit devrait répondre à ce que l'autre a gagné, ou B—*b*=*a*—A; or, c'est ce qui n'arrive pas, à moins que l'on n'emploie un alcali parfaitement caustique; autrement, on trouve toujours B—*b* > *a*—A; et la différence (B—*b*) — (*a*+A) indique le poids de l'air fixe qui a été dégagé. Il faut que l'effervescence se fasse lentement, sans augmentation de chaleur, et que le flacon soit d'une grandeur convenable, afin d'éviter qu'il ne sorte un peu de vapeur humide avec l'air fixe, ce qui induirait en erreur. — Si on évapore maintenant jusqu'à siccité la dissolution contenue dans le grand flacon, et qu'on calcine doucement le résidu pour enlever l'eau de cristallisation et l'acide surabondant qui peut s'y trouver, on reconnaîtra, à l'augmentation du poids connu de l'alcali et de l'air fixe qui en a été dégagé, quelle est la quantité d'acide nécessaire à la saturation de l'alcali privé d'eau et d'air.

Voici les résultats obtenus par l'emploi de cette méthode :

100 parties d'alcali minéral pur (soude caustique) exigent pour leur saturation................... 177   d'acide vitriolique.

                  135,05   d'acide nitreux (acide nitrique).

                  125   d'acide marin (acide chlorhydrique).

                  80   d'air fixe (acide carbonique).

100 parties d'alcali végétal pur (potasse).......... 78,05   d'acide vitriolique.

                  64   d'acide nitreux.

                  51,05   d'acide marin.

                  42   d'air fixe.

L'espace ne nous permet pas de donner une analyse détaillée des *aérates* (carbonates) dont Bergmann révèle le premier scientifiquement l'existence. Nous nous bornerons à reproduire seulement les résultats analytiques suivants :

La *terre pesante* (*terra ponderosa aerata*) ou le carbonate de baryte, se compose, en centièmes, de............ 7 parties d'acide aérien,

                          65 —   de terre pesante (baryte),

                          8 —   d'eau.

La *chaux aérée* (*calx aerata*) ou le carbonate de chaux = ... 34 —   d'acide aérien,

                          55 —   de chaux ,

                          11 —   d'eau.

La *magnésie aérée* (*magnesia aerata*) ou carbonate de magnésie = ... 25 —   d'acide aérien,

                          45 —   de magnésie.

                          30 —   d'eau.

L'auteur fait, avec raison, remarquer que tous ces composés, surtout le premier et le dernier, sont solubles dans un excès d'acide aérien, et que c'est sous cette forme qu'ils existent dans beaucoup de sources minérales.

Il ne donne pas la composition des *aérates métalliques* qu'il préparait, soit en faisant digérer le métal ou la chaux métallique dans de l'eau *aérée* (acidulée de gaz carbonique), soit en traitant la dissolution métallique par l'alcali fixe aéré (carbonate de potasse). Par suite d'un grand nombre d'expériences, il arrive à conclure que les seuls métaux qui soient susceptibles de se dissoudre dans l'eau acidulée d'air fixe (acide carbonique) sont le fer, le zinc et le manganèse. A propos de ce dernier métal, il avance que si on emploie le régule (manganèse métallique), la dissolution répand une odeur particulière, peu différente de celle que donne la graisse brûlée. Il s'étonne de ce que la céruse, qu'il démontre n'être autre chose qu'une chaux de plomb aérée (carbonate d'oxyde de plomb), ne soit pas, comme la chaux aérée (carbonatée), soluble dans un excès d'acide aérien. Parmi les autres métaux, l'aérate (carbonate) de cuivre serait seul susceptible de se dissoudre, en très-petite proportion, il est vrai, dans l'eau ainsi acidulée.

Poursuivant toujours le but de sa dissertation, qui consistait à démontrer que l'air fixe est un acide aériforme, Bergmann arrive à expliquer comment l'acide aérien précipite le foie de soufre et la liqueur des cailloux.

Je ne puis m'empêcher de reproduire ici une observation de Bergmann, qui porte le cachet de la plus grande sagacité :

« La liqueur des cailloux, laissée à l'air libre, dépose insensiblement de la terre siliceuse; la précipitation s'achève en peu de temps, quand on y introduit de l'acide aérien. Cela nous indique aussi pourquoi la dissolution de l'alcali du tartre, quoique souvent filtrée, dépose à la longue des particules terreuses : ce sel tient en effet dans une combinaison intime des molécules de silice, soit qu'il les ait reçues pendant la végétation, soit qu'il les ait prises pendant la combustion. Ceux qui calcinent les cendres de potasse y ajoutent eux-mêmes quelquefois du sable, afin d'en augmenter le poids; et quand il a été ainsi combiné par le feu, il se dissout avec l'alcali dans l'eau : c'est cette silice qui s'en sépare ensuite, à mesure que l'alcali se sature d'acide aérien, avec lequel il a plus d'affinité. Il n'est pas étonnant que cette séparation soit très-lente dans des flacons dont le col est étroit, qui sont bouchés habituellement, et où l'acide aérien de l'atmosphère ne peut passer que successivement : mais si on dissout l'alcali dans une suffisante quantité d'eau aérée (acidulée de gaz carbonique), toutes ces hétérogénéités terreuses se précipitent en même temps. »

L'acide aérien n'est pas seulement soluble dans l'eau et susceptible d'être fixé par les alcalis, mais encore il peut être absorbé par des liqueurs inflammables. Après avoir entrepris à ce sujet une série d'expériences, l'auteur se résume en disant que l'esprit-de-vin absorbe le double de son volume d'acide aérien, à la température de 10° au-dessus de zéro ; que l'huile d'olive en prend un volume égal au sien ; que l'essence de térébenthine en dissout le double de son volume. « Si on dégage, ajoute-t-il, l'air fixe qui était ainsi dissous dans l'huile d'olive, et qu'on le reçoive dans une cloche pleine d'eau, on le trouve changé, au moins en partie, ou mêlé de parties étrangères ; car il est susceptible de s'enflammer, et presque immiscible à l'eau. »

Après avoir démontré l'acidité de l'air fixe par la saveur, par la teinture de tournesol, par la solubilité, par la combinaison avec les bases, Bergmann s'efforce de justifier l'épithète d'*aérien* ou d'*atmosphérique* qu'il a donnée à ce nouvel acide.

« L'acidité de l'air fixe étant, dit-il, démontrée, il y a plusieurs raisons pour le nommer *acide aérien* ou *atmosphérique*. Il a en effet tellement la légèreté, la transparence, l'élasticité de l'air, que ce n'est que depuis très-peu de temps qu'on a commencé à le distinguer. De plus, cet océan d'air qui environne notre terre, et qu'on appelle atmosphère, n'est jamais sans une certaine quantité d'air fixe ; cela se manifeste journellement par divers phénomènes. L'eau de chaux exposée partout à l'air libre fournit de la crème de chaux, ce qui n'arrive pas dans des bouteilles bien bouchées : la chaux vive exposée longtemps à l'air recouvre à la fin tout ce qu'elle avait perdu au feu, et redevient absolument terre calcaire, au point de ne pouvoir plus servir à la préparation du mortier qu'après qu'on l'a de nouveau privée de son acide ; la terre pesante (baryte) et la magnésie recouvrent de même à l'air leur poids, et la faculté de faire effervescence avec les acides ; les alcalis purs perdent à l'air leur causticité, etc. »

Bergmann a le premier émis une opinion rationnelle sur la composition de l'air ; opinion que Scheele, l'ami de Bergmann, se chargea de démontrer expérimentalement.

« L'air commun, dit Bergmann, est un *mélange de trois fluides élastiques*, savoir, de l'acide aérien libre, mais en si petite quantité qu'il n'altère pas sensiblement la teinture de tournesol ; d'un air qui ne peut servir, ni à la combustion, ni à la respiration des animaux, que nous appelons *air vicié*, jusqu'à ce que nous connaissions plus parfaitement sa nature ; enfin, d'un air absolument nécessaire au feu et à la vie animale, qui fait à peu près le quart de l'air commun, et que je regarde comme l'air pur. »

Cet énoncé a été complétement sanctionné par l'expérience. L'air atmosphérique se compose en effet d'une très-petite quantité d'acide carbonique (*acide aérien*), d'azote (*air vicié*) et d'oxygène (*air pur, air de feu*) ; ce dernier, dans la proportion d'un cinquième environ.

La densité de l'acide aérien que Bergmann a reconnue plus grande que celle de l'air commun, expliquerait les phénomènes d'asphyxie qui arrivent à la surface du sol dans des endroits où cet acide existe en abondance. Il cite comme exemples la fontaine de Pyrmont, ouverte en 1717, où les oies, ayant le cou très-long, peuvent nager sans en être incommodées ; les sources de Schwalbach ; la grotte du Chien, près de Naples, etc.

Après avoir fait voir que l'acide aérien est impropre à entretenir la flamme, et que les armes à feu ne peuvent faire explosion dans un semblable milieu, il arrive à une série d'expériences relatives à l'action que ce gaz exerce sur les animaux. Ces expériences sont faites avec une précision admirable ; elles peuvent servir de modèle à tous les physiologistes expérimentateurs. En voici, en peu de mots, le résumé :

« Lorsqu'on introduit de l'acide aérien dans une cloche où l'on tient emprisonné un animal, on remarque d'abord que cet animal regarde autour de lui avec inquiétude, pour chercher à sortir ; il commence ensuite à respirer avec peine ; le globe de l'œil se gonfle, tous les sens s'affaiblissent, et il expire dans une espèce d'assoupissement. En retardant le passage de l'acide aérien, on retarde presque à volonté la mort de l'animal. Il y a néanmoins des différences par rapport aux différents animaux, à leur âge et à leur vigueur. Les oiseaux y périssent communément plus tôt que les chiens, et ceux-ci plus tôt que les chats ; les amphibies y vivent plus longtemps, et les insectes y résistent opiniâtrément. A l'égard de l'âge, les plus jeunes n'y meurent pas aussi promptement, surtout s'ils y ont été accoutumés insensiblement ; car ceux que l'on a retirés au moment de l'agonie pour les exposer à l'air libre, et qui ont été conservés en vie, ne sont pas aussitôt asphyxiés par ce fluide que ceux que l'on y plonge pour la première fois. Après la mort on trouve les poumons un peu affaissés; ils ne tombent pas au fond de l'eau, comme ceux des animaux qu'on a fait périr dans le vide; mais ils surnagent, et on remarque en plusieurs endroits des traces d'inflammation. Le tronc de l'artère pulmonaire, le ventricule droit du cœur avec son oreillette, la veine cave, les jugulaires, les vaisseaux du cerveau, sont remplis de sang; le ventricule droit du cœur est ordinairement rempli de concrétions sanguines. Les veines pulmonaires, l'aorte, le ventricule gauche du cœur et son oreillette, sont, au contraire, flasques; toutes les fibres musculaires ont perdu leur irritabilité; et le cœur, même pendant que l'animal est encore chaud, ne manifeste aucun mouvement, soit qu'on le stimule par le souffle, soit par le scalpel, ou même par l'acide vitriolique concentré. »

Il est aisé de conclure de ces expériences, sans attendre la décision des expérimentateurs de nos jours, que l'acide carbonique tue, non pas seulement par privation d'air respirable, mais en exerçant une action délétère sur l'économie, particulièrement sur le sang et le système circulatoire.

Bergmann est donc le premier qui ait donné l'histoire complète du gaz acide carbonique, si l'on en excepte la composition, la liquéfaction et la solidification de ce fluide; car ces dernières découvertes étaient réservées à des observateurs plus récents.

Cette courte analyse de la dissertation *sur l'acide aérien* suffira sans doute pour faire comprendre la méthode et la rigueur d'observation qui présidaient aux travaux de Bergmann.

Nous passerons rapidement en revue les autres mémoires contenus dans les *Opuscula physica et chimica*.

Analyse des eaux (1).

Ce mémoire est un des plus complets sur l'analyse des eaux. On y marche de découverte en découverte. L'auteur a créé en quelque sorte l'analyse quantitative, en enseignant à déterminer la quantité des sels contenus dans les eaux par le poids des précipités. Il propose

---

(1) Une grande partie de ce mémoire servit de texte à une dissertation inaugurale soutenue à l'université de Stockholm en 1778, par Scharenberg. — *Opuscula physica et chimica*, vol. I, p. 65.

plusieurs réactifs nouveaux : pour précipiter le fer, il se sert d'un sel préparé en faisant bouillir quatre parties de bleu de Prusse avec une partie de potasse. On voit que ce sel n'est autre que le cyano-ferrure de potassium jaune. Pour déceler les sels de chaux, il employait l'*acide du sucre* préparé avec l'eau-forte (acide oxalique); pour précipiter les sels de baryte, — l'acide vitriolique, et vice versâ ; pour les sels de cuivre, — l'ammoniaque ; pour le sel marin, — le nitrate d'argent ; l'alcool absolu, — pour les sulfates ; le sucre de Saturne, — pour le foie de soufre (eaux hépatiques), etc.

Ce mémoire est suivi de plusieurs dissertations sur les eaux mi-nérales froides et chaudes artificielles, avec l'indication des diffé-rentes proportions de matières qui se trouvent dans les eaux natu-relles de Seltz, de Spa, de Pyrmont, d'Aix-la-Chapelle, de Medwi, de Danemark, d'Upsal, etc. (1).

Des attractions électives (2).

Ce travail eut, à juste titre, un grand retentissement à l'époque où il parut. C'est un des premiers essais pour réduire la chimie en un corps de doctrine, et lui imprimer une marche scientifique. On y trouve des observations intéressantes sur les affinités dont l'au-teur a dressé les premières tables (*attractions électives*), et sur les doubles décompositions.

Parmi les travaux relatifs à la chimie, nous citerons encore :

Sur le chalumeau (3).

Cet instrument, auquel la science est redevable d'un grand

---

(1) *De aquis Upsaliensibus ;* ce sujet avait été publié, en suédois, dans une dissertation inaugurale de P. Dube, en l'année 1770. — *De fonte acidulari Danemarkensi*, ann. 1773 (sujet d'une dissertation). — *De aquis medicatis frigidis arte parandis,* Actes de la Société royale de Stockholm, ann. 1775. — *De aqua pelagica,* Actes de la Soc. de Stockh., ann. 1777 (Analyse d'un flacon d'eau de mer que Sparrmann avait rapporté d'un voyage dans la mer Australe sur le vaisseau du capitaine Cook). — *De aquis acidulatis Medwiensibus,* Actes de la Société de Stockh., ann. 1782. — *De fontibus medicatis Lokanis,* ibid., ann. 1783. — Tous ces mémoires se trouvent imprimés dans *Opuscula phy-sica et chemica,* vol. I et IV ; Lips., 1788, 8.

(2) *De attractionibus electivis.* Ce mémoire parut pour la première fois dans les N. Actes d'Upsal, vol. III, ann. 1775. — *Opuscul. phys. et chem.,* vol. III.

(3) *De tubo ferruminatorio.* Le manuscrit de ce mémoire fut envoyé, en 1777, au docteur Born, qui le fit imprimer à Vienne en 1779. *Opuscul. physica et chem.,* vol. II, p. 455.

nombre de découvertes, fut appliqué pour la première fois, vers l'an 1738, à l'examen des minéraux, par André de Schwab. Il fut perfectionné successivement par CRONSTEDT, RINMANN, ENGESTROEM, QUIST, GAHN et SCHEELE. Bergmann y apporta beaucoup de modifications avantageuses, dont il serait trop long de rappeler les détails.

De l'analyse des minerais par la voie humide (1).

Dans ce mémoire l'auteur a posé, pour la première fois, des règles précises concernant l'analyse des minerais par la voie humide. Après avoir dit avec quels soins il faut laver, recueillir, dessécher et peser les précipités obtenus à l'aide de réactifs très-purs, il arrive à l'application des règles établies, en passant en revue les minerais d'argent, de plomb, de fer, d'antimoine, etc.

Des précipités métalliques (2).

Cette dissertation a pour principal objet la différence de poids des précipités, la quantité de la dissolution et celle du précipitant restant les mêmes. Elle renferme les jalons de la théorie des équivalents et de la loi des proportions définies.

De l'acide du sucre (3).

Le sucre traité par l'acide nitrique donne de l'acide oxalique. Cette découverte, premier exemple d'une production organique artificielle, est due à Bergmann, qui donna à cet acide le nom d'*acide du sucre*, et que Scheele démontra identique avec l'acide de l'oseille.

Après avoir décrit la préparation, les propriétés de cet acide, ainsi que les sels qu'il est susceptible de former avec les alcalis et les chaux métalliques, il arrive à indiquer une expérience qui fournit tous les éléments de la composition de l'acide oxalique. « Une demi-once de cristaux, dit-il, produit à la distillation près de 100 pouces cubes de fluides élastiques, dont moitié est de l'acide aérien (acide carbonique), qu'on sépare aisément par l'eau de

---

(1) *De minerarum docimasia humida*; Diss., ann. 1780. *Opuscul. physica*, vol. II, p. 399.

(2) *De præcipitatis metallicis*; *Opuscul. physic. et chemic.*, vol. II, p. 349.

(3) *De acido sacchari*, dissert. inaugural., ann. 1776. *Opuscul. physic.*, vol. I, p. 238.

chaux, et moitié un air qui s'allume, et donne une flamme bleue (oxyde de carbone). »

De la préparation de l'alun (1). On y trouve la composition exacte de l'alun (acide vitriolique, alcali, argile pure, eau), en même temps que l'indication de divers moyens pour obtenir ce produit pur.

Des calculs urinaires (2). — Bergmann et Scheele s'étaient occupés du même sujet, presque à l'insu l'un de l'autre, et ils étaient arrivés à peu près aux mêmes résultats. Ils avaient trouvé l'existence de l'acide urique dans les calculs urinaires.

De l'analyse du fer. — *De la cause de la fragilité du fer froid* (3). Ces deux mémoires, dont le premier est fort étendu, renferment des notions en partie inconnues jusqu'alors sur les propriétés de la fonte, du fer et de l'acier. Bergmann détermina pour la première fois, par des analyses exactes, la composition de ces matières, en centièmes :

Composition de la fonte (*ferrum crudum*) :

	minimum.	maximum.
Silice..............	1,0	3,4
Carbone............	1,0	3,3
Manganèse.........	0,5	30,0
Fer...............	63,3	97,5

Composition du fer forgé (*ferrum cusum*) :

	minimum.	maximum.
Silice.............	0,05	0,3
Charbon pur.....	0,05	0,2
Manganèse........	0,50	30,0
Fer..............	99,50	99,4

Composition de l'acier (*chalybs*) :

	minimum.	maximum.
Silice.............	0,3	0,9
Carbone..........	0,2	0,8
Manganèse........	0,5	30,0
Fer..............	68,3	99,0

(1) Dissertation soutenue en 1767. *Opuscul. physic. et chemic.*, vol. I, p. 264.

(2) *Observationes nonnullæ de calculis urinæ*; imp. avec la dissertation de Scheele sur le même sujet, dans Act. Soc. Stockholm., ann. 1776. *Opuscul. physic.*, vol. IV, p. 387.

(3) Année 1781; *Opuscul. physic.*, vol. III, p. 1.

Des acides métalliques (1). On trouve dans ce petit mémoire la première description des acides molybdique et tungstique, qui paraissent avoir été découverts à peu près en même temps par Bergmann et par Scheele.

De la magnésie (2). Après un court exposé historique, l'auteur décrit les principaux sels magnésiens (carbonate, sulfate, nitrate, oxalate, formiate, borate, tartrate, acétate, phosphate, chlorure); et il indique le premier tous les caractères qui servent à distinguer la magnésie de la chaux. Voici comment il se résume : « La magnésie saturée d'acide vitriolique forme un sel amer, qui n'exige guère que son poids d'eau pour sa dissolution ; — la chaux forme avec le même acide un sel sans saveur, 400 parties d'eau suffisant à peine pour la dissolution d'une seule partie de sélénite ; — la magnésie donne avec l'acide nitreux (nitrique) un sel cristallisable ; — le nitre calcaire ne peut être que très-difficilement amené à cristalliser ; — le muriate de magnésie (chlorure de magnésium) laisse échapper son acide au feu ; — il n'en est pas de même du muriate calcaire ; — la magnésie unie au vinaigre refuse de cristalliser ; — la chaux donne avec cet acide une belle cristallisation ; — la magnésie n'est pas précipitée par l'acide vitriolique ; — celui-ci entraîne sur-le-champ la chaux sous forme de sélénite. »

On se rappelle que les chimistes qui avaient les premiers entrevu l'existence de la magnésie, avaient regardé cette matière comme une chaux altérée, ou plutôt comme une *transmutation de la chaux*. Cette remarque avait frappé Bergmann ; et c'est à ce sujet qu'il fait les réflexions suivantes, qu'il serait bon de se rappeler quelquefois : « Il n'est guère possible, dit-il, qu'une même matière prenne des caractères aussi différents ; cependant, tant qu'il n'est question que de possibilité, je n'ai autre chose à répondre, sinon que nous ne sommes pas encore assez avancés dans la science chimique pour juger sûrement *à priori* si la nature peut ou ne peut pas opérer de semblables transmutations. Mais gardons-nous de conclure la réalité du fait, d'une possibilité même accordée ou difficile à détruire ; ce serait ouvrir la porte à une infinité de mé-

---

(1) *De acidis metallicis ; Act. Acad. Stockholm., année 1781. — Opuscul. physic.*, vol. III, p. 124.

(2) *De magnesia* (alba), disquisitio, anno 1775, die 23 dec., publice ventilata in auditorio Gustaviano ; *Opuscul. physic.*, vol. I, p. 343.

tamorphoses semblables à celles d'Ovide. N'abandonnons donc point, continue Bergmann, l'expérience, qui est pour nous le vrai fil d'Ariane; les maitres de l'art veulent des expériences très-exactes, par analyse et par synthèse, qui, étant faites convenablement, présentent en tout temps et en tous lieux les mêmes résultats. »

Du zinc et de ses minerais (1). — Ce mémoire est précédé d'un excellent exposé de l'histoire du zinc. On y trouve les premières analyses qui aient été faites des principaux minerais de zinc.

D'autres mémoires de chimie non moins remarquables ont pour titres : *De tartaro antimoniato* (2); — *De terra silicea* (3); — *De terra gemmarum* (4); — *De calce auri fulminante* (5); — *De platina* (6); — *De niccolo* (7); — *De arsenico* (8); — *De stanno sulphurato* (9); — *De antimonialibus sulphuratis* (10); — *De connubio hydrargyri cum acido salis* (11); — *De laterum coctione rite instituenda* (12); — *De cobalto, niccolo, platina, magnesia, eorumque per præcipitationes investigata indole* (13); — *Analysis chemica piguenti indici* (14).

---

(1) Hæc dissertatio publice ventilata est die 20 martii, anni 1779. *Opuscul. physic.*, vol. II, p. 309.

(2) Dissertatio publica ventilata, 22 dec. ann. 1773. *Opuscul. physic.*, vol. I, p. 318.

(3) Diss., ann. 1779; *Opuscul.*, vol. II, p. 26.

(4) N. Act. Upsal., ann. 1777; *Opuscul.*, vol. II, p. 72.

(5) Dissertatio publica, ann. 1769; *Opuscul.*, vol. II, p. 133.

(6) Act. Stockh., ann. 1777; *Opuscul.*, vol. II, p. 166.

(7) Diss. publica, ann. 1775; *Opuscul.*, vol. II, p. 231.

(8) Diss. publica, ann. 1777; *Opuscul.*, vol. II, p. 272.

(9) Act. Stockh., ann. 1781; *Opuscul.*, vol. III, p. 157.

(10) Diss. publica, ann. 1782; *Opuscul.*, vol. III, p. 164.

(11) Act. Acad. Stokh., ann. 1769; *Opuscul.*, vol. IV, p. 279.

(12) Ibid., ann. 1771; *Opuscul.*, vol. IV, p. 336.

(13) *Opuscul. physica*, vol. IV, p. 371.

(14) Dissertation couronnée par l'Académie des sciences de Paris. Voyez Mémoires présentés à l'Académie royale des sciences, etc., t. IX, 1780, p. 121-164. — C'est un des premiers travaux chimiques qui aient été faits sur l'indigo. L'auteur y indique parfaitement l'action décolorante de l'acide nitrique et du chlore sur l'indigo; il ajoute même que le chlore, qu'il appelle *acide marin déphlogistiqué par la magnésie noire*, se transforme de nouveau, après avoir réagi sur l'indigo, en acide marin ou muriatique. Il décrit fort au long l'action des alcalis et des acides sur l'indigo, et obtient, par la distillation de cette matière tinctoriale, en centièmes, 2 parties d'air fixe (acide carbonique),

Les dissertations de Bergmann sur l'histoire de la chimie (*De primordiis chemiæ;* — *Historia chemiæ medii ævi* (1); — *Oratio de nuperrimis chemiæ incrementis*) (2), renferment quelques documents intéressants qui malheureusement ne sont pas toujours puisés dans des sources bien authentiques, et soumis à une critique philologique rigoureuse.

Nous avons déjà dit que Bergmann était également versé dans d'autres sciences; car il nous a laissé des travaux fort remarquables sur la minéralogie et la géologie (*De formis cristallorum;* — *De lapide hydrophano;* — *De terra turmalini;* — *De mineris ferri albis;* — *Producta ignis subterranei;* — *De analysi lithomargæ;* — *De terra asbestina;* — *Observationes mineralogicæ;* — *De terris geoponicis* (3); — *De montibus Westrogothicis.* Sur la physique, l'astronomie et même l'histoire naturelle : *Experimenta electrica;* — *De vi electrica tourmalini;* — *De crepusculis;* — *De fulguratione observationes;* — *De arcus cœlestis explicationibus;* — *Auroræ boreales* (4); — *De auroræ borealis altitudine;* — *De*

---

8 parties de liqueur alcaline, 9 parties d'huile empyreumatique, et 3 parties de charbon; ce charbon, brûlé dans l'air, donnait 4 parties de cendre d'un rouge brique, dont la moitié se composait de rouille de fer, et le restant d'une poudre siliceuse très-fine. Traité par la voie des dissolvants, l'indigo donnait, en centièmes :

Matière mucilagineuse soluble dans l'eau.	12 parties.
Résine soluble dans l'alcool.	6
Matière terreuse soluble dans le vinaigre.	22
Chaux de fer (oxyde de fer) soluble dans l'acide muriatique.	13
Matière tinctoriale bleue pure.	47

Cette analyse, dit Bergmann, ne peut malheureusement être vérifiée par la synthèse; car il est impossible à l'art de reproduire la structure organique des substances végétales ou animales.

(1) *Opuscul. physica*, vol. IV, p. 1-141.

(2) Ibid., vol. VI, p. 65-95.

(3) La Société royale des sciences de Montpellier avait proposé, en 1771, la question suivante : *Quels sont les caractères des terres en général ? Assigner les défauts de celles qui sont peu propres à la production des grains, et les moyens d'y remédier.* — Bergmann remporta en 1773 le prix de cette question. — *Opuscula physica et chem.*, vol. V, p. 59. Ce mémoire renferme des notions intéressantes sur les terrains tertiaires, tant sous le rapport géologique que sous le rapport de l'agriculture. L'auteur y considère la chaux, l'argile, la magnésie et la silice comme des corps simples, mais que l'on pourrait bien arriver un jour à décomposer en des éléments plus simples encore.

(4) *Opuscul. physic.*, vol. V, p. 226. C'est une espèce de journal (*diarium*)

attractione universali; — De interpolatione astronomica; — De apibus; — De pityocampe sive eruca pini; — Classes larvarum; — De hirudinibus; — De cocco aquatico sive hirudine octoculata; — De natura tenthredinum et erucarum spuriarum; — De galla quadam singulari (1).

§ 31.

SCHEELE.

Peu de chimistes atteindront, aucun peut-être ne surpassera ce modèle de sagacité et d'observation expérimentale; personne n'avait encore pénétré aussi loin dans les secrets de la nature. Scheele avait le génie des découvertes; aucun détail n'échappait à son regard scrutateur. Mais il lui manquait — témoin la théorie du phlogistique qu'il avait adoptée — cet esprit d'abstraction qui fait jaillir d'un ensemble de faits les vraies lois générales, les fondements de la science. C'est là précisément ce qui a fait la gloire de Lavoisier. Ces deux grands hommes étaient faits pour s'entr'aider, pour se compléter en quelque sorte réciproquement, et élever en commun l'édifice de la chimie : l'un semblait destiné à en apporter les matériaux, l'autre à en tracer le plan.

Charles-Guillaume Scheele naquit le 19 décembre 1742 à Stralsund, ville aujourd'hui prussienne, et qui appartenait autrefois à la Suède. Fils d'un marchand, ses études classiques étaient un peu négligées; à l'âge de quatorze ans environ, il fut [placé à Gothenbourg, comme apprenti pharmacien, chez Bauch, un ami de sa fa-

---

où sont registrées les aurores boréales observées depuis le 3 février 1759 jusqu'à la fin de l'année 1762. Ce travail est suivi d'une dissertation sur la hauteur des aurores boréales. Bergmann avoue que, malgré des observations assidues continuées pendant plusieurs années, il n'était point parvenu à soumettre ce phénomène à des règles fixes. « C'est, dit-il, une chose digne de remarque que les variations qu'éprouve l'aiguille aimantée pendant la durée de l'aurore boréale : y aurait-il là quelque rapport avec la force électro-magnétique? »

(1) *Opuscul. physic.*, vol. V, p. 141. — Bergmann a, le premier, découvert que c'est un insecte particulier qui, en fixant son domicile sur l'écorce du chêne, donne naissance à la noix de galle si utile dans les arts. Il communiqua sa découverte à son illustre ami et compatriote Linné, qui donna à cet insecte le nom de *cynipsis quercus corticis*. Il en indique les caractères suivants : *Antennis instructum longissimis, colore pallido, in cruribus tamen oculisque vividiore.*

mille. C'est là que, sans autre guide que l'ouvrage (*Prælectiones chemicæ*) de Neumann, disciple de Stahl, il commença à cultiver la science qui devait un jour illustrer son nom. Après un apprentissage de six ans, il demeura encore deux ans auprès de son maître ; puis il entra successivement au service de Kalstroem, pharmacien à Malmoe, et de Scharenberg, à Stockholm. « C'est au milieu des occupations les plus obscures que s'acheva son éducation dans une science où il était destiné à paraître avec tant d'éclat (1). » En 1773, Scheele se rendit à Upsal, où il eut l'occasion de faire connaissance avec deux hommes célèbres qui remplissaient l'Europe de leur nom, Bergmann et Linné (2). Bergmann fut le premier à le révéler au monde savant ; il en parle avec admiration, dans la vaste correspondance qu'il entretenait avec les principaux savants de son époque.

L'importance de ses travaux ne tarde pas à faire sortir Scheele de l'obscurité dans laquelle il se plaisait. On lui fait plusieurs propositions avantageuses, dans l'intention de le faire sortir de l'hum-

(1) M. Dumas, *Leçons de philosophie chimique* (Paris, 1837, in-8), p. 88. — « Scheele était si ardent à l'étude de la chimie, qu'il prenait sur son sommeil le temps nécessaire à ses recherches ; et, dans un accès de malice étourdie, un de ses camarades s'avisa de mêler à ses produits une poudre détonante : de telle sorte que, revenant à ses expériences au milieu de la nuit, Scheele, dès la première expérience, détermina tout à coup une forte explosion qui mit toute la maison en émoi, et qui vint dévoiler ses travaux nocturnes. Depuis ce moment on devint plus sévère aux expériences qui occupaient si vivement sa jeune imagination. »

(2) Ce fut, dit-on, un hasard qui fit connaître Scheele à Bergmann. « Il était employé par un pharmacien (M. Look) qui fournissait à Bergmann les produits chimiques nécessaires à ses travaux. Celui-ci ayant un jour besoin de salpêtre, en fait prendre chez ce pharmacien, l'emploie à l'usage auquel il le destinait, et détermine la production d'abondantes vapeurs rouges formées, comme on sait, par l'acide hypo-azotique, mais qui, dans son opinion, n'auraient pas dû se dégager dans les circonstances où le sel avait été placé. Bergmann étonné s'en prend à quelque impureté du salpêtre. Il renvoie ce sel par un de ses élèves, qui ne manque pas une occasion si belle de rudoyer un peu le pauvre garçon apothicaire qui l'avait livré. Mais Scheele s'informe de ce qui s'est passé, se fait expliquer les détails de l'expérience, et il en donne immédiatement l'explication. A peine celle-ci est-elle rapportée à Bergmann, qu'il accourt auprès de Scheele, l'interroge, et découvre, à sa grande surprise, à sa grande joie, sous l'humble tablier de l'élève en pharmacie, un chimiste profond et consommé, un chimiste de haute volée, à qui se sont déjà révélés nombre de faits inconnus. » *M. Dumas, Leçons de philosophie chimique*, p. 90.

ble condition dans laquelle il se trouve; il refuse toutes ces offres. Frédéric le Grand ne réussit pas davantage à l'attirer à Berlin.

« Mais il apprend que dans une petite ville de Suède, à Kœping, il existe une pharmacie demeurée entre les mains d'une veuve; qu'il y trouverait un emploi paisible; que la veuve possède quelque bien, et qu'il pourrait aspirer à l'épouser. C'est l'avenir qu'il lui faut : retraite, calme et médiocrité. Il se transporte vite à Kœping, il accepte tous les arrangements, et s'établit chez la veuve. Mais, par une de ces contrariétés si fréquentes dans la vie, il se trouve, tout examiné, que la succession est obérée de dettes, et que la pauvre veuve ne possède rien. Ainsi, au lieu d'un sort paisible, d'une existence douce et tranquille, c'est une vie pénible et de labeur qui se présente. Toutefois, Scheele ne recule pas, et l'accepte sans hésiter, trouvant qu'on doit être prêt à donner quand on se croit digne de recevoir. Il se met donc à l'œuvre, et, partageant son temps entre ses recherches et les soins de la pharmacie, il emploie tous les bénéfices de la maison à en payer les dettes. Sur les 600 livres qu'il gagnait chaque année, il en réserve 100 pour ses besoins personnels, et consacre le reste à la chimie (1). »

En 1786 il épousa la veuve qui, neuf ans auparavant, lui avait cédé son établissement, et mourut deux jours après son mariage, n'ayant pas encore atteint l'âge de quarante-quatre ans (2).

C'est pendant son séjour à Kœping que Scheele mit au monde la plupart de ses immortels travaux, et que son nom se répandit dans toute l'Europe (3). L'Académie royale des sciences de Stockholm, l'Académie royale de Turin, et la Société des scrutateurs de la nature, de Berlin, se glorifiaient de compter ce grand chimiste au nombre de leurs membres.

---

(1) M. Dumas, *Leçons de philosophie chimique*, p. 91.

(2) Il mourut le 21 mai 1786. Voy. l'article *Scheele*, dans le *Conversations Lexicon* (Leip., 1836).

(3) « On raconte que le roi de Suède, dans un voyage hors de ses États, entendant sans cesse parler de Scheele comme d'un homme des plus éminents, fut peiné de n'avoir rien fait pour lui. Il crut nécessaire à sa propre gloire de donner une marque d'estime à un homme qui illustrait ainsi son pays, et il s'empressa de le faire inscrire sur la liste des chevaliers de ses ordres. Le ministre chargé de lui conférer ce titre demeura stupéfait. Scheele! Scheele! c'est singulier, dit-il. L'ordre était clair, positif, pressant, et Scheele fut fait chevalier. Mais, vous le devinez, ce ne fut pas Scheele l'illustre chimiste, ce ne fut pas Scheele l'honneur de la Suède, ce fut un autre Scheele qui se vit l'objet de cette faveur inattendue. » *M. Dumas, Leçons de philosophie chimique*, etc., p. 93.]

Scheele, dans sa courte apparition dans ce monde, où tant d'intérêts s'entre-croisent et se brisent dans leur choc, commande notre admiration et notre respect, non-seulement comme savant, mais encore comme homme privé. Avec de petites ressources, il fit de grandes choses. Jamais il n'ambitionna les grandeurs et les richesses. Les passions égoïstes n'eurent point prise sur ce beau caractère. Jamais il ne déserta sa bannière : *L'amour de la science pour la science.*

Travaux de Scheele.

Les ouvrages de Scheele ne sont pas bien volumineux ; ils consistent en une collection de mémoires de peu d'étendue (1) ; mais chacun de ces mémoires renferme souvent plusieurs découvertes à la fois.

L'histoire de la science n'avait pas encore offert un spectacle pareil à celui que présentent les travaux de Lavoisier et de Scheele. L'un a porté le flambeau de la philosophie naturelle dans la connaissance chimique des gaz ; l'autre a imprimé à la chimie minérale et organique cette marche assurée qui convient à une science essentiellement expérimentale. Si Scheele ne s'élève pas à la hauteur de Lavoisier pour l'esprit de généralisation, il lui est peut-être supérieur dans l'application rigoureuse de la méthode expérimentale, et dans l'examen analytique des faits. L'un semble en quelque sorte compenser ce qui manque à l'autre.

De tous les travaux de Scheele, le moins parfait peut-être, et pourtant celui qui a eu le plus de réputation, c'est *le Livre sur l'air et le feu* (2). Lorsque ce livre parut, on connaissait déjà les expériences,

---

(1) Les travaux de Scheele, qui presque tous ont été imprimés, sous forme de mémoires, dans les Actes de la Société royale de Stockholm, ont été traduits en latin et réunis en deux volumes in-8, sous le titre : *Opuscula chemica et physica, latine vertit G. H. Schaefer. Edidit et præfatus est B. G. Hebenstreit;* Lips., 1788 et 1789. — Ils furent publiés en allemand par Fr. Hermbstaedt (*Sœmmtliche physische und chemische Werke*); Berlin, 2 vol. in-8, 1793. — En français : *Mémoires de chimie,* etc.; Dijon, 1785, 2 vol. in-18.

(2) Cet ouvrage, précédé d'une préface de Bergmann, parut pour la première fois en allemand. *Chemische Abhandlung von der Luft und Feuer,* etc. (Upsal et Leipzig), en 1777. Leonhardy publia en 1781 une nouvelle édition allemande. — Traduction française : *Traité chimique de l'air et du feu,* etc., *traduit de l'allemand par le baron de Dietrich,* secrétaire général des Suisses et Grisons, etc.; Paris, 1781, 12. — *Supplément au Traité chimique,* contenant un

de Black, de Priestley, de Lavoisier, sur l'air et d'autres fluides élastiques. Les expériences décrites dans ce livre sur l'absorption *de l'air du feu* (oxygène) par le foie du soufre, par l'essence de térébenthine se transformant en une matière résineuse, par le précipité vert pâle du vitriol (protoxyde de fer), par la limaille de fer humectée d'eau, par des corps combustibles, par le phosphore, par le soufre, le charbon, les métaux, etc.; sur la préparation de l'air du feu, soit à l'aide du précipité rouge ou de la chaux d'argent, soit au moyen du manganèse et de l'acide vitriolique (1); sur l'action qu'exerce l'air du feu sur la respiration des animaux, etc. Toutes ces expériences, dont quelques-unes avaient déjà été faites par Priestley et par Lavoisier, ne démentent pas un instant cette profonde sagacité qui caractérise au plus haut degré l'illustre chimiste de Kœping.

Mais s'agit-il de rattacher ces faits à des lois générales, de les expliquer dans leur ensemble par des théories philosophiques; aussitôt cette pénétration qui distingue d'un coup d'œil d'aigle les moindres détails, lui fait défaut. On s'aperçoit aisément que Scheele n'est point là sur son véritable terrain; il s'égare dans le dédale des doctrines spéculatives du phlogistique.

De ses nombreuses expériences si ingénieusement disposées (2), il

---

tableau abrégé des nouvelles découvertes sur les diverses espèces d'air, par G. Leonhardy, des notes de R. Kirwan, et une lettre de Priestley, etc., par le baron Dietrich; Paris, 1785, 12. — Traduction anglaise : *Chemical observations and experiments on air and fire*, etc., *translated from german by F. R. Forster*; Lond., 1780, 8.

(1) Scheele se servait de vessies pour recueillir les gaz. C'était la méthode de Wren, dont il ne paraissait pas avoir eu connaissance. Voy. p. 259 de ce volume.

(2) Il est parfaitement démontré, par quelques-unes de ces expériences, que les animaux aquatiques respirent comme les animaux terrestres, qu'ils absorbent l'air du fer (oxygène) dissous dans l'eau, et le transforment en acide aérien. Scheele se servait d'un moyen très-ingénieux pour constater la présence de l'air du feu dans l'eau : Je prends, dit-il, par exemple, une once d'eau; j'y verse environ quatre gouttes d'une solution de vitriol de mars et deux gouttes d'alcali du tartre, affaibli par un peu d'eau; il en résulte aussitôt un précipité d'un vert foncé qui *jaunit quelques minutes après, lorsque l'eau contient de l'air du feu;* mais dans l'eau bouillie et refroidie qui n'a pas de communication avec l'air libre, ou dans l'eau distillée récente, le précipité conserve sa couleur verte, et ne jaunit qu'une heure après; et s'il est gardé dans des flacons pleins et sans aucune communication avec l'air, il ne jaunit point. — Dans une autre expérience, l'auteur prouve qu'en exposant au spectre solaire un papier imprégné d'un sel d'argent (chlorure), on remarque qu'il noircit bien plus promptement

n'arrive qu'à conclure : 1° que le phlogistique est un véritable élément; 2° qu'il peut, par son affinité avec de certaines matières, être transmis d'un corps à un autre; 3° qu'en se combinant avec l'air du feu (oxygène), il constitue le calorique; 4° que c'est le calorique (combinaison du phlogistique avec l'air du feu) qui, par suite de la combustion ou de la respiration, adhère à l'air corrompu (azote), et le rend plus léger, etc. (1).

Il est vraiment surprenant que Scheele, qui se faisait gloire de ne croire que ce qui tombe sous les sens, ait pu songer à prendre la défense du phlogistique, d'une matière chimérique que personne, pas plus que lui-même, n'avait jamais vue.

Les considérations théoriques ne vont point à la trempe d'esprit de Scheele. Il trébuche dès qu'il essaye de mettre le pied sur le domaine de la philosophie chimique.

Le livre *De l'air et du feu* est suivi d'un mémoire sur l'analyse de l'air (2). Comme il importait ici d'émettre non plus des doctrines spéculatives, mais de faire preuve d'exactitude dans l'observation analytique des faits, Scheele se montre tel qu'il était, expérimentateur incomparable. Dans ce mémoire, il démontre que l'air est un mélange de deux fluides élastiques bien distincts, dont l'un s'appelle *air vicié ou corrompu* (azote), « parce qu'il est absolument dangereux et mortel, soit pour les animaux, soit pour les végétaux; l'autre s'appelle *air pur* ou *air de feu*, parce qu'il est tout à fait salutaire et qu'il entretient la respiration. » Mais il s'agissait de trouver, par voie d'analyse, les proportions de ces deux fluides élastiques qui entrent dans un volume d'air donné. Or, voici le procédé dont il se servit : Il mit au fond de la cuvette A un support formé d'une tige de verre fixée sur un petit piédestal de plomb; l'extrémité supérieure de la tige portait un petit plateau horizontal, sur lequel il plaçait une petite capsule C, remplie de deux parties de limaille de fer et d'une partie de soufre en poudre, humectée d'eau; il renversait sur le tout le verre cylindrique D, et remplissait d'eau la

---

au rayon violet que dans les autres rayons. — Mais c'est toujours le phlogistique qui joue, selon lui, le principal rôle dans ces phénomènes. *Traité de l'air et du feu*, etc., p. 227, p. 145 (Paris, 1781, in-12).

(1) *Traité de l'air et du feu*, etc., p. 145.

(2) *Quantum aeris puri in atmosphæra quotidie insit.* Acta Acad. reg. Suec. anni 1779. — Opuscul. chemica et physica, vol. I, p. 193-199. Supplémen au Traité chimique de l'air et du feu, etc., par le baron de Dietrich; Paris, 1785, 12.

cuvette A. Le verre cylindrique D était de la capacité de 33 onces d'eau, déduction faite de la tige et de ses deux extrémités, qui déplaçaient environ la valeur d'une once d'eau.

L'appareil étant ainsi disposé, il collait en E, à l'extérieur du verre cylindrique, une bande de papier qui, par sa longueur, marquait le tiers de sa capacité; et il divisait la bande en onze parties égales, de sorte que chaque trait indiquait $\frac{1}{33}$ du volume élastique de l'air contenu dans le récipient.

Voici la figure qui accompagne la description de cet appareil :

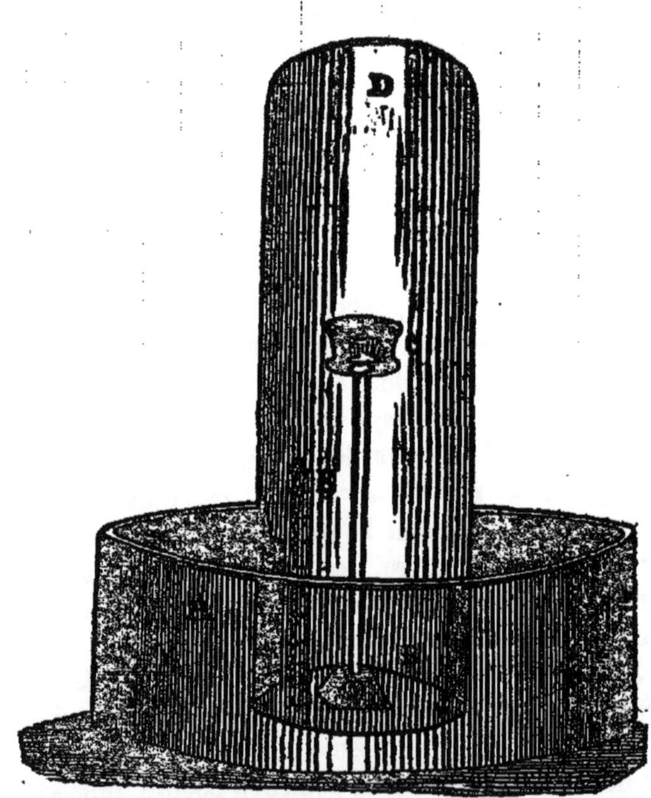

Les expériences sur l'analyse de l'air, au moyen de l'appareil qui vient d'être décrit, furent commencées le 1er janvier 1778, et continuées sans interruption pendant toute l'année jusqu'au 31 décembre. Le résultat était que l'air contient une quantité à peu près invariable d'air déphlogistiqué (oxygène), et que cette quantité est $\frac{9}{33}$, c'est-à-dire un peu plus de 25 p. %.

Arrivons maintenant à la partie la plus importante des travaux de Scheele, la chimie minérale et la chimie organique. C'est là que la gloire de ce grand chimiste brille dans tout son éclat : chaque pas qu'il fait est signalé par une découverte. Comme cette partie des travaux de l'illustre Suédois est peut-être un peu moins connue que le traité de l'air et du feu, nous allons nous y étendre davantage. Nous commencerons par les mémoires les plus remarquables, sans nous astreindre à l'ordre chronologique de leur publication. Ces mémoires peuvent, en quelque sorte, servir de modèles à tous les chimistes : ils se distinguent par une méthode sévère, et par une concision telle qu'ils se refusent à toute analyse, car il n'y a pas un mot qui n'ait une valeur précise et déterminée. Il n'y a pas une seule phrase à retrancher.

Comme ces mémoires sont en général très-courts, et à peu près tous rédigés suivant un plan uniforme, nous allons donner ici comme spécimen le mémoire sur l'acide citrique. Nous laissons parler l'auteur lui-même :

Sur le suc du citron et sa cristallisation (1).

Plusieurs chimistes ont essayé d'obtenir le suc de citron sous forme de cristaux, à l'aide d'une simple évaporation. De ce que ce moyen ne réussissait point entre leurs mains, ils avaient aussitôt conclu que l'acide de citron est incristallisable, bien que, selon toute probabilité, presque tous les acides végétaux soient susceptibles de cristalliser, pourvu qu'on leur enlève les matières étrangères qui les salissent.

J'ai réduit, par l'évaporation, le suc de citron jusqu'à consistance de miel, et je l'ai dissous dans de l'esprit-de-vin concentré. Il s'est formé un coagulum qui est resté sur le filtre, et qui consistait en une matière mucilagineuse mêlée d'une très-petite quantité de citrate d'alcali (*pauxillo alcali citrati*).

Espérant alors que le suc ainsi purifié ne se refuserait plus à la cristallisation, je fis évaporer la solution alcoolique; mais le succès ne répondit pas à mon attente, car il ne s'était produit aucune apparence cristalline. Ceci me conduisit à penser que l'acide pouvait bien être encore sali par quelque matière étrangère soluble dans l'esprit-de-vin, et capable de s'opposer à sa cristallisation. La

---

(1) *De succo citri ejusque cristallisatione.* Nova Acta Acad. reg. Suec. anni 1784. — Crell, *Chemische Annalen*, 1784, cah. 7. — Opuscula chemica et physica, vol. II, p. 181-186.

suite me prouva que j'avais deviné juste; car il existe dans l'acide du citron une matière grasse, savonneuse (*materia saponacea*), qui se dissout, comme tout le monde sait, et dans l'eau et dans l'alcool.

On sait que l'acide du tartre est extrait au moyen de la craie (1). Il se produit, dans ce cas, un sel moyen, la chaux tartarisée (*calx tartarisata*), très-peu soluble dans l'eau. Or, la même chose arrive pour l'acide du citron, qui forme avec la chaux un sel très-peu soluble dans l'eau. En employant ce procédé on obtient l'acide pur, et exempt de toute matière grasse ou gommeuse; on le sépare aisément de la chaux par l'intermédiaire de l'acide vitriolique.

Mettez une mesure de suc de citron limpide dans une cornue de verre d'une capacité convenable; et chauffez-la sur un bain de sable. Dès que la liqueur commence à bouillir légèrement, vous y ajouterez, par petites portions, de la craie desséchée, pulvérisée et pesée, jusqu'à ce que l'acide ne fasse plus d'effervescence. Pendant ces moments-là vous remuerez la liqueur constamment avec une spatule de bois. Pour saturer une mesure (*cantharus*) de suc de citron, il faut environ 10 loths de craie sèche.

Cela fait, on ôte la cornue du bain de sable, et on la place dans un endroit tranquille. La chaux saturée d'acide citrique (*calx citrata*) se dépose alors sous forme de poudre. On enlève par décantation l'eau légèrement colorée en jaune qui surnage sur le résidu; on lave celui-ci à différentes reprises avec de l'eau chaude, jusqu'à ce que l'eau décantée soit exempte de toute coloration.

Ensuite on ajoute au citrate de chaux ainsi lavé 11 loths d'acide vitriolique, étendu de 10 parties d'eau. On remet la cornue sur le bain de sable, et on laisse bouillir le mélange pendant un quart d'heure. Le vaisseau étant refroidi, on jette le mélange sur un filtre; on lave le gypse (sulfate de chaux) qui reste sur le filtre avec un peu d'eau froide, afin de lui enlever l'acide du citron qui pourrait y être adhérent.

On peut faire évaporer le liquide acide filtré jusqu'à consistance presque sirupeuse, et le remettre sur le filtre, afin de séparer le restant du gypse qui pourrait s'y trouver.

---

(1) Scheele avait communiqué ce procédé de préparer l'acide tartrique à Retzius, qui le publia dans les actes de l'Acad. royale de Stockholm, année 1770. Les *Opuscula chemica et physica* de Scheele ne contiennent pas de mémoire particulier sur l'acide tartrique.

La présence de la chaux citratée empêche la cristallisation de notre acide. Or, pour prévenir cet inconvénient, on verse dans la liqueur quelques gouttes d'acide vitriolique étendu ; s'il se forme un précipité, il faut continuer à en ajouter jusqu'à ce que toute la chaux soit éliminée à l'état de gypse.

Alors, en évaporant l'acide filtré une dernière fois, on verra de petits cristaux se produire. Évaporé jusqu'à consistance sirupeuse, et exposé, après cela, à un froid modéré, l'acide du citron se prend en beaux cristaux, semblables à ceux du sucre candi.

Les sels neutres formés par cet acide cristallisent difficilement ; leurs dissolutions évaporées, desséchées, absorbent l'eau atmosphérique.

Lorsqu'on soumet à la distillation l'alcali volatil citraté (citrate d'ammoniaque), on remarque que sa base se volatilise et que l'acide se détruit.

L'acide du citron produit avec la terre calcaire un sel moyen, très-peu soluble dans l'eau.

Il se comporte de même avec la terre pesante (baryte) ; cependant ce sel est un peu plus soluble dans l'eau que le précédent.

Combiné avec la magnésie, il donne naissance à un sel assez soluble dans l'eau, mais incristallisable ; exposé à la chaleur, ce sel se convertit en une matière gommeuse transparente.

L'acide citrique attaque à peine les métaux ; le fer et le zinc sont les seuls qui soient dissous avec dégagement d'air inflammable (hydrogène).

Les solutions métalliques ne sont guère changées par le contact de l'acide du citron, excepté les solutions acéteuses de chaux, de plomb et de mercure, qui sont précipités en blanc. Ces précipités sont redissous par l'acide nitrique étendu ; dans le cas contraire, l'acide du citron contient encore un peu d'acide vitriolique qu'il faut éloigner par des cristallisations réitérées.

Il est bon de rappeler que le travail que l'on vient de lire n'est calqué sur aucun modèle, et que Scheele est l'inventeur de la méthode dont on se sert encore aujourd'hui pour la préparation des acides végétaux.

Un mémoire non moins remarquable, mais beaucoup plus étendu, est celui qui traite du *manganèse* (*magnesia nigra*), et qui se trouve inséré dans les Actes de la Société royale de Stockholm pour l'année 1774 (1).

Fidèle à sa manière de procéder, l'auteur essaye d'abord l'action de divers réactifs sur la matière soumise à l'observation. En traitant la magnésie noire (peroxyde de manganèse) par l'acide vitriolique, il obtenait un sel blanc légèrement rosé, soluble dans l'eau ; c'était le sulfate de manganèse. Il n'ignorait pas qu'il se dégage, pendant cette opération, un fluide élastique qui possède toutes les propriétés de l'air déphlogistiqué (oxygène).

Il soumit le manganèse à l'action de tous les acides minéraux et organiques alors connus, et il arriva ainsi, au moyen de l'acide muriatique, à découvrir le chlore, ou, comme il l'appelle, *l'acide muriatique déphlogistiqué*. La découverte de ce corps si important vaut la peine qu'on s'y arrête : « Je versai, dit Scheele, une once d'acide muriatique sur une demi-once de magnésie noire en poudre. Au bout d'une heure je vis ce mélange à froid se colorer en jaune ; en le chauffant, il se développa une forte odeur d'eau régale (2).

« Dans l'intention de me rendre compte de ce phénomène, je me servis du procédé suivant : j'attachai une vessie vide à l'extrémité du col de la cornue contenant le mélange de magnésie noire et d'acide muriatique. A mesure que la liqueur continuait à faire effervescence, la vessie se gonflait ; l'effervescence étant arrêtée, j'ôtai la vessie. Celle-ci était teinte en jaune par le corps aériforme qu'elle contenait, exactement comme par l'eau régale. Ce corps n'était point de l'air fixe (gaz acide carbonique) (3) ; son odeur était extrêmement forte, pénétrante, et affectait singulièrement les narines et les poumons. En vérité, on le prendrait pour la vapeur de l'eau régale chauffée (*pro halitu aquæ regiæ calefactæ haberes*). Quiconque voudra connaître la nature de ce corps, devra l'étudier à l'état de fluide élastique (4). »

Ici l'auteur revient sur les détails de manipulation qu'il a employés, et conseille de se servir, au lieu d'une vessie, de bouteilles

---

(1) *De magnesia nigra* ; Acta Acad. reg. Suec., anni 1774. Opuscula chemica et physica, ed. Schaeffer et Hebenstreit ; Lips., 1788, 8, vol. I, p. 227-281.

(2) *Opuscula chemica et physica*, vol. I, p. 232.

(3) C'était le premier et alors le seul fluide élastique bien connu, grâce aux travaux de Black et de Bergmann.

(4) Opuscula chemica et physica, vol. I, p. 248, 249.

pleines d'eau, renversées sur des cuves également remplies d'eau, pour recueillir le produit.

Voici la description qu'il fait des propriétés de ce corps :

a. L'acide muriatique déphlogistiqué (chlore) corrode les bouchons des bouteilles où il se trouve renfermé, et les teint en jaune ; il attaque de même le papier.

b. Il blanchit le papier bleu de tournesol, et détruit la couleur rouge, bleue, jaune des fleurs, et même la couleur verte des plantes. Pendant cette action, il se convertit, en présence de l'eau, en acide muriatique.

c. Les fleurs ou les plantes ainsi altérées ne peuvent recouvrer leurs couleurs primitives, ni par les alcalis, ni par les acides.

d. Il épaissit les huiles et les graisses, et même l'essence de térébenthine.

e. Mis en contact avec le cinabre, il donne naissance à du sublimé corrosif, en éliminant le soufre du cinabre.

f. Il attaque le vitriol vert (sulfate de fer) et le rend rouge. Les vitriols bleu et blanc ne changent pas d'aspect.

g. Il dissout le fer. Cette solution, chauffée avec de l'huile de vitriol, laisse dégager de l'acide muriatique pur, qui ne dissout pas l'or.

h. Tous les métaux sont attaqués par l'acide muriatique déphlogistiqué (chlore). Il est à remarquer que la solution d'or, traitée par l'alcali volatil (ammoniaque), donne un précipité de chaux (oxyde) fulminante.

i. L'esprit de sel ammoniac (gaz ammoniac) donne, au contact du corps en question, naissance à des vapeurs blanches.

k. Combiné avec l'alcali fixe minéral (soude), l'acide muriatique déphlogistiqué constitue le sel de cuisine qui décrépite sur les charbons.

l. Il rend l'arsenic déliquescent.

m. Il tue sur-le-champ les insectes.

n. Il éteint immédiatement le feu (1).

Maintenant, quelle est la composition de ce corps nouveau? C'est ici que Scheele retombe dans les théories inextricables du phlogistique. La magnésie noire enlève, selon lui, le phlogistique de l'acide muriatique, en le transformant en acide muriatique *déphlogistiqué*. Le grand chimiste était, sans s'en douter, bien près

______

(1) Opuscul. chemica et physic., vol. I, p. 250-252.

de la vérité. En effet, substituez au phlogistique l'hydrogène (air inflammable), et vous aurez l'acide muriatique (chlorhydrique) *déshydrogéné*, c'est-à-dire le *chlore*.

En poursuivant ses recherches sur la magnésie noire, il arrive à constater que cette substance, chauffée avec un mélange d'acide vitriolique et de sucre, de gomme et d'autres matières semblables, donne, à la distillation, un acide tout semblable au vinaigre le plus fort : c'était l'acide formique. — L'acide oxalique (obtenu en traitant le sucre par l'acide nitrique) et l'acide formique sont les premières matières organiques qui aient été préparées chimiquement par l'intervention de substances minérales.

Il découvre le *caméléon minéral* en chauffant ensemble un mélange de nitre pulvérisé et de magnésie noire. Il explique déjà, par l'action de l'air, et surtout de l'air fixe, les phénomènes de coloration que présente la masse verte obtenue par la fusion du nitre avec le manganèse (1).

Il remarque que le verre coloré en rouge, par la magnésie noire, redevient incolore lorsqu'on le fait fondre sur du charbon (2).

Enfin, après avoir décrit d'une manière exacte et détaillée les propriétés de la magnésie noire accompagnant partout le fer, jusque dans les cendres des végétaux, il arrive à conclure que la magnésie noire diffère essentiellement de toutes les terres connues, et qu'elle n'est pas un élément simple.

Ce dernier point avait particulièrement éveillé l'attention de Bergmann, qui annonça, dans la même année 1774, que la magnésie noire était la chaux (oxyde) d'un métal particulier, et que ce métal, qu'il appelait *magnesium* (*manganesium*) était au moins aussi difficile à fondre que le platine. Gahn, s'occupant alors du même sujet, parvint, avant Bergmann, à obtenir le manganèse à l'état de régule. Cependant Bergmann donna le premier l'histoire du manganèse métallique (3).

---

(1) Opuscula physica et chemica, vol. I, p. 263.

(2) Ibid., p. 272.

(3) Opuscula physica et chemica Bergmanni, vol. II, p. 201. — Gahn parvint à obtenir le régule de manganèse par le procédé suivant : il enduisait l'intérieur d'un creuset de poussière de charbon humectée d'eau; il mit, avec de l'huile, dans ce creuset, un peu du minéral réduit à l'état de pâte et sous forme de boule, et il le remplit de poussière de charbon. Il luta un autre creuset sur celui-ci, et exposa le tout pendant quatre heures à une chaleur très-intense. Il

Il est intéressant pour la philosophie des sciences de faire observer que ce n'est pas l'expérience directe, mais l'analogie et l'induction, qui ont donné lieu à la découverte en question. Voici comment on avait raisonné : La magnésie noire colore le verre ; sa densité est très-considérable ; ses dissolutions dans les acides sont précipitées par le sel lixiviel du sang (cyano-ferrure jaune de potassium). Or, tous ces caractères sont communs aux chaux métalliques, et aucun d'entre eux n'est applicable aux terres (chaux, argile, etc.). Donc, la magnésie noire doit être, non pas une terre, comme on le prétend, mais une chaux métallique.

Nous croyons avoir donné une idée suffisante de l'exactitude et de la méthode de Scheele, pour pouvoir nous permettre de ne faire qu'une indication rapide de ses autres travaux, dont chacun renferme une découverte.

Terre pesante, terra ponderosa (baryte).—Pour démontrer que la terre du spath pesant (sulfate de baryte) est tout à fait différente de la chaux, Scheele calcina, dans un creuset, un mélange pâteux de ce spath, de poussière de charbon et de miel, et attaqua la masse hépatique (sulfure de baryum) par l'acide muriatique. Il obtint ainsi une dissolution (chlorure de baryum) qu'il précipita par une lessive de potasse. Il donna tous les caractères propres à distinguer ce précipité blanc (*carbonate de baryte*) de la chaux (1).

Bien que l'auteur n'ait publié sa dissertation sur la terre pesante qu'en 1779 (2), il avait déjà connaissance de ce nouveau corps er 1774; car il en fait mention dans son mémoire sur la magnésie noire (3).

G. de Morveau donna à la terre pesante le nom de *baryte* (βαρύς, pesant), qui fut universellement adopté.

Sur le fluor minéral et son acide (4). — Ce fut là un des premiers

---

trouva au fond du creuset un bouton métallique, ou plutôt un certain nombre de petits globules métalliques, dont le poids correspondait à 0,33 de celui du minéral employé.

(1) Gahn avait analysé en 1775 le spath pesant, et l'avait trouvé composé d'acide vitriolique et de la terre pesante découverte par Scheele.

(2) *Beschaeftigungen der Berlinischen Gesellschaft naturforschender Freunde*; 4me B. 1779. — *Examen chemicum de terra ponderosa*, Opuscula chemica, vol. II, p. 262.

(3) *De magnesia nigra*, Opuscula, etc., vol. I, p. 144.

(4) *Examen chemicum fluoris mineralis ejusque acidi;* Act. Acad. reg. Suec., anni 1771. Opuscula, etc., vol. II, p. 1-22.

travaux de Scheele. Il découvrit que lorsqu'on traite le spath fluor par l'acide sulfurique, il se dégage des vapeurs acides qui attaquent le verre de la cornue, le papier, le lut, etc., et qui diffèrent de tous les autres acides connus. L'acide ainsi obtenu était l'acide *fluo-silicique*, et l'auteur avait parfaitement remarqué que la croûte pierreuse qui se formait dans le vase rempli d'eau, et destiné à recueillir cet acide, n'était autre chose que de la silice pure. Il conclut d'une série d'expériences que cette silice provenait de l'acide du fluor (acide fluo-silicique) et de l'eau (1).

Mais Wiegleb et Buchholz allèrent plus loin ; ils firent voir que la quantité de cette silice se trouvait d'un poids exactement égal à celui dont la cornue avait diminué dans l'expérience, et Meyer acheva de prouver que cette silice provenait du verre.

Quelques chimistes français, Achard, Monnet, et le pseudonyme Boulanger, élevèrent des doutes sur l'existence de cet acide, appelé alors acide fluorique. Scheele, pour détruire leurs objections, entreprit une nouvelle suite d'expériences qui justifièrent complétement sa découverte (2).

Nouvel acide de l'arsenic (3). — On connaissait, depuis fort long-temps, l'arsenic blanc (4), auquel Fourcroy donna le nom d'*acide arsénieux*. Scheele obtint le second acide de l'arsenic, appelé aujourd'hui *acide arsénique*, en évaporant jusqu'à siccité un mélange de 2 parties d'arsenic blanc pulvérisé, 7 parties d'acide muriatique, 4 parties d'acide nitrique ; le résidu de l'évaporation était l'acide arsénique, dont Scheele décrit presque toutes les propriétés, et en fait l'histoire chimique presque complète.

Vert de Scheele (*Pigmentum viride novum*) (5). — Scheele préparait cette matière, qui porte son nom, en ajoutant à une solution de vitriol bleu une solution d'arsenic blanc et de

---

(1) En effet, l'acide fluo-silicique (fluorure de silicium) décompose l'eau, et donne naissance à de la silice et à de l'acide fluorhydrique, qui reste en dissolution dans l'eau non décomposée.

(2) *Annotationes de fluore minerali*, Nova Acta Acad. reg. Suec., anni 1780. Opuscul., etc., vol. II, p. 92-100.

(3) *De arsenico ejusque acido*; Acta Acad. reg. Suec., anni 1775. Opuscul., etc., vol. II, p. 28-66.

(4) Voy. t. I de l'Histoire de la chimie, p. 483.

(5) *De pigmento viridi novo*; Acta Acad. reg. Suec., anni 1778.

potasse (arséniate). Il rappelle que l'arsenic blanc qu'on vend dans le commerce est souvent sophistiqué avec du plâtre, et que le meilleur moyen de s'assurer de cette fraude consiste à en projeter un peu sur une lame chaude : si tout se volatilise, c'est un indice que l'arsenic n'est point falsifié.

Du molybdène (1). — Le minerai de molybdène, appelé par Cronstedt *molybdæna membranacea nitens*, avait été, jusqu'à Scheele, confondu avec la plombagine. Il en fit l'analyse, et le démontra composé de soufre et d'une poudre blanchâtre à laquelle il reconnut les propriétés d'un acide (*acide molybdique*). Bergmann, présumant que ce corps devait être une chaux métallique, engagea, en 1782, Hielm à s'occuper de ce sujet : celui-ci parvint, en effet, à en extraire un métal qu'il appela *molybdène* ou régule de molybdène (2). La dissertation sur l'acide du molybdène fut, l'année suivante (1779), suivie d'une autre *sur la plombagine* (3), caractérisée par Cronstedt : *molybdæna textura micacea et granulata*. Scheele prouva analytiquement que la plombagine n'est autre chose que du charbon mêlé de quelques traces de rouille de fer.

Des éléments de la pierre pesante (*tungstène*) (4). — Les minéralogistes avaient jusqu'alors considéré le minerai blanc, qui, à cause de sa pesanteur, avait reçu le nom de *tungstène*, comme une mine d'étain ou de fer contenant une terre inconnue; *ferrum calciforme, terra quadam incognita intime mixtum* (*Cronstedt*). Scheele constata par l'analyse que ce minerai se compose de chaux et d'une substance blanche, pulvérulente, qu'il appela acide du tungsten (*acide tungstique*). Il en décrivit parfaitement les propriétés chimiques, et les caractères qui le distinguent de l'acide molybdique, avec lequel l'acide du tungstène a de l'analogie.

---

(1) *De molybdæna*; Acta Acad. reg. Suec., anni 1778. — Opuscula chemica, vol. I, p. 200-213.

(2) Le mot molybdène vient de μολυβδαίνα, nom que les Grecs donnaient à des minerais de plomb, et particulièrement à la galène. — Hielm obtenait le molybdène métallique en formant une pâte avec l'acide molybdique et de l'huile de lin, et en la chauffant dans un creuset à un feu très-violent.

(3) *De plumbagine*; Acta Acad. reg. Suec., anni 1779, p. 214-222. Opuscula chemica, vol. I, p. 214-222.

(4) *De principiis lapidis ponderosi*; Nova Acta Acad. reg. Suec., anni 1781; Opuscul. chemica, vol. II, p. 119-126.

Comme pour l'acide molybdique, Bergmann présuma que l'acide tungstique était la chaux d'un métal particulier (1). Les frères d'Elhuyart confirmèrent pleinement cette hypothèse, en réduisant l'acide tungstique, retiré du minerai appelé par les Allemands *wolfram*, en un bouton métallique d'un brun foncé (2).

De la matière tinctoriale du bleu de Prusse (3). — On pourrait écrire des volumes sur l'histoire de la découverte du bleu de Prusse, et sur les théories qui ont été successivement émises sur la formation de cette substance, si féconde en résultats pour les arts et pour la science. La découverte du bleu de Prusse est due au hasard. Un Prussien, nommé Diesbach, préparateur de couleurs à Berlin, avait acheté de la potasse chez Dippel, fabricant de produits chimiques (le même qui avait trouvé l'huile animale particulière qui porte son nom), pour précipiter une décoction de cochenille, d'alun et de vitriol vert (sulfate de fer). Diesbach fut bien surpris d'obtenir, au lieu d'un précipité rouge, une poudre d'un très-beau bleu. Il fit part de ce phénomène à Dippel, qui se rappela que l'alcali (potasse) qu'il avait vendu avait été calciné avec du sang, et avait servi à la préparation de son huile animale. Cette découverte eut lieu en 1710 ; cependant son histoire ne fut rendue publique que longtemps après.

La préparation de cette couleur, qui, sous le nom de *bleu de Prusse* (en allemand *Berliner blau*, bleu de Berlin), était devenue un objet lucratif de commerce, demeura secrète jusqu'à l'année 1724, époque où Woodward publia un procédé dont la connaissance lui avait été révélée par un de ses amis d'Allemagne (4). Brown trouva qu'on pouvait, dans la préparation de l'alcali, substituer au sang la chair de bœuf et d'autres matières animales ; que l'alun ne servait qu'à étendre la couleur, et que la teinte bleue était produite par l'action de l'alcali (calciné avec le sang) sur le fer du vitriol vert. Geoffroy, pour se rendre compte de la formation du bleu de Prusse, sup-

---

(1) T. Bergmanni addimentum ad dissertat. præcedentem ; Opuscula chemica, vol. II, p. 127-131.

(2) Ce tungstène métallique avait été préparé en chauffant l'acide tungstique avec de la poussière de charbon, dans un creuset fermé, à un feu très-violent.

(3) *De materia tingente cærulei Berolinensis*; Nova Acta Acad. reg. Suec., annorum 1782 et 1783 ; Opuscula chemica, vol. I, p. 148-174.

(4) Philosoph. Transact., vol. XXXIII, 15. — Le procédé consistait à traiter une solution d'alun et de sulfate de fer par de la potasse calcinée avec du sang.

posa que le sang ou toute autre matière animale communique à l'alcali (potasse) du phlogistique (de là le nom d'*alcali phlogistiqué*), qui revivifie le fer du vitriol vert. Cette théorie fut adoptée par presque tous les chimistes d'alors (1). Macquer ayant entrepris, en 1752, à cet égard, de nouvelles recherches, fit voir qu'il y a dans le bleu de Prusse, outre le fer, une autre substance, qu'un alcali pur peut en séparer ; que l'alcali, tenu en ébullition avec le bleu de Prusse, se sature complétement de cette substance, qu'on pourrait appeler *matière colorante*, qui accompagne le fer. Morveau présenta une nouvelle théorie en 1772 ; il annonça que l'alcali phlogistiqué contenait un acide qui jouait le principal rôle dans la formation du bleu de Prusse. Selon Sage, cet acide était l'acide phosphorique ; Lavoisier réfuta cette opinion.

Tel était l'état des connaissances, lorsque Scheele fit paraître, en 1782 et 1783, deux mémoires sur la matière tinctoriale du bleu de Prusse, dans lesquels il démontra que cette substance contient un produit subtil qui peut être extrait de l'alcali phlogistiqué par les acides, et même par l'acide aérien, et que c'est ce produit qui contribue essentiellement à la formation de la couleur bleue (2). C'est ce corps qu'il appelle *materia tingens*, et que G. de Morveau nomma, plus tard, *acide prussique*. Il conclut de plusieurs expériences que cette *materia tingens* était un composé d'ammoniaque et d'huile ; mais la synthèse ne confirmant pas sa théorie, il pensa que ce devait être un composé d'ammoniaque et de charbon. Pour confirmer son hypothèse par l'expérience, il mit dans un creuset un mélange de parties égales de charbon pulvérisé et de potasse, qu'il maintint pendant un quart d'heure à une chaleur rouge ; il ajouta à ce mélange du muriate d'ammoniaque en petits fragments, et il continua à chauffer le tout pendant quelque temps, jusqu'à ce qu'il ne s'en exhalât plus de vapeurs ammoniacales. Cette opération terminée, il mit le résidu dans une certaine quantité d'eau ; et il trouva que sa dissolution avait toutes les propriétés du prussiate alcalin (cyanure de potassium). Une chose digne de remarque, c'est qu'il n'en signale nullement les propriétés vénéneuses.

Berthollet répéta, en 1787, les expériences de Scheele sur le bleu de

---

(1) Voy. pag. 393 de ce volume.

(2) *De materia tingente cœrulei Berolinensis* ; Nova Acta Acad. reg. Suec., annorum 1782 et 1783. Opuscula chemica, vol. II, p. 148-174.

Prusse. Ce chimiste sagace démontra que l'alcali phlogistiqué est composé d'acide prussique, d'alcali (potasse) et d'oxyde de fer ; et qu'on peut l'obtenir en cristaux octaédriques. Enfin, par suite de ses observations, il arriva à conclure que l'acide prussique ne contient pas l'ammoniaque toute formée, mais que cet acide est un composé triple de carbone, d'hydrogène et d'azote, dans des proportions qu'il n'a pu déterminer. Cette conclusion de Berthollet fut vérifiée et complétement confirmée par Clouet, qui parvint à former de l'acide prussique en faisant passer du gaz ammoniacal à travers un tube de porcelaine rouge de feu, contenant du charbon.

Du lait et de son acide (1). — Après s'être un moment arrêté sur l'action des acides et sur la solubilité du caséum dans les alcalis, l'auteur constate, par voie d'analyse, que ce principe du lait renferme une terre animale (*terra animalis*) composée d'acide phosphorique et de chaux, dans les proportions d'environ 1 à 1,5 p. %, le caséum étant bien desséché. Le sérum qui renferme le sucre de lait s'aigrit par son exposition à l'air. Scheele, pour obtenir l'acide du lait, s'y prit de la manière suivante : il évapora un huitième de petit-lait ; il le mit sur un filtre, et satura la liqueur acide par la chaux. A l'aide de l'acide de l'oseille (acide oxalique), il sépara la chaux de l'acide lactique. La liqueur filtrée fut de nouveau soumise au même réactif, pour lui enlever les dernières traces de chaux, puis elle fut évaporée jusqu'à consistance de miel. Enfin, il traita la liqueur par l'alcool, qui dissout l'acide lactique en laissant le sucre de lait intact. La solution alcoolique filtrée fut étendue d'eau, et soumise à une légère distillation ; l'alcool se volatilisait, et ce qui restait était de l'eau contenant l'acide lactique aussi pur que possible.

Tel est le procédé décrit par Scheele. Après avoir parfaitement indiqué les propriétés de ce nouvel acide, il conclut que ce dernier présente beaucoup d'analogie avec le vinaigre, sans être cependant un produit identique.

Du principe doux des huiles (2). — Scheele commence d'abord

---

(1) *De lacte ejusque acido;* Nova Acta Acad. reg. Suec., anni 1780. Opuscula chemica, vol. II, p. 101-118.

(2) *De materia saccharina peculiari oleorum expressorum et pinguedinum;* Nova Acta Acad. reg. Suec., anni 1783. — Crell's chemische Annalen, 1784. Opuscula chemica, vol. II, p. 175-180.

par établir que les huiles et les graisses renferment toutes une matière sucrée, entièrement différente de celle qui se rencontre dans les végétaux. Pour l'obtenir le plus commodément, il faisait bouillir une partie de litharge avec deux parties d'huile d'olive récente et un peu d'eau. Lorsque le mélange avait acquis la consistance d'onguent, il le laissait refroidir et décantait l'eau. Cette eau, évaporée jusqu'à consistance sirupeuse, contenait la matière sucrée en question. Il remarqua que cette matière, qui fut plus tard appelée *glicérine*, se distingue du sucre : 1° en ce qu'elle ne cristallise point ; 2° en ce qu'elle supporte une chaleur beaucoup plus forte, et qu'elle passe en partie non altérée dans le récipient ; 3° en ce qu'elle n'est pas susceptible de fermenter.

De la terre de rhubarbe et de l'acide de l'oseille (1).—On n'a pas été généralement d'accord pour savoir à qui des deux, de Bergmann ou de Scheele, il faut attribuer la découverte de l'acide oxalique. Ce qu'il y a de certain, c'est que Bergmann a le premier décrit toutes les propriétés, et même, jusqu'à un certain point, la composition de cet acide, sous le nom d'*acide du sucre* (*acide saccharin*), qu'il croyait être différent de l'acide de l'oseille (2). Scheele, avec sa sagacité bien connue, constata, à son tour, l'identité de l'acide du sucre avec celui de l'oseille. Il fait remarquer, au sujet de l'extraction de l'acide de l'oseille, qu'il faut préférer l'acétate de plomb à la méthode ordinaire (chaux), parce que l'acide vitriolique ne déplace pas tout l'acide oxalique, qui a la plus grande affinité pour la chaux. L'oxalate de plomb est ensuite, comme dans le procédé ordinaire, décomposé par l'acide vitriolique : le vitriolate de plomb reste sur le filtre, et l'acide oxalique passe dans la liqueur.

De l'acide des pommes (3). La découverte de l'acide citrique avait donné à Scheele l'idée de s'assurer si l'acide des pommes, des baies et d'autres fruits aigres était le même que l'acide du citron. Il ne tarda pas à se convaincre que ces fruits renferment, pour la plupart, un acide particulier qui n'est pas précipité par la chaux,

---

(1) *De terra rhubarbari et acido acetosellæ*; Nova Acta Acad. reg. Suec., anni 1784. Opuscula chemica, vol. II, p. 187-195.

(2) Voy. p. 452 de ce volume.

(3) *De acido pomorum et baccarum*; Nova Acta Acad. reg. Suec., anni 1785. Opuscula chemica, vol. II, p. 196-208.

comme l'acide du citron; il mit alors en usage le procédé dont il s'était servi pour l'extraction de l'acide de l'oseille. Il décrivit les propriétés de l'acide malique (*acidum malorum*), et annonça que cet acide est incristallisable, qu'il forme avec les alcalis des sels déliquescents, qu'il donne avec la chaux un sel cristallin en grande partie soluble dans l'eau bouillante (tandis que le citrate de chaux n'y est pas soluble); que le malate de chaux est soluble dans un excès du même acide; que l'acide malique peut être facilement, à l'aide de l'acide nitrique, converti en acide acétique, etc. Il énumère les fruits les plus riches en acide malique et en acide citrique. Les végétaux dont les fruits contiennent beaucoup d'acide citrique, et très-peu ou presque pas d'acide malique sont : *vaccinium oxycoccus, vaccinium vitis idæa, prunus padus, solanum dulcamara;* ceux qui, au contraire, contiennent à peine des traces d'acide citrique et beaucoup d'acide malique, sont : *berberis vulgaris, sambucus nigra, prunus spinosa, sorbus aucuparia, prunus domestica;* enfin, ceux qui sont aussi riches en acide citrique qu'en acide malique, sont : *ribes grossularia, ribes rubrum, vaccinium myrtillus, prunus cerasus, fragaria vesca, rubus chamæmorus, rubus idæus.*

Du sel essentiel (acide) de noix de galle (1). Schéele avait, le premier, remarqué que le sédiment cristallin qui se dépose dans une infusion de noix de galle, exposée à l'air, possède les propriétés d'un acide. Il donna, dans une courte dissertation, une description exacte de cet acide (air gallique), dans la formation duquel l'air intervient chimiquement.

De la nature de l'éther (2). Ce mémoire renferme des détails de procédés extrêmement ingénieux, dans lesquels la magnésie noire (peroxyde de manganèse) joue un rôle important. L'auteur annonce qu'un mélange composé de 2 parties de magnésie noire, de 1 partie d'acide vitriolique et de 2 parties d'esprit-de-vin concentré, entre bientôt en effervescence sur un bain de sable légèrement chauffé, et donne immédiatement naissance à de l'éther; mais qu'en augmentant le feu on n'obtient que du vinaigre. En substituant à l'acide vitrio-

---

(1) *De sale essentiali gallarum;* Nova Acta Acad. reg. Suec., anni 1786. Opuscula chemica, vol. I, p. 224-228.

(2) *Experimenta atque adnotationes super ætheris natura;* Nova Acta Acad. reg. Suec., anni 1782. Opuscula chemica, vol. II, p. 132-144.

lique l'acide muriatique ou d'autres acides, il obtenait des liqueurs éthériformes très-variées. Il parle ensuite des grandes difficultés qu'on éprouve dans la préparation de l'éther acétique, et il ajoute que, pour les faire disparaître, il faut préalablement mêler le vinaigre avec un peu d'acide muriatique ou d'acide vitriolique, dont la présence hâte la formation de l'éther acétique.

Examen chimique d'un calcul urinaire (1). C'est dans cette dissertation que l'on trouve quelques indications très-peu explicites sur l'existence de l'acide urique (lithique) dans l'urine, et sur les moyens de l'obtenir. Bergmann s'était occupé du même sujet, et avait, presque en même temps que Scheele, découvert dans l'urine une matière blanchâtre de nature acide, qui, chauffée avec l'acide nitrique, prend une couleur rouge.

Nous venons de donner une rapide analyse des beaux travaux de Scheele. Nous ne ferons qu'indiquer les titres des mémoires suivants, très-courts et d'une importance beaucoup moins grande : *Recentius aeris, ignis et hydrogoniæ examen* (2) ; — *De salium neutralium principiis calce viva aut ferro dissolvendis* (3) ; — *De silice, argilla et alumine* (4) ; — *De nova methodo mercurium dulcem parandi* (5) ; — *De pulvere algarothi commodius minoribusque impensis parando* (6) ; — *De aceti bonitate conservanda* (7) ; — *De ferro acido phosphori saturato et sale perlato* (8) ; — *De terræ rhubarbari in pluribus vegetalibus præsentia* (9) ; — *De præparatione magnesiæ albæ* (10) ; — *Adnotationes de pyrophoro* (11) ;

----

(1) *Examen chemicum calculi urinarii* ; Acta Acad. reg. Suec., anni 1776. Opuscula chemica, vol. II, p. 73-79.

(2) Crell, chemische Annalen, 1785, vol. I, p. 229. — Opuscula chem., vol. I, p. 177-192.

(3) Acta Acad. reg. Suec., anni 1779. Opuscul. chem., vol. I, p. 223-226.

(4) Acta Acad. reg. Suec., anni 1776. Opuscul. chem., vol. II, p. 67-72.

(5) Acta Acad. reg. Suec., anni 1778. Opuscul. chem., vol. II, p. 80-84.

(6) Acta Acad. reg. Suec., anni 1778. Opuscul. chem., vol. II, p. 85-89.

(7) Nova Acta Acad. reg. Suec., anni 1782. Opuscul. chem., vol. II, p. 145-147.

(8) Nova Acta Acad. reg. Suec., anni 1785. Opuscul. chem., vol. II, p. 209-217.

(9) Nova Acta Acad. reg. Suec., anni 1785. Opuscul. chem., vol. II, p. 218-220.

(10) Nova Acta Acad. reg. Suec., anni 1785. — Opuscul. chem., vol. II, p. 221-223.

(11) *Crell, chemische Annalen*, 1786. — Opuscul. chem., vol. II, p. 258-261.

— *Animadversiones de cerussa alba* (1), — *De sale benzoë* (2).

En passant en revue les travaux de Scheele, on se demande avec étonnement comment un seul homme a pu, dans l'espace de seize ans, accomplir de si grandes choses : le chlore (acide muriatique déphlogistiqué), la baryte, le molybdène (acide molybdique), le tungstène (acide tungstique), l'acide fluo-silicique, l'acide arsénique, l'acide prussique, l'acide lactique, l'acide citrique, l'acide oxalique, l'acide tartrique, l'acide malique, l'acide gallique, le principe doux des huiles, le caméléon minéral, la composition de l'air, voilà les brillantes découvertes qui immortalisent le nom de l'illustre chimiste suédois, et lui donnent des titres incontestables à la reconnaissance de la postérité la plus reculée.

<h2 style="text-align:center">§ 32.</h2>

<h3 style="text-align:center">PRIESTLEY.</h3>

A côté de Scheele se place Priestley. L'un et l'autre, tout en préparant par leurs découvertes une ère nouvelle, restent néanmoins attachés aux doctrines anciennes. Fidèle à la théorie du phlogistique, Priestley, tout comme Scheele, se montra constamment opposé aux principes fondamentaux établis par le grand chimiste français qui renversa l'édifice de Stahl, contre lequel étaient venus jusqu'alors échouer les meilleurs esprits.

Presque toutes les branches des connaissances humaines étaient familières à Priestley. La théologie, la philosophie, la physique, la chimie, la politique même, perpétueront dans leurs annales le nom de Priestley. On ne sera donc pas étonné si nous ne traçons ici que les points les plus saillants de la vie de cet homme extraordinaire, qui se trouva en rapport avec les personnages les plus éminents de l'époque.

Joseph Priestley est né à Fieldhead, dans le Yorkshire, le 30 mars 1733. Issu d'une famille presbytérienne, il passa sa jeunesse dans l'étude des vérités religieuses et de la philologie ; il apprit le latin, le grec et l'hébreu ; car l'enseignement des langues anciennes, et surtout de la langue sacrée, est, dans toutes les écoles protes-

---

(1) *Goettling's Almanach oder Taschenbuch*, etc., 1788. — Opuscul. chem., vol. II, p. 266-267.

(2) Acta Acad. reg. Suec., anni 1775. — Opuscul. chem., vol. II, p. 23-27.

tantes, considéré en quelque sorte comme la base de la théologie, comme l'instrument de l'exégèse de la Bible. L'éducation religieuse restait profondément gravée dans le cœur de Priestley, et se réfléchissait dans les différentes phases de sa vie. Au sortir de ses classes, il fut nommé prédicateur d'une faible congrégation à Needham-Market; trois ans après, il obtint un emploi pareil à Namptwich, où il fonda une école primaire; c'est là qu'en faisant devant ses jeunes élèves des démonstrations à l'aide des machines électrique et pneumatique, il conçut une sorte de passion pour la physique. Il composa aussi pour ses écoliers une grammaire anglaise qui eut beaucoup de succès, et qui, bien plus que sa polémique religieuse et ses démonstrations de physique, avait attiré l'attention des chefs de l'Académie dissidente de Warrington; car Priestley fut appelé, en 1761, auprès de cette Académie pour enseigner les langues : c'est dans la même année qu'il se maria. Pendant son séjour à Warrington, il publia son *Essai sur un cours d'éducation libérale*, un *Essai sur le gouvernement*, et ses *Tablettes biographiques*. Un voyage qu'il fit à Londres lui avait fourni l'occasion d'entrer en relation avec Franklin et Price, qui l'encouragèrent à publier son *Histoire de l'électricité*. L'amitié qu'il avait vouée à ces deux hommes célèbres ne s'est jamais démentie une seule fois dans le long cours de sa carrière. Son ouvrage sur l'histoire de l'électricité lui ouvrit en 1767 les portes de l'Académie royale des Sciences de Londres. Priestley, qui avait alors trente-quatre ans, quitta Warrington, et alla s'établir à Leeds. C'est là qu'au milieu de ses controverses théologiques, il s'occupa de ses expériences si remarquables sur l'air fixe (gaz acide carbonique), sur le gaz nitreux (bioxyde d'azote), sur l'air déphlogistiqué (oxygène), dont nous rendrons compte plus loin. Il communiqua pour la première fois le résultat de ces expériences, en 1772, à la Société royale, qui lui décerna la médaille de Copely, destinée au meilleur travail de physique fait dans l'année.

Il publia presque en même temps, par souscription, l'*Histoire et l'état actuel des découvertes relatives à la vision, à la lumière et aux couleurs*, ouvrage qui, contre son attente, fut froidement accueilli du public. Après une résidence de six années à Leeds, il accepta l'offre d'un riche seigneur, amateur de la science, le marquis de Lansdown, de venir habiter près de lui à Wiltshire, à titre de bibliothécaire. Ce fut là qu'il compléta ses *expériences sur différentes espèces d'air*, et qu'il étendit dans toute l'Europe sa réputation comme physicien ; ce qui ne l'empêchait pas de suivre ses penchants pour la controverse philosophique et religieuse : car, dans les mêmes années où parurent ses volumes de physique et de chimie , dédiés au comte Shelburne (marquis de Lansdowne), il fit imprimer divers ouvrages de philosophie et de critique théologique, comme : *Examen de la doctrine du sens commun, telle que la concevaient les docteurs Reid, Beattie et Oswald; Défense de l'unitarianisme; Défense de la doctrine de la nécessité; Institution de la religion naturelle et révélée.* Dans ses *Recherches sur la matière et l'esprit*, il avait nié, jusqu'à un certain point, l'immatérialité de l'âme; son *Histoire des corruptions du christianisme*, et l'*Histoire des premières opinions concernant Jésus-Christ*, le mirent tellement aux prises avec les partisans de l'Église anglicane, que c'était une grande recommandation aux bienfaits du gouvernement que d'avoir combattu les opinions de Priestley ; ce qui lui faisait dire plaisamment : « C'est donc moi qui ai la feuille des bénéfices d'Angleterre. » Ses écrits, qui, outre les points de controverse, contenaient des idées radicales fort malsonnantes aux oreilles de l'aristocratie anglaise, devaient bientôt lui faire rompre sa liaison avec lord Shelburne.

Priestley était depuis quelque temps lié avec le célèbre naturaliste Banks , qui avait fait partie du premier voyage du capitaine Cook. Celui-ci, sur la recommandation de Banks, était près d'emmener Priestley comme chapelain , si l'amirauté n'eût pas trouvé qu'il n'était point assez orthodoxe.

Après avoir quitté lord Shelburne, Priestley se retira à Birmingham, où ses amis, parmi lesquels on remarque Watt et Wedgwood, se cotisèrent pour subvenir aux frais d'un laboratoire de physique et de chimie. Les loisirs que lui laissaient ses occupations scientifiques étaient, comme d'ordinaire, remplis par des discussions religieuses et philosophiques.

Tous ces travaux divers sont constamment dominés par la haute pensée morale de rendre l'homme meilleur : partout où l'occasion se présente, il lance anathème contre les passions égoïstes qui corrompent la société; sa politique est libérale comme celle de son ami Franklin. Voici ce que Priestley écrivait, plus de douze ans avant la révolution française : « Quand je considère les progrès que les connaissances naturelles ont faits dans le siècle dernier, et quand je me rappelle tant de siècles féconds en hommes qui n'avaient d'autre objet que l'étude, il me paraît qu'il y a une providence particulibre dans le concours des circonstances qui ont produit un si grand changement ; et je ne puis m'empêcher de me flatter que ceci servira d'instrument pour opérer, dans l'état du monde actuel, de nouveaux changements, qui seront d'une bien plus grande conséquence pour son avancement et son bonheur. » Et ailleurs : « Les grands et les riches donnent en général moins d'attention aux travaux scientifiques ; mais cette perte est réparée par des hommes qui, avec du loisir, de l'esprit et de la franchise, sont dans un rang moyen : circonstance qui promet plus pour la continuation des progrès dans les connaissances utiles, que la protection des grands et des rois. » (*Voy.* Préface de l'ouvrage sur différentes espèces d'air).

C'est à cette grande indépendance dans ses idées politiques et religieuses que Priestley devait son titre de citoyen français et de membre de la convention nationale, titre dont il aimait lui-même à se glorifier (1). Cependant cette distinction devait lui devenir fatale. Le 14 juillet 1791, quelques-uns de ses amis politiques, habitants de Birmingham, se réunirent pour célébrer l'anniversaire de la prise de la Bastille ; aussitôt le lieu de réunion des convives fut assailli, saccagé et livré aux flammes par la populace, égarée sans doute par quelques-unes de ces manœuvres odieuses que la politique se croit permises pour imprimer une secousse à l'opinion. De là l'émeute se dirigea vers la maison de Priestley, lequel avait, par prudence, évité d'assister à cette réunion ; ses instruments, ses manuscrits, sa bibliothèque, sa maison, tout cela fut soudain converti en un monceau de cendres. Réfugié dans une maison voisine, et spectateur de cette horrible scène, il ne fit entendre aucune plainte contre cette populace effrénée ; mais il accusa plus tard hautement le gouvernement anglais de s'en être servi, comme d'un vil instrument de vengeance. Dès lors, sa patrie devint pour lui un séjour intolérable ; trois ans après l'émeute de Birmingham, nous voyons Priestley dire à jamais adieu à l'Angleterre, et s'embarquer pour l'Amérique en 1794, l'année même de la mort de Lavoisier. Il refusa une chaire de chimie à Philadelphie, vou-

---

(1) L'auteur de l'article *Priestley*, dans la *Biographie universelle*, n'avait sans doute lu aucun des nombreux ouvrages de Priestley ; autrement il n'aurait pas dit que Priestley ne devait son titre de citoyen français qu'aux *lettres* qu'il fit en réponse aux *réflexions* de Edm. Burke sur les suites de la révolution française ; et que ce ne devait être qu'une méprise, puisque ces lettres étaient uniquement écrites en faveur des dissidents anglais.

lant vivre en philosophe solitaire, dans une ferme qu'il avait achetée près des sources du Susquehannah. C'est là qu'il passa tranquillement le reste de ses jours, sous la protection du président Jefferson, auquel il dédia son histoire ecclésiastique, à laquelle il avait travaillé depuis longtemps. Affaibli depuis quelque temps, par suite d'un empoisonnement, il mourut le 6 février 1804, dans une chaumière où il s'était fait transporter quelques moments avant d'expirer.

La vie de Priestley était celle d'un honnête homme, quoique opiniâtre dans ses idées, et que rien ne pouvait faire dévier du droit chemin de l'honneur, de la probité, de la morale. C'est là un mérite qui vaut toutes les gloires du monde.

Le seul reproche qu'on puisse lui faire, c'est de n'avoir pas tenu assez compte des travaux de ses contemporains, et de s'être montré, envers et contre tous, le défenseur zélé d'une théorie insoutenable et en contradiction avec les faits, ainsi que l'a fait très-bien ressortir M. Dumas. « En effet, dit cet éloquent professeur, après tant de brillantes découvertes, après l'observation d'une multitude de faits en opposition avec le phlogistique, il a mis un tel entêtement à soutenir cette théorie, qu'il est mort dans l'impénitence finale. Il est mort phlogisticien, et seul de son avis au monde, lui dont les opinions, quelques années avant, faisaient loi en Europe (1). »

Travaux de Priestley.

Nous n'avons ici à faire connaître Priestley que comme chimiste. Nous ferons donc abstraction de ses ouvrages de physique, de théologie et de philosophie; mais, en appréciant ses ouvrages qui ont trait à la chimie, il ne faut jamais oublier, sous peine de porter un jugement inexact et téméraire, que Priestley était théologien et physicien plutôt que chimiste, ainsi qu'il le rappelle lui-même à chaque instant.

Ce fut en 1772 que Priestley publia ses premières *observations sur différentes espèces d'air* (*observations on different kinds of air*), qui eurent, dès leur apparition, un grand retentissement parmi les savants de l'époque (2). Ces observations, suivies bientôt

____

(1) *Leçons sur la philosophie chimique*, etc.; Paris, 1836, 8, p. 113.

(2) Ces observations furent d'abord publiées sous forme de mémoire, dans les *Transactions philosophiques de Londres*, vol. LXII. Elles furent imprimées

d'autres semblables, eurent pour résultat immédiat de donner l'éveil aux chimistes, et de faire approfondir, mieux qu'on ne l'avait encore fait, la nature et les propriétés des corps aériformes.

Le premier gaz qui fit l'objet de ses recherches était l'air fixe (gaz acide carbonique); le voisinage d'une brasserie lui avait, dit-il, donné l'idée d'examiner cet air qui se dégage pendant la fermentation. Black et Bergmann s'étaient déjà occupés du gaz acide carbonique, que le premier avait appelé *air fixe*, et le second *acide aérien* (1). Priestley ajouta peu d'observations nouvelles aux travaux de ces chimistes. Il remarqua cependant que la pression de l'atmosphère favorise la dissolution de l'air fixe dans l'eau, et qu'à l'aide d'une machine à condenser, on pourrait aisément parvenir à communiquer à l'eau commune les propriétés de l'eau de Seltz ou de Pyrmont.

En cherchant un moyen de rendre l'air fixe propre à la respiration et à la combustion, il arriva à l'importante découverte que les végétaux peuvent parfaitement vivre dans cet air fixe où les

---

à part; Lond., 1772, 4. L'année suivante, il fut traduit en français par Rozier, *Observations sur la physique*, etc., vol. I, avril et mai 1773. Dans la même année il fut traduit en italien, *Giornale de' letterati*; Pisa, t. XI, 1773. — En 1774, l'auteur fit paraître une seconde édition de son mémoire, qui, dans les années subséquentes, par suite d'une correspondance active avec les principaux physiciens et chimistes de l'Europe, s'était élevé aux proportions d'un ouvrage considérable: *Experiments and observations on different kinds of air*; Lond., 8, t. I, 1774; t. II, 1775; t. III, 1777. Cet ouvrage fut immédiatement suivi d'une traduction française, faite en quelque sorte sous la surveillance de l'auteur: *Expériences et observations sur différentes espèces d'air*; trad. par Gibelin, docteur en médecine; Paris, t. I, II, III, in-12, 1777; t. IV et t. V, 1780. — Quelque temps après, cet ouvrage fut traduit en allemand par Ludwig; Vienne et Leipz., t. I, 1778; t. II, 1779; t. III, 1780. — Dans les années 1779, 1781 et 1786, l'auteur publia une suite à son ouvrage: *Experiments and observations relating to various branches of natural philosophy, with a continuation of the observations on air*; Lond., in-8, 1779, t. I; t. II, Birmingham, 1781; t. III, 1786. — Cette continuation fut également traduite en français par Gibelin, etc.; Paris, t. I et II, 1782. Une traduction allemande parut à Vienne et à Leipzig, vol. II, in-12, 1872.

Enfin, l'auteur publia en 1790 un résumé de tous ses ouvrages sur ce sujet, sous le titre: *Experiments and observations on different kinds of air, and other branches of natural philosophy connected with the subject, in III volumes, being the former VI volumes abridged and methodized with many additions*; Birmingham, in-8, vol. I-III, 1790.

(1) Voy. p. 357 et 442 de ce volume.

animaux périssent, et que, de plus, les végétaux communiquent à l'air fixe les propriétés de l'air commun ; il trouva aussi que ce dernier phénomène n'a lieu que sous l'influence de la lumière du jour, et qu'il cesse la nuit. Malheureusement l'oxygène n'étant pas encore découvert, et ne soupçonnant même pas l'action décomposante qu'exerce la respiration des végétaux sur le gaz acide carbonique, Priestley ne pouvait pas se rendre exactement compte d'un phénomène qui excita au plus haut degré son attention, ainsi que celle des savants qui répétèrent après lui ces expériences, dont la première avait été faite le 17 août 1771.

Quoi qu'il en soit, c'est à la sagacité de ce grand génie que nous devons la découverte d'un des plus beaux faits de la physiologie végétale. Voici comment il s'exprime en résumant ses expériences sur la respiration des végétaux et des animaux (1) : « Les preuves d'un rétablissement partiel de l'air par des plantes en végétation, servent à rendre très-probable que le tort que font continuellement à l'atmosphère la respiration d'un si grand nombre d'animaux, et la putréfaction de tant de masses de matières végétales et animales, est réparé, au moins en partie, par le règne végétal ; et, malgré la masse prodigieuse d'air qui est journellement corrompue par les causes désignées, si nous considérons l'immense profusion de végétaux qui couvrent la surface du sol, on ne peut s'empêcher de convenir que tout est compensé, et que le remède est proportionné au mal. »

Mais, selon Priestley, il y aurait un autre moyen qui contribuerait non moins puissamment à l'assainissement de l'atmosphère : c'est l'agitation des eaux par les vents, et par suite la mise en liberté de l'air dissous dans les eaux, lequel serait encore plus riche en molécules respirables que l'air commun de l'atmosphère. Dans tout cela nous ne pouvons qu'admirer la profonde pénétration de l'illustre ami de Franklin.

L'appareil dont il se servait pour recueillir les gaz est celui de Hales, légèrement modifié. Priestley eut le premier l'idée heureuse de substituer le mercure à l'eau, pour recueillir les gaz solubles.

Dans les années 1771 et 1772, il fit des expériences sur l'air inflammable (hydrogène), connu depuis longtemps, et dont Caven-

---

(1) Les sujets les plus ordinaires de ces expériences étaient des tiges de menthe et des souris.

dish avait indiqué le meilleur mode de préparation et décrit les principales propriétés.

Ces expériences portaient principalement sur l'inflammabilité et l'irrespirabilité du gaz en question.

Le 4 juin 1772, Priestley découvrit le bioxyde d'azote, qu'il appela *air nitreux*; il l'obtint en traitant le cuivre par l'eau-forte, et en recueillant le gaz qui se dégage. Il en constata les propriétés d'être irrespirable, de rougir au contact de l'air atmosphérique, d'être non précipitable par l'eau de chaux, de donner une flamme verte avec l'hydrogène. Mais ce qu'il y a de plus remarquable, c'est qu'il proposa ce gaz comme un excellent moyen de reconnaître, par voie d'analyse, la pureté de l'air; et il assure avoir constaté par ce moyen une différence réelle entre l'air de son laboratoire, dans lequel avaient respiré plusieurs personnes, et l'air du dehors de la maison (1).

Il propose, en outre, ce gaz comme un préservatif de la putréfaction, pour conserver des animaux, des pièces d'anatomie, etc. Il dit avoir ainsi conservé, pendant 25 jours, deux souris mortes, intactes et sans aucun indice de putréfaction, au milieu des chaleurs de la canicule de 1772.

Il fit de nombreuses recherches sur la coloration du gaz nitreux, et le produit cristallin que ce gaz forme avec l'acide vitriolique (2).

Dans un autre chapitre, intitulé *De l'air infecté par la vapeur du charbon allumé* (3), Priestley fit une expérience répétée par Lavoisier, laquelle consistait à suspendre des morceaux de charbon dans des vaisseaux de verre remplis d'eau jusqu'à une certaine hauteur, et renversés dans un autre vaisseau plein d'eau, et à diriger sur ce charbon le foyer d'une lentille. Il observa que, dans cette expérience, il se produit de l'air fixe absorbé et précipité en blanc par l'eau de chaux; qu'après cette absorption la colonne d'air est diminuée d'un cinquième; et que l'air qui reste (*azote*) éteint la flamme, tue les animaux, n'est diminué ni par l'air nitreux, ni par un mélange de limaille de fer et de soufre humide, etc.

---

(1) Il avait remarqué, terme moyen, que l'air nitreux (bioxyde d'azote) absorbait environ un cinquième (20 p. 100) de l'air ordinaire.

(2) Voy. Expériences et observations sur différentes branches de la physique, etc. (trad. de Gibelin), vol. I, p. 11-48; Paris, in-12.

(3) *Of air infected with the fumes of burning charcoal;* Observations on different kinds of air, etc.; Lond., 1772, p. 81.

La date de cette expérience, si importante pour l'avenir de la chimie, n'est pas indiquée par l'auteur. Dans aucun cas, elle ne peut être postérieure à l'année 1772, puisque le mémoire où cette expérience se trouve consignée fut publié en 1772.

Eh bien ! cette expérience, quelque importante qu'elle fût, resta complétement stérile entre les mains de Priestley, qui se perd dans des explications obscures, amphibologiques, sur l'intervention du phlogistique, etc., et finit par rester tout court, en ajournant sa théorie à un autre moment. C'est à Lavoisier qu'appartient la gloire d'avoir fait, en quelque sorte, sortir cette expérience du néant, et d'en avoir tiré d'immenses résultats.

Cet exemple éclatant n'est-il pas un démenti donné à ceux qui, affichant un ridicule dédain pour la puissance du raisonnement, proclament sans cesse la souveraineté des faits ? Mais la science ne serait qu'un tissu d'absurdités, si elle ne se composait que de faits non raisonnés, non compris, et n'ayant aucune liaison entre eux.

Substituant au charbon les métaux (plomb, étain), Priestley constata également la diminution du volume d'air par la calcination (1). Mais, loin d'aborder la question de l'augmentation du poids des métaux correspondant à cette diminution de l'air, il ne cherche qu'à l'éluder, et il se fourvoie dans les doctrines inextricables du phlogistique. Lavoisier n'inventa pas ces expériences, mais il en tira tout le parti possible, par la seule puissance de son esprit généralisateur.

Acide de l'esprit de sel (gaz acide chlorhydrique). C'est Priestley qui recueillit le premier l'acide muriatique à l'état de gaz sur le mercure, et prouva que l'acide marin ordinaire (acide chlorhydrique aqueux) n'est autre chose qu'un fluide élastique acide, dissous dans l'eau, d'où il peut être expulsé par la chaleur ; il en étudia les propriétés les plus saillantes, signala l'absorption de ce gaz par le charbon, son action sur les huiles, sa décomposition partielle par l'étincelle électrique en air inflammable ; il attribua les vapeurs blanches que ce gaz forme au contact de l'air, à l'absorption de l'humidité, et il conclut, de diverses expériences, que le gaz acide marin

______

(1) *Of the effect of the calcination of metalls;* Observations on different kinds of air; London, 1772, in-4, p. 84.

est d'une densité spécifique supérieure à celle de l'air commun (1).

Air du nitre. Ce que Priestley appelle air du nitre paraît être l'oxygène impur (mêlé de protoxyde d'azote) ; car il dit que cet air se distingue de tous les autres, en ce que, loin d'éteindre une chandelle, il en augmente la combustion avec un bruit semblable à celui que produit la déflagration du nitre ; et qu'il obtenait cet air en chauffant du nitre dans un canon de fusil. Ces expériences avaient été faites dans le courant de l'année 1771 ; et l'auteur ajoute en terminant : « *Ces faits me paraissent très-extraordinaires et importants ; ils pourront, dans des mains habiles, conduire à des découvertes considérables* (2). »

Cette prophétie devait s'accomplir plus tôt qu'il ne le pensait.

Pénétré de l'importance de ses observations, Priestley fut conduit à examiner l'espèce d'air qui, suivant les expériences de Hales, était contenu dans les chaux métalliques (oxydes), et avait ainsi contribué à l'augmentation du poids de ces métaux ; il fit à ce sujet une expérience très-ingénieuse : il revivifia (décomposa) le minium (oxyde de plomb) par des étincelles électriques, et recueillit sur le mercure le gaz qui se produisait. Ce gaz ne pouvait être que l'oxygène. Eh bien ! il est pénible de voir à côté de cette belle expérience une déduction aussi déraisonnable qu'erronée : de ce que cet air (oxygène) était susceptible d'être en partie absorbé par l'eau, l'auteur conclut que ce n'était autre chose que de l'air fixe (gaz acide carbonique).

On se demande pourquoi Priestley n'avait pas ici mis en usage ses deux réactifs habituels, la respiration et la combustion, une souris et une chandelle. Était-ce un oubli ? Non, certes. Ce qui lui avait fait méconnaître l'oxygène, c'est l'influence tyrannique d'une théorie préconçue. On se rappelle que le charbon, qui revivifie les chaux métalliques, passait pour un des corps les plus riches en phlogistique, et qu'étant chauffé avec ces chaux métalliques, il devait donner naissance à de l'air fixe (gaz acide carbonique). Or,

---

(1) *Of air procured by means of spirit of salt* ; Observations on different kinds, etc. ; Lond., 1772, p. 90.

(2) Ibid., p. 102. This series of facts, relating to air extracted, seem very extraordinary and important, and, in able hands, may lead to considerable discoveries.

Priestley avait établi une théorie à laquelle il avait, pour ainsi dire, sacrifié les travaux d'une partie de sa vie; selon cette théorie, le fluide électrique était, sinon le phlogistique lui-même, du moins très-riche en phlogistique. On comprend donc alors que, dans le sens de Priestley, l'électricité devait agir absolument comme le charbon, sous peine de frapper de nullité une théorie entière qu'il avait essayé de construire avec tant de labeur. En résumé, Priestley n'avait pas voulu reconnaître l'oxygène qu'il avait obtenu en décomposant le minium par l'électricité, parce que la reconnaissance de ce fait aurait suffi pour renverser de fond en comble sa théorie, à laquelle il tenait peut-être autant qu'à son honneur.

C'est à dessein que j'ai insisté sur ce point, parce qu'il n'est pas rare aujourd'hui de voir un fait sacrifié à une théorie, l'avenir d'une réalité étouffé par le despotisme d'une doctrine.

Puisque nous en sommes à l'oxygène, poursuivons l'histoire de cette grande découverte. D'abord il faut regarder, en quelque sorte, comme non-avenue l'expérience de la décompositon du minium par les étincelles électriques, puisque Priestley n'y avait pas reconnu l'existence de l'oxygène. Ce ne fut qu'environ un an après que l'oxygène, sous le nom d'*air déphlogistiqué*, fut préparé, recueilli, et considéré comme un fluide élastique particulier. Ce sujet est trop important pour ne pas citer les paroles mêmes de Priestley : « Le 1ᵉʳ août 1774, je tâchai de tirer de l'air du *mercure calciné per se* (1), et je trouvai sur-le-champ que, par le moyen d'une forte lentille, j'en chassais l'air très-promptement. Ayant ramassé de cet air environ trois ou quatre fois le volume de mes matériaux, j'y admis de l'eau, et je trouvai qu'elle ne s'absorbait point; mais ce qui me surprit plus que je ne puis l'exprimer, c'est qu'une chandelle brûla dans cet air, avec une flamme d'une vigueur remarquable (2). »

Il obtint le même air avec le *précipité rouge*, préparé en traitant le mercure par l'acide nitrique. Et comme la première substance (*mercure calciné per se*) avait été préparée en chauffant le mercure à l'air libre, il conclut qu'elle avait reçu quelque chose de *nitreux* de l'atmosphère.

---

(1) C'était du mercure converti en oxyde rouge par la calcination à l'air, ainsi que l'auteur nous l'apprend lui-même plus loin.

(2) *Expériences et observations sur différentes espèces d'air*, t. II, p. 41 (Trad. de Gibelin), 1777.

Il eut d'abord quelques doutes sur la pureté du précipité rouge, et ne négligea rien pour écarter, sous ce rapport, toute objection qu'on aurait pu lui faire. « Me trouvant, dit-il, à Paris au mois d'octobre suivant (de l'année 1774), et sachant qu'il y a de très-habiles chimistes dans cette ville, je ne manquai pas l'occasion de me procurer, par le moyen de mon ami, M. Magellan, une once de mercure calciné, préparé par M. Cadet, et dont il n'était pas possible de suspecter la bonté. Dans le même temps, je fis part plusieurs fois de la surprise que me causait l'air que j'avais tiré de cette préparation, à MM. Lavoisier, Leroi, et autres physiciens qui m'honorèrent de leur attention dans cette ville, et qui, j'ose le dire, ne peuvent manquer de se rappeler cette circonstance. »

Priestley s'était d'abord imaginé que ce gaz était le même que celui qu'il avait obtenu, une année auparavant (en 1773) en maintenant, pendant longtemps, l'air nitreux (bioxyde d'azote) sur de la limaille de fer humide (1).

Une nouvelle expérience sur le minium, qui, chauffé par un miroir ardent, donnait la même espèce d'air que le mercure calciné, décida entièrement de l'opinion de Priestley.

« Cette expérience avec le minium me confirma, dit-il, davantage dans mon idée que le mercure calciné doit emprunter à l'atmosphère la propriété de fournir cette espèce d'air, le mode de préparation du minium étant semblable à celui par lequel on fait le mercure calciné. Comme je ne fais jamais un secret d'avouer mes observations, je fis part de cette expérience, aussi bien que de celles sur le mercure calciné et sur le précipité rouge, à toutes mes connaissances à Paris et ailleurs. Je ne soupçonnais pas alors où devaient me conduire ces faits remarquables (2). »

On devine à quelle adresse l'auteur destinait ces paroles. Il avoue cependant qu'il resta jusqu'au mois de mars 1775 dans l'ignorance de la nature réelle du gaz en question. Ce fut le 8 mars qu'il démontra, par l'expérience d'une souris, que l'air dégagé du mercure calciné est au moins aussi bon à respirer, sinon *meilleur*, que l'air commun. Il constata, par des observations ultérieures, que cet air, qu'il appela *air déphlogistiqué*, est un peu plus pesant que l'air

---

(1) Ce gaz, qui entretient la flamme, mais qui est irrespirable, n'est autre que le *protoxyde d'azote*, provenant de l'absorption de la moitié de l'oxygène du bioxyde d'azote par le fer.

(2) Exp. et observat., etc., t. II, p. 46.

commun (1) ; qu'il forme, avec l'air inflammable (hydrogène) employé dans de certaines proportions, un mélange détonant à l'approche d'une flamme (2), et qu'il serait aisé de produire, à volonté, une température très-élevée, à l'aide de soufflets ou de vessies remplis d'air déphlogistiqué (3). Il eut, en outre, l'idée d'introduire l'emploi de cet air en médecine, et de l'appliquer au traitement des phthisies pulmonaires : car, selon sa doctrine, la respiration aurait pour but de s'opposer sans cesse à la putréfaction, en évacuant du poumon le même air qui se produit pendant la putréfaction et la fermentation, savoir, l'air fixe (gaz acide carbonique) ; et le meilleur moyen de favoriser cette action consisterait dans l'usage de l'air déphlogistiqué, ou, comme on l'appelait encore, de l'air vital.

Priestley eut la curiosité d'essayer l'action de cet air sur lui-même, et de le respirer en l'aspirant à l'aide d'un siphon. « La sensation qu'éprouvèrent mes poumons, dit-il, ne fut pas différente de celle que cause l'air commun. Mais il me sembla ensuite que ma poitrine se trouvait singulièrement dégagée et à l'aise pendant quelque temps. Qui peut assurer que dans la suite cet air pur ne deviendra pas un objet de luxe très à la mode? Il n'y a eu jusqu'ici que deux souris et moi qui ayons eu le privilége de le respirer (4). »

Enfin, soulevant la grande question de la constitution de l'atmosphère, il fait un appel aux chimistes à venir, afin de s'assurer, par des expériences répétées à différents intervalles, si l'air conserve constamment le même degré de pureté, la même proportion d'air vital, ou s'il y a quelque changement par la suite des siècles.

Nous ne ferons qu'une indication sommaire des autres fluides élastiques dont la découverte revient à Priestley.

Air alcalin (gaz ammoniac). — Il préparait ce gaz en chauffant une partie de sel ammoniac avec trois parties de chaux ; il le recueillait sur le mercure, n'ignorant pas que l'eau peut en dissoudre une grande quantité. Il essaya ensuite l'action du gaz alcalin sur un grand nombre de substances, sur l'alun, sur la glace, etc. ; il constata aussi que ce gaz était un peu moins léger que l'air inflammable.

---

(1) Exp. et obs., t. II, p. 116.
(2) Ibid., p. 122.
(3) Ibid., p. 124.
(4) Ibid., p. 126.

Air acide vitriolique (gaz sulfureux). — Il fit voir que ce gaz (préparé en chauffant l'acide vitriolique avec du charbon éteint, comme le précédent, les corps en combustion, qu'il est ab   or le charbon, le borax, etc.

Il découvrit aussi l'*oxyde de carbone* (auquel il ne donna pas de nom particulier), qui le frappa à cause de la flamme bleue avec laquelle il brûle ; et l'*hydrogène bicarboné*, qu'il confond avec l'air inflammable.

Nous lui avons déjà vu signaler les principales propriétés de l'azote, auquel il donna le nom d'*air phlogistiqué*.

Il est à regretter que toutes ces précieuses découvertes soient exposées sans ordre, souvent brusquement interrompues, puis reprises plus tard, pour être corrigées ou perfectionnées. On perd souvent le fil conducteur au milieu de ce labyrinthe, d'autant plus qu'aucune théorie rationnelle ne préside à ces recherches, dans lesquelles le hasard aurait, suivant l'auteur, joué un grand rôle (1).

Celui qui lit l'ouvrage de Priestley avant d'avoir pris connaissance des travaux de Bergmann, de Lavoisier et de Scheele, se persuade aisément que le célèbre physicien anglais doit être considéré comme le père de la chimie moderne, et que les autres chimistes de la même époque ne sont que ses ingrats disciples. Mais, en comparant tous ces chimistes entre eux, on ne tarde pas à découvrir que malheureusement Priestley ne rendait pas toujours aux travaux des autres la justice qu'il aurait voulu qu'on rendît aux siens. Sans parler de ces reproches que se font en tout temps les rivaux entre eux, nous ferons seulement observer que Priestley, non-seulement trouvait toujours quelque chose à reprendre aux travaux de Lavoisier, mais qu'il critique, entre autres, avec assez peu de bienveillance, le beau travail de Scheele, le plus modeste des chimistes. Bien plus, il refait tout son travail, et change jusqu'aux noms donnés par Scheele : ainsi, il appelle acide spathique ce que le premier avait nommé acide du fluor ; la croûte pierreuse qui se forme lorsqu'on fait arriver l'acide fluo-silicique dans de l'eau, et que Scheele avait reconnue pour de la silice pure, il l'appelle croûte spathique, en la supposant être de nature toute différente. Quant à l'acide du fluor lui-même, il soutient que Scheele est dans l'erreur en le donnant pour un acide nou-

---

(1) M. Dumas a donné une critique judicieuse, peut-être un peu trop sévère, de Priestley, qui attribuait ses découvertes au hasard. (*Leçons, de philosophie chimique*, p. 113).

veau, et que ce n'est autre chose que de l'acide vitriolique chargé de phlogistique.

Cependant rien de tout cela ne doit amoindrir le tribut d'admiration qu'il convient de payer aux beaux travaux de ce grand génie, que nous n'avons pas voulu déparer, en mettant à côté des découvertes précieuses les explications embarrassées, quelquefois contradictoires, qui les accompagnent. Comme tant d'autres, Priestley subissait, en cela, le joug de la doctrine de Stahl. Laissons-lui l'honneur, qu'il semble d'ailleurs réclamer lui-même, de la découverte de l'oxygène, et de beaucoup d'autres gaz ; cela ne diminuera en rien la gloire de Lavoisier, qui a construit tout l'édifice de la science avec des matériaux qui, dans d'autres mains, seraient peut-être restés complétement stériles et sans conséquence.

La théorie du phlogistique, depuis longtemps dépouillée de son prestige, perdit en Priestley son dernier défenseur. L'autorité de cet illustre savant cessait bientôt d'être invoquée comme un argument contre les idées de l'école moderne.

Pour détruire un système dominant, il faut un esprit hardi ; mais, pour élever sur des ruines un édifice nouveau et inébranlable, il faut un génie créateur. Lavoisier avait l'un et l'autre. C'était l'homme qu'il fallait pour renverser la théorie du phlogistique, pour réunir des faits épars en un faisceau commun, et pour faire sortir des lois générales le fondement d'une école dont l'enseignement dure encore. C'est dans la puissance d'abstraction qui renverse et crée des systèmes, et non dans la sagacité qui découvre des faits isolés, qu'il faut chercher le secret de la gloire de Lavoisier.

Il y a dans l'histoire, avons-nous dit (1), des moments où le progrès du genre humain, au lieu de suivre une impulsion lente, graduelle, est brusque et violent. La révolution opérée dans la science par Lavoisier coïncide précisément, — singularité du destin ! — avec une autre révolution bien plus grande encore, opérée dans le monde politique et social. Toutes deux éclatèrent sur le même sol, à la même époque, chez la même nation. Toutes deux commencèrent une ère nouvelle, chacune dans son ordre respectif.

-----

(1) Voyez page 340 de ce volume.

FIN.

TABLE DES MATIÈRES

DU TOME DEUXIÈME.

TROISIÈME ÉPOQUE.

FIN DE LA TABLE DES MATIÈRES DU TOME DEUXIÈME.

TABLE ANALYTIQUE

ET ALPHABÉTIQUE

DES MATIÈRES CONTENUES DANS LES TOMES I ET II DE L'HISTOIRE
DE LA CHIMIE.

N.

Q.

R.

T.

U.

V.

par Paracelse : la vie est un esprit qui dévore le corps; l'homme est une vapeur condensée, II, 21.

Fleuriens (R.), II, 249-251.

Vif-argent (Barthélemy l'Anglais), I, 494.

Vigani (Jean-François), II, 244-245.

Vigenère (Blaise de), II, 190-193.

Villa-Feina, II, 62.

Vinaigre; ses propriétés, ses usages, I, 186-187.

Vinaigre de bois, découvert par Boyle, II, 160.

Vinaigre; son origine; dénominations hébraïques, I, 37.

Vin (analyse du), par Libavius, II, 32.

Vin; son histoire primitive, I, 36; — l'étymologie de ce mot, I, 37.

Vin corrompu; lie de vin, son usage, I, 180.

Vin émétisé, II, 220.

Vincent de Beauvais, I, 379-380.

Vinci (Léonard de), II, 98-99.

Vins; moyens de corriger l'acidité des vins (Pline), I, 184-185.

Vins; leur fabrication chez les anciens; — aigleucos; — bios, etc., I, 181-183.

Vins; leur sophistication (hygiène publique), I, 482.

Vins des environs de Paris trouvés exquis au XVI° siècle, II, 112; — mousseux par la présence de l'esprit sylvestre (acide carbonique), II, 143.

Violet; substance qui donnait cette couleur, I, 163.

Vogel (Auguste), II, 373.

Voie humide et voie sèche (Lemery), II, 295.

Voie humide; moyen de dorer l'argent par la voie humide, II, 422.

Volcan artificiel de Lemery, II, 296.

Volcans; origine des volcans (Hoffmann), II, 240.

Vulframes, II, 377.

W.

Walkschmied, II, 373.

Wallerius, II, 493.

Watton, II, 359.

Wedel (G.), II, 250.

Wedel (Wolfgang), II, 285.

Weigel (Valentin), explique le dogme de la transsubstantiation par la transmutation des métaux, II, 130.

Well (Jacques), partisan de Black, II, 365.

Willis (Thomas), II, 245-250.

Wormius (Al.), II, 240.

Wren (Ch.), recueillit des gaz, II, 259.

Z.

Zach a Paten, alchimiste, II, 310.

Zadith, I, 334.

Zanetti (H.), alchimiste, II, 132.

Zapata, alchimiste, II, 132.

Zecaire (Denis), II, 115-120.

Zéolithe, II, 437.

Zinc (métallique), paraît avoir été connu des Romains, I, 326.

Zinc, sa combustibilité à l'air (Marggraf), II, 420.

Zinc, mentionné pour la première fois sous ce nom par Paracelse, II, 18.

Zosime, I, 254-255.

Zwelfer (J.), II, 145.

FIN DE LA TABLE ANALYTIQUE.